D1659351

Bibliothek des Leders

Band 7

Hans Herfeld

Rationalisierung der Lederherstellung
durch Mechanisierung und Automatisierung –
Gerbereimaschinen

Bibliothek des Leders

Herausgegeben von

Prof. Dr.-Ing. habil. Hans Herfeld
Reutlingen

UMSCHAU VERLAG · FRANKFURT AM MAIN

Übersicht über den Gesamtinhalt der Bibliothek des Leders

Herausgeber: Hans Herfeld

Band 1 Hans Herfeld und Benno Schubert
Die tierische Haut

Band 2 Alfred Zissel
Arbeiten der Wasserwerkstatt bei der Lederherstellung

Band 3 Kurt Faber
Gerbemittel, Gerbung und Nachgerbung

Band 4 Martin Hollstein
Entfetten, Fetten und Hydrophobieren bei der Lederherstellung

Band 5 Kurt Eitel
Das Färben von Leder

Band 6 Rudolf Schubert
Lederzurichtung – Oberflächenbehandlung des Leders

Band 7 Hans Herfeld
Rationalisierung der Lederherstellung durch Mechanisierung und Automatisierung – Gerbereimaschinen

Band 8 Lieselotte Feikes
Ökologische Probleme der Lederindustrie

Band 9 Hans Pfisterer
Energieeinsatz in der Lederindustrie

Band 10 Joachim Lange
Qualitätsbeurteilung von Leder – Lederfehler, -lagerung und -pflege

Band 11 Klaus Mattil und Wilhelm Fischer
Industrielle Fertigung von Schuhen

Bibliothek des Leders

Herausgeber Prof. Dr.-Ing. habil. Hans Herfeld
Reutlingen

Band 7

Rationalisierung der Lederherstellung durch Mechanisierung und Automatisierung – Gerbereimaschinen

Von

Prof. Dr.-Ing. habil. Hans Herfeld

ehem. Direktor der
Westdeutschen Gerberschule Reutlingen
Lehr-, Prüf- und Forschungsinstitut
für die Lederwirtschaft

Mit 348 Abbildungen und 22 Tabellen

UMSCHAU VERLAG · FRANKFURT AM MAIN

CIP-Kurztitelaufnahme der Deutschen Bilbliothek

Bibliothek des Leders: 11 Bd. / hrsg. von
Hans Herfeld. – Frankfurt am Main:
Umschau-Verlag
NE: Herfeld, Hans [Hrsg.]
Bd. 7. – Herfeld, Hans: Rationalisierung der
Lederherstellung durch Mechanisierung und
Automatisierung – Gerbereimaschinen

Herfeld, Hans:
Rationalisierung der Lederherstellung durch
Mechanisierung und Automatisierung –
Gerbereimaschinen / von Hans Herfeld. –
Frankfurt am Main: Umschau Verlag, 1981.
(Bibliothek des Leders; Bd. 7)
ISBN 3-524-82000-X

Gesamtherstellung: Süddeutsche Verlagsanstalt und Druckerei GmbH, Ludwigsburg

ISNB 3-524-82000-X · Printed in Germany

INHALT

Einführung des Herausgebers

Jeder Industriezweig benötigt neben Fachzeitschriften aktuelle Fachbücher, die die technologische Entwicklung auf neuestem Stand darstellen, um für die Ausbildung des Nachwuchses und die Weiterbildung der technischen Fachkräfte in den Betrieben eine zuverlässige Grundlage zu liefern. Das gilt insbesondere für Industrien wie die Lederherstellung, die in den 60 Jahren nach dem Ersten Weltkrieg eine beispielhafte Entwicklung sowohl bezüglich der Kenntnisse über die theoretischen Grundlagen wie im Hinblick auf die praktische Durchführung erfahren hat, wodurch das technologische Bild in vielerlei Hinsicht nachhaltig verändert wurde. In dieser Zeitspanne sind eine Reihe ausgezeichneter Handbücher und Monographien erschienen, die jedoch inzwischen vergriffen und, als Folge der raschen Fortentwicklung, veraltet sind. So besteht im deutschen Sprachraum das Bedürfnis nach moderner Literatur über die Lederherstellung; hier Abhilfe zu schaffen ist eine dringende Notwendigkeit.

Aber ein umfassendes Handbuch – ob es nun von einem Einzelautor oder von einer Autorengruppe geschrieben ist – erscheint mir nicht die wünschenswerte Antwort auf viele Nachfragen. Kein Autor kann heute das Gesamtgebiet wirklich sachverständig beherrschen, und einem Handbuch, bei dem die Autorengruppe in einen festgelegten Rahmen gedrängt werden muß, haften in der zeitlichen Koordinierung und in der persönlichen Entfaltung jeden Autors erhebliche Mängel an. Ich habe daher den Plan entwickelt, eine »Bibliothek des Leders« zu schaffen, die aus einer Vielzahl von Einzelbüchern besteht, die nur den äußeren Rahmen gemeinsam haben, in denen aber jeder Autor in seinem Buch auch seine persönliche Note einbringen kann. Dabei wird keine weltweit vollständige Literaturwiedergabe angestrebt, das würde die Bücher zu steril machen, sondern die Autoren berücksichtigen die Literatur ihres Fachgebietes insoweit, wie sie dem Praktiker weiterhilft und den modernen Erkenntnissen entspricht. Vor allem soll die Meinung des Autors genügenden Raum finden; wichtig für die Abfassung ist in erster Linie eine gute Praxisnähe, also eine ausgewogene Bilanz zwischen theoretischen Grundlagen und praktischer Anwendung. Auch Rahmentechnologien und Rezeptangaben können als Demonstrationsbeispiele die Praxisnähe fördern, ohne den wissenschaftlichen Wert zu vermindern.

Eine solche Bibliothek hat den großen Vorteil, daß ihr Umfang nicht festgelegt ist, sondern jederzeit erweitert werden kann. Wir haben zunächst damit begonnen, den Stand der Forschung und Technologie auf den Teilgebieten der Lederherstellung darzustellen, und ich hatte das Glück, hierfür namhafte Fachleute als Autoren gewinnen zu können, denen ich an dieser Stelle für ihre Bereitwilligkeit und die verständnisvolle Zusammenarbeit herzlich danke. Ich hoffe, auch noch Bücher über die Verarbeitung des Leders und über Wirtschaftsfragen der Lederwirtschaft aufnehmen zu können. Der weitere Vorteil liegt darin, daß Interessenten einzelne Bücher nach ihren Arbeitsgebieten auswählen können, und schließlich kann auch die Erneuerung durch Neuauflagen im Rahmen des Bedarfs für jedes Teilgebiet getrennt erfolgen.

Ich möchte im besonderen Maß auch dem Umschau Verlag, der die Herausgabe der »Bibliothek des Leders« ermöglicht hat, meinen besonderen Dank für die angenehme Zusammenarbeit sagen. Möge die Schriftenreihe den ihr zugedachten Zweck erfüllen und dazu beitragen, dem Nachwuchs das Einarbeiten in seinen erwählten Beruf und den Technikern in den Betrieben die Bewältigung ihrer vielseitigen Probleme zu erleichtern.

Reutlingen, Dezember 1981 — Hans Herfeld

Vorwort des Autors

Das vorliegende Buch ist aus meinen Unterrichtsunterlagen, Vorträgen und Veröffentlichungen auf dem Gebiet der Mechanisierung und Automatisierung bei der Lederherstellung entstanden und in erster Linie für die Ausbildung junger Ledertechniker gedacht. Aber darüber hinaus soll es auch den in der Praxis stehenden Ledertechnikern für ihre Aufgabe der Rationalisierung des Betriebsgeschehens Hilfestellung leisten.

Für die Arbeit des Praktikers haben im letzten Jahrzehnt neben den Kenntnissen, die ihm die Gerbereichemie vermittelt, auch Fragen der Verfahrenstechnik eine immer größere Bedeutung erlangt. In hochindustrialisierten Ländern mit steigenden Lohnkosten kann eine Rendite nur noch erwirtschaftet werden, wenn einerseits auf höchste Qualität hingearbeitet wird und andererseits im Betriebsablauf alle Möglichkeiten einer modernen Mechanisierung und Automatisierung für die Rationalisierung restlos ausgeschöpft werden. Diese Möglichkeiten sind in jedem Betrieb anders gelagert, sie können nicht ohne weiteres von einer Produktion auf die andere übertragen werden, und eine sinnvolle Anpassung stellt an den Techniker im Betrieb hohe Anforderungen. Ich habe daher durch drei Jahrzehnte alle betrieblichen Möglichkeiten, die mir durch meine Betriebsberatungen und Reisen zur Kenntnis gelangten oder die ich durch eigene Forschungstätigkeit erarbeiten konnte, gesammelt und in meinem Unterricht über »Mechanisierung und Rationalisierung« dem technischen Nachwuchs der Lederindustrie zu vermitteln versucht. Am Ende meiner Berufstätigkeit soll das vorliegende Buch diese Erfahrungen an einen breiteren Kreis von Berufskollegen weitergeben. Es soll ihnen für ihre Tätigkeit Prinzipien und Anwendungsbereiche von Möglichkeiten der Mechanisierung und Automatisierung vermitteln, zeigen, welche Wege anderswo beschritten wurden und unter welchen betrieblichen Voraussetzungen sie einsetzbar sind und sie damit anregen, für ihre Produktion entsprechende Überlegungen anzustellen. Moderne Gerbereimaschinen und chemische Hilfsmittel kann man kaufen, Maßnahmen der Mechanisierung und Rationalisierung muß man dagegen in vielen Fällen selbst entwickeln und dazu sollen Denkmodelle übermittelt werden.

Das vorliegende Buch soll kein umfassendes »Handbuch« sein, und entsprechend habe ich auch keine vollständige Literaturwiedergabe angestrebt. Ich habe in der Fachliteratur vorliegende Mitteilungen berücksichtigt, soweit mir die Erfahrungen anderer Autoren interessante Aussagen für die behandelten Probleme lieferten. Grundkenntnisse über die Lederherstellung werden vorausgesetzt. Ich habe mich bemüht, die abzuhandelnden Probleme so einfach wie möglich darzustellen, wobei die einfache Darstellung aber keine Beschränkung des Stoffumfanges bedeutet. Soweit einige grundlegende Ausführungen z. B. über die Meß- und Regeltechnik erforderlich waren, wurde auf alle mathematischen Ableitungen verzichtet. Ebenso wurde in den Abschnitten, die sich mit der Verwendung von Gerbereimaschinen befassen, nur deren Aufbau, Wirkungsweise und Einsatz im Hinblick auf die damit erreichte Rationalisierung behandelt, nicht aber größere Ausführungen über den maschinentechnischen Aufbau der Maschinen gemacht.

Ich hoffe, daß die vorliegende Schrift ihre Aufgabe erfüllt, der Praxis Anregungen und Hilfestellungen auf einem mir für die künftige Entwicklung der Lederherstellung besonders wichtig erscheinenden Teilgebiet zu geben. Für alle Anregungen, Verbesserungs- und Ergänzungsvorschläge für künftige Auflagen bin ich sehr dankbar.

Reutlingen, Dezember 1981 Hans Herfeld

I. Rationalisierung – warum, wann und wo?

1. Entwicklung der Lederherstellung

Die Lederherstellung ist uralt. Seit die Menschen lernten, Tiere mit Keulen und Steinschleuder, später mit Speer, Pfeil und Bogen zu erlegen, bezogen sie einen Teil ihrer Nahrung aus der sie reichlich umgebenden Tierwelt. Dabei fiel die tierische Haut als Nebenprodukt an und bald wußte man, daß sie für vielerlei Zwecke nützlich sein kann. So verwendete man sie als wärmende Kleidung zum Schutz gegen die Unbilden der Witterung, als Fußbekleidung zum Schutz gegen Verletzungen, zum Herrichten von Lagerstätten, zum Zelt- und Schiffsbau, für technische Zwecke als Riemen zum Zusammenbinden der Wagenteile, als Trageriemen und zum Anschirren von Haustieren, zum Herstellen von Taschen, Sattelzeug und Futteralien, für Helme, Schilde, Waffen und ganze Rüstungen, als Schläuche zum Transport von Flüssigkeiten, als Schmuck und später auch in Form von Pergament als Schreibmaterial. Zwar hatte die Haut den Nachteil, zu faulen und steif und hart aufzutrocknen, aber im Laufe der Zeit wurden empirisch Verfahren gefunden, um sie haltbar und brauchbarer zu machen. So entwickelte man Arbeitsweisen, um sie enzymatisch oder chemisch von den Haaren und der Epidermis zu befreien, um sie durch Behandlung mit gerbenden Stoffen (Fettgerbung, Rauchgerbung, pflanzliche Gerbung, Alaungerbung) resistent gegen Fäulnisbakterien zu machen und durch Auflockerung des Fasergefüges mit Kotbeizen, Behandeln mit Fetten und mechanische Bearbeitung weichere und geschmeidigere Fertigprodukte zu erhalten. Durch die Verwendung von Abkochungen von Farbhölzern und -rinden erlangte auch die Färbung des Leders in verschiedenen Farbtönen mit der Zeit einen hohen Stand.

So haben die Menschen schon in prähistorischen Zeiten die Lederherstellung gekannt, wie wir aus vielen Funden der Steinzeit und Bronzezeit wissen. Wie ein roter Faden zieht sich dann auch die Geschichte des Leders bei vielen Völkern durch Altertum, Mittelalter und Neuzeit. Das Buch von Bravo und Trupke »100 000 Jahre Leder«[1] liest sich für alle, die sich für die Geschichte der Menschheit interessieren, wie ein spannender Roman und läßt deutlich werden, welch enorme Leistungen der Mensch auf diesem Gebiet schon in der frühesten Menschengeschichte vollbracht hat. Die Betriebsformen waren bei den verschiedenen Völkern unterschiedlich, sie haben sich auch bei den gleichen Völkern im Laufe der Zeit vielfach geändert, in allen Fällen aber war die Lederherstellung ein handwerklicher Beruf, der in kleinen Betriebsstätten mit nur wenigen Arbeitskräften und vorwiegend lokaler Bedeutung durchgeführt wurde.

Erst im 19. Jahrhundert hat sich hier ein Wandel vollzogen mit Schwerpunkt in Europa und den USA. In diesem Jahrhundert, allgemein als das Jahrhundert der Technik, der Maschine und des Verkehrs bezeichnet, hat auch die Lederherstellung in ihrer Entwicklung entscheidende Impulse erhalten. Ich möchte von einem grundsätzlichen ersten Strukturwandel sprechen, der von einer Reihe von Faktoren ausgelöst wurde. Einmal sei hier die Entwicklung des überseeischen Häutehandels insbesondere mit Südamerika und Ostiniden erwähnt, der in der zweiten Hälfte des 18. Jahrhunderts begann und im 19. Jahrhundert einen außerordentlichen Umfang annahm. Der Bedarf an Leder stieg in diesem Jahrhundert durch die Zunahme der Bevölkerung, den steigenden allgemeinen Wohlstand, die Aufstellung stehender Heere und den zunehmenden Bedarf an Treibriemen und technischen Ledern mit wachsender Industrieentwicklung immer mehr an, aber erst durch den Import von Rohhäuten aus anderen Erdteilen konnte die Rohstoffbasis für eine stärker ansteigende Lederproduktion geschaffen werden. Zum anderen führte die Beherrschung des Dampfes und die Erfindung der Dampfmaschine (James Watt, 1765) auch zur Entwicklung von Gerbereimaschinen. 1801 wurde in England die erste Entfleisch- und Enthaarmaschine entwickelt, 1810 eine Krispelmaschine mit geripptem Zylinder, 1848 ein maschineller Sohlenhammer und maschineller Rindenschneider, und 1854 wurde nach vielen Vorentwicklungen die erste Bandmesserspaltmaschine patentiert. Im Laufe der Zeit wurden für fast alle in einer Gerberei vorkommenden Arbeiten Maschinen konstruiert, und es entstand eine besondere Gerbereimaschinenindustrie, zunächst in den USA mit europäischen Filialen, dann auch in Europa.

Diese Entwicklungen setzen aber zwangsläufig neben einer Steigerung der Gesamtproduktikon auch eine Entwicklung größerer Produktionseinheiten voraus, um die Leistungsfähigkeit der teuren Maschinen wirklich ausnutzen zu können und eine Verbilligung der Produktion zu erreichen. Das hatte eine Umschichtung der Betriebsstruktur zur Folge, trotz steigenden Produktionsumfanges ging die Zahl der Betriebe zurück, ihre Größe nahm dagegen zu. So sank z. B. in Deutschland von 1870 bis 1913 die Zahl der Betriebe von 11 800 auf 1100, die Zahl der beschäftigten Personen stieg aber von 41 000 auf 65 000 an, und damit erhöhte sich die durchschnittliche Zahl der Beschäftigten pro Betrieb von 3,5 auf 59,1.

Zur industriellen Entwicklung der Lederindustrie im 19. Jahrhundert trugen aber noch zwei weitere Faktoren bei. Das eine war die Entwicklung der Gerbverfahren. Für die pflanzliche Gerbung wurden hochprozentige Gerbmaterialien, insbesondere Quebrachoholz und Mimosarinde, aus dem Ausland eingeführt. Dadurch und durch die Herstellung von Gerbextrakten und im Falle des Quebrachoextraktes auch die Löslichmachung der Plobaphene durch Sulfitierung nach Lepetit und Tagliani konnte mit hochprozentigen Gerbbrühen gearbeitet werden, was ebenso wie die Erfindung des Gerbfasses durch die Gebrüder Durio zu einer wesentlichen Verkürzung der Gerbdauer führte. Das tierische Pergament sank infolge der Fortschritte der Papierfabrikation zur Bedeutungslosigkeit ab. Die Alaungerbung wurde immer mehr verdrängt, und in den beiden letzten Jahrzehnten begann die Chromgerbung, mit der sich die Wissenschaftler schon lange beschäftigt hatten, in der Praxis ihren Siegeszug (USA: Ch. Heinzerling, 1878; August Schultz, 1883) und verdrängte rasch zunächst auf dem Oberledergebiet die pflanzliche Gerbung.

Der zweite Faktor war die Entwicklung einer speziellen Gerbereiwissenschaft. Schon im 18. Jahrhundert hatten sich hier und da Wissenschaftler mit den Vorgängen bei der Lederherstellung beschäftigt, und J. De Lalande hatte in der Mitte des 18. Jahrhunderts in einer ganzen Reihe von Schriften ausführlich über die Durchführung der verschiedenen bis dahin bekannten Verfahren der Lederherstellung berichtet, ohne allerdings eigene Entwicklungen durchzuführen. 1753 erließ die Akademie der Wissenschaften in Göttingen eine Preisfrage, welche Stoffe anstelle von Gerberlohe zum Gerben verwendet werden könnten. Der praktische Erfolg dieser Umfrage war gering, aber sie hat in verstärktem Maße die Wissenschaft auf die Probleme der Lederherstellung aufmerksam gemacht. Von der Vielzahl der Forscher, die sich im 19. Jahrhundert mit diesem Gebiet beschäftigten, seien hier nur zwei Namen genannt. Der eine ist Prof. Hermbstaedt (1760–1833), der sich an der Universität Berlin eingehender mit der Gerbung, insbesondere mit der pflanzlichen Gerbung, aber auch mit der Eisengerbung und anderen einschlägigen Fragen befaßte. Der andere war Prof. Knapp in Braunschweig (1814–1904). 1858 erschien seine klassische Arbeit »Natur und Wesen der Gerberei«, in der alle Grundzüge der pflanzlichen Gerbung, der Eisen- und Chromgerbung beschrieben sind. Knapp ist ohne Zweifel der eigentliche Erfinder einer brauchbaren Chromgerbung, konnte sie aber aus mancherlei Gründen nicht bis zur Praxisreife entwickeln, das blieb den beiden oben angeführten Amerikanern vorbehalten.

Die Resonanz all dieser Untersuchungen in der gerberischen Praxis war aber zunächst nur gering. Die Wissenschaftler selbst verstanden nur wenig von den Vorgängen bei der Lederherstellung, da die Herstellungsverfahren sehr geheimgehalten und vom Vater zum Sohn vererbt wurden, und andererseits bedienten sie sich einer Sprache, die der Praktiker nicht verstand. Aber weitblickende Männer der Lederwirtschaft erkannten allmählich in vielen Ländern, daß sie eigene Institute haben müßten mit der Aufgabe, Dolmetsch zu sein zwischen Wissenschaft und Praxis, als Gerberschule den Nachwuchs zu schulen und als Versuchsanstalt das, was die Wissenschaft aussagte, in ihre Sprache zu übersetzen und sich zugleich selbst an der Entwicklung einer Gerbereiwissenschaft zu beteiligen. So wurde am 1. 1. 1874 die erste Lehr- und Versuchsanstalt für die Lederindustrie in Wien unter der Leitung von W. Eitner gegründet und bald folgten weitere Gründungen nach, so 1885 in Kopenhagen, 1889 in Freiberg/Sa., 1891 in Leeds und 1893 in Lyon und Ende des 19. bzw. Anfang des 20. Jahrhunderts folgten weitere Gründungen z. B. in Italien, den Niederlanden und der Schweiz. Die Tätigkeit dieser Institute hat zunächst nicht zu neuen Verfahren oder einer direkten Befruchtung der Praxis geführt, aber der Vorwurf, ihre Arbeiten seien zu theoretisch, der sich durch viele Jahrzehnte gehalten hat, war in der Rückschau unberechtigt. Es galt ja zunächst einmal, das Vorhandene zu sammeln und systematisch zu sichten, Grundlagen zu erarbeiten über die Eigenschaften der Roh- und Hilfsstoffe des Gerbers und über die Vorgänge der Lederherstellung selbst, analytische Methoden für die Wertbestimmung der Roh- und Hilfsstoffe des Gerbers und das Leder zu entwickeln und all das theoretisch zu erklären, was die Praktiker rein empirisch in Jahrhunderten entwickelt hatten. So gelang es allmählich, das Wesen der Vorgänge bei der Lederherstellung besser zu erkennen und besser steuern zu können.

So war im 19. Jahrhundert in der Lederindustrie der Industrieländer der Schritt vom Handwerk zur Industrie getan. Aber es blieb immer noch eine stark handwerkliche Einstellung mit viel Handarbeit und viel individueller Behandlung der Haut.

Auf den beschriebenen Grundlagen aufbauend, hat die Gerbereiwissenschaft in den 60 Jahren nach Beendigung des Ersten Weltkrieges einen enormen Aufschwung genommen. Was seit Beginn der 20er Jahre hier erarbeitet wurde, ist imponierend. Als ich vor etwa 55 Jahren die Bank der Gerberschule in Freiberg drückte, wurde mir zwar ein großer empirischer Erfahrungsschatz vermittelt, aber von Wissenschaft war nicht viel zu hören. Etwas über den pH-Wert, mit dem man aber noch nicht viel anzufangen wußte, etwas über die Chemie der Chromsalze, obwohl die Arbeiten über deren Komplexchemie noch in den Anfängen steckten, das waren etwa die wissenschaftlichen Erkenntnisse, mit denen der junge Techniker damals in die Praxis geschickt wurde. Kein Wunder, daß sich die Techniker meiner Generation in späteren Jahren nur ungern an fachlichen Diskussionen beteiligten. Und was ist in den folgenden 60 Jahren für ein ansehnliches, breit gefächertes Wissensgebäude um die Herstellung des Leders entstanden.

- Untersuchungen über den histologischen und chemischen Aufbau der Haut und die Feinstruktur des Kollagens.
- Arbeiten über den chemischen Aufbau der verschiedenen Gerbstoffklassen, wobei neben die klassischen Gerbstoffe eine Fülle neuer Gerbmaterialien für Gerbung und Nachgerbung trat.
- Systematische Untersuchungen über Rohhautfehler, den Abzug und die Konservierung der Haut und den Zeitpunkt des Entfleischens.
- Untersuchungen über die Gesetzmäßigkeiten bei den Prozessen der Wasserwerkstatt, die auch systematische Untersuchungen über die Quellung und Prallheit des kollagenen Fasergefüges und die Wirksamkeit proteolytischer Enzyme auf die tierische Haut einschlossen.
- Untersuchungen über die Wechselwirkung Haut/Gerbstoffe, über die verschiedenen Bindungsformen zwischen Hautsubstanz und Gerbstoffen, über das Wesen der Gittervernetzung und die Faktoren, mit denen diese Wechselwirkung beeinflußt werden kann.
- Kolloidchemische Betrachtungen über die Probleme der Diffusion und Bindung und den Begriff der Adstringenz.
- Untersuchungen über das komplexchemische Verhalten der Chromverbindungen mit ihren bahnbrechenden Erkenntnissen über die Steuerung dieses heute wichtigsten Gerbverfahrens.
- Untersuchungen über die Bedeutung der Ladungsverhältnisse in den einzelnen Herstellungsstadien, insbesondere bei der Naßzurichtung, und ihren Einfluß auf Diffusion, Bindung und Tiefenwirkung.
- Untersuchungen über Neutralisation, Nachgerbung, Färbung und Fettung unter gleichzeitiger starker Erweiterung der Palette der für diese Arbeiten zur Verfügung stehenden Hilfsstoffe.
- Aufbau des Gesamtgebietes der Deckfarbenzurichtung unter Entwicklung einer fast unübersehbaren Palette von Bindertypen.
- Nicht zuletzt Untersuchungen über die charakteristischen Eigenschaften des Leders und ihre Beeinflussung, wobei physikalische Prüfmethoden immer größere Bedeutung erlangten. Entwicklung und immer praxisnähere Ausrichtung von Güterichtlinien für die verschiedenen Verwendungszwecke des Leders.
- Bearbeitung der Abwasserprobleme der Lederherstellung, wobei neben sachgemäßer Klärung der anfallenden Abwasser viele Untersuchungen auch dazu dienten, die Herstellungsprozesse so abzuwandeln, daß von vornherein der Verschmutzungsgrad auf ein Minimum beschränkt wird.
- Fragen der besseren Verwertung der Abfallstoffe bei der Lederherstellung fanden zunehmende Bearbeitung.

Diese Aufzählung, bei der Fragen der Rationalisierung durch Mechanisierung und Automatisierung nicht mit aufgeführt sind, weil sie ja Gegenstand dieses Buches sind, kann nur einen groben Überblick über die Vielzahl der Probleme vermitteln, die in dieser Zeitspanne intensive Bearbeitung erfuhren. Aber sie zeigt, welch umfassendes Gebäude gerbereichemischen und -technischen Wissens heute dem Praktiker für die Bewältigung seiner umfangreichen Aufgaben zur Verfügung steht.

Die wirtschaftliche Struktur der Lederwirtschaft hat weltweit in den Jahren zwischen den beiden Weltkriegen keine grundsätzliche Änderung erfahren. Für Deutschland waren nach dem 1. Weltkrieg weite Exportmärkte verloren gegangen. In vielen anderen Ländern waren als Konkurrenten neue Lederfabriken entstanden, und ein mit Zähigkeit bis 1928 wieder aufgebauter Export fiel dann als Folge der Weltwirtschaftskrise wieder stark zurück. Viele Länder bauten Zollschranken gegen Wareneinfuhren auf und innerhalb von zwei Jahren war der Export wieder auf die Hälfte zurückgefallen. Dazu kamen in Deutschland ab 1936 Autarkiebestrebungen, die die Entwicklung der Lederindustrie weiter hemmten. So war in Deutschland in der Zeit von 1913 bis 1938 die Einarbeitung von Kalbfellen, Rind- und Roßhäuten von etwa 400 000 t auf 280 000 t zurückgefallen, bei Kleintierfellen von etwa 25 000 auf 30 000 t etwas angestiegen.

2. Strukturwandel seit 1945

Anders nach dem Zweiten Weltkrieg. 1945 mußte in den meisten europäischen Industrieländern praktisch neu angefangen werden. Für Deutschland kam noch die Spaltung hinzu, in die die Bundesrepublik auf dem Ledergebiet mit großen Überkapazitäten hineinging, die zwangsläufig abgebaut werden mußten, da 70 bis 75 % der früheren Erzeugerkapazität nur etwa 50 % der Absatzgebiete gegenüber standen. In den letzten 30 Jahren hat in der ganzen Welt eine weitgehende Umstrukturierung der Lederindustrie stattgefunden, die ich als zweiten Strukturwandel bezeichnen möchte. Hierfür spielten und spielen vier Faktoren eine entscheidende Rolle.

2.1 Zuwachsrate der Lederproduktion. Die Lederproduktion in der Welt kann nicht beliebig gesteigert werden. Ihre Höhe hängt nicht vom Lederbedarf ab, sondern von einer davon ganz unabhängigen Größe, dem Fleischkonsum, da abgesehen von wenigen Ausnahmen die in Frage kommenden Tierarten nur des Fleisches wegen, nicht wegen der marktgerechten Versorgung der Lederindustrie mit Rohstoffen geschlachtet werden. Der Fleischkonsum nimmt im Weltmaßstab im Durchschnitt um etwa jährlich 3 % zu, und diese Zuwachsrate wird auch in Zukunft anhalten, vielleicht wird sie auch etwas ansteigen, wenn auch nicht regelmäßig, da immer wieder Stagnierungsperioden auftreten. Daher kann aber auch die Zuwachsrate der Lederproduktion weltweit nicht höher liegen. Durch bessere Erfassung der Rohhäute in manchen Entwicklungsländern, bessere Häuteschädenbekämpfung und stärkere Gewinnung der Schweinshaut für die Lederherstellung, die heute erst in wenigen Ländern erfolgt, könnte noch eine gewisse Steigerung erreicht werden, eine grundsätzlich höhere Zuwachsrate als 3 bis 3,5 % ist aber nicht zu erwarten. Für 1980 kann die Weltlederproduktion mit etwa 11 Mrd. qf an Flächenleder und etwa 470 000 t an Gewichtsleder angenommen werden.

2.2 Wo wird das Leder hergestellt? Wie an früherer Stelle schon dargelegt, konnte die europäische Lederindustrie im 19. Jahrhundert ihren Aufschwung erst nehmen, als die Rohstoffbasis durch überseeische Importe erheblich erweitert wurde. In Deutschland betrug der Rohhautimport bei Kalbfellen, Rind- und Roßhäuten bis zum Zweiten Weltkrieg etwa 50 % der eingearbeiteten Rohware, bei Kleintierfellen sogar 97 bis 98 %. Im Rahmen der Bestrebungen nach einer industriellen Entwicklung in den Entwicklungsländern war natürlich der Wunsch verständlich, auf dem Ledergebiet die dort im Inland anfallenden Rohhäute selbst zu verarbeiten, zunächst zu nur gegerbter, nicht weiter zugerichteter Ware (Crust-Leder; Wet blue-Ware), später aber auch zu fertigem Leder, Schuhen und Lederwaren. So haben eine Reihe von Ländern, insbesondere Südamerika, Indien und Pakistan, im letzten Jahrzehnt eine beträchtliche Lederindustrie aufgebaut und durch ein Ausfuhrverbot für Häute und Felle, teilweise auch für Halbfertigware, entsprechend geschützt. Der Weg zum Export von Fertigprodukten wird nicht leicht sein. Es besteht zwar in Europa ein starker Trend zum Leder, aber auch die Qualitätsanforderungen sind enorm gestiegen, die Mode wechselt häufig und entsprechend kommt die Anpassung an die Nachfrage in marktkonform-modischer Richtung und das Problem der Verwertung der Untersortimente in aller Härte auf diese neuen Produktionen zu. Andererseits mußte als Folge der erwähnten Exportverbote für Rohhäute, da die Weltmenge an Rohhäuten aus den dargelegten Gründen nicht erweitert werden kann, der Umfang der Ledererzeugung in den europäischen Industrieländern schrumpfen. Diese Entwicklung ist unerfreulich, aber unaufhaltsam.

Es gibt aber auch eine Reihe außereuropäischer Länder, die in der letzten Entwicklungsperiode eine beträchtliche Lederindustrie und lederverarbeitende Industrien aufgebaut haben, obwohl sie kaum über eigene Rohware verfügen, sondern diese weitgehend einführen müssen. Erwähnt seien hier insbesondere Japan, Südkorea und Taiwan. Aber auch diese Länder können – trotz oft ungenügender Lederqualitäten – mit den Industrieländern konkurrieren, weil sie infolge erheblich niedrigerer Arbeitskosten und oft daneben auch beträchtlicher staatlicher Subventionen bei der Lederausfuhr und hoher Phantasiezölle bei der Ledereinfuhr, die die Wettbewerbsbedingungen völlig verzerren, erheblich billiger liefern können.

2.3 Arbeitskosten. Damit sind wir bei den Arbeitskosten, die in dem geschilderten Konkurrenzkampf eine immer größere Rolle spielen. Zwar ist in der Lederkalkulation die Rohware als Hauptfaktor mit 50 bis 60 % enthalten, aber den Arbeitskosten kommt in vielen Ländern eine steigende Bedeutung zu. Die Löhne sind in einer Reihe von Industrieländern erheblich gestiegen und haben damit zu beträchtlichen Unterschieden geführt. Dabei kommen zu den eigentlichen Bruttoverdiensten natürlich auch noch die Lohnnebenkosten durch den Arbeitgeberanteil an den gesetzlichen Soziallasten, Gratifikationen, Feiertagsvergütung, vermögenswirksame Leistungen, Urlaubsgeld und 13. Monatsgehalt bzw. Bonusbeträge in den überseeischen Ländern in stark wechselnder Höhe hinzu, die ebenfalls in den einzelnen Ländern sehr unterschiedlich sind und selbst zwischen Industrieländern mit hohem Lohnniveau erheblich variieren können (z. B. zur Zeit USA etwa 40 %, Bundesrepublik Deutschland etwa 75 %). Tabelle 1 gibt eine Zusammenstellung der Arbeitskosten in den verarbeitenden Industrien verschiedener Länder, aufgeteilt nach Bruttolohnkosten und Lohnnebenkosten, die die gewaltigen Unterschiede deutlich demonstriert. Die Zahlen sagen natürlich nicht unbedingt etwas über den Lebensstandard in den verschiedenen Ländern, da die Lebenshaltungskosten ebenfalls stark unterschiedlich sein können. Der Vergleich der Arbeitskosten ist indessen einer der Maßstäbe für die Beurteilung der Wettbewerbsfähigkeit der Wirtschaft verschiedener Länder, aber nicht der einzige. Daneben spielt auch die Pro-Mann-Produktivität eine Rolle, die ebenfalls in den verschiedenen Ländern erheblich unterschiedlich sein kann und häufig auch ist, selbst in so verwandt strukturierten Ländern wie denen der EG (z. B. Großbritannien/Deutschland). Höhere Löhne schaden dem Wettbewerb nicht, solange die Produktivität entsprechend hoch ist, niedere Löhne sind kein Vorteil, wenn pro Zeiteinheit

Tabelle 1: Arbeitskosten (Bruttolöhne + Lohnnebenkosten) 1980 je Stunde in DM in den verarbeitenden Industrien verschiedener Länder.

Land	Brutto-löhne	Neben-kosten	Gesamt-kosten	Land	Brutto-löhne	Neben-kosten	Gesamt-kosten
Belgien[2]	13,99	10,42	24,41	CSR	2,80		
Schweden[2]	14,40	9,56	23,96	UdSSR	2,60		
BRD[2]	13,36	10,04	23,40	Mexico	2,70	1,40	4,10
Niederlande[2]	13,05	10,11	23,16	Hongkong	2,60	1,30	3,90
Schweiz[2]	14,80	6,96	21,76	Argentinien	2,20	1,80	4,00
Norwegen[2]	14,49	6,91	21,40	Portugal			
Dänemark[2]	16,88	3,93	20,81	Rumänien	2,00		
USA[2]	13,16	5,07	18,23	Ungarn	bis		
Italien[2]	8,42	9,09	17,51	Jugoslawien	2,50		
Frankreich[2]	9,56	7,79	17,35	Südkorea			
Kanada[2]	12,73	4,07	16,80	Polen	1,80		
Österreich[2]	8,03	7,07	15,10	Singapur	1,70	0,90	2,60
GB[2]	10,19	3,11	13,30	Uruguay	1,70		
Japan[2]	9,82	2,53*	12,35	Brasilien	1,50		
Irland[2]	9,23	2,86	12,09	Taiwan	1,40		
Spanien[2]	7,30	4,34	11,64	Thailand			
Griechenland[2]	4,28	2,35	6,63	Indien	unter 1,00		
DDR	4,60			Indonesien			

* Nach meinen Erfahrungen liegen die Lohnnebenkosten in Japan wesentlich höher, je nach Bonus zwischen DM 3,– und 6,–.

weniger produziert wird. Durch unterschiedliche Arbeitsproduktivität können die Unterschiede in den Arbeitskosten zwar vermindert, meist aber nicht ausgeglichen werden und daher machen die Werte in Tabelle 1 verständlich, warum die einzelnen Länder mit so unterschiedlichen Preisen für das Fertigprodukt am Weltmarkt auftreten können und warum die Lederindustrien in allen Ländern mit hohem Arbeitskostenniveau einem starken Preisdruck ausgesetzt sind. Sie können nicht nur schwer exportieren, sondern stehen auch im Inland hohen Billigimporten an Fertigleder und Lederwaren gegenüber. Natürlich bereiten die Importe aus vielen Ländern den Importeuren auch mancherlei Schwierigkeiten. Die Qualität ist oft zu gering, geringer als ursprünglich angeboten, und lediglich über den Preis läuft heute z. B. am deutschen Fertigwarenmarkt nichts mehr. Liefertermine werden oft nicht eingehalten, Nachlieferungen bei modischen Artikeln benötigen zu lange Zeit, aber alle diese Unterschiede brauchen auf lange Sicht nicht so zu bleiben, wir sollten sie nicht zu hoch einschätzen.

2.4 Umweltprobleme. Man kann die Kostenunterschiede in den verschiedenen Ländern nicht diskutieren, ohne kurz auch die Umweltprobleme zu erwähnen, die insbesondere in den Industrieländern neben den hohen Lohnkosten als zusätzlicher Kostenfaktor immer mehr ins Gewicht fallen, während in den meisten Entwicklungsländern heute auf diesem Gebiet praktisch noch nichts geschieht. Es gibt ohne Zweifel Ansätze dafür, daß sich das im Laufe der Zeit ändern wird, aber für lange Zeit wird auch dieser Faktor bei einem Kostenvergleich noch mit berücksichtigt werden müssen.

2.5 Folgerungen. Was kann also die Lederindustrie in Ländern mit hohen Arbeits- und Umweltkosten unternehmen, um diesem Konkurrenzdruck auszuweichen? Dabei muß in Deutschland leider davon ausgegangen werden, daß von Regierungsseite nichts getan wird, um einen so wichtigen Industriezweig zu schützen, obwohl man sich unschwer vorstellen kann, welche Schwierigkeiten für die Bevölkerung auftreten können, wenn die Versorgung mit so wichtigen Konsumgütern wie Schuhen und sonstigen Lederwaren weitgehend vom Ausland abhängig ist. Bei dieser Sachlage bleiben nur zwei Möglichkeiten:

a) Verlagerung der industriellen Fertigung oder Teilen davon in Billiglohnländer durch Firmengründungen dort oder Beteiligung an ausländischen Betrieben unter Einbringung des europäischen Know-how. In vielen Industrien der westlichen Welt befinden sich z. Z. zahlreiche Firmen auf der Wanderschaft, die deutschen Auslandsinvestitionen hatten schon Mitte 1977 die stolze Summe von 50 Mrd. DM erreicht. Auch im Bereich der ledererzeugenden und -verarbeitenden Industrien sind einige Betriebe diesen Weg gegangen, der allerdings nur zum Erfolg führen kann, wenn durch gute Unterstützung und ständige Kontrollen ein einwandfreier Qualitätsstand garantiert wird. Aber ich wundere mich immer wieder, warum von der Lederindustrie der Industrieländer dieser Weg der Zusammenarbeit mit Lederfabriken in Billiglohnländern auf der Basis langfristiger partnerschaftlicher Bindungen nicht viel häufiger beschritten wird, zumal hierbei nicht nur die unterschiedlichen Arbeitskosten, sondern auch die Tatsache, daß wir dort die so dringend benötigte Rohware finden, ausschlaggebend sein dürfte. Die Bereitschaft zur Kooperation ist nach meinen Erfahrungen in vielen Ländern durchaus vorhanden. Natürlich muß dabei technisches Know-how gegeben werden, aber dafür kann die Teilproduktion nach den eigenen Wünschen ausgerichtet werden, und es können wesentlich billigere und auf dieser Basis hochwertigere Halbfabrikate eingeführt werden, die dann in den Industrieländern den dortigen modischen und qualitätsmäßigen Bedürfnissen entsprechend zugerichtet werden.

b) Wer im Inland mit Erfolg produzieren will, muß sich auf hohen Qualitätsstand einstellen und gleichzeitig die Kosten soweit wie möglich senken. Bei der Rohhaut und den eingesetzten Hilfsstoffen ist das kaum möglich, also bleibt nur die Senkung der Eigenkosten durch Verringerung des Lohnkostenanteils und starke Rationalisierung des Betriebsgeschehens. Nur auf dieser Basis hat die Lederindustrie in den Ländern mit hohen Arbeitskosten bisher überleben können. Die hohe Anpassungsfähigkeit der Unternehmerschaft in kapitalistischen Staaten wird erfahrungsgemäß mit den Problemen, die sich daraus ergeben, leichter fertig als ein Heer von Wirtschaftsbürokraten, aber auch dieser Weg kann auf die Dauer nur erfolgreich sein, wenn gleichzeitig die Löhne auch in Zukunft marktkonform mit mehr Sinn für das Mögliche ausgehandelt und stärker den Mechanismen des Wettbewerbs unterworfen werden.

3. Rationalisierung allgemein

Damit sind wir beim Thema dieses Buches. Rationalisierung ist zu definieren als Ersatz herkömmlicher, meist empirisch entstandener Produktionsverfahren durch verstandesgemäß entwickelte, zweckmäßigere Produktionsvorgänge mit den Mitteln technologischer oder organisatorischer Verbesserungen und Vereinfachungen und mit dem Ziel, die Leistung zu erhöhen und die Kosten zu senken. Auffangen des steigenden Lohnkostenanteils, Verringerung der Zahl der Arbeitskräfte, Austausch von vielfach nicht mehr genügend verfügbaren Facharbeitern durch angelernte Arbeitskräfte, Verminderung der Produktionsschwankungen und Gewährleistung einer von Partie zu Partie gleichbleibenden Qualität des Fertigproduktes sind die wesentlichen Gründe zu ihrer Einführung. Natürlich haben die Maßnahmen der Rationalisierung in verschiedenen Ländern sehr unterschiedliches Gewicht. Sie sind richtig in hochentwickelten Industriestaaten mit hohem Lohnniveau und unter Umständen auch Knappheit an geeigneten Fachkräften. Sie sind aber unsinnig in Entwicklungsländern, in denen die Löhne niedrig liegen und die Bevölkerung erst einmal Arbeitsplätze erhalten soll, zumal sehr häufig aus falschem Ehrgeiz eingesetzte hochentwickelte, elektronisch gesteuerte Maschinen hier die Einführung einer Industrialisierung nur erschweren und Ausfallzeiten erhöhen. Der Grad der anzustrebenden Rationalisierung muß daher von Fall zu Fall sorgfältig geprüft werden, in hochindustrialisierten Ländern ist aber der Zwang zur Rationalisierung unausweichlich.

Mit fortschreitender Rationalisierung werden die Arbeitswelt, die Wirtschaftstrukturen und das gesellschaftliche Leben ganz allgemein zum Teil tiefgehend verändert. Aber der vielfach erhobene Vorwurf, durch steigende Rationalisierung würden Arbeitsplätze vernichtet, ist in dieser allgemeinen Form sicher falsch. Verzicht auf Rationalisierung führt im Gegenteil zur Veralterung des Produktionsapparates, damit zur Gefährdung der Wettbewerbsfähigkeit und zum Verlust von Arbeitsplätzen. Je höher Löhne und Lohnforderungen, desto mehr steigt der Druck auf die Unternehmen, im Hinblick auf die internationale Wettbewerbsfähigkeit weiter zu rationalisieren. Maßvolle Lohnpolitik, die sich an dem erreichten Produktivitätsfortschritt orientiert, vermindert diesen Druck, hohe Forderungen müssen ihn im Kampf ums Überleben zwangsläufig verstärken. Im übrigen führt jede Rationalisierung durch Mechanisierung und Automatisierung zu einer Humanisierung der Arbeit und damit einer Aufwertung der Arbeitsplätze. Der Verlust an Arbeitsplätzen trifft in erster Linie die, die nichts gelernt haben, weil sie glaubten, im Berufsleben auch ohne fachliche Ausbildung bestehen zu können. Jede hochqualifizierte Fachausbildung lohnt sich.

Die Rationalisierung des Arbeitsablaufes kann auf zwei Wegen erreicht werden. Der eine ist die technologische Seite. Dabei sollte der technologische Ablauf, soweit das nur eben möglich ist, verkürzt und vereinfacht werden, möglichst durchlaufend und mit möglichst wenig Gefäßwechsel erfolgen, um damit einmal den Umfang der notwendig werdenden Investitionen möglichst niedrig zu halten und andererseits die Technologien möglichst rasch und einfach den oft wechselnden Forderungen des Marktes anpassen zu können. In diesen technologischen Bereich gehören auch Fragen der Prozeßbeschleunigung, des Arbeitens in kurzen Flotten und der besseren Flottenauszehrung. Der andere Weg, der in diesem Buch ausschließlich behandelt werden soll, ist die apparative Seite. Ersatz der Handarbeit durch Maschinenarbeit, Fabrikationskontrolle durch automatische Überwachung, mehr oder weniger weitgehende Automatisierung des ganzen Produktionsablaufes oder einzelner Produktionsstadien, das sind einige der Aspekte, die hierbei berücksichtigt werden müssen. Bevor auf die speziellen Möglichkeiten bei der Lederherstellung eingegangen wird, sollen zunächst die einzelnen Entwicklungsstufen und Begriffe kurz angeführt und erläutert werden.

3.1 Mechanisierung. Mechanisierung bedeutet in der Technik bei Bearbeitungsvorgängen den Ersatz vor Handarbeit durch Maschinenarbeit. Hierher gehören auch viele Dinge, die das Arbeiten an den Maschinen erleichtern, wie z. B. Hilfen beim Einbringen oder bei der Ablage der bearbeiteten Werkstücke, Steuerungen durch Photozellen usw. Unter der Mechanisierung versteht man also Einrichtungen, die dem Menschen körperliche Arbeit abnehmen oder sie erleichtern. Soweit dabei Zeit eingespart wird, führt sie auch zu einer echten Kosteneinsparung. Zugleich aber macht sie auch den Menschen zum Diener der Maschine, er muß sie steuern, wenn sie arbeiten soll.

3.2 Automatisierung. Unter Automatisierung versteht man in Fortführung der Mechanisierung der Produktionsvorgänge ihre Steuerung und Kontrolle durch Automaten. Die Automaten ersetzen den beim Steuern der Maschine nur schematisch tätigen Menschen und befreien ihn damit von routinemäßiger, immer wiederkehrender Tätigkeit. Sie steuern die Maschine, aber der Mensch schreibt die Programme, nach denen sie tätig sind. Er trifft also die geistige Entscheidung. Man unterscheidet
a) Halbautomatisierung. Hier wird nicht der ganze Vorgang automatisch gesteuert, sondern nur einzelne Teile. So wird z. B. bei der Maschine die Zuführung des Arbeitsstückes einzeln vorgenommen und der Arbeitszyklus von Hand ausgelöst, dann aber erfolgt der Arbeitsgang und die Endentnahme automatisch. Bei chemischen Prozessen werden bestimmte Prozeßdaten wie die Einstellung von Temperatur oder pH-Wert oder gewisse Geschwindigkeiten oder Zeitrhythmen automatisch gesteuert, alles andere aber, wie etwa die Zugabe von Chemikalien nach Art, Menge und Zeit oder die Einstellung der steuernden Regelinstrumente, erfolgt von Hand.
b) Vollautomatisierung. Dabei wird der ganze Prozeß oder Teilprozeß vom Automaten gesteuert. Es werden z. B. nicht nur einzelne Maschinen, sondern ganze Fabrikationsgänge (Aneinanderreihung einzelner Arbeitszyklen) selbständig gesteuert und evtl. auch kontrolliert (z. B. ganze Transferstraßen in der Automobilindustrie, Selbstwählverkehr im Fernsprechdienst).

Halb- und vollautomatische Anlagen gestatten, ungelerntes Personal einzusetzen. Sie sind insbesondere dort angebracht, wo Fachkräfte nicht in genügendem Maße zur Verfügung stehen oder die Lohnkosten zu hoch sind.

3.3 Elektronik[3]. Elektronische Geräte haben ganz neue Bereiche der Automatisierung erschlossen. Man versteht darunter insgesamt Geräte, bei denen freie, steuerbare Elektronen, die Träger der negativen Elementarladung, in Elektronenröhren oder Halbleiterbauelementen als schaltende, steuernde oder anzeigende Bauelemente für die automatische Steuerung, Zählung, Überwachung und Regelung technischer Vorgänge verwendet werden und damit heute eine wichtige Voraussetzung für die Mechanisierung und Automatisierung vieler Prozesse bilden. Ursprünglich handelte es sich dabei um *Elektronenröhren,* hochluftleer gepumpte Röhren, in denen sich von einer beheizten Kathode durch Glühemission ausgesandte Elektronen bewegen und durch ein elektrisches Feld in Richtung zur Anode beschleunigt werden. In der einfachsten Form, der Diode (Zweielektrodenröhre) enthält sie nur zwei Elektroden, die Kathode als Elektronenspender und die Anode als Elektronenempfänger, zwischen denen sich die emittierten Elektronen als negativ geladene Wolke bewegen. Im Anodenkreis einer Diode kann der Gleichstrom nur in einer Richtung fließen, bei entgegengesetzter Polung sperrt sie, und so wirkt sie gewissermaßen als elektronisches Ventil, als Gleichrichter. Oft werden aber in die Elektronenröhre zur Steuerung des zur Anode fließenden Elektronenstroms auch noch ein oder mehrere Gitter (Hilfselektroden) zwischengeschaltet (Triode, Tetrode usw.), die mit ihrer Steuerspannung dazu dienen, den Elektronenstrom zwischen Kathode und Anode in seiner Intensität zu beeinflussen, zu beschleunigen, zu bündeln, abzulenken usw. und damit als Verstärker, Empfänger oder Sender zu beeinflussen.

Heute verwendet man anstelle von Röhren meist *Halbleiterbauelemente.* Sie sind wesentlich kleiner, billiger, störunempfindlicher und schalten viel schneller. Ohne sie wäre die Weiterentwicklung der Elektronik oder die Entwicklung von Computern nicht möglich gewesen. Während Leiter schon bei normaler Temperatur im Kristallverband relativ frei bewegliche Elektronen als Ladungsträger und damit eine hohe Leitfähigkeit besitzen (Kaltleiter) und Nichtleiter (Isolatoren) andererseits keine freien Elektronen aufweisen, auch nicht bei hoher Temperatur, nehmen die Halbleiter eine Zwischenstellung ein, daher der Name. Ihre Valenzelektronen sind bei niederer Temperatur fest im Kristallgitter eingefügt, in der Nähe des absoluten Nullpunktes sind sie Isolatoren, mit steigender Temperatur steigt aber die Wärmeschwingung der Elektronen an und einige von ihnen werden aus ihrer festen Gitterbindung gerissen und können sich frei bewegen. Die Halbleiter besitzen also mit steigender Temperatur eine zunehmende Zahl freier Leitungselektronen, also negativer Ladungsträger (n-Leitung), ihre Leitfähigkeit nimmt mit steigender Temperatur zu (Heißleiter). Gleichzeitig entstehen im Kristall natürlich Elektronenfehlstellen mit positiver Überschußladung, sogenannte Löcher. Auch diese Löcher können wandern, indem benachbarte Valenzelektronen hineinspringen und sie auffüllen und das Loch dann an einer anderen Stelle entsteht. Löcher sind also bewegliche positive Ladungsträger (p-Leitung). Halbleiter (Elemente der vierten Gruppe des periodischen Systems: Germanium, Silizium, Selen) haben also sowohl n- wie p-Leitung.

Natürlich kann die Temperaturbewegung allein keinen Stromfluß bewirken, wird aber eine Spannung angelegt, so wandern die Elektronen zum positiven Pol, die Löcher zum negativen Pol. Von Natur aus ist auch dieser Elektronenstoß relativ klein. Gibt man aber bestimmte Fremdatome, sogenannte Dotierungsstoffe, hinzu, so wird die Leitfähigkeit bedeutend erhöht. So bewirken Elemente der fünften Gruppe des periodischen Systems (Antimon, Phosphor oder Arsen) mit vielen leichtbeweglichen Elektronen eine Fixierung der positiven Ladungen im Kristall, nur die Elektronen diffundieren und man erhält n-leitende Halbleiter. Von Elementen der dritten Gruppe (Indium, Gallium oder Aluminium) werden andererseits die Elektronen im Kristall fixiert und man erhält p-leitende Halbleiter.

Elektronenröhren und Halbleiterbauelemente werden in der Elektronik in den verschiedensten Formen und zu den verschiedensten Zwecken als Stromträger, Schalt- und Steuerelemente oder zur Aufzeichnung von Vorgängen eingesetzt. An verschiedenen Stellen dieses Buches wird darauf noch näher eingegangen.

3.4 Computer. Die elektronische Datenverarbeitung (EDV) durch Computer ist der neueste Schritt auf dem Wege zur Rationalisierung durch Automatisierung. Die Computer-Technologie wird von der Elektronik beherrscht und dient z. B. zur Steuerung von Lochbändern, Speicherung von Technologien usw. Durch den Einsatz des Computers wird angestrebt, im Gegensatz zum Automaten, bei der der Mensch allein die geistige Entscheidung trifft, dem Menschen auch geistige Arbeit abzunehmen, also geistige Entscheidungen bzw. logische Denkvorgänge herbeizuführen. Der Computer ist ein kombinatorisches Netzwerk, das Arbeitsanweisungen, die von einem Menschen zu einem bestimmten Zweck erdacht sind, so mit anderen Angaben umsetzt, daß die erwarteten Ergebnisse herauskommen. Man benötigt also zunächst ein von Menschen aufgestelltes Arbeitsprogramm, das nach Übertragung in eine für den Computer verständliche Programmiersprache z. B. mit einer angeschlossenen Schreibmaschinentastatur in den Computer eingespeichert wird, wobei durch die Betätigung der Tasten elektrische Impulsfolgen erzeugt werden, die das kombinatorische Netzwerk durchlaufen und gespeichert werden. Diese eingespeicherten Daten können jederzeit wieder abgerufen werden, indem die eingespeicherten Impulsfolgen dann auf der Ausgabenseite wieder durch ein schreibmaschinenähnliches Gerät oder auf einem Bildschirm (Datensichtgerät) ablesbar gemacht werden. Dazwischen können diese Angaben aber im Computer

a) durch innere Verknüpfung mit anderen eingegebenen Daten verbunden werden,
b) gespeichert werden, um sie erst bei Bedarf wieder abzurufen und in das Verknüpfungswerk einzuspeisen.

Der Computer besteht also aus

a) der Eingabestation zum Eingeben der verschiedenen Programme und Daten,
b) mehreren Daten- und Programmspeichern, meist auf Halbleiterbasis,
c) dem kombinatorischen Netzwerk, in dem die eingegebenen Informationen zweckmäßig miteinander verknüpft werden, um ganz bestimmte Ausgangsinformationen zu erhalten,
d) der Ausgangsstation zur Präsentation der Ergebnisse.

Der Computer nimmt also dem Menschen auch geistige Arbeit ab. Wichtig ist, daß er etwa eine Million mal so schnell arbeitet wie das menschliche Hirn, und daß er reproduzierbar arbeitet und nichts vergißt. Er kann aber einwandfreie Ergebnisse nur liefern, wenn auch die eingegebenen Informationen exakt und eindeutig sind. Insofern ist hier zunächst die Eingabe des Programms als schöpferische Leistung des Menschen unersetzlich.

Der Einsatz von Computern auf breiter Basis wurde aber erst möglich durch die Entwicklung der *Mikroprozessoren.* Man spricht hierbei auch von integrierten Schaltungen (IS), bei denen nicht mehr die einzelnen Bauelemente, wie Widerstände, Dioden, Transistoren usw., verdrahtet sind, sondern bei denen alle Bauelemente auf einem winzigen Siliziumplättchen untergebracht (integriert) sind. Bei der Entwicklung solcher Chips (Fachausdruck für die elektronischen Mikrobausteine) wird eine Art Schaltplan in Tischgröße entworfen, dann photographisch auf Millimetergröße verkleinert und auf Siliziumplättchen übertragen. So enthalten die Chips auf einer Fläche von 20 bis 25 mm^2 50000 und mehr Bauelemente und deren Verbindungen – in Kürze werden es 1 Mill. Funktionen sein –, und sie vermögen damit so viel zu leisten, wie früher schrankgroße Computer. Sie sind außerdem durch eine große Massenproduktion sehr billig, können mit Höchsttempo und fehlerfrei arbeiten und extreme Temperaturschwankungen, Erschütterungen und Feuchtigkeit vermögen ihnen nichts anzuhaben. Überall, wo es etwas zu programmieren, zu steuern und zu kontrollieren gibt, werden heute Chips (Abb. 1) und auf ihrer Basis aufgebaute Mikrocomputer eingesetzt, die billig sind und präzise und zuverlässig arbeiten und deren Einsatz sich daher schon in kürzester Zeit bezahlt macht. Solche Mikrocomputer werden heute nicht nur als Rechenmaschinen und für Informationsaufgaben verwendet, sondern sie werden auch als Speicherelemente unmittelbar in Fertigungsvorgängen eingesetzt. Man fand sie zunächst in Großindustrien, wie der Maschinenindustrie, Autoindustrie und chemischen Industrie, heute kommen sie aber auch in mittleren und kleineren Betrieben der Verbrauchsgüterindustrie als Elemente zum Programmieren, Messen und Regeln von einfacheren Produktionsabläufen in verstärktem Maße zum Einsatz. Sie werden daher in Zukunft auch bei der Steuerung ledertechnischer Vorgänge an

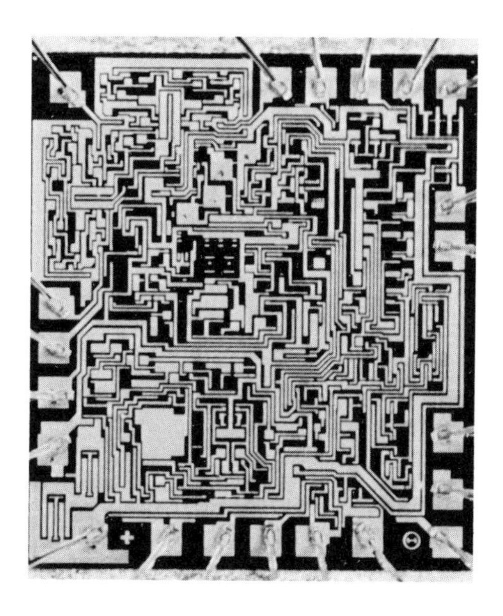

Abb. 1: Als Beispiel ein monolithisch integrierter Schaltkreis in der Autoindustrie[4].

vielen Stellen ihren Platz finden. Über einige Einsatzmöglichkeiten wird an späterer Stelle noch ausführlicher berichtet (S. 55, 76, 197).

4. Rationalisierungsmaßnahmen bei der Lederherstellung

Auch in der Lederindustrie spielt die Rationalisierung durch Mechanisierung und Automatisierung seit langem eine bedeutsame Rolle und hat die Produktionsverfahren entscheidend beeinflußt. Außer den oben angeführten Gründen kommt hier für eine Rationalisierung noch hinzu, daß die Arbeit bei der Lederherstellung in vielen Bereichen, namentlich in der Wasserwerkstatt, schwer und schmutzig ist und dafür Arbeitskräfte in Zukunft kaum noch zur Verfügung stehen werden. Der Anlauf zur Rationalisierung ist bei der Lederherstellung vielleicht langsamer als in anderen Industriezweigen erfolgt, da die Lohnkosten in der Kalkulation des Leders bei der dominierenden Bedeutung der Rohhautpreise zunächst keine so entscheidende Rolle spielten. Sicher war vielfach auch die Sorge maßgebend, durch zu starke Rationalisierung könne die Qualität des Leders leiden, Bedenken, die insbesondere die ersten Besucher der USA nach dem Zweiten Weltkrieg als Ergebnis ihrer kritischen Beobachtungen mit nach Europa brachten. Die harte Konkurrenz mit den Importen aus Billigpreisländern und der Wettbewerb mit synthetischen Materialien hat aber gelehrt, daß wir nur bestehen können, wenn wir aus der tierischen Haut ein möglichst hochwertiges Endprodukt herstellen. Daß die Flexibilität der Produktion und die Qualität des erzeugten Leders stets im Vordergrund aller Entwicklungen stehen muß und daß auf keinen Fall eine Uniformität des Enderzeugnisses eintreten darf, hat daher als oberste Maxime bei allen Maßnahmen der Rationalisierung bei der Lederherstellung zu gelten.

Andererseits ist nach allen bisherigen Erfahrungen unbestritten, daß bei der Lederherstellung eine weitgehende Rationalisierung auch bei einwandfreier Erhaltung, ja Steigerung der

Qualität durchführbar ist, wenn sie an der richtigen Stelle und in vertretbarem Umfange vorgenommen wird. Stellt man die Zahl der in der deutschen Lederindustrie beschäftigten Arbeitskräfte und die Gesamtlederproduktion in Tonnen in Relation zueinander, so kamen 1950 auf einen Beschäftigten 1,8 t/Jahr, 1980 waren es 5,1 t/Jahr. Und diese Zahlen werden noch bedeutsamer, wenn man bedenkt, daß in dieser Zeitspanne gleichzeitig eine Verkürzung der Normalarbeitszeit erfolgte und andererseits 1950 Unterleder, das mit einem verhältnismäßig geringen Arbeitsaufwand erzeugt wird, fast 50 % der Lederproduktion ausmachte, (heute etwa 15 %), während inzwischen wesentlich arbeitsaufwendigere Lederarten seinen Platz eingenommen haben. Unter diesen Gesichtspunkten sprechen die angeführten Zahlen eine beredte Sprache.

In der Lederindustrie können vier Arten der Rationalisierung durch Mechanisierung und Automatisierung unterschieden werden:

a) Transport-Rationalisierung. Darunter versteht man die Verkürzung der Transportwege in der Produktion durch klare Führung des Produktionsflusses unter Einschaltung mechanischer Transportgeräte. Die technischen Möglichkeiten hierfür sind unerschöpflich. Gegen dieses Prinzip wird aber in vielen Betrieben noch erheblich verstoßen. Das hängt bei älteren Produktionsstätten natürlich teilweise mit den gegebenen Räumlichkeiten zusammen, die von den Vorfahren ohne Kenntnis solcher Fragen in Etappen gebaut wurden und die abzureißen man sich vielfach scheut. Oft ist es aber auch Betriebsblindheit, die verhindert, daß die hier gegebenen Möglichkeiten ausgenutzt werden, obwohl gerade durch die Transportrationalisierung erheblich Kosten gespart werden können. Zur Transportrationalisierung gehört auch die Rationalisierung des Füllens und Entleerens der Fässer, Haspelgeschirre und Gruben und der Weitertransport der Häute bzw. Leder und der Brühen in Äschern, soweit sie noch in Gruben durchgeführt werden, oder in Farbengängen. Schließlich gehört hierher auch der Abtransport der Abfälle wie Haare, Leimleder, Falz- und Blanchierspäne usw.

b) Ersatz der Handarbeit durch Maschinenarbeit. Auf diesem Gebiet ist die Rationalisierung am weitesten fortgeschritten und daher nimmt die Besprechung des Einsatzes von Maschinen auch einen großen Teil dieses Buches ein. Es gibt kaum noch Arbeitsvorgänge bei der Lederherstellung, die nicht maschinell durchführbar sind und maschinell durchgeführt werden. Das soll nicht heißen, daß damit schon alle Wünsche nach Rationalisierung erfüllt wären. Diese Wünsche können Fragen der Leistungssteigerung durch Erhöhung der Arbeitsgeschwindigkeit und Verminderung der Neben- und Wartezeiten durch Durchlaufmaschinen, wenn möglich Automatisierung einzelner Arbeitsprozesse, und schließlich Verbesserungen der Arbeitsqualität betreffen. Insbesondere die Einführung von Durchlaufmaschinen steht hier immer wieder zur Diskussion. Dabei hat die Gerbereimaschinenindustrie für die Zurichtung auch diese Wünsche schon in erheblichem Umfange erfüllt, und für das Abwelken, Falzen, Stollen, Schleifen, Entstauben, Bügeln, Plüschen, Gießen und Spritzen haben sich Durchlaufmaschinen mit hoher Leistung in steigendem Maße durchgesetzt. Aber für die Arbeiten der Wasserwerkstatt ist die Erfüllung dieser Wünsche noch offen, obwohl gerade hier die mechanischen Arbeiten (Enthaaren, Entfleischen, Streichen) sehr arbeitsaufwendig, schwer, schmutzig und übelriechend sind und daher hierfür in Zukunft kaum noch Arbeitskräfte verfügbar sein werden.

c) Zusammenschluß verschiedener Maschinen zu Produktionsstraßen. Durchlaufmaschinen haben den Vorteil, daß sie zu Fertigungsstraßen beliebiger Länge miteinander verbunden werden können, wobei in Kombination mit Staplern weitere Einsparungen an Arbeitskräften möglich sind. Als Beispiele hierfür seien die Kombinationen Pressen/Stapler, Schleifmaschine/Entstaubmaschine/Stapler oder noch besser Plüsch- bzw. Spritzmaschine/Trockner/Stapler angeführt. Aber im letzteren Fall stoßen wir schon an die für viele Betriebe zwangsläufig gegebenen Grenzen. Lange Transferstraßen verlangen hohe Produktionszahlen eines Fertigproduktes in einheitlicher Beschaffenheit, also auch einheitlichem Farbton, sonst fressen die zwischengeschalteten Einstellungs- und Reinigungskosten die Vorteile der Rationalisierung auf. Wenn wir aber in den Musterkarten vieler europäischer Betriebe die Palette der angebotenen Farbtöne ansehen und die Bereitwilligkeit in Betracht ziehen, darüber hinaus noch weitere Farbtöne aufzunehmen, wenn der Käufer das wünscht, so ist damit eine rationelle Arbeitsweise in Produktionsstraßen nicht mehr gegeben. Außerdem bringen zu lange Fertigungsstraßen die große Gefahr mit sich, daß die Zurichtung, die wir gerade im Hinblick auf die Qualität des Fertigproduktes besonders beweglich und in der Bearbeitung individuell halten sollten, dadurch im Gegenteil zu unbeweglich werden kann. Es ist sicher nicht von ungefähr, daß namentlich in Ländern, in denen die Entwicklung von Zurichtstraßen besonders ausgeprägt ist, die Fertigprodukte häufig zwangsläufig eine Uniformität zeigen, die dem Gedanken einer ledertypischen Qualität abträglich ist. Daher sollte die Einrichtung längerer Produktionsstraßen erst nach sorgfältiger Prüfung der gegebenen Ausnutzungsmöglichkeiten ins Auge gefaßt werden.

d) Rationalisierung der Naßarbeiten. Die Rationalisierung der Naßarbeiten, etwa durch Automatisierung der Betriebskontrollen oder durch Halb- oder Vollautomatisierung größerer Fabrikationsabschnitte durch Programmsteuerung, ist das jüngste Glied in der aufgezählten Kette und hat in den letzten 15 bis 20 Jahren wesentliche Entwicklungen erfahren. Hier handelt es sich im wesentlichen darum, bestimmte Meßwerte der Produktion zu erfassen, sie eventuell zu registrieren und aufgrund dieser Meßwerte im Vergleich von Ist- und Sollzahlen dann bestimmte Funktionen auszulösen. Messen, Registrieren und Regeln sind also hier die drei wichtigen Komponenten, für die die moderne Regeltechnik viele Möglichkeiten liefert. Das Ziel ist, die Produktionsbedingungen zu vereinfachen, die Leistung zu erhöhen, die Kosten zu senken und einen stets einheitlichen Produktionsablauf zu sichern. Gerade auf diesem Gebiet spielen aber neben den apparativen auch die technologischen Rationalisierungsmaßnahmen eine bedeutsame Rolle. Die Beschaffung entsprechender Geräte allein genügt nicht, auch die Arbeitsverfahren müssen entsprechend angepaßt sein, wobei namentlich die Zeitfrage im Vordergrund steht, denn die Wirtschaftlichkeit solcher Anlagen ist um so größer und die Amortisation erfolgt um so schneller, je größer die Einzelpartie ist und je kürzer gearbeitet wird, je weniger also die Aggregate pro Partie blockiert werden.

Bei gegenseitiger Abwägung der verschiedenen Rationalisierungsmöglichkeiten steht nun die Frage zur Diskussion, welche Stadien der Naßarbeiten sich in der Lederindustrie für die Rationalisierung am ehesten anbieten. Hier vertrete ich die Auffassung, daß sich die Rationalisierung der Lederherstellung in erster Linie auf die Bereiche von der Einarbeitung, ja der Erfassung der Rohhaut bis zum Ende der Gerbung erstrecken sollte. Hier kann bei gegebener Lederart ohne Nachteile in Großpartien bis zum Ende der Gerbung gearbeitet werden. Die Variationen hinsichtlich weicherer und festerer Leder, Anilinleder oder Leder mit korrigierten Narben sind in ihrer ganzen Breite nach der Sortierung vornehmlich durch die Arbeiten der Naßzurichtung zu erreichen. Insbesondere die Nachgerbung ist heute zu einem der wichtigsten Teilgebiete der Lederzurichtung geworden und die hierfür entwickelte große Palette an Nachgerbmitteln ermöglicht bei richtigem Einsatz für sich und in geeigneten

Kombinationen, die Ledereigenschaften noch in diesem Stadium in weiten Grenzen zu variieren und eine Vielzahl verschiedener Effekte zu erreichen, insbesondere wenn die Hauptgerbung nicht zu intensiv durchgeführt wurde. Aber die Naßzurichtung sollte nur noch bei kleinerer Partiegröße geschehen, und in der weiteren mechanischen Zurichtung sollte lieber ein Arbeitsgang mehr getan werden als zu wenig und selbst Handarbeit ist in diesem Stadium durchaus zu vertreten, um eine breite Qualitätspalette anbieten zu können.

Die Rationalisierung durch Mechanisierung und Automatisierung ist natürlich mit meist erheblichen Kosten verbunden, die sich amortisieren müssen. Mit zunehmendem Grad der Rationalisierung steigen die Kapitalkosten rapide an, wobei neben den Investitionskosten auch die zu erwartenden Wartungs- und Energiekosten mit einzubeziehen sind, während die Lohnkosten andererseits abnehmen. Vor jeder Neuinvestierung muß daher der wirtschaftliche Nutzen sorgfältig analysiert werden. Weiter führt jede Rationalisierung durch Mechanisierung und Automatisierung zwangsläufig auch zu einer Konzentration der Betriebe. So ist z. B. in Deutschland von 1950 bis 1980 die Produktion an Fertigleder von 69 000 t auf 37 800 t = 54,8 % gefallen, die Zahl der Betriebe hat in der gleichen Zeit, wenn man auch die kleinen Betriebe mit weniger als zehn Beschäftigten einbezieht, eine Abnahme von etwa 490 auf etwa 140 = 28,6 % erfahren, die mittlere Produktionshöhe pro Betrieb ist also angestiegen. Von dieser Entwicklung wurden natürlich in erster Linie die ganz kleinen Betriebe betroffen, die sich teure Maschinen und Einrichtungen nicht leisten können, bzw. bei denen sich diese Kosten wegen des geringen Produktionsumfanges nicht amortisieren. Sie haben daher heute kaum noch eine Chance, es sei denn, sie stellen Spezialprodukte her. Aber auch die Zahl der ausgesprochenen Großbetriebe ist nicht angestiegen, sondern sie sind vielfach verschwunden, weil sie bei ihrer Größe oft zu unbeweglich waren (wenn auch nicht unbedingt sein müssen, wie einige Betriebe deutlich bewiesen haben) und damit dem modischen Wechsel und den daraus sich ergebenden technologischen Forderungen nicht rasch genug folgen konnten. In der europäischen Lederindustrie hat sich der Betrieb mittlerer Größe bewährt, der eine gute Beweglichkeit und leichte Anpassungsfähigkeit seiner Produktion an die wechselnden ökonomisch-modischen Marktgegebenheiten besitzt und der sich an den notwendigen Rationalisierungsmaßnahmen in den Grenzen beteiligen kann, die sich ökonomisch in Relation zur Amortisierbarkeit rechtfertigen lassen.

Mit dem bisher Erreichten sind die gegebenen Möglichkeiten der Rationalisierung durch Mechanisierung und Automatisierung in der Ledererzeugung noch keineswegs erschöpft. Wir stehen mitten in einem Wandel, der häufig nicht so sehr nach außen sichtbar wird, aber doch kontinuierlich fortschreitet. Wo die Grenzen technischer Entwicklung ganz allgemein liegen, vermögen wir nicht zu entscheiden. Als die erste Eisenbahn gebaut wurde, bestand gegen eine Geschwindigkeit von 45 km/h Bedenken, heute fliegen die Passagierflugzeuge mit mehr als der 30fachen Geschwindigkeit, die Raumfahrer haben Geschwindigkeiten über 20 000 km/h überlebt und über analoge Fragen für die Lichtgeschwindigkeit von 300 000 km/s wird diskutiert. Heute streiten wir uns über die Einrichtung von Atomkraftwerken und doch brauchen wir wahrscheinlich die damit erzeugte Energie und werden lernen müssen, damit umzugehen. Für den Ledertechniker stehen solche Dimensionen nicht zur Diskussion, aber auch hier wird die Technik Jahr für Jahr neue Perspektiven liefern. Wir müssen mit der modernen Technik leben und alles, was sie uns liefert, überlegt prüfen und bei Eignung einsetzen, wenn wir überleben wollen. Technischer Fortschritt ist nicht aufzuhalten, und es liegt an den Menschen, ihn sich nutzbar zu machen, statt sich passiv überrollen zu lassen.

In den nachfolgenden Abschnitten sollen nun die vielseitigen Möglichkeiten der Rationalisierung in der Lederindustrie durch Mechanisierung und Automatisierung, soweit wir sie heute kennen, behandelt werden. Dabei können aber in den meisten Fällen nur Hinweise gegeben und Beispiele, die ich in aller Welt gesammelt habe, besprochen werden. Aber das, was sich in einem Betrieb bewährt hat, ist oft in einem anderen Betrieb, etwa wegen der baulichen Gegebenheiten oder der besonderen fabrikatorischen Verhältnisse, weniger geeignet. Die individuellen Betriebsbedingungen sind hierbei von entscheidender Bedeutung. Maschinen kann man besichtigen und bei Eignung bestellen, die Probleme der Rationalisierung können dagegen in den meisten Fällen nur unter Berücksichtigung der speziellen Lage jedes Einzelbetriebes individuell gelöst werden. Damit muß der Techniker in den Betrieben fertig werden, die Ausführungen und Beispiele dieses Buches sollen ihm dabei eine Hilfe sein.

II. Grundlagen der Meß- und Regeltechnik

Messen, Registrieren und Regeln sind die drei Schritte, deren sich die moderne Regeltechnik[5] bedient. Die Regeltechnik hat in den zurückliegenden Jahren eine geradezu stürmische Entwicklung erfahren und mit allen Gebieten der Technik Berührungspunkte erlangt. Nun wird der Ledertechniker kaum in die Lage kommen, sich seine Einrichtungen für die Mechanisierung und Automatisierung selbst zu bauen, sondern er wird hierfür einen Fachmann auf diesem Gebiet heranziehen. Er braucht daher auch das Gebiet der Meß- und Regeltechnik mit seiner Vielfalt an Anwendungsmöglichkeiten und technischen Einrichtungen nicht in allen Einzelheiten zu beherrschen, aber er sollte doch zum mindesten über einige Grundkenntnisse verfügen, um ein Gesprächspartner für den Fachmann zu sein, um seine Wünsche klar darzulegen und bei der Auswahl geeigneter Regelgeräte bzw. bei der Auswertung von Angeboten Entscheidungen treffen zu können. Die nachfolgenden Ausführungen sollen ihm ohne mathematische Ableitungen diese Grundlagen vermitteln, ihm zeigen, welche Möglichkeiten die moderne Regeltechnik bietet und ihn damit in die Lage versetzen, die Angebote der Meß- und Regeltechnik für seinen Betrieb zweckmäßig auszuwerten.

1. Meßtechnik

Um in der Verfahrenstechnik industrielle Prozeßabläufe regeln zu können, benötigt man zunächst zuverlässige Informationen über den jeweiligen Istzustand, in dem sich das Produktionssystem befindet. Hier setzt die Meßtechnik ein. Ihre Informationen sind für das nachfolgende Regeln unerläßlich. Sie zeigt uns die bestehende Differenz zwischen Soll- und Istzustand im technischen Vorgang und ermöglicht damit erst den korrigierenden Einfluß. Von ihrer Qualität und Zuverlässigkeit ist damit auch die Genauigkeit des regelnden Eingriffs abhängig.

Man kann je nach der gestellten Aufgabe unterscheiden zwischen Einzelmessungen, die nur im Bedarfsfall vorgenommen werden, und permanenten Messungen, die meist als Bestandteil eines Regelvorganges ständig oder in meist kurzfristigen Intervallen erfolgen und so die Meßgröße während des gesamten Prozeßverlaufs überwachen. Dabei müssen die Meßgeräte die Meßbeobachtungen in eine lesbare Größe transferieren, die für die Sichtablesung an einer Skala abgelesen oder bei schreibenden Registriergeräten kurvenmäßig festgehalten werden kann. Dadurch kann man sich auch in späteren Zeiten den Verlauf der Meßgröße, etwa bei Auftreten von Fehlern, wieder ins Gedächtnis rufen (vgl. S. 51).

Die Anzeige der Meßdaten kann in zweierlei Form erfolgen:

1. *Analoganzeige:* Das Meßergebnis wird mittels Zeigers oder als Ausdehnungsweg eines Flüssigkeitsfadens (Thermometer) an einer Skala angezeigt, wobei die Genauigkeit der Anzeige von der Feinheit der Skaleneinteilung abhängt. Sie ist eine stetige Anzeige, bei der

man auch Zwischenstellungen innerhalb des Anzeigebereichs schätzend ablesen kann. Es ist zweckmäßig, als Anzeigenbereich nicht den ganzen Bereich möglicher Meßwerte zu wählen, sondern nur den Teilbereich, in dem für den zu kontrollierenden Prozeß Meßwerte erwartet werden. Dann kann die Skala in diesem Bereich entsprechend größer graduiert gewählt werden, die Ablesung wird genauer. Gegebenenfalls können Meßinstrumente auch mehrere nebeneinander liegende Meßbereiche aufweisen, von denen jeder Bereich den Vorteil einer Ausschnittsanzeige aufweist und nach Bedarf eingeschaltet werden kann. In vielen Fällen werden auch Meßgeräte gewählt, bei denen nicht die absoluten Meßwerte angezeigt werden, sondern der gewünschte Sollwert als Nullwert in der Mitte der Skala liegt und die positiven und negativen Abweichungen rechts und links davon angezeigt werden (Regelabweichungsanzeiger).
2. *Digitalanzeige,* d. h. Zahlendarstellung des Meßwertes: Sie ist eine unstetige Anzeige, kann also nur Meßschritte anzeigen; die Genauigkeit der Anzeige hängt von der Größe des Ziffernschritts ab (z. B. Digitaluhr, Kilometerzähler im Kraftwagen, Kilowattstundenzähler). Der Vorteil dieser Anzeige besteht neben der einfacheren Ablesung und damit der Verminderung der Gefahr von Fehlablesungen vor allem auch darin, daß sich die Digitalwerte maschinell erfassen und damit in Rechner einspeisen lassen (vgl. S. 53 ff.)

Meßgeräte sind Geräte, die zur Bestimmung physikalischer, chemischer oder technischer Werte (Meßgrößen) dienen. Sie nehmen die gemessenen Werte auf und bringen sie entweder unmittelbar zur Anzeige, oder sie wandeln sie in entsprechende Beträge anderer Meßgrößen um (Meßumformer; s. u.). Summierende Meßgeräte geben den Wert der gemessenen Größe als Summe einzelner Teilwerte an, wie z. B. bei Abfüllmaschinen, Ledermeßmaschinen usw. Bei Meßgeräten mit Mengeneinstellwerk wird die Messung selbständig unterbrochen, wenn der zuvor eingestellte Mengenwert erreicht ist, wie z. B. bei Abfüllwaagen. Registrierende Meßgeräte halten die Meßwerte für eine oder mehrere Meßgrößen z. B. durch die Aufnahme von Kurven oder in Zahlenwerten fest. Druckende Meßgeräte geben die Meßergebnisse in Form von Zeichen, Buchstaben oder Ziffern aus.

Unter *Meßketten* versteht man eine Aufeinanderfolge von Meßgliedern in einem Meßgerät bzw. einer Meßeinrichtung. Das erste Glied einer solchen Kette ist der Meßgrößenfühler (Sensor), der die Meßwerte aufnimmt, das Endglied ist der Meßwertausgeber, der in Form eines Anzeigegeräts, Grenzwertmelders oder Schreibers das Meßergebnis bekannt gibt.

Dazwischen können folgende Glieder eingeschaltet werden:
a) *Meßverstärker* (S. 72), elektrische Meßeinheit, die die Aufgabe hat, beim Messen auftretende, kleine elektrische Ströme und Spannungen so zu verstärken, daß sie mit anzeigenden oder auch schreibenden Meßgeräten erfaßt werden können. Sie sind heute vorwiegend mit Transistoren, seltener mit Elektronenröhren bestückt.
b) *Meßumformer* (S. 71) sind Meßhilfsgeräte unterschiedlicher Bauart, die ganz allgemein in eine Meß- oder Regeleinrichtung bzw. eine Meßkette eingeschaltet werden, um einen Meßwert in einen anderen umzuwandeln, so z. B. nichtelektrische Größen bei der Temperaturmessung in elektrische Größen. Die Eingangsgröße erzeugt oder steuert dabei die Ausgangsgröße.
c) *Meßgleichrichter* wandeln Wechselströme und -spannungen in Gleichströme und -spannungen um, so daß sie mit empfindlichen Drehspulinstrumenten gemessen werden können (S. 49).

Für den *Einbau der Meßgeräte* sind grundsätzlich die folgenden Gesichtspunkte zu beachten:
a) Der Einbauort ist so zu wählen, daß das eigentliche Meßaggregat in seiner ganzen Länge mit der zu messenden Flüssigkeit in Berührung kommt. Werden Temperaturen z. B. bei Gerbfässern mit Winkelthermometern gemessen, müssen sie möglichst tief ins Innere des Fasses hineinragen und dann mit durchlochten Schutzkapseln geschützt werden. Bei strömenden Medien sollte die Einbaustelle im Bereich der größten Strömungsgeschwindigkeit liegen.
b) Bei Zugabe regulierender Agenzien sollte der Fühler möglichst dicht an der Zugabestelle liegen. Liegt z. B. ein Temperaturfühler zu weit vom Heizaggregat entfernt oder liegt bei der Zugabe von Chemikalien in ein Gerbfaß der Fühler an der gegenüberliegenden Seite, so wird das Ausmaß der Zugabe zu spät erfaßt, und damit sind Überdosierungen unvermeidbar. Bei Messung in der Nähe der Zugabestelle wird zwar der Regler wiederholt an- und ausgeschaltet, aber Überdosierungen treten mit Sicherheit nicht ein.

Die *Genauigkeit von Messungen* ist durch unvermeidbare Ableseungenauigkeit, die Empfindlichkeit der Meßinstrumente und Einflüsse der Umgebung des Meßortes wie Temperatur-, Feuchte- und Spannungsschwankungen begrenzt. Für die Auswahl der Meßgeräte und die Unterteilung der Meßanzeiger muß man sich schon aus wirtschaftlichen Gründen von vornherein darüber klar werden, welche Empfindlichkeit bzw. Zuverlässigkeit erforderlich ist und in welchen Grenzen Meßdifferenzen toleriert werden können, ohne daß der Prozeßablauf dadurch beeinträchtigt wird. Es ist z. B. unsinnig, eine Temperaturanzeige von $^1/_{10}$ °C zu wählen, wenn Schwankungen von 1 bis 2 °C für den Ablauf des Prozesses keine Rolle spielen oder ein pH-Meßgerät mit $^1/_{100}$-Einteilung einzusetzen, wenn Schwankungen von $^1/_{10}$-pH-Einheit die Qualität nicht beeinflussen. Bei zu feiner Meßeinteilung werden dann auch die nachgeschalteten Regeleinrichtungen viel zu häufig ein- und ausgeschaltet und damit unnötig strapaziert. Andererseits muß man aber natürlich auch berücksichtigen, daß die nachfolgende Regelung eines Prozesses (S. 59 ff.) niemals genauer sein kann als die Messung der Regelgröße.

Nachstehend sollen die Meßverfahren für die in der Ledertechnik wichtigsten Meß größen kurz behandelt werden.

1.1 Temperaturmessung. Die Temperaturangabe erfolgt in Grad Celsius = 273,15 Kelvin (K). Der Nullpunkt der Kelvineinteilung ist der absolute Nullpunkt. Die Einheit der Wärmemenge ist das Joule (J), doch sind auch kcal-Angaben in der Praxis noch üblich. 1 kcal = 4186,8 J. Für die Erfassung der Meßgröße »Temperatur« können verschiedene Typen von Geräten gewählt werden:

1.1.1 Temperaturmessung mit Widerstandsthermometer (Abb. 2). Hier werden Metalle eingesetzt, deren spezifischer elektrischer Widerstand mit steigender Temperatur ansteigt (Kaltleiter) oder mit steigender Temperatur sinkt (Heißleiter). Wenn dieses Widerstand-Temperatur-Verhalten weitgehend linear verläuft, können solche Metalle als Temperaturfühler meßtechnisch verwendet werden. Solche temperaturabhängigen Widerstände nennt man Thermistoren. Meist werden Kaltleiter in Form von Nickel- und Platinwicklungen als Temperaturfühler verwendet, bei Nickel für einen Meßbereich zwischen −50 und +150 °C, für Platin normalerweise von −200 und +550 °C (DIN 43760). Für kleinere Temperaturbereiche werden oft auch die Heißleiter Konstantan (60 % Cu, 40 % Ni) und Manganin (58 %

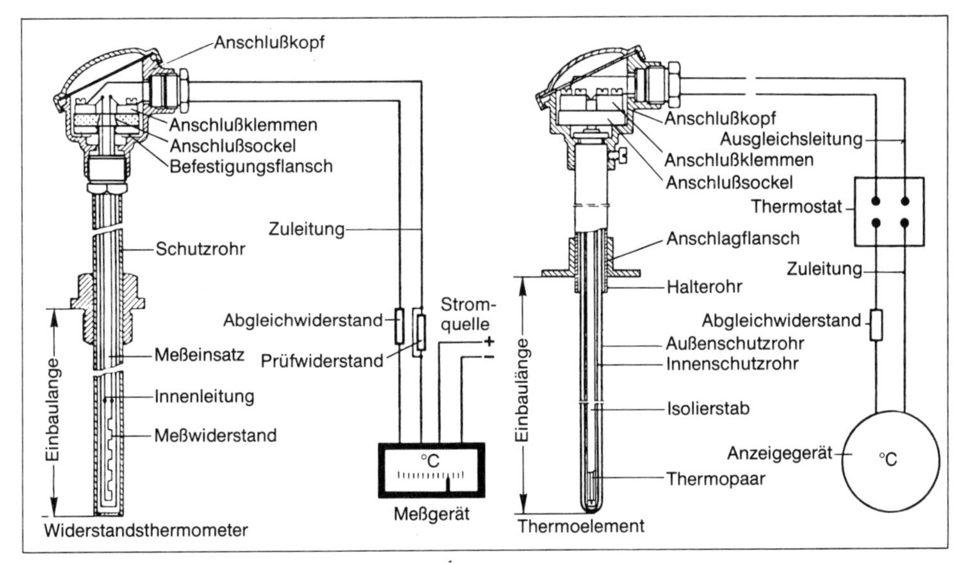

Abb. 2: Schnittzeichnungen eines Widerstandsthermometers (links) und eines Thermoelement-Thermometers (rechts) (Kaspers und Küfner[5]).

Cu, 42 % Ni) verwendet, die besonders schnell ansprechen und bei denen auch lange Zuleitungen zum Meßort wegen des hohen Widerstandes kaum Einfluß auf die Meßgenauigkeit haben. Solche Temperatureinrichtungen bestehen

a) aus dem eigentlichen Meßwiderstand, also dem Kalt- oder Warmleiter, der sich in einem umhüllenden Meßrohr befindet, obwohl dieses die Meßeinstellung verzögert. Meßtechnisch wäre natürlich günstiger, wenn die Meßeinrichtung direkt mit dem zu messenden Medium in Verbindung käme, aber dann wären mechanische Belastungen und Korrosionen nicht ausgeschlossen. Daher werden Keramik-, Quarz- oder Metallschutzrohre eingesetzt,

b) einem Anzeigegerät (meist Drehspulinstrument; S. 49)

c) einer Gleichspannungsquelle,

d) einem Abgleichwiderstand meist aus Manganindraht für die Berücksichtigung des Widerstandes der Zuleitungen.

Hier sei auch die *elektronische Temperaturmessung* erwähnt, bei der Halbleiterbauelemente, deren elektrische Leitfähigkeit auch von der Temperatur abhängig ist (S. 27), zum Einsatz gelangen. Die Änderung des elektrischen Widerstandes wird dabei mittels Transistoren (S. 81) verstärkt und kann dann z. B. mit Hilfe eines Strommessers sichtbar gemacht werden. Dieser Weg ist besonders vorteilhaft, wenn die Meßstelle räumlich weiter entfernt ist.

1.1.2 Temperaturmessung mit Thermoelementen (Abb. 2). Im Thermoelement entsteht beim Erwärmen der Lötstelle von zwei geeigneten, aneinandergelöteten Metallstreifen eine elektrische Spannung (Thermoelektrizität), die durch die verschiedene elektrische Leitfähigkeit der Metalle zu erklären ist (Seebacheffekt). Diese der Temperaturänderung an der Verbindungsstelle proportionale Spannung kann für die Temperaturmessung verwendet werden, wobei die Skala des Instruments anstelle der Millivoltangabe gleich die der Grundwertreihe entsprechende Temperatur in Grad Celsius anzeigt, da die Temperatur am Thermofühler und die entstehende Thermospannung linear abhängig sind. Für den praktischen Gebrauch haben sich bestimmte Metall- bzw. Legierungspaare besonders bewährt (Cu/Konst; Fe/Konst; Ni/Cr-Ni; Pt/Rh-Pt, siehe DIN 43 710). Wie die Widerstandsthermometer sind sie auch meist in geeigneten Schutzrohren untergebracht, um sie vor korrodierenden Einflüssen zu schützen, obwohl dadurch die Ansprechgeschwindigkeit vermindert wird. Sie dienen in erster Linie zum Messen sehr hoher und tiefer Temperaturen und haben im Vergleich zu den Widerstandsthermometern geringere Meßgenauigkeit, aber eine wesentlich höhere Ansprechgeschwindigkeit.

1.1.3 Temperaturmessung mit Flüssigkeitsthermometern. Hier wird die durch Temperaturänderung bewirkte Volumänderung von Flüssigkeiten zur Temperaturmessung verwendet. Die meisten Thermometer dieser Gruppe sind *Ausdehnungsthermometer*. Der wichtigste und bekannteste Vertreter dieser Gruppe ist das Quecksilberthermometer, brauchbar von −39 bis +750 °C. Es besteht aus einem kleinen, mit Quecksilber gefüllten Glaskolben (bei höheren Temperaturen Quarz statt Glas) und einer angeschmolzenen Glaskapillare, in der das Quecksilber je nach der durch Temperaturanstieg bewirkten Ausdehnung verschieden weit aufsteigt und damit an einer Skala die Temperatur anzeigt. Aus technischen Gründen wird meist mit herausragendem Faden gemessen, obwohl die Anzeige nur richtig ist, wenn die gesamte thermometrische Flüssigkeit der zu messenden Temperatur ausgesetzt ist. Daher sollten Flüssigkeitsthermometer so tief wie möglich in das zu messende Medium eintauchen. Für Regelzwecke werden Quecksilber-Zeigerthermometer (Federthermometer) verwendet, bei denen der Druck des Quecksilberfadens mittels spiralig verlängerter Kapillare auf einen Zeiger übertragen wird. Sie zeichnen sich durch robusten Aufbau und Preiswürdigkeit aus. Für die Erfassung des Temperaturwertes werden oft auch *Druckthermometer* verwendet, bestehend aus einer vollständig mit Quecksilber gefüllten Bourdonfeder (Rohrfeder, S. 46), die kreisförmig gebogen ist, ihren Krümmungsradius vergrößert, wenn der Innendruck steigt und deren so durch die Ausdehnung der Flüssigkeit bewirkte Formänderung auch über einen Zeiger sichtbar wird.

Schließlich werden für Regelungszwecke auch oft *Quecksilber-Kontaktthermometer* verwendet, in die zwei Kontaktdrähte eingeschmolzen sind. Der feste Kontakt ist in der Quecksilberkapillare eingeschmolzen, der verstellbare Kontaktdraht gleitet durch eine als Wandel ausgeführte Stromzuführung und wird auf die gewünschte Temperatur eingestellt. Durch Steigerung des Quecksilberfadens wird bei der gewünschten Temperatur der Kontakt hergestellt und dadurch die Heizung ein- oder ausgeschaltet.

1.1.4 Temperaturmessung mit Bimetallthermometer. Unter Bimetall versteht man den geschichteten Verbund zweier metallischer Streifen mit stark unterschiedlichem Wärme-Dehnungs-Verhalten, die durch Plattieren unter hohem Druck zusammengewalzt sind. Je ungleicher der Dehnungskoeffizient der beiden Partnermetalle, um so stärker verwandelt der Bimetallstreifen die Wärmeenergie in mechanische Bewegung, und der Streifen krümmt sich nach der Seite hin, die den kleineren Temperaturkoeffizienten hat. Dieser Effekt kann durch Übertragung auf einen Zeiger zum Messen der Temperatur, andererseits aber auch durch Herstellung oder Lösen von Kontakten zum Schalten und damit Regeln verwendet werden (S. 65). Die Bimetallfühler werden in der Praxis als Streifen, Teller, Spenzer-Scheibe, Spirale oder Wandel eingesetzt. Sie sind im Bereich von −50 bis +400 °C einsetzbar.

1.2 Mengenmessung. Um bestimmte Mengen fester oder flüssiger Stoffe in einen ablaufenden Prozeß zugeben zu können, müssen sie zunächst nach Masse (Gewicht), im Falle von Flüssigkeiten auch nach Volumen, abgemessen werden. Bei flächenartigen Gebilden (z. B. bei Leder) kann für die Mengenmessung schließlich auch die Fläche herangezogen werden. Für die Erfassung der Meßgröße »Menge« werden folgende Geräte verwendet:

1.2.1 Bestimmung der Masse (Gewicht). Die Angabe erfolgt in Gramm (g), Kilogramm (kg) oder Tonne (t). Für die Massebestimmung dienen Waagen. Je nach ihrem Aufbau können sie in folgende Gruppen unterteilt werden:

a) *Balkenwaagen* sind gleicharmige Hebelwaagen mit beidseitig angehängten Schalen,

b) *Laufgewichtswaagen* sind ungleicharmige Hebelwaagen mit verschiebbaren Laufgewichten und Skala auf der einen Seite.

c) *Neigungswaagen* sind ebenfalls ungleicharmige Hebelwaagen, bei denen der Waagebalken die Form eines Winkelhebels hat und der Massebetrag über den jeweiligen Winkelausschlag angezeigt wird.

d) Zu den zusammengesetzten Hebelwaagen gehören z. B. die *Brückenwaagen* mit einer Plattform (Brücke), auf die die Last aufgebracht wird. Zu ihnen gehören auch die *Dezimalwaagen* bzw. *Zentesimalwaagen,* bei denen das Verhältnis der Last zu den aufgelegten Gewichten durch Hebelübersetzung 1:10 bzw. 1:100 beträgt.

e) *Federwaagen* sind Waagen, bei denen die der Masse proportionale elastische Formänderung einer Feder auf ein Zeigerwerk übertragen wird.

f) *Hydraulische Waagen* dienen zum Wägen sehr großer Massen. Die Masse drückt hierbei auf den Kolben eines mit Flüssigkeit gefüllten Zylinders, und der Flüssigkeitsdruck wird durch ein Manometer angezeigt. Hierher gehören auch *Kraftmeßdosen* (S. 45).

Nach der Art des Lastträgers kann man die Waagen auch einteilen in Brückenwaagen, Tafelwaagen, Behälterwaagen, Kranhakenwaagen und Bandwaagen. Mit abnehmender Wägegenauigkeit werden die Waagen eingeteilt in Feinwaagen, Präzisionswaagen und Handelswaagen. Der bei den Waagen angegebene Wägebereich bezeichnet stets den Teil des Anzeigebereichs, für den die garantierten Fehlergrenzen eingehalten werden müssen. Der untere Teil des Wägebereichs wird als Mindestlast, der obere als Höchstlast bezeichnet. Mit welcher Genauigkeit eine eingesetzte Waage arbeiten muß, hängt natürlich von der Art des Einsatzes und den für den fraglichen Produktionsprozeß vertretbaren Fehlergrenzen ab.

Zum automatischen Verwiegen und Dosieren von festen Stoffen werden spezielle *Dosierwaagen* verwendet. Entscheidend für die Leistungsfähigkeit solcher Aggregate ist neben der Meßgenauigkeit der Waage selbst der Zerkleinerungsgrad des abzuwiegenden Gutes (körnig, mehlartig), sein Schüttgewicht, seine Förderwilligkeit (leicht oder schwer laufend), sein Feuchtigkeitsgehalt, seine Hygroskopizität usw. Dosieraggregate bestehen aus der Waage selbst, Förder-, Entleerungs- und Steuereinrichtung. Dabei wird das Wägegut mittels geeigneter Fördersysteme oder stetigem Mengenstrom zur Waage gebracht, mit der Menge, die dem eingestellten Gewicht entspricht, eingefüllt und die Zuführung bei Erreichung des Sollgewichts beendet. Die Zuführung kann im freien Fall unter Einschaltung von Grob- und Feinstromklappen erfolgen, wobei die Klappen den Materialzulauf stufenweise drosseln, wenn sich das Gewicht der gewünschten Menge nähert, und schließlich abstoppen, wenn dieses Gewicht erreicht ist. Sie kann aber auch durch Dosierbänder (S. 103), Dosierschnecken (S. 102) oder Schwingförderer (S. 102) erfolgen, die ihre Tätigkeit bei Erreichung des Sollwertes selbsttätig beenden. Die Einstellung der abzuwiegenden Menge kann von Hand erfolgen, durch Voreinstellung von Einstellknöpfen mechanisiert oder durch entsprechende Steuereinrichtungen (Programmgeber, Fernübertragung, Stellglieder) in die Automatisierung des Gesamtprozesses eingeordnet werden. Es ist sinnvoll, die Waagen auch mit einem Zählwerk zu versehen, das die gewogene Menge registriert und damit eine nachträgliche Kontrolle ermöglicht. Die Entleerung der Waage erfolgt dann entweder von Hand oder ebenfalls automatisch als Bodenentleerung durch eine Bodenklappe, Kippschale, Bodenventil, Trommelgefäß usw. Zur besseren Behälterentleerung können zusätzlich Rüttler oder Klopfer angebracht werden (S. 119). Einfüllorgan, Waage und Entleerungsorgan werden zweckmäßig mit flexibler Verbindung (Staubmanschette) möglichst staubdicht miteinander verbunden.

Abb. 3 zeigt das Schema einer Anlage zum automatischen Verwiegen pulverförmiger Chemikalien. Das Gut fließt nach Öffnen des handbetätigten Flachschiebers (1) auf die Förderschnecke (2) mit vollkommen geschlossenem Rohrtrog und je einem Ein- und Auslauf, deren Antrieb über eine elastische Kupplung mit Überlastsicherung erfolgt. Bei 4

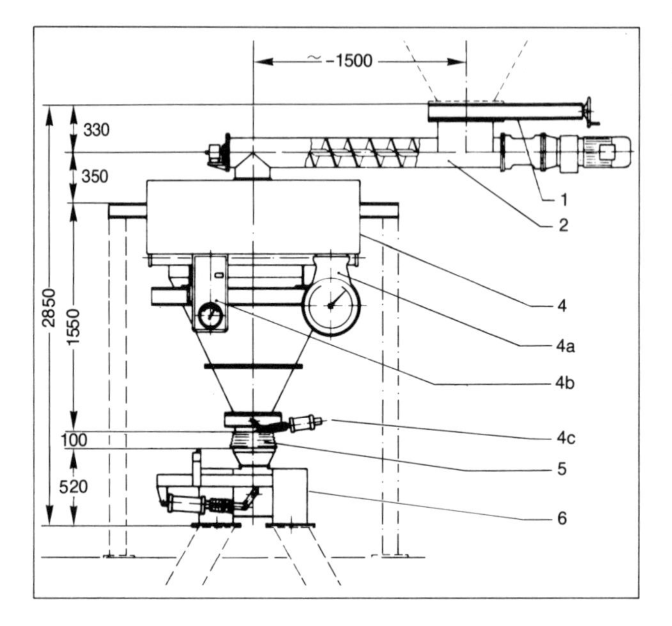

Abb. 3: Automatische Verwiegung pulverförmiger Chemikalien[6].

befindet sich die Behälterwaage, bei 4a der Wiegekopf mit Gewichtsanzeiger, bei 4b ein Komponenten-Gerät zur Vorwahl und Speicherung jeder gewünschten Gewichtswerte. Ist das eingestellte Gewicht erreicht, so stellt die Förderschnecke automatisch ab. Die Entleerung erfolgt bei 4c über eine elektrisch-pneumatische Drosselklappe. Bei 5 befindet sich eine Staubmanschette, bei 6 ein Zweifachteiler mit Ausblasdüse (um Materialablagerungen zu vermeiden), durch den das Gut zu dem zu beschickenden Gerät gelenkt wird. Man kann also je nach dem Verteilungssystem mehrere Geräte über die gleiche Waage bedienen. Abb. 4 gibt eine Gefäßwaage mit Beschickung aus drei Silos wieder, Abb. 5 zeigt das Schema einer Waage mit Zugabe aus fünf Silos unter Dosierung in einen gemeinsamen Wiegebehälter mittels

Abb. 4: Gefäßwaage mit Beschickung aus drei Silos[7].

Vibrationsrinne, Gewichtsvorwahl durch Lochkarten, an deren Stelle auch Handsteuerpulte treten können, und automatischer Wiegebehälterentleerung.

Bei der *Dosierung von Mischungen* wird ebenfalls mit einer gemeinsamen Dosierwaage gearbeitet, die mittels der oben angeführten Transporteinrichtungen mit verschiedenen Bunkern verbunden ist. Die Komponenten werden dann einzeln nacheinander abgewogen, der Zufluß wird durch vorher eingestellte Signalgeber oder durch Prozeßsteuerung gesteuert, wobei unter gleichzeitiger Variation der Mengeneinstellung der Waage auf die einzelnen Komponenten selbsttätig umgeschaltet wird. Oder jeder Bunker besitzt eine gesonderte

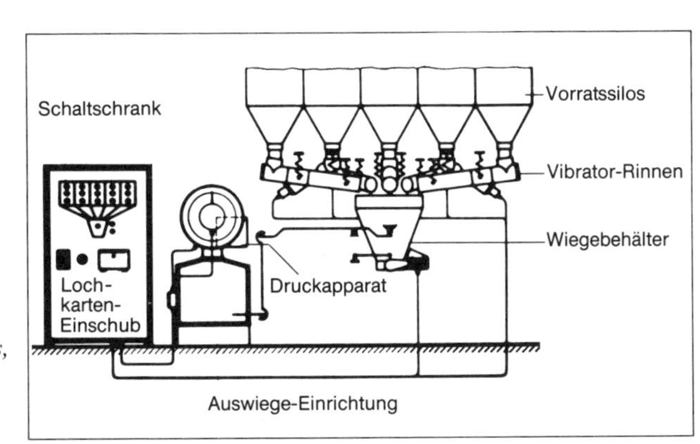

Abb. 5: Schemazeichnung einer Waage mit Zugabe aus fünf Silos, gemeinsamem Wiegebehälter, Lochkartensteuerung und automatischer Entleerung[8].

Dosierwaage, von wo die Komponenten nacheinander auf eine gemeinsame Mischstation gegeben werden, doch sind hier die Investitionskosten dann meist wesentlich höher.

1.2.2 Volummessung (Angabe in m^3). Soweit Flüssigkeiten (Lösungen) abgemessen werden sollen, verwendet man hierzu Volummeßgeräte wie Meßbecher, Meßzylinder, Meßeimer, bei größeren Mengen graduierte Meßbehälter. Erfolgt die Zuleitung von Vorratsbehältern direkt in die Reaktionsgefäße, so werden in die Zuleitungen entsprechende Meßgeräte eingebaut; das kann als Durchflußmessung mit *Flüssigkeitsmessern* erfolgen. *Ringkolbenzähler* gehören in die Gruppe der Verdrängungszähler, die mit Meßkammern mit beweglichen Wänden arbeiten. Bei ihnen werden die durch einen umlaufenden Ringkolben bewirkten Füllungen und Entleerungen einer Meßkammer gezählt. Abb. 6 zeigt schematisch den Ablauf des Meßvorganges, der auf dem fortlaufenden Füllen und Leeren der Meßkammer beruht. Die Flüssigkeit tritt bei 1 in die Meßkammer ein und bei 3 wieder aus und nimmt beim Durchströmen den Kolben mit, der die Kammer in einen inneren und äußeren Meßraum V 1 und V 2 teilt. Ein Umlauf des Kolbenzapfens entspricht dem Durchlauf des Meßkammerinhalts V 1 + V 2. Je nach Verwendungszweck können die Ringkammern und Kolben aus korrosionsbeständigen Werkstoffen hergestellt werden. Ringkolbenzähler eignen sich für fast alle Flüssigkeiten, haben hohe Meßgenauigkeit und sind eichbar. *Flügelradzähler* gehören in die Gruppe der Turbinenzähler, die ohne Meßkammern mit beweglichen Meßflügeln arbeiten. Hierbei werden die Drehungen eines mit Schaufeln besetzten Flügelrades auf ein Zählwerk übertragen. Das durchgeströmte Volumen ist eine Funktion der Umdrehungszahl des Meßflügelrades. Abb. 7 zeigt eine solche Meßuhr, die neben einem fortlaufend summierenden Rollzählwerk 2 stets auf Null rückstellbare Zeiger besitzt, die auf einem übersichtlichen Ziffernblatt die jeweils durchgelaufene Flüssigkeitsmenge einer Zugabeperiode genau angeben, wobei die Skaleneinteilung bis zu 10 000 m^3 gewählt werden kann. Abb. 8 zeigt einen anderen Flüssigkeitsmesser, bei dem die durchgelaufene Menge direkt in Ziffern angegeben wird. Mittels eines Druckwerkes kann außerdem die durchgelaufene Menge auf einer eingeführten Karte quittiert werden. Auch hier wird nach jedem Durchlauf auf Null zurückgestellt.

Abb. 6: Meßvorgang im Ringkolbenzähler, schematisch[9].

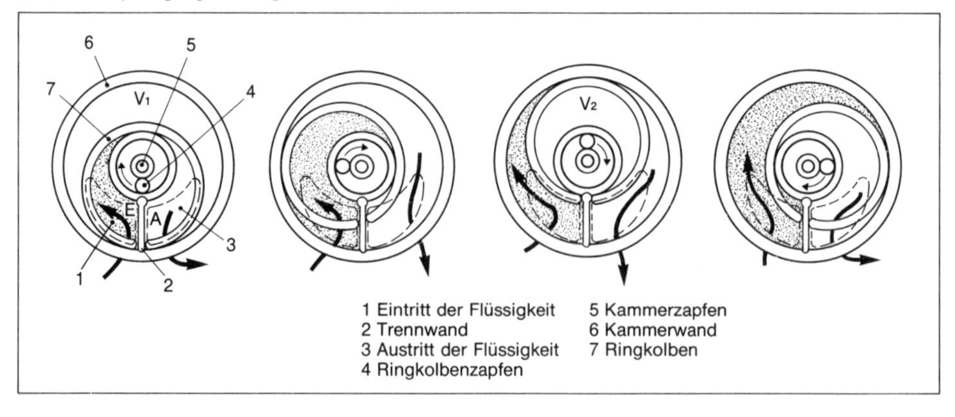

Vorteilhafter sind Flüssigkeitsmesser, bei denen die gewünschte Menge der Lösung vor Beginn der Messung mittels eines Mengeneinstellwerkes eingestellt wird und die Zufuhr sich automatisch abstellt, wenn diese Menge durchgelaufen ist. Abb. 9 zeigt eine solche Meßeinrichtung, bei der zu Beginn das untere Einstellwerk auf die abzumessende Menge, das obere Zählwerk auf Null gestellt wird. Das Einstellwerk läuft während des Abmessens rückwärts, das Zählwerk vorwärts, und wenn die eingestellte Menge erreicht ist, schließt sich das Ventil automatisch. Auch hier kann ein Druckwerk zum Quittieren der abgegebenen Menge eingeschaltet werden. Abb. 10 zeigt einen halbautomatischen Durchflußmengenzähler mit

Abb. 7: Flüssigkeitszähler mit rückstellbaren Zeigern[10].

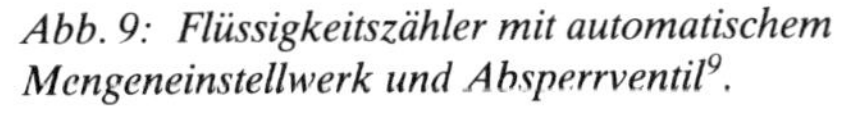

Abb. 9: Flüssigkeitszähler mit automatischem Mengeneinstellwerk und Absperrventil[9].

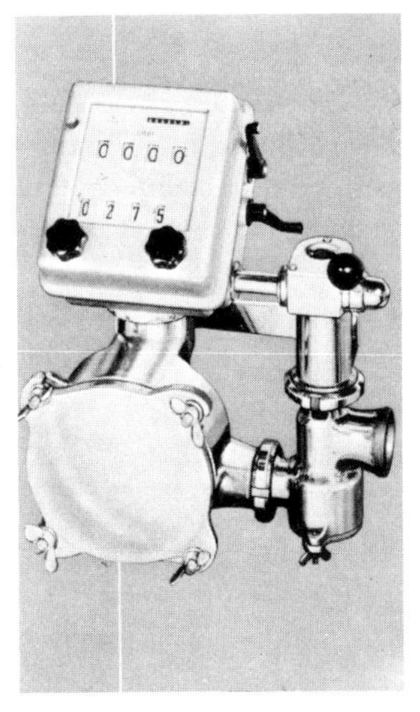

Abb. 8: Flüssigkeitszähler, bei dem die Durchlaufmenge direkt in Zahlen angegeben wird[9].

Abb. 10: Halbautomatischer Durchflußmengenzähler[11].

Magnetventil zur automatischen Voreinstellung mit rotierendem Rollenzählwerk. Die Glasfassung mit Anschlagmarke wird auf die gewünschte Menge gedreht, der Zeiger an die Anschlagmarke geführt und dann das Absperrorgan geöffnet. Auch hier schaltet sich die Zufuhr automatisch ab, wenn der Nullwert wieder erreicht ist. Schließlich ist in Abb. 11 noch eine vollautomatische Dosiereinrichtung mit digitaler Mengenvorwahl wiedergegeben. Dabei werden nach dem Prinzip der Digitaltechnik die von dem Durchflußmengenzähler abgegebenen mengenproportionalen Impulse aufgenommen und summiert. Nach Durchlauf der vorgewählten Menge wird das elektromagnetische Ventil betätigt. Sämtliche Einstell- und Bedienungsorgane sind im Steuergerät zusammengefaßt.

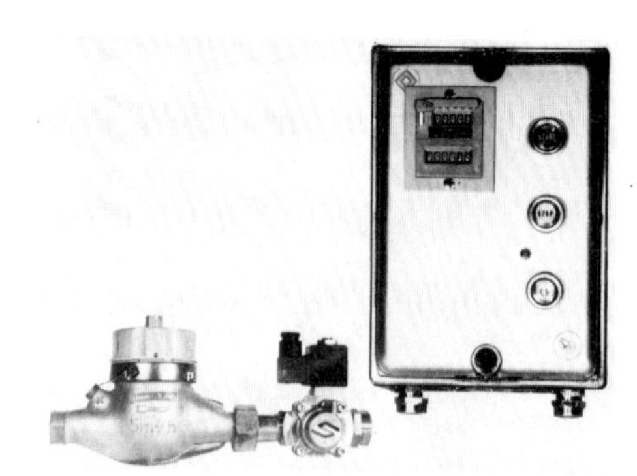

Abb. 11: Vollautomatische Dosiereinrichtung[11].

Der Einsatz der besprochenen Flüssigkeitsmesser setzt einen gewissen Druck in der Flüssigkeitszuleitung voraus, etwa wie bei Wasserleitungen oder wenn die Flüssigkeit aus hochstehenden Vorratsbehältern zufließt. Ist das nicht der Fall, so empfiehlt sich die Verwendung von *Dosierpumpen* (Meßkolbenpumpen), bei der Pumpen mit konstantem Hubvolumen eingesetzt werden, die Zahl der Hübe gemessen wird und die Zugabe sich automatisch abstellt, wenn eine vorgegebene Hubzahl abgelaufen ist.

Zur Volummessung gehört auch die *Füllstandmessung,* d. h. die Ermittlung der Standhöhe von Meßgut, meist von Flüssigkeiten in Behältern. Das klassische Meßgerät hierfür ist der Schwimmer mit Gegengewicht, wobei die Schwimmerbewegung mittels Zahnstange auf Zeiger, Schreibfeder oder Regler übertragen wird. Die Übertragung kann aber auch mittels Stromimpulsen oder Widerstandänderungen in Form einer elektrisch meßbaren Größe erfolgen, und durch eingebaute Grenzwertschalter können dann auch Mindest- oder Höchstwerte der Standhöhe signalisiert werden. Erwähnt sei hier schließlich auch die Pegelbestimmung mittels Meßlatte oder mittels Standglas (z. B. Wasserstandsanzeiger bei Dampfkesseln).

1.2.3 Flächenmessung (Angabe in m^2 oder bei Leder auch in Quadratfuß, $1\,m^2$ = 10,7639 qfs). Die Flächenmessung spielt da eine Rolle, wo flächenartige Gebilde nach Flächenmaß gehandelt werden. Das ist für das Spezialgebiet des Lederhandels der Fall. Auf die hierfür entwickelten Ledermeßmaschinen wird an späterer Stelle ausführlich eingegangen (S. 395).

1.3 Kraftmessung. Kraftmessungen kommen im Bereich der Verfahrenstechnik auf dem Ledergebiet kaum in Betracht, daher kann sich die Besprechung hier auf den Spezialfall der *Kraftmeßdosen* beschränken. Sie dienen zum Messen von Gewichten und Kräften. Sie können z. B. zum Einsatz kommen bei Gerbfässern oder Gerbmischern, wenn man durch Bestimmung des Lagerdrucks bei bekanntem Leergewicht des Fasses und bekanntem Hautgewicht die Veränderungen der Flottenmenge oder die Größe der Restflotten nach zwischenzeitlichem Entleeren usw. exakt erfassen will (S. 153, 174, 211). Ferner können sie zur Behälterinhaltsmessung für Flüssigkeiten und Schüttgüter eingesetzt werden (S. 119). Da es sich hier normalerweise um Gewichte über 1000 N handeln dürfte, scheiden Druckkraftmesser, die nach dem Federprinzip arbeiten, aus. Es kommen vielmehr nur Kraftmeßdosen mit hydraulischer Kraftübertragung in Betracht (Abb. 12). Sie haben im Unterteil einen Flüssigkeitsraum, der mittels elastischer, selbstdichtender Membran abgeschlossen ist. Darüber wirkt über einen Kolben die zu messende Kraft ein. Der dadurch im Flüssigkeitsraum erzeugte Druck wird mittels druckdichter Verbindung auf die Rohrfeder und die Zeigerwelle eines Manometers übertragen. Der zulässige Fehler beträgt ±1 % des Meßbereichs. Daneben gibt es auch magnetoelastische Kraftmeßdosen (S. 46).

Als neue Basiseinheit für die Kraft ist das Newton (N) an die Stelle des Kilopounds (kp) getreten, 1 kp = 9,8067 N. Die Basiseinheit für die Arbeit ist das Joule (J) = 1 N · m, für die Leistung ist es das Watt (W) = 1 J/s.

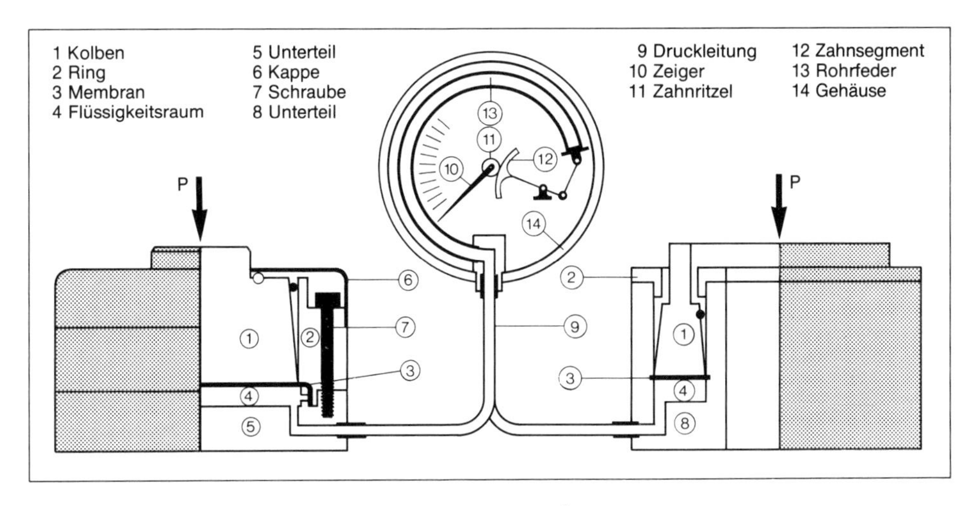

Abb. 12: Hydraulische Kraftmeßdose (Kaspers und Küfner[5]).

1.4 Drehzahlmessung (Angaben in U/s). Einrichtungen zur Drehzahlmessung sind in der Ledertechnik insbesondere bei Fässern empfehlenswert, um bei Motoren mit stufenloser Geschwindigkeitsschaltung die Umdrehungszahl des Fasses zu kontrollieren und evtl. auch durch automatische Steuerung auf den jeweiligen Teilprozeß einzustellen (S. 166). Die Drehzahlmessung kann auf verschiedener Grundlage erfolgen:

a) *Stroboskopisch.* Durch zeitweiliges Anstrahlen mittels Stroboskoplampe (Gerät zur Erzeu-

gung von Lichtblitzen bestimmter Frequenz) werden die Bewegungsvorgänge kurzfristig sichtbar gemacht. Da das menschliche Auge die Bewegungsabläufe summarisch erfaßt, ergibt sich ein stehendes Bild, wenn das kurzfristige Sichtbarmachen synchron zur Drehzahl erfolgt. Eine auf der Welle angebrachte Markierung scheint stillzustehen. Weichen Drehfrequenz und Aufhellfrequenz voneinander ab, so scheint die Markierung zu wandern. Die stufenlos verstellbare Frequenz der Stroboskoplampe braucht nur variiert zu werden, bis die Markierung stillsteht, dann ist die ablesbare Lampenfrequenz identisch mit der Drehzahl der Welle.
b) *Mit Tachogenerator.* Er ist mit der Welle, deren Drehzahl gemessen werden soll, fest verbunden. Er liefert eine Wechselspannung, die direkt proportional der Drehzahl ist und nach Umwandlung über einen Gleichrichter auf ein Drehspulmeßwerk gegeben wird, dessen Skala direkt in U/min geeicht ist.
c) *Optische Impulszählung.* Hierbei werden über eine Lochscheibe Lichtimpulse auf eine Photozelle (S. 85) gegeben, die dort Spannungsstöße erzeugen. Diese Impulsspannung wird mittels Drehspulmeßwerk zu einer Summengleichspannung zusammengefaßt und vom Meßwerk angezeigt. Je schneller sich die mit der Welle fest verbundene Lochscheibe dreht, desto mehr wächst die Zahl der Lichtimpulse und auf dem Drehspulmeßwerk der angezeigte Spannungswert.

Sehr häufig erfolgt die Drehzahlmessung auch *digital,* was die Ablesbarkeit erleichtert, Irrtümer verhindert, und die Meßwerte können direkt in Rechner eingegeben und zur Regelung verarbeitet werden. Dabei wird generell die ankommende Anzahl von Schwingungen oder Impulsen im dualen Zahlensystem addiert und dann in das gebräuchliche Dezimalmaßsystem umgesetzt (S. 53).

1.5 Druckmessung. Als Basiseinheit für den Druck gilt heute das Bar und das Pascal (Pa). 1 bar = 10^5 N/m^2. 1 at = 1 kp/cm^2 (altes Maß) = 1,0133 bar. 1 Pa = 1 N/m^2 = 10^{-5} bar. Zur Druckmessung in Flüssigkeiten dienen Manometer. Dabei erfolgt die Erfassung in der Technik in den meisten Fällen über den Federweg elastischer Meßglieder, wie Rohrfedern (Bourdonfedern), Plattenfedern, Kapselfedern oder Balgfedern (Wellrohr), die vom Druck direkt beaufschlagt werden (Abb. 13). Sie werden dabei mehr oder weniger zusammengedrückt, oder im Falle der Rohrfeder wird der Durchmesser der Rohrkrümmung verändert und diese elastischen Verformungen werden mechanisch durch Winkelhebel auf einen Zeiger übertragen. Zum Signalisieren von Mindest- oder Höchstwerten oder zum Auslösen von Schaltvorgängen können diese Zeigergeräte mit Grenzkontakten bzw. Grenzwertschaltern versehen werden. Für sehr hohe Drücke wird auch die Änderung des elektrischen Widerstandes druckempfindlicher Stoffe verwendet. Diese magnetoelastischen Kraftmeßdosen nutzen die Erscheinung aus, daß der magnetische Widerstand bestimmter Legierungen stark von der Belastung abhängt. Schließlich sind für die Druckmessung auch die bereits an anderer Stelle behandelten Kraftmeßdosen anzuführen (S. 45).

1.6 pH-Messung. Für den Ablauf vieler ledertechnischer Prozesse spielt die Einstellung eines optimalen pH-Wertes eine entscheidende Rolle. Daher kommt der Erfassung der Regelgröße »pH-Wert« (negativer Logarithmus der Wasserstoffionenkonzentration) für diese Prozesse große Bedeutung zu. Für die Praxis der pH-Messung stehen die kolorimetrische und die potentiometrische Methode zur Verfügung. Erstere arbeitet mit Indikatoren, kommt aber wegen ihrer zu geringen Meßgenauigkeit und weil der pH-Wert nicht registriert werden kann, für Steuerungen nicht in Betracht. Zur potentiometrischen pH-Messung benötigt man ein galvanisches Element aus zwei Halbelementen, wobei die eine Elektrode in die zu messende Lösung taucht (Meßelektrode) und die zweite (Bezugselektrode) mit ihr stromleitend verbunden ist. Als Bezugselektrode werden allgemein die gesättigte Kalomelelektrode (Hg/Hg_2Cl_2) oder die Silberelektrode ($Ag/AgCl$) verwendet, die ein konstantes Einzelpotential haben, als Meßelektrode kommt betriebsmäßig heute fast ausschließlich die Glaselektrode zum Einsatz, deren Potential durch das Meßmedium bestimmt wird. Die beiden Elektroden sind mit einer leitenden KCl-Brücke zu einer Meßkette verbunden, zwischen ihnen besteht eine Potentialdifferenz, die pH-Spannung, die unter Einschaltung eines Meßwertverstärkers zur Anzeige gelangt und ein Maß für den pH-Wert der zu messenden Lösung ist.

Die Glaselektroden können dank der empfindlichen Meßgeräte heute derart robust gebaut werden, daß die Bruchgefahr stark vermindert ist. Trotzdem werden sie in technischen Geräten zweckmäßig in Schutzarmaturen eingebaut, um sie weitgehend vor mechanischen Beschädigungen und Störeinflüssen aus der Umgebung zu schützen (s. u.). Damit die Glaselektrode ihre Genauigkeit lange beibehält und da sie nicht austrocknen darf, mug sie stets in destilliertem Wasser oder in Pufferlösung aufbewahrt werden. Die Spannung ist von Zeit zu Zeit durch Eintauchen der Meßzelle in Pufferlösungen von bekanntem pH-Wert zu überprüfen, und unter Umständen ist die Glaselektrode zu ersetzen.

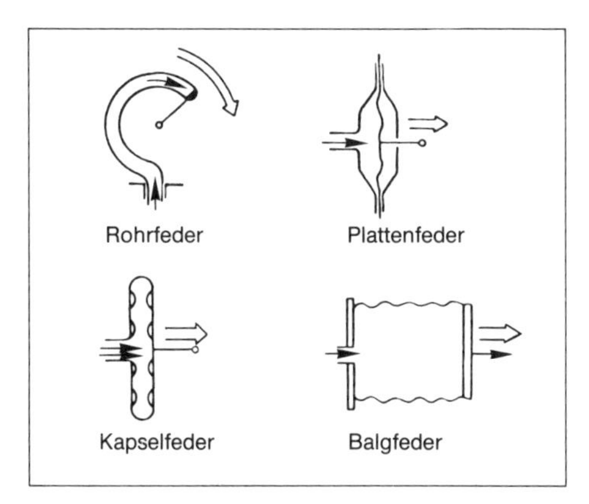

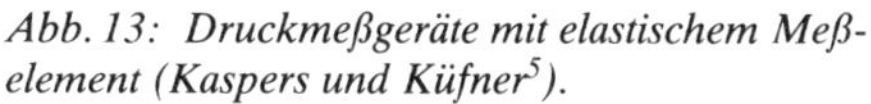

Abb. 13: Druckmeßgeräte mit elastischem Meßelement (Kaspers und Küfner[5]).

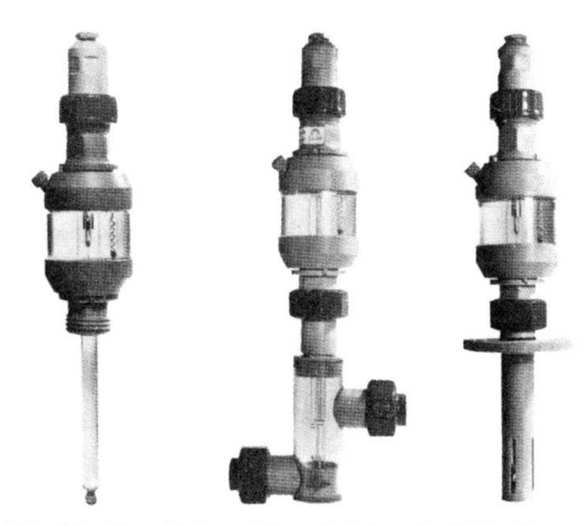

Abb. 14: Kombinierte Einstabelektrode, links ohne Schutzarmatur (unten die freie Glaselektrode), in der Mitte mit Durchflußarmatur, rechts mit Eintaucharmatur[12].

Die oben beschriebene Elektrodenanordnung, bei der heute zur einfacheren Handhabung Bezugs- und Meßelektrode vereint sind, wird als »*Einstabmeßkette*« (kombinierte Glaselektrode) bezeichnet (Abb. 14). Werden die Glaselektroden mit einer schützenden Armatur versehen, so bezeichnet man sie als *Eintaucharmaturen*, die vorwiegend in offenen Reaktionsgefäßen, Fließrinnen usw. hängend eingesetzt werden, wobei in bezug auf die Eintauchtiefe auch auftretende Niveauschwankungen zu berücksichtigen sind, damit die Elektrode stets von Flüssigkeit umspült ist. Bei kontinuierlicher pH-Messung in strömenden Flüssigkeiten werden *Durchflußarmaturen* verwendet, die je nach der Durchflußmenge der zu messenden

Flüssigkeit entweder im Hauptstrom oder auch, namentlich wenn in einer Druckleitung gemessen soll, in einem abgezweigten kleinen Teilstrom eingebaut werden. Auch bei ihnen ist dafür zu sorgen, daß das Meßgefäß bei Ausbleiben des Durchflusses gefüllt bleibt, damit die Glaselektrode nicht austrocknet. Enthält die durchfließende Flüssigkeit Feststoffe (z. B. im Abwasser), so sind Prallbleche vorzusehen, und oft werden auch selbsttätige Abwischvorrichtungen für die Elektroden eingebaut, um so störende Einflüsse auszuschalten.

Da die Elektrodenpotentiale beträchtlich temperaturabhängig sind, ist stets eine Temperaturberichtigung erforderlich, die bei technischen Geräten automatisch erfolgen muß. Dieser Einfluß der Temperatur bei der pH-Messung ist nicht zu unterschätzen, und daher ist stets parallel zur pH-Messung auch die Temperatur der Meßflüssigkeit zu bestimmen und ihr Einfluß automatisch im pH-Meßgerät zu korrigieren. Abb. 15 zeigt eine Eintaucharmatur aus Hart-PVC, bei der im breiteren Kopf die Bezugselektrode, im unteren Teil die Glaselektrode und gleichzeitig zwei Temperaturfühler (Widerstandstherometer, S. 36) angebracht sind, von denen der eine der Temperaturregistrierung, der andere der automatischen Temperaturkompensation der pH-Messung dient.

1.7 Feuchtemessung. Bei Bestimmung der Luftfeuchtigkeit in der Technik (z. B. bei Trockenprozessen) interessiert meist nicht so sehr die absolute Feuchtigkeit (Gramm Wasserdampf/m^3), als vielmehr die relative Feuchte, d. h. das prozentuale Verhältnis der in der Luft effektiv vorhandenen Wasserdampfmenge zu der Wasserdampfmenge, die bei der jeweiligen Temperatur maximal aufgenommen werden könnte (Sättigungsmenge, S. 316). Bei der Messung der Luftfeuchte kommen einmal *Haarhygrometer* in Betracht. Besonders präpariertes Menschenhaar verkürzt sich bei sinkender Luftfeuchtigkeit reproduzierbar, und diese Verkürzung wird mittels Zeiger oder Schreibgerät direkt in Prozent relativer Feuchte angezeigt. Das Haar muß von Zeit zu Zeit durch Einschlagen des Gerätes in feuchte Tücher regeneriert werden, da es sonst bei Verwendung über längere Zeit zu hohe Feuchtewerte anzeigt. Bei der Messung mit *Psychrometern* wird die zu messende Luft an zwei Thermometern vorbeigeführt. Eines dieser Thermometer ist mit einem Gewebestrumpf überzogen, der Wasser aus einer Rinne saugt, und durch Abgabe von Wasserdampf an den Luftstrom bis zur Sättigung zeigt es eine tiefere Temperatur als das trockene Thermometer. Wäre die Luft mit Wasserdampf gesättigt, so würde sie keine Feuchtigkeit mehr aufnehmen und beide Thermometer würden die gleiche Temperatur anzeigen. Je trockener die vorbeiströmende Luft, desto größer ist die Verdunstung und damit die Temperaturdifferenz. Werden die Thermometer durch Temperaturschreiber ersetzt, so läßt sich durch Brückenschaltung die relative Feuchte direkt ablesen.

1.8 Elektrische Meßgeräte. Bei elektrischen Anlagen kommen insbesondere Messungen der Stromstärke, der Spannung, des Widerstandes und der Leistung in Frage. Dabei gelten folgende Bezeichnungen

	Kurzschreibweise	*Meßwerte*
Stromstärke	I	Ampere (A)
Spannung	U	Volt (V)
Widerstand	R	Ohm (Ω)
Leistung	P	Watt (W)

Für die Bestimmung der Stromstärke wird das Meßgerät direkt in den Stromkreis geschaltet, für die Bestimmung der Spannung wählt man dagegen einen Nebenanschluß zwischen den beiden Punkten, zwischen denen die Spannung gemessen werden soll. Den Widerstand bestimmt man entweder indirekt durch Berechnung nach dem Ohmschen Gesetz als Quotient aus Spannung und Stromstärke (R = U/I) oder direkt mittels Ohmmeter, Widerstandsmeßbrücke oder Kreuzspulinstrument. Die Leistung kann bei Gleichstrom auch indirekt berechnet werden oder direkt durch Messung mit Wattmeter.

Die für die Messung der angegebenen Werte verwendeten Meßgeräte sind Geräte mit Zeiger und Skala, bei denen der Zeigerausschlag auf der Wirkung eines in einem Dauermagnet oder einer feststehenden Spule durch den Strom hervorgerufenen magnetischen Feldes beruht. Um den Meßwert rasch und sicher ablesen zu können, muß ein Überschwingen des Zeigers durch ein eingebautes Dämpfungsaggregat verhindert werden. Die Skalen haben meist eine Grob- und eine Feineinteilung. Mit Hilfe eines Nullpunktrückers kann der Zeiger vor der Messung genau auf den Nullpunkt der Skala eingestellt werden. Nach der Art des Meßwerkes der Meßgeräte unterscheidet man

a) *Dreheisenmeßwerk,* bei dem sich ein festes, an der Spule befestigtes und ein am drehbaren Zeiger befestigtes bewegliches magnetisches Weicheisenstück abstoßen. Sie sind einfach, robust, unempfindlich gegen Überlastung und für Gleich- und Wechselstrom geeignet.

b) *Drehspulmeßwerk* (Abb. 16), bei dem sich eine stromdurchflossene Spule mit daran befestigtem Zeiger im Feld eines Dauermagneten, dessen äußere Form stark variieren kann, dreht und bei Stromdurchgang abgelenkt wird. Es ist empfindlich und nur für Gleichstrom geeignet, bei Wechselstrom schaltet man es über eine Gleichrichterschaltung an. Durch Einbau von Neben- und Vorwiderständen entstehen *Mehrbereichsmeßinstrumente* mit mehreren Stromstärke- und Spannungsmeßbereichen. Schaltet man vor ein Drehspulmeßwerk

Abb. 15: Eintaucharmatur mit Glaselektrode und zwei Temperaturfühlern.

Abb. 16: Drehspulmeßwerk mit Außenmagnet (links) und Kernmagnet (rechts), schematisch[9].

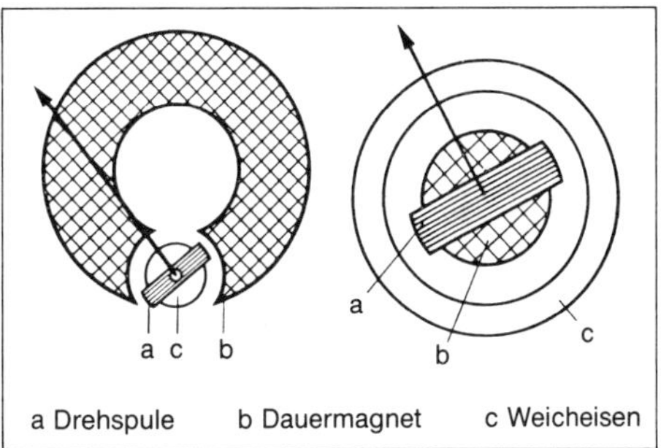

geeignete Meßumformer, so können auch andere Größen, z. B. die elektrische Leistung, gemessen werden.
c) *Elektrodynamisches Meßwerk*. Bei ihm ist eine Spule drehbar in einer feststehenden Spule angeordnet. Das Gerät ist für Gleich- und Wechselstrom geeignet und kann außer zur Messung von Stromstärke und Spannung bei geeigneter Spannung auch zur Messung der elektrischen Leistung verwendet werden.
d) Im *Frequenzmesser* befindet sich eine Reihe verschieden langer, federnder Stahlzungen im Kraftfeld eines Magneten. Beim Durchfluß von Wechselstrom wird jeweils die Zunge zum Mitschwingen angeregt, deren Eigenschwingungszahl gleich der Anzahl der Polwechsel ist. Er wird wie ein Spannungsmesser angeschlossen.
e) *Kreuzspulmeßwerke* sind ähnlich dem Drehspulwerk aufgebaut, aber die Luftspalten zwischen den Magnetpolen und dem Kern sind nicht gleich groß, und auf dem Kern befinden sich zwei fest untereinander verbundene Drehspulen, die Kreuzspule. Beide Spulen stellen sich so ein, daß ihre Drehmomente gleich groß sind, wenn sie von verschiedenen Strömen durchflossen werden. So kann das Verhältnis zweier elektrischer Größen bestimmt werden. Sie werden verwendet z. B. zur direkten Bestimmung von Widerständen oder auch zur Temperaturmessung in Widerstandsthermometern (S. 36), wobei das Meßgerät dann direkt in Temperatureinheiten geeicht ist. Oft werden die Kreuzspulmeßwerke aber auch durch Drehspulmeßwerke mit Brückenschaltung ersetzt.
f) *Bimetallmeßwerk*. Der Meßstrom durchfließt eine Bimetallspirale (S. 38) und erwärmt das Bimetall, so daß die Spirale sich aufbiegt. So können Stromstärke und Widerstand gemessen werden, allerdings ist die Anzeige sehr träge. Das Gerät ist billig und robust und wird, mit einem Schleppzeiger ausgestattet, oft als Höchstwertmesser zum Feststellen längerandauernder Überlastungen eingesetzt.
g) Widerstandsmessungen werden oft auch mit *Meßbrücken* durchgeführt (z. B. Wheatstone-Brücke). Dabei vergleicht man den zu bestimmenden Widerstand in Brückenschaltung mit einem Normalwiderstand, wobei die Brückendiagonale spannungslos ist, wenn die beiden Widerstände und die auf der Brücke im gleichen Verhältnis stehen. Aus diesem Verhältnis und der Höhe des Normalwiderstandes kann die Größe des zu bestimmenden Widerstandes berechnet werden. Meist sind die Brücken so gebaut, daß der Meßwert an einer Skala, die mit dem Einstellknopf des Schleifers verbunden ist, direkt abgelesen werden kann.
h) *Elektronenstrahl-Oszilloskop*. Der Hauptbestandteil ist die Elektronenstrahlröhre (Braunsche Röhre), eine Elektronenröhre (S. 26) vom Typ der Triode oder Tetrode, bei der der von der Kathode ausgesandte Elektronenstrahl durch zusätzliche Gitter gebündelt und beschleunigt wird. Der Strahl passiert dann zwei Plattenpaare, von denen das zweite gegenüber dem ersten um 90 Grad gedreht ist. Wenn zwischen den Platten eines Paares eine elektrische Spannung angelegt ist, wird der Elektronenstrahl aus seiner gradlinigen Bahn abgelenkt (elektrostatische Strahlablenkung), und zwar von dem einen Plattenpaar vertikal (Y-Ablenkung), von dem anderen horizontal (X-Ablenkung). Der Elektronenstrahl prallt dann mit hoher Geschwindigkeit auf einen Leuchtschirm und erzeugt dort ein Bild. Gleichzeitig schlägt der Strahl aus dem Leuchtschirm neue Elektronen heraus, die dann als Sekundärelektronen zur Anode fliegen und so den Stromkreis schließen. Die zu messende Spannung legt man an den Y-Verstärker, die Y-Ablenkung ist dann um so größer, je höher die Spannung ist. Man mißt sie mit einem Raster in Millimeteraufteilung als Maß für die zu messende Spannung. Zur Sichtkontrolle gibt man auf den Y-Verstärker eine Eichspannung,

mit der die Rasterabweichung in Abhängigkeit von der jeweiligen Spannung festgelegt werden kann.

2. Registrierung

Bei der Messung von Kennwerten industrieller Prozeßabläufe kommt zwangsläufig auch ihrer fortlaufenden Aufzeichnung in Abhängigkeit von der Zeit große Bedeutung zu, um so ein »Protokoll« von dem Produktionsgeschehen zu erhalten. Sie sagt uns, welcher Zustand in welchem Zeitpunkt vorhanden war und in welche Richtung er tendierte. So wie es Analog- und Digitalanzeiger gibt (S. 35), kann auch die Registrierung analog und digital erfolgen. Am gebräuchlichsten ist heute noch die analoge Registrierung, bei der die Abhängigkeit von Meßwert und Zeit als Kurvenbild stetig dargestellt wird. In Spezialfällen kann aber auch eine unstetige digitale Registrierung, also eine Darstellung der Abhängigkeit in Ziffern, in Frage kommen.

2.1 Analoge Registrierung. Die analoge Registrierung erfordert zwei sich überlagernde Bewegungen, die Zeitbewegung in der Längsrichtung des Papierstreifens und die Meßwertbewegung quer dazu. Das dafür verwendete Papier besitzt eine entsprechende Einteilung in beiden Richtungen, und so entsteht eine Kurve, aus der der zeitliche Ablauf des Prozesses im Hinblick auf die erfaßte Meßgröße klar ersichtlich ist (Abb. 17). Das Kurvenbild zeigt dann später an, welchen Verlauf die Meßgröße nahm, wann sie durch Zufuhr etwa von Wärme und

Abb. 17: Analog-Registrierung (Kaspers und Küfner[5]).

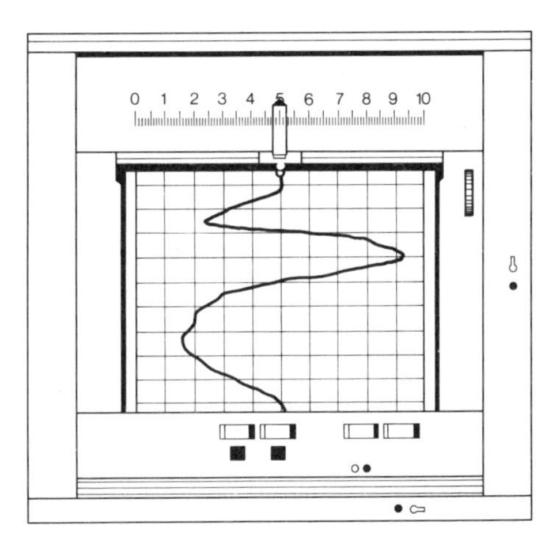

Chemikalien geändert wurde, ob diese Zufuhr schnell oder langsam erfolgte, wie groß die Schwankungsbreite war usw. Die für diese Registrierung verwendeten *Meßschreiber* bestehen aus drei Bauteilen (Abb. 18).

a) Ausschlag des Meßwerkzeigers in Abhängigkeit von dem Augenblickswert der Meßgröße. Er liefert einmal die Skalenanzeige für die Sichtablesung und gibt gleichzeitig der Schreibeinrichtung die richtige Position auf der Eichteilung. Die Drehspule ist gegenüber reinen Zeigerinstrumenten mit einem höheren Drehmoment ausgestattet, um die höhere Reibung der Schreibfeder auf dem Papier und des Schreibmechanismus zu überwinden. Nichtelektrische Meßgrößen werden in den meisten Fällen mittels Meßwertwandlers (S. 35) in Gleichstrom umgeformt und dann über ein empfindliches Drehspulinstrument zur Erzeugung des Ausschlags benutzt.

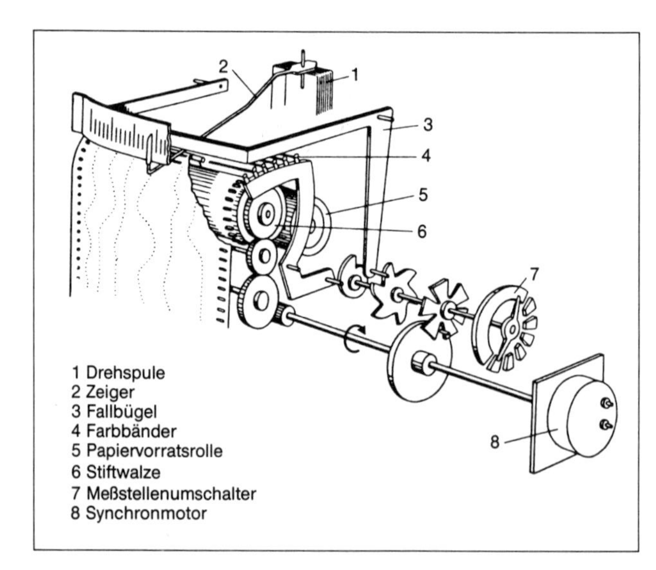

Abb. 18: Sechsfarben-Punktschreiber, schematisch[4].

b) Papiervorschub in Zeitabhängigkeit mittels zeitgenau rotierendem Antrieb (mechanisches Uhrwerk, rotierender Synchronmotor). Die Vorschubgeschwindigkeit kann bei vielen Geräten variiert werden.

c) Schreibspurmarkierung auf dem Registrierpapier. Sie besteht aus Tintenvorratsbehälter und Schreibfeder. Man unterscheidet hier zwischen *Linienschreibern* und *Punktschreibern.* Erstere liefern eine durchgehende Linie, doch benötigen sie ein kräftigeres Drehmoment des Meßwerks, neigen zum Einhaken der Schreibfeder und liefern pro Meßwerk nur einen Linienzug. Punktschreiber drücken in festgelegten Zeitabständen mittels Fallbügels einen Punkt auf das Papier, die Summe der Punkte ergibt die Kurve. Sie haken nicht ein, benötigen nur ein schwaches Meßwerkdrehmoment und können außerdem mit dem gleichen Meßwerk und einem automatischen Meßstellenumschalter in festgelegter Folge mehrere Meßstellen nacheinander abtastend registrieren und die dabei erhaltenen Kurven in unterschiedlichen Farben aufzeichnen *(Mehrfachmeßschreiber).* Jeder Meßstelle ist ein anderes Farbband zugeordnet, so daß die Meßwerte der einzelnen Meßstellen deutlich unterschieden werden können. Dabei kann einmal der gleiche Meßwert (z. B. Temperatur) nacheinander an mehreren Meßstellen registriert und aufgezeichnet werden. Der Schreiber kann aber auch mit mehreren Meßgeräten verbunden sein und damit auch mehrere Meßgrößen (z. B. Temperatur, pH-Wert, Drehgeschwindigkeit) periodisch in verschiedenen Farben registrieren, so daß daraus auch Rückschlüsse auf die gegenseitige Beeinflussung verschiedener Prozeßgrößen gezogen werden können. Es ist auch möglich, Grenzkontakte einzubauen, die ein Über- oder Unterschreiten der eingestellten Grenzwerte durch Schließung eines Signalkreises anzeigen oder Impulse für bestimmte Prozeßaktionen (z. B. Säure- oder Alkalizugabe, Anstellen eines Heizaggregates) auslösen.

Beim empfindlichen *Lichtpunktschreiber* wird mit einem am beweglichen Meßwerkteil gefestigten Spiegel die Spur eines scharf konzentrierten Lichtpunktes in Strichbreite auf ein lichtempfindliches Papier aufgetragen. Dabei entfällt natürlich der Störfaktor des mechanischen Widerstandes zwischen Papier und Schreiborgan völlig.

2.2 Digitale Registrierung. Für die Erfassung und Registrierung von Meßwerten ebenso wie für deren Verarbeitung in Rechenautomaten und im Rahmen der Regeltechnik haben sich immer mehr digitale Methoden eingeführt. Die digitale Erfassung von Meßwerten ist stets eine unstete Form der Erfassung; bei hoher Stellenzahl kann die Genauigkeit der Aussage aber mindestens ebensogut sein wie bei der analogen. Die analoge Methode ist außerdem preiswerter, und für die Sichtauswertung der Meßbefunde gibt eine Kurve im allgemeinen ein klareres Bild als eine Tabelle mit Zahlenwerten (Abb. 19). Digitale Methoden haben aber die Vorteile, daß die Ablesbarkeit erleichtert ist, Ablesefehler daher viel geringer sind, bei Auftreten sehr zahlreicher Meßwerte diese schnell und mit großer Genauigkeit erfaßt und gespeichert werden und daß die Ziffernwerte vor allem in dieser Form direkt durch maschinelles Lesen in Rechner eingegeben und zur Verwendung in der Regeltechnik nach jedem beliebigen Programm weiterverarbeitet werden können. Da die Meßgrößen in der Meßtechnik aber meist in analoger Form vorliegen, müssen sie mittels *Analog/Digital-Umsetzer* (A/D), vielfach auch Verschlüßler genannt, in digitale Signalgrößen umgewandelt werden. A/D-Umsetzer haben also ein analoges Eingangssignal und ein digitales Ausgangssignal. Wie bereits an früherer Stelle (S. 34) behandelt, ist die Analoganzeige eine stetige Anzeige, also eine physikalische Größe, die innerhalb gegebener Grenzen unendlich viele Werte annehmen kann, während das digitale Signal als unstetige Anzeige nur endlich viele Werte annehmen,

Abb. 19: Analog- und Digital-Registrierung (Kaspers und Küfner[5]).

Uhrzeit	Meßwert	analoge Darstellung zum Vergleich
8.20	2,416	
8.22	2,418	
8.24	2,421	
8.26	2,438	
8.28	2,439	
8.30	2,422	
8.32	2,420	
8.34	2,416	
8.36	2,416	
8.38	2,416	

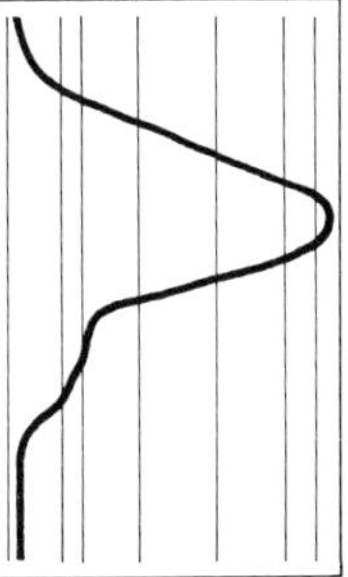

also nur Meßschritte anzeigen kann. Die A/D-Umsetzung ist mit zwei Vorgängen verknüpft: der Quantisierung und der Kodierung (Abb. 20). Bei der *Quantisierung* wird der Analogbereich je nach der geforderten Genauigkeit in beliebig viele gleiche Bereiche unterteilt, deren Anzahl der Meßgröße proportional ist. Da aber die Bereiche nicht beliebig klein gemacht werden können, tritt dabei gegenüber der analogen Meßgröße ein Quantisierungsfehler ein. Bei der anschließenden *Kodierung* wird dann die Größe der Bereiche in einem bestimmten Zahlensystem, z. B. dem Dualsystem, dargestellt.

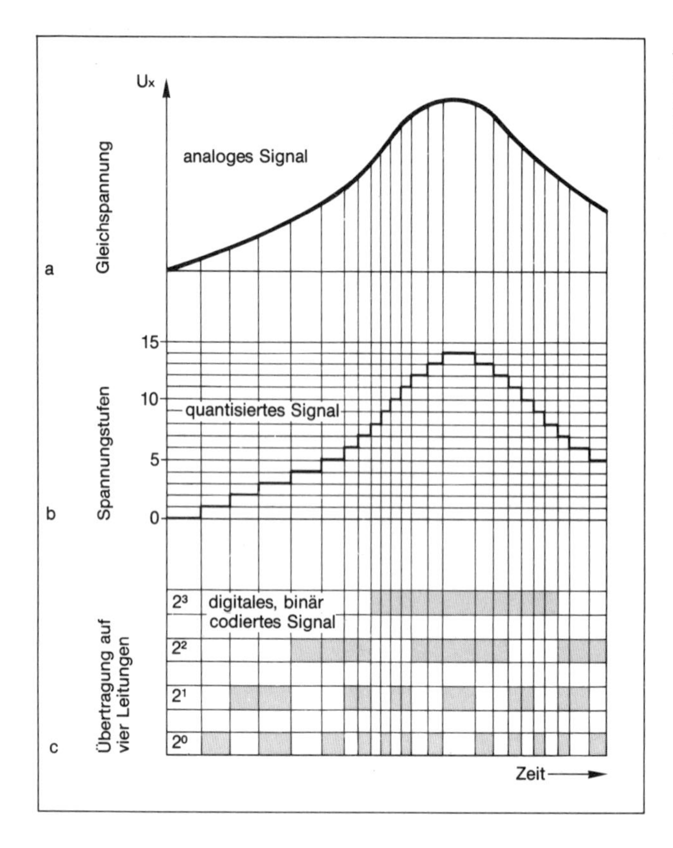

Abb. 20: Umwandlung einer analogen Meßgröße (a) in ein quantisiertes (b) und ein dual-kodiertes Signal (c) (Ullmann[5]).

Das *Dualsystem* ist aus den Bedürfnissen der Elektronik entstanden, bei der nur zwei Signale zur Verfügung stehen: ja und nein. Soll mit zwei Signalen gerechnet werden, so ist man also auf ein Zahlensystem mit nur zwei Zeichen (0 und 1) angewiesen. Das Dualsystem baut alle Zahlen aus Potenzen von zwei auf. Die Zahl 9 lautet dann z. B. aufgeteilt in $1 \times 2^3 + 0 \times 2^2 + 0 \times 2^1 + 1 \times 2^0 = 1001$; die Zahl 13: $1 \times 2^3 + 1 \times 2^2 + 0 \times 2^1 + 1 \times 2^0 = 1101$. Mit diesen Dualzahlen kann man alle vier Grundrechenarten grundsätzlich in gleicher Weise wie mit den Dezimalzahlen durchführen. In Rechenautomaten und Computern erhält jede Potenzstelle in der Dualzahl ein Speicherelement. Diese Speicherelemente, Flipflop (FF) (S. 81) genannt, speichern, rechnen und haben wie alle Logikelemente der Computertechnik nur zwei Signale zur Verfügung, eben 0 und 1. Kommt ein zweiter Impuls hinzu, so stellt er den Speicher wieder auf 0 zurück und das Zählwerk der nächsten Potenz speichert dann eine 1. Hier ein Beispiel: Bei einem vierstelligen Dualsystem hat man vier Zahlenflipflops zur Verfügung

FF8 (2^3), FF4 (2^2), FF2 (2^1), FF1 (2^0)

Am Anfang stehen alle Flipflops auf Null, das Zählwerk ist leer. Soll die Zahl 11 gespeichert werden, so werden elf Impulse eingegeben, die sich nacheinander wie folgt auswirken

Impuls 1 0001 — Impuls 5 0101 — Impuls 9 1001
Impuls 2 0010 — Impuls 6 0110 — Impuls 10 1010
Impuls 3 0011 — Impuls 7 0111 — Impuls 11 1011
Impuls 4 0100 — Impuls 8 1000

Das ist die Dualzahl für 11. Will man 2 addieren, kommen wieder zwei Impulse hinzu

Impuls 12 1100 Impuls 13 1101, die Dualzahl für 13.

Will man 4×3 multiplizieren, so geht die Rechnung von der Dualzahl $4 = 0100$ aus, die dreimal addiert wird:

$$0100 + 0100 = 1000 + 0100 = 1100,$$ die Dualzahl für 12.

Soll diese Dualzahl wieder rückverwandelt werden, so gibt FF8 acht Impulse, FF4 vier Impulse, FF2 und FF1 geben keinen Impuls, die Summe der Impulse ist also 12, die richtige Zahl im Dezimalsystem.

Die unmittelbare Umsetzung analoger Werte in Digitalwerte im A/D-Umsetzer ist also nur möglich, wenn sie als mechanische oder elektrische Größe oder als Impulsfrequenz vorliegen, alle übrigen physikalischen Größen müssen erst in eine dieser Größen, meist in elektrische Größen, umgewandelt werden. Entsprechend gibt es bei A/D-Umsetzern Impulsfrequenz-Umsetzer, Umsetzer für analoge elektrische Größen und Umsetzer für analoge mechanische Größen.

Da man bisweilen nicht auf die Vorteile einer Analogdarstellung von Meßergebnissen verzichten will und bei der Regeltechnik zur Steuerung von Stellgliedern stetige Stellbefehle nötig sind, kann man mit einer zweiten Gerätegruppe, den *Digital/Analog-Umsetzern* (D/A), auch Zuordner genannt, auch die Rückübersetzung von digitalen in analoge Signale durchführen, wenngleich hier im Vergleich zur A/D-Umsetzung nur wenige Verfahren im Gebrauch sind.

2.3 Rechenautomaten. Im Rahmen der Besprechung der Registrierung von Meßwerten soll an dieser Stelle auch einiges über den Einsatz von Computern (S. 27) als Rechenautomaten gesagt werden, wenn auch deren Aufgabe im Rahmen der Rationalisierung im allgemeinen weit über eine einfache Registrierung hinausgeht. Die hier meist verwendeten Geräte sind programmgesteuerte digitale Rechenautomaten. Sie verarbeiten eingegebene Zahlen nach Programm unter Benutzung der üblichen vier Grundrechenarten, und da das Rechnen mit elektronischen Bauelementen (S. 26) realisiert wird, heißen diese Rechner auch *elektronische Digitalrechner.* Sie erhalten ihre Anweisungen aus den eingespeicherten Programmen und können dann Berechnungen, arithmetische Anweisungen, Ein- und Ausgabeanweisungen und Steueranweisungen ausführen, die für den richtigen Ablauf des Programms sorgen. Aber der Mensch muß mit der Erstellung der Programme die schöpferische Leistung vollbringen, der Automat ist nur der Rechensklave, der jede Anweisung treu, zuverlässig und mit großer Schnelligkeit ausführt. Der Rechenautomat besteht wie jeder Computer aus dem Eingabe- und Ausgabegerät, dem eigentlichen Rechenwerk und einer Reihe von Speichern für die Programme, die Daten, die damit verarbeitet werden sollen und eventuell auch für Zwischenergebnisse.

In den *Programmen* sind die Aufgaben des Geräts festgelegt, ein Computer tut nichts aus sich selbst. Die Programme geben also eine Folge von Instruktionen, nach denen bestimmte Maschinenfunktionen ausgelöst werden. Für viele kaufmännische und betriebswirtschaftliche Fragestellungen können praxiserprobte Programmpakete fertig und damit kostengünstig bezogen werden, für die meisten technologischen Probleme müssen die Programme maßgeschneidert auf die spezifischen Betriebsbedingungen abgestimmt erstellt werden, was nur ein guter Programmierer kann, der das Programmieren im Hauptberuf erlernt hat. Die Programme müssen natürlich in einer Sprache abgefaßt werden, die der Automat versteht. Die Erstellung eines Programmes besteht aus drei Schritten, der Formulierung des Programmes als Ablaufplan, der Übertragung dieses Plans in eine Programmiersprache, bei der es sich um eine symbolische Sprache handelt, die aber meist schon auf eine bestimmte Problemklasse zugeschnitten ist, und schließlich der Übersetzung dieser Sprache in die für den betreffenden Rechnertyp verständliche Maschinensprache. Die beiden ersten Teilprozesse faßt man unter dem eigentlichen Begriff des Programmierens zusammen, der dritte Teilprozeß wird als Kodieren bezeichnet. Die dabei verwendete Maschinensprache besteht aus kurzen Befehlen, jeder Befehl bedeutet einen Schritt, den der Rechner als nächsten zu tun hat. Jedes Programm besteht also aus einer großen Zahl einzelner Befehle, die zwar für den Automaten unmittelbar verständlich, für den Menschen aber nur schwer zu durchschauen und umständlich zu handhaben sind. Den dritten Schritt des Kodierens, also der Übersetzung von der Programmiersprache in die Maschinensprache kann der Rechenautomat auch selbst durchführen, und das ist heute bei vielen Geräten möglich, setzt aber natürlich voraus, daß der Rechenautomat die jeweils verwendete Programmiersprache versteht. Die eigentliche Programmierung wurde immer mehr vervollkommnet, und es gibt heute zahlreiche Programmiersprachen mit Vor- und Nachteilen, doch kann darauf nicht weiter eingegangen werden. Dezimalziffern in Signal- oder Befehlsdarstellungen gelangen in der Regel dualverschlüsselt (S. 54) zur Eingabe.

Speicher sind allgemein gesprochen, elektronische Elemente, die einen kurzzeitig gegebenen Impuls aufnehmen und auch dann noch repräsentieren, wenn der Eingangsimpuls wieder verschwunden ist. So entsteht ein Gedächtniselement, die Impulse können daraus wieder abgerufen, mittels eines Datensichtgeräts sichtbar gemacht und nach Bedarf auch korrigiert oder verändert, im eigentlichen Rechenwerk weiter verarbeitet und schließlich auch gelöscht werden, wenn sie nicht mehr benötigt werden. Mittels dieser Speicher werden kurze Zugriffzeiten und damit eine sachgemäße Ausnutzung der Kapazität des Automaten erreicht, während er auf Daten, die von außen kommen, wesentlich länger warten müßte. In den Speicher werden also einmal die Daten eingespeichert, die der Rechner verarbeiten soll. Weiter erhält der Speicher alle einzelnen Befehle des Programms, die damit von hier aus ebenfalls schnellstens verfügbar sind. Dabei enthält jeder Befehl die Art der Operation, die durchzuführen ist, und Angaben über die Speicherdaten, mit denen das Rechenwerk diese Operation vorzunehmen hat. Schließlich enthält der Speicher oft auch bei den Berechnungen anfallende Zwischenergebnisse, die dann zu einem späteren Zeitpunkt wieder zur Weiterverarbeitung abgerufen werden. Damit die jeweils gewünschten Daten im Speicher schnell erreichbar sind, muß dieser ein Ordnungsprinzip haben. Jeder Speicher besteht aus einer Anzahl von Zellen, die Zahl der Zellen bestimmt die Speicherkapazität, und jede Zelle kann Daten oder Befehle aufnehmen und besitzt eine bestimmte Ordnungsnummer (Adresse). Die eingehenden Angaben werden einer bestimmten Speicheradresse zugeordnet, können unter dieser Adresse abgerufen und im Rechenwerk mit anderen Daten verknüpft werden. Die

Ergebnisse werden dann entweder wieder gespeichert oder als Ausgangssignal abgegeben; im Automat findet auf diese Weise ein dauernder Datenfluß statt.

Die Automaten können nicht nur Zahlen als Unterlagen für die rechnerischen Aufgaben aufnehmen, sondern sie können auch Buchstaben und ganze Wortgebilde (Texte) speichern. Diese werden natürlich nicht durch arithmetische Operationen verknüpft, können aber als Text später wieder ausgegeben werden, z. B. Kundenanschriften, erläuternder Text auf Berechnungsformularen, Arbeitsprogramme, in die die errechneten Zahlenwerte eingesetzt werden usw.

Das *Rechenwerk* erledigt die rechnerische Verknüpfung der gespeicherten Daten mit Hilfe der vier Grundrechenarten nach dem eingegebenen Programm selbständig. Dazu werden die Einzelbefehle mittels Befehlsnummernzahl nacheinander aus dem Speicher abgerufen. Das Rechenwerk erhält dann die Ausgangszahlen (Operanden) jeder Teilrechnung entsprechend den Einzelbefehlen des Programmes aus dem Speicherwerk und liefert die Ergebnisse wieder dorthin zurück. Bauelemente sind Relais, Gleichrichter, Magnetschaltkerne, Elektronenröhren, Halbleiterelemente und Transistoren. In modernen Datenverarbeitungsanlagen ist die gesamte Rechenzentrale in einem Mikroprozessor (S. 28) untergebracht.

Der Rechner kann also für technische Zwecke einmal alle für die Prozeßsteuerung anfallenden Rechenaufgaben erledigen. Dabei besitzt er von Haus aus nur eine bescheidene Rechenfähigkeit, er kann nur addieren. Alle anderen Rechenoperationen müssen auf das Addieren zurückgeführt werden, statt einer Subtraktion erfolgt eine Addition der Komplementärzahl, bei einer Multiplikation eine wiederholte Addition unter gleichzeitigem Zählen der Anzahl der Additionen. Aber dem Benutzer des Rechners wird das nicht bewußt, alles wurde schon vorweg beim Programmieren des Rechenautomaten eingegeben. Neben den Rechenoperationen kann er aber die eingegebenen Zahlen auch in anderer Weise verarbeiten. Er kann sie z. B. miteinander vergleichen und bei Gleichheit oder Ungleichheit ein bestimmtes Signal geben, etwa Einschalten einer Heizung, wenn Soll- und Istwert nicht übereinstimmen. Oder er kann den Preis für eine bestimmte Menge ausrechnen, wenn der Preis pro Einheit vorher eingegeben wurde. Schließlich kann er auch logische Entscheidungen fällen und damit z. B. in einen Produktionsablauf steuernd eingreifen. Aber er kann das alles nur, wenn die Kriterien, nach denen er entscheidet, vorher einprogrammiert wurden. Alle logischen Entscheidungen lassen sich auf drei Grundentscheidungen zurückführen, »UND«, »ODER« und »NICHT«. Eine Lampe brennt, wenn Netzspannung vorhanden und der Schalter geschlossen ist (UND-Verknüpfung). Ein Türöffner kann von zwei Wohnungen geöffnet werden, wenn Taste 1 oder 2 gedrückt wurde (ODER-Verknüpfung). Eine Alarmvorrichtung gibt ein Zeichen, wenn der Strom unterbrochen wird, das Relais also nicht mehr an Spannung liegt (NICHT-Verknüpfung). Kompliziertere Aussagen muß man in entsprechende Teilaussagen aufteilen, auf den drei angeführten Grundschaltungen (Logikschaltungen) sind alle Computerentscheidungen aufgebaut. Sie sind stets mit ja oder nein zu beantworten, die durch verschiedene elektrische Spannungen repräsentiert werden, z. B. nein = 0 Volt, ja = 6 Volt. Die Tatsache, daß mit nur wenigen Logikelementen alle logischen Grundfunktionen dargestellt werden können, ist für Fertigung und Lagerhaltung digitaler Steueranlagen besonders wirtschaftlich.

Für die Eingabe und Ausgabe der Daten, Befehle und Ergebnisse sind *periphere Zusatzgeräte* vorhanden. Die Eingabe der kodierten Befehle des Programms und der Eingabedaten erfolgt über einen Informationsträger. Das sind im wesentlichen Lochkarten oder Lochstreifen, in denen die Lochungen mittels spezieller Schreibgeräte aufgebracht werden. In den Automaten werden diese Informationsträger dann mittels mechanischer oder lichtelektrischer Lesegeräte abgefühlt (15 bis 1000 Zeichen/s) und dann mit einer bestimmten Adresse gespeichert. Auch die Ausgabe der Ergebnisse kann über Lochkarten oder Lochstreifen erfolgen. Die Stanzgeschwindigkeit liegt hier zwischen 15 und 150 Zeichen/s. Sie sind dann natürlich noch verschlüsselt und müssen mittels mechanisch arbeitender Geräte, z. B. Schreibmaschinen mit Streifenlesestationen, in eine für den Menschen lesbare Form gebracht werden. Der Automat kann die Ergebnisse aber auch direkt lesbar über eine angeschlossene Schreibmaschine (10 bis 15 Zeichen/s) oder über einen angeschlossenen Drucker (100 bis 1500 Zeichen/s) ausgeben oder mittels Bildschirm (Datensichtgerät) sichtbar machen. Will man größere Geschwindigkeiten erzielen, so werden Magnetbänder oder Magnetplatten als Informationsträger benutzt, bei denen die Lese- bzw. Schreibgeschwindigkeit zwischen 20 000 und 350 000 Zeichen/s beträgt.

Neben den Digitalrechnern kommt *Analogrechnern* eine wesentlich geringere Bedeutung zu. Sie sind programmierbare Rechner, die analoge Signale aufnehmen und abgeben. Ihre Hauptaufgabe ist die Lösung linearer und nichtlinearer Differenzialgleichungen bzw. die Nachbildung physikalischer Systeme, die mittels solcher Gleichungen beschrieben werden können. Daher werden sie vielfach für die Modellerprobung stetiger Regelsysteme (S. 68) eingesetzt.

Auch in der Lederindustrie wird der Computer in Zukunft vielseitigen Einsatz finden. Neben der Bearbeitung kaufmännischer und betriebswirtschaftlicher Fragestellungen (Buchungsprogramm einschließlich Monats- und Jahresabschlüssen, Lohnabrechnung, Erfassung und Auswertung des Auftragseingangs, Lagerhaltung, Materialabrechnung mit laufender Überprüfung der Materialbestände, Kostenberechnung, Mahnwesen, Erfassung und statistische Auswertung von Betriebsdaten usw.) wird seine Bedeutung auch im rein technologischen Bereich immer mehr zunehmen. Ich denke an die Überwachung des Produktionsablaufs, Maschinenbelegungspläne und vor allem das Steuern und Regeln des Produktionsablaufs. So kann z. B. je nach der Zahl verfügbarer Speicher eine Vielzahl von Rezepturen für die Naßarbeiten in Wasserwerkstatt, Gerbung und Naßzurichtung eingespeichert und die gewünschte Rezeptur zu gegebener Zeit wieder abgerufen werden. Hier sind natürlich nur die Prozentzahlen der verschiedenen Chemikalien angegeben. Wenn man aber das Grün-, Blößen- oder Falzgewicht einer bestimmten Partie ebenfalls eingibt, so liefert der Computer die Rezeptur mit den absoluten Gewichtszahlen und kann diese Daten auch direkt oder über Lochkarten als Anweisung an den Automaten für die Steuerung des betreffenden Prozesses weitergeben (S. 76). Man kann auch die Auswahl der richtigen Rezeptur dem Computer überlassen, wenn man die Rezepturen unter dem Gesichtspunkt der Art der Rohware und der Lederart einspeichert und bei Abruf der fertigen Rezeptur diese Angaben (z. B. USA-Steerhides/weichgriffige Oberleder oder gepickelte Schafsblößen/Bekleidungsleder) zur richtigen Auswahl eingibt. Natürlich müssen Zahl und Inhalt der Rezepturen immer wieder unter neuen modischen Entwicklungen überprüft werden, um eine Programmveralterung zu vermeiden, aber das ist ja heute auch nötig.

In der Praxis kann die elektronische Datenverarbeitung mit Eigen- oder Leihgeräten oder durch Anschluß an zentrale Zentren erfolgen. Es ist also stets zu prüfen, ob eigene Geräte genügend ausgelastet sind oder ob der Anschluß an zentrale Zentren kostengünstiger ist.

3. Regeltechnik

Das Regeln hat die Aufgabe, eine oder mehrere Größen eines technischen Prozesses zu einem bestimmten Zeitpunkt zu verändern oder im einfachsten Falle trotz einwirkender Störfaktoren konstant zu halten. Die bewußte Nutzbarmachung der Regeltechnik hat das industrielle Geschehen auf vielen Gebieten ganz entscheidend beeinflußt.

3.1 Allgemeine Gesetzmäßigkeiten der Regeltechnik. Das Regeln eines Prozesses setzt immer ein kontinuierliches Messen des jeweiligen Istzustandes voraus. Beim Regeln wird grundsätzlich ein durch Messen ermittelter Istwert (Regelgröße) laufend mit einem vorgegebenen Sollwert (Führungsgröße) verglichen und aus der Differenz dieser beiden Werte, der Regeldifferenz (Störgröße), ein Signal gegeben, durch korrigierende Einwirkung von außen, etwa Zugabe von Chemikalien oder Aufheizen des Reaktionsbades, diese Regeldifferenz zu beseitigen. Die Angleichung des Istwertes an den Sollwert ist also die eigentliche Regelaufgabe. Kennzeichnend für den Regelprozeß ist, daß die Auswirkung dieser Korrektur durch ständiges Messen überwacht und dem ausführenden Organ, dem Regler, rückgemeldet wird. Das Handeln wird also von einer dauernden Kontrolle des Istwertes begleitet, Regeln bedeutet permanentes Messen, permanentes Vergleichen und daraus abgeleitet permanentes Korrigieren. Es handelt sich hierbei also um einen geschlossenen Kreis, den *Regelkreis*.

Im deutschen Sprachgebrauch wird das Regeln klar unterschieden vom Steuern. Beiden gemeinsam ist die Beeinflussung einer bestimmten Prozeßgröße auf einen vorgegebenen Sollwert hin. Beim Steuern geschieht das aber in einer offenen Wirkungskette, es findet im Gegensatz zum Regeln keine Überwachung der Wirkung und keine Rückmeldung des Ergebnisses statt. Man beeinflußt also eine Größe, ohne daß diese selbst gemessen und ständig kontrolliert wird. Daher können sich beim Steuern unvorhergesehene Störfaktoren ungehindert auswirken, ohne daß sie erfaßt und berücksichtigt werden. Ein Beispiel aus der Ledertechnik: Beim Entgerben von Crustfellen wird häufig eine konstant festgelegte Alkalimenge (z. B. %) zugegeben, die erfahrungsgemäß ausreicht, um die für die Entgerbung erforderlich alkalische Reaktion des Bades herbeizuführen. Das ist ein Steuerprozeß. Wenn eine Fellpartie größere Mengen auswaschbarer Stoffe enthält, die mehr Alkali zur Neutralisation benötigen, wird dieser Störfaktor nicht erfaßt, die Entgerbung wird daher ungenügend. Beim Regeln erfolgt dagegen die Alkalizugabe auf einen bestimmten pH-Wert hin, der pH-Wert wird während des ganzen Prozesses gemessen und immer wieder so viel Alkali zugegeben, daß der gewünschte und eingestellte pH-Wert konstant aufrecht erhalten bleibt. Damit ist ein von Partie zu Partie einheitlicher Entgerbungseffekt gesichert. Wenn unvorhergesehene Störungen mit Sicherheit nicht auftreten oder vorhersehbare Störungen innerhalb der für die Erreichung des Zieles vertretbaren Grenzen liegen, wird man eine Steuerung vorziehen, da sie meist weniger aufwendig ist. Wenn aber Störungsfaktoren in einem Umfange auftreten können, daß dadurch das Ergebnis des zu überwachenden Prozesses wesentlich beeinflußt wird, ist die Regelung der Steuerung vorzuziehen. Das letztere gilt für viele Faktoren bei den Naßprozessen der Lederherstellung, bei den Maschinenarbeiten kommt man dagegen durchweg mit einer Steuerung aus. In den folgenden Ausführungen sollen zunächst die Grundbegriffe und Gesetzmäßigkeiten der Regeltechnik behandelt werden.

Das *Ziel der Regelung* ist also, die Differenz zwischen Ist- und Sollwert (= Regelabweichung) in jedem Augenblick des Prozeßablaufs möglichst klein zu halten, im Idealfall gleich Null. Nicht in jedem Falle wird aber völlige Deckungsgleichheit gefordert, wie beim Messen, können auch beim Regeln Abweichungen in für den jeweiligen Prozeß tragbaren Grenzen zugelassen werden (Toleranzgrenzen). Erst bei Über- oder Unterschreiten dieser Grenzen entstehen Gefahren für den Prozeßablauf bzw. die Qualität des Fabrikationsgutes, wobei natürlich auch oft die Dauer des Verweilens jenseits der Toleranzgrenzen eine Rolle spielt. Je geringer die Toleranzspanne, desto empfindlicher müssen natürlich Meß- und Regeleinrichtung sein (S. 36), was wiederum eine Kostenfrage ist. Man muß sich also von vornherein darüber klar werden, welche Toleranzgrenzen noch erträglich sind und ob auch bei kurzfristiger Überschreitung Nachteile auftreten können. Danach sind die Regler auszuwählen (S. 64 ff.)

Der Sollwert kann während des ganzen Prozesses konstant bleiben (Festwertregelung), und dann sind lediglich die von außen kommenden Störfaktoren, die den Regelprozeß beeinflussen können, zu kompensieren. Er kann aber auch bewußt nach einem Zeitplan verändert werden, und dann muß die Regelung diesem sich verändernden Sollwert folgen (Folgeregelung, Nachlaufregelung), wobei sich natürlich zeitweise Differenzen zwischen Soll- und Istwert ergeben. Der Sollwert wird unabhängig vom Regelprozeß von außerhalb als Festwert oder Folgewert in den Zeitplan eingegeben. Einen solchen Sollwert-Zeitplan bezeichnet man als *Regelprogramm.*

Die Regelgröße (Istwert) wird an einer bestimmten Stelle der Gesamtanlage, dem Meßort, meßtechnisch erfaßt und dann der Regeleinrichtung zugeführt. Diese Erfassung erfolgt durch *Meßwertgeber,* auch Meßfühler oder Sensoren genannt, die im Abschnitt Meßtechnik besprochen wurden. Der dabei erfaßte Istwert gilt aber natürlich nur für den Augenblick der Erfassung, hat also den Charakter einer Momentaufnahme, da er ja laufend von der Regelung wie auch von eventuellen Störeinflüssen beeinflußt wird. Bei der Messung auftretende Fehler bzw. Ungenauigkeiten gehen unverändert in den Regelprozeß ein. Daher müssen die Meßgeber mindestens den gleichen Genauigkeitsanforderungen entsprechen, die an den Regelkreis gestellt werden. Die vom Meßwertgeber entnommenen Meßwerte sind vielfach noch nicht als Information für den Regler geeignet, sie müssen dann noch durch einen *Meßumformer* (S. 71) in eine geeignete Größe umgeformt werden (z. B. Temperatur in Gleichstrom). Reicht die Meßenergie nicht aus, um den Regelvorgang auszulösen, so muß sie durch einen zwischengeschalteten *Meßverstärker* (S. 72) auf ein höheres Energieniveau gebracht werden. So umgewandelt und verstärkt wird die Regelgröße dann dem Regler zugeführt.

Unter *Regelstrecke* versteht man den Teil der Gesamtanlage, in dem die aufgabengemäße Regelung vorgenommen wird. Sie ist dem Regeltechniker vorgegeben, ihre Eigenschaften sind im allgemeinen durch Größe und Aufgaben der zu steuernden Anlage festgelegt. Man kann sie vielleicht von der technologischen Seite her etwas regelfreudiger machen (S. 25), aber eine Berücksichtigung regeltechnischer Gesichtspunkte ist meist nur in beschränktem Umfang möglich. Die Aufgabe des Regeltechnikers ist es, die für die gegebene Regelstrecke passenden Regelgeräte zu finden. Die Regelstrecke (Abb. 21) beginnt am Meßort beim Meßfühler (Meßwertgeber), wo die Regelgröße meßtechnisch erfaßt wird, geht dann über Meßumformer, Meßverstärker und den eigentlichen Regler, wo Regel- und Führungsgröße miteinander verglichen werden, und endet am Stellort, wo die Regeleinrichtung beeinflussend in den zu regelnden Prozeß eingreift. Die hier eingreifende physikalische Größe, mit der man bewußt auf den Istwert einwirkt, ist die Stellgröße, wie z. B. Temperatur, Druck, Mengendurchlauf, Bandgeschwindigkeit, pH-Wert usw. Der Einrichtungsteil, mit dem dieser Eingriff am Stellort auf Veranlassung des Reglers vorgenommen wird, wird als Stellglied, Stellgerät, Stellantrieb bezeichnet. Solche Stellglieder sind z. B. für die Zufuhr fester und flüssiger Substanzen Ventile, Schieber, Drosselklappen und Dosierpumpen, für die Regelung einer Faßgeschwindigkeit Drehzahlwandler (z. B. stufenlose Getriebe), für die pH-Regelung Ventile für Säure- und Alkalizufluß, für den Energiefluß elektrische, elektronische oder pneumatische Schalter, Stellwiderstände, Stelltransformatoren, Magnetverstärker, gesteuerte Gleichrichter usw. Jedes Glied dieser Regelstrecke ist gleichberechtigt, das unter gegebenen Bedingungen schwächste Glied bestimmt die Leistungsfähigkeit bzw. Genauigkeit der ganzen Strecke. Da die Signale den Regelkreis stets nur in einer Richtung durchlaufen, spricht man von Eingangs- und Ausgangsseite, was aber nicht etwa einen Material- oder Energiefluß, sondern nur die Richtung des Signalflusses kennzeichnet.

Abb. 21: Die Regelstrecke.

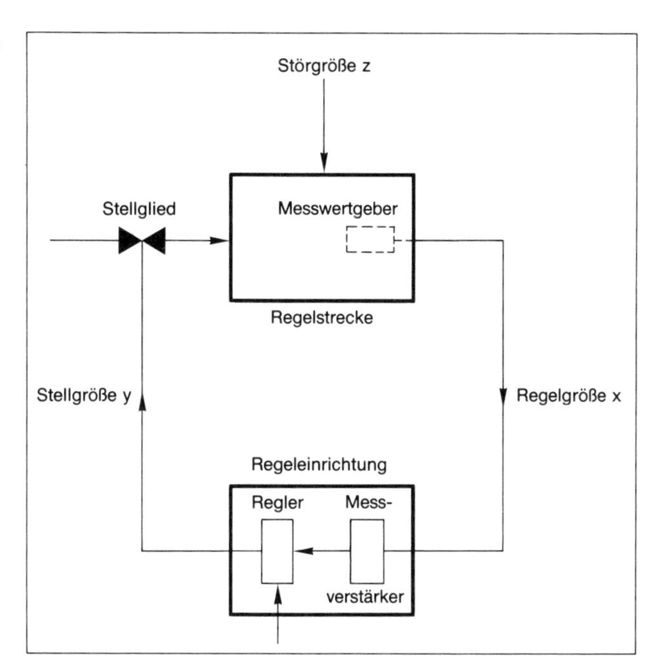

Für die *Beurteilung einer Regelstrecke* ist die Kenntnis des charakteristischen Verhaltens der Gesamtanlage z. B. in bezug auf Trägheit, Speicherkapazität, Informationsfluß, linearen oder nicht-linearen Verlauf bestimmter Vorgänge und Art der Änderung der bestimmenden Größen unbedingt notwendig. Neben dem absoluten Betrag der Änderung einer Größe in der Regelstrecke, also beispielsweise der Regelgröße, interessiert dabei in gleicher Weise auch der zeitliche Verlauf dieser Änderung. Man unterscheidet dabei drei mögliche Grundformen, die Anstiegsänderung, die sprunghafte Änderung und den Impuls. Die Anstiegsänderung ist eine allmähliche Änderung, der Winkel der Anstiegskurve ist ein Maß dafür. Bei der sprunghaften Änderung schnellt die Größe abrupt hoch und verharrt dann auf einem neuen Wert. Der Impuls ist auch eine sprunghafte Änderung, die aber nur zeitlich begrenzt ist und dann wieder zurückfällt. Erfolgt dieser Impuls nur kurzzeitig, so spricht man vom Nadelimpuls. Solchen Änderungen auf der Eingangsseite muß sich auch die Antwort anpassen, und für die Beurteilung einer Strecke ist wichtig, wie sie auf die verschiedenen Änderungen reagiert. Man spricht auch hier von Anstiegantwort (stetig ansteigend), Sprungantwort (schlagartig und spontan) und Impulsantwort (schwingend). Einer sprunghaften Änderung müßte im Idealfall auch eine Sprungantwort folgen, um die Regelung möglichst schnell durchzuführen, aber das ist in der Praxis meist nicht der Fall. Aber das Zeitverhalten ist für die Beurteilung einer Regelstrecke und seiner Glieder von besonderer Bedeutung, da es sich ja bei jeder Regelung um zeitliche Bewegungsvorgänge handelt.

Wichtig für die Beurteilung der Regelbarkeit eines Prozesses ist auch die Tatsache, ob ein Ausgleich vorhanden ist, d.h. ob eine Anlage bei Änderung einer Eingangsgröße ohne Regelung in sich die Auswirkung der Änderung begrenzen kann (stabilisierender Ausgleich) oder ob sie sich fortlaufend verändert. Danach unterscheidet man Strecken ohne oder mit Ausgleich (Abb. 22).

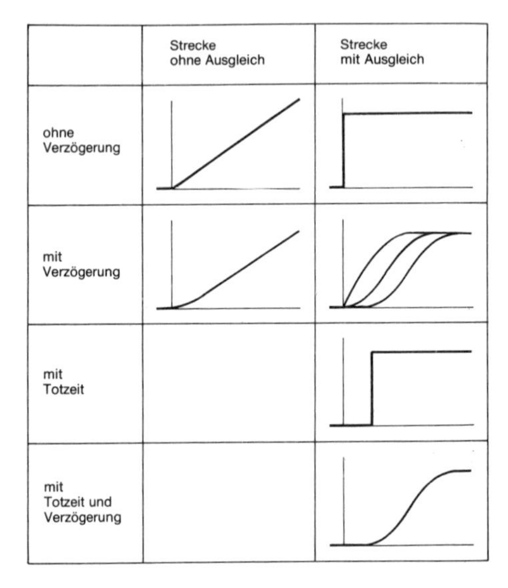

Abb. 22: Übersicht über die verschiedenen Regelstrecken.

a) Bei *Strecken ohne Ausgleich* ändert sich die Ausgangsgröße bei einer Änderung der Eingangsgröße stetig mit konstantem Änderungswert, es stellt sich kein neuer Gleichgewichtszustand ein. Der Istwert steigt also nach einer Störung ohne Regelung stetig weiter an, ohne einem festen Endwert zuzustreben (Strecken mit integralem Verhalten). Typisch hierfür sind Niveauregelstrecken. Ist z.B. der Ablauf aus einem Gefäß konstant und der Zulauf ändert sich, so läuft der Istwert ohne Regeleingriff dem Sollwert bis zum Leerlauf oder bis zum Überlauf stetig davon. Es gibt keinen bremsenden Einfluß, keinen Ausgleich, keinen Beharrungswert, eine einmalige Änderung am Eingang löst eine Daueränderung am Ausgang

aus. Solche Strecken sind regeltechnisch labil, eine präzise Regelung ist nur schwierig durchzuführen. Sie kommen allerdings auch nur verhältnismäßig selten vor.
b) Bei *Regelstrecken mit Ausgleich* strebt der Istwert nach einer Störung einem neuen Gleichgewichtszustand (Beharrungswert) zu, wenn die Störung nicht durch eine Regelung abgefangen wird. Läuft z. B. ein Förderband aus irgendeinem Grund schneller, so steigt die Fördermenge zwar an, bleibt dann aber bei einer höheren Leistung wieder konstant; die Änderung des Istwertes ist proportional der Änderung der Stellgröße (Bandgeschwindigkeit).

Ein anderer Faktor, der für die Beurteilung einer Regelstrecke interessiert, ist die Frage, wie schnell die Strecke z. B. auf eine sprunghafte Änderung der Eingangsgröße (Stellgröße) reagiert. Unter diesem Gesichtspunkt des Zeitverhaltens kann man ebenfalls verschiedene Strecken unterscheiden (Abb. 22).
a) *Strecken ohne Verzögerung,* bei denen Eingangs- und Ausgangsgröße direkt proportional sind. Auf eine sprunghafte Änderung der Eingangsgröße reagiert die Strecke also ebenfalls spontan. Dieser Fall kommt in reiner Form allerdings nur selten vor, meist treten auch hier kleine Verzögerungen ein, die aber in der Praxis vernachlässigt werden können.
b) *Strecken mit mehr oder weniger langer Verzögerung.* Hier hat die Regelgröße Widerstände zu überwinden, es sind bremsende Einflüsse vorhanden. Zwar beginnt die Veränderung der Ausgangsgröße auch sofort, aber es wird eine mehr oder weniger lange Zeit benötigt, bis der Endwert erreicht ist.
c) *Strecken mit echter Totzeit.* Totzeit ist die Zeit, die vergeht, bis nach einer Änderung der Eingangsgröße eine Änderung des Ausgangssignals überhaupt erkennbar ist. Es vergeht also eine Zeit scheinbarer Passivität, die hervorgerufen sein kann etwa durch die Trägheit von Massen und mechanischen Gliedern oder durch Laufzeiten im Signalfluß oder durch das Wesen der Strecke überhaupt. Wird z. B. bei einem Förderband bei A die Öffnung des Schüttrichters geändert, so macht sich die geänderte Fördermenge am Ende des Bandes bei B erst nach einer Zeit bemerkbar, die der Laufzeit des Bandes von A nach B entspricht. Auch bei Strecken mit Totzeit kann nach Beendigung dieser Zeit die Einstellung des neuen Istwertes ohne Verzögerung oder mit mehr oder weniger langer Verzögerung erfolgen. Totzeiten in der Strecke verzögern das Eingreifen der regelnden Maßnahmen und wirken sich daher ausgesprochen ungünstig aus. Man kann Totzeiten verkürzen, z. B. durch Anbringen des Fühlers nahe am Stellort (Verminderung der Signallaufzeit) oder durch Wahl eines Fühlers mit hoher Ansprechgeschwindigkeit. Jedes Schutzrohr am Fühler z. B. bedeutet eine eingebaute Totzeit.

Das *Stellglied* als letztes Glied der Regelstrecke stellt also die Verbindung zwischen der Ausgangsgröße des Reglers und dem technischen Prozeß dar. Es dient dazu, Stoff- und Energieströme im gewünschten Sinne zu beeinflussen. Dazu erhält es die Signale vom Regler und hat sie möglichst unverzerrt in die eigentliche Regelung umzuwandeln. Die Qualität der Reglung hängt in starkem Maße von der richtigen Auswahl und Dimensionierung des Stellgliedes ab. Dabei ist wichtig, daß die Stellglieder über einen möglichst großen Stellbereich verfügen, also den Bereich innerhalb dessen die Stellgröße einstellbar ist. Nur so können sie, auch wenn die Störgrößen höher werden als ursprünglich erwartet, eine rasche Wiedereinstellung des Sollwertes gewährleisten. Ist der Stellbereich nur begrenzt, so besteht die Gefahr, daß die Spitzen der übermittelten Stellgröße abgeschnitten werden, wodurch zum mindesten die Regelung stark verlangsamt, evtl. der dynamische Regelfehler vergrößert wird.

Nun zum *Regler* selbst. Die erste Funktion jeden Reglers ist, durch Vergleich von Ist- und Sollwert die Regelabweichung festzustellen und auf dieser Grundlage das Eingreifen des Stellgliedes in den Prozeß zu veranlassen. Der Regelvorgang besteht damit aus den nachstehenden hintereinander folgenden Funktionen:

1. Istwert aufnehmen,
2. Sollwert aufnehmen,
3. Vergleich der beiden Größen zum Zwecke der Feststellung der Regelabweichung. Diese Vergleichseinrichtung ist der wichtigste Bestandteil des Reglers und die Grundlage für sein Eingreifen in den Prozeß. Mit Hilfe von Regelabweichanzeigern (S. 35) kann das Ergebnis dieses Vergleichs sichtbar gemacht werden,
4. Verstärkung des Vergleichsergebnisses. Sie ist nur notwendig, wenn die zur Verfügung stehende Energie nicht ausreicht, um die Stellaufgabe durchzuführen,
5. bei Auftreten einer Regelabweichung Ausgabe des ***Stellsignals*** an das Stellgerät, das dann seinerseits auf den Prozeß einwirkt mit dem Ziel, die Regelabweichung abzubauen. Ist das geschehen, so hat der Regler seine Aufgabe erfüllt.

Diese Funktionen sind bei jedem Regler generell gleichartig, die Unterschiede zwischen den verschiedenen Typen liegen nur in der Art der Durchführung dieser Funktionen und einer eventuellen Inanspruchnahme von außen kommender Hilfsenergien. Bei der Auswahl des Reglers muß man sich stets darüber klar sein,

a) wie genau der Regler arbeiten soll (Toleranzgrenze). Einfache Regler ohne hohen Toleranzanspruch können ohne Verstärker arbeiten, bei der Regelung mit kleinen Toleranzgrenzen muß meist ein Verstärker eingeschaltet werden,

b) wie der Regler eingreifen soll, ob schnell oder langsam oder vielleicht erst schnell, dann aber langsam, wenn sich Ist- und Sollwert weitgehend genähert haben (z. B. Dosierwaagen, S. 39). Man spricht hier auch vom *Zeitverhalten* des Reglers.

Man kann die Regler je nach der Art, wie sie den Stellvorgang ausführen, also auf den technischen Vorgang einwirken, in zwei große Gruppen einteilen, unstetige und stetige Regler.

3.2 Unstetige Regler. Sie üben ihre Stellfunktion in einer Folge einzelner Energieimpulse, also unstetig aus. Sie sprechen nur an, wenn die Regelgröße einen bestimmten Wert erreicht hat und betätigen das Stellglied nicht kontinuierlich, sondern stufenweise. Die Stellhöhe ist konstant, die Energiehöhe festgelegt, die Einwirkungsdauer jedes Einzelimpulses ist dagegen begrenzt. Sie sind schaltende Regler, die mit zwei oder drei Stellgrößen arbeiten. Sie sind normalerweise in Aufbau und Wartung weniger aufwendig als stetige Regler und im allgemeinen einfach, billig und robust und werden daher im technischen Alltag viel verwendet. Man muß aber zwangsläufig mit einer gewissen Schwankungsbreite rechnen. An die Genauigkeit der Regelung können keine zu hohen Anforderungen gestellt werden, und man muß sich daher vor ihrem Einsatz darüber klar werden, ob diese Schwankungsbreite hingenommen werden kann. Unter bestimmten Voraussetzungen liefern sie aber durchaus brauchbare Ergebnisse und gerade bei der Regelung ledertechnischer Prozesse wurden sie schon aus Preisgründen häufig mit gutem Erfolg eingesetzt.

3.2.1 Zweipunktregler. Bei Hausgeräten und in der Heizungstechnik viel verwendet, besitzen sie nur zwei Stellgrößen, »Ein« und »Aus« oder bei Ventilen »Auf« und »Zu«. Sie stellen also im Prinzip einfache Schalter dar, mit denen die Stellgröße ein- und ausgeschaltet wird. Sie sind einfach und zuverlässig, benötigen keine Hilfsenergie, und die Abmessungen sind kleiner als bei stetig wirkenden Reglern. Nachteilig wirkt sich ihr stoßweiser Betrieb aus, wobei gleich die volle Höhe der Stellenergie eingeschaltet wird, sowie das unvermeidbare Schwanken des Istwertes um den Sollwert. Es kann sich also kein Beharrungszustand ausbilden; zwischen Ein- und Ausschaltpunkt pendelt die Regelgröße ständig in Intervallen hin und her, also unstetig, wenn auch mit unterschiedlicher Intervalldauer. Typische Regler dieser Gruppe sind Grenzsignalgeber, Relais, Schaltschütze. Typische Stellglieder solcher Regler sind z. B. Kontaktschalter und Magnetventil. Wenn z. B. im Falle des Magnetventils bei Auftreten eine Regelabweichung der Stromschluß erfolgt, so hebt der Elektromagnet den Verschlußkegel, und die vorher abgesperrte Flüssigkeit fließt in voller Höhe zu. Ist die Regelabweichung ausgeglichen, so endet der Stromschluß und das Ventil schließt sich sofort völlig. Zwischenstellungen mit mehr oder weniger langsamem Zufluß gibt es nicht. Im Idealfall bewegt sich der Istwert gradlinig auf und ab, die Einschaltperiode dauert genau so lange wie die Ausschaltperiode. Trägheit und Beharrungsvermögen führen allerdings meist dazu, daß zwischen beiden eine gewisse Schaltdifferenz entsteht; der Ablauf weist eine Hystereseschleife auf. Man spricht auch von einer Totzeit des Reglers, d. h. die Zeitspanne, die zwischen dem Schaltpunkt und dem Wendepunkt der Regelgröße liegt. Regler mit Totzeit reagieren auf sprunghafte Änderungen der Eingangsgröße nicht sofort, sondern erst nach einer bestimmten Zeitspanne, was sich natürlich auf die Regelzeit ungünstig auswirkt.

In die Gruppe der Zweipunktregler gehören neben den erwähnten Schaltern z. B. alle Thermostate als Konstanthalter für die Regelgröße »Temperatur«. *Bimetall-Thermostate* (S. 38) sind echte Regler, die sowohl bei Erwärmung wie bei Abkühlung schalten. Die Bimetallelemente dienen hierbei sowohl als Meßfühler wie auch, bedingt durch ihre Krümmung bei veränderter Temperatur, als Stellgerät, was übrigens für alle Thermostate gilt, die auf dem Prinzip der Wärmedehnung beruhen. Die Bimetall-Thermostaten sind allerdings träge Schalter, da sie nur langsam an die Kontaktfläche anlegen und sich beim Abheben Kontaktfeuer einstellen. Durch Einbau von Rückzugfedern oder durch Bimetallteller kann dieser Nachteil allerdings behoben werden. *Stabausdehnungs-Thermostaten,* auch als Invarstab bezeichnet, beruhen auf der Ausnutzung der Ausdehnung von Metallstäben zur Anzeige der Temperatur und als Regler. Sie schalten mit hoher Schaltkraft und ausgezeichneter Schaltgenauigkeit. *Kapillarrohr-Thermostate* (S. 38) nutzen die Wärmedehnung von Flüssigkeiten aus. Sie bestehen aus einem Flüssigkeitsgefäß mit Kapillarrohr, an dessen Ende sich eine Schaltmembran als Schaltelement befindet. Dehnt sich die Flüssigkeit aus, so berührt die Membran einen mittels Sollwerteinsteller eingestellten Hebel, dieser Kontakt löst den Schaltvorgang aus.

Pressostate als Konstanthalter für die Regelgröße »Druck« sind meist auf den Wirkungsprinzipien dieser Geräte aufgebaut, die an früherer Stelle für die Druckmessung besprochen wurden. So wie dort die Druckverformungen mittels Winkelhebels auf einen Zeiger übertragen wurden (S. 46), wird hier die gleiche Übertragungsart zur regelnden Kontaktherstellung benutzt. Das gleiche gilt für die *Hygrostate* als Konstanthalter für die Regelgröße »Feuchte«, wobei auch hier die Zeiger oder Schreibgeräte der Hygrometer (S. 48) zur Kontaktherstellung in den Regelkreisen dienen. Die *Niveaustandsregler* als Konstanthalter für die Regelgröße »Niveaustand« arbeiten entweder mittels Schwimmersteuerung (S. 44) oder pneumatisch mit einem Tauchrohrfühler und mit konstantem Vordruck, der aber als Schaltdruck noch nicht ausreicht. Wenn aber das Flüssigkeitsniveau ansteigt und das Tauchrohr verschließt, so tritt ein zusätzlicher Staudruck auf und das Schaltventil wird betätigt. Mit zwei Standrohren kann man auch die oberen und unteren Schaltpunkte und damit die Schaltdifferenz festlegen.

In die Gruppe der Zweipunktregler gehören auch die anzeigenden Zweipunktregler, die *Meßwerkregler,* die für anspruchsvollere Anwendungen als unstetige Regler eingesetzt werden. Dabei dient der Meßfühler nicht gleichzeitig auch als Stellglied, sondern das Meßwerk liefert nur die Energie für die Zeigerbewegung eines Meßschreibers (S. 51). Der Zeiger des Meßschreibers weist den Istwert aus, ein eingebauter und einstellbarer Sollwertzeiger (Abb. 23) den Sollwert. Erreicht der sich bewegende Istwertzeiger den eingestellten Sollwertzeiger, so wird durch den Kontakt der Schaltvorgang ausgelöst. Dann allerdings wird die volle Regelleistung ein- oder ausgeschaltet (Zweipunktschalter; siehe auch Schrittregler S. 67). Die Istwertanzeige gestattet gleichzeitig auch eine Beobachtung der Größe der Abweichung zwischen Ist- und Sollwert und der Richtungstendenz der Änderung des Istwertes.

Ungünstig beim Arbeiten mit Zweipunktreglern ist, daß bei Kontaktgabe stets die volle Last ein- und ausgeschaltet wird, was bei hohen Lasten natürlich zu einer starken Belastung der Kontakte und der ganzen Anlage führen kann. Daher legt man oft dort, wo die Lastschwankungen bekannt sind, die Kapazität der Anlage nicht voll für die zu erwartenden Extremwerte (Vollast) aus, sondern für den Normalbetrieb (Grundlast) und deckt die gelegentlich auftretenden Bedarfsspitzen (Spitzenlast) mit bereitgehaltener Sonderkapazität ab, die nur auf Abruf wirksam wird. So würde es zu einer Überdimensionierung und damit unwirtschaftlicher Betriebsweise führen, wenn man die Heizleistung einer Heizanlage für den Spitzenbedarf an wenigen kalten Wintertagen auslegen würde. Besser ist, sich nach einer vorausschaubaren Grundlast (Normalbetrieb) zu richten und eine Zusatzheizung für kurzfristige Sonderspitzen vorzusehen. Oder man legt bei großen Anlagen einen Teil der Last, der mit Sicherheit nie unterschritten wird, als Grundlast einfach ungesteuert aus und bezieht die Regelung nur auf die Schwankungsspitzen. Dadurch wird die Schwankungsbreite wesentlich verringert.

3.2.2 Dreipunktregler. Der große Nachteil bei der Zweipunktregelung ist, wie bereits erwähnt, das ständige Ein- und Ausschalten großer Leistungen, was zu starker Belastung der Kontakte führt. Dieser Nachteil wird bei der Dreipunktregelung vermieden, bei der man Regler verwendet, die mit drei statt mit zwei Schaltstufen arbeiten. Wird z. B. eine Heizung geregelt, so erfolgt zunächst, um eine kurze Anheizzeit zu erzielen, das Anheizen mit voller Heizleistung. Bei Erreichung eines unteren Grenzwertes wird aber ein Teil der Heizung abgeschaltet, und die Restheizung muß so dimensioniert sein, daß sie bei Normalbetrieb ausreicht, um die Temperatur in den gewünschten Grenzen zu halten. Steigt die Temperatur aber durch irgendwelche Einflüsse über einen oberen Grenzwert, so schaltet sich auch diese Restheizung aus, sinkt sie durch äußere Einwirkungen unter den unteren Grenzwert, so schaltet sich die volle Heizung ein. Wir haben also drei Schaltzonen und damit auch drei Stellpositionen, und wenn die mittlere Zone in ihrer Breite richtig ausgelegt ist, dann kann über lange Zeiträume mit der Mittelschaltung einer verminderten Heizenergie ohne ständiges Schalten gearbeitet werden. Nehmen wir als weiteres Beispiel ein Ventil, das durch einen elektrischen Motor angetrieben wird. Bei einem Zweipunktregler mit den Kommandos »Öffnen« und »Schließen« würde die Ventilstellung ständig geändert werden. Bei einem

Dreipunktregler mit den Kommandos »Öffnen«, »Unverändert« und »Schließen« kann sich eine Mittelzone einstellen, bei der sich der Durchlauf richtig eingependelt hat und damit über lange Strecken keine Änderungen nach oben oder unten mehr erfolgen. Meßwerkregler (S. 66) können auch als Dreipunktregler arbeiten, wenn zwei Sollwertzeiger vorhanden sind, zwischen denen der Istwertzeiger hin und her pendelt.

Bei allen angeführten Beispielen erfolgt das Beharren im mittleren Schaltbereich um so länger, je breiter der Abstand zwischen den beiden Grenzwerten ist, aber um so schlechter wird natürlich die Schaltgenauigkeit. Große Schwankungsbreite führt zu wenig Schaltungen, bei kleiner Schwankungsbreite sind die Schaltungen häufiger, aber die Regelung wird erheblich genauer. Hier ist also wichtig zu wissen, welche Schwankungen der zu regelnde Prozeß verträgt und dann bei Einstellung der Mittelzone den richtigen Mittelwert zu wählen, der zu häufiges Schalten vermeidet, aber doch eine genügende Regelgenauigkeit gewährleistet.

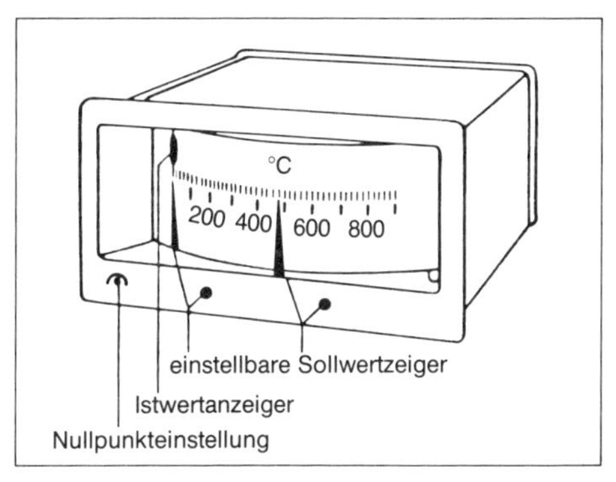

Abb. 23: Anzeigeteil eines Meßwerkreglers (Kaspers und Küfner[5]).

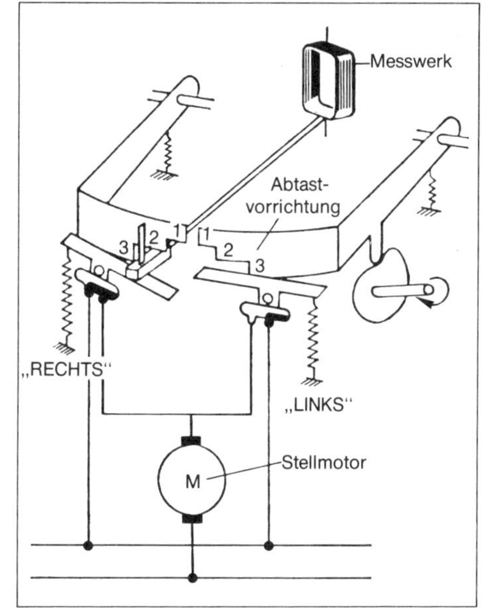

Abb. 24: Schematischer Aufbau eines Schrittreglers (Ullmann[5]).

3.2.3 Schrittregler. Um die geschilderten Schwierigkeiten bei Dreipunktreglern zu vermeiden, kann man Schrittregler verwenden, deren Wirkungsweise Abb. 24 erläutert. Man benutzt im Gegensatz zu den Meßwerkreglern (s. o.) keinen normalen Meßschreiber, sondern einen Regelabweichungsanzeiger (S. 35), bei dem der Sollwert als Nullwert in der Mitte der Skala liegt und die positiven und negativen Abweichungen rechts und links davon angezeigt werden. Das Meßwerk betätigt einen Zeigerarm. Das gestufte Tastblech einer Vorrichtung, die die Lage des Meßwerkzeigers abtastet, wird periodisch auf- und abbewegt (Fallbügelprinzip). Hat die Regelgröße einen Wert erreicht, der innerhalb der zulässigen Toleranzspanne liegt, so wird der Zeiger infolge des schmalen Mittelschlitzes des Tastbleches von diesem nicht erfaßt, und der Strom wird nicht eingeschaltet. Liegt der Meßwert aber außerhalb der durch die Toleranzbegrenzung gegebenen Zone, so schlägt der Zeiger nach rechts oder links aus und wird damit bei der nächsten Senkung des Tastbleches festgeklemmt. Damit wird der Strom für den Stellmotor eingeschaltet, und zwar für eine um so längere Zeitspanne, je größer der Ausschlag des Zeigers war (1 = kurze, 2 = mittelgroße, 3 = große Zeitspanne). Bei großer Regelabweichung ist der Stellmotor also automatisch länger eingeschaltet als bei kleiner Abweichung, und das Stellglied wird entsprechend mehr verstellt. Damit kommt diese Arbeitsweise schon dem von Stetigreglern nahe, der Vorteil des Schrittreglers liegt in der einfachen Handhabung und dem geringeren Aufwand.

Die beschriebene mechanische Abtastung hat nur den Nachteil, daß sich während der Zeit des Festklemmens des Zeigers durch das Tastblech der Istwert schon wieder geändert haben kann und diese Änderung erst nach dem Wiederheben des Tastbleches erfaßt wird. Dadurch ist eine gewisse Totzeit unvermeidlich. Es gibt aber auch Schrittregler mit induktiver oder photoelektrischer Abtastung. Im ersteren Falle taucht eine Metallfahne, die am Zeiger des Meßwerks befestigt ist, bei Abweichungen zwischen Ist- und Sollwert in eine Spule ein und löst so den Schaltvorgang aus. Bei der photoelektrischen Abtastung bewirkt die Metallfahne eine mehr oder weniger große Abdeckung des Lichtdurchganges zwischen einer Lichtquelle und einem Photowiderstand (S. 85). In beiden Fällen erfolgt das Abtasten des Istwertes völlig trägheits- und verzögerungsfrei.

3.3 Stetige Regler. Sie üben im Gegensatz zu den unstetigen Reglern schon bei den kleinsten Regelabweichungen ihre Stellfunktion ununterbrochen aus, greifen also stetig in den Prozeß ein. Sie benötigen kontinuierlich arbeitende Stellgeräte, die Stellgröße kann innerhalb des Stellbereichs jeden beliebigen Zwischenwert annehmen. Damit ist natürlich die Präzision der Regelung gesteigert, es gibt keine dauernden Schwankungen, der Aufwand ist allerdings auch höher. Gemeinsam ist allen stetigen Reglern die ununterbrochene Arbeitsweise und der stets vorhandene Eingriff in die Strecke, unterschiedlich ist jedoch die Art des Eingreifens in den Prozeß.

3.3.1 Verschiedene Typen stetiger Regler. Je nach der Art des regelnden Eingriffes, d. h. hinsichtlich der Geschwindigkeit des Reagierens und hinsichtlich der Präzision in der Erreichung des Sollwertes, unterscheiden sich die verschiedenen Typen stetiger Regler in grundsätzlicher Weise. Oft sind auch optimale Ergebnisse nur durch eine Kombination mehrerer Typen zu erreichen, aber auch damit steigt der Aufwand natürlich wieder beträchtlich. Vor der Auswahl sollte man daher für den zu regelnden Vorgang die folgenden Fragen klären:

a) Welches maximale Überschwingen des Istwertes kann in Kauf genommen werden?

b) In welcher Höhe kann eine bleibende Abweichung vom Sollwert in Kauf genommen werden?

c) Welche Ausregelzeit ist tragbar?

Nachstehend sei das Verhalten der verschiedenen Typen stetiger Regler kurz skizziert (Abb. 25, S. 73).

Regler mit P-Verhalten (Proportionalregler). Hierbei stehen Regelabweichungen und Stellgröße in einem proportionalen Verhältnis, also in linearer Beziehung zueinander. Innerhalb des Stellbereichs ist jedem Wert der Regelgröße (Eingangsgröße) ein ganz bestimmter Wert der Stellgröße (Ausgangsgröße) zwangsläufig zugeordnet. Ein typisches

Beispiel ist die Niveaustandregelung mittels Schwimmer (S. 44), wobei der Schwimmer, der hier Meßglied und Stellantrieb zugleich ist, durch ein Hebelgestänge starr mit einem Zulaufschieber verbunden ist. Jeder Stellung des Schwimmers ist eine bestimmte Position des Zulaufschiebers zugeordnet. Einer sprunghaften Änderung der Eingangsgröße folgt eine sprunghafte Antwort des Reglers und damit auch eine proportional sprunghafte Änderung der Stellgröße. Die Antwort erfolgt also verzögerungsfrei und ohne abgerundete Übergänge, der P-Regler fängt die Abweichung ab und verharrt dann wieder in einer neugewonnenen Position (Beharrungswert), der nicht dem Sollwert entspricht, er regelt also nicht völlig aus. In diesem neuen Beharrungspunkt wird also wieder ein stabiles Gleichgewicht erreicht, bis eine neue Störung die Regelung wieder in Gang bringt, die aufgetretene Regelabweichung wird also nie völlig beseitigt. Wieweit sie beseitigt wird, hängt von der Größe des P-Bereichs ab. Kleiner P-Bereich führt zu relativ flachem Verlauf der Ausgleichskurve und kleiner bleibender Abweichung, bei größerem P-Bereich ist die Kurve steiler, die bleibende Regelabweichung größer. Bei kleinerem P-Bereich gewinnt man also mehr Präzision, aber längere Zeit der Instabilität, bei größerem P-Bereich kommt der Regler nach kurzer vorübergehender Überschwingung auf dem neuen Beharrungswert schnell zur Ruhe. Die meisten Regler dieser Gruppe haben einen einstellbaren P-Bereich, um sie flexibel der Strecke anpassen zu können. Hat die Stabilität den Vorrang, so wählt man den größeren P-Bereich; hat die Präzision in bezug auf den Sollwert den Vorrang, so ist der P-Bereich klein zu wählen, aber man opfert damit die beste Eigenschaft des P-Reglers, seinen schnellen stabilisierenden Einfluß.

Ganz allgemein haben P-Regler also die Vorteile schneller Reaktion auf die Änderung der Regelgröße und hoher Stabilität, aber den Nachteil, daß die Regelabweichung nie völlig beseitigt wird. Sie sind einfach, preiswert und insbesondere da geeignet, wo ein schnelles Abfangen der Störung im Vordergrund steht und die Ansprüche an die exakte Erreichung des Sollwerts nicht allzu hoch sind. Sie sind gut für Niveau- und Drehzahlregelung geeignet, weniger gut für Temperatur-, Druck- und Durchflußregelung.

Regler mit I-Verhalten (integriertes Verhalten). Integral bedeutet die Summe unendlich vieler kleiner Teile. Einer sprunghaften Änderung der Eingangsgröße antwortet der I-Regler mit vielen kleinen Stellschritten fortlaufend, bis die Störung exakt ausgeregelt ist. Dabei ist die Geschwindigkeit der Stellbewegung von der Größe der Regelabweichung abhängig. Bei großen Abweichungen vom Sollwert arbeitet der Regler mit hoher Stellgeschwindigkeit, bei geringer Abweichung mit kleiner Geschwindigkeit. Bei den I-Reglern ist also nicht die Stellgröße selbst, sondern die Stellgeschwindigkeit proportional der Regelabweichung. Ihr Nachteil ist dabei ihre Neigung zum Schwingungsverhalten. Je größer die Stellgeschwindigkeit, desto mehr neigen sie im Übereifer zum Überschwingen. Sie schießen leicht über das Ziel hinaus und sind dann zur Umkehr gezwungen. Je höher die Stellgeschwindigkeit, desto größer auch diese Überschwingung und um so länger dauert es, bis das Schwingverhalten abgeklungen ist. Dann aber ist die Störung restlos beseitigt, der I-Regler arbeitet präzise, und es bleibt keine dauernde Regelabweichung zurück, er gibt sich nicht mit dem Erreichen eines ungefähren Beharrungszustandes zufrieden.

I-Regler folgen der Regelabweichung also langsamer als P-Regler, regeln aber genau auf Null, da die Stellgröße sich so lange ändert, bis die Regelabweichung völlig verschwunden ist. Sie sind das einzige regelnde Element, das Abweichungen vom Sollwert restlos beseitigen kann. Sie sind präzise, aber träge und dort geeignet, wo es auf eine genaue Ausregelung des Sollwerts ankommt, was aber mit langer Regeldauer und Schwingungsneigung erkauft werden muß. Man sollte sich also darüber klar werden, ob solche Regelzeiten und Überschwingungen im Rahmen der gegebenen Toleranzbegrenzung (S. 60) tragbar sind. Die Anwendung reiner I-Regler ist daher wesentlich seltener als die von P-Reglern, höchstens bei Durchfluß- und Druckregelungen; die Nutzung ihres Vorteils ist meist nur bei Verwendung in Regelkombinationen zu finden.

Regler mit PI-Verhalten kommen dort in Frage, wo schnelle Regelung und Präzision gleichzeitig verlangt werden. Sie verhalten sich im ersten Augenblick wie ein P-Regler, fangen also durch ihre rasche Reaktion die Hauptstörung rasch ab und anschließend beseitigt der I-Anteil die vorhandene Restabweichung (Beharrungswert) und liefert damit die Präzision der Regelung. Dadurch werden die Vorzüge der beiden Typen addiert, ihre Nachteile dagegen weitgehend ausgeschaltet. Gleichzeitig wird damit eine Zeitverkürzung erreicht. Man spricht auch von der Nachstellzeit eines PI-Reglers als der Zeit, die gegenüber der Verwendung eines reinen I-Reglers bis zum Ausgleich der Regelabweichung eingespart wird. Durch einstellbare Regelparameter kann das Verhältnis von P- und I-Anteil und damit auch der Nachstellzeit variiert werden. Vergrößerung des P-Anteils verbessert das Stabilitätsverhalten, Verkleinerung führt zur Schwingungsneigung. Bei Vergrößerung des I-Anteils wird die Stellgeschwindigkeit kleiner, der Regler arbeitet exakter. Natürlich ist bei PI-Reglern der gerätetechnische Aufwand höher, aber trotzdem sind sie die meistverwendeten stetigen Regler, die bei allen Regelaufgaben genügen, wenn es nicht auf die allerletzten Feinheiten ankommt.

Regler mit D-Verhalten (Differential-Verhalten). Die Bezeichnung »Differential« soll aussagen, daß für die Größe des Impulses die Geschwindigkeit der Änderung der Regelgröße maßgebend ist. Man spricht auch von Reglern mit Vorhalt. So wie der Schütze bei bewegtem Ziel die Änderung des Zielobjektes während der Flugzeit des Geschosses schätzt und vorausschauend einrechnet, so schätzt der D-Regler die Änderungsgeschwindigkeit der Regelgröße und leitet damit vorausschauend eine gefahrabweisende Sofortmaßnahme ein. Der D-Impuls hängt also von der Geschwindigkeit der Änderung der Regelgröße ab, die Höhe des Vorhalts ist dieser Änderungsgeschwindigkeit proportional, und damit wird die Änderung sofort kompensiert. Ein solcher Konterschlag wirkt rasch (Nadelimpuls), aber natürlich nicht mit hoher Präzision und hinterläßt wie der P-Regler stets eine bleibende Abweichung. Daher werden D-Regler nie allein, sondern nur in Kombination mit P- und I-Reglern als Rückführglieder verwendet, um deren Regelgüte zu verbessern und vor allem die Regelzeit zu verkürzen. Beim *PD-Regler* wird gegenüber reinen P-Reglern die Ausregelzeit noch weiter verkürzt und der Beharrungswert sehr rasch erreicht, aber es bleibt hierbei natürlich in gleicher Weise wie beim P-Regler stets eine bleibende Abweichung übrig. Der *PID-Regler* schließlich hat im Prinzip die gleichen Eigenschaften wie der PI-Regler, aber auch hier wird wertvolle Zeit eingespart. Wir haben bei dieser Kombination zunächst einen sprunghaften Einfluß des D-Anteils, der kurzfristig als »Nadelimpuls« hochschießt, wobei das Stellglied kurzfristig, mehr als zur Korrektur der Störung erforderlich, verstellt wird (Vorhaltzeit). Dann wird die Stellwirkung auf die Höhe des P-Anteils zurückgenommen (Proportionalbereich), und schließlich sorgt der I-Anteil für die exakte Beseitigung der verbliebenen Restabweichung (Nachstellzeit). Durch Vergrößerung der Vorhaltzeit wird die Überschwingung des I-Anteils kleiner und die Dauer der Einschwingzeit verkürzt. Eine zu große Vorhaltzeit erhöht allerdings die Schwingungsneigung. Durch Vergrößerung des P-

Bereichs kann die Schwingung beruhigt werden. Neben dem hohen Aufwand ist als Nachteil für den PID-Regler nur anzuführen, daß er infolge des Vorhandenseins von drei Parametern relativ schwierig einstellbar ist (S. 75).

3.3.2 Meßumformer, Verstärker und Rückführung. Im Zusammenhang mit den verschiedenen Regelsystemen sei an dieser Stelle auch etwas über Meßumformer mitgeteilt. Früher gab es für jede Regelgröße wie Druck, Temperatur, Durchfluß usw. spezialisierte Regelgeräte. Mit wachsendem Anspruch an die Regelgüte hat man aber hochwertige *Einheitsregler* entwickelt und zwischen Meßelement und Regler den Meßumformer eingeschaltet. Einheitsregler besitzen einen genormten Bereich der Eingangs- und Ausgangsgröße, und man unterscheidet je nach der gewählten Hilfsenergie zwischen pneumatischen und elektrischen Einheitsreglern. Bei pneumatischen Einheitsreglern beträgt der Signalbereich der Ausgangsgröße 0,2 bis 1 bar, bei elektrischen Einheitsreglern 0 bis 20 mA. Bei dem derzeitigen Stand der Technik stehen Geräte mit elektrischer und pneumatischer Hilfsenergie gleichwertig gegenüber, beide Gruppen haben Vor- und Nachteile, und der Fachmann muß je nach den Gegebenheiten der Einzelanlage das geeignete System auswählen. Elektrische Geräte werden vorwiegend in Betrieben eingesetzt, die von Haus aus vorwiegend elektrisch orientiert sind, wie bei Kraftwerken und Betrieben auf dem Gebiete des Maschinenbaues und der Verfahrenstechnik. Sie gestatten eine Signalübertragung über größere Entfernung ohne Zeitverzögerung und kommen bei komplizierten Schaltungen und rasch ablaufenden Regelvorgängen in Frage. Elektrische Rechenschaltungen lassen sich eleganter und einfacher ausführen, die Verknüpfung mit elektronischen Rechnern läßt sich leichter durchführen und vor allem steht elektrische Hilfsenergie praktisch überall zur Verfügung. Pneumatische Regelgeräte sind dagegen einfacher, preiswerter, robuster und absolut explosionssicher und werden daher gern in chemischen Fabriken und sonstigen Betrieben der Verfahrensindustrie eingesetzt. Bei Ausfall der Hilfsenergie bleibt die Regelanlage bei genügend großen Druckluftspeichern noch für eine gewisse Zeit funktionsfähig, der Reglerbetrieb ist weder an den Meß- noch an den Stellort gebunden und gestattet daher eine weitgehende Zusammenfassung der Geräte in Meßzentralen (S. 74), aber die verwendete Luft muß im Hinblick auf die feinen Düsen- und Drosselquerschnitte schmutz-, öl- und bei Frostgefahr auch wasserfrei sein. Es gibt natürlich auch heute noch Reglertypen, die ohne Hilfsenergie arbeiten, z. B. Temperaturregler, Reduzierventile, Tankbelüftungen usw. Sie zeichnen sich durch Einfachheit aus, sind aber nur dort geeignet, wo die Stellglieder leicht zugängig sind und wo es auf die Regelgenauigkeit nicht so genau ankommt (meist P-Regler). Sie sind auch dort nicht geeignet, wo mit Korrosionen und Ablagerungen zu rechnen ist.

Mit jedem Einheitsregler kann man, wenn man einen geeigneten Meßumformer hat, jede beliebige Meßgröße regeln. Im allgemeinen unterscheidet man im Sprachgebrauch Meßwandler (Transducer) und Meßumformer (Transmitter). *Meßwandler* sind nach DIN 19226 Geräte, bei denen die Eingangs- und Ausgangssignale dieselbe physikalische Größe aufweisen und die Eingangsgröße ohne Hilfsenergie übertragen wird. Ein *Meßumformer* ist dagegen ein Gerät, das die von einem Meßgerät ermittelte Größe unter Verwendung einer Hilfsenergie in ein einheitliches Ausgangssignal umwandelt und dieses dann an den Einheitsregler weiterleitet. Entsprechend der Art der Regler unterscheidet man auch bei den Meßumformern pneumatische und elektrische Geräte. Für beide Gruppen von Meßumformern wurden die Übertragungssignale inzwischen international einheitlich genormt, so daß auch Geräte unterschiedlichen Fabrikats austauschbar sind und damit die Ersatzteilhaltung wesentlich vereinfacht werden kann. Die Meßumformer befinden sich meist in unmittelbarer Nähe der Meßstellen und sind daher oft recht rauhen Betriebsbedingungen ausgesetzt. Sie müssen daher gegen Temperaturschwankungen, Erschütterungen, Verschmutzungen usw. unempfindlich sein und ein Ausgangssignal liefern, das ohne Verfälschung über größere Entfernungen geleitet werden kann.

Hier kann nur kurz auf den grundsätzlichen Aufbau von Meßumformern eingegangen werden. Sie bestehen im wesentlichen aus drei Hauptteilen, einem Meßwerk, einem Abgriff- oder Abtastsystem und einer Verstärkereinrichtung. Das Meßwerk formt die Meßgröße wie Temperatur, Druck, pH-Wert usw. in eine abtastbare Größe um, das wurde schon im Abschnitt über die Meßtechnik (S. 34 ff.) behandelt. Das Abgriffsystem übernimmt nun die Aufgabe, die Ausgangsgröße des Meßwerks direkt oder indirekt abzutasten und je nach der Art des Reglers in eine analoge pneumatische oder elektrische Größe überzuführen. Da aber bei Signalübertragungen auf größere Entfernungen die Leistungsfähigkeit der Abgriffsysteme allein nicht ausreicht, muß als weiteres Teilelement meist noch eine Verstärkereinrichtung hinzu kommen. *Verstärker* sind also Geräte, durch die entweder die Größe des Signals oder die Leistung oder beides verstärkt wird. Dabei ist wichtig, daß die Eingangsgröße exakt proportional verstärkt wird. Hier können aber Störgrößen wie schwankende Energiezufuhr und Alterungserscheinungen den Ausgangswert verfälschen. Da aber hinsichtlich Genauigkeit an den Meßumformer die gleichen Anforderungen wie an den Regler selbst gestellt werden, sind die meisten Geräte noch mit einer *Rückführung* versehen, die darin besteht, daß ein Teil des Ausgangssignals durch ein Rückführelement negativ auf den Eingang des Verstärkers geschaltet wird, so daß den Verstärker eine um die Rückführgröße verminderte Eingangsgröße erreicht. Dadurch werden Eingangs- und Ausgangsgröße ständig miteinander verglichen, und etwaige Abweichungen ziehen sofort positive oder negative Veränderungen der Ausgangsgröße nach sich. So erreicht man, daß das Verhältnis zwischen Eingangs- und Ausgangsgröße von störenden Einflüssen unabhängig wird und ein weitgehend proportionales Übertragungsverhältnis erreicht wird.

Durch die Größe der Rückführung kann man die dem Regler zugeführte Intensität des Signals variieren und damit vermeiden, daß der Regler beim geringsten Impuls voll ausgesteuert oder übersteuert wird. Stellgröße und Rückführung sind gegensätzlich wie Antrieb und Bremse. Die Rückführung kann starr sein, dann hat sie für die ganze Wirkungsdauer gleichbleibende Wirkung. Sie kann nachgebend sein und schwächt dann die Regelwirkung anfangs stark, später wird die Regelwirkung stärker. Sie kann aber auch verzögernd sein und steigt dann in ihrer Wirkung an, so daß der Reglereinfluß anfangs stark ist und dann mehr und mehr abnimmt. Dabei muß sich die Art der Rückführung auch nach dem Reglertyp richten, wobei sie das gegenteilige Verhalten besitzen muß wie der Regler (Abb. 25). Bei P-Reglern wird immer mit starrer Rückführung gearbeitet, eine starke Rückführung gibt einen großen P-Bereich, eine schwache Rückführung einen kleinen P-Bereich. Soll der Regler anfangs kräftig, später aber nur wenig eingreifen (PD-Regler), so muß die Rückführung verzögernd sein. Bei einem PI-Regler muß sie nachgebend sein und damit im ersten Augenblick verhältnismäßig stark eingreifen, um dann immer kleiner zu werden bis zum Nullpunkt. Bei einem PID-Regler schließlich muß die Rückführung sowohl verzögernd wie auch nachgebend sein, sie darf weder im ersten Augenblick nach einem Sprung der Eingangsgröße wirksam sein noch im letzten stationären Zustand. Reine I-Regler lassen sich in der Praxis nicht realisieren, hierzu wäre statt einer nachgebenden eine exakt differenzierende Rückführung nötig. Daher besitzen in der Praxis alle I-Regler doch zu Beginn einen wenigstens kleinen P-Sprung.

3.3.3 Einfluß von Verzögerungen. Für den Einsatz der verschiedenen Reglertypen spielt auch die Art auftretender Verzögerungen (S. 63) eine nicht unerhebliche Rolle. Abb. 25 zeigt den Einfluß einer Verzögerung auf die verschiedenen Reglertypen, in Abb. 26 sind drei Beispiele für den Regelverlauf einer beliebigen Strecke angegeben, und zwar mit zunehmendem Grad der Verzögerung. Die oberste Kurve zeigt jeweils die Strecke ohne Regler, die anderen Kurven den Verlauf bei Einwirkung von P-, I-, PI- und PID-Regler. P-Regler sind bei Strecken mit geringer Verzögerung noch halbwegs brauchbar, bei größeren Verzögerungen wird die verbleibende Restabweichung aber so groß, daß dieser Regeltyp undiskutabel wird. I-Regler greifen nur langsam ein und liefern daher in keinem Fall einen guten Regelverlauf, da die vorübergehende Abweichung stets sehr groß ist. PI-Regler geben gegenüber I-Reglern

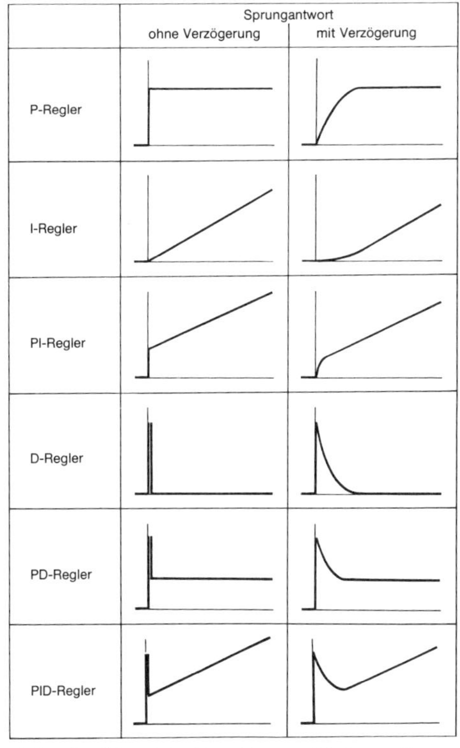

Abb. 25: Übersicht über die verschiedenen Typen stetiger Regler.

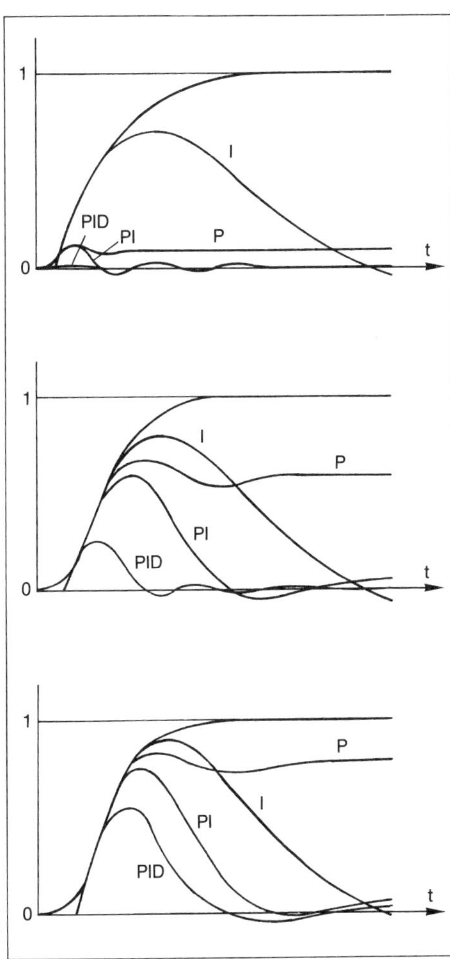

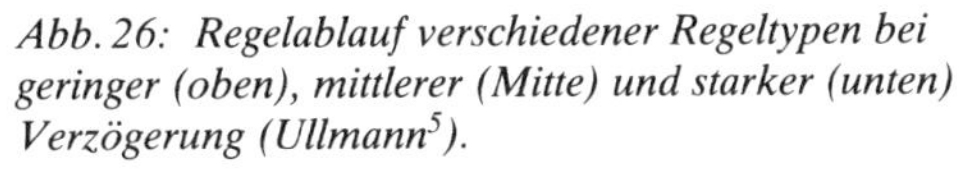

Abb. 26: Regelablauf verschiedener Regeltypen bei geringer (oben), mittlerer (Mitte) und starker (unten) Verzögerung (Ullmann[5]).

eine wesentliche Verbesserung. Bei kleinen Verzögerungen bringen sie sehr gute Ergebnisse, bei größeren Verzögerungen werden die Ergebnisse ungünstiger, aber in der Mehrzahl der Fälle sind die PI-Regler ausreichend. PID-Regler bringen gegenüber PI-Reglern stets eine weitere Verbesserung, doch wird auch hier mit wachsender Verzögerung die Verbesserung geringer. Diese Unterschiede geben bei der Auswahl eines Reglers für eine gegebene Regelaufgabe und der hinsichtlich Genauigkeit der Regelung und Geschwindigkeit bzw. Stabilität der Einstellung gestellten Anforderungen klare Hinweise. Treten zusätzliche Verzögerungen auf, so wird der Bezeichnung ein »T« zugefügt, was dann die Zeitkonstante des Verzögerungsgliedes charakterisiert, z. B. PT-Verhalten, IT-Verhalten usw.

3.4 Planen und Anfahren von Regelanlagen. Man unterscheidet bei den zu regelnden Prozessen zwei Gruppen, kontinuierliche Prozesse (Fließverfahren) und diskontinuierliche Prozesse (Chargenverfahren). Bei der Lederherstellung kommen Fließverfahren nur selten vor. Anzuführen wäre hier nur die Ledertrocknung, und zwar die Verfahren, bei denen die Leder im kontinuierlichen Durchlauf unter Regelung von Temperatur und Feuchte im Trockentunnel bis zu einer bestimmten Restfeuchte getrocknet werden (S. 316 ff.). Vielleicht könnte man hier auch noch die pflanzlich-synthetische Gerbung im ruhenden Zustand anführen, bei der zwar die Fortbewegung der Häute diskontinuierlich, die zu regelnde Brühenbewegung im Gegenstromprinzip aber kontinuierlich erfolgt (S. 244). Alle sonstigen Prozeßstufen, insbesondere die Naßarbeiten, werden aber im Chargenverfahren durchgeführt, bei dem eine geschlossene Partie einer Reihe von Arbeitsvorgängen nacheinander unterzogen wird. Hier sind also als einzelne Arbeitsstadien das Vorbereiten und Einfüllen der Bearbeitungspartie, das Anlaufen der Anlage, der Ablauf der einzelnen Bearbeitungsreaktionen unter festgelegtem Zeitplan und das Herausnehmen des fertigen Produktes zu unterscheiden. Die Regelung der Prozeßstadien erfolgt hier also durch ein Zeitschaltwerk.

Die Planung einer Regelanlage erfolgt aufgrund des zunächst vorliegenden Arbeitsprogrammes. Aus diesem Programm ergeben sich die einzelnen Faktoren, die nach einem Zeitplan geregelt werden müssen, wie Art und Zugabe von festen oder flüssigen Chemikalien, Einstellung der optimalen Temperatur, des optimalen pH-Wertes usw., und zwar jeweils in Abhängigkeit von der Zeit. Über den Aufbau der einzelnen Regelkreise wurde an früherer Stelle eingehend berichtet. Bei der Erstellung von Neuanlagen ist es zweckmäßig, alle zur Bedienung und Überwachung einer Anlage erforderlichen Geräte (Meßgeräte, Schreiber, Regler usw.) in einem Steuerschrank zusammenzufassen, dessen Dimensionierung so gewählt werden sollte, daß auch später noch Ergänzungen und Erweiterungen darin untergebracht werden können. Die Steuerschränke können in unmittelbarer Nachbarschaft des zu regelnden Arbeitsgerätes aufgestellt werden, meist empfiehlt es sich jedoch, wenn eine größere Anzahl von Arbeitsgeräten (z. B. Fässern) gesteuert werden sollen, alle Geräte in einer Bedienungszentrale zusammenzufassen, die von der eigentlichen Produktionsstelle relativ weit entfernt sein kann. Die Zusammenfassung an anderer Stelle ist insbesondere dann zu empfehlen, wenn am Arbeitsplatz Korrosionsgefahr besteht. Alle Regelkreise sind zweckmäßig so auszulegen, daß die Parameter in weiten Grenzen variierbar sind und so Variationen im Arbeitsprogramm ohne große Schwierigkeiten durchführbar sind. Vielfach hat sich auch bewährt, die Steuerzentrale mit einem Schaltbild der Anlage auszustatten, das diese möglichst abbildgetreu wiedergibt. Dabei sind Meßgeräte und Stellglieder entsprechend ihrem tatsächlichen Meß- und Stellort in das Bild einzuordnen.

In vielen Fällen ist es nicht möglich, die Kenndaten einer Regelstrecke von vornherein aufgrund von Berechnungen hinreichend genau festzulegen. Es wurde aber schon an früherer Stelle besprochen, daß bei den Reglern die Möglichkeit besteht, die Regelparameter bei Inbetriebnahme experimentell in weiten Grenzen zu variieren und der Regelstrecke anzupassen. Bei Verwendung unstetiger Regler ist es für die Lebensdauer der Geräte erwünscht, die Schalthäufigkeit möglichst gering zu halten. Es wurde an früherer Stelle bereits eingehend besprochen, wie man durch Auswahl geeigneter Regler (Zweipunkt-, Dreipunkt- und Schrittregler), aber auch durch entsprechende Schaltungen, etwa Trennung von Grund- und Spitzenlast oder genügend breite Beharrungszone bei Dreipunktreglern, die Häufigkeit der Schaltungen vermindern bzw. die ständige Ein- und Ausschaltung voller Lasten vermeiden kann. Bei stetigen Reglern deuten schon starke Schwankungen der Kurvenbilder am Schreibstreifen auf heftige Regelschwankungen hin, die auf eine schlechte Reglereinstellung schließen lassen. An Hand der Beobachtungen des Schreibstreifens können durch empirische Variationen günstigere Einstellungen gefunden werden, doch ist das oft recht langwierig, weil durch Variation eines Parameters oft auch die anderen wieder variieren. Es gibt gewisse Regeln, um die günstigste Einstellung eines Reglers zu finden, hier seien diejenigen von *Ziegler* und *Nichols*[13] kurz angegeben:
a) *P-Regler:* Vor dem Anfahren einen P-Bereich einstellen, der so groß ist, daß der Regelkreis mit Sicherheit nicht schwingt. Nach Umschaltung auf Automatik wird der P-Bereich so verkleinert, daß nach einer Störung die Regelgröße mit gleichbleibender Amplitude schwingt. Der so gefundene kritische P-Bereich ist etwa zu verdoppeln.
b) *PI- oder PID-Regler:* Vor dem Anfahren wieder einen P-Bereich so einstellen, daß der Regelkreis mit Sicherheit nicht schwingt. Die Nachstellzeit auf den größten, die Vorhaltzeit auf den kleinsten Wert einstellen. Nach Umschalten auf Automatik den P-Bereich so weit verkleinern, bis die Regelgröße mit gleichbleibender Amplitude schwingt (kritischer P-Bereich). Gleichzeitig wird die Schwingungsdauer einer Amplitude ermittelt. Die günstigste Regeleinstellung ist dann für den PI-Regler, wenn der P-Bereich das 2,2fache des kritischen Bereichs und die Nachstellzeit das 0,85fache der Schwingungsdauer beträgt. Beim PID-Regler beträgt der zweckmäßige P-Bereich das 1,7fache des kritischen Bereichs, die Nachstellzeit das 0,5fache, die Vorhaltzeit das 0,12fache der Schwingungsdauer.

Nun noch einiges über das *Anfahren von Regelanlagen,* die ja bei Lederfabriken nicht ständig durcharbeiten, sondern zumindest bei Sonn- und Feiertagen, aber auch häufig zwischen den einzelnen Partien abgeschaltet werden. Beim Wiederanlaufen sind dann die einzelnen Regelgrößen noch sehr weit vom Sollwert entfernt, und es dauert bei der normalen Einstellung der Regler mit einem Zeitfaktor sehr lange, bis der erforderliche Sollwert erreicht ist. Beim Anfahren ist daher ein Regler ohne I-Anteil (P- oder PD-Regler) günstiger, weil durch die großen Sprünge des P- und D-Anteils die Anstiegzeit verkürzt wird, während bei der eigentlichen Regelung meist auf den I-Anteil nicht verzichtet werden kann. Es gibt nun zum Anfahren Regler mit Strukturumschaltung (z. B. PD- und PDI-Verhalten), die automatisch in Abhängigkeit von der Ausgangsgröße den I-Anteil abschalten, wenn der Regler übersteuert und ihn dann später wieder automatisch zuschalten, wenn der Sollwert annähernd erreicht und die Schwankung nur noch gering ist. In vielen Fällen kann man das gleiche Ziel mit weniger Kostenaufwand aber auch erreichen, wenn man die Anlage so aufbaut, daß das Anfahren von Hand gesteuert werden kann. Dazu muß jeder Regelkreis mit einem Hand-Automatik-Umschalter versehen werden. Beim Anfahren werden dann die Schalter zunächst auf »Hand« gestellt, man versucht, die Regelgrößen mittels Handbedienung möglichst schnell an den Sollwert heranzubringen und legt den Schalter dann auf »Automatik« um. Die Hand-Automatik-Umschaltung ist bei Anlagen für die Naßarbeiten der Lederherstellung auch schon deswegen zu empfehlen, weil man dann Umstellungen im Prozeßablauf, die sich zunächst noch im Versuchsstadium befinden und über deren endgültige Beibehaltung noch nicht entschieden ist, mit Handschaltung fahren kann und die Steueraggregate erst umstellt, wenn man sich endgültig für den neuen Prozeßablauf entschieden hat.

Rechenautomaten in Verbindung mit Regelanlagen (S. 58) haben bei den Naßarbeiten der Lederherstellung den Vorteil, daß man die verschiedenen Rezepturen eingeben und speichern kann und bei Abruf unter gleichzeitiger Eingabe des Partiegewichts die Prozeßangaben nicht mit den Prozentwerten, sondern mit den Absolutgewichten für die Chemikalien erhält. Man kann hier zwei Wege wählen, beide sind mir aus der Praxis bekannt. Entweder verwendet man einen beliebigen Rechner etwa für kommerzielle Zwecke, an den man mit Fernschreiber angeschlossen sein kann, speichert die Rezepte (Programme) und ruft sie bei Bedarf unter Angabe der Partiegewichte wieder ab. Die Werte müssen dann auf die technische Regelanlage übertragen werden. Der andere Weg ist der, den Rechner unmittelbar in eine Meß- und Steuerkette einzuschalten. Dafür gibt es Einzweckrechner für eine bestimmte Aufgabe, sog. Betriebsrechner. Sie sind oft für spezielle Aufgaben aus nur wenigen Bauelementen zusammengesetzt, und ihr Einsatz braucht daher nicht unbedingt teurer zu sein als der Anschluß an eine zentrale Rechenanlage. Sie haben andererseits den Vorteil der direkten Sollwertführung, d. h. der direkten Einstellung der Regelparameter für die Mengenzugabe der Chemikalien. Durch die Entwicklungen auf dem Computergebiet (Miniaturisierung und Verbilligung elektronischer Bauelemente) wurden in steigendem Maße die Voraussetzungen für den Rechner am Arbeitsplatz geschaffen. Der Trend zur Dezentralisierung der Datenverarbeitung hält an, die Anwendungsbereiche wachsen ständig und neue Mikroprozessor-Chips werden Kleincomputer von noch ungeahnter Leistungsfähigkeit entstehen lassen.

4. Steuertechnik

Das Steuern hat, wie bereits an früherer Stelle (S. 59) dargestellt wurde, mit dem Regeln gemeinsam, daß in einem technischen Prozeß eine bestimmte Prozeßgröße auf einen vorgegebenen Sollwert hin beeinflußt wird. Aber im Gegensatz zum Regeln findet beim Steuern keine Überwachung der Wirkung des steuernden Eingriffs und damit auch keine Rückmeldung des Ergebnisses an das ausführende Organ statt. Wir haben es also mit einem offenen, statt mit einem geschlossenen Wirkungsablauf zu tun. Daher sind Steuerungen grundsätzlich störgrößenabhängig, zusätzliche Störungen werden nicht berücksichtigt und wirken sich voll aus. Steuerungen, die natürlich nicht so aufwendig wie Regelprozesse sind, kommen daher in erster Linie dann in Frage, wenn bei dem zur Diskussion stehenden technischen Prozeß unvorhergesehene Störungen mit Sicherheit nicht auftreten oder wenn sie innerhalb der für die Erreichung eines Zieles vertretbaren Grenzen liegen. Sie sollten dann aber so wirksam ausgelegt werden, daß mögliche Fehler durch Störgrößeneinfluß auf ein Minimum beschränkt werden.

Die Steueranlage erfaßt mittels Meßfühler den Verlauf der zu beeinflussenden Führungs- oder Störgröße und vermittelt das Ergebnis an ein Programmgerät, das dann über ein

Stellglied in das System eingreift. Analog zur Regeltechnik wird hier derjenige Teil der Fertigungsstraße, in dem der Steuerungsvorgang wirksam wird, als *Steuerstrecke* bezeichnet. Sie besteht aus dem Eingabeglied, dem Verarbeitungsglied und dem Stellantrieb. In dem Eingabeglied erfolgt die Signaleingabe, die Eingangsgröße wird auch hier als Stellgröße bezeichnet, sie wird von einem Meßgerät, einem Schaltgerät oder auch von einem vorgegebenen Steuerprogramm geliefert. Die *Verarbeitungsglieder,* die auf verschiedener Grundlage aufgebaut sein können (s. u.), haben die Aufgabe, die Eingangssignale so zu verarbeiten, daß das gewünschte Ausgangssignal entsteht. Hierher gehören auch Speicherglieder, Zeitglieder, Meßumformer und Verstärker. Die Stellantriebe schließlich greifen aufgrund der Ausgangssignale mittels Transistoren, Schaltgetrieben, Elektromotoren usw. in den zu steuernden Prozeß ein.

Man kann vier Arten der Steuerung unterscheiden:

1. Führungssteuerung: Hier stehen, wenn keine Störgrößen auftreten, Eingangs- und Ausgangsgröße in eindeutigem Zusammenhang. So gehören z. B. beim Steuern der Helligkeit einer Lampengruppe Stellwiderstand und Helligkeit zusammen. Ändert sich die Stellung des Stellwiderstandes, so ändert sich direkt auch die Helligkeit der Lampen.

2. Haltegliedsteuerung: Hier bleibt nach Wegnahme der Eingangsgröße der erreichte Wert der Ausgangsgröße bestehen. Es bedarf erst einer neuen Führungsgröße, etwa eines gegensinnigen Signals, um die Ausgangsgröße wieder auf den Anfangswert oder einen neuen Wert zu bringen.

3. Programmsteuerung: Die Ausgangssignale werden von einem vorgegebenen Programm erzeugt. Man spricht von *Zeitplansteuerung,* wenn die Führungsgröße von einem zeitabhängigen Programmgeber geliefert wird. Sie ist einfach, preiswert, relativ wenig störanfällig, aber das Programm läuft weiter, auch wenn Störungen auftreten. Man spricht von *Wegplansteuerung,* wenn die Führungsgröße von einem Programmgeber geliefert wird, dessen Ausgangsgröße von der Stellung eines beweglichen Teils (vom zurückgelegten Weg) der gesteuerten Anordnung abhängt. Sie ist preiswert, aber in Aufbau und Behebung von Störungen schwieriger zu handhaben. Bei Störungen schaltet das Programm ab.

4. Folgesteuerung. Hier sind eingebaute Programme vorhanden. Der Arbeitsprozeß besteht aus einer Folge einzelner Arbeitsschritte und jeder Schritt kann erst erfolgen, wenn ein Signalgeber die Beendigung des vorherigen Schritts gemeldet hat. Bei einem Aufzug werden z. B. die mit Tasten eingegebenen Fahrziele in zeitlicher Reihenfolge gespeichert, aber erst nach Beendigung eines Auftrags (Öffnen und anschließendes Schließen der Tür) wird das nächste Fahrziel angesteuert. Bei einem Waschautomaten wird die Heizung erst eingeschaltet, wenn ein bestimmter Wasserstand erreicht ist, das Zeitprogramm läuft erst, wenn die gewünschte Waschtemperatur vorher gemeldet wird. Folgesteuerungen sind teuer, im Aufbau schwieriger und sind häufig störanfälliger. Das Programm schaltet auch hier bei Störungen ab.

Hier wurde bereits der Begriff der *Speicherung* von Eingangssignalen erwähnt. Soll ein Gerät nur kurzfristig betätigt werden, so genügt ein Tastschalter (S. 78), der beim Drücken den Befehl auslöst, ihn so lange aufrecht erhält (speichert), wie gedrückt wird, und ihn beim Loslassen beendet. Eine solche Speicherung durch Dauerdruck ist aber nur bei kurzer Signaldauer sinnvoll. Bei längerer Speicherdauer kann man z. B. einen mechanisch schaltenden Kippschalter verwenden. Er speichert den Befehl mittels einer Druckfeder mechanisch über einen elektrischen Kontakt, bis durch Ausschalten die Federkraft überwunden und damit der elektrische Kontakt unterbrochen wird. Bei leistungsstarken Anlagen können zur Speicherung der Schaltbefehle Schütze mit Selbsthaltung verwendet werden (elektromechanische Speicher). Sollen wie beim obigen Beispiel des Aufzugs mehrere Befehle aufgenommen werden, ohne daß damit gleichzeitig der vorherige Befehl gelöscht wird, so sind gleichzeitig mehrere Speicher erforderlich. Anstelle von elektromagnetischen können schließlich auch elektronische Speicherelemente (S. 81) eingesetzt werden.

In diesem Zusammenhang seien auch die sog. *Schrittschaltungen* erwähnt, die bei Programmsteuerungen eingesetzt werden. Hier werden Schrittspeicherketten mit einer Vielzahl von Speicherelementen (Signaleingabegeräten) verwendet. Je nach der Zahl der geplanten Schritte sind mehrere Arbeitsvorgänge bzw. mehrere Befehle gespeichert, aber es ist jeweils nur ein Element dieser Schrittspeicherkette eingeschaltet, während die anderen Elemente zunächst unwirksam sind. Wird durch einen Signalgeber die Beendigung des einen in Gang befindlichen Arbeitsvorganges gemeldet, so löst diese Meldung den nächsten Arbeitsvorgang oder Befehl aus. Anstelle von Signalgebern können aber auch Zeitgeber den nächsten Schritt auslösen, wenn die verschiedenen gespeicherten Befehle in einer konstant festliegenden Zeitfolge ausgelöst werden sollen (siehe z. B. Farbengang S. 248).

Für die Steuerschaltungen können die verschiedensten Steuerelemente eingesetzt werden, die nachstehend kurz behandelt werden. Alle Systeme haben Vor- und Nachteile, und es muß daher für jede spezielle Aufgabenstellung das am besten geeignete System ausgewählt werden, wobei unter Umständen auch Kombinationen erfolgreich sein können.

4.1 Elektromechanische Steuerelemente. Sie sind bereits relativ alt, haben aber auf manchen Gebieten ihre Bedeutung beibehalten, auf manchen sind sie von anderen Systemen verdrängt worden. Sie haben die Vorteile, daß sie die physikalischen Eingangsgrößen direkt verarbeiten können, daß sie in der Ausführung einfach und überschaubar sind und daß Eingangs- und Ausgangsteil gut zu trennen sind. Aber ihr mechanischer Verschleiß begrenzt Schalthäufigkeit und Energieaufwand. In diese Gruppe gehören:

4.1.1 Verschiedene Schalter. Sie haben ganz allgemein die Aufgabe, elektrische Stromkreise zu öffnen und zu schließen. Im durchlässigen Zustand sollen sie für den Stromfluß einen möglichst kleinen Widerstand haben, im gesperrten Zustand soll kein Strom fließen, der Widerstand soll also unendlich groß sein. Hand- und Fußschalter wie Dreh-, Kipp-, Druckknopf- und Zugschalter werden durch menschliche Kraft betätigt. Sie haben keine eigene Rückzugskraft, verbleiben also in der Schaltstellung, bis sie durch neue Betätigung (Ausschalten) wieder in die Nullstellung zurückkehren und damit der elektrische Kontakt unterbrochen wird. Fernschalter arbeiten mit Kraftantrieb, z. B. durch Druckluft-, Motor- oder Magnetantrieb. Unter Tastschalter (Abb. 27) versteht man dagegen Schalter, die nach Wegbleiben der Betätigungskraft infolge einer Rückzugskraft (z. B. Schwerkraft oder Feder, die beim Einschalten gespannt wird) wieder selbsttätig in ihre Nullstellung zurückkehren. Ganz allgemein haben elektromechanische Schalter die Nachteile des mechanischen Verschleißes, der durch elektrische Funkenbildung noch verstärkt wird, der Störanfälligkeit gegenüber mechanischen Einwirkungen und Witterungseinflüssen, des relativ großen Platzbedarfs, einer Geräuschentwicklung und der begrenzten Schaltgeschwindigkeit.

4.1.2 Schaltschütze sind elektromagnetisch angetriebene Tastschalter für größere Schaltleistungen. Ihre Schaltstücke werden durch den Anker eines Elektromagneten in ihre Einschaltstellung gebracht und gehalten. Auch nach dem Loslassen des Einschalttasters bleibt der Kontakt bestehen, und die Magneten kehren erst durch eine Rückzugskraft (Feder- oder Schwerkraft) wieder in ihre Ruhelage zurück, wenn die Magnetspule stromlos ist, was durch Betätigen des Ausschalttasters geschieht. Schütze haben in der Einschaltstellung keine mechanische Sperre. Sie besitzen den Vorteil, daß man über einen Signalgeber (Drucktaste) mit kleiner Leistung im Steuerstromkreis eine große Leistung im Hauptstromkreis schalten kann. Man kann mit ihnen Schaltungen über weite Entfernungen durchführen. Sie können häufiger ein- und ausgeschaltet werden als handbetätigte Schalter. Schütze ohne isolierende Flüssigkeit (Luftschütze) erlauben bis zu 3000 Schaltungen/Stunde, Ölschütze, bei denen die beweglichen Teile zur Vermeidung von Verschmutzung und Korrosion in Öl gelagert sind, nur bis zu 60 Schaltungen/Stunde.

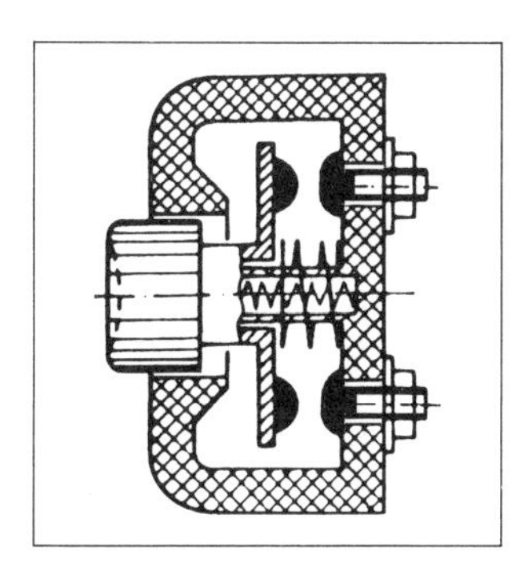

Abb. 27: Handbetätigter Tastschalter (Taster) (Kaspers und Küfner[5]).

4.1.3 Relais sind fernbetätigte Schaltgeräte, die mit verhältnismäßig schwachen Steuerströmen starke Arbeitsströme schalten können. Sie dienen meist zum Schalten von Stromkreisen, die Signale übermitteln. Ihr wesentliches Merkmal ist, daß sie durch Einschalten eines Erregerstromkreises andere Stromkreise schließen oder öffnen oder Umschaltungen bewirken. Monostabile Relais fallen nach Abschalten des Erregerstromes wieder in ihre Ruhestellung zurück, bistabile Relais verbleiben nach dem Abschalten des Erregerstroms in der zuletzt erreichten Stellung. Beim *elektromagnetischen Relais* zieht ein vom Steuerstrom erregtes Magnetfeld einer stromdurchflossenen Spule einen beweglich gelagerten Anker an, wodurch die Arbeitskontakte geöffnet oder geschlossen werden, die dann andere Stromkreise schalten. Wird der Steuerstrom unterbrochen, so bricht das Magnetfeld zusammen, der Anker kehrt in die Ausgangslage zurück. *Röhrenrelais* benutzen die Steuereigenschaften von Elektronenröhren (S. 26), *thermische Relais* öffnen und schließen Kontakte mittels Bimetallstreifen (S. 38), beim *Lichtrelais* (S. 85) werden die Steuereigenschaften der Photozelle zur Relaisschaltung verwendet. Unter *Zeitrelais* (Zeitschalter) versteht man Relais, die der Aufgabe dienen, nach einer mit eingebauter Zeituhr vorher eingestellten Zeit einen oder mehrere eingebaute Schalter zu betätigen und eventuell auch, wenn sie eine automatische Rückstellung besitzen, nach bestimmter Zeit wieder in die Ausgangsstellung zurückzuführen. Bei Sonderformen können auch Abläufe ohne äußere Eingriffe mehrfach verzögert werden.

4.1.4 Stromstoßschalter sind elektromagnetisch betätigte Schalter, die bei gleichartigen Stromimpulsen abwechselnd die eine oder andere Stellung einnehmen. Sie sind mit Metallkontakten oder mit Quecksilberschalter ausgerüstet. Im letzteren Falle wird über Taster eine

Relaisspule kurzfristig erregt, wodurch der Schalter mittels Kugel seine Stellung ändert, nach vorn kippt und der Kontakt durch ein Quecksilberrohr geschlossen wird (Abb. 28). Durch ein mechanisches Umkehrglied wird die Anzugsbewegung des Ankers in entgegengesetzter Richtung auf die Kontaktanordnung übertragen, die Kontakte bleiben meist durch mechanische Verriegelung in der jeweils angenommenen Position stehen.

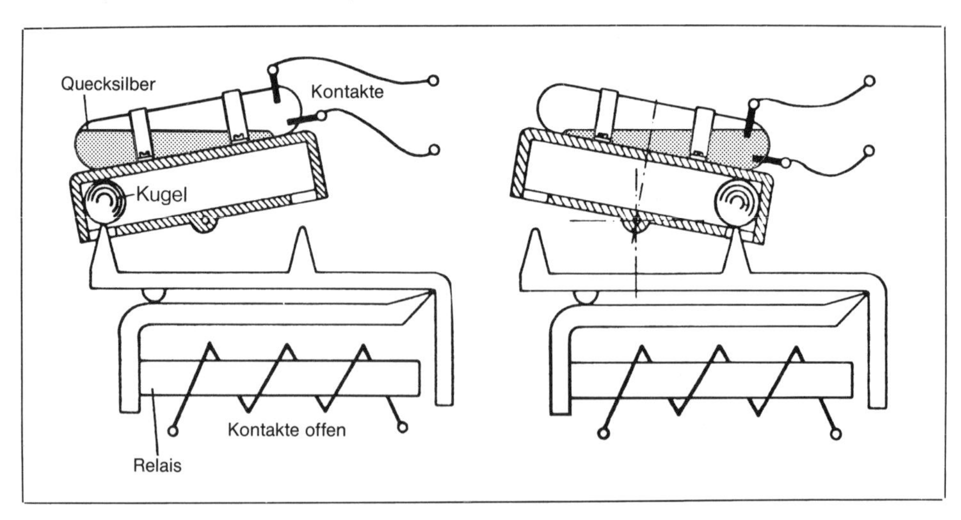

Abb. 28: Stromstoßschalter, relaisbetätigt (Kaspers und Küfner[5]).

4.1.5 Schutzschalter sind Schalter, die selbsttätig öffnen, wenn der angeschlossene Verbraucher zu viel Strom aufnimmt, zu heiß wird oder wenn eine Fehlspannung auftritt. Es gibt Leitungsschutzschalter (Automaten) und Motorschutzschalter. Sie werden von Auslösern mechanisch in Gang gesetzt, und zwar von elektromagnetischen Auslösern (Schnellauslöser) oder von thermischen Auslösern (meist Thermobimetalle, seltener Hitzedrähte), die verzögernd auslösen, also bei kurzer Überlastung nicht wirksam werden. Schließlich seien noch Schutzschalter mit kombinierter Auslösung erwähnt, die Sicherungsautomaten, bei denen die verhältnismäßig träge thermische Auslösung etwa über einen Bimetallschalter den Motor bei Überbelastungen, die elektrische Auslösung bei übergroßen Kurzschlußstromstärken den Stromkreis augenblicklich unterbricht. Alle Schutzschalter sind so gebaut, daß man sie nicht wieder einschalten kann, solange die Ursache für ihr Abschalten nicht beseitigt ist.

4.2 Elektronische Steuerelemente[3]. Sie werden bei der Steuerung bei hohen Anforderungen in steigendem Maße eingesetzt. Über die Elektronik wurden an früherer Stelle schon einige grundlegende Ausführungen gemacht (S. 26 ff.), hier sollen die wichtigsten Steuerelemente auf dieser Basis, die vorwiegend mit Halbleitern arbeiten, kurz besprochen werden.

4.2.1 In Halbleiter-Dioden grenzen p- und n-leitende Substanzen aneinander, in der Grenzschicht entsteht also ein p-n-Übergang. Elektronen diffundieren in den p-Bereich, Löcher in den n-Bereich und werden dort festgehalten. Der p-n-Übergang verarmt dadurch an Ladungsträgern, es entsteht eine Sperrschicht. Je nach der Polung wird die ladungsfreie Zone breiter (Sperr-Richtung) oder aufgehoben (Durchlaßrichtung). Der Strom kann also nur in einer Richtung fließen, die Halbleiterdioden (Kristalldetektoren) haben eine Art Ventilwirkung und werden daher als Gleichrichter zur Überführung von Wechselstrom in Gleichstrom millionenfach eingesetzt.

4.2.2 Transistoren sind ebenfalls Halbleiter-Bauelemente. Sie gleichen in ihrer Wirkung der Röhrentriode, die inneren Vorgänge sind aber grundsätzlich verschieden. Im Transistor wechseln n-p-Schichten mehrfach ab, z. B. p-n-p oder n-p-n. Von außen gesehen, besitzen die Transistoren drei Anschlüsse bzw. Schichten, die mittlere dünne Schicht nennt man Basis (Steueranschluß), die obere Kollektor (Eingang), die untere Emitter (Ausgang). Der Transistor hat also gegenüber der Diode zwei p-n-Übergangszonen bzw. Grenzschichten, die Basis dient als Steuerelement, und ihre Wirkung beruht darauf, daß bei Widerstandsänderungen einer Grenzschicht auch die andere beeinflußt wird. Mit Hilfe sehr kleiner Steuerströme an der Basis wird der Stromdurchfluß vom Eingang zum Ausgang beeinflußt, d. h. gedrosselt oder vergrößert. In der Steuer- und Regeltechnik werden Transistoren einmal als *Verstärker* verwendet, und zwar verstärken sie entweder die Stromstärke oder die Spannung oder beide. Gegenüber Röhren sind sie billiger und unempfindlicher gegenüber mechanischen Erschütterungen, benötigen keine Heizung, so daß viele Kühlprobleme entfallen, und sind bei vergleichbarer Leistung viel kleiner. Sie können mit sehr niederer Spannung betrieben werden, und man kann mit ihnen sehr kleine Spannungen und Ströme verstärken.

Ferner können Transistoren als *kontaktlose Schalter* eingesetzt werden, die mit den beiden extremen Schaltzuständen »gesperrt« (Widerstand ist unendlich, es fließt praktisch kein Strom) und »geöffnet« (Widerstand gleich null, der Strom fließt) arbeiten. Sie benötigen zum Steuern von größeren Lastströmen nur kleine Steuerströme und wirken daher gleichzeitig als Schaltverstärker. Die oben für elektromechanische Steuerelemente angeführten Nachteile treten bei elektronischen Schaltern nicht oder nur beschränkt auf. Sie haben die Vorteile, daß sie viel schneller als die herkömmlichen Schalter schalten, daß sie kontaktlos und damit auch geräuschlos schalten, wartungsfrei sind, hohe Lebensdauer besitzen, wenig Platz benötigen und eben nur sehr schwache Steuerströme benötigen. Ihrer Belastbarkeit sind durch die in ihnen entstehende Wärme Grenzen gesetzt, die diesbezüglichen Angaben der Herstellerfirmen müssen beachtet werden. Da man mit Transistoren auch Schwingungen erzeugen kann, können sie auch für mono- oder bistabile *Kippschaltungen,* z. B. Eingangsimpulse bei Rechenmaschinen (Flipflop S. 54), eingesetzt werden.

Man kann auf dieser Basis auch *elektronische Speicher* aufbauen, wenn man mehrere Transistoren verwendet, verschiedene Signale eingibt und sie so gegeneinander rückkoppelt, daß z. B. erst die Basis 1 das Öffnungssignal gibt und die Basis 2 erst in Funktion tritt, wenn sie einen entsprechenden Impuls erhält, wobei gleichzeitig die Basis 1 den Stromfluß des Transistors 1 sperrt. Schließlich kann man auf der Basis von Transistoren auch *elektronische Zeitrelais* aufbauen, die einen zeitlich begrenzten Steuervorgang erst nach festgelegter Zeit beginnen, beenden oder umschalten. Soll z. B. ein Aufzug nach Erreichung der angesteuerten Position dort zunächst einige Zeit verharren, bis er wieder abgerufen werden kann, so kann das über ein Zeitrelais auch mit elektronischen Bauelementen erreicht werden, indem zwischen der Umschaltung von B 1 auf B 2 durch einen eingeschalteten Koppelkondensator eine Zeit zwischengeschaltet wird, in der B auf »gesperrt« geschaltet und damit der Ruhezustand erreicht wird.

4.2.3 Thyristoren. Nur kurz seien hier die Thyristoren erwähnt, in denen Halbleiterschichten mit vier oder mehr Halbleiterzonen aufeinanderfolgend sich abwechseln, z. B.

Anode (Kollektor) p-n-p-n Kathode (Emitter).

Außerdem haben sie einen Steueranschluß (Gate) entweder am inneren p-Teil (p-Gate) oder am inneren n-Teil (n-Gate). Sie haben drei isolierend wirkende n-p- oder p-n-Übergänge mit Sperrverhalten. Solange der Steueranschluß nicht eingeschaltet ist, ist daher der Thyristor in beiden Richtungen gesperrt, denn bei jeder Polung ist mindestens einer der Übergänge in Sperr-Richtung gepolt. Wird aber der Gate-Anschluß eingeschaltet, so werden zusätzlich bewegliche Ladungsträger eingebracht, die Sperrung wird also in einer Richtung abgebaut. Der Thyristor dient dann als kontaktloser Schalter, und zwar bleibt im Gleichstromkreis der Durchfluß bestehen, auch wenn der Steuerimpuls unterbrochen wird, im Wechselstromkreis erlischt der Durchfluß, wenn der Steuerimpuls aufhört. Außer als Schalter kann der Thyristor auch als Steuerelement zum Verstärken und Gleichrichten eingesetzt werden, und zwar speziell bei großen Leistungen für Ströme bis zu 1200 Ampere und Sperrspannungen bis zu 3000 Volt. Sie haben den Vorteil geringen Raumbedarfs und – was für Schalter wichtig ist – kleinen Durchlaßwiderstandes und hohen Sperrwiderstandes.

Da beim Arbeiten mit elektronischen Steuerelementen oft sehr viele gleichartige Bauelemente benötigt werden, werden sie heute in standardisierter Form als Chips, über die schon an früherer Stelle berichtet wurde (S. 28), zusammengefaßt. Sie gestatten selbst umfangreiche Schaltungen auf kleinstem Raum unterzubringen und sind meist genormt, um ihre Austauschbarkeit zu gewährleisten. Durch die vollautomatische Fertigung wird die Betriebssicherheit erhöht und der Preis gesenkt.

4.3 Pneumatische Steuerelemente. Sie werden vielfach zur Prozeßsteuerung eingesetzt und haben sich überall da bewährt, wo trotz störender Einflüsse, wie elektromagnetischer Felder, Feuchtigkeit, starker Temperaturunterschiede, Erschütterungen usw., eindeutige Steuersignale erhalten werden sollen. Sie haben den Vorteil, ohne zusätzliche Verstärkerelemente kräftige und unmißverständliche Signale zu geben. Ihre Nachteile sind, daß sie relativ voluminös sind, hohe Anschaffungskosten und hohen Energieverbrauch haben und im Vergleich zu anderen Systemen lange Schaltzeiten benötigen. Trotzdem werden sie in vielen Bereichen, namentlich im Maschinenbau eingesetzt. Als Beispiele seien einige pneumatische Grundelemente angeführt.

a) *Zylinder* werden mit Druckluft einseitig belastet. Der Rücklauf wird nach Entlüften entweder mit eingebauter Feder (einfach wirkender Zylinder) oder auch mit Druckluft (doppeltwirkender Zylinder) bewirkt.

b) *Sperrventile.* Je nach der Form unterscheidet man Platten-, Kegel-, Kugel- und Ringventile. Sie schließen durch Federkraft und geben den Luftdurchgang nur in einer bestimmten Richtung frei. Ferner seien hier Sperrventile mit Rückschlagfunktion in der Eingangsleitung angeführt, bei deren Entlüftung die Druckluft über die Ausgangsleitung direkt ins Freie entströmt.

c) *Geschwindigkeits-Regulierventile* (Drossel-Rückschlagventile) in Rohrleitungen schließen bei Unterschreitung der Strömungsrichtung sofort selbsttätig.
d) *Druckminderventile* (Reduzierventile ohne Entlüftung) dienen zur Verminderung des Druckes in einer Leitung.
e) *Luftanschlüsse* mit Druckluftpumpe als Druckquelle geben Signale durch Luftdruck.
f) *Wegeventile* mit zwei oder drei Schaltstellungen. Sind sie unbetätigt, so ist der Luftweg je nach Konstruktion oder Einstellung am Steuerknopf entweder geschlossen oder geöffnet. Durch entsprechendes Steuersignal senkrecht zum Luftweg werden sie umgeschaltet, d. h. geöffnet bzw. geschlossen. Schwindet das Steuersignal, so drückt eine Feder das Ventil wieder in die Ausgangslage.
g) *Signalfühler* (pneumatische Luftschranken) für berührungsloses Abtasten von Gegenständen arbeiten mit einem Luftstrahl (Freiluftstrahl oder Gegenstrahl). Wird der Strahl durch einen abzutastenden Gegenstand unterbrochen, so entsteht ein Signal. Insbesondere in explosionsgefährdeter Umgebung oder bei großer Hitzestrahlung wird dieser Art der Signalgebung der Vorzug vor Lichtschranken (S. 85) gegeben.

Auch die pneumatischen Steuerelemente können für die verschiedensten Schaltsysteme und auch für Speicherungs-, Verzögerungs- und Impulsschalter eingesetzt werden. Oft werden sie auch in Kombination mit anderen Schaltelementen für Steuerzwecke verwendet. Unter ihnen sind die *elektropneumatischen Steuerungen* die wichtigsten, wobei dann meist die Steuerung vom Elektrikteil, der Arbeitsvorgang vom Pneumatikteil übernommen wird. Z. B. erfolgt beim Wegeventil (s. o.) die Steuerung ein- oder beidseitig mittels Elektromagnet. Als Beispiel sei ferner ein automatischer Toröffner angeführt. Das Fahrzeug überfährt einen Kontrollschlauch, drückt ihn zusammen, und durch den Druckanstieg wird ein Verstärker und durch dessen Ausgangssignal ein Wegeventil betätigt. Ein damit verbundener Zylinder fährt ein und öffnet das Tor. Durch ein eingebautes Zeitglied wird nach festgelegter Zeit das Wegeventil umgestellt, und das Tor schließt sich wieder.

4.4 Hydraulische Steuerelemente. Sie werden vielfach verwendet, um in kurzer Zeit hohe Drücke zu erzeugen oder um einen gegebenen Druck auf eine höhere oder niedrigere Stufe zu bringen. Neben Wasser werden insbesondere Öle als Druckmittel verwendet, da sie über weite Temperaturbereiche auch bei hohen Drucken nahezu inkompressibel sind und sich leicht durch beliebig gekrümmte Leitungen an die Stellen führen lassen, wo eine Bewegung durch Druck bewerkstelligt werden soll. Hydraulische Einrichtungen werden in der Maschinenindustrie auch vielfach verwendet, um Bewegungsmechanismen auf große Entfernung zu steuern (Gerbereimaschinen S. 258).

4.5 Fluidik-Steuerelemente. Diese Steuerelemente arbeiten auf der Basis der Strömungsdynamik eines freien Luftflusses. Der Luftfluß dient hier nicht zur Übertragung von Kräften, sondern zur Signalgebung. Der Vorteil der Fluidik-Steuerelemente besteht darin, daß sie temperaturunempfindlich sind und daß kaum Wärme entsteht, so daß sie insbesondere für den Einsatz in explosionsgefährdeten Räumen geeignet sind. Es gibt zwei Gruppen von Fluidik-Elementen, deren Grundlagen hier kurz erläutert seien.

4.5.1 Dynamische Systeme enthalten keine beweglichen Teile und arbeiten daher verschleiß- und reibungslos, müssen aber ständig mit Luft versorgt werden, auch wenn keine Signale verarbeitet werden. Die verwendeten Bauteile sind relativ klein und sehr kompakt, der notwendige Druck ist sehr niedrig, und daher müssen Verstärkerelemente nachgeschaltet werden, um brauchbare Schaltleistungen zu erhalten. Abb. 29 zeigt ein einfaches Schaltbeispiel auf dieser Basis. Der laminare Luftstrahl strömt nahe einer Wand vorbei; zwischen Wand und Strahl entsteht ein Unterdruck, der den Strahl an die Wand ansaugt. Schon durch einen sehr schwachen Steuerstrahl kann der Hauptstrahl aber vom Ausgang 1 in den Ausgang 2 abgeleitet werden. Verschwindet das Steuersignal, so durchströmt der Hauptstrahl wieder den Ausgang 1. Auf dieser Basis sind die verschiedenen Fluidik-Steuerelemente aufgebaut. Auf der gleichen Basis können auch Speicherelemente aufgebaut sein, wenn sich z. B. der Hauptstrahl in seiner neuen Richtung zum Ausgang 2 wieder eng an die Wandung ansaugt und seine Richtung so lange stabil bleibt, bis ein entgegengesetztes Signal ihn wieder ablenkt. Hier benötigt man dann mehrere Steuereingänge. Ebenso gibt es auf dieser Basis Impulswandler, um kurze Impulse zu verlängern oder umgekehrt und ferner Schrittspeicher, Schiebespeicher usw.

4.5.2 Statische Systeme arbeiten mit beweglichen Teilen wie Kolben, Klappen, Schiebern, Membranen und unterliegen damit mechanischem Verschleiß. Der Druckluftverbrauch beschränkt sich hier auf die sehr kurzzeitige Schaltdauer der Signalglieder (z. B. Doppelrückschlagventile, Wegeventile, S. 83). Sie arbeiten mit relativ hohem Druck zwischen 1 und 10 bar, um die beweglichen Teile bewegen zu können. Auch hier ein Beispiel in Abb. 30. Bei Druckluft auf Eingang a setzt sich die bewegliche Klappe auf 6 und verschließt Ausgang A.

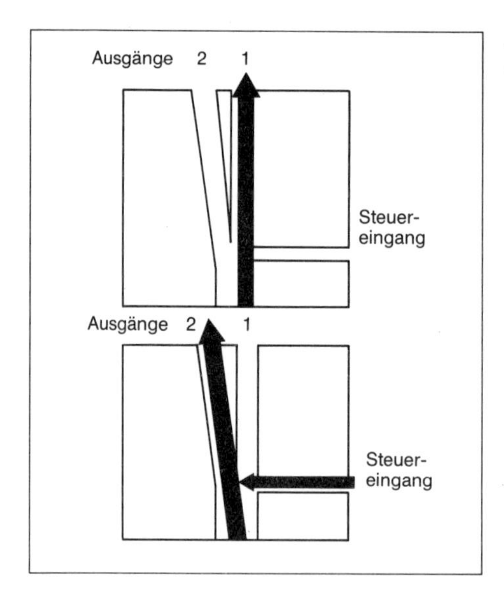

Abb. 29: Dynamisches Fluidik-System (Kaspers und Küfner[5]).

Abb. 30: Statisches Fluidik-System (Kaspers und Küfner[5]).

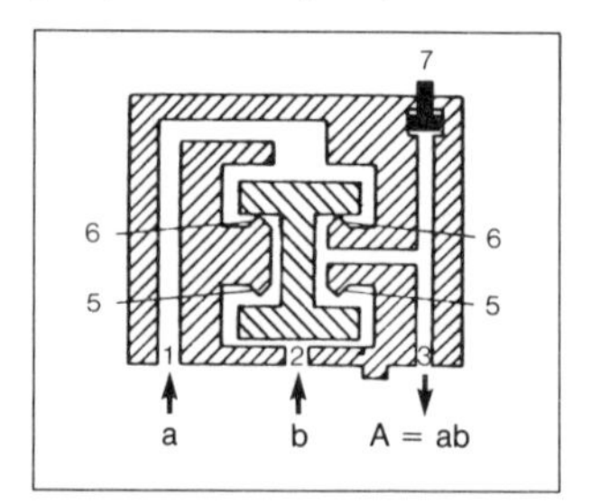

Bei Druckluft auf Eingang b verschließt die Klappe andererseits den Ausgang A. Sind beide Ausgangssignale a und b gleichzeitig vorhanden, so schließt die Klappe auf der Seite mit größerem Druck, das schwächere Signal gelangt zum Ausgang. Es entsteht also nur ein Ausgangssignal, wenn beide Eingangssignale anstehen. Je nach Bau des Elements können auch auf dieser Basis die verschiedensten Steuerelemente, Speicherelemente, Verzögerungs- und Zeitschalter aufgebaut werden.

4.6 Lichtelektrische Steuerelemente. Unter dem lichtelektrischen Effekt (Photoeffekt) versteht man das Lösen von Elektronen aus ihrer Bindung in Atomen durch Einwirkung von Lichtquanten. In Parallele zum Elektronen-Halbleiter (S. 27), bei dem mit zunehmender Temperatur Elektronen aus dem Kristallverband gelöst, werden, werden beim photoelektrischen Halbleiter (z. B. Cadmiumsulfid) mit zunehmender Beleuchtungsstärke (Strahlenenergie) ebenfalls Elektronen aus dem Kristallverband gelöst, und der elektrische Widerstand nimmt ab, die elektrische Leitfähigkeit nimmt zu. Darauf beruhen die lichtelektrischen Steuerelemente.

Die *Photozelle* ist ein Steuerelement, in der die eingestrahlte Lichtenergie in Bewegungsenergie freier Elektronen und damit elektrische Energie umgewandelt wird. Dabei sind zwei Wege gangbar. Bei dem äußeren Photoeffekt nimmt analog der Elektronenröhre in einem hochevakuierten Glas- oder Quarzgefäß eine aus einem lichtempfindlichen Material (meist Silber-Cäsiumoxid-Cäsium) bestehende Kathode (Photokathode) Lichtenergie auf und sendet Elektronen aus, die zu einer ihr gegenüber stehenden positiv aufgeladenen stab-, netz- oder schleifenförmigen Anode wandern. So entsteht eine Photodiode mit einer von der Kathode zur Anode wandernden Elektronenwolke, deren Intensität proportional derjenigen des eingestrahlten Lichts ist (Belichtungsmesser). Der andere Weg beruht auf dem inneren Photoeffekt, bei dem die entstehenden Elektroden bzw. Löcher im Innern des Festkörpers bleiben. Die Photozelle besteht hier aus einer Metallplatte als Grundelektrode, einer dünnen Halbleiterschicht, z. B. aus Kupfer (I)-oxid, Selen, Thalliumsulfid oder verschiedenen Seleniden und aus einer darüber befindlichen Deckelektrode, die entweder durch ein aufgepreßtes Drahtnetz oder eine sehr dünn aufgedampfte Metallschicht gebildet wird. Wird diese Photozelle durch die lichtdurchlässige Deckelektrode belichtet, so fließt bei einem geschlossenen äußeren Stromkreis ohne Batterie zwischen Deckelektrode und Grundelektrode ein »Photostrom«, der der eingestrahlten Lichtintensität proportional ist und wesentlich größer ist als bei der zuerst erwähnten Vakuum-Photozelle.

Photozellen finden in der Steuertechnik als Belichtungsmesser, für *Lichtschranken* usw. vielseitig Verwendung. Unter Lichtschranken versteht man Einrichtungen, bei denen durch Unterbrechung eines auf eine Photozelle fallenden Strahlenbündels eine Widerstandsänderung im Photowiderstand (s. u.) hervorgerufen wird und dadurch Steuersignale zur unsichtbaren Ein- oder Ausschaltung oder Überwachung eines Prozeßablaufs gegeben werden. Als Beispiele seien das Auslösen einer Alarmvorrichtung, das Öffnen oder Schließen einer Tür, die Ingangsetzung einer Rolltreppe oder im Bereich der Gerbereimaschinentechnik Schutzeinrichtungen bei Walzenmaschinen (S. 259) und die Steuerung des Farbstrahls bei Spritzmaschinen (S. 383) angeführt.

Photowiderstandszellen sind Halbleiter-Bauelemente aus einem der oben angeführten lichtempfindlichen Stoffe, deren elektrischer Widerstand durch Lichteinwirkung und dadurch photoelektrisch abgelöste Elektronen verändert wird, wodurch elektrische Stromkreise beeinflußt werden können. Technische Verwendung finden solche Photowiderstände z. B. bei Signalanlagen und bei Lichtrelais (S. 79), bei denen die Steuereigenschaften solcher Widerstände zur Relaisschaltung verwendet werden. Beim Phototransistor werden die Steuersignale im Emittor (S. 81) durch den Photoeffekt ausgelöst.

4.7 Zusatzgeräte (periphere Geräte). Außer den Hauptelementen für den Aufbau von Steueranlagen, also den Eingabegliedern, Verarbeitungsgliedern und Stellantrieben, die auf einer der bisher beschriebenen Gruppen von Steuerelementen aufgebaut sind, werden häufig noch Zusatzglieder benötigt, die die Aufgabe haben

a) die ankommenden physikalischen Größen so aufzubereiten, daß sie von der Steueranlage direkt verarbeitet werden können,

b) die ausgehenden Signale so zu verändern, daß sie in der Lage sind, die entsprechenden Geräte und Maschinen anzutreiben,

c) innerhalb der Steuerung Signale umzuwandeln oder zu verstärken,

d) Kontrollanzeigen mittels elektrischer Kontrollampen oder pneumatischer Schauzeichen vorzunehmen.

Von diesen Zusatzgeräten seien nur einige wenige nachstehende kurz angeführt.

4.7.1 Verstärker. Das durch die elektronischen oder Fluidik-Signale gelieferte Energieniveau ist oft so niedrig, daß die Signale in dieser Form nicht zur Steuerung verwendet werden können. Dann müssen elektronisch, elektromechanisch oder pneumatisch arbeitende Verstärker zwischengeschaltet werden, die das Signal so verstärken, daß es unmittelbar verwertet werden kann. Elektronische Verstärker arbeiten mit Röhren oder Transistoren, wobei oft mehrere Verstärkerstufen hintereinander geschaltet werden. Transistorenverstärker benötigen keine Heizleistung und haben sich deshalb und wegen ihrer längeren Lebensdauer gegenüber den anderen Verstärkergruppen immer mehr eingeführt. Bei elektromechanischen Verstärkern werden in getrennten Schaltkreisen Steuerrelais mit niederer Leistung betrieben (Steuerkreis), die ihrerseits wieder mit ihren Kontakten hohe Steuerleistungen steuern (Schaltkreis). Pneumatische Verstärker können auf der Basis von Mehrwegventilen (S. 83) oder als Niederdruckverstärker aufgebaut sein und sind oft noch mit einem Fluidik-Aufsatz als zweite Verstärkerstufe versehen.

4.7.2 Signalumformer wandeln z. B. pneumatische Eingangssignale (P) in elektrische Ausgangssignale (E) um oder umgekehrt. Bei der P/E-Umwandlung können z. B. in einem Gehäuse angeordnete Kontakte durch Luftdruck oder Luftsog mit ihrem Kontaktniet einen elektrischen Stromkreis öffnen oder schließen. Ein anderer P/E-Umformer besteht z. B. aus einem Mikroschalter und dem Betätigungsorgan aus Membran und Kolben. Wird Druckluft zugeführt, so drückt sie auf die Membran, und dadurch wird der Kolben bewegt, der seinerseits den Mikroschalter umschaltet. Verschwindet der Druck, so geht der Mikroschalter wieder in seine Ruhelage zurück. Für die umgekehrte E/P-Umformung sei als Beispiel ein Elektromagnetventil beschrieben. Beim Anlegen einer Spannung bewegt sich der Anker in der Magnetspule, und dadurch wird eine Druckleitung freigegeben; es entsteht ein P-Drucksignal. Geht beim Verschwinden der Spannung der Anker wieder zurück, so wird ein Entlüftungsrohr geöffnet und das Drucksignal verschwindet wieder.

4.7.3 Signalanzeigegeräte. Das Funktionieren einer Regelung kann einmal elektrisch durch Kontrollampen oder auch pneumatisch angezeigt werden. Alle Geräte enthalten stets einen Kolben, der durch Federkraft in seiner Ruhestellung gehalten, beim Arbeiten dagegen durch Druckluft in seine Endstellung gedrückt wird.

4.7.4 Programmsteuerung. Für Steuervorgänge nach Programm werden die verschiedensten pneumatischen Geräte eingesetzt. Bei Programmgebern mit pneumatischem Schrittantrieb sitzen Nockenscheiben auf einer gemeinsamen rotierenden Achse. Jede Nockenscheibe schaltet in bestimmter Stellung ein Miniventil ein. Solche pneumatischen Schrittantriebe sind relativ unempfindlich gegen Feuchtigkeit, Staub usw. und werden daher insbesondere für rauhe Betriebsbedingungen verwendet. Bei pneumatischen Lochstreifenlesern durchquert der Lochstreifen einen Luftstrahl, und bei jedem Loch wird durch Freigabe des Durchganges ein Signal gegeben. Beim pneumatischen Lochkarten-Programmschalter gibt jede Perforation der mit pneumatischem Schrittantrieb bewegten Lochkarte eine Staudüse frei, und der zugehörige Staudruckschalter veranlaßt die Schaltung. Solche pneumatischen Leser bzw. Schalter haben die Vorteile schnellen Programmwechsels, umfangreicher Programme und regelmäßiger Programmwiederholung durch Unendlich-Streifen.

III. Transport-Rationalisierung

Der Begriff der Transport-Rationalisierung[14] wurde schon an früherer Stelle (S. 30) kurz erläutert. Im Rahmen des Ablaufs einer Produktion sind Transporte von einem Bearbeitungsort zum nächsten meist nicht zu umgehen, aber sie sind mit erheblichen Kosten und oft auch mit schwerer körperlicher Arbeit verbunden. Im Rahmen einer Transport-Rationalisierung ist zunächst wichtig, den Produktionsablauf räumlich so zu gestalten, daß die Transportwege möglichst kurz sind und ein klarer Produktionsfluß besteht. Die dann noch verbleibende innerbetriebliche Transportarbeit ist durch Einsatz mechanischer Transportgeräte weitestmöglich zu mechanisieren. Die moderne Fördertechnik liefert hierzu viele Möglichkeiten. In den nachfolgenden Ausführungen soll eine gedrängte Übersicht über die bei der Lederherstellung einsetzbaren Fördergeräte gegeben werden, die natürlich keinen Anspruch auf Vollständigkeit erhebt. Welche Möglichkeiten im Einzelfall ausgewählt werden, muß von Fall zu Fall unter Berücksichtigung der besonderen Betriebsverhältnisse entschieden werden. Dabei sind insbesondere Art und Ausmaße des Fördergutes, Fördermenge pro Zeiteinheit, Förderweg und die räumlichen Gegebenheiten und von den Fördermitteln her Transportleistung, Betriebskosten, leichte Bedienbarkeit, Wartung und Betriebssicherheit zu berücksichtigen.

Man kann die Fördermittel unterteilen in Stetigförderer, die während eines bestimmten Zeitraums kontinuierlich arbeiten (z. B. Bänder, Ketten, Schnecken, Elevatoren, Rollförderer usw.) und Unstetigförderer, die die Förderung nur nach Bedarf in einzelnen Förderetappen vornehmen (z. B. Fahrgeräte, Stapelgeräte, Krane usw.). Die ersteren arbeiten meist ortsfest, die Aufnahme und Abgabe des Fördergutes erfolgt während der Bewegung. Sie sind bei der Lederherstellung nur in bestimmten Fällen einsetzbar, dann arbeiten sie aber meist wirtschaftlicher und infolge der kleinen Totzeiten und der fehlenden Schaltbelastungen mit geringeren Antriebskosten.

1. Transport mit Fahrgeräten vorwiegend auf der Ebene (Flurfördergeräte)

Hierher gehören Wagen, Stapler usw., die unstetig arbeiten und im wesentlichen zum Horizontaltransport eingesetzt werden. Wichtig ist eine robuste Bauweise dieser Fahrgeräte, wünschenswert ist auch ein möglichst guter Fahrbelag in den Räumen. Man unterscheidet Geräte mit Handfahrbetrieb (ziehen oder schieben), die nur für kurze Förderwege und kleinere Lasten eingesetzt werden, und Geräte mit Motorfahrantrieb. Solche Fahrgeräte können mit verschiedenen Typen von Rädern ausgerüstet werden.

a) Räder mit Aufhängung an einer Starrachse (meist Hinterräder),

b) Räder mit drehbarer Vorderachse und Zugdeichsel, Drehschemellenkung (Abb. 31), besonders wendig. Schleifring- oder Kugel-Lenkkranz,

c) feste Rollen (Bockrollen; Abb. 32),

d) drehbare Lenkrollen, meist mit Kugellager (Abb. 32),

e) Allradlenkung; hier wird der Radeinschlag durch ein Lenkgestänge gleichmäßig auf alle vier an Achsschenkelbolzen aufgehängte Räder übertragen (Abb. 31).

Im allgemeinen werden Wagen bis zu 1 m^2 Ladefläche mit Lenk- und Bockrollen, größere Fahrzeuge dagegen mit Rädern an Achsen ausgerüstet. Eine Allradlenkung wird im Innentransport schon des Preises wegen nur selten eingesetzt. Sie gewährleistet aber einen kleinen Wenderadius, so daß mehrere aneinandergehängte Wagen auch bei Kurvenfahrt gut in der Spur bleiben.

Bei der Auswahl der Räder muß berücksichtigt werden, wie groß die maximale Gesamtlast sein wird, danach ist die Belastbarkeit und der Durchmesser der Räder auszuwählen. Bei Berechnung der Belastung pro Rad teilt man meist die Gesamtlast (Eigengewicht und maximale Nutzlast) durch 3, weil bei ungefederten Fahrzeugen auch mit vier Rollen oder Rädern meist nur drei Räder vollen Bodenkontakt haben. Die maximale Tragkraft der Räder und Rollen ist in den Katalogen der Lieferfirmen angegeben, größere Räder laufen leichter und überwinden Unebenheiten des Bodens besser als kleine. Für die Auswahl der Räder bzw. ihrer Bereifung sind auch Art und Zustand des zu befahrenden Bodens zu berücksichtigen (glatt, uneben, rauh, naß, ölverschmiert usw.). Von der Materialseite her kommen, soweit

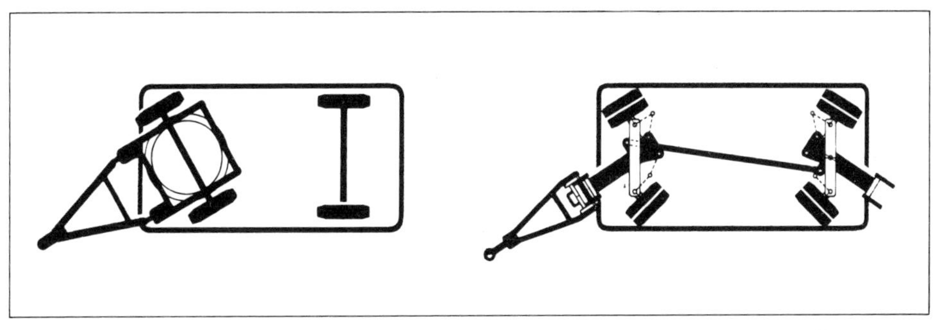

Abb. 31: Zweirad-Drehschemellenkung (links) und Vierrad-Achsschemellenkung (rechts)[15].

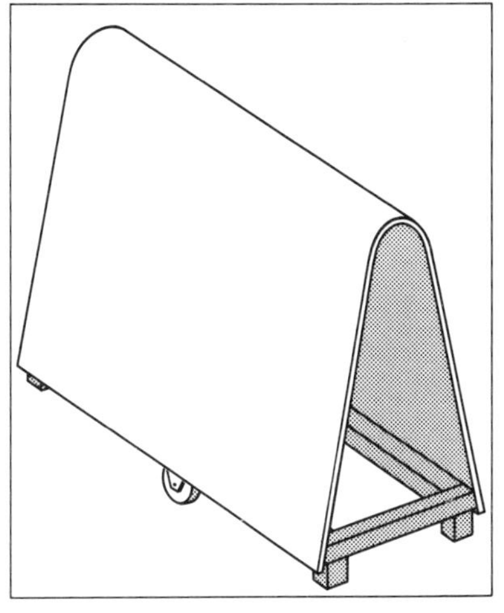

Abb. 32a: Transportbock.

Abb. 32: Bockrolle (links), Lenkrolle (rechts)[15].

massive Räder eingesetzt werden, Gußstahl- oder Kunststoffräder in Frage, letztere sind geräusch- und stoßdämpfend, können aber nur geringere Radkräfte übertragen. Soweit die Räder oder Rollen bereift sind, kommen Felgen aus Stahlblech, Aluminium und Kunststoff zum Einsatz, und als eigentliches Bereifungsmaterial findet man Vollgummi oder synthetische Materialien, insbesondere Polyamid, Duroplast bzw. Volkollan, die im allgemeinen sehr abriebfest und gegen höhere Temperaturen und gegen viele Öle und Chemikalien beständiger sind, und schließlich Luftreifen, die elastischer sind, aber leichter beschädigt werden.

Einige Angaben noch über *Bremsen.* Hier unterscheidet man Verzögerungsbremsen, die je nach der Stärke des Anzugs die Fahr- bzw. Drehbewegung bis zum Stillstand abbremsen können, und Haltebremsen, die lediglich stillstehende Lasten gegen den Einfluß der Schwerkraft sichern sollen. Alle Bremsen haben Sicherheitsfunktionen, daher ist auf sorgfältige Wartung zu achten. Bei den Fahrzeugen für den Innenbetrieb kommen im wesentlichen mechanische Bremsen in Betracht. Hier unterscheidet man nach der Funktion:

a) *Backenbremsen,* die meist als doppelte Außenbackenbremsen arbeiten, damit die Bremswelle nicht auf Biegung beansprucht wird und für beide Drehrichtungen ein gleiches Bremsmoment auftritt.
b) *Bandbremsen.* Sie wirken durch ein mit einem Bremsbelag versehenes, um die Bremsscheibe geschlungenes biegsames Bremsband. Sie sind einfach im Aufbau und haben ein hohes Bremsmoment, üben aber starke Biegebeanspruchung auf die Bremswellen aus und sind daher heute stark von der Doppelbackenbremse verdrängt.
c) *Scheibenbremsen* bremsen durch seitliches Anpressen von Bremsscheiben, wobei hohe Anpreßkräfte bei nur kurzen Bremswegen wirksam werden. In den Scheibeninnenräumen sind oft Radialschaufeln angebracht, die durch Luftzu- und -abfuhr für intensive Kühlung sorgen.
d) *Kegelbremsen,* bei denen die Bremsbacken innen angeordnet sind. Sie haben als Vorteil kleine Abmessungen und ergeben schon bei geringer Andruckskraft hohe Bremsbackenwirkung.

Bei den Bockrollen sind oft mit Fußkraft zu bedienende einfache Feststellaggregate angebracht.

Nachstehend sollen, von den allgemein bekannten einfachsten Möglichkeiten ausgehend, die für die innerbetriebliche Rationalisierung wichtigsten Transportmitteltypen kurz aufgezählt werden.

1.1 Handkarren mit einem oder zwei Rädern. Hierher gehören einrädrige Schubkarren mit den verschiedensten Aufbauten bis zu 100 l Inhalt, Rollenlager oder staubgeschütztem Kugellager und Eisen-, Vollgummi- oder Luftreifen. Ferner gehören hierher zweirädrige Blechkastenwagen, deren Mulde bis zu 250 l Inhalt oft über die Achse nach vorn kippbar ist. Hierher gehören schließlich auch Sackkarren der verschiedensten Art aus Stahlrohr oder Hartholz oder mit den verschiedensten Aufbauten für den Transport von Stahlflaschen, Fässern usw. und fahrbare, beidseitig gelagerte Tonnen für Flüssigkeitstransporte. Aus dem Bereich der Lederherstellung gehört hierher auch der »*Transportbock*« (Lagerbock, Abb. 32a), über den die Häute oder Leder zum Transport oder auch zur Zwischenlagerung gelegt werden. Er besitzt links und rechts feste oder drehbare Rollen, deren Durchmesser größer ist als die Stützböcke an den vier Kanten.

1.2 Handwagen mit drei oder vier Rädern. Die Dreiradwagen (Roller) sind meist kleine Geräte mit kurzen Achsabständen und haben entweder eine Starrachse mit Rädern und vorn eine Lenkrolle oder hinten zwei Bockrollen und vorn eine Lenkrolle oder auch drei Lenkrollen (Abb. 33 und 34). Sie besitzen eine hohe Wendigkeit und eignen sich daher besonders gut für schmale Gänge, Traglasten (bis 100 kg) und Standigkeit sind dagegen relativ gering. Wesentlich gebräuchlicher sind die vierrädrigen Handwagen in Form von Pritschen- oder Plattformwagen ohne Aufbau, mit einer bis drei Seitenwänden oder auch je nach Einsatz und Art des Fördergutes mit den verschiedensten Aufbauten versehen (Abb. 35) (Tragkraft bis

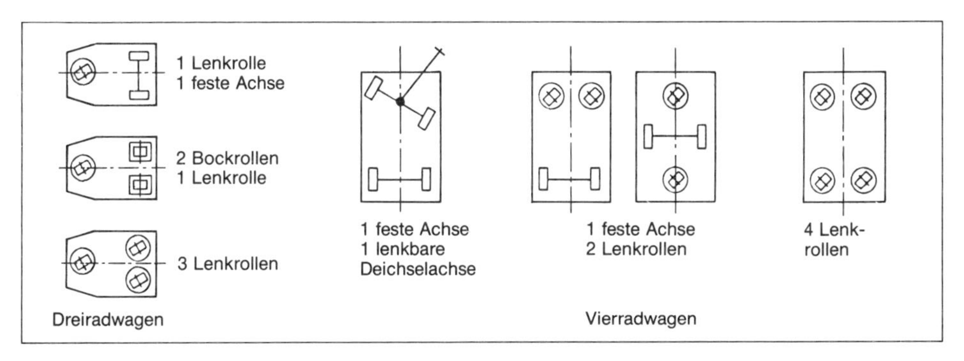

Abb. 33: Radanordnungen bei Dreiradwagen (links) und Vierradwagen (rechts)[14].

Abb. 34: Dreiradwagen[15].

Abb. 35: Pritschenwagen (links) und Plattformwagen (rechts)[15].

3000 kg). Der Unterbau ist meist in Rahmenbauweise aus abgekanten Leichtbauprofilen oder Rohren ausgeführt, die Ladefläche aus Holz oder Zinkblech. Die Radauswahl kann auch hier verschiedenartig sein (Abb. 33). Bei geringerer Belastung kommen auch hier entweder vier Lenkrollen oder Kombinationen von einer Starrachse mit zwei Rädern und zwei Lenkrollen in Betracht, bei höherer Belastung meist nur hinten eine Starrachse mit zwei Rädern und vorn eine lenkbare Deichselachse mit Schleifring, Drehschemel- oder Kugellagerlenkung. Nur selten findet man eine Allradlenkung (s. o.). Die Lagerung der Laufräder erfolgt meist über Rollenlager oder Kugellager, nur in Sonderfällen mittels eingebauter Federung mit Metall- oder Gummifedern, als Bereifung findet man vorwiegend Vollgummi, Kunststoff- oder Luftbereifung.

Der Einsatz solcher Wagen beim betrieblichen Transport bringt vier Nachteile mit sich. Der Transport verlangt hohen Kraftaufwand, oft den Einsatz mehrerer Personen. Die Rä ume des gleichen Stockwerks müssen auf gleicher Ebene liegen, was bei älteren Betrieben mit etappenmäßiger Bauentwicklung oft nicht der Fall ist, die Überwindung von Schrägen verlangt, wenn überhaupt möglich, weiteren manuellen Kraftaufwand. Wagen mit Rädern stehen nicht fest und bedeuten damit eine Unfallgefahr. Diesen Nachteil kann man natürlich durch Einbau von Bremsen verhindern, vorausgesetzt, daß sie beim Abstellen der Wagen immer angezogen werden. Vor allem aber sind Wagen mit vier Rädern zu teuer, wenn man bedenkt, daß es bei der Lederherstellung üblich ist, die einzelnen Transportstadien mit mehr oder weniger langer Zwischenlagerung zu verbinden. Man müßte dann eine Vielzahl solcher Wagen besitzen oder ständig ab- und wieder aufladen, und beides bedingt hohe Kosten.

1.3 Hebelroller. Hier hat die Pritsche nur hinten eine Starrachse mit zwei Rädern, vorn dagegen zwei Stützbügel und eine Kugelschale. Der getrennte Hebelroller mit zwei Rädern rastet mit einer Kugel in die Kugelschale der abzutransportierenden Pritsche ein (Abb. 36), hebt damit den Wagen und macht ihn fahrbar. Am Ziel kann der Hebelroller wieder ausgerastet werden. Das Heben und Senken kann auch durch Fußhebel erfolgen. Die Vorteile der Hebelroller gegenüber Handwagen sind, daß die Rollerpritsche billiger ist (nur zwei Räder), daß sie in Ruhestellung ohne Bremsen fest steht und daß der Hebelroller selbst für eine Vielzahl von Rollpaletten verwendet werden kann.

Abb. 36: Hebelroller[15].

1.4 Gabel-Hubwagen. Hubwagen sind Fahrgeräte bis zu 3 t Tragkraft mit Hubeinrichtung zum Aufnehmen und Absetzen der Lasten. Die Lasten werden mit den Gabeln der Hubwagen unterfahren und durch eine fuß- oder handbetätigte mechanische oder hydraulische Hubeinrichtung soweit angehoben, daß ein Fahren möglich ist. Für die Senkbewegung ist eine Bremse erforderlich. Man unterscheidet Deichsel-Hubwagen (Abb. 37 und 38), bei denen die Absenkgeschwindigkeit durch Handhebel an der Deichsel regulierbar ist, und Bügelhubwagen, bei denen das Heben und Senken durch Bügelbewegung erreicht wird. Alle Hubwagen haben eine mechanische Sicherung (z. B. Hubfederarretierung) gegen unbeabsichtigtes Senken. Die Hubwagen sind vielseitig einsetzbar, wobei im Vergleich zu den Handwagen und Hebelrollern entscheidend ist, daß die Lastträger (Paletten oder Behälter) keine Räder haben und damit billig und beim Abstellen unfallsicher sind. Da die nach DIN für Paletten festgelegte Unterfahrhöhe maximal 100 mm beträgt (s. u.), können die Hubwagen aber nur sehr kleine Vorderraddurchmesser haben und sind daher nur für den Einsatz in Räumen bei gleichzeitig guten Fahrbahnverhältnissen geeignet. Für die Bereifung wird meist Vollgummi gewählt.

Abb. 37: Handgabelhubwagen A 2000[16].

Abb. 38: Deichselhubwagen[15].

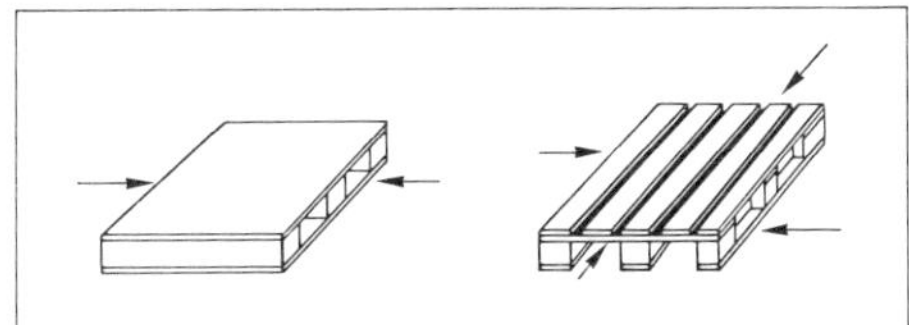

Abb. 39: Zweiweg- und Vierwegpalette.

An dieser Stelle sei auch etwas über *Paletten* gesagt, die heute als Lastträger für den inner- und auch außerbetrieblichen Transport weitgehende Verbreitung gefunden haben. Ihre Größe ist nach DIN 15141 und 15146 mit 800 × 1000, 800 × 1200 und 1000 × 1200 mm genormt; diese Einheitspaletten sind auch im Verkehr zwischen Betrieben leicht tauschbar, so daß ein sofortiges Entladen entfällt. Man unterscheidet Zweiwegpaletten, die nur von zwei Seiten eingefahren werden können, und Vierwegpaletten, die von allen Seiten einfahrbar und damit zwar teurer, aber universeller einsetzbar sind (Abb. 39). Die Europa-Pool-Palette wird als Vierwegpalette aus Holz mit 800 × 1200 mm innerhalb Europas einheitlich angefertigt. Die Paletten werden mit einer Tragkraft meist bis zu 1 t, in Sonderfällen aber auch bis zu 3 t, geliefert. Die Einfahrhöhe für die Gabeln der Hub- und Stapelgeräte beträgt 100 mm. Als Palettenmaterial wird meist Holz, ferner Stahlblech (höhere Festigkeit, aber schwerer, teurer, rostempfindlich), Leichtmetall und Kunststoff verwendet.

Paletten werden auch mit den verschiedensten Aufbauten geliefert:
a) Paletten mit *Ansteckbügel* (seitlich einzuschieben) und *Aufsatzbügel* (in Löcher einsteckbar; Abb. 40), so daß die Paletten übereinander gestapelt werden können, ohne das darauf befindliche Lagergut zu belasten. Die Bügel sind meist aus Stahlrohr, die Bügelhöhe schwankt zwischen 800 und 1500 mm und sie sind abnehmbar, was den Rücktransport erleichtert. Mehr als vier bis sechs Paletten sollten aber wegen der Unfallgefahr nicht übereinander gestapelt werden. Bei höherer Stapelung empfehlen sich *Palettenregale* (Abb. 41), die in hohen Häutelagern viel verwendet werden.

Abb. 40: Paletten mit Aufsatzbügel[15].

Abb. 41: Palettenregal[15].

c) *Boxpaletten* (Kastenpaletten) zum Transport kleiner Stückgüter als geschlossene Behälter, wobei auch hier die Böden aus Stahlblech oder Holz, die Wände aus Stahlblech, Holz oder Leichtmetall ausgeführt sind und eventuell klappbar sein können (Abb. 42).

Abb. 42: Gitterboxpalette (links) und Boxpalette (rechts)[15].

d) Unter der Vielzahl sonstiger Aufbauten sei hier noch der *Selbstkipper* angeführt (Abb. 43), weil er in Lederfabriken sehr häufig zum Transport von Häuten und Fellen und nach Entriegelung der Kippvorrichtung zum anschließenden Einfüllen in Fässer, Haspelgeschirre usw. verwendet wird. Die Mulde rollt auf dem Grundrahmen ab und wird vorn aufgefangen. Er kann als Zusatzgerät zum Gabelstapler (S. 96) eingesetzt werden.

Während die bisher besprochenen Fahrgeräte alle von Hand bewegt wurden, soll anschließend die zweite Gruppe der *Fahrgeräte mit Motorfahrantrieb* behandelt werden. Der Antrieb erfolgt hier entweder elektrisch mit Batterie oder mit Dieselantrieb. Die zweite Antriebsart ist wirtschaftlicher und hat höhere Lebensdauer, aber in geschlossenen Räumen stört das stärkere Fahrgeräusch und das Abgasproblem. Dieses Problem wird zwar bei Einsatz von Treibgas (Propan-Butan-Gemisch) stark gemindert, aber trotzdem werden Fahrgeräte mit Dieselantrieb meist für den Außenbetrieb eingesetzt, während für den Innentransport der elektrische Antrieb vorgezogen wird. Der Strom wird von mitgeführten Batterien entnommen, deren Kapazität so ausgelegt sein sollte, daß sie für eine Schicht ausreicht und die Wiederaufladung dann über Nacht erfolgt. Die Elektrofahrgeräte sind geräuscharm, leicht zu regeln und ergeben keine Abgasprobleme, haben aber natürlich nur einen zeitlich begrenzten Einsatz und eine hohe Totlast wegen des Mitführens der schweren Batterie zu transportieren. Man unterscheidet grundsätzlich Fahrgeräte, die durch Mitgehen bedient werden und bei denen der Lenkvorgang über eine Deichsel erfolgt, an der alle Steuerelemente für das Fahren, Bremsen und evtl. die Hubbewegung angebracht sind, oder solche, bei denen die Bedienung stehend oder sitzend mitfährt. Die Schaltung erfolgt dann mit Fußpedal über Relaissteuerung oder elektronisch über Impulsschalter (z. B. Thyristor [S. 82]), die dem Motor periodisch Strom- und Spannungsimpulse zuführen, als »elektronische Schalter« keinen Verschleiß zeigen und eine stufenlose und weitgehend verlustfreie Geschwindigkeitsregelung ermöglichen. Als neueste Entwicklung seien fahrerlose, induktiv gesteuerte Schlepper und Hubwagen erwähnt[16], die ihre Lenkinformationen über einen am Fahrzeug angebrachten Tastknopf von einem im Boden verlegten Leitdraht erhalten, in dem durch Wechselstrom ein elektromagnetisches Wechselfeld erzeugt wird, das in Signale für den Lenkmotor umgesetzt wird. Die Zielsteuerung erfolgt über elektronische Zählwerke oder kodierte Programme; außerhalb der so vorgegebenen Fahrwege lassen sich die Fahrzeuge aber auch manuell lenken.

1.5 Elektrowagen (Abb. 44). Sie sind teils in Dreiradbauweise, meist aber als Vierradfahrzeuge hergestellte Wagen. Sie haben meist Drehschemellenkung, wobei der Antriebsmotor häufig auf dem am Drehschemel befestigten Lenkrad sitzt und so beim Lenken mitgeschwenkt wird. Der Antrieb kann entweder mit Keilriemen und Kette auf das Vorderrad oder über die beiden Hinterräder erfolgen, die Fußbremse wirkt auf die beiden Hinterrmder. Oft sind auch zwei oder alle vier Räder als Lenkrollen angebracht. Solche Elektrowagen sind, da Antriebsaggregat und Wagen fest miteinander verbunden sind, nur dort geeignet und richtig ausgenutzt, wo nur kurze Be- und Entladungszeiten und möglichst keine längeren Standzeiten in Frage kommen.

1.6 Elektroschlepper. Sie besitzen im Gegensatz zu den Elektrowagen keine eigene Ladefläche, sondern dienen ausschließlich zum Ziehen von angekoppelten Wagen (Abb. 45). Daher sind sie wirtschaftlicher als Elektrowagen, da der Schlepper während des Be- und Entladens der Anhänger anderweitig eingesetzt werden kann. Sie sind meist in Vierradbauweise, kleine Schlepper auch in Dreiradbauweise hergestellt; bezüglich Antriebs, Lenkung und Bremsung gilt das für Elektrowagen Ausgeführte. Die zugehörigen *Anhänger* werden bis zu 3 t Tragkraft meist als Zweiradlenker mit starrer Hinterachse und lenkbarer Vorderachse mit Drehschemellenkung und Zugdeichsel hergestellt und können als einfache Plattenwagen mit Holzplatten in T-Rahmen mit abgerundeten Ecken, aber natürlich auch mit allen für die jeweilige Transportaufgabe zweckmäßigen Aufbauten versehen werden. Im Vergleich zu den früher besprochenen Handwagen haben sie natürlich den Vorteil, daß der manuelle Kraftaufwand entfällt und damit auch eine Personaleinsparung gegeben ist, aber für Wagen mit vier Rädern verbleiben natürlich die Nachteile, daß sie beim Abstellen ohne Anziehen der Bremsen eine Unfallgefahr darstellen können und daß sie im Vergleich zu Paletten zu teuer sind, namentlich wenn man sie für mehr oder weniger lange Zwischenlagerung ohne Abladen verwenden will.

1.7 Elektro-Gabelhubwagen. Für ihn gelten im wesentlichen die gleichen Ausführungen, die oben für das Arbeiten mit Gabel-Hubwagen (S. 92) gemacht wurden, nur erfolgt hier das Fahren und Heben (über Hydraulikhubzylinder) batterieelektrisch (Abb. 46).

Der Fahrantrieb erfolgt über ein direkt unter dem schwenkbaren Fahrmotor sitzendes Treibrad. Bei der Lenkung durch Mitgehen erfolgt die Steuerung zum Heben, Fahren und Bremsen durch die jeweilige Deichselstellung, beim Sitzen des Fahrers gilt das für Elektrowagen und -schlepper diesbezüglich Gesagte.

1.8 Elektrogabelstapler. Sie sind wie Hubwagen mit Gabeln zur Lastaufnahme ausgerüstet, die hier aber an einem hydraulisch bewegten Hubschlitten befestigt sind. Damit können die Ladungen nicht nur von Ort zu Ort bewegt, sondern auch auf größere Höhen angehoben werden. Solche Geräte sind bei der betrieblichen Transport-Rationalisierung vielseitig verwendbar, durch Serienbauweise preisgünstig, und durch eine Vielzahl von Anbaugeräten können die Einsatzmöglichkeiten noch wesentlich erweitert werden. Beim Vergleich der Angebote ist insbesondere auf Hublast, Nutzhubhöhe, Eigenlast, Arbeitsgeschwindigkeit, Steigvermögen, Motorleistung, Abmessungen und Wenderadius im Vergleich zu den gegebenen Betriebsverhältnissen zu achten. Die gebräuchlichste Form der Stapler ist der *Frontstapler,* bei dem die zu fördernde Last außerhalb der Radnutzfläche liegt. Sie ruft ein Kippmoment hervor, und daher ist zur Erreichung ausreichender Standfestigkeit eine Gegenlast erforderlich, die um so größer ist, je größer die gewünschte Stapelhöhe liegt. Die Stapler arbeiten also mit hoher Eigenlast. Über etwa 4 m Stapelhöhe ist meist wegen der Standsicherheit die Traglast zu reduzieren, und bei Stapelhöhen über 6 m wird der Hubstapler im Hinblick auf die erforderliche Standsicherheit, abnehmende Traglast und breitere Fahrgestel-

Abb. 43: Selbstkipper[15].

Abb. 44: Elektrowagen[15].

Abb. 45: Elektroschlepper[15].

Abb. 46: Elektro-Deichselgabelhubwagen Ameise Junior EJE[16].

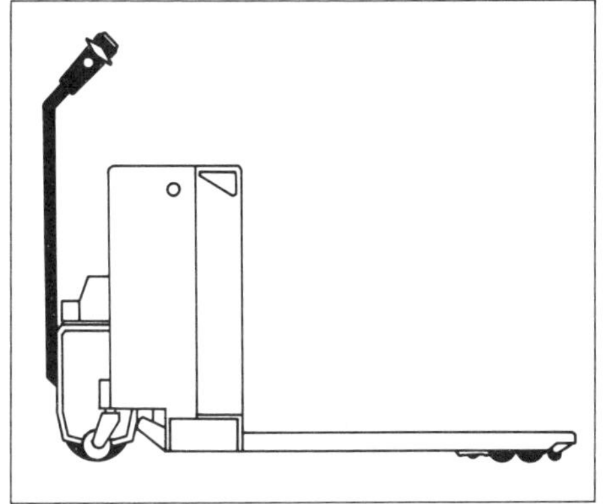

le unwirtschaftlich. Dann sind Stapelkrane und Regalbedienungsgeräte (S. 113) zweckmäßiger.

Im Hinblick auf die Art der Fahrgestelle unterscheidet man Dreirad- und Vierrad-Frontstapler. Die ersteren zeichnen sich durch hohe Wendigkeit aus und werden bei kleineren Traglasten bevorzugt. Vierrad-Frontstapler sind insbesondere für mittlere und große Traglasten und Arbeitsgeschwindigkeiten geeignet. Im übrigen gilt für die Fahrwerke das oben für Motorfahrantriebe Dargelegte, wobei auch hier die Bedienung zu Fuß oder im Fahrerstand erfolgen kann. Für die *Hubwerke* sind noch einige zusätzliche Angaben zu machen. Das Heben der Last erfolgt meist durch Hydraulikzylinder (Hubzylinder) durch Öldruck, der mit einer Zahnradpumpe erzeugt wird. Für seine Betätigung ist beim Elektroantrieb ein gesonderter Antriebsmotor vorgesehen, der nur bei der Hubbewegung arbeitet. Die Senkgeschwindigkeit ist durch das Ablassen des Drucköls im Hubzylinder über ein Senkventil in den Sammelbehälter begrenzt. Der Hubmast ist vielfach am unteren Ende gelenkig am Fahrzeugrahmen befestigt und kann dann bis zu 8 Grad nach vorn (problemlose Lastaufnahme und -abgabe) und bis zu 15 Grad nach hinten (sichereres Fahren) geneigt werden. Der hierfür erforderliche doppeltwirkende Neigezylinder wird ebenfalls von der Hubhydraulik gespeist.

Die Bauhöhe des eingefahrenen Hubgerüstes (Standmast; äußerer fester Rahmen HS) liegt normalerweise bei etwa 2,0 bis 2,5 m, damit auch Tore und Durchgänge durchfahren werden können. In diesem fest mit dem Fahrzeug verbundenen Standmast befindet sich ein vertikal beweglicher Fahrmast (innerer beweglicher Rahmen), der teleskopartig ein- und ausgefahren werden kann, und zwischen diesen beiden Vertikalsäulen befindet sich der oben erwähnte Hubzylinder. Unter Freihubhöhe (HF) bis zu 30 cm versteht man die Höhe, auf die die Gabeln nach oben gehoben werden können, ohne daß sich der Fahrmast zu heben beginnt und die damit die Bauhöhe des Hubgerüstes (HS) vergrößert. Das ist insbesondere bei Räumen mit relativ niederer Decke wichtig und kann die Raumausnutzung entscheidend beeinflussen. Unter Nutzhubhöhe (HN) versteht man die Höhe, die die Gabeln bei voll ausgefahrenem Fahrmast maximal erreichen können. Man unterscheidet drei Arten von Hubmasten (Abb. 47):

a) Einfachhubmast: Er besitzt einen Standmast, aber keinen teleskopartig ausfahrbaren Fahrmast. Die Vertikalbewegung des über Rollen im Standmast geführten Hubschlittens mit den beiden Gabeln erfolgt mittels eines Hubzylinders, der etwa halb so hoch ist wie der Standmast. Am oberen Ende des Hubkolbens befindet sich ein Querjoch, das die Umlenkräder für die Hubketten trägt. Diese Hubketten sind einmal am Hubschlitten und andererseits am unteren Teil des Standmastes befestigt. Die Hubgeschwindigkeit ist dann doppelt so groß wie die Ausfahrgeschwindigkeit des Hubkolbens. Einfachhubmasten sind einfach im Aufbau, gestatten aber nur geringe Stapelhöhen (HN < HS).

b) Doppelhubmast (Abb. 48). Er hat neben dem Standmast auch einen ausfahrbaren, über Rollen gelagerten Fahrmast und wird daher oft auch als Einfach-Teleskopmast bezeichnet. Der Hubschlitten mit den beiden Gabeln ist ebenfalls am Fahrmast über Rollen beweglich gelagert. Die über die Umlenkräder geführten Hubketten sind einmal am Hubschlitten und zum anderen am oberen Ende des Hubzylinders befestigt. Diese Doppelhubmasten sind die in der Praxis meist verwendete Ausführung. Sie sind zwar teurer als die Einfachhubmasten, gestatten aber wesentlich größere Stapelhöhen (HN bis etwa 4 m).

c) Dreifachhubmast (Mehrfachteleskopmast): Mit einem fest verbundenen Standmast und zwei beweglichen Fahrmasten und Hubzylinder mit Teleskopkolben. Er ist teuer, gestattet

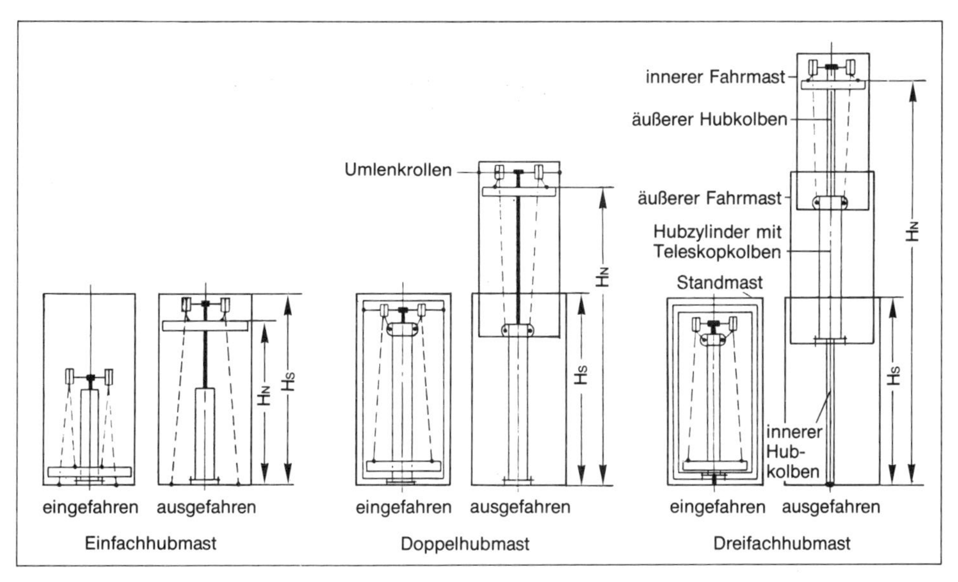

Abb. 47: Verschiedene Hubmasten[14].

aber bei niederer Bauhöhe eine große Nutzhubhöhe bis zu 6 m. Es gibt auch *Hochregalstapler* mit Nutzhöhen bis zu 12 m, die mit drei- oder vierfachem Hubmast arbeiten (Abb. 48). In schmalen Gängen arbeiten sie unten mit Zwangsführung, können die Lasten oben nach den Seiten ausfahren, brauchen also nicht zum Regal einzuschwenken und haben daher wesentlich reduzierten Gangbreitenbedarf. Gegenüber den an anderer Stelle behandelten Regalbedienungsgeräten (S. 113) haben sie den Vorteil, daß sie außerhalb der Regalgänge frei arbeiten können und nicht an besondere Schienenwege gebunden sind.

Der Nutzungsgrad der Hubstapler kann durch viele *Anbaugeräte,* die statt der üblichen Gabeln am Hubschlitten befestigt werden können, wesentlich gesteigert werden. Unter einer Vielzahl angebotener Geräte seien hier einige für Lederfabriken besonders geeignete angeführt (Abb. 49):

a) Ausrüsten mit Plattform statt mit Gabeln. Bei Verwendung als Arbeitsbühne mit Geländer versehen, um Reparaturen durchzuführen oder bei höherstehenden Gerbfässern Proben entnehmen oder Chemikalien zugeben zu können.

b) Lastschutzgitter, um ein Abkippen der Lasten nach hinten oder ein Einklemmen der Lasten zwischen Hubschlitten und Hubmast zu verhindern.

c) Anbringen eines Kranarms. Der Kranarm kann fest, aber auch drehbar sein und wirkt im letzteren Falle wie ein Drehkran (S. 114).

d) Hydraulischer Seitenschieber. Die Gabeln werden hydraulisch seitlich verschoben, und dadurch wird seitliche Lastaufnahme oder -abgabe auch ohne Wenden des Staplers bei beengtem Raum möglich.

e) Hydraulisches Drehgerät. Dadurch können Behälter mit Schüttgut oder Flüssigkeit leicht in jeder Höhe durch Kippen seitlich entleert werden (Faßfüllen S.160).

f) Hydraulischer Behälterentleerer nach vorn. Das Entleeren des Behälters nach vorn erfolgt

JUNGHEINRICH

◁ *Abb. 48: Gabelstabler mit Doppelhubmast (links) und Hochregalstabler (rechts)*[16].

durch Abkippen des Behälterbodens, der dann gleichzeitig als Rutsche dient (Faßfüllen S. 159).
g) Selbstkipper wurden bereits an früherer Stelle erwähnt (S. 95).
h) Faßkipper gestatten, Flüssigkeiten in beliebiger Höhe, z. B. in Gerbfässer, zugeben zu können.
i) Schwenkschubgabeln gestatten, Lasten frontal aufzunehmen und dann so zu schwenken, daß sie rechts und links z. B. in Regale eingestapelt werden können, ohne daß die Position des Fahrzeugs geändert wird. Einsatz insbesondere bei Hochregalstaplern (s. o.).

2. Transport ohne Fahrgeräte vorwiegend in der Ebene

Die in diese Gruppe gehörenden Transportmittel zählen meist zu den Stetigförderern und haben damit die an früherer Stelle für diese Gruppe besprochenen Vorteile (S. 88). Sie können bei der Lederherstellung für viele Transportaufgaben namentlich von pulverförmigen und kleinstückigen Fördergütern, aber teilweise auch für Häute und Leder und ebenso beim Füllen und Entleeren der Prozeßgeräte eingesetzt werden. Auf die verschiedenen Einsatzgebiete wird an späterer Stelle eingegangen, hier sollen zunächst nur die Transportelemente als solche besprochen werden.

Abb. 49: Verschiedene Anbaugeräte zum Gabelstapler[16].

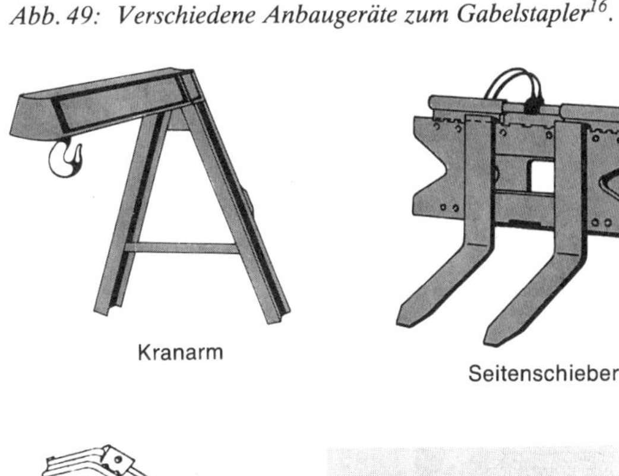

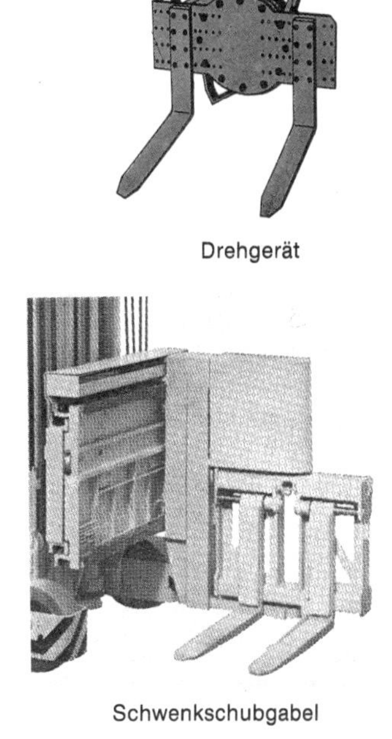

Behälterentleerer

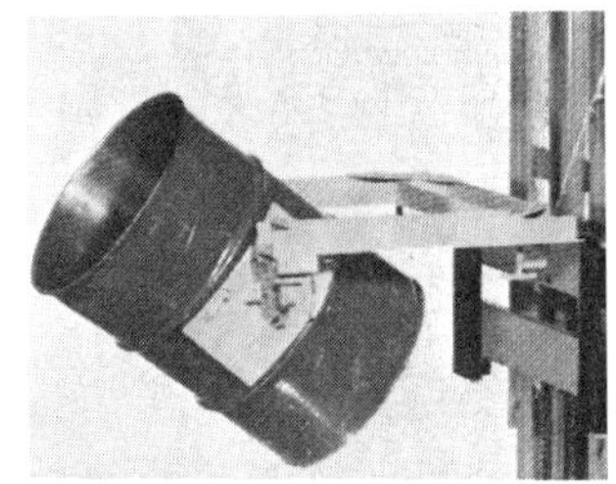

2.1 Schneckenförderer. Sie fördern das Gut durch die Drehbewegung einer in einem Trog oder Rohr befindlichen Schnecke in deren Achsrichtung vorwärts (Abb. 50). Sie werden von Getriebemotoren angetrieben, die über eine elastische Kupplung mit der Schneckenwelle gekuppelt sind. Bei kurzen Schnecken reicht die Lagerung der Schneckenwelle an den beiden Enden aus, bei längeren über etwa 4 m sind Zwischenlager nötig. Die Schnecke kann in geschlossenen Rohren oder in nach oben offenen Trögen laufen, wobei sich Rohr oder Trog möglichst eng an die Schnecke anschließen sollten, um den Verschleiß zu verringern und eine Zermahlung des Fördergutes zu vermeiden. Tröge werden häufig in den Boden verlegt und mit abnehmbaren Deckeln versehen, um Platz zu gewinnen und die Unfallgefahr zu verringern.

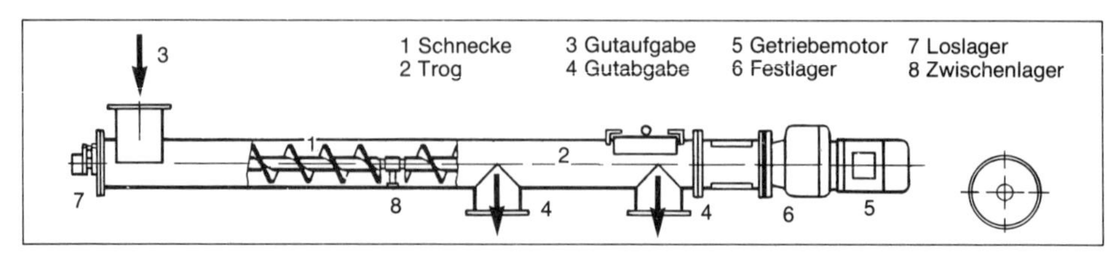

Abb. 50: Förderschnecke in Rohrform[14].

Schneckenförderer dienen zur Förderung pulverförmiger und kleinstückiger Fördergüter auch im feuchten Zustand. Ihr Vorteil ist, daß sie keinen Rückweg benötigen, staubdicht und wenig störanfällig sind und daß die Zu- und Abgabe des Förderguts an jeder beliebigen Stelle der Förderstrecke über Tröge bzw. Klappen im Deckel bzw. in Rinne oder Rohr erfolgen kann. Sie können auch zur Schrägförderung eingesetzt werden, doch sind dann mit steigender Schräge höhere Drehzahlen nötig, und die Fördermenge nimmt ab. Schließlich werden Schnecken auch als Dosierförderer eingesetzt (S. 40), wobei die Fördermenge ziemlich genau der Drehzahl der Schnecke proportional ist. Sie können dabei auch z. B. in Kombination mit einer Waage kurz vor Erreichung der Sollmenge selbsttätig auf Kriechgang geschaltet werden, so daß die Restmenge langsam zugegeben wird und beim Abschalten kaum ein Nachlauf stattfindet.

2.2 Kratzenförderer. In aus Holz oder Stahlblech gefertigten, nach oben offenen Rinnen laufen beidseitig Ketten, an denen hölzerne oder eiserne Mitnehmer (Scheiben oder Stege) befestigt sind, die das Fördergut vor sich herschieben und es am Ende der Rinne aus einer Öffnung abgeben. An einem Ende befindet sich das Antriebskettenrad, am anderen Ende eine Spannvorrichtung für die Kette. Ketten und Mitnehmer werden über die Kettenrollen oder über gesondert angebrachte Tragerollen abgestützt. Auch hier kann die Zugabe und Abnahme des Transportgutes an beliebiger Stelle erfolgen. Kratzenförderer benötigen aber zusätzlichen Platz für den Rücklauf des Leertrums, was ober- oder unterhalb der eigentlichen Förderrinne erfolgen kann.

2.3 Schwingförderer. Sie werden auch als Schüttelrinne bezeichnet und bewirken Bewegungen des Fördergutes in einer Förderrinne durch stationäre Schwingungen. Die Förderrinne wird auf Rollen oder über pendelnd gelagerte Stützen bewegt und durch ein Antriebssystem in stationäre Schwingungen versetzt. Beim Rinnenhingang wird das Fördergut durch Reibschluß mit der Rinne vorwärts bewegt, und beim Rinnenrückgang gleitet es durch seine Massenkräfte in der ersten Richtung weiter. Die Hinbewegung muß langsamer erfolgen als die Rückbewegung, damit der Reibschluß zwischen Fördergut und Rinne zunächst gewährleistet, beim Rückgang zuverlässig aufgehoben wird. Schwingförderer sind für fein- und grobstückiges Schüttgut sowohl für horizontalen wie für schrägen Transport geeignet. Nachteilig sind die meist auftretenden starken Arbeitsgeräusche.

2.4 Bandförderer. Sie sind die heute meist verwendeten Stetigförderer für Stück- und Schüttgut. Sie bestehen aus einem endlosen Band, das auf der einen Seite über eine Antriebstrommel, die mittels Drehstrom-Getriebemotor angetrieben wird, und auf der anderen Seite über eine Umlenktrommel mit Spannvorrichtung läuft. Das Obertrum ist das Lasttrum und muß von Aufgabe zu Abgabe geführt werden, das mitlaufende Untertrum ist das Leertrum. Die Vorspannung hält den Durchhang zwischen den einzelnen Tragerollen möglichst klein. Als Spannvorrichtung werden Gewindespindel-, Gewichts- und Windenspannvorrichtungen verwendet. Die Gewichtsspannung spannt sich selbständig nach, und auch bei Dehnung des Bandes bleibt die Spannung konstant, bei den beiden anderen Vorrichtungen muß von Hand nachgestellt werden. Bei allen Vorrichtungen werden die in entsprechender Führung gelagerten Spanntrommeln in Längsrichtung verschoben, und gleichzeitig können durch die bewegliche Lagerung in den Führungen auch Stöße abgefangen werden. Außerdem sind zwischen Antriebs- und Spannrolle je nach Länge des Bandes noch kugelgelagerte Tragrollen eingeschaltet. Anstelle der Tragrollen werden, wo ein ganz ebener Transport gewünscht wird, bisweilen auch Gleitbahnen unter dem Laufband verwendet, die zwar einen höheren Reibwiderstand verursachen, aber den Banddurchhang völlig vermeiden. Schließlich können die Bänder zur Reinigung meist am Untertrum auch mit einer gewichts- oder federbelasteten rotierenden Spiralabstreifbürste (gegen eine Tragrolle) ausgerüstet werden.

Als Vorteile der Bandförderer seien hohe Fördermenge und Fördergeschwindigkeit, relativ geringe Antriebskraft, geringe Investitions- und Wartungskosten, geringer Verschleiß, universelle Einsetzbarkeit und leichter Einbau von Bandwaagen zur Bestimmung der Fördermenge angeführt, als Nachteile, daß sie Platz für das Rücklauftrum benötigen und daß sie nur für gradlinige Förderwege einsetzbar sind. Sie kommen bei der Lederherstellung für viele Transportzwecke zum Einsatz, worauf bei der Besprechung der einzelnen Produktionsstadien noch eingegangen wird. Sie können stationär eingebaut, aber auch fahrbar sein (Abb. 51). Sie werden vorwiegend für Waagerechttransporte verwendet, können aber auch zur Steilförderung dienen, wobei die Bänder dann mit Leisten oder Höckern versehen werden, um bei Steigungen bis zu etwa 60 Grad ein Abrutschen der Transportgüter zu vermeiden. Die Gutauflage und -abnahme erfolgt bei größeren Stücken manuell, bei Schüttgut mittels Trichter oder Aufgaberutschen. Soll die Aufgabe an verschiedenen Stellen des Bandes erfolgen, können die Aufgabetrichter fahrbar am Bandgestell angebracht werden. Die Abgabe erfolgt am Bandende in Wagen, Kasten, Gruben oder über Rutschen. Soll sie an beliebiger Stelle des Förderbandes erfolgen, werden verstellbare einseitige oder pflugartige Abstreifvorrichtungen (Abschieber) angebracht. Um bei Schüttgut ein seitliches Abrutschen zu verhindern, können die Bänder auch seitliche Wulste besitzen oder in Trogrinnen laufen. Abb. 52 zeigt einen Teleskopbandförderer, der vorwiegend zum schnellen Be- und Entladen verwendet wird. Auf Knopfdruck hebt sich der Anleger und schiebt sich in einer Führung teleskopartig bis an das Fördergut vor. Anwendung dieses Prinzips auch bei Staplern (S. 296).

Abb. 51: Fahrbares Transportband[15].

Abb. 52: Teleskopbandförderer[17].

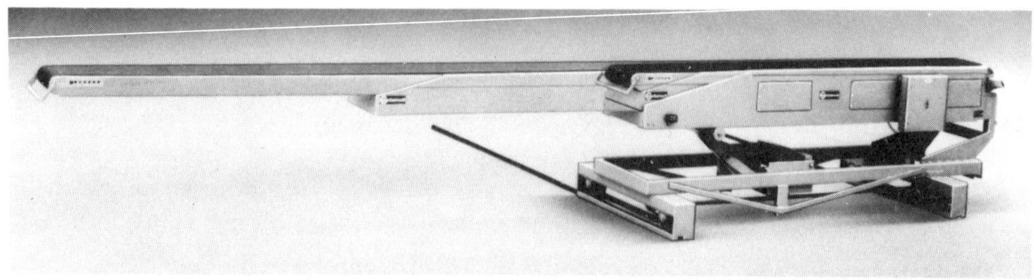

Als Trägermaterial für den Transport wurden dem Namen entsprechend ursprünglich nur Bänder eingesetzt, doch haben sich inzwischen viele Variationsmöglichkeiten ergeben:
a) Endlose *Gummi- oder Kunststoffbänder* mit Textileinlage (Baumwolle, heute meist verschleiß- und bruchfestere Chemiefasern) oder Stahlseileinlagen. Bandbreite bis zu 1 m.
b) *Stahlbänder,* bei denen aber die Antriebs- und die Umlenktrommel einen größeren Durchmesser haben müssen.
c) *Drahtbänder* aus Rund- oder Flachdrahtgeflecht.
d) Anstelle der massiven breiten Bänder parallellaufende schmale *Kunststoffbänder oder -schnüre.*
e) Gliederbänder, bei denen das durchlaufende Band als Trageelement durch andere Tragelemente ersetzt ist, die meist an beiden Seiten in gleichen Abständen an einem endlosen Zugmittel (meist Ketten mit Tragrollen oder auch Bänder oder Drahtseile) befestigt sind. Diese Tragelemente können Stahlstäbe, Stahlplatten mit oder ohne Seitenwand, Wannen, d. h. seitlich hochgezogene Platten, aufgesetzte Tröge, Kästen usw. sein.
f) *Kurvengängige Gliederbänder* für den Kurventransport. Hierfür kommen die gleichen Tragelemente wie unter e) in Betracht, als Zugmittel dient aber eine in der Fahrbahnmitte laufende Kette. Die Platten sind überlappt und oft halbmondförmig ausgespart, so daß die Oberfläche auch in der Kurve glatt und geschlossen bleibt.

2.5 Rollenförderer. Hier erfolgt der Transport durch ortsfeste, kugelgelagerte Stahlrollen oder auch Aluminium- oder Kunststoffrollen mit einem Durchmesser von 50 bis 90 mm, auf denen das Fördergut liegt. Die Bahnbreite beträgt bis zu 1 m. Rollenförderer werden vorwiegend zum An-, Ab- oder Zwischentransport von Stückgütern verwendet und haben den Vorteil, daß sie auch Kurven ausfahren können (Abb. 53). Man hat hier einmal

Schwerkraftrollbahnen, bei denen die Rollen keinen Antrieb haben und das aufgelegte Fördergut entweder manuell weitergeschoben wird oder häufiger bei geneigten Strecken durch die eigene Schwerkraft weiterrollt. Bei größerer Neigung kann durch Einbau von Bremsrollen die Fördergeschwindigkeit begrenzt werden. Bei den *angetriebenen Rollenbahnen* werden die Rollen angetrieben, wobei je nach der Größe des Fördergutes der Antrieb jeder zweiten oder dritten Rolle ausreicht. Der Antrieb erfolgt über eine endlose Kette, die mittels Getriebemotors bewegt wird und bei der an den Rollen befindliche Antriebsritzel angreifen. Die Kette wird durch Kettenspanner straff gehalten.

3. Hängender Transport

Der hängende Transport setzt voraus, daß die Produktionsräume eine gewisse Mindesthöhe besitzen. Ist das der Fall, so hat er den großen Vorteil, daß der Boden als Produktions- oder Lagerraum frei bleibt, also kein Platzverlust eintritt und daß je nach Art der Transportanlage eine größere Freizügigkeit und Variationsmöglichkeit in den Transportwegen gegeben ist. Je nach den Betriebsverhältnissen kommen in dieser Gruppe folgende Transportmittel in Betracht:

3.1 Kreisförderer (Abb. 54) sind Stetigförderer, bei denen als Zugmittel eine endlose, raumbewegliche Kette dient, an der die verschiedensten, dem innerbetrieblichen Bedarf

Abb. 53: Rollenförderer[15].

Abb. 54: Kreisförderer[14].
1. Lastaufnahme, 2. Abstreifer, 3. Anschläge zum Kippen des Lastaufnahmemittels, 4. Lastabgabe.

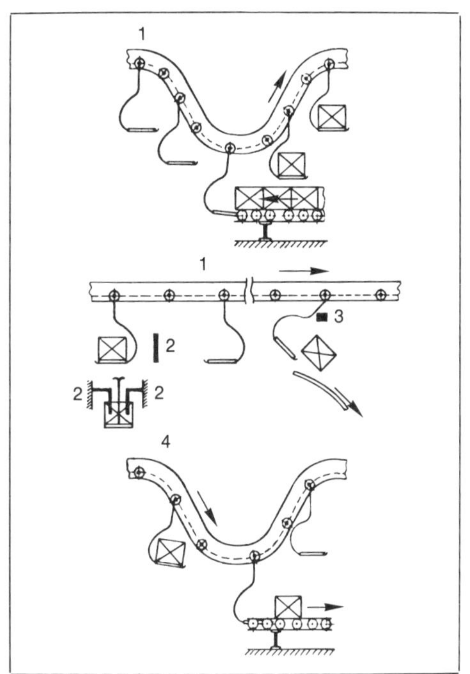

angepaßte Lastträger (Haken, Schaukeln, Stangen), die die Stückgüter aufnehmen, meist gelenkig angebracht sind. Die Förderer können in beliebiger Streckenführung innerhalb des Raumes oder auch durch verschiedene Räume verlegt werden. Sie werden möglichst hoch über dem Produktionsbereich verlegt, um keine Bodenfläche zu blockieren, und nur an den Stellen für die Aufnahme oder Abgabe der Lasten werden sie nach unten gezogen. Die Aufgabe des Fördergutes erfolgt dann von Hand oder auch selbsttätig, z. B. durch Unterfahren der Lasten, die Abnahme der Lasten geschieht ebenfalls entweder manuell, durch Abstreifen der Last an Anschlägen, Absetzen der Lasten auf Tischen usw. Man kann aber auch die Lasten entweder oben an der Decke oder in den Abgabebogen selbständig durch Kippen des Lastträgers abnehmen, indem der Lastträger gegen einen Anschlag anfährt und die Last dadurch abrutscht (Abb. 54,3 und Abb. 81). Die Laufwerke ihrerseits laufen auf den Unterflanschen von I-Trägern oder Träger mit Sonderprofilen, die an Dach, Decke oder besonderen Tragestellen aufgehängt sind.

Beim *Einbahnsystem* ist das Lastlaufwerk fest mit der umlaufenden Kette verbunden und trägt die Nutzlast und die Eigenlast der Kette. Bisweilen werden insbesondere bei größerem Abstand der Lastträger auch zusätzliche Kettenlaufwerke eingeschaltet, um ein stärkeres Durchhängen der Kette zu vermeiden. Beim *Zweibahnsystem* läuft nur die Kette über ein Kettenlaufwerk ständig um, die Lastträger können durch klappbare Mitnehmer wahlweise an die Zugkette an- oder abgekoppelt werden. Hierbei benötigt man zwei übereinander angeordnete Laufbahnen, eine für die Kette, die andere für die Lastträger. Beim Zweibahnsystem können natürlich Einsatzmöglichkeiten und Streckenführung mehr variiert werden, z. B. durch längere Verweilzeiten beim Be- und Entladen, Übergabe der Lastlaufwerke auf verschiedene Förderstrecken durch Einbau von Weichen usw. Aber sie sind in der Beschaffung teurer.

An dieser Stelle sei etwas über *Ketten* angeführt, wie sie als Zugelement bei Stetigfördern (hier bei Kreisförderern), aber auch als Lastketten bei Staplern (S. 96) oder bei Kranen (S. 108 ff.), Flaschenzügen (S. 110) usw. verwendet werden. Sie bestehen aus gelenkig aneinander gereihten Gliedern. Sie haben gegenüber Seilen die Vorteile kleinerer Umlenkradien und leichterer Repariermöglichkeit durch Gliederaustausch, als Nachteile höheres Totgewicht und kleinere Arbeitsgeschwindigkeit. Man unterscheidet Rundstahlketten und Gelenkketten, die letzteren haben höhere Sicherheit und Arbeitsgeschwindigkeit, sind aber teurer. Ketten für Kettentriebe werden auch aus Kunststoffen hergestellt. Sie haben geringere Festigkeit, sind aber korrosionsfest und laufen ohne Schmierung. Auch die zugehörigen Kettenräder können aus Kunststoff hergestellt werden und sind dann verschleiß- und geräuscharm und benötigen nur geringen Schmieraufwand, haben aber ebenfalls geringere Festigkeit.

3.2 Hängebahnen. Unstetigförderer, bei denen eine Einschienenlaufkatze mit zugehörigem Elektrofahrwerk direkt auf einer an der Decke oder besonderem Tragegestell befestigten Kranschiene läuft. Normale *Laufkatzen* (Abb. 55) bestehen aus vier Rädern zur Fortbewegung mit Fahrgeschwindigkeiten bis zu 40 m/min, dem Hubmotor für die Hebebewegung mit Hubgeschwindigkeit bis zu 36 m/min und mit zugehöriger Haltebremse und der Getriebeverbindung zur Seiltrommel mit Endschalter. Diese Elemente sitzen auf einem gemeinsamen Unterbau, dem Laufkatzenrahmen, oder sie hängen an einem solchen Rahmen, wenn es sich wie im Falle der Hängebahnen um Hängelaufkatzen handelt. Bei der Auslegung der Verzahnung, der Welle und der Lager ist zu beachten, daß es sich hier um Unstetigförderer handelt, also ein häufiges Anlaufen und Abbremsen und eine häufige Änderung der Drehrichtung unter Belastung erfolgt. Die Haltebremse zwischen Hubmotor und Getriebe wird zur Dämpfung der Laststöße häufig mit einer elastischen Kupplung versehen. Die Bremsung beim Senken erfolgt meist elektrisch durch spezielle Senkbremsung des Hubmotors. Der eingebaute Endschalter an der Seiltrommel begrenzt den Hubweg nach oben, so daß die Unterflansche nicht oben gegen den Laufkatzenrahmen stößt und damit Beschädigungen vermieden werden.

Hängebahnen haben also zwei Motoren, den Motor an der Laufkatze für die Vertikalbewegung und den Motor des Fahrwerks für den Horizontaltransport auf der Kranschiene. Für die

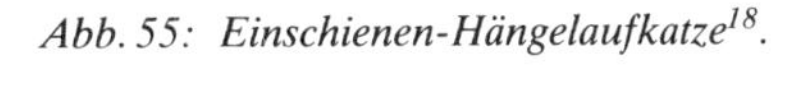

Abb. 55: Einschienen-Hängelaufkatze[18].

Abb. 56: Drehweiche (unten) und Schiebeweiche (oben)[14].

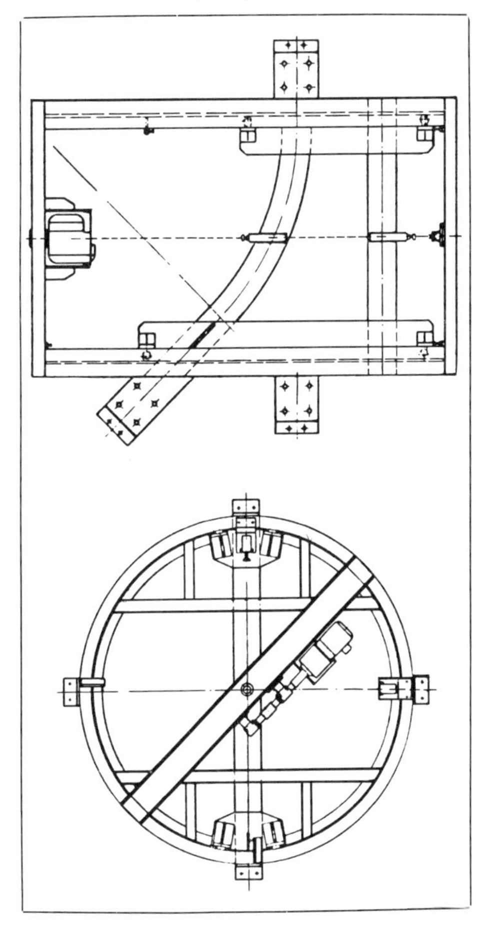

Stromzuführung gibt es hier wie bei allen mit Motor angetriebenen Fahrsystemen (also auch bei Kranen) zwei Möglichkeiten. Einmal kann man Schleifleitungen verwenden, bei denen der Strom mittels über Isolatoren gespannte Drähte oder über festmontierte Schienen zugeleitet und dann durch Stromabnehmer (Rollen oder Schleifstücke) abgenommen wird. Die andere Möglichkeit ist die Stromzufuhr durch bewegliche Kabel (Schleppkabel), die entweder bei kurzen Strecken in Schleifen hängend angebracht und mehr oder weniger ausgezogen werden oder bei längeren Wegen durch eine Trommel nach Bedarf aufgewickelt oder abgespult werden. Die Steuerung der beiden Motoren kann als Handsteuerung mittels Druckknopfschalter durch den am Boden mitgehenden Bahnführer (Abb. 55) oder bei größeren Anlagen auch aus einem mitfahrenden Führerstand erfolgen. Bei ganz kurzen Förderwegen und geringen Lasten wird bisweilen auch auf das Elektrofahrwerk verzichtet, und die Fahrbewegung geschieht von Hand durch Druck gegen die Last.

Hängebahnen sind im Vergleich zu den noch zu besprechenden Kranen preisgünstig, da alle Bauteile standardisiert sind, einfach, betriebssicher und universell anwendbar, die Traglasten sind aber beschränkt. Sie sind in der Streckenführung sehr freizügig, können Kurven fahren, leichte Steigungen bewältigen, und durch den Einbau von Weichen können Abzweigungen eingebaut werden. Als Weichen kommen Schiebe-, Klapp- und Drehweichen in Betracht, sie werden von Hand oder motorisch bewegt (Abb. 56). Hängebahnen können auch mit automatischer Steuerung versehen werden, wodurch natürlich die Investitionskosten wesentlich erhöht werden, aber der Kranführer eingespart wird.

3.3 Laufkrane. Im Vergleich zu Kreisförderern und Hängebahnen sind sie teurer in der Anschaffung und im Betrieb, da ständig größere Totlasten zu bewegen sind. Aber sie haben den wesentlichen Vorteil, größere Flächen nicht nur in vorbestimmten Fahrlinien, sondern nach freier Wahl über den ganzen Raum bedienen zu können.

Die am meisten verwendete Kranform sind die *Brückenkrane* (Abb. 57). An beiden Seiten der Arbeitshalle befinden sich meist hoch verlegt die Kranschienen (Gleise), die meist einen breiten Fuß haben und dann leicht auf dem Beton- oder Stahlunterbau befestigt werden können. Auf den Schienen laufen die beiden Kopfträger mit normalerweise je zwei Laufrädern mit zugehörigem Antriebsmotor. Auf ihnen stützen sich die Brückenträger auf beiden Seiten ab. An den Enden der Fahrbahnen sind zur Vermeidung des Kranabsturzes feste Anschläge angebracht und oft auch Sicherheitsendschalter eingebaut, die die Fahrantriebe bereits vor Erreichung der Fahranschläge abschalten. Die Brückenträger ihrerseits tragen die Laufkatze (S. 106), wobei auch hier an den Enden der Brückenträger feste Anschläge mit Gummipuffern angebracht sind. So entspricht die Arbeitsfläche des Brückenkrans einem Rechteck, jeder Punkt innerhalb dieses Rechtecks ist vom Kran zu erreichen. Man kann bei großen Hallen auf der gleichen Kranschiene auch mehrere Brückenträger einsetzen, die jeder für sich arbeiten, beim gelegentlichen Transport von Schwerlasten aber auch gemeinsam tätig werden können. Die Bedienung der Krane kann wie bei den Hängebahnen entweder vom Boden aus (gehend) mit Druckknopfschalter oder von der an der Brücke oder direkt an der Laufkatze befestigten Fahrerkabine aus erfolgen. Je nach der Ausbildung der Kranbrücke unterscheidet man Einträger- und Zweiträgerbrückenkrane. Im ersteren Falle laufen die Laufkatzen auf der Einträgerbrücke, und man verwendet hier häufig die hängende Form (Abb. 55), bei den Zweiträgerbrückenkranen fahren die Katzen meist mit vier Rädern *auf*

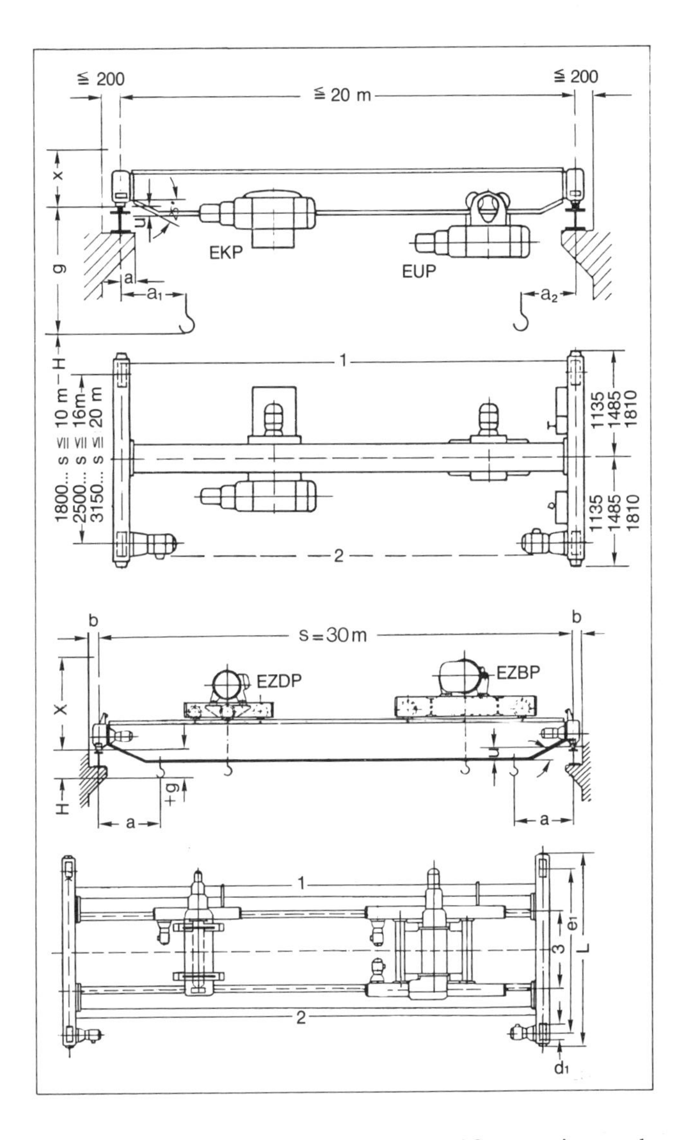

Abb. 57: Einträger- (oben) und Zweiträger-Brückenkran (unten), jeweils in Frontsicht und Aufsicht[14].

den Trägern. Die erste Art wird heute selbst bei größeren Traglasten und Spannweiten nach Möglichkeit bevorzugt, da sie leichter, in der Herstellung einfacher und billiger ist.

Bei der anderen Kranform, den *Hängekranen* (Abb. 58), fahren die beiden Kopfträger nicht auf den Kranschienen, sondern die Schienen hängen an Deckenträgern, die Kopfträger der Krananlage laufen auf den Unterflanschen dieser Schienen, die Brückenträger hängen wiederum an den Kopfträgern und nehmen ihrerseits die Laufkatze mit ihrem Elektrofahrzeug auf. Die Hängekrane ermöglichen einmal das Überfahren der Laufkatzen auf benachbarte Kranbrücken, so daß Querverbindungen zwischen einzelnen Hallen hergestellt werden können. Ein weiterer Vorteil ist der hohe Standardisierungsgrad, da für Krane und Laufkatzen gleiche Fahrwerke verwendet werden. Sie sind deswegen besonders preiswert, und schließlich gewährleistet die seitlich leicht pendelnde Abhängung der Kranschienen gute Führungseigenschaften und verhindert das Verklemmen der Kranbrücke. Auch hier unterscheidet man Einträger- und Zweiträgerhängekrane.

Die Ausführungen über den Transport durch Krane sollen nicht abgeschlossen werden, ohne auch etwas über den *Transport von Schüttgütern* gesagt zu haben, da die hierfür beschriebenen Geräte in diesen Grundformen oder in abgewandelter Bauart auch in Lederfabriken für das Beladen von Gerbfässern, Haspelgeschirren usw. mit Hautmaterial oder Chemikalien eingesetzt werden können. Hier seien einmal geschlossene Behälter (Kübel) in den verschiedensten Formen angeführt. Sie ermöglichen im Gegensatz zum Greifer (s. u.) keine selbsttätige Gutaufnahme, sondern werden meist von oben gefüllt. Sie können entweder durch Kippen entleert werden (Kippkübel), wobei der Schwerpunkt des Kübels so gelegt wird, daß der gefüllte Kübel nach Lösen einer Verriegelung selbsttätig kippt und sich nach Entleeren selbsttätig wieder aufrichtet. Bei Bodenentleerkübeln erfolgt die Entleerung durch Betätigung eines am Boden angebrachten Schiebers oder eines Klappbodens. Bei Greifern geschieht die Lastaufnahme und -abgabe ohne Bedienungspersonal durch Steuerung vom Kranführer. Damit der Greifer sich genügend in das Schüttgut eingräbt, muß er eine gewisse Eigenlast besitzen. Es gibt Einseil- und Mehrseilgreifer. Im ersten Fall hat der Greifer nur ein Hubseil, zur Entleerung wird der Greifer an der Entleerungsstelle aufgesetzt und das Hubseil nachgelassen. Beim Mehrseilgreifer ist noch ein zweiter Seiltrieb zum Öffnen und Schließen des Greifers vorhanden. Einseilgreifer sind weniger aufwendig, die Fördermenge ist aber geringer. Erwähnt seien noch Motorgreifer, bei denen das Öffnen durch einen in den Greifer eingebauten Antrieb (Elektromotor) erfolgt. Auf Scherengreifer soll an späterer Stelle eingegangen werden (S. 243).

4. Vertikaltransport

Die bisher besprochenen Transportmittel dienten vorwiegend dem Transport in der Horizontalen. Allerdings ist eine klare Abgrenzung nicht möglich. Die Fahrgeräte in Gruppe 1 können alle auch zum Schrägtransport dienen, wenn der Steigungswinkel nicht zu groß ist, und im Falle des Gabelstaplers stehen Horizontal- und Vertikaltransport gleichrangig nebeneinander. Die Transportmittel der Gruppe 2 können zum Teil auch einen Schrägtransport durchführen (Schnecke, Schwingförderer, Band) und bei den Geräten der Gruppe 3 für den hängenden Transport steht zwar die Transportaufgabe in der Horizontalen im Vordergrund, aber da die Transportgüter in allen Fällen aufgehoben werden müssen, ist auch ein Teileinsatz zum Vertikaltransport nicht auszuschließen. Es gibt aber auch eine Reihe von Transportmitteln, die ausschließlich oder vorwiegend für den Vertikaltransport bestimmt sind.

4.1 Flaschenzug und Elektrohebezug. Der Flaschenzug ist eine Hebevorrichtung zum Heben von Lasten mit geringeren Kräften, als sie den Lastgewichten entsprechen. Er besteht im einfachsten Fall aus einer oberen festen Rolle (Oberflasche) und einer unteren losen Rolle, der Unterflasche, an der die Last hängt. Wird durch Zug am freien Seilende die Last um eine bestimmte Strecke gehoben, so muß das freie Seilende den doppelten Weg zurücklegen, doch braucht nur die halbe Kraft aufgewendet zu werden. Verwendet man vier, sechs oder acht Rollen, braucht die Kraft nur 1/4, 1/6 oder 1/8 der Last zu sein (wegen der Reibungsverluste etwas mehr). Je nach der Zahl der Seilstränge und damit der Zahl der Umlenkrollen unterscheidet man also einrollige oder mehrrollige Ober- und Unterflaschen (Abb. 59). Als Seile werden vorwiegend Drahtseile verwendet (Seilzüge). Wegen ihrer guten Biegsamkeit können auch Hanf- und Kunststoffseile in Betracht kommen, ihre Festigkeit ist allerdings im Vergleich zu Drahtseilen wesentlich geringer. Weiter kommen anstelle von Seilen vielfach auch Ketten zum Einsatz (Kettenzüge), deren Vor- und Nachteile bereits an anderer Stelle (S. 106) behandelt wurden. Handflaschenzüge, die ausschließlich Handbetrieb besitzen, werden nur selten eingesetzt, Elektroflaschenzüge, bei denen die Seil- oder Kettenwinde mittels Elektromotors über ein Stirnradgetriebe angetrieben wird, sind die heute meist verbreiteten Hebezüge. Da sie in großer Stückzahl hergestellt werden, sind sie relativ preiswert.

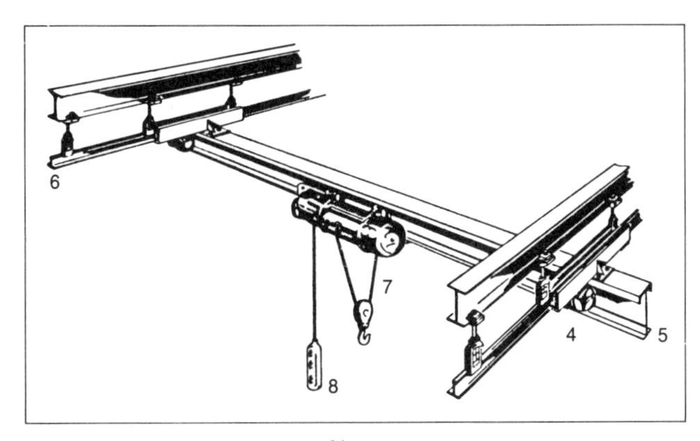

Abb. 58: Einträger-Hängekran[14].

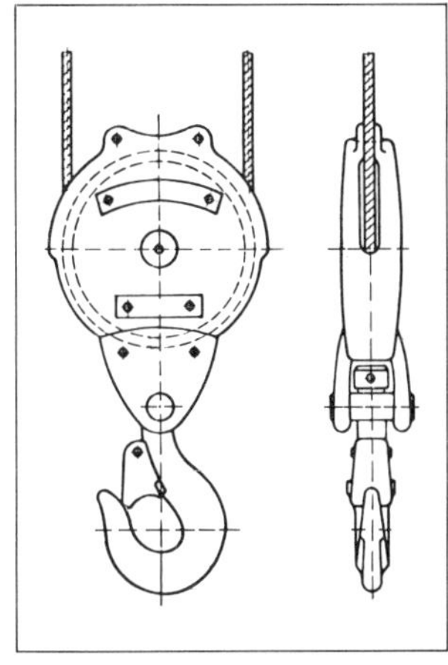

Abb. 59: Einrollige Unterflasche[14].

Statt der Flaschenzüge werden heute als Hubwerk vielfach Elektrohebezüge verwendet, die alle für ein Hubwerk erforderlichen Antriebs- und Lastelemente in geschlossener, kompakter Bauweise enthalten (Abb. 60). Dadurch wird der Aufbau wesentlich vereinfacht.

Flaschenzug und Elektrohebezug zeichnen sich durch geringes Eigengewicht, geringen Raumbedarf, einfache Bauweise, hohe Betriebssicherheit und geringe Wartung aus. Der Kraftaufwand ist auch bei Vollast gering. Sie können in bezug auf Hubhöhe und Hubgeschwindigkeit den jeweiligen Betriebsbedingungen angepaßt werden. Im engeren Sinne arbeiten sie beide stationär, wobei sie an Haken aufgehängt sind und den Hebevorgang auch durch mehrere Stockwerke hindurch bewerkstelligen können. Sie können aber auch fahrbar an einem I-Träger befestigt und mit einem Elektrofahrwerk verbunden sein, dann haben wir den Übergang zu den früher besprochenen Hängebahnen (S. 106).

Lasthaken sind die gebräuchlichsten Elemente zum Aufnehmen und Heben von Lasten. Neben einfachen Haken kommen auch die verschiedensten Sonderformen in Betracht wie z. B.

a) Doppelhaken: zwei symmetrische Hakenenden in Ankerform, dadurch bessere und sicherere Lastverteilung.

b) Ösenhaken: Ösen für den Anschluß verschiedener Lastketten zum Heben von Behältern der verschiedensten Art (Abb. 61).

Abb. 60: Elektrohebezug[18].

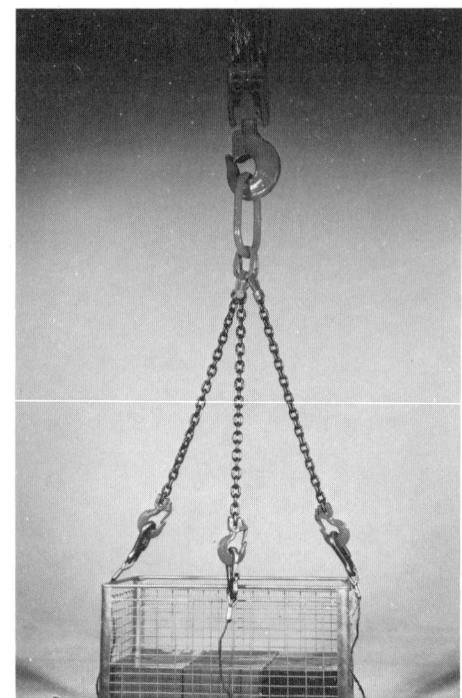
Abb. 61: Ösenhaken[15].

c) Schäkel: Mit einem Bolzen verschließbarer Kettenring zum Verbinden zweier Kettenstük-ke oder zur Aufnahme von Lasten. Er kann fest oder gelenkig angebracht sein.
d) Hakengeschirre: Der Haken ist mittels Rundstahlkette an das Hubseil angeschlossen, um eine größere Beweglichkeit des Hakens zu erreichen.
e) Klauen und Greifer: Sie werden in den verschiedensten Formen mit Sicherheitsverriege-lung zum Transport der verschiedensten Kleinlasten angeboten.

4.2 Aufzug. Aufzüge sind Vorrichtungen zum Vertikaltransport von Personen oder Lasten. Kabine und Gegengewicht des Aufzugs hängen an einem Seil, das von einer durch Elektromotor getriebenen Trommel auf- und abgewickelt wird. Der Elektromotor wird durch ein endloses Steuerseil, elektrische Hebelsteuerung bzw. bei Selbstbedienung durch außen an den Schachttüren und in den Kabinen angebrachte Druckknöpfe gesteuert. Über die Steuerung von Aufzügen wurden im Abschnitt über die Regeltechnik bereits Angaben gemacht. Durch oft lange Wartezeiten vor den Aufzügen ist ihr Betrieb relativ lohnaufwendig. Der Ablauf der gesamten Produktion in der Ebene ist daher unter dem Gesichtspunkt der Rationalisierung vorzuziehen, dichte Besiedelung und hohe Bodenpreise zwingen aber in vielen Ländern zum Etagenbau.

4.3 Senkrechtbecherförderer. Sie dienen zum Transport von Schüttgütern auf senkrechten oder steil ansteigenden (über 70 Grad) Förderstrecken. Als Zugmittel dienen meist Ketten, manchmal auch Gummibänder. Die Ketten laufen langsamer und dienen für schwerere Fördergüter, die Bänder laufen schneller, können aber nicht so stark belastet werden. Der Antrieb erfolgt über Getriebemotor an der oberen Umlenkstelle, das Spannen der Ketten oder Bänder an der unteren Umlenkstelle über Gewindespindel oder mit Spanngewichten. Die Becher (Tröge) haben je nach Art des Fördergutes runde oder spitze Form, flachere oder tiefere Ausführung und sind aus Stahl, Leichtmetall oder Kunststoff. Sie sind im Falle von Kettentrieben rechts und links an zwei Ketten oder bei Bandtrieben an mehreren Stellen des Bandes starr befestigt. Die Gutaufnahme geschieht durch einen Aufgabetrichter oder in einem Trog am unteren Ende der Förderanlage, durch den die Becher schöpfend laufen. Die Gutabgabe erfolgt am oberen Ende des Bandes durch Auskippen, kann aber auch längs der Förderstrecke durch Klappen und Öffnungen erfolgen. Als Nachteile seien kleine Fördergeschwindigkeit, hoher Kraftbedarf und hoher Verschleiß angeführt.

4.4 Schwerkraftförderer. Das sind Abwärtsförderer für Schüttgüter, bei denen diese mittels ihrer eigenen Schwerkraft auf geneigten Förderstrecken unter Überwindung des Reibungswiderstandes nach unten gleiten. Sie sind einfach, preiswert, wartungsarm und benötigen keinen eigenen Antrieb und werden vorwiegend als Beschickungsförderer verwendet, z. B. zur Zuführung von pulverförmigen Chemikalien aus höherstehenden Behältern zu Gerbfässern, Haspelgeschirren usw. Hierher gehören einmal Rutschen mit geneigter offener oder geschlossener Gleitbahn, die je nach verfügbarem Platz gradlinig oder gewendelt angeordnet sein können. Die Gleitbahn wird öfter mit Belägen aus Kunststoff versehen, um Reibung und Verschleiß zu vermindern. Hierher gehören weiter Fallrohre, die oft mit teleskopartig variabler Fallrohrlänge versehen sind, um Staubentwicklung beim Aufprall möglichst zu vermeiden (z. B. bei Zugabe von Pulverkalk in Haspelbrühen). Durch Einbau von Aufprall- oder Ablenkblechen in bestimmten Abständen kann dabei die Fallgeschwindigkeit vermindert werden.

4.5 Stapelkran und Regalbedienungsgerät. Das sind zwei Geräte, die in Lagerräumen bei großen Stapelhöhen und engen Gängen, wo sich normale Gabelstapler (S. 96) nicht eignen, zum Bedienen der Regale eingesetzt werden. Der Stapelkran stellt eine Kombination zwischen Brückenkran und Hubeinrichtung dar. Man wählt dann meist eine Zweiträger-Kranhängebrücke, die Laufkatze wird als Hängelaufkatze gewählt, und der nach unten gerichtete Hubmast ist über eine Drehverbindung mit dem Laufkatzenrahmen verbunden. Am Mast ist dann ein über Rollen gelagerter Hubschlitten angebracht, an dem die Hubgabeln befestigt sind. Die Steuerung geschieht von Hand oder bei großer Hubhöhe von einer am Hubschlitten befestigten Kabine aus.

Es gibt aber auch Regalbedienungsgeräte, bei denen die Kranbrücke fehlt und der vertikale Hubmast oben an eine Schiene mit Rolle befestigt ist und unten ebenfalls mit Rolle über eine Fahrschiene in der Gangmitte oder zwei Fahrschienen an jeder Gangseite läuft (Abb. 62). Das Hub- und Fahrwerk ist dann wegen der guten Zugänglichkeit am Boden angebracht, die Steuerung erfolgt meist aus einer am Hubwerk befindlichen Kabine. Die Lastgabeln sind zur Abgabe und Aufnahme der Lasten in die Regale entweder teleskopartig nach beiden Seiten quer zur Gangrichtung ausfahrbar oder schwenkbar eingerichtet.

Im Vergleich zu diesen beiden Geräten sei hier nochmals auf den an früherer Stelle besprochenen Hochregalstapler (S. 99) hingewiesen.

4.6 Drehkran. Er wird auch als Auslegekran oder Schwenkkran bezeichnet und namentlich zur Außenentladung, aber auch zum Entladen im Betrieb selbst verwendet. Er nimmt die Last über einen auskragenden Ausleger auf, der eine Drehbewegung über eine Drehachse ausführt. Er ist entweder fahrbar oder ortsfest montiert. Bei fahrbaren Kranen wird die erforderliche Standsicherheit über eine fest montierte Gegenlast gewährleistet und für die Führung des Hubseiles genügt eine Umlenkrolle am Ende des Auslegers, da das Gerät an die Last beliebig nahe herangeführt werden kann. Das Heben der Last ist stets motorisiert, die Bedienung erfolgt meist aus einer am Drehteil befestigten Kabine. Bei den ortsfesten Drehkranen unterscheidet man Säulendrehkrane, bei denen die Lagerung des Drehteils (Auslegers) über eine feststehende Säule erfolgt (Abb. 63) und Wanddrehkrane, bei denen der Ausleger drehbar an einer Wandkonsole befestigt ist. Bei den ortsfesten Kranen hat der Ausleger natürlich eine Laufkatze, das Arbeitsfeld entspricht einem Kreisring bzw. Halbkreisring. Die Stromzufuhr erfolgt über Schleifleitung oder Kabel, die Bedienung stets vom Boden aus. Das Heben der Last ist stets motorisiert, das Drehen des Auslegers und die

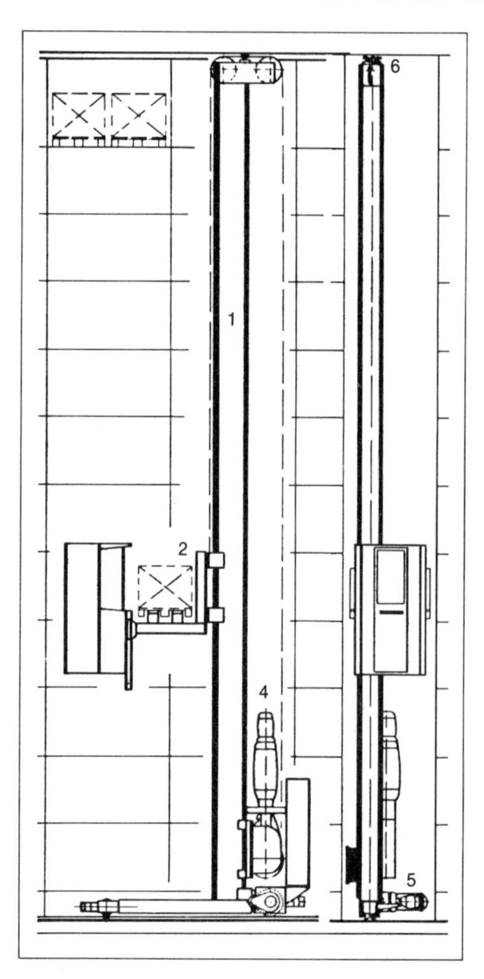

Abb. 62: Regalbedienungsgerät[14].
1 Mast, 2 Hubschlitten mit Kabine, 3 Lasttisch, 4 E-Zug als Hubwerk, 5 Fahrwerk, 6 Obere Führungsrollen (Type Destamat: Seilwinde mit Getriebebremsmotor als Hubwerk).

Abb. 63: Säulendrehkran[18].

Bewegung der Hängelaufkatze kann bei geringer Last und kleiner Ausladung von Hand durch Drücken an der Last, sonst auch motorisiert erfolgen.

4.7 Hubtische. Sie dienen als Arbeits-, Verlade- oder Stapelgeräte und können in jeder gewünschten Höhe eingestellt werden. Die Hubwirkung erfolgt hydraulisch mittels eines Hubzylinders mit seinem Hubkolben und einem Pumpenaggregat, das das Drucköl in den Hubzylinder pumpt und damit die Hebung bewirkt. Zum Absenken der Last fließt das Drucköl durch Öffnen des Ablaßventils wieder in den Sammelbehälter zurück, die Senkgeschwindigkeit ist durch Magnet- oder Drosselventil stufenlos regelbar. Die Bedienung erfolgt mit Handdruck-Knopfschalter oder mit Fußschalter. Bei Scherenhubtischen (Abb. 64) wird die Tischplatte mit Scherenarmen gehalten. Sie können fahrbar oder stationär angeordnet sein, wobei sie im letzteren Falle entweder auf dem Boden oder in einer Grube montiert werden, um bei völligem Absenken eine ebene Bodenfläche zu haben. Sie werden insbesondere für kleinere Hubhöhen eingesetzt, etwa auch zum Heben von Transportpaletten. Sie

Abb. 64: Scherenhubtisch[15].

werden in Lederfabriken immer häufiger verwendet, um bei Maschinenbedienung und Sortiertätigkeit das häufige Bücken der Arbeitskräfte zum Bearbeitungsgut zu vermeiden. Ihre Hub- und Senkgeschwindigkeit ist leicht und feinfühlig zu regeln. Hydraulische Hebebühnen kommen insbesondere für größere Lasten und größere Hubhöhen in Betracht. Wegen der größeren Hubhöhe besitzen sie oft teleskopartig ausfahrende Hubzylinder.

5. Transport mit pneumatischen Förderern

Pneumatische Förderer, bei denen Schüttgüter mittels strömender Luft in geschlossenen Rohrleitungen bewegt werden, kommen in erster Linie für den Transport pulverförmiger Schüttgüter in Betracht (Schleifstaub; S. 370 ff.), können aber auch für körniges Schüttgut verwendet werden, wenn die Teilchen nicht zu groß und nicht zu schwer sind (z. B. zerkleinerte Lohe, Falz- und Blanchierspäne). In allen Fällen darf das Schüttgut nicht zusammenbacken.

5.1 Saugluftförderer (Abb. 65). Am Ende der Rohranlage wird die Luft durch Exhauster (Kreiskolbengebläse) angesaugt, und das Fördergut wird durch die strömende Luft durch die Rohrleitung mitgerissen. Wegen der Verstopfungsgefahr darf die Luftgeschwindigkeit einen bestimmten Grenzwert nicht unterschreiten. Das Ansaugen des Fördergutes erfolgt über eine oder mehrere Saugdüsen, die entweder fest montiert oder mittels flexiblem Zwischenstück mit der Rohrleitung verbunden sind. Die Abtrennung des Gutes von der Förderluft erfolgt in einem Abscheider (Abb. 66), in dem durch die starke Querschnittserweiterung die Luftgeschwindigkeit beträchtlich vermindert und damit das Fördergut nicht mehr mitgerissen wird, sondern in den konischen Unterteil des Abscheiders fällt. Zwischen Abscheider und Exhauster ist noch ein Filter eingebaut, um die Staubteilchen restlos aus der Luft zu entfernen. Die Entnahme des Fördergutes aus dem Abscheider ohne Abstellen des Luftstroms geschieht dann durch ein rotierendes Zellrad (Drehtrichter; Abb. 67), in dessen einzelnen Zellen das Fördergut nach außen gefördert wird. Die Vorteile der Saugluftförderer sind einfacher

Abb. 65: Pneumatische Förderer[14].
1 Saugdüse, 2 Beweglicher Leitungsteil (z. B. Spiralschlauch), 3 Förderleitung (Rohr), 4 Krümmer, 5 Abscheider und Silo, 6 Filter, 7 Verdichter, 8 Schalldämpfer, 9 Aufgabetrichter, 10 Zellenradschleuse, 11 Weiche, 12 Umluftleitung (bei geschlossenen Anlagen).

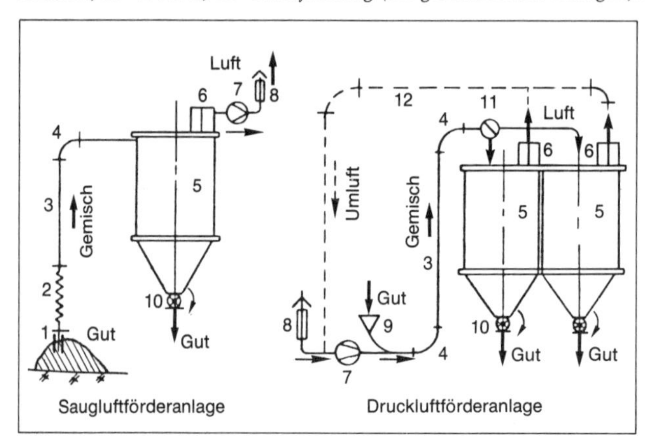

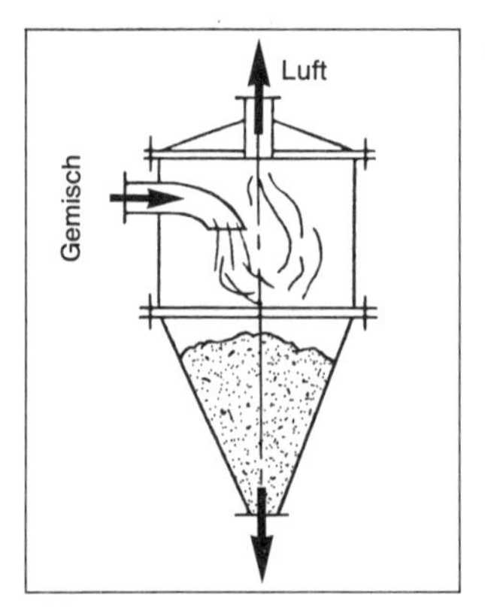

Abb. 66: Gutabscheider[14].

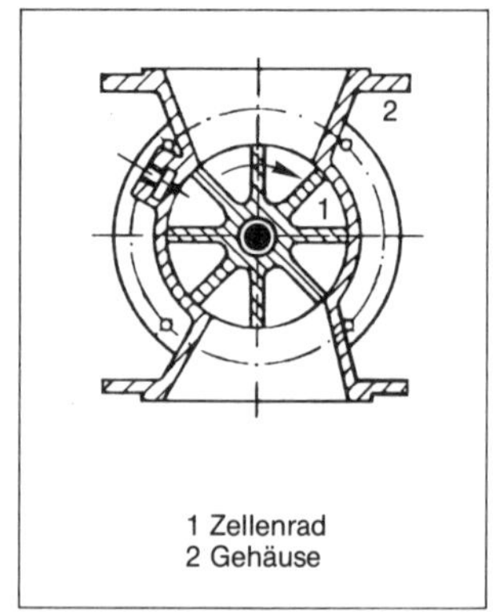

Abb. 67: Drehtrichter[14].

Aufbau, geringer Platzbedarf, einfache Gutaufnahme, die an mehreren Stellen erfolgen kann, völlige Staubfreiheit und geringe Anlage- und Betriebskosten.

5.2 Druckluftförderer. Sie arbeiten mit höherem Druck. Der Luftverdichter befindet sich hier (Abb. 65) am Anfang der Anlage, und das eingegebene Fördergut wird durch den Überdruck der Luft mitgerissen und zum Abscheider geführt. Oft wird die Förderluft nach dem Abscheiden des Fördergutes wieder dem Gebläse zugeführt (Umluftanlagen). Wegen des hohen Druckes sind die Druckluftförderer auch für größere Förderstrecken und schwerere Fördergüter geeignet.

6. Lagertechnik

Es würde den Rahmen dieses Buches sprengen, sollte ausführlich über alle Lagermöglichkeiten berichtet werden. Da aber eine sachgemäße Lagerung von Roh- und Hilfsstoffen auch einen Beitrag zur Produktionsrationalisierung liefern kann, sollen einige Grundzüge kurz behandelt werden.

Stückgüter, in unserem Falle vorwiegend Häute und Felle, werden heute vorwiegend auf Paletten angeliefert und können bei der heutigen Palettennormung und der Einführung von Austauschpaletten (S. 93) meist direkt im angelieferten Zustand gelagert werden, wenn nicht eine Zwischenbehandlung oder -sortierung eingeschaltet wird. Ein *Lagern ohne Regale* hat die Vorteile der fehlenden Regalkosten und der bedarfsweise leichten Umstellbarkeit der Fahrgänge und Stapel. Dem steht als Nachteil aber einmal die begrenzte Stapelhöhe gegenüber, da selbst bei Paletten mit Aufsatzbügeln (S. 94) wegen der Standsicherheit des Palettenstapels nicht mehr als vier bis sechs Paletten übereinander gestapelt werden können. Ein anderer, ebenso wichtiger Nachteil ist unter dem Gesichtspunkt der Rationalisierung die Tatsache, daß die unteren Paletten nicht ohne große Umsetzarbeiten direkt erfaßt werden können. *Palettenregale* (S. 94), die in jeder Höhe und Breite und für jede Belastung am besten einfach aus Normteilen zusammengesetzt werden können, haben diese Nachteile nicht. Die Raumhöhe kann voll ausgenutzt werden, und da jede Palette direkt ein- und ausfahrbar ist, kann die Zu- und Abgabe in freien Lücken und unter gleichzeitig sortierenden Gesichtspunkten erfolgen. Als Fördermittel kommen in erster Linie Gabelstapler (S. 96) und bei großen Stapelhöhen Hochregalstapler (S. 99), Stapelkrane und Regalbedienungsgeräte (S. 113) in Betracht.

Für die Lagerung von Chemikalien in Form von *Schüttgütern* oder *Flüssigkeiten* muß man sich zunächst über die maximale Lagermenge jeder Chemikalie klar werden. Kleinstmengen werden wohl stets in den mitgelieferten Verpackungen gelagert und auch aus diesen Verpackungen heraus verbraucht, so daß hier vorwiegend die beschriebene Regallagerung in Betracht kommt. Bei Chemikalien, die in größeren Mengen verwendet werden, setzt sich aber immer mehr die Lagerung in Großbehältern, Tanks oder Bunkern durch[19], weil insbesondere dann, wenn die Lagerräume über den eigentlichen Produktionsräumen liegen (S. 177), die Entnahme und Zuführung zu den Produktionsorten, an denen sie eingesetzt werden, durch Fördermittel der Transport-Rationalisierung wesentlich erleichtert und verbilligt werden kann. Die Form der Großbehälter und Bunker sollte so gewählt werden, daß eine gute Beschickung und möglichst restlose Entleerung unter dem Einfluß der Eigenlast des Lagergutes gewährleistet wird. Am gebräuchlichsten sind zylindrische Bunker mit einem Kegelstumpf als Auslaufteil. Es gibt aber auch prismatische Bunker und sog. Taschenbunker, d. h. eine Serie direkt aneinander gereihter prismatische Bunker für die Lagerung verschiedener Schüttgüter, wobei jedes Segment natürlich eine getrennte Auslauföffnung nach unten oder nach vorn hat. Wie schon oben erwähnt, werden im allgemeinen Hochbunker über Flur bzw. den eigentlichen Produktionsstätten dem Tiefbunker vorgezogen, da sie in der Anschaffung billiger und in der Handhabung einfacher sind. Je nach Lagergut und Größe werden Bunker aus Stahl, Leichtmetall, Stahlbeton, Kunststoff oder Holz hergestellt. Man muß sich bei der Auswahl vorweg unterrichten, wie die Beständigkeit des betreffenden Materials gegenüber den zu lagernden Chemikalien ist. In neuerer Zeit haben sich immer mehr Gefäße und Bunker aus Kunststoff, namentlich Polyäthylen oder Polypropylen oder bei höheren Gewichten aus mit Glasfaser verstärktem Polyestermaterial eingeführt, weil sie gegenüber vielen Chemikalien auch bei höheren Temperaturen beständig, leicht zu reinigen und wegen der Oberflächenglätte leicht zu entleeren sind. Oft werden auch Behälter aus anderem Material mit Kunststoff ausgekleidet, um die Reibung zu vermindern und die Beständigkeit gegenüber den Chemikalien zu verbessern.

Für die *Füllung der Behälter* und Bunker kommen je nach der Form, in der die Chemikalien geliefert werden, und je nach den betrieblichen Verhältnissen viele der in den vorhergehenden Abschnitten besprochenen Möglichkeiten in Betracht. Als Verschlüsse der Tanks und Bunker dienen bei Flüssigkeiten die üblichen Ventile wie Auslaufventil, Schrägsitzventil oder Kugelhahn (Abb. 68), bei festen Substanzen haben sich Flachschieber (die aber leicht zum Verklemmen neigen) in waagerechter oder senkrechter Form, Drehschieber, Klappen (Abb. 69), aber auch Zellenräder (S. 116) bewährt. Die Betätigung kann von Hand über Hebel oder Kette oder motorisch über Druckzylinder, Getriebemotor usw. erfolgen. Die Gutabgabe erfolgt bei Flüssigkeiten meist über Rohrleitungen zu den Verbrauchsstellen, in die zweckmäßig Meßgeräte für die entnommene Menge (S. 42) einzubauen sind. Bei festen

Abb. 68: Verschlüsse für Flüssigkeitsbehälter[15].

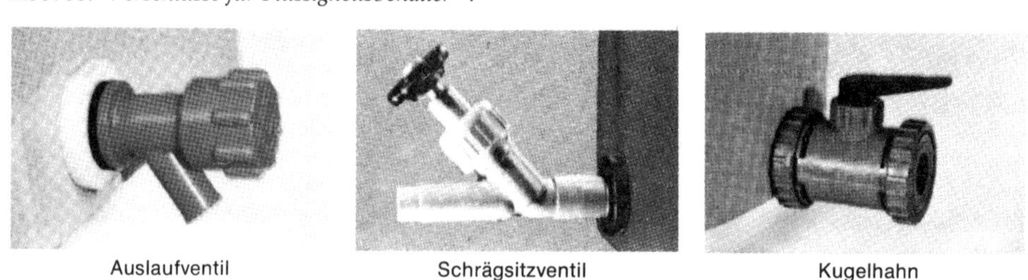

Abb. 69: Verschlüsse für Bunker[14].

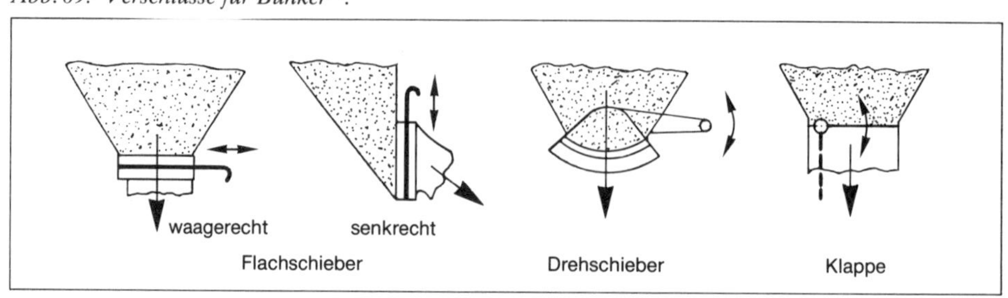

pulverförmigen Materialien arbeitet man entweder im freien Fall mit Schwerkraftförderern (S. 113) oder mit Stetigförderern der Gruppe 2 (S. 101 ff.) wie Band, Schnecke oder Schwingförderer, die das Lagergut kontinuierlich abziehen und in Kombination mit Dosierwaagen (S. 39 ff.) auch eine sehr genaue Dosierung ermöglichen. Die Regelung der Abzugmenge erfolgt durch Variation der Bandgeschwindigkeit, der Drehzahl bei Schnecken bzw. der Frequenzänderung bei Schwingförderern.

Bei der Bunkerlagerung kommen unter Umständen noch einige Hilfsmittel zum Einsatz:
a) *Inhaltsanzeige* (siehe auch S. 65): Bei allen Arten von Lagergut kann durch Einbau von Kraftmeßdosen (S. 45) eine sehr genaue Messung erfolgen, wobei das Leergewicht des Behälters schon bei der Eichung berücksichtigt wird. Bei festen Stoffen kann man auch Kontaktschalter an der Außenwand in regelmäßigen Abständen über die ganze Bunkerhöhe anbringen. Mit der Entleerung wird ein Schalter nach dem anderen frei. Bei Flüssigkeiten können Standgläser als kommunizierende Gefäße am Behälterrand angebracht oder Schwimmergeräte (S. 44) eingesetzt werden, deren Bewegungen bei offenen Gefäßen vielfach über Seilzug oder ein mechanisches Getriebe direkt übertragen werden, oder es werden elektrische Niveausonden eingesetzt. Bisweilen wird auch durch Anbringung von Manometern (S. 46) aus korrosionsbeständigem Material unten am Behälter der hydrostatische Druck gemessen, der ebenfalls Rückschlüsse auf die Menge des Inhalts gestattet. Es ist zweckmäßig, eine Signalisierung vorzusehen, wenn der Bestand auf eine festgelegte Marke absinkt, damit rechtzeitig aufgefüllt werden kann.
b) Zur *Temperaturüberwachung* bei Lagerung brennbarer Lagergüter können Widerstandsthermometer (S. 36) in verschiedenen Höhen der Behälter angebracht werden.
c) Bei festen Stoffen werden oft *Rührer* (Abb. 70) angebracht, die durch ständige oder zeitweise Umwälzbewegung das Lagergut auflockern und durchmischen. Auch bei flüssigen Stoffen werden oft Rührer mit stufenlosem Getriebemotor eingebaut, insbesondere wenn die Flüssigkeiten zur Entmischung neigen. Bei festen Stoffen kann durch Anbringung von Rütteleinrichtungen (z. B. Vibrationsgeräten mit variabler Schwingungsfrequenz; Abb. 71) eine Brückenbildung im Lagergut verhindert und damit eine restlose Entleerung gewährleistet werden.

Abb. 70: Rührer[20].

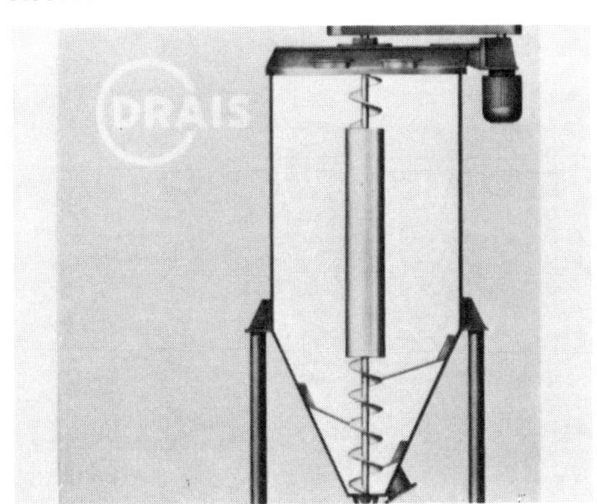

Abb. 71: Vibrationsgerät als Rüttler[20].

d) Beim Füllen von Vorratsbehältern sind alle technischen und organisatorischen *Sicherheitsmaßnahmen* dafür zu treffen, daß die Füllung in die richtigen Behälter erfolgt und daß an diesen eine gut leserliche Angabe über den Inhalt angebracht ist, da Verwechslungen zu schwerwiegenden Betriebsstörungen und Unfällen führen können. Neue Lieferungen sind vor der Einfüllung zunächst darauf zu prüfen, ob die Bezeichnung der tatsächlichen Lieferung entspricht. Die Einfüllöffnungen sind durch Schlösser zu sichern; beim Füllen muß stets ein Meister zugegen sein, der auch die Schlüssel in seiner Obhut hat. Bei gefährlichen Flüssigkeiten sind die Behälter entsprechend zu kennzeichnen.

Der Vollständigkeit halber sei erwähnt, daß bei Vorhandensein eines *Computers* auch die Lagerhaltung überwacht und damit die Disposition erleichtert werden kann. Man verwendet vielfach einen mittels Selbstklebeetiketten aufgeklebten oder aufgedruckten Strichkode, bestehend aus maschinenlesbaren dünnen und dicken Strichen (EAN-Code = Europäische Artikel-Nummerierung). Bei Eingabe und Ausgabe im Lager wird das Symbol mit photoelektrischem Auge (Scanner) oder mit einem Diodenstift abgetastet, und die gelesenen Zeichen werden in elektronische Signale umgewandelt an den Computer weitergegeben, der damit die Materialbewegungen auf dem Lager stets auf dem laufenden hält.

IV. Rationalisierung der Rohhautgewinnung und -konservierung[21]

Vergleichende Untersuchungen zwischen Leder und Synthetiks haben für die meisten Verwendungszwecke entscheidende Vorzüge für das Leder insbesondere in struktureller und tragehygienischer Hinsicht erbracht[22]. Wenn trotzdem in den verarbeitenden Industrien der Einsatz von Synthetiks immer wieder diskutiert und praktiziert wird, so ist dafür neben einem oft niedrigeren Preis auch die Tatsache maßgebend, daß die in Dicke und Fläche einheitlichen Materialien sich einfacher verarbeiten lassen und damit den Bestrebungen gesteigerter Rationalisierung sehr entgegenkommen[23]. Die tierische Haut wird als naturgewachsenes Produkt dieser Forderung nie in gleichem Maße entsprechen können, aber man muß sich doch allen Ernstes die Frage vorlegen, inwieweit man in Zukunft ein Produkt liefern kann, das den Wunsch nach rationeller Verarbeitbarkeit soweit wie eben möglich befriedigen kann.

Solche Überlegungen müssen bei der Rohhaut[21] beginnen. Gewiß, man hat sich seit Jahrzehnten intensiv bemüht, die Fehlermöglichkeiten der Haut am lebenden Tier sowie bei der Schlachtung und Konservierung zu bekämpfen, und diesen Bemühungen sind insbesondere in den Industrieländern erhebliche Teilerfolge beschieden worden. In vielen Entwicklungsländern wird jedoch ein erheblicher Teil des Hautanfalls entweder überhaupt noch nicht erfaßt oder so fehlerhaft abgezogen und konserviert, daß er damit für die an Qualität interessierte Lederwirtschaft weitgehend unbrauchbar ist. Aber auch bei uns werden die Tatsachen als schicksalhaft hingenommen, daß die Hautfläche mit allen Zipfeln und Zipfelchen verarbeitet werden muß, daß die Konservierung ohne Vorentfleischen nur durch Stapelsalzung erfolgen kann, daß wir das Leimleder zunächst zum Hautpreis kaufen und in die Gerberei transportieren müssen, um es dann – wenn es überhaupt absetzbar ist – wieder für teures Geld in die Leimfabrik zu bringen, daß das Haarkleid uns daran hindern muß, die Narbenfehler zu sehen und damit die Häute von der Narbenbeschaffenheit her falsch eingekauft und falsch eingesetzt werden. Dabei gibt es seit Jahren genügend Vorschläge und im Ausland teilweise auch praktische Erfahrungen, um hier Änderungen herbeizuführen. Ich glaube nach wie vor, daß auf diesem Gebiet mehr getan werden muß und daß es bald getan werden muß, um eine systematische Weiterentwicklung der Lederindustrie zu sichern.

In den nachfolgenden Abschnitten sollen unter dem Gesichtspunkt der Rationalisierung fünf verschiedene Faktoren behandelt werden, der Rohhautabzug, der Beschnitt der Hautfläche, die Konservierung der Haut, das zentrale Entfleischen und das zentrale Enthaaren. Alle Fragen sind insbesondere auch im Hinblick auf die Halb- und Vollautomatierung im Gerbereibetrieb (S. 171 ff.), eine Vereinfachung der Technologien und eine rationelle Gestaltung der Maschinenarbeiten namentlich in der Wasserwerkstatt (S. 256 ff.) von besonderer Bedeutung.

1. Mechanisierung des Häuteabzugs

Der mengenmäßige Anfall der rohen Häute und Felle für die Lederherstellung ist abhängig ausschließlich vom Fleischverbrauch und nicht vom Lederbedarf. Der Weltbestand an

Schlachtvieh betrug 1979 in Millionen Stück 1212 Rinder (einschließlich Kälber), 131 Büffel, 1084 Schafe, 446 Ziegen und 763 Schweine. Die Schlachtzahlen lagen im gleichen Jahr, wieder in Millionen Stück, bei 279 Rindern und Kälbern einschließlich Büffel, 397 Schafen, 186 Ziegen und etwa 810 Schweinen[24]. Bedenkt man weiter, daß die Fläche bei Rindhäuten je nach Rasse, Alter und Geschlecht zwischen 2 und 5 m^2, Milchkalbfellen um 1 m^2, Fresserkalbfellen 1,5 bis 2 m^2, Schaffellen zwischen 0,4 bis 1,2 m^2, Ziegenfellen zwischen 0,2 und 1 m^2 und bei Schweinhäuten in der Gesamthaut im Mittel bei 1,5 m^2, bei dem meist verwendeten Kernstück zwischen 0,6 und 0,8 m^2 liegt, so steht in der Bedeutung für die Lederherstellung die Rindhaut an erster Stelle, zumal hier der Anfall an Spalten noch die Flächenausbeute erhöht. Dann folgen Kalb-, Schaf- und Ziegenfelle; die Schweinshaut wird nur in wenigen Ländern, namentlich den Ostblockstaaten, aber auch in den USA und in Japan, für die Lederherstellung herangezogen, und zwar zu höchstens 20 % der Schlachtzahlen.

Die Haut umhüllt den Tierkörper als Schutzorgan und weist nach der Form des Tierkörpers und den Funktionen, die sie an den verschiedenen Körperstellen zu erfüllen hat, eine sehr unregelmäßige Form und in Dicke, Dichtigkeit der Faserverflechtung und sonstigen Eigenschaften innerhalb der Fläche stark unterschiedliche Beschaffenheit auf. Beim *Abzug* ist darauf zu achten, daß eine größtmögliche Hautfläche unter Vermeidung unnötiger Zipfel erhalten und daß beim Ablösen der Haut vom Tierkörper jede mechanische Beschädigung vermieden wird. Diese Arbeit wird dadurch erleichtert, daß die Unterhaut, die die eigentliche Haut mit dem Fleischkörper verbindet, ein relativ lockeres Gewebe darstellt, das leicht zerrissen oder zerschnitten werden kann. Trotzdem sind aber mechanische Verletzungen bei unsachgemäßer Arbeitsweise nicht auszuschließen und können dann erhebliche Wertminderungen verursachen.

Bei kleinen Tieren wird die Haut oft als Balg geschlossen schlauchartig abgezogen, indem man an den Hinterklauen einen Schnitt innen am Bein bis zum After anbringt, das Fell dann über die Ohren zieht und an den Vorderbeinen nur ringförmig löst. Das hat insbesondere bei Pelzfellen auch den Vorteil, daß das hier so wichtige Haarkleid bei Transport und Lagerung besonders geschont wird. Bei größeren Tieren wird die Haut aber am Tierkörper vor dem Abzug aufgeschnitten (Abb. 72), indem ein Schnitt gradlinig von Schwanz und After über die Mitte von Bauch und Brust zum Maul geführt wird. Weitere Schnitte werden dann bei den Vorderbeinen von der Klaue über die Mitte des Knies und der Beuge zur Brustspitze, bei den Hinterbeinen von der Mitte der Rückseite der Klauen über die Mitte der Hacke in allen Fällen rechtwinklig auf den Längsschnitt zu geführt. Die Haut wird dann teils durch Schläge mit der geballten Faust, dem Ellenbogen oder mit stumpfen hammerähnlichen Werkzeugen, teilweise aber auch durch ein Lostrennen mit Messer vom Tierkörper getrennt. Durch vielerlei Konstruktionen von *Sicherheitsmessern* wurde versucht, Schnittschäden auf ein Mindestmaß zu reduzieren, doch war ihnen meist, da sie den Abziehvorgang selten erleichterten, kein großer Erfolg beschert. Es gibt aber auch automatisch arbeitende, mit *Druckluft betriebene Handenthäuter,* die sich bewährt und vielfach eingeführt haben. Abb. 73 und 74 zeigen zwei solche Enthäuter, von denen der eine mit scheibenartigen rotierenden Messern arbeitet, der andere mit handmesserähnlicher Klingenform gestaltet ist und rhythmische Schnittbewegungen ausführt. Beide gestatten schnelle, fehlerfreie und rationelle Enthäutung bei hoher Schnittleistung. Durch die Schutzzähne des Messer- bzw. Klingenschutzes wird erreicht, daß bei richtiger Haltung nur das Unterhautbindegewebe durchschnitten, nicht aber in das Fasergefüge der Lederhaut eingeschnitten werden kann.

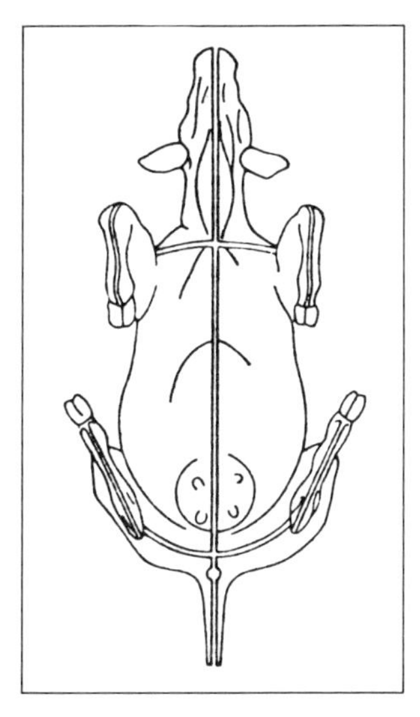

Abb. 72: Schnittführung beim Hautabzug.

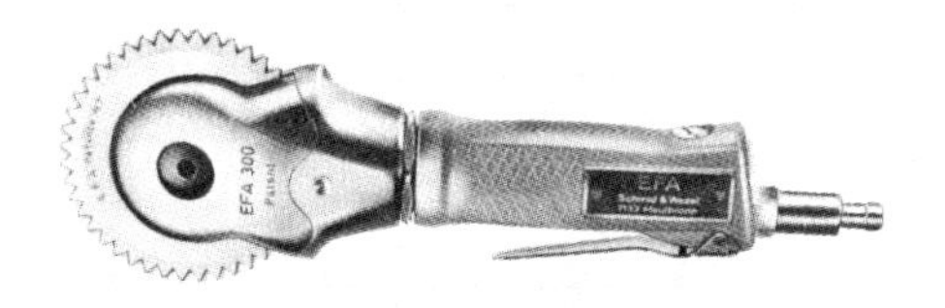

Abb. 73: EFA-300-Enthäuter[25].

Abb. 74: SIG-Enthäuter[25].

Ein hoher Grad der Rationalisierung durch Mechanisierung des Abzugsvorganges wurde weiter durch die Entwicklung von *Hautabzugmaschinen* erreicht, die zuerst in den USA eingeführt wurden. Ohne deren Einsatz ist heute kein größeres modernes Schlachthaus mehr denkbar. Hier haben sich Fließ- und Bandschlachtungen in allen ihren Variationen immer mehr durchgesetzt. Das gilt namentlich für das besonders arbeitsintensive und schwere Enthäuten von Großvieh, wo mit den modernen Verfahren auf einfache, unkomplizierte Weise eine erhebliche Einsparung von Arbeitskräften erreicht wurde, qualifizierte Kräfte nur noch an Schwerpunkten erforderlich sind, der benötigte Raum geringer ist und doch ein hygienisch einwandfreier Abzug erfolgt und Abzugsschäden im Kern nicht mehr auftreten.

Beim Einsatz dieser Maschinen werden die Tierkörper nach dem getrennt durchgeführten Töten und Entbluten an den Hinterbeinen an eine Transportkette oder -schiene gehängt und nach dem Kreisfördererprinzip (S. 105) dann von Arbeitsplatz zu Arbeitsplatz transportiert. Jeder Arbeiter bleibt am gleichen Platz – eventuell auf einem elektrisch gesteuerten, ölhydraulischen Hubpodest (S. 115), um die richtige Einstellung zum Tierkörper zu erhalten – und führt längs der Ausschlachtbahn stets nur einen bestimmten Arbeitsanteil an der gesamten Abzugs- und Ausschlachtarbeit durch. Das Band läuft dabei entweder kontinuierlich mit stufenloser Steuerung der Geschwindigkeit weiter oder die hängenden Tierkörper werden bei kleineren Anlagen von Hand weitergeschoben. An den hängenden Tierkörpern wird zunächst eine Vorenthäutung der Gliedmaßen und Teile von Bauch, Brust und Hals höchstens 20 cm beidseitig der Bauchmittellinie vorgenommen. Die Vorderbeine werden dann mit Ketten arretiert, die Tierkörper durch Anziehen in eine geringe Schräglage gebracht, die gelösten Hautzipfel der Vorderbeine mit Ketten an die Abzugsvorrichtung befestigt und die Haut über die Hals-, Brust-, Rücken- und Schwanzpartie nach rückwärts und oben abgezogen. Seitlich von der Abzugsmaschine stehen zwei Arbeiter auf Hubpodesten, überwachen das Abziehen und unterstützen evtl. mit pneumatischen Handenthäutern

(s. o.) den maschinellen Abzug. Die *Johnson-Vogt-Abzugsmaschine* (Abb. 75) führt das Abziehen am ruhig gestellten Tierkörper durch, die Befestigung der Beine erfolgt an einem stationären Haltebock. Bei der *Banns-Enthäutemaschine* (Abb. 76) wird das Abziehen am gleitenden Tierkörper ohne Unterbrechung seiner Fortbewegung an der Hängebahn vorgenommen, die Vorderbeine werden mittels Gleit- oder Rollhaken an einer Rohrbahnschiene gehalten, die abgezogenen Häute fallen über eine Rutschbahn in Transportwagen. Erwähnt seien noch ein Universalenthäuter für kleinere Leistungen[26] und neuerdings auch Enthäuter, die es gestatten, die Häute von oben nach unten abzuziehen[26, 27].

In Deutschland wird eine Abzugs- und Ausschlachtleistung von 40 bis 50 Rindern/Std. als normal bezeichnet, um eine saubere und ordnungsgemäße Abschlachtung zu gewährleisten. Höhere Leistungen sind zwar möglich, werden aber meist vom Standpunkt der Fleischuntersuchung und Schlachthygiene abgelehnt. In den großen Schlachthäusern in den USA und Südamerika, in denen 1000 bis 2500 Rinder pro Tag und daneben teilweise noch Schafe und Schweine geschlachtet werden, wird mit wesentlich höherer Abzugs- und Ausschlachtgeschwindigkeit gearbeitet; die Bearbeitungsdauer vom Moment des Schlachtens bis zur Einlagerung des fertigen Tierkörpers in den Kühlraum beträgt nicht mehr als 45 Minuten.

Bei *Schweinen* wird in einigen Ländern (z. B. DDR) nur das Kernstück für die Verarbeitung zu Leder abgezogen, die übrigen Teile werden als Bindemittel für die Wurstherstellung oder zur Gelatineherstellung eingesetzt. Das in solchen Fällen aus hygienischen Gründen vor dem Abzug erforderliche Brühen erfolgt bei dem sog. Magdeburger Verfahren derart, daß die Tierkörper mit Körben so in die Brühwannen eingetaucht werden, daß der Croupon nicht mit dem heißen Wasser in Berührung kommt. Dann erfolgt der Abzug mittels einer Croupon-Abzugmaschine (Abb. 77), mit der die Kernteile mittels eines feststehenden Messers und einer sich drehenden Abscherwalze vom Tierkörper getrennt werden.

Schließlich sei hier noch ein Verfahren erwähnt, das in manchen Ländern für Kleintierfelle, namentlich Pelzfelle (z. B. Persianerfelle in der UdSSR), in Balkanländern aber auch teilweise für Rinderhäute angewandt wird. Dabei wird ein kleiner Schnitt in die Haut angebracht und durch *Einleiten von Druckluft* das Unterhautbindegewebe zerrissen. Erst dann wird die Haut aufgeschnitten und kann jetzt ohne Mühe vom Tierkörper entfernt werden.

2. Hautform im Licht der Rationalisierung

Schon zu Eingang dieses Kapitels wurde erwähnt, daß synthetische Austauschmaterialien für Leder aufgrund der Einheitlichkeit ihrer Beschaffenheit in Dicke und Fläche einen besseren Ausschnitt gewährleisten und dem Bestreben der Rationalisierung der Verarbeitungsprozesse besser gerecht werden als das aus der naturgewachsenen Haut hergestellte Leder. Damit erhebt sich die Frage, ob man die Haut so, wie sie vom Tierkörper abgezogen wird, verarbeiten muß oder ob man durch einen Beschnitt der äußeren Form oder durch eine Aufteilung der Hautfläche vor Beginn der Lederherstellung eine günstigere Ausgangsposition schaffen kann, auch wenn man damit auf gewisse Teile der Haut verzichtet. Damit würden auch die manuellen bzw. maschinellen Arbeitsprozesse während der Lederherstellung erleichtert und insbesondere der oft geäußerte Wunsch der Lederindustrie, auch in der Wasserwerkstatt Durchlaufmaschinen zu haben, kann nach den Vorstellungen der Maschinenindustrie besser verwirklicht werden, wenn etwa rechteckige Hautstücke vorlägen. Spahrmann[29] hat in einer Diskussionsbemerkung darauf hingewiesen, daß ein erheblicher Teil der

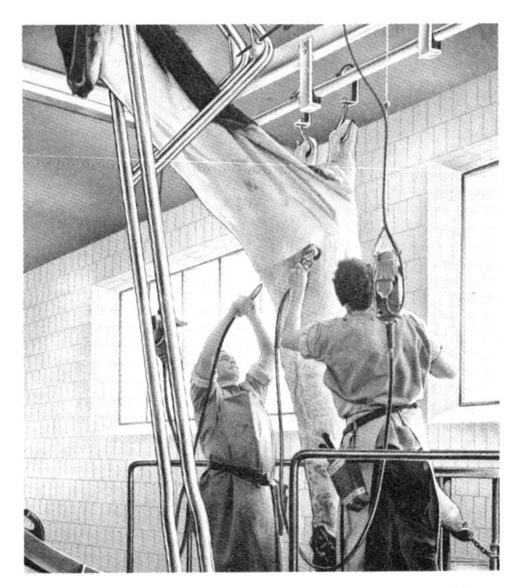

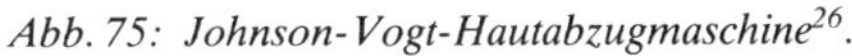

Abb. 75: Johnson-Vogt-Hautabzugmaschine[26].

Abb. 76: Banns-Enthäutemaschine[27].

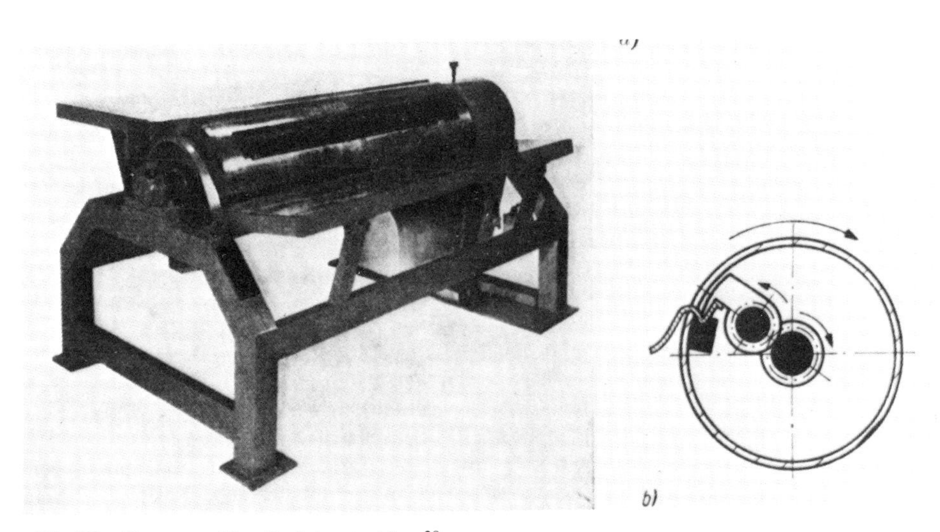

Abb. 77: Abzugmaschine für Schweinehäute[28].
a) Gesamtansicht, b) Querschnitt durch die Abscherwalze mit eingeklemmter Haut.

Kosten, die durch einen stärkeren Beschnitt des Hautmaterials entstünden, dadurch aufgefangen würden, daß die mechanische Bearbeitung mit Durchlaufmaschinen sehr vereinfacht und die Kosten dafür in erheblichem Maße verringert würden.

Der *skandinavische Trimm* (Abb. 78) kann vielleicht als erster Ansatz für solche Bestrebungen gewertet werden. Er verlangt in seinen Grundzügen bei Großviehhäuten, daß der Kopf U-förmig ausgeschnitten, also mit Backen, aber ohne Stirn, Maul, Ohren usw. geliefert wird, daß die Beine am Kniegelenk unmittelbar unter der breitesten Stelle abgeschnitten werden, der Schwanz etwa 10 cm lang sein darf und die Geschlechtsteile, außer Euter und Schlauchansatz (Praeputium) entfernt werden. Dieser Beschnitt bringt noch keine grundsätzliche Veränderung der Hautform, entfernt aber die völlig unbrauchbaren Hautteile. Eine Weiterentwicklung ist der *Schweizer Trimm*[30], bei dem die Köpfe ganz abgetrennt, die Haut

Abb. 78: Verschiedene Beschnittvorschläge für Rindhäute.

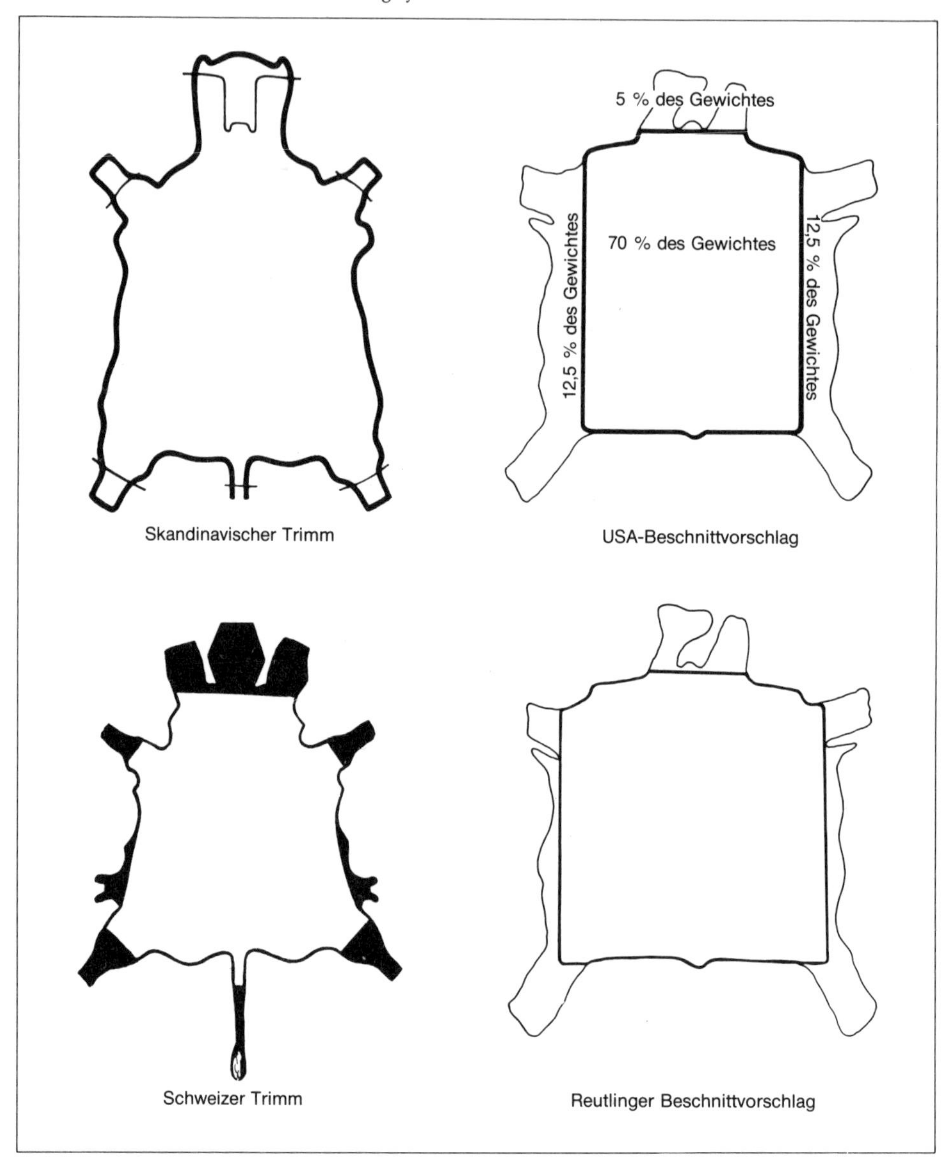

der Beine oberhalb des Kniegelenks abgeschnitten und die Geschlechtsteile restlos entfernt werden, die Bauchlinie also vom Bruststück gegen die Hinterbeine gradlinig geführt wird.

Einen grundsätzlich anderen Weg ging der französische Vorschlag eines *asymmetrischen Hautabzugs*[31], bei dem schon beim Abzug vom Tierkörper die Haut nicht mehr längs der Bauchmitte aufgeschnitten wird, sondern zwei Seitenschnitte angebracht werden, also bereits am Tierkörper ein Doppelhecht, der 70 bis 75 % der Hautfläche ausmacht, und eine Doppelflanke getrennt abgezogen werden. Die Vorteile dieses Hautabzugs liegen auf der Hand. Sicher ist die Verarbeitung der Haut in Hälften, die sich immer mehr durchgesetzt hat, von der Hautstruktur aus gesehen das ungünstigste System, da die Hälfte aus zwei strukturell so unterschiedlichen Anteilen (Kern und Seiten mit ihren Flämen) besteht, daß daraus ein in der Gesamtfläche einheitliches Leder nur mit großen Aufwendungen herzustellen ist (S. 129). Der asymmetrische Abzug liefert dagegen zwei Hautteile, von denen jeder eine gleichartige Struktur besitzt und daher rationeller verarbeitet werden kann. Trotzdem hat sich dieser Vorschlag nicht durchsetzen können. Die französischen Behörden lehnten ihn ab, da der Abzug länger als bei der üblichen Methode dauere und die Eingeweide daher nicht innerhalb der von den Veterinärbehörden geforderten Zeit aus den Tierkörpern entfernt werden könnten. Auch sei die richtige Schnittlegung am Körper relativ schwierig. Bei der Lederherstellung haben sich bei der Bearbeitung der Doppelbäuche die Löcher in der Mitte, wo Euter und Geschlechtsteile saßen, als hinderlich erwiesen, da man bei der maschinellen Bearbeitung leicht hängen bliebe. Ferner sei bei stark riefigen Häuten die Herausarbeitung der Halsfalten bei Hälften leichter möglich als bei Doppelhechten. Am schwerwiegendsten wog der Einwand, daß für viele Verwendungszwecke, z. B. Möbelvachetten, die großflächige ganze Haut benötigt wird, es für das Fleischergewerbe aber undurchführbar sei, zwei Abzugsmethoden nebeneinander durchzuführen. So mußte auf den asymmetrischen Abzug verzichtet werden, doch war weiter zu prüfen, ob durch einen stärkeren Beschnitt der Fläche oder durch Aufteilung in bestimmte Teile eine bessere Verarbeitbarkeit erreicht werden könnte.

Eine amerikanische Studie, die auf Veranlassung des US-Department of Agriculture in Zusammenarbeit mit Schlachthäusern, Häutehandel und Lederindustrie erstellt wurde[32], empfiehlt einen *verschärften Beschnitt der Häute* mit möglichst rechteckiger Formgestaltung (Abb. 78). Es wurde festgestellt, daß das heutige Beschneiden der Häute in den verschiedenen Stadien der Lederherstellung und in den Schuhfabriken die Hautfläche um rund 20 bis 22 % vermindere, und zwar 4 bis 6 % am Schlachthof, 6 bis 10 % in der Lederindustrie und nochmals 8 bis 10 % als nichtverwertbare Teile in der Schuhfabrik ohne den Stanzverlust als solchen, den man auch bei den Synthetiks hat. Der vorgeschlagene Schnitt sei dagegen ein »One-time-trim«, bei dem 30 % der Hautfläche entfernt werden, wodurch die bisherigen Beschnitte insgesamt abgelöst würden. Die Lederfabrik müsse zwar für diese verminderte Fläche das gleiche zahlen wie für die bisher 100 %ige, aber infolge der eingesparten Beschnitte sei die Fläche des für den Ausschnitt geeigneten Leders nur 5 bis 8 % geringer als bisher und diesen Prozentsatz könne die Schuhindustrie als Mehrpreis tragen, da sich der verwertbare Anteil für sie um den gleichen Prozentsatz erhöhe und die Kosten für das Stanzen wegen der rationelleren Arbeit vermindert würden. Außerdem würde (immer nach den USA-Angaben) die Leistungsfähigkeit der Gerbereien um 12 bis 15 % gesteigert, da viele Arbeiten infolge der gleichmäßigen Fläche des Leders schneller durchgeführt werden könnten und man keine Rücksicht auf Flämen und Klauen mehr nehmen müsse. Es wären also Arbeitseinsparungen möglich, die Sortierungsergebnisse wären besser, Transportkosten, Gerbstoffe und

Hilfsmittel könnten eingespart werden. Schließlich ermögliche die rechteckige Beschaffenheit den Einsatz von Durchlaufmaschinen auch in der Wasserwerkstatt, der eine weitere wesentliche Rationalisierung erbringen würde.

Dieser sehr weitgehende USA-Vorschlag wurde in den verschiedensten Fachgremien eingehend diskutiert[29], und es erhoben sich erhebliche Zweifel gegenüber seiner Durchführung. Das Problem besitzt zwei Seiten, eine ökonomische und eine rationalisierungsmäßige. Ökonomisch ist ohne Zweifel der oben kalkulierte Mehrpreis des Leders den verarbeitenden Industrien gegenüber mit Sicherheit nicht durchzusetzen und damit entfallen die ganzen Berechnungen. Weiter erhebt sich die Frage, ob man bei der weltweiten Verknappung an Rohhäuten – gemessen am künftigen Lederbedarf – auf so beträchtliche Hautanteile überhaupt verzichten kann und will, was ich verneinen möchte. Die Verarbeitung von Hechten und halben Hechten, auf die der USA-Vorschlag hinausläuft, bringt sicher für viele Lederarten erhebliche technologische Vorteile, aber die Vachettengerber würden, soweit sie z. B. Möbelvachetten herstellen, einem generell derart weitgehenden Beschnitt ebenfalls nicht zustimmen können, und dann wären wieder zwei Beschnittypen erforderlich, was der angestrebten Rationalisierung widerspräche. Schließlich ist zu klären, was mit den beträchtlichen Hautabfällen geschehen soll, denn auch sie müßten ja einer sinnvollen Verwendung zugeführt werden. Auf diese Frage soll hier aber nicht weiter eingegangen werden.

An dieser Stelle sei aber auch der *Reutlinger Beschnittvorschlag* erwähnt[21] (Abb. 78), der, um ebenfalls zu einem viereckigen Beschnitt zu kommen, zwar den Kopfbeschnitt des USA-Vorschlags mit etwa 5 % übernimmt, an den Seiten aber nur die Entfernung der Klauen und Brustzipfel vorsieht, was an beiden Seiten zusammen einen Flächenverlust von etwa 10 bis 13 % erbringen würde, so daß der Gesamtverlust bei etwa 17 bis 18 % läge. Das ist mehr als beim skandinavischen und Schweizer Trimm, aber erheblich weniger als bei dem USA-Vorschlag. Die Vorteile wären die gleichen wie beim USA-Trimm, auch die dort angestellten Berechnungen könnten sinngemäß übertragen werden, auch hier wäre noch der Einsatz von Durchlaufmaschinen in der Wasserwerkstatt ohne weiteres möglich, aber die Gesamtfläche der zur Lederherstellung verbleibenden Haut wäre doch erheblich größer.

Abschließend noch einige Ausführungen zur *Flächenaufteilung* der Haut. Die Aufteilung der Hautfläche in Kernstücke, Hälse und Seiten, die früher in großem Umfange üblich war, hat ihre Bedeutung erheblich verloren, da die Lederarten, die wegen der höheren Festigkeitseigenschaften und des dichteren Fasergefüges eine ausschließliche Verwendung von Kernstücken verlangen (Riemen-, Geschirr-, Blank- und Unterleder), heute nur noch einen verhältnismäßig kleinen Teil der Gesamtlederproduktion ausmachen. Auch die Aufteilung der Haut in Hechte bzw. Doppelhechte und Seiten, die unter dem Gesichtspunkt möglichst einheitlicher Struktur in den einzelnen Lederteilen erwünscht wäre, ist aus ökonomischen Gründen für die meisten Verwendungszwecke nicht realisierbar, obwohl sie unter rationalisierungsmäßigen Gesichtspunkten zu begrüßen wäre. Aber die getrennte Verarbeitung von Seiten ist in Ländern mit höherem Lohnniveau heute kalkulatorisch kaum mehr vertretbar. Leder in Form von Kernstücken oder Hechten würden die verarbeitenden Industrien schon unter den Aspekten besserer Verarbeitkeit gerne verwenden, sie sind aber nicht bereit, dafür auch einen angemessenen höheren Preis zu zahlen. Somit geht die Rechnung nicht auf.

Auch der Vorschlag von Pektor[33], die Hautfläche insbesondere bei Häuten über 35 kg in solche Teile aufzuteilen, die nach Fülle, Dichtigkeit des Fasergefüges und Narbenbild eine gleichmäßige Beschaffenheit besitzen (z. B. Kernstück, Hals und Vorderklauen, Seiten ohne

Vorderklaue), enthält vielerlei Ansätze für eine weitergehende Rationalisierung wie differenzierte Technologien für die einzelnen Teile, füllende Nachgerbung nur für abfällige Teile, Spalten der Kernstücke nach der Gerbung, der Abfälle dagegen in der Wasserwerkstatt, so daß nur die Spaltteile, die auch später für Leder weiterverarbeitet werden, mitgegerbt werden usw. Aber für die meisten Lederarten dürften die bereits dargelegten ökonomischen Gründe eine Realisierung auch dieses Vorschlags verbieten. So wird die Verarbeitung von Rindhäuten in Form von Hälften – soweit nicht ganze Häute eingesetzt werden – in Zukunft im Vordergrund stehen, obwohl von der Hautstruktur aus, wie bereits an früherer Stelle (S. 127) erwähnt, die Verarbeitung so unterschiedlicher Hautanteile zu einem in der Fläche möglichst einheitlichen Leder mit erheblichen Mehraufwendungen, z. B. für die Nachgerbung und die maschinelle Bearbeitung, verbunden ist.

Hier zeigen sich also klar die Grenzen, die einer Rationalisierung in der Lederindustrie von seiten der Rohhautbeschaffenheit aus ökonomischen Gründen gesetzt sind. Trotzdem wurden die verschiedenen Vorschläge und Möglichkeiten für eine solche Rationalisierung ausführlich dargestellt, denn die Diskussion ist keineswegs abgeschlossen und Änderungen der ökonomischen Situation können den einen oder anderen Vorschlag zu einem späteren Zeitpunkt wieder reizvoll erscheinen lassen.

3. Neue Konservierungsmethoden

Die tierische Haut ist nach Abzug vom Tierkörper verderblich, die Proteine der Haut stellen einen vorzüglichen Nährboden für die Entwicklung proteolytischer Mikroorganismen dar. Da die Häute unter europäischen Bedingungen nur selten direkt verarbeitet werden können (S. 137), sondern mit einem mehr oder weniger weiten Transport und Lagerzeiten über Wochen oder Monate gerechnet werden muß, muß eine Konservierung durchgeführt werden. Diese Konservierung ist möglichst bald nach Abzug vom Tierkörper nach genügendem Erkalten, unbedingt noch am Schlachttag selbst vorzunehmen. Sie erfolgt vorwiegend durch eine Entwässerung des Hautmaterials durch Trocknen oder Einsalzen, wodurch der Haut die zur Entwicklung der Mikroorganismen notwendige Feuchtigkeit entzogen wird. Neuerdings wird auch die Behandlung mit bakteriziden Mitteln eingesetzt. Grundsätzlich kommen für die Konservierung bzw. die Denaturierung des verwendeten Salzes nur Stoffe in Frage, die keine Wechselwirkung mit der Haut eingehen und damit die Prozesse der Lederherstellung und die Lederqualität nicht ungünstig beeinflussen.

Auf dem Gebiet der Rohhautkonservierung sind viele Maßnahmen der Rationalisierung vorgeschlagen und in die Praxis eingeführt worden. Sie werden in den nachfolgenden Abschnitten beschrieben, Trocknung und Stapelsalzung als klassische Konservierungsverfahren werden aber nur in ihren Grundzügen kurz behandelt.

3.1 Trocknung und Stapelsalzung. Die *Konservierung durch Trocknen* kommt praktisch ausschließlich für wärmere Länder in Betracht. Sie ist billig, sorgfältig getrocknete Häute ergeben zwar einwandfreie Leder, aber die Gefahren bei unsachgemäßer Durchführung (Fäulnis, Hitzedenaturierung, Verleimung, Selbstspalten, wenn die Innenschichten nicht durchgetrocknet wurden) sind beträchtlich und zwar um so größer, je dicker das Hautmaterial ist und je mehr Zeit daher für den Trockenprozeß benötigt wird. Die Trockenkonservierung kommt daher heute fast nur noch für Kleintierfelle (z. B. Ziegen), für Rindhäute höchstens in Entwicklungsländern in Betracht.

Die *Salzkonservierung* wird in der klassischen Form als Stapelsalzung durch Einstreuen des festen Kochsalzes auf die mit der Fleischseite nach oben ausgebreitete Haut durchgeführt. Dabei wird das Salz von dem in der Haut befindlichen Wasser gelöst und eine konzentrierte Salzlake fließt aus der Haut ab. Die Haut sollte zweckmäßig vor dem Salzen gewaschen oder abgespritzt und abtropfen gelassen werden, um Blut und Schmutz weitgehend zu entfernen. Als Salzmengen werden bei Kalbfellen 40 bis 50 % vom Frischgewicht (Grüngewicht) benötigt, bei Rindhäuten genügen wegen des geringeren Wassergehaltes der Häute älterer Tiere Mengen von 35 bis 40 %. Mittelkörniges Salz (Korngröße bei Kalbfellen $^1/_2$ bis 2 mm, bei Rindhäuten 1 bis 3 mm) verdient wegen der schnelleren und stärkeren Aufnahme durch die Haut den Vorzug vor fein- und grobkörnigem Salz. Als Denaturierungsmittel und zur Vermeidung von bestimmten Salzungsfehlern (Salzflecken, rote und blaue Verfärbungen) wird dem Salz mindestens 2 % calc. Soda und in den Sommermonaten noch 1 % Naphthalin zugesetzt. Die Häute werden stets mit der Fleischseite nach oben in Stapeln von 1 bis 1,5 m Höhe so gelagert, daß die entstehende Salzlake ungehindert abfließen kann, und bleiben in diesen Stapeln, bis eine genügende Durchdringung mit Kochsalz erreicht ist. Dieses Gleichgewicht ist bei Kalb- und Mastkalbfellen nach etwa einer Woche erreicht, bei Rindhäuten ist die hierfür benötigte Zeit wesentlich länger, aber auch bei ganz schweren Häuten ist mit Sicherheit nach 30 Tagen die endgültige Salzverteilung in der Haut erreicht[34]. Eine Vorentfleischung (S. 139) wird bei der Stapelsalzung im allgemeinen nicht durchgeführt, wäre aber auch hier zu empfehlen, nicht nur weil dadurch das lästige Entfleischen bei der Lederherstellung vermieden wird, sondern weil auch die Konservierung als solche rascher und gleichmäßiger erfolgt – besonders bei stärker fetthaltigem Unterhautbindegewebe – und damit zeitlich ein wesentlich schnellerer Schutz vor Fäulnisschäden erreicht wird. Nach beendeter Konservierung werden die Häute zusammengeschlagen oder eingerollt, wobei oft noch durch eine leichte Nachsalzung für eine genügende Salzreserve während des Transports und der weiteren Lagerung gesorgt wird.

Der große Nachteil der Stapelsalzung ist ohne Zweifel die lange Konservierungsdauer, durch die beträchtliche Hautmengen und damit auch Geldmittel unnötig blockiert werden. In Deutschland mag das nicht so sehr ins Gewicht fallen, da durch das hier übliche Verkaufssystem über Auktionen an sich schon längere Lagerungen erforderlich sind. Aber in Ländern, wo eine kontinuierliche Belieferung der Lederfabriken mit Rohware entweder durch direkte Verträge mit den Schlachthäusern oder über den Handel erfolgt, ist die lange Dauer der Stapelsalzung ein erheblicher Nachteil. Alle Rationalisierungsvorschläge und -maßnahmen der letzten Jahrzehnte, die in den nachfolgenden Abschnitten besprochen werden, sind daher in erster Linie unter dem Aspekt entwickelt worden, den Weg der Haut vom Abzug vom Tierkörper bis zur Einarbeitung in der Lederfabrik nach Möglichkeit zu verkürzen.

3.2 Salzung mit trockenem Salz unter Bewegung. Hier sei das in der Schweiz entwickelte System der Salzkonservierung angeführt, bei der die Konservierung auch mit trockenem Salz erfolgt, die Durchführung aber nicht im ruhenden Zustand vorgenommen, sondern durch Bewegung des Gesamtsystems beschleunigt wird. Diese Schnellsalzung, die sich inzwischen sehr bewährt hat und z.B. in Zürich laufend durchgeführt wird, geschieht in Mischern (S. 207). Bei ihrer Einführung wurden systematische Untersuchungen zur Ermittlung der optimalen Konservierungsbedingungen durchgeführt und dabei die folgenden Richtlinien entwickelt[34]:

1. Es empfiehlt sich, vor der Konservierung ein kurzes Waschen von mindestens 15 Minuten vorzunehmen. In Zürich wird etwa 60 % des Schweizer Hautgefälles noch am Schlachttag angefahren und noch am gleichen Tag möglichst kühl fließend gewaschen, wozu ein Waschrohr aus V4A-Stahl ähnlich der USA-Waschanlage (S. 132) verwendet wird.
2. Vor dem Konservieren erfolgt ein zentrales Entfleischen (S. 139), ein auftretender Gewichtsverlust von 10 bis 15 % wird bei der Gewichtsverrechnung berücksichtigt. Ein Nachentfleischen erübrigt sich.
3. Die eigentliche Konservierung erfolgt im Mischer unter Verwendung von 30, besser noch 35 % Salz und 0,5 % eines bakteriziden Mittels. Das Salz sollte in einzelnen Portionen zugegeben werden, da sonst infolge zu rascher Entwässerung der Außenschichten eine »Totkonservierung« das Eindringen des Salzes ins Innere der Haut erschwert. Es empfehlen sich V4A-Stahl-Mischer, da bei eisernen Mischern durch Salzangriff auf das Eisen Schwierigkeiten entstehen können. Während der Konservierung bildet sich durch die Entwässerung der Häute eine Flotte von 25 %, wodurch auch noch anhaftender Mist geweicht und zum größten Teil abgelöst wird. Die Konservierungsdauer beträgt drei bis vier Stunden, eine anschließende Ruhezeit im Mischer über Nacht in der gebildeten Lake ist, wenn der Arbeitsrhythmus das gestattet, zu empfehlen, um ein noch besseres Einziehen des Salzes ins Innere der Haut zu erreichen.
4. Nach Beendigung der Konservierung sollten die Häute abgewelkt und vor dem Bündeln noch mit etwas Salz eingestreut werden, um auch für längere Lagerung eine genügende Salzreserve zu schaffen.

Hier sei auch kurz ein Verfahren beschrieben, das in den USA *im Faß* durchgeführt wird[35]. Es wird oft als Lakenkonservierung bezeichnet, aber auch mit festem Salz durchgeführt. Das Verfahren soll sich insbesondere für kleinere Anfallmengen (bis 200 Häute/Tag) eignen. Nach einer mir vorliegenden Beschreibung kommen die Häute am frühen Nachmittag ins Faß, werden 15 Minuten (bei Winterhäuten und stärkerer Mistverschmutzung länger) mit kaltem Wasser fließend gespült und dann weitere 15 Minuten zur Entfernung des anhaftenden Wassers trocken gewalkt. Dann wird mit 35 % Salz vom Hautgewicht, das auch mit Desinfektionsmitteln gemischt ist, konserviert, je nach dem Grad der Entfernung des überschüssigen Spülwassers werden auch höhere Salzmengen gegeben. Zunächst wird nur $^1/_2$ bis $^2/_3$ der Salzmenge zugegeben, um ein zu rasches Entwässern der Außenschichten, das die Durchsalzung verzögert (»Totkonservierung«), zu vermeiden, nach einer Stunde (Temperatur 16 bis 18 °C im Faß) wird der Rest des Salzes zugegeben und noch eine Stunde laufen gelassen (Temperatur 21 °C im Faß). Das Faß läuft mit 15 bis 16 U/min, bleibt über Nacht mit geschlossener Tür stehen und wird am nächsten Morgen noch 15 Minuten bewegt. Die Faßtemperatur soll beim Öffnen nicht über 24 °C liegen. Die Häute werden dann 24 Stunden gelagert, sortiert, gebündelt und sind versandfertig. Die Leder sollen bei dieser Konservierungsart meist weicher sein als bei anderen Konservierungsverfahren, und bisweilen wird die Konservierung im Faß auch als ungleichmäßiger bezeichnet, aber nach den Erfahrungen im Mischer und aufgrund eigener Versuche im Faß möchte ich diese Feststellungen nicht verallgemeinern.

3.3 Salzlakenkonservierung. Die Salzlakenkonservierung ist aus Argentinien schon seit Jahrzehnten bekannt (Frigorifico-Standard-Salzlakenkonservierung). In heißen Ländern ist die »latente Periode« des Bakterienwachstums, d. h. die Zeit, die die Bakterien benötigen, um sich auf die neuen Lebensbedingungen einzustellen, bevor eine stärkere Einwirkung auf das Substrat einsetzt, wesentlich kürzer als in dem europäischen Klima. Wenn das Unterhautbindegewebe entfernt ist, ist für die Salzaufnahme aus Lösungen schon nach 12 Stunden der Maximalwert annähernd erreicht[36]. Die maximal aufgenommene Salzmenge nimmt mit der Salzkonzentration der Lake zu, wobei die Außenschichten stets wesentlich mehr Salz als die Innenzone aufnehmen und dieses Gefälle auch bei Erreichung eines Aufnahmegleichgewichts bestehen bleibt[34, 36]. Die frühere Lakenkonservierung in Argentinien hatte in erster Linie den Zweck, eine der kürzeren latenten Periode angepaßte rasche Durchsalzung zu ermöglichen, aber sie war nur eine Vorsalzung, der sich dann stets noch eine Stapelsalzung von mehr oder weniger langer Dauer anschloß, so daß der zeitliche Gewinn nur beschränkt war. Die später in den USA entwickelte und heute auch in andere Länder übernommene Lakenkonservierung ist dagegen eine Hauptkonservierung, die meist nur 24 Stunden in Anspruch nimmt und nur noch durch eine schwache Nachsalzung unterstützt wird, so daß hier der Zeitgewinn im Vordergrund steht.

Die Lakenkonservierung kann im Holländer, in Haspel oder Grube durchgeführt werden. Die erste Methode ist die in den USA gebräuchlichste (etwa 70 % des USA-Hautanfalls[37]), während die anderen nur bei kleinen Schlachthäusern Anwendung finden. In allen Fällen ist es zweckmäßig, die Häute vor der eigentlichen Konservierung durch *Waschen* von anhaftendem Schmutz und Blut zu befreien und gleichzeitig den Dung zu durchweichen. Bei der Faßkonservierung kann das Waschen unmittelbar im Faß geschehen, in allen anderen Fällen muß ein gesonderter Waschprozeß erfolgen. Die in den USA gebräuchliche kontinuierlich arbeitende Waschanlage [38] (Abb. 79b) besteht aus einem perforierten Stahlrohr von 1,2 bis 1,5 m Durchmesser und 6 bis 9 m Länge, das von einem 10-PS-Motor angetrieben wird und sich mit 12 bis 14 U/min dreht, ein System von spiralisch angeordneten Holzleisten (Abb. 79a) sorgt für den Weitertransport der Häute im Rohr. Die mittels Rutsche oder Förderband angelieferten Häute werden oft schon an dieser Stelle beschnitten und durchlaufen dann das Waschrohr, das in drei gleiche Waschstufen unterteilt ist. In der 1. Stufe erfolgt das Waschen mit Wasser, das schon in der 2. Stufe verwendet und wieder zurückgepumpt wurde. In der 2. Stufe wird mit frischem kaltem Wasser gewaschen und in der 3. Stufe wird ohne Wasser gearbeitet, um das anhaftende Wasser wieder zu entfernen. Der Gesamtprozeß dauert etwa zehn Minuten, die Leistung beträgt bis 100 Haut/Std.

Bei der *Lakenkonservierung im Holländer*[39, 40] sind die verwendeten Gefäße ovale Becken von 10 bis 13 m Länge, 5,5 bis 6,5 m Breite und 1,5 bis 1,8 m Tiefe. Die in der Mitte befindliche Insel ist 60 bis 100 cm breit, die Rennbahn, in der die Häute herumlaufen, hat also eine Nutzbreite von etwa 2,5 m. Zwei Schaufelräder beiderseits der Insel mit etwa 1 m Durchmesser, die mit 10 bis 20 U/min zunächst ständig, nach sechs bis acht Stunden nur noch zeitweise laufen, halten das System Salzlake + Häute ständig schwimmend in Bewegung, wozu oft noch eine zusätzliche Bewegung durch Durchblasen von Luft hinzukommt. Die Holländer können bis zu 20 000 kg Häute fassen, das Verhältnis von Hautmaterial zu Lake beträgt 1:4 bis 1:5, die Behandlungsdauer wird mit maximal 24 Stunden angegeben, liegt aber für einen Teil der Häute niedriger, etwa zwischen 14 und 17 Stunden als Maximum, da die letzten Häute erst am Nachmittag eingegeben werden und am nächsten Morgen die Entleerung

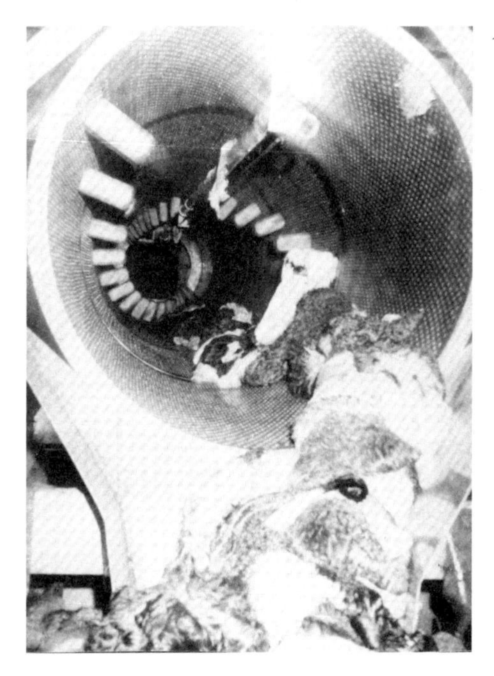

Abb. 79: USA-Waschanlage für Rohhäute.
a) Waschrohr, vom Ausgang her gesehen.

b) USA-Waschanlage für Rohhäute.

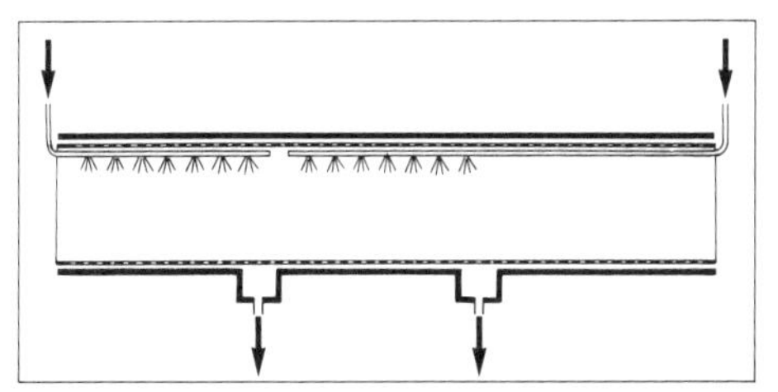

erfolgt. Die Lake muß an Salz gesättigt sein, durch die Salzabgabe an die Haut und die Entziehung von Flüssigkeit aus der Haut wird die Konzentration aber ständig verringert. Die Lake wird daher kontinuierlich abgezogen und in einem Betonbehälter über ein Steinsalzbett gepumpt, um sie gesättigt zu halten und gleichzeitig alle unlöslichen Unreinlichkeiten (Dung) zu entfernen. Nach mehreren Vorschriften soll die Lake alle 30 Tage aufgekocht werden, um die gelösten Eiweißstoffe zu koagulieren und dann abzufiltrieren, doch geschieht das wohl heute nur noch, wenn ungewaschene Häute direkt in die Lake kommen. Statt dessen gibt man der Salzlake Bakterizide zu, meist 1 % einer 12 %igen Natriumhypochlorit-Lösung auf Hautgewicht, nach anderen Vorschriften auch Natriumpentachlorphenol oder Natriumsilicofluorid in Mengen von 0,1 bis 0,3 % auf Hautgewicht. Lakenwechsel alle zwei bis drei Monate.

Am nächsten Morgen werden die Häute aus der Lake entnommen und dann entweder mindestens 24 Stunden in Stapeln zu 200 Stück auf den Boden oder auf Holzböcken zum Abtropfen gelagert oder in modernen Anlagen mit einer Abwelk-(Wring-)maschine[38] abgewelkt (Abb. 80). Das Hautmaterial durchläuft dabei die Maschine längs der Rückenlinie mit der Haarseite nach innen gefaltet auf einem Förderband mit 10 m/min, wobei der Druck variierbar ist. Die Leistungsfähigkeit der Maschine beträgt 100 Haut/Std., der Kraftbedarf 10 PS. Bei unentfleischtem Hautmaterial ist der Durchlauf allerdings schlecht. Auf dem verlängerten Förderband wird das Hautmaterial dann sortiert, gebündelt, gewogen und auf Paletten geschichtet, wobei gleichzeitig auch noch etwas Salz eingestreut wird, weil der Salzgehalt stets niedriger als bei der Stapelsalzung liegt (siehe unten). Der Salzverbrauch liegt bei insgesamt etwa 30 % des Hautgewichts. Das Zusammenschlagen erfolgt bei der 1. Wahl mit der Haarseite nach außen, bei der 2. Wahl mit der Haarseite nach innen. Die Häute sind dann versandfertig, und wenn trotzdem in den meisten Schlachthäusern noch ein Lager von einigen

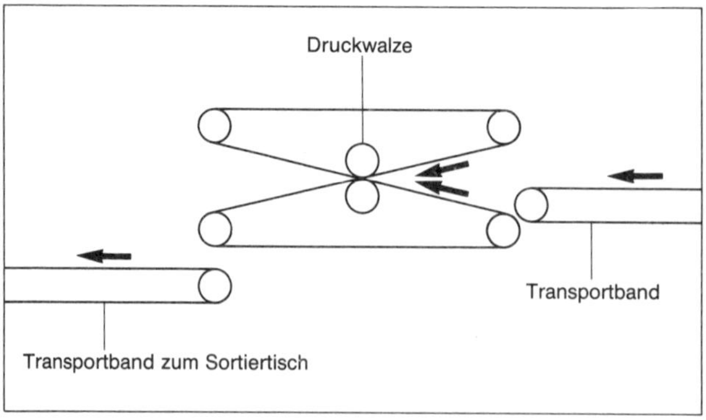

Abb. 80: Abwelkvorrichtung für lakenkonservierte Häute.

Tagesanfällen vorhanden ist, so nur, weil zur Erfüllung der Lieferaufträge Partien mit Häuten gleicher Gewichtsklasse und Qualität zusammengestellt werden müssen. Je größer der Schlachthof, desto rascher der Abtransport, kleinere Betriebe sind also mehr durch eine Lagerhaltung belastet.

An späterer Stelle (S. 141) wird das Beispiel einer Konservierungsanlage in den USA besprochen, die mit den vorstehend behandelten Aggregaten ausgerüstet ist. Schon hier sei darauf hingewiesen, daß der Transport zwischen den einzelnen Behandlungsstufen in den USA ganz allgemein mit Kreisförderern (Kettentransporter) erfolgt (S. 105), die an der Decke verlegt sind, so daß die Häute hängend bewegt werden. Nur an den Aufnahmestellen werden die Ketten nach unten gezogen (Abb. 54) und die Häute an den Lasthaken befestigt, an den Abgabestellen fahren die Haken gegen die in Abb. 81 gezeigten Anschläge, werden nach oben gehoben und die Häute fallen automatisch ab.

Wir haben in Zusammenarbeit mit der Hautzentrale und Fettschmelze AG in Zürich eingehende Vergleichsuntersuchungen zwischen Stapelsalzung und Lakenkonservierung

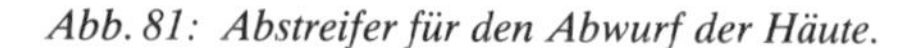

Abb. 81: Abstreifer für den Abwurf der Häute.

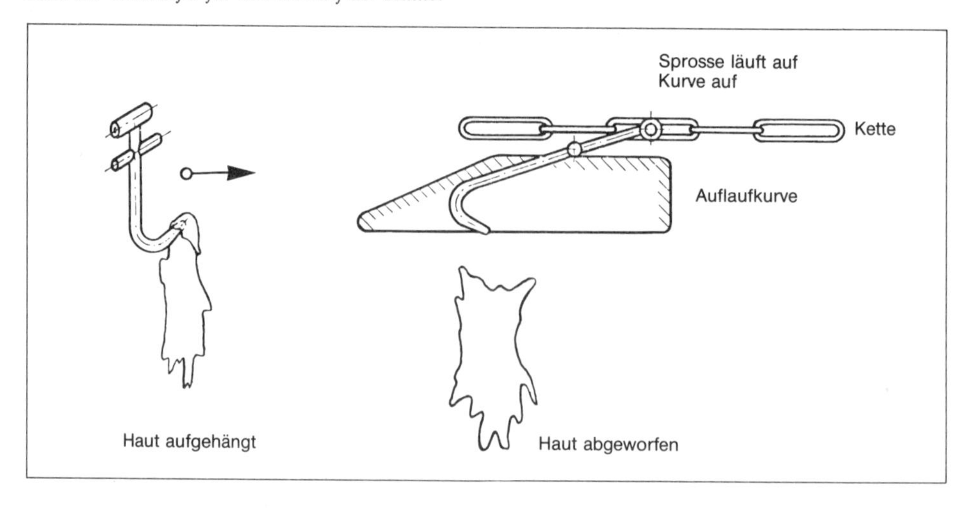

durchgeführt und dabei festgestellt[34], daß vom Standpunkt der Lederqualität keine Unterschiede zwischen diesen beiden Verfahren bestehen, wenn die Durchführung sachgemäß erfolgt. Dabei sind für die Lakenkonservierung die folgenden Gesichtspunkte zu beachten:

1. Die Lakenkonservierung muß am Schlachttag begonnen werden. Ist dies wegen der räumlichen Entfernung zwischen Schlachthaus und Konservierungszentrale (S. 143) nicht möglich, muß der Transport in Kühlwagen erfolgen oder eine Zwischenkonservierung (S. 138) an Ort und Stelle eingeschaltet werden.
2. Die Häute sollten vor der eigentlichen Konservierung einem Waschprozeß unterzogen werden, um anhaftenden Schmutz und Blut zu entfernen und den Dung zu durchweichen, da sonst die Lake zu rasch verschmutzt.
3. Die Salzlake muß stets an Kochsalz gesättigt gehalten werden, was durch Umpumpen über ein Salzbett erfolgen kann. Ein Zusatz bakterizider Mittel ist zu empfehlen. Außerdem wird die Geschwindigkeit der Konservierung durch eine zeitweilige Bewegung des Konservierungssystems gefördert und damit der Konservierungsvorgang abgekürzt. Anfangs sollte dauernd bewegt werden, dann aber genügt eine Bewegung von 10 bis 15 min/Std., wobei Einrichtungen vorzusehen sind, die Ruhe- und Laufzeiten automatisch regeln.
4. Mittels Lakenbehandlung kann im Gegensatz zur Stapelsalzung eine sachgemäße Konservierung in wesentlich kürzerer Zeit erreicht werden. Die Dauer der Lakenbehandlung sollte aber nicht nennenswert unter 24 Stunden liegen. Bei sehr kräftigem Hautmaterial, wie es besonders in Europa vorkommt, ist die Verweilzeit in der Lake zweckmäßig auf 36 Stunden zu verlängern, wobei aber 36 Stunden maximal ausreichen dürften.
5. Für die Einhaltung so kurzer Konservierungszeiten ist aber ein vorheriges Entfleischen und Entmisten (S. 139 ff.) unbedingt erforderlich, weil nur dann mit Sicherheit innerhalb von 24 Stunden eine genügende Durchkonservierung erreicht werden kann. Außerdem bewirkt der anhaftende Mist eine starke Verunreinigung der Lake. Will oder muß man auf ein Vorentfleischen verzichten, so müßte die Zeit für die eigentliche Lakenbehandlung auf zwei bis drei Tage verlängert werden. In den USA wird bisweilen auch das Entfleischen erst nach der Lakenbehandlung[41] vorgenommen, insbesondere wenn größere räumliche Entfernungen vom Schlachtort zur Konservierungszentrale eine Zwischenkonservierung erforderlich machen. Auch dann muß aber die Konservierungszeit verlängert werden und die Verschmutzung der Lake ist wesentlich größer. Die nach der Salzung entfleischten Häute zeichnen sich durch besonders saubere Entfleischung aus, doch muß dann ein intensiveres Nachsalzen vor der Bündelung vorgenommen werden, und das anfallende Leimleder ist vor der Verarbeitung zu Tierfutter erst wieder durch Auswaschen vom Salz zu befreien, was einen lästigen zusätzlichen Arbeitsaufwand bedeutet.
6. Nach der Lakenkonservierung ist eine Entfernung des anhaftenden Wassers durch 24stündiges Lagern auf dem Bock oder das oben beschriebene Abwelken vorzunehmen (S. 133).
7. Da die Salzaufnahme bei der Lakenbehandlung geringer als bei der Stapelsalzung ist, muß unbedingt vor dem Bündeln noch eine Nachsalzung durch Einstreuen von festem Salz vorgenommen werden. Ihr kommt eine größere Bedeutung als einer Verlängerung der Verweilzeit in der Lake zu. Die dabei verwendete Salzmenge ist in den USA verhältnismäßig gering, da dort die Häute rasch an die Lederfabriken ausgeliefert werden und selbst größte Gerbereien nur geringe Hautlager von maximal ein bis zwei Wochen haben und daher die Einarbeitung relativ rasch erfolgt. In Europa liegen die Verweilzeiten wesentlich höher, was einmal durch das andere Verkaufssystem (Auktionen) bedingt ist, zum anderen aber auch mit

den längeren Transportzeiten und den längeren Lagerzeiten in den Lederfabriken vor der Einarbeitung zusammenhängt. Daher ist hier und bei USA-Exporthäuten eine intensivere Nachsalzung unbedingt erforderlich und manche Klagen bei USA-Exporthäuten sind auf die Nichtbeachtung dieser Tatsache zurückzuführen. Gelegentlich wurde auch empfohlen, nach der Salzlakenbehandlung noch eine mehrtägige Stapelsalzung anzuschließen[42], doch halte ich das nach eigenen Erfahrungen nicht für erforderlich, wenn nur die beim Bündeln eingestreute Salzmenge reichlich genug ist (10 bis 15 %).
8. Richtlinien, wann ein Hautmaterial als sachgemäß konserviert angesprochen werden kann, fordern in den USA von gut konservierten Häuten, daß der Wassergehalt nicht über 45 % liegt, daß sie mindestens 14 % Asche enthalten und daß das Asche/Feuchtigkeits-Verhältnis mindestens 31 % beträgt[43].

An kleineren Schlachtplätzen wird in den USA bisweilen eine *Salzlakenbehandlung auch im Haspel* durchgeführt, wobei die Arbeitsweise die gleiche wie bei der Konservierung im Holländer ist, so daß die Richtlinien sinngemäß übertragen werden können. Teilweise wird auch in Europa eine Salzlakenkonservierung durchgeführt. So werden die Häute in Skandinavien teilweise nach dem skandinavischen Trimm (S. 125) zunächst gewaschen, entmistet, abtropfen gelassen, mit Salzlake konserviert, der stets 3 % Natriumhypochlorit zugesetzt wird, und dann nachgesalzen[44]. In der Sowjetunion soll heute auch ein Teil der Rohware mit Salzlake konserviert werden, wobei die Qualität der Häute eine wesentliche Verbesserung erfuhr[45]. Erwähnt sei hier schließlich noch die *Lakenkonservierung in der Grube*[35, 46]. Das Hautmaterial wird nach dem Waschen in Gruben geeigneter Größe gestapelt. Gruben von z. B. 4,5 × 8 m und 1 bis 1,2 m Tiefe sollen bis zu 1000 Häute fassen. Die Gruben haben einen schrägen Boden, um die Salzlake zum Schluß restlos abziehen zu können. Die Häute werden flach eingelegt und mit 35 bis 50 % Salz eingestreut, was teils mit mechanisch arbeitenden Salzstreuern erfolgt. Ist die Grube gefüllt, wird der Stapel beschwert, die Grube mit gesättigter Salzlake gefüllt und dann nach einigen Vorschriften 48 Stunden, meist aber vier Tage gelagert, so daß ein Schlachthaus, das täglich eine Grube füllt, fünf Gruben benötigt. Dann wird die Salzlake, die mehrfach verwendet werden kann, abgepumpt, die Häute kommen 24 Stunden auf Stapel, um die überschüssige Salzlake abfließen zu lassen, werden gebündelt und sind versandbereit. Das Verfahren soll gute Resultate ergeben, die Kosten sind aber höher als bei der Stapelsalzung und beim Lakenverfahren im Holländer. Etwa 5 % des USA-Hautanfalls werden nach diesem Verfahren konserviert[37].

Abschließend sei nochmals betont, daß die Lakenkonservierung erhebliche wirtschaftliche und technologische Vorteile aufweist. Sie arbeitet wesentlich schneller und gleichmäßiger als die Stapelkonservierung bei geringerem Arbeitsaufwand und besseren Möglichkeiten der Mechanisierung. Sie führt zu erheblicher Verkürzung der Lagerdauer, da die Häute schon nach zwei bis vier Tagen versandbereit sind. Das bedeutet eine starke Verminderung des Lagerbestandes an Häuten, was insbesondere für den Häutehandel, der nicht an Auktionstermine gebunden ist, von Vorteil ist. Im Zusammenhang damit sei auch der geringere Raumbedarf angeführt.

3.4 Konservierung ohne Salz. Die bisher besprochenen Konservierungsverfahren arbeiten, abgesehen vom Trocknen, sämtlich mit Kochsalz als Konservierungsmittel. Ist Salz aber hierfür heute noch zweckmäßig? Gewiß, es ist billig, aber es ist kein ideales Konservierungsmittel, da seine konservierende Wirkung in erster Linie auf einer Entwässerung der Haut, weniger auf einer bakteriziden Wirkung beruht. Das Salz vermag nur das Bakerienwachstum zu hemmen, nicht aber zu unterbinden oder gar die Bakterien abzutöten. Da man aber mit beträchtlichen Salzmengen arbeiten muß (S. 130), um eine zuverlässige Konservierungswirkung zu erhalten, gelangen auch beträchtliche Salzmengen in das Gerbereiabwasser, und sind dort unangenehme Verunreinigungen, da sie daraus nicht mehr oder nur mit sehr teuren Verfahren (Ionenaustauscher) wieder zu entfernen sind. Feste gebrauchte Salze dürfen, da sie wasserlöslich sind, nicht auf normale Deponien gebracht werden. Daher ist die Suche nach einer Konservierung ohne Salz verständlich.

Das Ideal wäre natürlich, *ganz ohne Konservierung* arbeiten zu können, die Häute vielmehr noch am Schlachttag in die Lederfabriken zu bringen und dort einzuarbeiten. In Europa dürfte ein solcher Wunsch meist nicht realisierbar sein. Selbst die größten Schlachthäuser (München z. B. Wochendurchschnitt 2600 Rinder, Frankfurt 1200 bis 1500) haben keine genügende Größe und keinen genügend gleichmäßigen Hautanfall über die ganze Woche, der dann auch noch in so stark schwankenden Gewichtsklassen zwischen 15 und 60 kg und mehr und mit so starken Strukturunterschieden je nach Rasse und Geschlecht anfällt, daß eine Lederfabrik nicht kontinuierlich mit gleichartiger Rohware beliefert werden könnte. Außerdem sind die Transportwege zu den Lederfabriken meist zu weit. Auch bei Einrichtung von Konservierungszentralen (S. 143) müßte im Hinblick auf die notwendige Sortierung eine Zwischenkonservierung erfolgen.

Dagegen ist dieser Weg in außereuropäischen Ländern, wie z. B. Argentinien, Brasilien, Uruguay usw., beschritten worden. Einmal bestehen dort große Schlachthäuser, die 1500 bis 2000 Rinder/Tag schlachten. Zum anderen ist das anfallende Hautmaterial in diesen Ländern relativ einheitlich. Wenn auch das durchschnittliche Hautgewicht im letzten Jahrzehnt durch die Züchtung auf verstärkte Fleischgewinnung etwas angestiegen ist und die Vaquillonas, d. h. die Häute jüngerer Rinder beiderlei Geschlechts bis zu 18 kg, heute nicht mehr als 25 % (früher 80 %) des gesamten Hautanfalls ausmachen, so liegt doch das mittlere Rindhautgewicht bei etwa 22 kg; Häute über 28 kg gehören zur Seltenheit. Neue Gerbereien haben sich in der Nähe dieser modernen Schlachthäuser angesiedelt und übernehmen das anfallende Hautmaterial, nachdem es in den Schlachthäusern nach dem Abzug beschnitten, kurz gewaschen und auf dem Bock abtropfen gelassen wurde, ohne Feststellung des Einzelgewichts und ohne Sortierung, lediglich das Gesamtgewicht wird notiert. Sie werden erst im Betrieb sortiert, dann statt einer Weiche nur kurz gewaschen und kommen sofort in den Äscher. Die ungesalzene Ware ist billiger und viele Betriebe haben gesalzene Rohware nur in beschränktem Umfange auf Lager, um Schwankungen in der Anlieferung der Schlachthäuser ausgleichen zu können. Ob die Technologien für frische Rohware abgeändert werden müssen, wird unterschiedlich bewertet. Teils wird in gleicher Wiese gearbeitet, teils etwas stärker geäschert, da die Leder aus frischer Rohware sonst härter sind, teils auch beim Waschen etwas Kochsalz zugegeben, um die salzlöslichen Proteine sicher zu entfernen. Ich glaube, daß sich die Unterschiede stärker bemerkbar machen würden, wenn Häute höherer Gewichtsklassen bearbeitet würden, aber dieses Problem läßt sich von Fall zu Fall jeder Zeit lösen.

Soweit eine direkte Einarbeitung unkonservierter Rohware nicht in Frage kommt, ist an den *Einsatz bakterizid wirkender Stoffe* anstelle von Kochsalz zu denken, und an der Entwicklung solcher Verfahren wird z. Z. in der ganzen Welt gearbeitet. An geeignete bakterizid wirkende Stoffe wären die Forderungen zu stellen:

1. daß ihre Verwendung nicht nennenswert teurer als bei Kochsalz ist,

2. daß das Bakterienwachstum bei möglichst geringem Mengeneinsatz nicht nur unterdrückt wird, sondern die Bakterien abgetötet werden und damit eine noch größere Konservierungssicherheit gegeben ist,
3. daß sie einfach anwendbar sind, möglichst gute Tiefenwirkung haben, keine Gerbwirkung besitzen und die spätere Verarbeitbarkeit der Häute zu Leder sowie die Lederqualität nicht ungünstig beeinflussen dürfen,
4. daß sie umweltfreundlicher als Kochsalz sind. Ihre Toxizität muß so gering sein, daß sie die biologische Reinigung des Gerbereiabwassers nicht stören und auch die Verarbeitbarkeit von Hautabschnitten und -abfällen zu Gelatine, Wurstdärmen und Tierfuttermitteln nicht behindern.

Bei der Verwendung bakterizid wirkender Stoffe müssen zwei Anwendungsbereiche berücksichtigt werden, einmal eine *Kurzzeitkonservierung* mit einer Dauer von ein bis zwei Wochen als Zwischenkonservierung oder dort, wo die Einarbeitung in den Lederfabriken relativ rasch erfolgt, und eine *Langzeitkonservierung* bis zu Zeitspannen von drei bis vier Monaten, wenn mit einer längeren Lagerung bis zur Einarbeitung zu rechnen ist.

In den letzten Jahren sind zu dem angeschnittenen Problem weltweit umfangreiche Untersuchungen durchgeführt worden[47]. Dabei wurden einmal verschiedene Verfahren miteinander verglichen. Ein Einsprühen, auch wenn es von beiden Seiten der Haut erfolgte, hat stets die ungünstigsten Resultate ergeben, da eine genügende Durchkonservierung auf dieser Basis praktisch nicht erreicht wurde. Ein Tauchen ist auch nicht zu empfehlen, da eine Beschleunigung durch Bewegung fehlt, mit relativ langer Flotte gearbeitet werden muß, aber ein häufigeres Wiederverwenden bei nicht gewaschener Rohware sich wegen der starken Verschmutzung der Tauchflotte durch alle der Haut anhaftenden Verunreinigungen verbietet. So wurden stets die besten Ergebnisse durch Einwalken in Faß oder Mischer bei kurzer Flotte von etwa 20 bis 25 % erhalten, wobei eine rasche und gleichmäßige Verteilung der Bakterizide in der Haut erreicht wird. Margold und Heidemann haben allerdings auch ein Einstreuen empfohlen, das sie mit der erfahrungsgemäß geringen Bereitwilligkeit der Häuteverwerter und -händler zur Übernahme von Neuerungen begründeten. Dann muß natürlich das bakterizide Mittel zur gleichmäßigen Verteilung auf der Haut mit einem Streckungsmittel (z. B. Kochsalz, siehe unten) versetzt werden. Der Arbeitsaufwand wäre dazu gegenüber den anderen Verfahren wesentlich größer und die Rationalisierungsbestrebungen blieben auf der Strecke.

Sicher wäre es sehr wünschenswert, die Häute vor der Behandlung gründlich zu waschen, was beim Arbeiten in Faß oder Haspel keine zusätzliche manuelle Belastung ausmachen würde. Schon dadurch könnte die einzusetzende Menge an Bakteriziden vermindert werden. Noch besser wäre natürlich, ein Entmisten und Entfleischen (S. 139) vorzuschalten und dadurch ein noch besseres und schnelleres Eindringen der Bakterizide in die Haut zu erreichen.

Als geeignete Bakterizide sind eine große Anzahl von Produkten vorgeschlagen worden. Schon vor vielen Jahren hatten Stather und Herfeld[48] eingehende vergleichende Untersuchungen in dieser Richtung durchgeführt. Bei den neueren Untersuchungen liegen die meisten Erfahrungen für die Verwendung von 1 % Sulfit + 1 % Essigsäure bzw. von Bisulfit vor. Diese Konservierung spielt sich in schwach sauerem Gebiet ab, und es soll ein gewisser SO_2-Dampfdruck erforderlich sein, um eine befriedigende Konservierung zu erreichen. Das Verfahren soll sowohl für Kurz- wie Langzeitkonservierung geeignet sein. Günstige Ergebnisse wurden auch mit Zinkchlorid, Natrium- und Zinksilicofluorid, Natriumfluorid, Natriumchlorit und -hypochlorit, Calciumhypochlorit, quarternären Ammoniumverbindungen, Pentachlorphenolnatrium, Zinkdimethylthiocarbamid, p-Toluolsulfamid, Chloracetamid und Alkylbenzyldimethylammoniumchlorid erhalten. Margold und Heidemann haben insbesondere auch die synergetische Wirkung von Wirkstoffkombinationen, z. B. 50 % Zinksalz, 25 % Amide und 25 % Phenole bzw. quarternärer Ammoniumverbindungen, empfohlen, um dadurch das Verfahren wirtschaftlicher zu machen, wobei neben bakteriziden auch anteilig fungizide Bestandteile empfohlen werden, um gleichzeitig Schimmelbefall bei der Lagerung zu verhüten.

Die meisten Produkte sind insbesondere für die Kurzzeitkonservierung vorgeschlagen worden, die bisher überhaupt am häufigsten untersucht wurde. Dabei liegt bei völligem Verzicht auf Kochsalz der mengenmäßige Einsatz etwa zwischen 1 und 3 % vom Frischgewicht der Häute. Soll eine salzfreie Langzeitkonservierung erfolgen, so muß der Mengeneinsatz erheblich gesteigert werden, und damit wird die Wirtschaftlichkeit des Verfahrens meist sehr infrage gestellt. Es kommt aber bei längerer Lagerung noch ein weiterer Nachteil hinzu. Die völlig salzfrei konservierten Häute sind, da sie keine Entwässerung erfahren haben, sehr schlüpfrig, und daher ist eine Stapelung oder Palettierung praktisch unmöglich. Außerdem trocknen sie bei längerer Lagerung aus, dann kleben die Fasern wie bei Trockenhäuten zusammen und die Häute lassen sich schwer wieder weichen, so daß sie in Behältern oder Plastikbeuteln aufbewahrt werden müssen. Alle diese Fehler lassen sich vermeiden, wenn für die Langzeitkonservierung anteilig noch etwas Kochsalz (Pauckner 5 %; Margold 15 %) mitverwendet wird. Dann braucht auch die Menge an Bakteriziden im Vergleich zur Kurzzeitkonservierung nicht erhöht werden, die Häute können normal gelagert werden und die erhaltenen Leder weisen bessere Narbenbeschaffenheit, Griff und Farbegalität auf. Außerdem ist die Salzmenge so gering, daß die Abwasserbelastung minimal ist.

3.5 Pickelkonservierung. Der Vollständigkeit halber müßte in diesem Abschnitt auch die Konservierung durch Pickeln behandelt werden, bei der durch den Einsatz der Säure der pH-Wert des Hautmaterials so weit herabgesetzt wird, daß die Lebensbedingungen der Fäulnisbakterien mit proteolytischer Wirksamkeit weitestgehend vermindert werden. Da aber die Pickelkonservierung praktisch ausschließlich bei Blößen erfolgt, soll ihr Einsatz erst an späterer Stelle bei Besprechung der zentralen Enthaarung (S. 145) besprochen werden.

4. Zentrales Entfleischen

An früherer Stelle (S. 135) wurde schon darauf hingewiesen, daß ohne ein vorheriges Entfleischen und Entmisten der Häute die Diffusion des Salzes in die Haut bei der Lakenkonservierung wesentlich verzögert und außerdem durch den anhaftenden Mist eine starke Verunreinigung der Lake bewirkt wird. Tancous[49] wies außerdem darauf hin, daß sich bei längerer Lagerung nichtentfleischter Häute, wenn sie stärker fetthaltig sind, durch Verseifen des Fettes im Unterhautbindegewebe freie Fettsäuren bilden, die in das Corium eindringen und im Äscher Kalkseifen bilden, die zu einer Fleckenbildung auf Haut und Leder führen. Daher wird in den USA, aber auch in anderen Ländern vor der Lakenkonservierung meist entfleischt und entmistet. Als Vorteile hierfür sind neben den schon früher behandelten Vorteilen für die Salzlakenbehandlung (S. 136) noch folgende Punkte anzuführen:

1. raschere und gleichmäßigere Durchkonservierung von der freigelegten Fleischseite her und zwar um so mehr, je fetthaltiger das Unterhautbindegewebe ist,
2. keine Dungeinwirkung während der Konservierung und der nachfolgenden Lagerung, kein Streit über die Höhe des Abzugs für das Dunggewicht,
3. bessere Klassifizierung und Qualitätskontrolle, da die Fleischseite sichtbar ist und daher Fleischseitenschnitte nicht durch das Leimleder verdeckt werden,
4. geringere Transportkosten, da das Gewicht der Häute um 22 bis 28 %, im Mittel 25 % niedriger liegt (3 bis 4 % weniger Schmutz, 5 % Beschnittabfall, 15 % Entfleischverlust),
5. zentrale Verarbeitung des Leimleders und der Beschnittabfälle zu Futtermitteln und technischem Fett zusammen mit den sonstigen Schlachthausabfällen. Es wurde schon an früherer Stelle darauf hingewiesen, daß es unsinnig ist, Leimleder zunächst zum Hautpreis zu kaufen, in die Gerberei zu transportieren und dann kaum wieder absetzen zu können (S. 121),
6. Fettflecken, insbesondere Nierenfettflecke, werden praktisch ausgeschaltet,
7. bei der Lederherstellung Vereinfachung der Technologien, rationellere Gestaltung des Arbeitsablaufs bei den Naßarbeiten, Einsparen des Entfleischens in der Wasserwerkstatt, für das nur schwer Arbeitskräfte erhältlich sind, und wesentliche Förderung der Bestrebungen zu einer Halb- oder Vollautomatisierung der Naßarbeiten,
8. gleichmäßigerer und schnellerer Ablauf des Äscherprozesses. Die Chemikalien werden nicht so sehr zur Diffusion über den Narben gezwungen und dadurch eine zu starke Einwirkung auf die schon von Natur aus geschwächte Papillarschicht mit den Gefahren für Losnarbigkeit und losen Flämen vermieden (S. 266).

Entsprechend wird nach Auffassung des USA-Landwirtschaftsministeriums ein Mehrpreis von 25 % für gut beschnittene, entfleischte und entmistete salzkonservierte Rohware als angemessen erachtet.

In den USA wird das Entfleischen und Entmisten nach dem 1. Beschnitt und dem Waschen (S. 132) vorgenommen. Das Waschen sollte mit möglichst kaltem Wasser erfolgen, da Leimfleisch und Fett durch die Abkühlung fester werden und sich dann leichter entfernen lassen. *Die Stehling-Entfleisch- und Entmistmaschine*[38] (Abb. 82) arbeitet mit einer Breite von 3,20 m ähnlich den üblichen Entfleischmaschinen mit einem System von Stahl- und Gummiwalzen, ist also keine Durchlaufmaschine (S. 267), weil die Häute einmal gewendet werden müssen. Aber sie unterscheidet sich von normalen Entfleischmaschinen (Abb. 195) dadurch, daß das Hautmaterial in einem Arbeitsgang zunächst auf der Haarseite entmistet und unmittelbar dahinter auf der Fleischseite entfleischt wird. Der Entmistzylinder arbeitet mit 600 U/min und ist mit je zehn stumpfen Messern rechts und links bestückt, der anschließende Entfleischzylinder arbeitet mit 1400 U/min bei einem Druck von 20 atü und ist mit je 14 scharfen Messern rechts und links versehen. Man kann den Entfleischzylinder abschalten, wenn man bei fest anhaftendem Dung zunächst nur entmisten will. Der Dung fließt in eine Grube, die Entfleischabfälle werden getrennt davon auf der Rückseite der Maschine mit einer Förderschnecke zur Weiterverarbeitung an eine Sammelstelle transportiert. Die Leistungsfähigkeit der Maschine beträgt mindestens 80 Haut/Std., der Gewichtsverlust wird nach Angaben des USA-Landwirtschaftsministeriums, die von Jullien[50] bestätigt

Abb. 82: Stehling-Entfleisch- und Entmistmaschine (vgl. auch Abb. 195, S. 264).
1 Auflagewalze, 2 Riffelwalzen, 3 Entfleischzylinder, 4 pneumatische Entfleischunterlage, 5 Gegendruckwalze, 6 stumpfer Entmistzylinder.

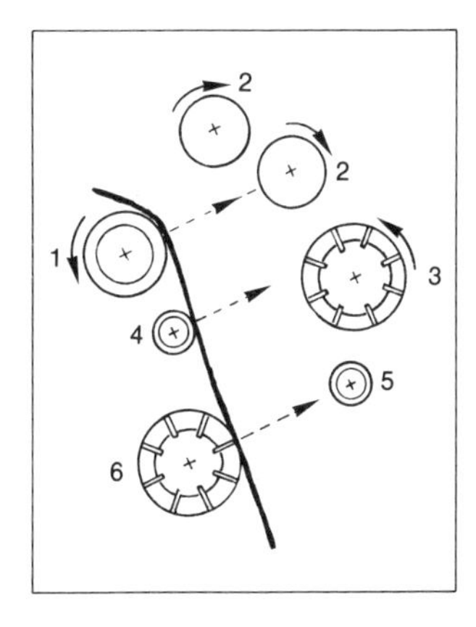

wurden, mit 12 bis 18, im Mittel 15 % angegeben. Die Häute werden dann erneut beschnitten (3 bis 4 % Gewichtsverlust) und der Lakenbehandlung zugeführt.

Abb. 83 gibt den Grundriß einer solchen Anlage an einem Schlachthof mit einem Anfall von 1500 bis 2000 Rindhäuten wieder. Die anfallenden Häute werden in einer Waschtrommel (Abb. 79) gewaschen, vorgetrimmt, auf zwei Entfleischmaschinen entfleischt, nochmals beschnitten und kommen dann in die Holländer mit einem Fassungsvermögen von je maximal 800 Haut. Nach der Konservierung werden sie auf einem durchlaufenden Band zunächst entwässert (Abb. 80) und dann nachgesalzen, sortiert und gebündelt. Der Transport erfolgt mit dem schon beschriebenen Kettentransport (S. 134).

In den USA werden mindestens 70 % der anfallenden Rohhäute am Schlachthof entfleischt (persönl. Mitt.). Zur Beantwortung der Frage, unter welchen Bedingungen ein solches Entfleischen am Schlachthof mit nachfolgender Lakenbehandlung wirtschaftlich durchführbar ist, sind die besonderen Verhältnisse in den USA zu berücksichtigen, denn die Amortisation solcher Anlagen hängt natürlich entscheidend von der Menge der täglich anfallenden Rohware ab. Bekanntlich werden in den USA 90 % der Rinder in Konservenfabriken geschlachtet[37], und bei den großen USA-Schlachthäusern liegen die Schlachtzahlen zwischen 1000 und 2500 Rindern/Tag. Aber auch kleinere Schlachthäuser machen sich dieses Verfahren nutzbar, indem sie entweder gemeinsam eine solche Anlage betreiben und die anfallenden Häute dorthin in größeren Metallkastenwagen zusammenfahren oder indem Häutehändler die Anlagen betreiben und die Häute aus den umliegenden Schlachthäusern aufkaufen und selbst konservieren, wobei dann auch ein Tagesanfall von mindestens 1000 Häuten zusammenkommt. Nach mir gemachten Angaben sind solche Anlagen erst rentabel, wenn mindestens 400 Rindhäute/Tag zusammenkommen, wobei sich aber diese Angaben nur auf die Investitionen beim Entfleischen am Schlachthof, nicht aber auf eine Salzlakenbehandlung ohne ein Entfleischen beziehen. Im Auftrage des USA-Landwirtschaftsministeriums wurden umfangreiche Untersuchungen über die beste Rohhautgewinnung und -konservierung unternommen mit dem Ziel, die Konservierung von Rohhäuten bei hoher Konservierungsqualität mit möglichst geringem Kostenaufwand durchzuführen, also eine Steigerung der Produktivität herbeizuführen[51]. Aus den umfangreichen Unterlagen dieser Untersuchungen, bei denen auch verschiedene Konservierungstypen verglichen wurden, wobei eine große Zahl von Häutehändlern beteiligt war, kann gefolgert werden, daß eine Stapelsalzung bei einem Anfall

Abb. 83: Schema einer USA-Anlage zur Lakenkonservierung mit Waschtrommel, Entfleischung, Trimmtisch, drei Holländern und Abwelkmaschine (Mange).

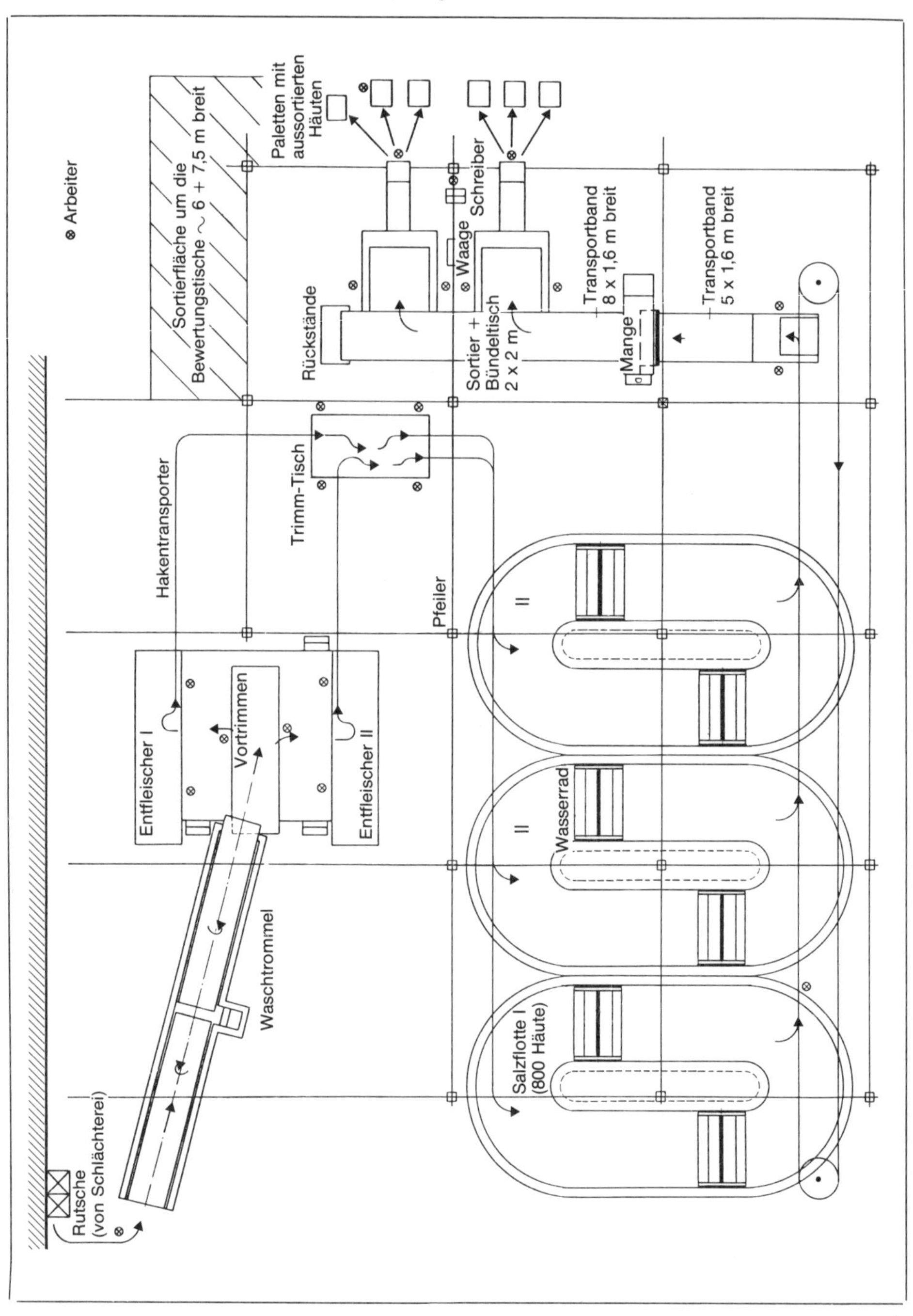

von weniger als 300 Haut/Tag mit geringeren Kosten arbeitet, während bei einem Hautanfall von 300 bis 500 Haut/Tag die Kosten für die Salzlakenbehandlung (einschließlich Entfleischen) geringer, bei einem Anfall von mehr als 500 Haut/Tag erheblich geringer sind. Ergänzend dazu sei erwähnt, daß nach mir gemachten Angaben der Arbeitsaufwand für die Lakenkonservierung im Holländer, wenn nicht entfleischt wird, mit 6,5 bis 11,2, im Mittel 9 Minuten/Haut (9 bis 10 Arbeiter in 8 Std. 500 Haut), wenn entfleischt wird, mit 10 bis 14,5, im Mittel 12,3 Minuten/Haut vom Eingang der Haut bis zum Versand angegeben wurde.

In Europa mit seinem stark dezentralisierten Schlachthaussystem sind schon von dieser Seite her die Voraussetzungen für eine zentrale Rohhautentfleischung und Lakenkonservierung direkt am Schlachthaus nicht gegeben. Zwar sind derzeit z. B. in Deutschland in manchen Gegenden Bestrebungen im Gange, eine gewisse Zentralisierung unseres Schlachtsystems durchzuführen, um die Schlachthöfe rentabler und leistungsfähiger zu machen, aber bis solche Bemühungen zum Tragen kommen, werden noch lange Zeiten vergehen. Aber man kann sich auch in Europa die Vorteile des geschilderten Verfahrens nutzbar machen, wenn man sich entschließt, in Anlehnung an entsprechende Beispiele in den USA *Entfleisch- und Konservierungszentralen* einzurichten und die an kleinen Schlachthäusern anfallenden Häute dorthin zusammenzufahren und zentral zu entfleischen und zu konservieren. Der Gedanke ist nicht neuartig, und es gibt z. B. in Deutschland Großschlächter, die ihre Schlachtungen an verschiedenen Schlachthäusern durchführen, die Häute aber zentral erfassen und konservieren. In der Verwertungszentrale in Zürich werden seit einiger Zeit etwa 60 % der in der Schweiz anfallenden Häute angefahren, zentral entfleischt und durch Salzen im Mischer konserviert (S. 130)[52]. Auch der Ausschuß für wirtschaftliche Fertigung im VGCT[53] hat vor einigen Jahren Vorschläge nach dieser Richtung mitgeteilt. Wenn dabei auch an eine weitergehende Verarbeitung der Häute in diesen Zentralen bis zur Blöße gedacht war, worauf im folgenden Abschnitt noch eingegangen wird, so sollen doch hier schon die Gedanken zur eigentlichen Zusammenführung in Zentralen kurz wiedergegeben werden. Danach war geplant, in der BRD zehn bis zwölf Zentralen mit einem Einzugsgebiet von je etwa 100 bis 150 km Durchmesser zu errichten. In den Schlachthäusern und Großschlächtereien werden die Häute unsortiert, aber mit einer Kurzzeitkonservierung (S. 138) in Containern gesammelt, in zeitlich festgelegten Abständen abgeholt, in den Zentralen sortiert und dann entweder entfleischt und lakenkonserviert oder gemäß den Vorstellungen dieses Ausschusses auch zu Blößen oder Wet-blue-Ware weitergearbeitet.

Abschließend sei hier noch der Vollständigkeit halber angeführt, daß in allen größeren Rindboxbetrieben der USA im Schlachthaus entfleischte Häute verarbeitet werden und daß diese Verarbeitung zur vollen Zufriedenheit erfolgt. Ob dabei nachentfleischt werden muß, wird unterschiedlich beurteilt, aber für die Zukunft scheint mir eine einwandfrei saubere Entfleischung für solche Ware unbedingte Voraussetzung. Soll der Gerber einen höheren Preis bezahlen, muß er auch verlangen, nicht noch einmal in der Wasserwerkstatt nachentfleischen zu müssen. Jullien[50] bestätigt, daß das ohne weiteres erreicht werden kann. Zum anderen soll hier nochmals betont werden, daß für die Verarbeitung von am Schlachthaus vorentfleischter Ware auch die Technologie geändert werden muß, denn durch die Vorentfleischung wirkt insbesondere der Äscher rascher und intensiver und bewirkt daher einen kräftigeren Äscheraufschluß. Wenn gelegentlich behauptet wurde[29], vorentfleischte Rohware liefere grundsätzlich weichere Leder, so zeigt das nur, daß dieser Faktor nicht genügend beachtet wurde.

5. Zentrales Enthaaren, Herstellung von Wet-blue- oder Crust-Leder

Der Gedanke, die Wasserwerkstattarbeiten oder einen Teil davon schon in den Schlachthäusern oder in getrennten Betrieben »neben dem Schlachthaus« durchzuführen, ist nicht neuartig. Auf dem Kleintierfellgebiet, insbesondere bei Schaffellen, hat sich eine Aufteilung in Blößenherstellung mit anschließender Pickelkonservierung im Ursprungsland und Weiterverarbeitung in den Lederfabriken seit langem eingespielt, auch für Rindhäute ist diese Möglichkeit in vielen Gremien wiederholt diskutiert worden[29, 54], und ich habe in Ostasien vielfach gepickelte Rindblößen gesehen. Die Vorteile liegen auf der Hand. Durch die fachgerechte Beurteilung der Rohhaut beim Einkauf einschließlich der Beschaffenheit und Fehler des Narbens würde eine bessere Qualitätssortierung möglich und damit das Risiko des Rohhauteinkaufs wesentlich vermindert. Man könnte Sortimente nach Bedarf kaufen und damit für hochwertige Lederqualitäten auch zuverlässig hochwertige Rohware erhalten und nicht ein Sortiment, das dann nach Entfernung der Haare doch nur zu einem Teil für den gedachten Zweck geeignet ist. Für solche Zentralen könnten wesentlich rationeller arbeitende Maschinen, z. B. Durchlaufentfleischmaschinen, eingesetzt werden, für deren Amortisation ein hoher Mengendurchlauf notwendig wäre, der in den meisten Lederfabriken nicht gegeben ist. Auch von der Abwasserseite her würden solche Verfahren entscheidende Vorteile bieten, da die Wasserwerkstattabwässer mit ihrem hohen Sulfid- und Proteingehalt dann nur noch an wenigen Stellen zentral anfallen würden, so daß die Abwässer der Gerbereien selbst erheblich entlastet würden. Insgesamt würde die Enthaarung der Rohhaut vor dem Einkauf in besonderen Zentralen unschätzbare Vorteile bieten.

In den USA ist dieser Weg schon seit Jahren in kleinerem Umfange beschritten worden. In einer Studie des US-Department of Agriculture[53] wird über die in einigen Versuchsanlagen gewonnenen Erfahrungen und die entstehenden Kosten für Einrichtung und Betrieb berichtet. Thompson[37] berichtete von drei USA-Konservenfabriken, die die Häute gleich enthaaren und dann gepickelt liefern würden, wobei er als Vorteile anführt, daß die Beschaffenheit der Häute beim Einkauf besser zu bewerten sei, keine Salzflecken und sonstigen Konservierungsfehler mehr auftreten würden und die Transportkosten weiter reduziert seien. Die Blößen würden im gepickelten Zustand von den Gerbereien übernommen, wobei das größte Problem darin bestünde, einen für alle Verwendungsgebiete passenden Äscher- und Pickelprozeß zu entwickeln.

Damit sind wir bei den beiden wesentlichen Fragen für die Einrichtung solcher zentralen Anlagen, die Art der Haarlockerung und die Art der nachfolgenden Konservierung. Für die *Enthaarung* bieten sich grundsätzlich zwei Wege an, die sich durch die Intensität der Äscherung unterscheiden. Im ersten Fall wäre ein Äscher mit einer solchen Intensität durchzuführen, daß zugleich mit der Haarlockerung auch schon ein genügender Äscheraufschluß des Fasergefüges für die Mehrzahl der Verwendungszwecke verbunden ist, so daß sich ein Nachäscher in der Gerberei in den meisten Fällen erübrigt. Man kann heute durch Variationen bei der Naßzurichtung, insbesondere auch durch die Variationsmöglichkeiten bei der Nachgerbung den Ledercharakter so weitgehend beeinflussen, daß im allgemeinen mit einem einheitlichen Äscher von mittlerer Intensität gearbeitet werden kann. Im zweiten Fall wäre eine Entfernung der Haare ohne nennenswerten Äscheraufschluß durchzuführen, so daß dann in jedem Fall ein individueller Nachäscher in der Gerberei durchgeführt werden muß. Es wird ja seitens der Praxis immer wieder behauptet, daß besonders für die Herstellung höchstwertiger vollnarbiger Anilin-Leder auf den individuellen Äscher nicht verzichtet werden könne, und der zweite Weg schließt diese Möglichkeit ein. Allerdings fallen dann wieder alkalische Abwasser in der Gerberei an, die indessen insofern eine erheblich günstigere Beschaffenheit als bisher besitzen, als auf die Mitverwendung von Schwefelnatrium verzichtet werden kann (statt dessen wird neben Kalkhydrat als schwellendes Agens Ätznatron eingesetzt), und außerdem der Proteingehalt geringer ist, da die Haare bereits entfernt sind. Wir haben für beide Wege Rahmentechnologien entwickelt[21], die in den Tabellen 2 und 3 wiedergegeben sind. In beiden Fällen war das angefallene Hautmaterial zunächst entweder im Faß (400% kaltes Wasser; 5 U/min; 20 min) oder in der USA-Waschtrommel (S. 132) gründlich gewaschen, entfleischt und entmistet worden. Die erhaltenen Blößen waren stets durch Faßsalzung konserviert worden, auf die verschiedenen Konservierungsverfahren wird später noch eingegangen. Die nach dem ersteren Verfahren gewonnenen Blößen konnten nach Auswaschen des Salzes sofort mit Beize und anschließendem Pickel bearbeitet werden, aber die Möglichkeit eines Nachäsches war nicht ausgeschlossen. Im zweiten Fall muß natürlich in jedem Falle bei der Lederherstellung noch ein Äscherprozeß zur Auflockerung des Fasergefüges durchgeführt werden. Die Qualität der aus den Blößen erhaltenen Leder war in beiden Fällen einwandfrei. Ich würde allerdings das erste Verfahren schon aus Abwassergründen vorziehen.

Noch einige kurze Hinweise zu den *eingesetzten Geräten.* Wir haben unsere Entwicklungen im normalen Faß durchgeführt, wobei beim zweiten Verfahren unter Umständen zu empfehlen ist, bei der Neutralisation durch Anbringung einer Absaugvorrichtung an eine hohle Achse des Fasses oder durch Oxidation unter Einsatz von Mangansulfat der Gefahr von Schwefelwasserstoffbelästigungen auf alle Fälle zu begegnen (S. 225). Natürlich können aber auch alle anderen bei der Lederherstellung üblichen Gerätearten wie Mischer, in Segmenten unterteilte Fässer usw. eingesetzt werden. Die Vor- und Nachteile all dieser Gefäße werden bei Besprechung der Rationalisierung der Naßarbeiten (S. 152ff.) noch ausführlich behandelt, so daß auf die dortigen Angaben verwiesen sei. Auf alle Fälle ist aber empfehlenswert, die Geräte mit einer *Prozeßsteuerung* (S. 171) zu versehen, um die Gewähr zu haben, daß von Partie zu Partie wirklich einheitlich gearbeitet wird, denn nur so ist eine zuverlässige Abstimmung der Technologien in den Lederfabriken gewährleistet. Man hätte dann auch die Möglichkeit, von der Zentrale her Blößenmaterial mit unterschiedlichem Äscheraufschluß anzubieten, ja Firmen, die laufend Blößen abnehmen, könnten sogar ihre eigene Äschermethode in die Steuerung eingeben. Solche Steuergeräte machen also das Arbeiten in Zentralen nicht starrer, sondern im Hinblick auf die Wünsche der Abnehmer nur beweglicher.

Schließlich kann für die zentrale Blößenherstellung auch das *Darmstädter Durchlaufverfahren* eingesetzt werden, das speziell für diesen Zweck z. Z. in der Erprobung ist. Dabei erfolgt eine Sprühschwöde mit 10%iger Schwefelnatriumlösung, nach 10 bis 20 Minuten eine Entfernung des Haarschlammes durch Abstreifen und anschließend eine Sprühkonservierung mit Natriumchlorit in alkalischem Bereich (pH 8,5 bis 9). Der Haarschlamm wird einem Reaktor zur Neutralisierung und Regenerierung von Natriumsulfid zugeführt. Die Blößen können in der so konservierten Beschaffenheit nach den Angaben der Erfinder über mehrere Monate ohne Nachteil gelagert werden. Über dieses Verfahren wird an späterer Stelle noch ausführlich berichtet (S. 252).

Nun zu *Konservierung.* Für Schaf- und Ziegenblößen hat sich die Verwendung eines *Säure-Salz-Pickels* mit etwa 1,5 bis 2 % Schwefelsäure und 12 bis 14 % Salz auf Pickelvolumen seit langem eingeführt, wobei die Schwefelsäure den pH-Wert des Hautmaterials soweit herabsetzen muß, daß Fäulnisschäden weitgehend verhindert werden, und das Salz neben einer eigenen konservierenden Wirkung vor allem eine unerwünschte Säurequellung verhindert.

Tabelle 2: Enthaarung mit vollem Äscheraufschluß.

Das Hautmaterial wird zunächst gewaschen, entmistet und entfleischt und dabei gleichzeitig abgewelkt. Es wird mittels Faßschwöde und -äscher enthaart.

14.00 Uhr	20 % Wasser 32 °C 1,5 % NaSH flüssig 0,3 % netzendes Äscherhilfsmittel Mit 2 U/min 15 min laufen lassen, 15 min stehen lassen
14.30 Uhr	2,5 % Na_2S konz. 3,0 % $Ca(OH)_2$ Mit 2 U/min ständig laufen lassen
15.00 Uhr	Mit 2 U/min alle 0,5 Std. 5 min laufen lassen (Automatik)
16.30 Uhr	25 % Wasser von 30 °C zugeben. Mit 2 U/min ständig laufen lassen
16.50 Uhr	25 % Wasser von 30 °C zugeben. Mit 2 U/min ständig laufen lassen
17.10 Uhr	25 % Wasser von 30 °C zugeben. Mit 2 U/min ständig laufen lassen
17.30 Uhr	125 % Wasser von 30 °C zugeben. Mit 2 U/min alle Stunde 5 min laufen lassen (Automatik)
	Am nächsten Morgen diskontinuierlich spülen und entkälken
6.30 Uhr	Äscherflotte ablassen. Mit 300 % Wasser von 30 °C füllen. 10 min walken, dann Flotte wieder ablassen. (Entfernung der Haarreste und des Hauptschmutzes)
6.50 Uhr	Waschen mit 300 % Wasser von 30 °C bis zur Achse. 5 U/min
7.05 Uhr	Entleeren durch Rückwärtslauf. 5 U/min
7.15 Uhr	Waschen mit 300 % Wasser von 30 °C bis zur Achse. 5 U/min
7.30 Uhr	Entleeren durch Rückwärtslauf. 5 U/min. Etwa 15 % Wasser bleiben im Faß zurück
7.40 Uhr	1. Vorwärtslauf 5 U/min 2. Genügende Menge eines Entkälkungsmittels, das leichtlösliche Kalksalze liefert[56], in 15 % Wasser über pH-Steuerung so zugeben, daß der pH-Wert nicht unter 5 absinkt 3. 0,2 % Hydrophan AS (Kempen) zugeben
7.45 Uhr	Heizung bis 8.40 Uhr auf 30 °C eingestellt
8.40 Uhr	Entleeren der Flüssigkeit durch Rückwärtslauf 10 U/min
8.50 Uhr	Waschen mit 300 % Wasser von 30 °C bis zur Achse. 10 U/min
9.05 Uhr	Entleeren durch Rückwärtslauf 10 U/min. Etwa 15 % Wasser bleiben im Faß zurück

Anschließend konservieren unter Bewegung im Faß (S. 130) mit 40 % Salz. Zugabe ½ sofort, ½ nach 1 Std. Faß läuft 2 Std. mit 5 U/min, dann bis zum nächsten Morgen alle Stunde 10 min Blößen abwelken, mit 10–15 % Salz trocken nachsalzen, bündeln, versandfertig.

Bei sachgemäß gepickelten Blößen sollte der pH-Wert des wässerigen Auszugs bei 2,0, keinesfalls über 2,5, der Wassergehalt zwischen 40 und 60 % liegen. Da Schimmelpilze relativ säureresistent sind, werden zur Verhütung eines Schimmelbefalls oft noch Fungizide zuge-

Tabelle 3: Enthaarung ohne stärkeren Äscheraufschluß.

Das Hautmaterial wurde zunächst gewaschen, entmistet und entfleischt und dabei gleichzeitig abgewelkt. Die Entfernung der Haare erfolgt mittels Faßschwöde unter ausschließlicher Anwendung von Schwefelnatrium.

12.00 Uhr	20 % Wasser 32 °C 1,5 bis 2 % Na_2S konz. Mit 2 U/min 1 Stunde laufen lassen. Dann sind die Haare restlos zerstört
13.00 Uhr	Flotte ablassen. Mit 300 % Wasser von 30 °C 5 min walken, dann Flotte wieder ablassen (Entfernung der Haarreste und des Hauptschmutzes)
13.30 Uhr	Waschen mit 300 % Wasser von 30 °C, wobei der pH-Wert der Flotte mittels Automatik durch Salzsäurezugabe (1:10) auf pH 9 einreguliert wurde, um die aufgenommene Sulfidmenge weitgehend zu neutralisieren. 5 U/min
14.00 Uhr	Entleeren durch Rückwärtslauf. 5 U/min
14.10 Uhr	Waschen mit 300 % Wasser von 30 °C unter pH-Regulierung wie oben. 5 U/min
14.40 Uhr	Entleeren durch Rückwärtslauf. 5 U/min
14.55 Uhr	Nochmals kurz mit 100 % Wasser von 30 °C waschen
15.10 Uhr	Entleeren durch Rückwärtslauf 5 U/min. Etwa 15 % Wasser bleiben im Faß zurück. Die Blößen reagieren im Schnitt vollkommen neutral

Anschließend konservieren unter Bewegung im Faß (S. 130) mit 40 % Salz. Zugabe ½ sofort, ½ nach 1 Std. Faß läuft 2 Stunden mit 5 U/min, dann bis zum nächsten Mittag alle Stunde 10 min Blößen abwelken, mit 10 bis 15 % Salz trocken nachsalzen, bündeln, versandfertig.

setzt. Erwähnt sei hier auch der Vorschlag von Noethlichs[57], unter Verwendung von nichtschwellenden Säuren »Trockenpickelblößen« herzustellen, denen als Vorteile insbesondere bei langen Transportwegen ein wesentlich geringeres Transportgewicht und geringere sekundäre Veränderungen (s. u.) zugeschrieben werden. Das Pickelverfahren wird in den USA und in Ostasien auch für die Konservierung von Rindhautblößen eingesetzt, doch muß berücksichtigt werden, daß namentlich in den USA die Lagerzeiten nur relativ gering sind. Aber auch in anderen Vorschlägen, so in der Ausarbeitung des Ausschusses für wirtschaftliche Fertigung im VGCT[53] ist eine Pickelkonservierung für Rindhautblößen vorgesehen.

Man muß sich aber darüber klar sein, daß eine Pickelkonservierung nur eine Lagerung von beschränkter Dauer gestattet. Säuren bewirken eine gewisse Säurehydrolyse und damit bei längerer Lagerung ebenfalls einen Aufschluß des Hautfasergefüges (was übrigens bei der Pelzzurichtung zur Weichmachung ausgenutzt wird), wenn auch nicht so rasch und intensiv wie Alkalien. Auch bei Kleintierfellen werden aus Blößen, die längere Zeit gepickelt gelagert haben, erheblich weichere Leder erhalten und die Festigkeitseigenschaften werder geringer. Auch bei gepickelten Rindhautblößen sind nach allen vorliegenden Erfahrungen bei längerer Lagerung Gefahren für die Festigkeitseigenschaften, Narbenglätte und Narbenfülle nicht auszuschließen. Zum anderen muß man sich bei einer Pickelkonservierung im klaren sein, daß man dann auf einen Nachäscher grundsätzlich verzichten muß. Geht man bei einem Blößenmaterial, das nach der alkalischen Äscherbehandlung durch den Pickel sauergestellt wurde, zum Zwecke eines Nachäschers nochmals ins alkalische Gebiet zurück, so ist mit Sicherheit mit ungenügender Narbenglätte, Narbenzug und verkrampften Narben zu rechnen. Nach meiner Meinung wird man zwar aus den oben dargelegten Gründen meist ohne einen nochmaligen Nachäscher auskommen, wenn bei der Enthaarung ein genügender Äscheraufschluß herbeigeführt wurde, aber wenn man die Möglichkeit eines Nachäschers nicht ausschließen will, dann ist eine Pickelkonservierung unzweckmäßig.

Heidemann und Nandy[58] haben mehrfach über Verfahren zur Blößenkonservierung berichtet, wobei sie eine *Trocknung* oder »Halbtrocknung« der Blößen mit oder ohne Formaldehydangerbung und mit oder ohne Weichhilfe durch anionische und nichtionogene Netzmittel prüften. Ich halte aber Trockenverfahren, insbesondere bei Rindblößen, in der Durchführung im Vergleich zu anderen Konservierungsmethoden für zu arbeitsaufwendig, und eine Mitverwendung von gerbend wirkenden Bestandteilen muß bei allen Konservierungen an Rohhaut und Blöße grundsätzlich ausscheiden. Außerdem stellten auch Heidemann und Nandy Gefahren durch ein unruhiges Narbenbild, ungünstige Narbenglätte und unter Umständen auch Narbenzug fest. Dagegen könnte eine *Salzkonservierung* ohne weiteres in Betracht kommen. Wir haben sie bei unseren Verfahren (Tabelle 2 und 3) mit Erfolg eingesetzt, wobei der arbeitsmäßige Vorteil darin bestand, daß diese Konservierung ohne Gefäßwechsel direkt im Anschluß an Enthaarung und Entkälkung vorgenommen werden kann. Aber auch die Konservierung unter *Einsatz bakterizid wirkender Stoffe,* die für die Rohhaut in Form einer Kurz- oder Langzeitkonservierung an früherer Stelle beschrieben wurde (S. 138), kann in gleicher Weise auch für die Blößenkonservierung eingesetzt und hier ebenfalls ohne Gefäßwechsel durchgeführt werden und ist sicher einer Pickelkonservierung vorzuziehen.

Nun bliebe abschließend noch die Möglichkeit zu erörtern, auf eine Konservierung ganz zu verzichten und in den Zentralen, die das Entmisten, Entfleischen und Enthaaren durchführen, im unmittelbaren Anschluß daran auch eine Chromgerbung oder Gerbung mit pflanzlichen und synthetischen Gerbstoffen durchzuführen. Wir kämen dann zu den sog. Wet-blue- bzw. Crustledern. Diese Begriffe seien kurz erläutert. *Wet-blue-Leder* sind Leder, die bereits eine Chromgerbung erfahren haben, aber nicht weiter zugerichtet sind. Da man Chromleder in dieser Beschaffenheit nicht trocknen kann, werden sie im feuchten Zustand verkauft und müssen gut verpackt sein (Polyäthylenfolien), um ein partielles Austrocknen zu vermeiden. *Crustleder* sind ursprünglich pflanzlich vorgegerbte und nach der Gerbung aufgetrocknete Kleintierfelle, die nach den Zollvorschriften nach der Gerbung nur ein Spalten, Auswaschen, Entwässern, Abwelken, Ausrecken, Bleichen und Trocknen, dagegen keine weitere Zurichtung erfahren haben dürfen. Dieser Begriff wurde inzwischen auch auf Großviehhäute ausgedehnt und wird neuerdings zolltechnisch auch für chromgegerbte Leder verwendet, lediglich mit der Ausweitung, daß sie bei oder nach der Gerbung auch eine gewisse Fettung erfahren haben dürfen, um sie überhaupt auftrocknen zu können. Im Welthandel hat der Begriff sich immer mehr verschoben, und man versteht darunter heute meist Leder, die die gesamte Naßzurichtung durchlaufen haben, getrocknet, angefeuchtet, gestollt und unter Umständen sogar von der Narbenseite geschliffen wurden, obwohl man hierfür besser den spanischen Begriff »Semiterminatos« verwenden sollte.

Wet-blue- und Crustleder haben inzwischen weltweite Bedeutung erlangt, weil viele Überseeländer, die früher als Rohhautliefernaten in Frage kamen, heute im Hinblick auf die Entwicklung einer eigenen Lederindustrie die Rohhautausfuhr gesperrt haben, um so durch Lieferung in der Wet-blue- oder Crustform zunächst einen Teil des Fertigungsprozesses selbst zu übernehmen. Da aber die Vorgeschichte dieser Produkte meist nicht bekannt ist und der europäische Weiterverarbeiter, wenn er nicht den Weg einer partnerschaftlichen Zusammenarbeit (S. 24) beschritten hat, keine Möglichkeit hat, die dortigen Prozeßstadien seinem Wunsche gemäß zu beeinflussen, ist die gelieferte Ware oft von sehr unterschiedlicher Beschaffenheit und bereitet daher in der Weiterverarbeitung erhebliche Schwierigkeiten. Hier wären klare, international anerkannte Richtlinien für die Anforderungen an diese Halbprodukte und eine enge Zusammenarbeit der gerbenden und der zurichtenden Betriebe dringend erforderlich, um Fehlleitungen zu vermeiden und eine wirklich sachgerechte Abstimmung zu erreichen.

Diese Schwierigkeiten wären in den vorgeschlagenen Zentralen zu vermeiden, insbesondere wenn – wie oben bereits für die Enthaarung vorgeschlagen (S. 145) – die Arbeitsgefäße in den Zentralen mit guter Prozeßsteuerung versehen würden. Dann wäre eine Gewähr dafür gegeben, daß die Zentralen stets Produkte mit einheitlich festgelegter und exakt eingehaltener Vorgeschichte liefern, auf die dann die Weiterverarbeitung zuverlässig eingestellt werden kann. Bei laufender Abnahme von der gleichen Zentrale könnte diese auch Sonderwünsche bei der Prozeßsteuerung berücksichtigen. Eine solche Regelung würde zunächst nur den einheimischen oder den EG-Bereich erfassen, sie könnte aber auf lange Sicht auch zu entsprechenden Vereinbarungen mit überseeischen Lieferanten führen und damit einen Weg weisen, die heute hier bestehenden Schwierigkeiten zu überwinden. Weitere Vorteile solcher Zentralen lägen in der zusätzlichen Prozeßrationalisierung und in der Tatsache, daß die Abwasserprobleme durch den zentralen Anfall des Abwassers (mit Ausnahme derer aus der Naßzurichtung) für die weiterverarbeitenden Betriebe weitgehend entfielen. – Erwähnt sei hier, daß in Deutschland und sicher auch in anderen europäischen Ländern seit einigen Jahren schon aus Gründen der Abwasserkosten einige Lederfabriken ausschließlich oder zusätzlich Wet-blue-Ware herstellen, während andere Betriebe sich auf reine Zurichtung spezialisiert haben. Damit ist der Gedanke der Zentralen auf etwas anderer Basis bereits verwirklicht worden.

Im Auftrage des Ausschusses für wirtschaftliche Lederfertigung des VGCT hat Zäpfel[59] einen *Vorschlag für eine Zentrale zur Herstellung von Pickelblößen* aus Rindhäuten mit einer Kapazität von 10000 Rindhäuten/Monat bzw. 500 Häuten/Tag mit durchschnittlichem Grüngewicht von 30 kg erstellt. Der Grundriß in Abb. 84 läßt die wesentlichen Arbeitsetappen erkennen. Über die Pläne für die Erfassung und Kurzzeitkonservierung des Hautmaterials wurde bereits früher berichtet (S. 143). Es wird nach dem Eintreffen sortiert und in genormten Kastenpaletten 1200 × 800 × 400 mm (S. 93) für je 200 Rindhäute in Hochregalen mit einer Lagerkapazität von 5000 Rindhäuten gelagert. Für die Gewichtsfeststellung der Partien steht eine Zeiger-Brückenwaage zur Verfügung. Das Weichen und Äschern erfolgt in zwei rotierenden Gefäßen mit je 7,5 t Beladung und automatischer Steuerung der Temperatur und der Lauf- und Pausenzeiten. Die Blößen werden dann auf Paletten geladen, entfleischt, beschnitten und in zwei rotierenden Gefäßen mit je etwa 5,75 t Blößengewicht entkälkt, gebeizt und gepickelt, wobei der Prozeßablauf lochkartengesteuert wird. Die Pickelblößen werden dann entladen, abgewelkt und auf Paletten bis zum Abtransport

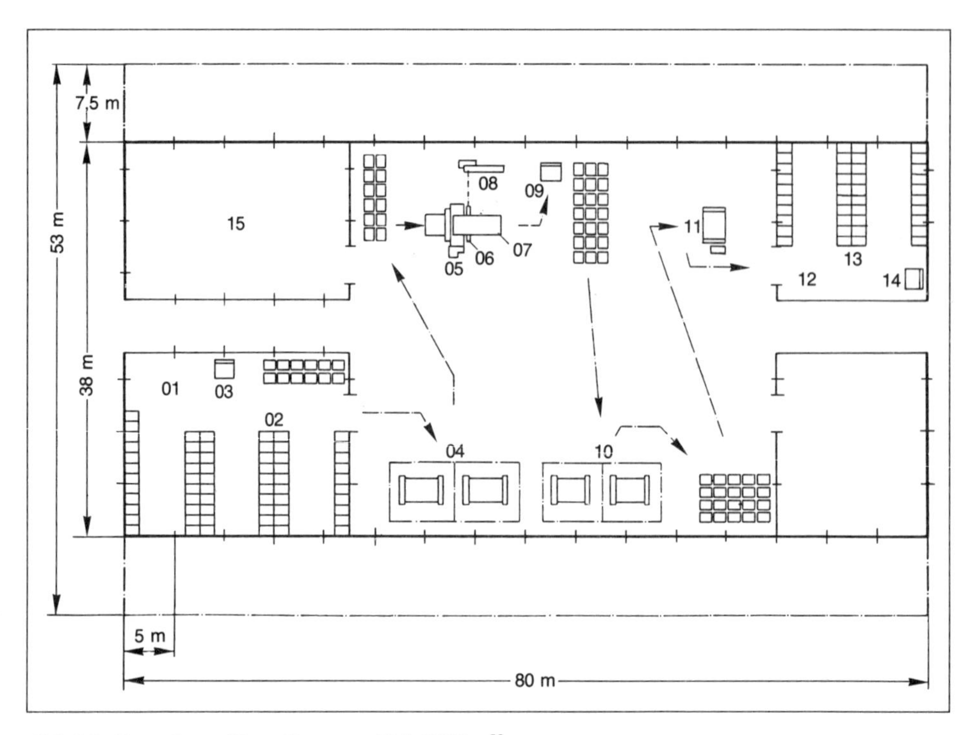

Abb. 84: Zentrale zur Herstellung von Pickelblößen[59].
01 = Rohwarenlager, 02 = Hochregal (Paletten), 03 = Zeiger Brückenwaage, 04 = Äschermaschinen 16 m³, 05 = Entfleischmaschine EF 3100, 06 = Leimlederförderer, 07 = Hakentransporteur, 08 = Leimlederpresse, 09 = Zeiger Brückenwaage, 10 = Gerbmaschine 12 m³, 11 = Abwelkpresse, 12 = Lagerraum, 13 = Hochregal (Paletten), 14 = Zeiger Brückenwaage, 15 = Chemikalienlager.

Abb. 85: Bock zum Halbieren von Rindhäuten.

gelagert. Natürlich könnte aber hier auch bis zum Wet-blue-Zustand weitergearbeitet werden. Über die Einschränkungen bei einer Pickelkonservierung wurde oben bereits berichtet, eine Konservierung mit Salz oder Bakteriziden wäre aber ebenso einfach durchführbar. Eine weitere Rationalisierung des Prozeßablaufs könnte dadurch erreicht werden, daß das Hautmaterial schon vor der Einarbeitung entmistet und entfleischt würde (S. 140), so daß dann in einem Arbeitsgang bis zum Pickel bzw. zur Chromgerbung durchgearbeitet werden könnte und damit das arbeitsaufwendige Zwischenentleeren entfallen würde.

6. Lagerung der Rohhäute und Pickelblößen

Die eingehenden Rohhäute oder Pickelblößen werden meist zunächst entbündelt, nach Abklopfen anhaftenden Salzes auf erkennbare Fehler untersucht, gewogen und dann, falls notwendig, mit frischem Salz wieder nachgesalzen. Die Waage ist wegen Rostgefahr häufig zu reinigen, zu ölen und von Zeit zu Zeit mit Rostschutzanstrich zu versehen. Bei längerer Lagerung werden die Häute oft flach in Stapeln mit einer Stapelhöhe von maximal 1 bis 1,2 m gelagert und zwar auf Holzroste, nicht direkt auf den Zementboden, damit die Luft auch von unten durchziehen kann und die Ansammlung von Feuchtigkeit vermieden wird. Meist erfolgt die Lagerung aber im zusammengeschlagenen Zustand auf Paletten. Über die dabei verwendete Lagertechnik mit oder ohne Regale und über die dabei verwendeten Fördermittel wurde bereits früher berichtet, so daß auf diese Ausführungen verwiesen sei (S. 117).

Die Lagerräume sollten kühl und luftig sein, die Lagertemperatur möglichst nicht über 15 °C, die relative Luftfeuchtigkeit nicht über 70, allerhöchstens 80 % liegen, aber auch nicht zu gering sein, da sonst die Haut austrocknet. Zur Vermeidung von Erhitzungen ist ein Lagern in direktem Sonnenlicht und mit zu hohen Stapeln (nicht über 1 bis 1,5 m) zu vermeiden. Gute Be- und Entlüftungsanlagen sind zweckmäßig, bei längerer Lagerung werden die Lagerräume oft mit Kühlaggregaten und Luftbefeuchtern (S. 398) versehen. Bei Einhaltung dieser Lagerbedingungen ist eine Lagerung getrockneter und gesalzener Rohware über lange Zeitspannen möglich, ohne daß die Qualität der Häute leidet. Bei Lagertemperaturen über 20 °C reicht dagegen erfahrungsgemäß auch eine intensive Kochsalzbehandlung nicht aus, um Fäulnisschäden restlos zu verhüten. Über die Veränderungen, die Pickelblößen bei längerer Lagerung erfahren, wurde bereits an anderer Stelle berichtet (S. 147).

Im Häutelager werden meist auch die Produktionspartien aus nach Provenienz, Gattung und Gewicht möglichst gleichartigem Hautmaterial zusammengestellt und die Partiegewichte ermittelt. Beim Halbieren der Häute gestattet die Verwendung von Böcken gemäß Abb. 85 eine rasche Arbeitsweise und sichere Messerführung. In manchen Fällen werden die einzelnen Häute schon am Rohhautlager mit den Partienummern gekennzeichnet, über geeignete Stempelgeräte wird an späterer Stelle (S. 270) berichtet. Für die Transport-Rationalisierung der meist wieder auf Paletten gestapelten Produktionspartien kommen je nach den betrieblichen Möglichkeiten Elektrohubwagen (S. 96), Elektrogabelstapler (S. 96), Kreisförderer (S. 105) mit Abwurfhaken (S. 134), Bandförderer (S. 103), Hängebahnen (S. 106) oder Laufkrane (S. 108) in Betracht. Ein Bandtransport wird vielfach gleichzeitig auch zum Kontrollieren, Sortieren und Beschneiden der eingehenden Rohware verwendet, in anderen Fällen werden Scheren-Hubtische (S. 115) zur Erleichterung der Sortierarbeit eingesetzt.

V. Rationalisierung der Naßarbeiten

Die Naßarbeiten bei der Lederherstellung umfassen zwei Arbeitsbereiche, einmal die Arbeiten der Wasserwerkstatt und Gerbung, also vom Beginn des Weichprozesses bis zum Ende des Gerbvorganges, und andererseits die Prozesse der Naßzurichtung, also Neutralisation, Nachgerbung, Färbung und Fettung. Diese Arbeiten werden entweder in ruhendem Zustand in Gruben oder unter Bewegung im Faß, den verschiedenen Abwandlungen des Fasses, im Haspelgeschirr oder im Mischer durchgeführt. Bei der Fragestellung dieses Buches interessieren beim Arbeiten in der Grube allerdings nur die Verfahren, die mit reiner Brühenbehandlung arbeiten, nicht dagegen die früher oft übliche Arbeitsweise in Versenken oder Versätzen, da diese Arbeitsweise zu arbeitsaufwendig ist, sich jeder Mechanisierung widersetzt und auch ihren Sinn verloren hat, da man durch Einsatz von Gerbextrakten die Brühenkonzentration in jedem Gerbstadium nach Wunsch variieren kann und daher der Einbau von Gerbstoffreserven durch eingestreute Lohe nicht mehr erforderlich ist und die Gerbstoffverluste unnötig erhöht. Für alle anderen Arbeitsgeräte werden in den folgenden Abschnitten ausführliche Angaben über die Möglichkeiten der Mechanisierung und Automatisierung gemacht.

1. Naßarbeiten im Faß

Das Faß ist heute immer noch das meistverwendete Reaktionsgefäß bei den Naßarbeiten, aber es hat manche Wandlungen erfahren. Es wird heute in den verschiedensten Ausführungen hergestellt, was Material, Größe, Antrieb und Einbauten anbetrifft. Das *klassische Baumaterial ist Holz,* das den Vorteil hat, relativ billig zu sein. Weiches Holz ist ungeeignet; porös und wenig widerstandsfähig. Das Holz für Fässer muß hart und kompakt sein, hohes spezifisches Gewicht aufweisen und langsam getrocknet sein. Meist werden Lärchen- oder Kiefernholz, aber auch dichte, meist afrikanische Hartholzarten verarbeitet, während Eichen-, Pitchpine- und Teakholz normalerweise wegen des hohen Preises ausscheiden. Die Wandstärke liegt zwischen 60 und 90 mm. Holzfässer sind insbesondere geeignet, solange im gleichen Faß immer der gleiche Arbeitsprozeß mit gleichen Chemikalien in relativ engem pH-Bereich durchgeführt wird. Wird dagegen hintereinander eine Vielzahl ganz unterschiedlicher Arbeitsprozesse mit pH-Schwankungen zwischen 1 und 13 vorgenommen, so ist es sowohl für die Haltbarkeit der Fässer wie für eine klare Trennung der einzelnen Produktionsstufen und eine exakte Dosierung der Chemikalien wenig sinnvoll, ein Baumaterial zu verwenden, das die Flüssigkeit und die darin gelösten Chemikalien teilweise aufsaugt.

Daher findet man in aller Welt auch *Kunststoff-Fässer* aus glasfaserverstärktem Polyesterharz[60]. Ob sie eingesetzt werden, ist in erster Linie eine Preisfrage. Kunststoff-Fässer sind stets teurer als Holzfässer, haben aber den Vorteil, daß die Faßwände die gelösten Chemikalien nicht aufnehmen, so daß eine Einsparung an Chemikalien, eine zuverlässigere Dosierung und eine klare Trennung der einzelnen Fabrikationsstufen erreicht wird. Man kann auch völlig voneinander abweichende Farbtöne im gleichen Faß färben, und bei den glatten Wänden ist die Gefahr eines Wundscheuerns des Hautmaterials stark vermindert. Der Kraftbedarf ist geringer (S. 169), die Wärmeabstrahlung dagegen etwas größer. Bisweilen wurde auch versucht, Holzfässern durch Druckimprägnierung des Holzes mit Kunstharzen die Vorteile von Kunststoff-Fässern zu geben.

Insbesondere bei den Arbeiten der Wasserwerkstatt und bei der Gerbung wird heute meist mit hohen Partiegrößen von 5 bis 10 t Hautmaterial, teils auch noch mehr, gearbeitet, während bei der Naßzurichtung im Hinblick auf eine individuellere Behandlung (S. 32) meist kleinere Partiegrößen gewählt werden. So ist für den ersten Bereich auch die *Faßgröße* immer mehr angestiegen, in Tabelle 4 sind die Daten für die heute üblichen Faßgrößen zusammengestellt. Fässer dieser Größe wurden früher nur bei der Ausgerbung pflanzlich gegerbter Rindleder verwendet. Das größte Faß, das ich bisher gesehen habe, stand in Brasilien und hatte 4,5 m Durchmesser, 7,5 m Breite, und entsprach etwa 120 m³ Inhalt. Es besaß zwei große Öffnungen zum Füllen und Entleeren und wurde zum Äschern mit 17 bis 18 t Rohware und 250 % Flotte gefüllt.

Tabelle 4: Größe und Nutzvolumen von Fässern.

Lichte Maße in m (∅ × Breite)	Inhalt m³	Nutzvolumen m³ bis zur hohlen Achse	Füllung in t bei 100 % Flotte
3,0 × 2,5	17,7	8	4
3,0 × 3,0	21,2	10	5
3,0 × 4,0	28,3	14	7
3,5 × 3,5	33,7	16	8
3,5 × 4,0	38,5	19	9,5
4,0 × 4,0	50,2	25	12,5
4,0 × 4,5	56,5	28	14
4,0 × 5,0	62,8	31	16

Die Angaben beziehen sich auf lichte Maße. In den Angeboten der Lieferfirmen werden oft die äußeren Maße angegeben. Dann liegt das Nutzvolumen um etwa 20 % niedriger.

Das Nutzvolumen in Tabelle 4 bezieht sich auf eine Füllung bis zur hohlen Achse. Bei verschließbaren Achsen, wie man sie in der Praxis oft findet, kann die Füllung (Hautmaterial + Flotte) bis zu 90 % des Faßvolumens gesteigert werden. Das ist zur besseren Raumausnutzung insbesondere dann zu empfehlen, wenn eine Vielzahl von Teilprozessen hintereinander durchgeführt wird, aber nur ein Teilvorgang (z. B. das Äschern) mit längerer Flotte, die anderen mit Kurzflotten durchgeführt werden. Weitere Einzelheiten darüber werden an späterer Stelle (S. 173) behandelt. Bei Fässern für die Naßzurichtung beträgt der Durchmesser meist 2 bis 2,5 m, die Breite 1,5 bis 2,5 m.

Die Fässer sind meist freihängend drehbar auf Ständern gelagert. Bisweilen findet man auch Fässer mit Rollenauflage, insbesondere bei größeren Faßdimensionen (S. 197), doch hat sich diese Art der Aufstellung nicht sehr bewährt, namentlich weil damit die Entleerung nach unten (S. 160) erschwert ist. Dagegen empfiehlt sich, bei der Aufstellung auf Ständern Kraftmeßdosen (S. 45) zwischenzuschalten, um dadurch den Faßinhalt besser erfassen und z. B. beim Entleeren des Fasses die verbleibende Restflotte bei der Zugabe der nächsten Wassermenge mit berücksichtigen zu könnnen (S. 174).

Der *Einzelantrieb* der Fässer hat sich gegenüber dem Antrieb über Transmissionen immer mehr durchgesetzt. Er erfolgt entweder direkt über Getriebemotoren, bei denen Zahnrad- oder Schneckengetriebe zur Übersetzung auf eine bestimmte niedere Drehzahl direkt in das Motorgehäuse eingebaut sind, oder indirekt über Vorgelege. Früher wurde ausschließlich mit einem seitlich am Faß befindlichen Zahnkranzantrieb (Abb. 86) gearbeitet, der dann direkt mit einem Zahnradvorgelege (Radkasten) mit dem Motor verbunden ist. Statt dessen hat sich heute aber auch sehr viel der Keilriemenantrieb eingeführt, der billiger ist, und geräuscharm arbeitet. Bei schmalen Fässern werden die Keilriemen über einen seitlichen Holzkranz mit Keilnuten gelegt (Abb. 87), bei breiten Fässern dagegen direkt über den Faßumfang (Abb. 88), wodurch eine seitliche Kräfteverkantung vermieden wird, die insbesondere bei großen Fässern beträchtlich sein kann. Hierbei ist es aber zweckmäßig, die Fässer mit anschraubbaren Keilnutsegmenten zu versehen[62]. Läßt man die Keilriemen ohne solche Segmente direkt auf der Faßoberfläche laufen, so wirken sie lediglich wie in der Dicke verstärkte, aber schmale Flachriemen, und der Vorteil des Keilriemenantriebs, daß die Kraftübertragung über die Seitenflächen der Riemen erfolgt (Abb. 89) und die Riemen sich insbesondere in der Anlaufperiode tiefer in die Segmente hineinpressen und dadurch die Haftung und Übertragsleistung wesentlich steigern, wird nicht ausgenutzt. Die Zahl der nebeneinander verwendeten Keilriemen sollte nicht zu gering sein, um vorzeitige Abnutzung zu vermeiden und die aufwendige Arbeit des Auswechselns nicht zu oft vornehmen zu müssen. Der Motor wird zweckmäßig auf einer Wandkonsole mit Spannvorrichtung angebracht, um die Spannung der endlosen Keilriemen nachstellen zu können. Als weitere Antriebsart möchte ich noch den Kettenantrieb erwähnen, den ich im Ausland oft gesehen habe.

Beim Antrieb der Fässer ist darauf zu achten, daß häufig die *Umdrehungsgeschwindigkeit* je nach den Anforderungen der einzelnen Prozesse gewechselt werden muß (S. 166) und daß oft zur Vermeidung von Zusammenballungen des Hautmaterials auch periodisch die *Drehrichtung* geändert wird. Früher wurde die Umsteuerung der Drehrichtung oft mittels Fest- und Leerscheiben im Rädervorgelege erreicht, heute wird sie mit automatischer Steuerung der Motorbewegung vorgenommen. Der Drehsinn eines Drehstrom-Nebenschlußmotors läßt sich umkehren, indem man zwei der drei Phasen miteinander vertauscht. Bei größeren Fässern benötigt der Motor dann allerdings bei jedem Wiederanlaufen ein Mehrfaches des Stroms als beim Lauf selbst. Würde man ihn stärker auslegen, so wäre der normale Stromverbrauch zu hoch. Daher empfiehlt sich der Einbau eines Schaltschützes (S. 78) mit einer Stern-Dreieck-Schaltung, der von einer elektrischen Zeitschaltung betätigt wird und es erlaubt, durch Druckknopf- oder Endschalter den Motor ein- oder auszuschalten oder die Drehrichtung zu ändern. Um die Drehgeschwindigkeit zu ändern, kann man Getriebemotoren mit mehreren Schaltstufen im Räderkasten verwenden, oder man hat besonders gewickelte, polumschaltbare Motoren für zwei Drehzahlen, die sich im Verhältnis 1 : 1 oder 2 : 3 oder 1 : 4 verhalten. Man kann auch stufenlose Regelantriebe mit Änderung des Übersetzungsverhältnisses durch Handrad oder Fernsteuerung verwenden, die aber teurer sind. Außerdem sollte der Anlauf, um zu starke Belastungen am Anfang zu vermeiden, so verriegelt sein, daß das Anfahren nur bei der niedrigsten Drehzahl erfolgen kann und erst dann automatisch auf die gewünschte höhere Drehzahl umgeschaltet wird.

Die äußeren *Faßarmaturen* (Achsrosetten, Schrauben) sind meist aus Gußeisen hergestellt, soweit sie aber die Faßwand durchdringen oder im Inneren des Fasses angebracht sind

(Schrauben, Zapfen usw.), sollten sie zweckmäßig aus V2A-Stahl hergestellt sein[62, 63]. Die Durchbohrungen der Faßachsen auf beiden Seiten sollten heute möglichst groß vorgesehen sein, um die für die halb- oder vollautomatische Steuerung notwendigen Steuergeräte (S. 171 ff.) bequem anbringen zu können. Die *Einfüllöffnungen* waren früher für die Handfüllung relativ klein und wurden mit getrennten Walk- oder Spüldeckeln aus Holz versehen, heute sind vorwiegend Deckel ebenfalls aus V2A-Stahl in Benutzung. Um die Einfüllung des Hautmaterials mit Fahrgeräten zu automatisieren, wurden die Öffnungen wesentlich erweitert und anstelle der abnehmbaren Deckel Schiebetüren angebracht, die einfach längs der Faßwand hochgeschoben werden, oder bei sehr großer Öffnung (z. B. 1,50 × 1,50 m) mittels

Abb. 86: Einzelantrieb über Getriebemotor und seitlichem Zahnkranz[61].

Abb. 87: Antrieb über Keilriemen mit seitlichem Keilnutenkranz.

Abb. 88: Antrieb mit Keilriemen über Faßumfang.

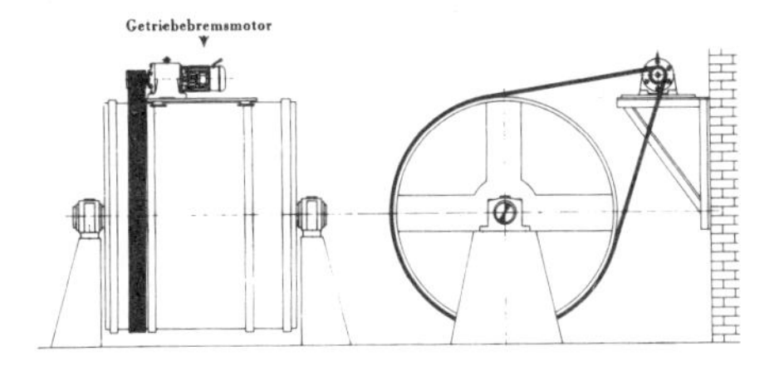

Abb. 89: Wirkungsweise des Keilriemens.

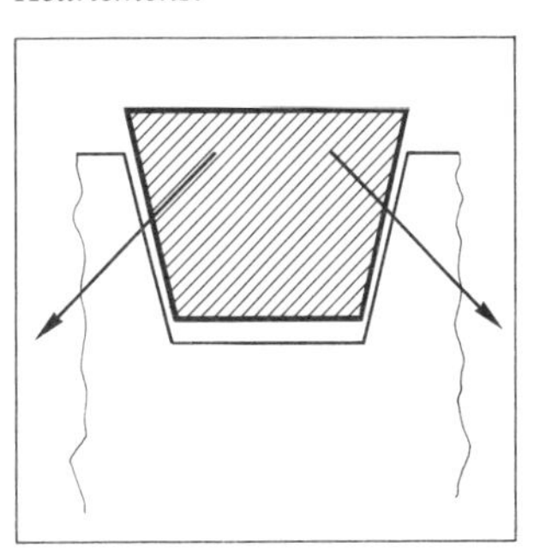

Motor automatisch geöffnet werden (Abb. 90). Oft sind daneben auch entweder im Faßdekkel (Abb. 91) oder an anderer Stelle des Fasses kleine Öffnungen für die Zugabe von Chemikalien oder die Entnahme von Proben angebracht. Um Unfälle zu vermeiden, werden die Fässer meist so eingefriedet, daß der Arbeiter sie nur bei Stillstand erreichen kann. Das kann z. B. mit Fallgattern geschehen, die nur bei Stillstand zur Beschickung hochgeschoben werden können, oder durch Abschrankungen mit Eisenstangen um das Faß herum, bei deren Hochklappen die Stromzufuhr mittels Schalter automatisch unterbrochen wird.

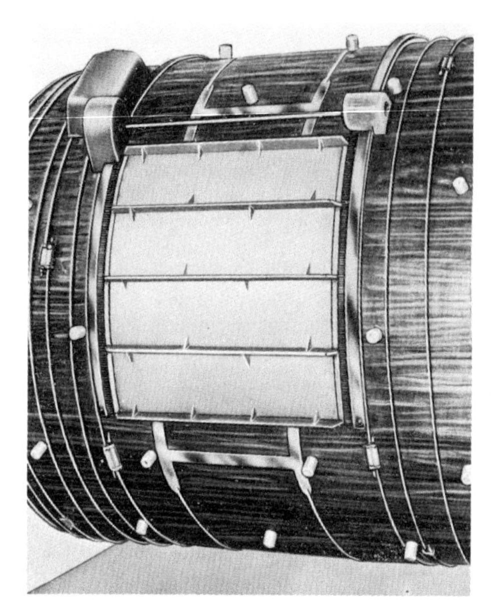

Abb. 90: Automatische Faßschiebetür[61].

Abb. 91: Faßdeckel mit gesonderter kleiner Öffnung[62].

Da während des Arbeitens am Faß gerade bei höheren Geschwindigkeiten ein Überdruck entsteht, unter Umständen aber auch ein Vakuum auftreten kann (S. 174), empfiehlt sich meist die Anbringung von Druckausgleichventilen (Entlüftungsventilen), die es in den verschiedensten Konstruktionen gibt, die aber alle darauf beruhen, daß bei Stellung des Ventils oberhalb der Flüssigkeit entweder durch eigene Drehautomatik oder durch Steuerung mittel Steuerschienen (Abb. 92) ein Druckausgleich nach außen erfolgt.

1.1 Faßaufstellung, -füllung und -entleerung. Die Rationalisierung der Naßarbeiten im Faß beginnt schon bei der Art der Faßaufstellung. Man hat früher die Fässer vielfach in Gruben untergebracht, besonders wenn man die Brühen nicht kanalisieren wollte (Abb. 93). Diese Aufstellung ist aber nur von Vorteil, wenn man von Hand füllen und entleeren will, weil dann die Öffnung bequem vom Boden her zu erreichen ist und in der Grube auch die Brühe oder zum mindesten der Teil, der beim Entleeren mit herausgerissen wird, aufgefangen werden kann. Aber Handarbeit ist arbeitsaufwendig, denn man muß die Häute einzeln herausziehen.

Abb. 92: Entlüftungsventil, das sich öffnet, wenn das helle Rad (rechts) mittels Steuerschiene über dem Faß niedergedrückt wird[62]*.*

Abb. 93: Gerbfaß, in Grube versenkt aufgestellt.

Daher werden die Fässer heute zumeist hoch gestellt (Abb. 94). Dann ist die Entleerung einfach durch Auskippen zu bewerkstelligen. Schwieriger ist die Füllung, aber hier gibt es eine ganze Reihe von Möglichkeiten; welcher Weg gewählt wird, hängt von dem verfügbaren Raum über den Fässern ab.

Abb. 94: Faß, hochgestellt[64]*.*

Wenn *genügend Raum nach oben* vorhanden ist, kann von einer Bühne über dem Faß gefüllt werden. Abb. 95 zeigt als Beispiel Weichfässer (ČSSR) mit 2,5 m Durchmesser und mit einem Abstand vom Boden bis zur Faßachse von etwa 2,5 m. Die Bühne ist 4 m über dem Erdboden über den Fässern angebracht, und die Häute werden in fertigen Partien auf der Bühne gelagert und von dort in die Fässer gefüllt, wobei aus Sicherheitsgründen die Füllung durch ein 600 mm weites Rohr mit einem Knie seitlich durch die hohle Achse erfolgt. Die Bedienung des Fasses (Ein- und Ausschalten, Wasserzufluß) erfolgt von einer Galerie in halber Höhe des Fasses, die Entleerung der Häute nach unten auf den Boden, wo ein großflächiger Gitterrost ein rasches Abfließen des Wasser erleichtert. Abb. 96 zeigt eine andere Anlage gleicher Art (USA). Die Häute werden in Kästen mittels Krananlagen auf die Bühne gebracht und dann durch Lösen des Verschlusses der Seitenwand und seitliches Kippen in das Faß entleert. Bei genügendem Raum von oben kann die Füllung auch mittels Hängebahn (S. 106) oder Krananlage (S. 108 ff.) und kippbaren Kästen erfolgen, oder die

Abb. 95: Füllung der Fässer von einer Bühne.

Abb. 96: Füllung der Fässer von einer Bühne. Links stehen die Kästen vor der Einfüllöffnung im Boden, rechts wird ein Kasten durch Kippen entleert.

Häute werden einzeln, wie bereits an früherer Stelle bei der Lakenkonservierung gezeigt (S. 134, 141), mittels Kreisförderers (Kettentransportes S. 105) z. B. von der Entfleisch- oder Spaltmaschine über das Faß transportiert und dann mit der Abstreifvorrichtung in Abb. 81 abgeworfen. Dabei ist zweckmäßig, über den Fässern große Holz- oder Kunststofftrichter zu montieren, damit die Häute keinesfalls neben das Faß fallen.

Ist *nach oben kein genügender Raum* für eine Bühne über dem Faß vorhanden, so kann man diese auch in halber Höhe vor dem Faß anbringen (Abb. 97) und von dort die Füllung der Fässer vornehmen, während die Entleerung wieder nach unten erfolgt. Statt der in halber Höhe angebrachten Bühne kann man auch den Boden des nächsten Stockwerkes verwenden, die Fässer in Bodenöffnungen zwischen den beiden Stockwerken montieren und die Füllung im ersten Stock, die Entleerung nach unten vornehmen. Schließlich besteht bei unzureichendem Raum noch die Möglichkeit, die Fässer unmittelbar unter die Decke des unteren Raumes zu montieren (Abb. 98) und die Füllung von der Etage darüber vorzunehmen. Stets ist darauf zu achten, daß die Motoren so angebracht werden, daß sie für Reparaturen leicht zugänglich sind. Bei der Montage der Fässer unter der Decke werden die Motoren oft ebenfalls im oberen Stock aufgestellt und die Riementriebe durch Löcher nach unten geleitet.

Eine weitere Möglichkeit ist, die Fässer *mit geeigneten Fahrgeräten direkt von vorn* zu füllen. Hier bieten sich natürlich in erster Linie Elektrogabelstapler an (S. 96 ff.), die dann mit entsprechenden Anbaugeräten (S. 101) ausgestattet sein müssen. Ist vor dem Faß genügend Platz, um eine Schwenkung um 90 Grad vorzunehmen, so empfiehlt sich der hydraulische Behälterentleerer (Abb. 49) oder der Selbstkipper (Abb. 43) oder auch Einrichtungen in

Abb. 97: Füllung in halber Faßhöhe.

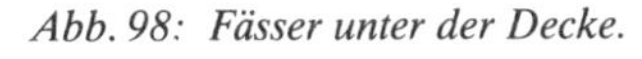

Abb. 98: Fässer unter der Decke.

Abb. 99, wobei Kasten oder Palette mittels Zugvorrichtung über eine Rolle mit Motor gehoben werden. Kann man mit dem Gabelstapler keine vollständige Drehbewegung machen, so sei auf das hydraulische Drehgerät (Abb. 49) verwiesen, wobei man die aufgesetzten Kästen auch mit einer seitlichen Ausfüllschräge versehen kann oder man setzt Kästen auf, wie das Beispiel in Abb. 100 zeigt. Oder man verwendet *Transportbänder.* Diese können transportabel sein und werden dann von Faß zu Faß getragen, in die Faßöffnung eingehängt und direkt durch einen Motor angetrieben. Sie können auch fest montiert sein wie etwa das Band in Abb. 101, das den Transport der Häute vom Häutelager direkt in die Weich- und Äscherfässer jenseits der Wand ermöglicht. Sehr interessant ist aber auch ein Bandsystem, das ich in Kiew gesehen habe (Abb. 102) und dessen Montage sich aus der betrieblichen Situation ergab, weil über den Fässern nur wenig Platz vorhanden war. Beim Füllen eines Fasses der ganzen Serie laufen alle Bänder nach rechts, nur das Band hinter dem zu füllenden Faß läuft nach links. Gleichzeitig wird auch die Entleerung mittels eines Bandsystems vorgenommen, und das Querband bringt die Leder zum Nebenraum zum Aufbocken oder Abwelken.

Damit bin ich bei der Frage des Mechanisierens der *Faßentleerung.* Auch hier gibt es eine Reihe von Möglichkeiten. Die eine wäre die durch mehrfache Drehung des Fasses erreichte Entleerung auf den Boden, von wo die Blößen oder Leder dann entweder zur nächsten Maschinenbearbeitung, wenn sie räumlich nahe liegt, gezogen werden oder aufgebockt oder in Karren geladen werden können. Um dabei nicht unter das Faß kriechen zu müssen, ist in diesem Falle die Anbringung von Schrägen (Abb. 94) zweckmäßig. Natürlich ist das Arbeiten in gebückter Haltung mühsam. Vielfach werden daher längliche Kästen unter das Faß gestellt, in die die Häute direkt hineinfallen. Sie liegen dann aber in den Wagen so durcheinander, daß vor der nächsten Maschinenarbeit auch ein arbeitsaufwendiges maschinengerechtes Umlegen erforderlich ist (S. 272). Die Schemazeichnung in Abb. 103 zeigt eine Faßanlage, bei der die Füllung von einer Bühne oberhalb des Fasses erfolgt und die Entleerung nach unten, wo die Blößen oder Leder in gelochte Transportkästen rutschen, die dann mittels Hängebahn oder Krananlage abtransportiert werden. Die Brühen werden in Gruben unter den Kästen

Abb. 99: Füllung mit Kasten oder Palette, die mit Seilzug angehoben werden (Valetti).

Abb. 100: Kastenaufsatz auf Hubstapler.

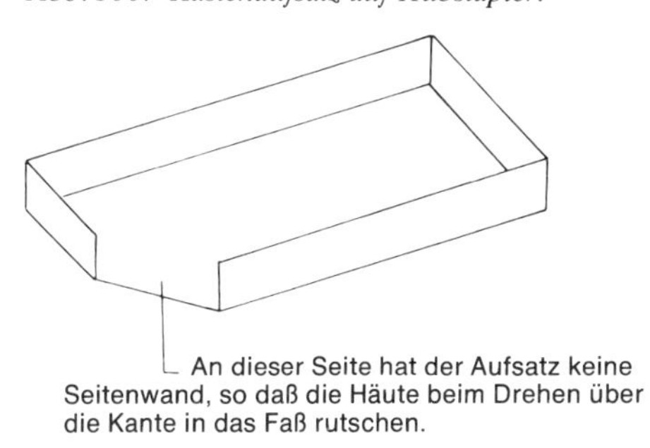

Abb. 101: Faßfüllung aus Nebenraum.

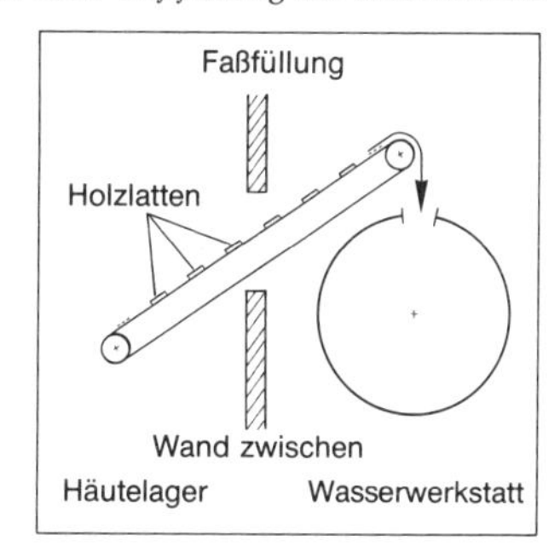

Abb. 103: Abtransport der Häute bzw. Leder im Kasten mittels Kran.

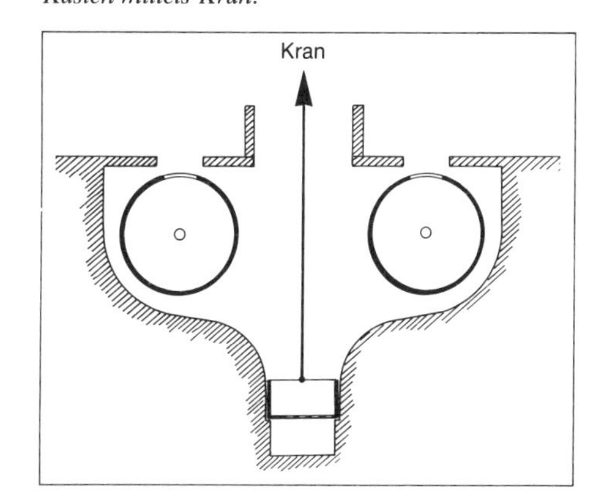

Abb. 102: Faßfüllung mit Bandsystem.

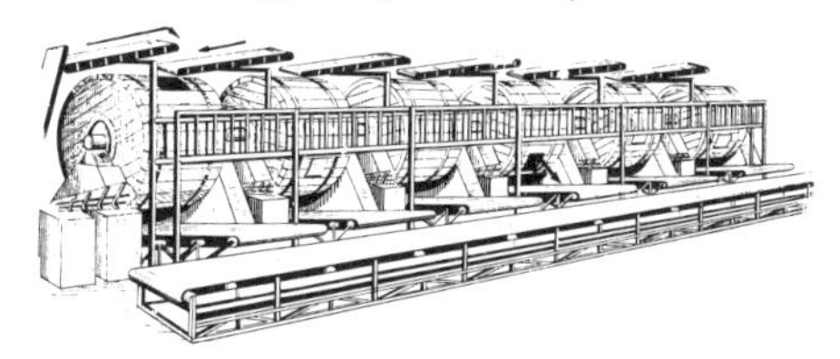

Abb. 104: Entleeren mit Abschlämmkanal.

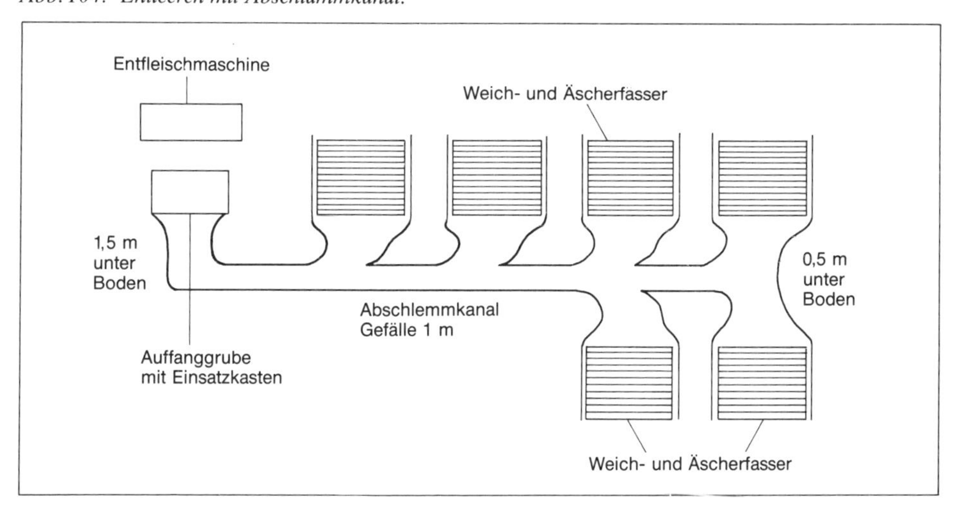

aufgefangen und können von dort entweder abgelassen oder zur Wiederverwendung umgepumpt werden. In anderen Lederfabriken habe ich oft ähnliche Anlagen angetroffen, anstelle der Auffangkästen war aber ein Transportband eingebaut, mit dem die Häute erst waagrecht und dann durch ein zweites Band schräg aufwärts zur Entfleischmaschine transportiert wurden.

Ein ganz anderes System ist die Entleerung durch den *Abschlämmkanal* (Abb. 104; ČSSR). Das Weichen und Äschern erfolgte in sechs Fässern, zwischen denen ein abschüssiger Kanal in den Boden eingelassen und oben abgedeckt war. Beim Entleeren wurden die Blößen samt der Äscherbrühe schräg in den Kanal hineingeschlämmt und in eine am Ende des Kanals aufliegende Auffanggrube gespült, in der sich ein gelochter Auffangkasten befand. Nach Beendigung des Entleervorganges wurde der Kasten mittels Elektrohebezugs (S. 111) gehoben und stand dann unmittelbar vor der Entfleischmaschine. Eine Seitenwand wurde zur Entnahme der Häute aufgeklappt. Dieses Verfahren geht natürlich nur mit geäscherten oder gebeizten Blößen, wenn die Oberfläche so glatt ist, daß die Häute leicht rutschen, und die Kanalwand muß ganz glatt sein, damit der Narben nicht verletzt wird.

In weiteren Abbildungen sind *komplette Bauten* für Wasserwerkstatt und Gerbung wiedergegeben (ČSSR). In beiden Fällen handelt es sich um Hallenbauten. Abb. 105 ist ein Unterlederbetrieb mit 60 t Rohware/Tag. Rechts befinden sich hintereinander Wasserwerkstatt und Farbengänge, also nur Gruben, der Transport erfolgt mit zwei großen Laufkränen (S. 108), die sich gegenseitig ergänzen und auch gemeinsam arbeiten können, wenn etwa schwere Maschinen zu transportieren sind. Links erfolgt die Ausgerbung in Fässern. Abb. 106 bezieht sich auf einen Oberlederbetrieb mit 1500 Haut = etwa 38 t/Tag. Die erforderlichen Stammlösungen werden im Mittelbau angefertigt und gespeichert und mit zwischengeschalteten Meßaggregaten und Rohrleitungen zu den Verbrauchsstellen transportiert. In der rechten Halle befinden sich zwei Faßreihen für Weiche und Äscher und in der gleichen Halle links eine Faßreihe für die Chromgerbung mit Chromrückgewinnung (Abb. 107). Am Kopf der Halle stehen die Maschinen für die mechanischen Wasserwerkstattarbeiten. In der linken Halle sind einmal die Fässer für die Naßzurichtung, gegenüber die Abwelk- und Falzmaschinen und am Ende der Halle die Trockenanlage. Die Entleerung der Fässer erfolgt jeweils nach unter (Abb. 106), der Transport in beiden Hallen mittels Laufkranen.

1.2 Einfluß der Faßbeschaffenheit und der variablen Arbeitsbedingungen auf Lederqualität, Chemikalienaufnahme und Kraftbedarf. Um die Prozesse im Faß optimal so rationalisieren zu können, daß einerseits eine möglichst gute Lederqualität erreicht wird, andererseits eine größtmögliche Beschleunigung der Prozesse erfolgt und schließlich auch der Kraftbedarf nicht zu sehr ansteigt, ist wichtig zu wissen, wie sich die Faßbeschaffenheit und die variablen Arbeitsbedingungen auf Lederqualität, Prozeßbeschleunigung und Kraftbedarf auswirken. Daher haben wir systematische Untersuchungen durchgeführt, bei denen durch Filmaufnahmen im Faß die Bewegungen der Brühen und Häute, also die Walkwirkung, sichtbar gemacht wurden und gleichzeitig durch Erfassung der Lederqualität, der Geschwindigkeit der Chemikalienaufnahme und des Kraftbedarfs die Beziehungen zwischen diesen Größen ermittelt wurden[65]. Über diese Beziehungen wird in den folgenden Ausführungen berichtet.

1.2.1 Einfluß der Walkwirkung auf die Lederqualität. Zur Beantwortung der Frage des Einflusses der Walkwirkung im Faß auf die Qualität des Leders sind fünf Faktoren zu berücksichtigen. Über den *Einfluß des Faßmaterials,* ob Holz- oder Kunststoff-Faß, wurde schon an früherer Stelle kurz berichtet (S. 152). Der entscheidende Vorteil der Kunststoff-Fässer ist, daß die Faßwandung keine gelösten Chemikalien aufnimmt und damit eine klare Trennung der einzelnen Prozeßstadien wesentlich gefördert wird. Im gleichen Faß können unterschiedliche Färbungen durchgeführt werden, ohne daß die vorhergehenden Färbungen die nachfolgenden ungünstig beeinflussen. Die glatten Wände bedeuten eine wesentlich geringere Gefahr für das Wundscheuern des Hautmaterials auch bei kurzen Flotten und wirken sich daher schonend aus. Als Nachteil ist neben dem höheren Preis nur anzuführen, daß die Wärmeabstrahlung etwas größer ist, doch ist der Unterschied nur gering und nimmt mit zunehmender Faßgröße noch ab.

Wichtig für eine gute Durcharbeitung des Faßinhalts sind die *richtigen Einbauten.* Fehlen sie, so schwimmen die Häute bei längeren Flotten in der Flüssigkeit, ohne sich nennenswert zu bewegen, das Faß dreht sich gewissermaßen unter den Häuten und der Flotte weg. Bei kürzeren Flotten und höheren Drehzahlen werden die Häute z. T. durch Adhäsion an der Faßwand hochgenommen, rutschen dann aber wieder zurück, ohne ihre Lage zueinander nennenswert zu ändern. Arbeitet man ohne Flotte, so bilden sich große und fast geschlossene Hautballen, in die die Chemikalien überhaupt nicht mehr eindringen können. Einbauten im Faß sind also unbedingt erforderlich.

Arbeitet man mit *Zapfen* (Abb. 108), so nimmt die Walkwirkung mit zunehmender

Abb. 105: Schema Unterlederbetrieb.

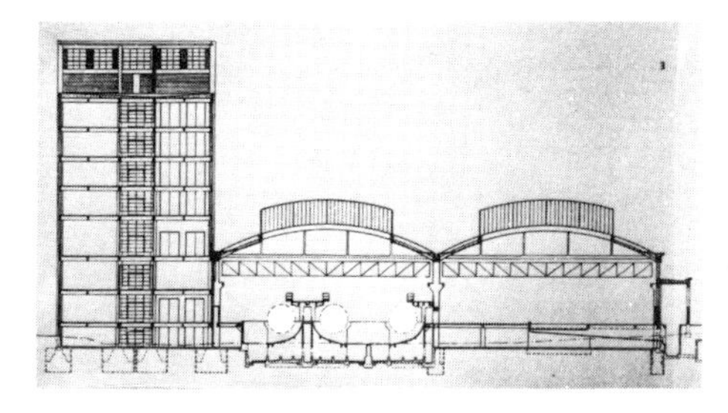

Abb. 106: Schema Oberlederbetrieb.

Abb. 107: Faßanordnung (vgl. auch Abb. 103, S. 161).

Abb. 108: Zapfen im Faß[62]. ▷

Zapfenlänge zu, das Optimum einer guten Durcharbeitung des ganzen Systems liegt bei 22 bis 25 cm, eine weitere Steigerung gibt keinen nennenswert besseren Effekt. Grundsätzlich sind beim Arbeiten mit Zapfen drei Arten der Hautbewegung zu unterscheiden. Einmal erfolgt beim Arbeiten in langer Flotte und bei weichem Hautmaterial ein Hochziehen einzelner Häute. Zum anderen beobachtet man ein Hochziehen ganzer Hautpakete und Zurückwerfen dieser Pakete in einer bestimmten Höhe bei der Faßschwöde (ohne Wasser) oder auch bei Pickel und Chromgerbung in kürzeren Flotten und hier wieder mit zunehmender Versteifung des Hautmaterials in steigendem Maße (daher besonders stark bei pflanzlich gegerbten Ledern), ohne daß aber eine eigentliche Walzenbildung eintritt. Schließlich erfolgt ein Durchrühren und Umwerfen der Häute in der Flüssigkeit ohne nennenswertes Hochnehmen bei gequollenem Hautmaterial in langer Flotte (Äscher). Dagegen war beim Arbeiten mit Zapfen nie eine Rollenbildung zu beobachten, sich bildende Rollen wurden von den Zapfen immer wieder aufgerissen. Rollenbildung kann beim Arbeiten mit Zapfen nur eintreten, wenn die Zapfen zu kurz sind oder zu dicht beieinander stehen. Ein Abstand der Zapfenreihen von 75 bis 80 cm ist normal. Stehen die Zapfen zu dicht, so behindern sie sich gegenseitig in ihrer Wirkung, die Häute rutschen von Zapfenspitze zu Zapfenspitze, ohne gründlich erfaßt zu werden.

Vom Standpunkt der Lederqualität haben Zapfen den grundsätzlichen Nachteil, daß ein ständiges Ziehen des Hautmaterials eintritt, indem die Häute auf einer Seite von den Zapfen hochgezerrt, auf der anderen Seite dagegen vom übrigen Hautmaterial in der Flüssigkeit festgehalten werden, und zwar ist die Zerrung um so stärker, je länger die Zapfen sind und je höher die Faßgeschwindigkeit ist. Das führt bei Fertigleder zu einer Steigerung der Losnarbigkeit und losen Flämen, insbesondere natürlich bei ganzen und halben Häuten und bei Seiten. Bei großflächigem dünnem Haut- bzw. Ledermaterial, z. B. bei Blößen für Möbelleder nach dem Spalten, bewirken die Zapfen durch diese Zugbewegung auch oft ein Zerreißen, besonders wenn irgendwo ein kleiner Anriß vorhanden ist.

Werden statt Zapfen *Bretter* verwendet (Abb. 109), so wird unabhängig von der Flottengröße der ganze Faßinhalt wesentlich intensiver durchgewirbelt, die Häute werden in der Flotte stark umgeworfen und teilweise durch die Bretter mit hochgenommen und fallen dann wieder in die Flotte zurück, ohne daß aber eine Beanspruchung des Hautmaterials durch Zugwirkung erfolgt. Vom Standpunkt der Lederqualität ist daher dem Einbau von Brettern unbedingt ein Vorzug vor dem Einbau von Zapfen einzuräumen. Die Annahme, ein Hochziehen und Wiederabfallen des Hautmaterials, wie es bei Zapfen erfolgt, sei für die »Walkwirkung« notwendig, ist also falsch, ein möglichst gründliches Durchmischen des Gesamtsystems ist viel wirkungsvoller für den Ablauf der Prozesse und viel schonender für das Hautmaterial. Bretter haben aber den Nachteil, daß beim Arbeiten mit gequollenem Hautmaterial im Äscher und bei der Gerbung in kurzer Flotte gegen Ende zu, wenn eine Verfestigung des Hautmaterials und ein Rauherwerden der Oberfläche eingetreten ist, eine Rollenbildung des Hautmaterials nicht auszuschließen ist, wodurch die Berührung der Häute mit der Faßflüssigkeit beeinträchtigt und damit ein gleichmäßiges Fortschreiten der Prozesse verhindert wird.

Dieser Nachteil kann durch zwei Variationen verhindert werden. Die eine Möglichkeit ist die *wechselseitige Anbringung von Zapfen und Brettern,* die den wesentlichen Vorteil hat, daß die Durcharbeitung des ganzen Faßsystems fast so günstig ist wie bei den Brettern für sich, die Häute aber durch die zwischengeschalteten Zapfen immer wieder hochgezogen werden und dadurch eine Walzenbildung verhindert wird. Natürlich tritt dann auch wieder eine Zugwirkung der Zapfen ein, die aber infolge der geringeren Zapfenzahl stark vermindert ist, insbesondere wenn man die Zapfen etwas kürzer als die Breite der Bretter hält, also beispielsweise bei einer Breite der Bretter von 25 bis 30 cm die Zapfen nur mit einer Länge von 20 bis 25 cm verwendet, weil dann die Häute von den nachfolgenden Brettern wieder rasch von den Zapfen abgestreift werden, bevor die Zugwirkung sich nennenswert auswirken kann.

Die andere Möglichkeit, Bretter von 25 bis 30 cm Breite etwa in einem Winkel von 25 bis 30 Grad, und zwar abwechselnd nach rechts und links geneigt *schräg anzubringen,* ist eine noch bessere Lösung. Dadurch wird das Hautmaterial nicht nur in der Richtung der Faßdrehung bewegt und nach oben gezogen, sondern auch noch in der dritten Dimension von links nach rechts und umgekehrt geworfen. Durch die schrägen Bretter wird das ganze Faßsystem noch viel intensiver durchgearbeitet, die Häute rutschen sowohl in kurzer wie bei langer Flotte seitlich von den Brettern ab, so daß das ganze System eine Rechts-Links-Bewegung erhält, zu der noch eine Drehbewegung der Häute hinzu kommt, so daß sie immer wieder in eine andere Lage zueinander gebracht werden. Die gleiche Rechts-Links-Bewegung tritt natürlich auch im Innern der Faßflotte ein, da ja die schrägen Bretter auch unten im Faß, wenn sie durch die Flotte hindurchgezogen werden, die gleiche Rechts-Links-Verschiebung der Häute verursachen. Eine Ballenbildung wird bei dieser Anordnung mit Sicherheit vermieden, und ebenso tritt natürlich auch kein Hochziehen wie bei den Zapfen ein. Das Arbeiten mit schrägen Brettern ist das beste System, eine intensive Durcharbeitung des Faßinhalts bei großer Schonung des Hautmaterials zu erreichen. Als weiterer Vorteil kommt noch hinzu, daß auch die durch die hohle Achse zugesetzten Chemikalien durch die Rechts-Links-Bewegung des Faßinhalts viel rascher und gründlicher in der Flotte verteilt werden, was gerade bei den sich immer mehr einführenden Großraumfässern von nicht zu unterschätzender Bedeutung ist.

Abb. 109: Waagerechte Bretter im Faß[62].

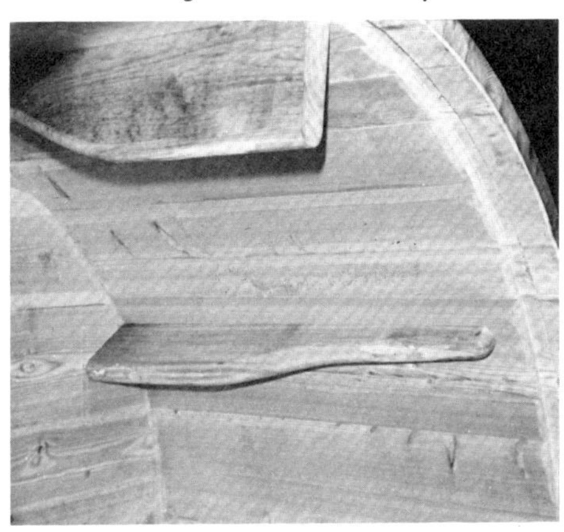

Abb. 110: Schräge Bretter im Faß[62].

Bisweilen wird als Nachteil für den Einbau schräger Bretter angegeben, daß bei großen Partien ein sehr starker Druck auf die Seitenwände und damit auch auf die Faßlager ausgeübt würde. Das läßt sich dadurch vermeiden, daß die schrägen Bretter nicht von der linken bis zur rechten Faßwand, sondern nur etwa in 3/4 der Faßbreite angebracht werden, so daß die Häute von den Brettern abrutschen, bevor sie einen stärkeren Druck auf die Faßwand ausüben können (Abb. 110). Dieses System, das eine noch etwas intensivere Durchmischung des Faßinhalts gestattet, hat sich in der Praxis sehr gut bewährt.

Mit steigender *Drehzahl des Fasses* wird auch eine erhebliche Steigerung der Bewegung des Faßinhalts erreicht. Die Häute werden aber mit zunehmender Geschwindigkeit auch immer stärker in der Flotte durchgewirbelt, und es ist verständlich, daß eine solche starke mechanische Beanspruchung sich zwangsläufig in einer Verschlechterung der Lederqualität auswirken muß. Das gilt insbesondere für den gequollenen Zustand im Äscher, und daher ist die Forderung gerechtfertigt, daß im Äscher, auch wenn mit langer Flotte gearbeitet und das Faß nur periodisch bewegt wird, die Drehzahl nicht über 2 U/min gesteigert werden sollte. Aber auch in allen anderen Herstellungsstadien sollte die Faßgeschwindigkeit nicht zu hoch liegen, weil sich sonst die zu starke Beanspruchung des Fasergefüges insbesondere in einer Verschlechterung der Narbenfestigkeit und dem Auftreten loser Flämen, aber auch in einer Verminderung der Festigkeitseigenschaften auswirkt. Dabei ist auch die oft getroffene Feststellung interessant, daß diese Verschlechterungen insbesondere bei der Bearbeitung der rohen Häute in der Wasserwerkstatt und in den ersten Stadien der Gerbung auftreten, wenn das Hautmaterial noch weitgehend im Blößenzustand vorliegt, dagegen immer mehr verschwinden, wenn erst eine gründliche Durchgerbung stattgefunden hat.

Die in der Praxis oft anzutreffende Tendenz, eine Beschleunigung der Prozeßgeschwindigkeit durch Steigerung der Drehzahlen zu erreichen, ist also im Hinblick auf die Lederqualität gefährlich und im übrigen unnötig. Sie hat ja nur den Zweck, eine möglichst rasche Temperatursteigerung des Faßinhalts zu erreichen, aber der Weg, elektrische Energie durch Reibung in Wärme umzuwandeln, ist unwirtschaftlich und sollte daher durch Einbau entsprechender Heizeinrichtungen (S. 187) ersetzt werden. Wird die Prozeßtemperatur so erreicht, so spielt die Drehzahl für die Aufnahme der Chemikalien keine Rolle (S. 168). Daher sollte die Faßgeschwindigkeit im Hinblick auf eine einwandfreie Lederqualität beim Äschern nicht über 2 beim Weichen, Entkälken und Beizen nicht über 5 und beim Pickeln und der Chromgerbung nicht über 9 bis 10 U/min liegen. Die Drehzahl der Fässer sagt aber allein noch nichts darüber aus, in welchem Maße der Faßinhalt bewegt wird, in Fässern mit größerem Durchmesser kommt man mit geringeren Drehzahlen aus, und daher wird für die Begrenzung der Drehgeschwindigkeit *besser die Umfangsgeschwindigkeit der Fässer in m/s* angegeben. Tabelle 5 gibt eine Umrechnungshilfe für die verschiedenen Drehzahlen und Faßdurchmesser. Die Höchstgeschwindigkeit sollte dann für das Äschern nicht über 0,2, Weiche, Entkälken und Beizen nicht über 0,5 bis 0,6 und Pickel und Chromgerbung nicht über 0,9 bis 1 m/s liegen. Auch beim Arbeiten mit schrägen Brettern kann die Faßgeschwindigkeit wegen der stärkeren Durchwirbelung des ganzen Faßinhalts noch weiter vermindert werden.

Über den *Einfluß der Flottenmenge* auf die Geschwindigkeit der Chemikalienaufnahme wird später berichtet (S. 168). Im Hinblick auf die Lederqualität gelegentlich geäußerte Bedenken, das Arbeiten in kurzer Flotte könne infolge zu starker mechanischer Beanspruchung zu leeren Flämen, Losnarbigkeit und stärkerem Narbenzug führen, haben sich nach

Tabelle 5: Umfangsgeschwindigkeit für Fässer von 2, 3 und 4 m Durchmesser bei verschiedenen Umdrehungszahlen.

Umdrehungs-zahl/min	Umfangsgeschwindigkeit m/s		
	2 m Faß-durchmesser	3 m Faß-durchmesser	4 m Faß-durchmesser
1	0,105	0,157	0,210
2	0,209	0,314	0,419
5	0,523	0,785	1,047
9	0,942	1,413	1,884
12	1,256	1,884	2,512
15	1,570	2,355	3,140

vielen Erfahrungen und Untersuchungen nicht bestätigt, wenn die Drehzahl nicht über den angeführten Grenzen liegt. Das gilt für Trockenentkälkung, Kurzpickel und Chromgerbung in kurzen Flotten in gleicher Weise. Lediglich im Falle des Äschers sollte die Flottenmenge nicht unter 150 bis 200 % gesenkt werden, weil sich sonst bei dem gequollenen Hautmaterial in bezug auf die Qualität Schwierigkeiten ergeben können.

Steigerung der *Temperatur* führt bekanntlich zu wesentlicher Prozeßbeschleunigung, doch sind hier vom Standpunkt der Qualität aus ebenfalls Grenzen gesetzt. Als Maximalwerte empfehle ich für Weiche, Äscher und das Spülen nach dem Äschern 30 °C, Entkälken und Beizen 35 °C. Die Temperatur beim Pickeln sollte nicht über 25 °C liegen, höhere Temperaturen lassen zwar die Blößen mehr verfallen und fördern die Geschwindigkeit des Durchpikkelns, steigern aber die Gefahr losnarbiger und adriger Leder. Bei der Chromgerbung nach dem Ungelöstverfahren soll die Temperatur am Anfang auch nicht über 25 °C liegen, um einen zu raschen Zerfall der anionischen Chromkomplexe zu verhindern, und am Ende des Gerbprozesses bis auf etwa 40 °C ansteigen, aber auch hier nicht über 45 °C liegen, da sonst zwar die Auszehrung des Bades gefördert, aber der Narben gröber wird, Mastfalten stärker hervortreten und die Flächenausbeute sich verschlechtert. Innerhalb dieser für die einzelnen Teilprozesse gegebenen Möglichkeiten ist eine sachgemäße Ausnutzung des Temperaturfaktors unbedingt zu empfehlen, wobei das Erwärmen mit Heizvorrichtungen (S. 187) den Vorteil hat, daß diese Erwärmung sachgemäß gelenkt werden kann.

1.2.2 Einfluß der Walkwirkung auf die Chemikalienaufnahme. Auch die Aufnahme der Chemikalien durch die Haut wird durch die Faßbeschaffenheit und die variablen Arbeitsbedingungen mehr oder weniger stark beeinflußt. Die Geschwindigkeit der Chemikalienaufnahme entscheidet darüber, inwieweit die einzelnen Arbeitsprozesse verkürzt werden können und ist damit wieder für die Beantwortung der Frage nach der Höhe der Investitionskosten und ihrer Amortisation bei der Erstellung moderner Einrichtungen für halb- oder vollautomatische Steuerungen der Naßprozesse im Faß von entscheidender Bedeutung.

Was zunächst den *Einfluß des Faßmaterials* (Holz- oder Kunststoff-Faß) betrifft, so ist hier ein Einfluß auf die Chemikalienaufnahme nicht festzustellen, wenn die sonstigen Produktionsbedingungen wie Faß- und Partiegröße, Flottenmenge, Flottentemperatur und Umdrehungszahlen die gleichen sind. Der Vorteil liegt hier nur in der klareren Trennung der einzelnen Prozeßstadien, weil die Faßwände beim Kunststoff-Faß keine Chemikalien aufnehmen, und damit in einer zuverlässigeren Prozeßlenkung und -dosierung. Exakte Untersuchungen über den *Einfluß der Faßgröße* auf die Chemikalienaufnahme liegen meines Wissens nicht vor. Dagegen ist bekannt, daß beim Arbeiten im gleichen Faß mit zunehmender *Partiegröße* eine raschere Chemikalienaufnahme erfolgt, was sicher damit zusammenhängt, daß auch die Intensität der Walkwirkung mit zunehmender Hautmenge im Faß gesteigert wird.

Einen wesentlich stärkeren Einfluß auf die Chemikalienaufnahme besitzen die *Einbauten im Faß*. Bei Verwendung von Zapfen erfolgt die Aufnahme bei 15 cm Länge am langsamsten, bei 22 bis 30 cm Länge wird etwa ein Optimum erreicht. Eine Verdopplung der Zapfenzahl führt eher zu einer Verschlechterung der Aufnahmewerte, weil die Häute nicht mehr ausreichend erfaßt werden und die Walkwirkung daher wieder absinkt. Gerade Bretter ergeben stets eine erheblich raschere Chemikalienaufnahme, was bei der wesentlich intensiveren Durchwirbelung des gesamten Faßinhaltes durchaus verständlich ist. Damit bestätigt sich die Auffassung, daß das Hochnehmen und Wiederabfallen des Hautmaterials, wie es bei der Verwendung von Zapfen erfolgt, keinen nutzbringenden Effekt darstellt, sondern die gründliche Durchmischung des Gesamtsystems im Faß für die Chemikalienaufnahme wesentlich wertvoller ist. Bei der Kombination von Zapfen und Brettern liegt die Aufnahme der Chemikalien erwartungsgemäß zwischen der der Zapfen für sich und der Bretter für sich. Daß schräge Bretter stets die höchste Aufnahmegeschwindigkeit bewirken, ist bei der besonders intensiven Durchmischung des Faßinhalts und der gleichzeitigen Rechts-Links-Bewegung durchaus verständlich, zumal ja hierbei auch noch die raschere Vermischung zugegebener Chemikalien in der Flotte hinzukommt, die sich auch im Sinne einer schnelleren Chemikalienaufnahme auswirken muß.

Es ist bekannt, daß auch die Drehzahl des Fasses, die Temperatur und die Flottenmenge einen Einfluß auf die Geschwindigkeit der Chemikalienaufnahme besitzen, die durchgeführten Untersuchungen haben zeigen können, wie diese drei Faktoren in ihrer Bedeutung gegeneinander zu bewerten sind. Der Einfluß der *Zahl der Umdrehungen* ist relativ gering, wenn durch entsprechende Heizung anderweitig für eine richtige Temperatureinstellung gesorgt wird. Die in der Praxis oft festgestellte Prozeßbeschleunigung mit steigender Drehzahl ist also weniger auf die erhöhte mechanische Bewegung als vielmehr auf das Erwärmen des Faßinhalts durch Reibung zurückzuführen, die aber, wie bereits ausgeführt, mit anderen Mitteln zuverlässiger und leichter zu erreichen ist. Die Steigerung der *Temperatur* hat einen beschleunigenden Einfluß auf die Chemikalienaufnahme, und dieser Faktor sollte daher stets ausgenutzt werden, soweit hier nicht der Gesichtspunkt der Lederqualität Grenzen setzt (S. 167). Besonders groß ist der Einfluß der *Flottenmenge;* kurze Flotten führen zu einer ganz erheblichen Steigerung der Aufnahmegeschwindigkeit der Chemikalien. Sie benötigen zwar, wie noch zu zeigen sein wird, einen höheren Kraftbedarf (S. 169), der aber durch mögliche Zeitverkürzungen infolge der beschleunigten Chemikalienaufnahme praktisch ausgeglichen werden kann. Daher ist allen Verfahren, die mit niederen Drehzahlen und kurzer Flotte arbeiten und den Temperaturfaktor sachgemäß ausnutzen, im Hinblick auf die Lederqualität und raschere Chemikalienaufnahme besondere Aufmerksamkeit zu schenken.

1.2.3 Einfluß der Walkwirkung auf den Kraftbedarf. Nach allen Erfahrungen und Untersuchungen ist es eine unlösbare Aufgabe, für ein projektiertes Faß den Antriebmotor in seiner Größe rechnerisch exakt ermitteln zu wollen. Die Faktoren, die den Kraftbedarf beeinflussen können und sich in summa additiv oder subtraktiv je nach der Art des verwendeten Hautmaterials und der Arbeitsbedingungen von Fall zu Fall in ganz unterschiedlicher Weise überlagern können, sind zu groß[66]. Nachstehend sollen dagegen exakte Unterlagen über die Größe des Einflusses der verschiedenen variablen Faktoren auf den Kraftbedarf angeführt werden, da sie gestatten, bei gegebenen Betriebsbedingungen die möglichen Schwankungen im Kraftbedarf in den verschiedenen Stadien der Lederherstellung und damit auch den maximalen Kraftbedarf, der für die Dimensionierung des Motors allein entscheidend ist, abschätzen zu können. Ich spreche dabei, der Gewohnheit in der Praxis folgend, vom »Kraftbedarf«, obwohl physikalisch-technisch korrekt natürlich der Leistungsbedarf, also die elektrische Leistung in kW gemeint ist.

Einmal spielt hier das *Faßmaterial* (Holz oder Kunststoff) eine bedeutsame Rolle. Wegen des geringeren Gewichts und der wesentlich glatteren Faßwand ist der Kraftbedarf beim Kunststoff-Faß erheblich geringer und kann je nach der Art des Prozesses bis zu 50 % niedriger liegen. Die Unterschiede sind beim Entkälken und Beizen am geringsten, da hier die besonders glatte Oberfläche des Hautmaterials auch im Holzfaß die Reibung an der Faßwand erheblich verringert, während beim Weichen infolge der durch das Haarkleid bewirkten starken Reibung an der Faßwand und beim Äscher als Folge des gequollenen Hautmaterials die Unterschiede zwischen Holz- und Kunststoff-Faß am größten sind. Insgesamt kann durch den Einsatz von Kunststoff-Fässern eine erhebliche Krafteinsparung erreicht werden, was als Gegengewicht gegen die höheren Anschaffungskosten berücksichtigt werden sollte.

Auch durch die Art der *Einbauten im Faß* wird der Kraftbedarf beeinflußt. Beim Arbeiten mit Zapfen wird mit Verlängerung der Zapfen und ebenso mit Steigerung der Zapfenzahl eine gewisse Erhöhung des Kraftbedarfs erreicht, die zwischen 10 und 15, eventuell bis 20 % liegen kann. Bei Verwendung gerader Bretter statt Zapfen muß zwangsläufig mit einer Steigerung des Kraftbedarfs gerechnet werden, die bei 2 U/min mit im Mittel 12 % noch verhältnismäßig gering ist, bei Steigerung der Drehzahlen auf 9 U/min aber beträchtlich auf 39 bis 50 % ansteigt. Dieser Steigerung steht andererseits als Vorteil eine intensive Durcharbeitung des Faßinhalts und damit eine raschere Chemikalienaufnahme gegenüber, so daß der höhere Kraftaufwand zumindest teilweise durch eine kürzere Prozeßdauer ausgeglichen wird. Bei der Kombination von Zapfen und Brettern liegt der Kraftbedarf erwartungsgemäß zwischen den Werten der Zapfen für sich und der Bretter für sich und bei schrägen Brettern liegt er namentlich bei höheren Geschwindigkeiten etwas niedriger als bei geraden Brettern.

Über den Einfluß der Faßgröße auf den Kraftbedarf sind mir keine Unterlagen bekannt. Mit zunehmender *Partiegröße* im gleichen Faß steigt natürlich der Kraftbedarf an, aber diese Zunahme liegt erheblich niedriger als die Zunahme der Faßfüllung. Relativ ist also in bezug auf den Kraftbedarf das Arbeiten mit großen Partien günstiger als mit kleinen Partiegrößen. Von Einfluß auf den Kraftbedarf ist auch die Flottenmenge und die Beschaffenheit des Hautmaterials, wobei sich in der Praxis diese Einflüsse meist überlagern. Mit zunehmender *Flottenmenge* nimmt der Kraftbedarf ab, da die Häute besser in der Flotte schwimmen und damit die Reibung aneinander und an der Faßwand vermindert wird. Bei einer Verminderung der Flottenmenge von 300 % auf 75 %, tritt je nach der Höhe der Drehzahl eine Steigerung des Kraftbedarfs etwa zwischen 30 und 40 % ein, bei verfallenem Hautmaterial dagegen nur zwischen 20 und 30 %. Die Steigerung des Kraftbedarfs mit abnehmender Flottenmenge ist also bei gequollenem Hautmaterial größer als bei verfallenem Hautmaterial. Auch die *Beschaffenheit des Hautmaterials* spielt eine wichtige Rolle für den Kraftbedarf. Bei langen

Flotten, wo die Häute weitgehend in der Flüssigkeit schwimmen, ist der Unterschied zwischen verfallenem und gequollenem Hautmaterial allerdings nur gering. Bei kurzen Flotten steigt er dagegen z. B. vom Entkälken und Beizen bis zu Beendigung der Chromgerbung um etwa 50 % an und überschreitet damit den Einfluß der Flottenmenge beträchtlich.

Besonders groß ist der Einfluß der *Faßgeschwindigkeit.* Mit zunehmender Drehzahl nimmt der Kraftbedarf erheblich zu. Beim Arbeiten mit Zapfen war bei unseren Untersuchungen bei Steigerung der Drehzahl von 2 auf 5 U/min eine Zunahme um 35 bis 40 %, bei Steigerung von 2 auf 9 U/min eine Zunahme von 130 bis 140 % festzustellen; beim Arbeiten mit Brettern lagen die Steigerungswerte bei 50 bis 60 % bzw. 194 bis 200 % noch erheblich höher. Die Faßgeschwindigkeit übt also von allen in Betracht zu ziehenden Faktoren den größten Einfluß auf den Kraftbedarf aus. Die Zahlen zeigen deutlich, wie kostspielig es ist, die Erwärmung des Faßinhalts durch Erhöhung der Umdrehungszahl erreichen zu wollen. Wenn man gleichzeitig bedenkt, daß zu hohe Drehzahlen eine Gefahr für die Qualität des Leders bedeuten, sollte man darauf verzichten und entsprechende Heizeinrichtungen für die Erwärmung des Faßinhalts vorsehen.

Abb. 111 gibt einen Überblick über den *Kraftbedarf während des ganzen Produktionsablaufes* bei der Herstellung von Chromoberleder aus Kuhhauthälften 25/29,5 kg und einer Partiegröße von 790 kg. Der Kraftbedarf ist während der Weiche verhältnismäßig gering, zumal das Faß nur periodisch bewegt wird, und steigt dann bei der Faßschwöde auf mehr als den doppelten Wert an, obwohl das Hautmaterial hier noch nicht gequollen ist, so daß sich der Einfluß der fehlenden Flotte deutlich bemerkbar macht. Er verringert sich dann während der

Abb. 111: Wechselnder Kraftbedarf bei der Herstellung von Chromoberleder in Hälften. Partiegröße 790 kg, Zapfen 15 cm.

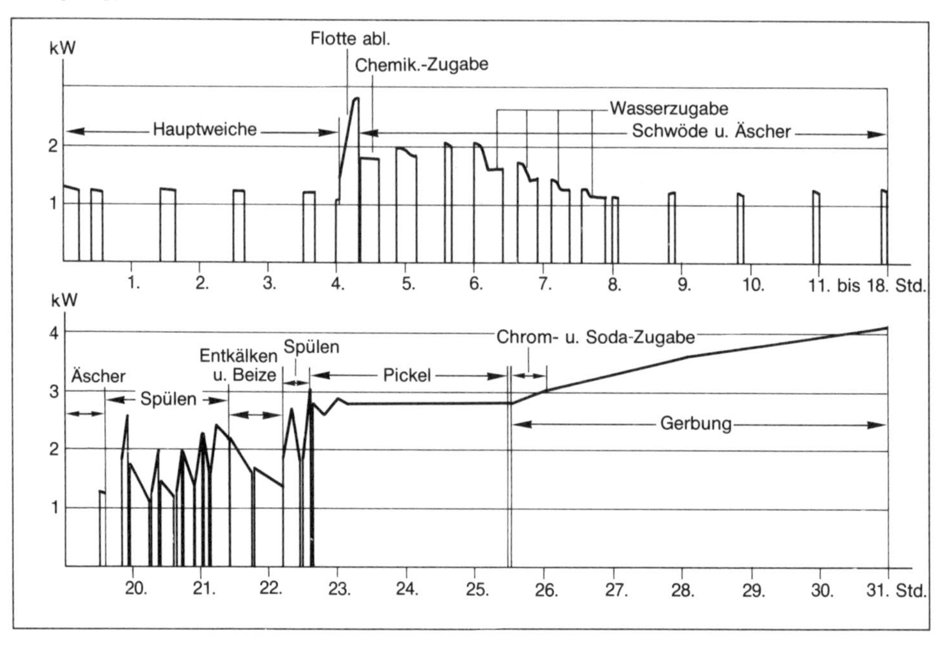

Wasserzugaben wieder und liegt schließlich am Ende des Äscherprozesses nicht nennenswert höher als bei der Weiche. Für den dann folgenden diskontinuierlichen Spülprozeß läßt die Kurve deutlich den Einfluß der Flottenlänge erkennen, indem der Kraftbedarf immer wieder stark ansteigt, wenn die Flotte abgelassen wird, und bei der Zugabe neuen Spülwassers wieder absinkt. Deutlich zeigt sich auch, wie während des Entkälkens und Beizens infolge der Umwandlung des gequollenen in ein nunmehr verfallenes Hautmaterial der Kraftbedarf abnimmt. Für die nun folgenden Spülprozesse gilt das Gleiche wie für das Spülen nach dem Äscher, und deutlich ist dann die starke Steigerung des Kraftbedarfs während der Chromgerbung festzustellen, obwohl in diesem Stadium nur eine geringfügige Veränderung der Flottenmenge erfolgt, so daß diese Erhöhung ausschließlich auf die Versteifung des Hautmaterials während der Gerbung und die rauhere Oberfläche zurückzuführen ist. Am Ende der Chromgerbung wird der höchste Kraftbedarf während des gesamten Herstellungsprozesses erreicht. Insgesamt ergibt sich also von der Weiche mit langer Flotte bis zum Ende der Chromgerbung, wenn man diese mit relativ kurzer Flotte durchführt, eine Steigerung des Kraftbedarfs auf etwa das Vierfache bzw. noch höher, wenn man bei der Chromgerbung höhere Endgeschwindigkeiten verwendet, als wir sie wählten (9 U/min). Werden alle Prozesse von der Weiche bis zum Ende der Chromgerbung im gleichen Faß durchgeführt, so muß die Dimensionierung des Motors nach dem Kraftbedarf am Ende der Chromgerbung erfolgen. Werden dagegen die Wasserwerkstattarbeiten im gesonderten Faß vorgenommen, so muß sich hierfür die Stärke des Motors nach dem Kraftbedarf am Anfang der Faßschwöde richten, wenn die Hautpartie ohne oder mit nur sehr geringer Flotte bewegt wird.

1.3 Halb- oder vollautomatische Steuerung der Naßarbeiten. An früherer Stelle wurden bereits im Rahmen der Aufzählung der möglichen Rationalisierungsmaßnahmen bei der Lederherstellung auch die Ziele der Rationalisierung der Naßarbeiten behandelt (S. 31). Hier gilt es in erster Linie, durch Automatisation der Betriebskontrollen oder durch Halb- oder Vollautomatisierung größerer Fabrikationsabschnitte die Produktionsbedingungen zu vereinfachen, die Leistung zu erhöhen und die ständig steigenden Lohnkosten aufzufangen, den Produktionsablauf zu sichern, auch wenn nur vorwiegend angelernte Arbeitskräfte zur Verfügung stehen, und damit eine von Partie zu Partie gleichmäßige Lederqualität zu sichern, insgesamt also die Produktivität optimal zu steigern. An früherer Stelle wurde schon dargelegt, daß dabei keine Minderung der Qualität eintreten darf, doch sei das hier nochmals ausdrücklich betont, um oft noch in der Praxis diesbezüglich zu hörende Bedenken zu zerstreuen.

Wir haben 1964 erstmalig ausführlich über unsere Vorschläge und Entwicklungen im Hinblick auf die Automatisierung der Naßarbeiten berichtet[67], inzwischen hat diese Automatisierung in vielen Betrieben in beachtlichem Umfange Eingang gefunden und eine Reihe von Firmen liefert die hierfür erforderlichen Aggregate[68, 69]. Allerdings genügt dabei aber im allgemeinen die Beschaffung entsprechender Geräte nicht, auch die Arbeitsverfahren müssen sachgemäß angepaßt werden und damit spielen natürlich auch *technologische Fragen* eine Rolle. Hier gilt es einmal, möglichst viele aufeinander folgende Teilvorgänge im gleichen Gefäß durchzuführen und damit ein wiederholtes Füllen und Entleeren und zusätzliche Transportkosten zu vermeiden. Weiter sollten die Verfahren möglichst vereinfacht und verkürzt werden, um den Umfang der Investitionen so niedrig wie möglich zu halten und die Anpassung an die Erfordernisse und ständigen Wandlungen des Marktes zu erleichtern. Ideal wäre dieses Ziel natürlich verwirklicht, wenn alle Prozesse von der Weiche bis zum Ende der Gerbung im gleichen Faß durchgeführt würden. Dann bliebe an mechanischen Arbeiten nur noch das Einfüllen der konservierten oder vorgeweichten Häute ins Arbeitsgefäß und die Entnahme der gegerbten Leder, und das wird in vielen Betrieben seit Jahren praktisch mit bestem Erfolg durchgeführt. Voraussetzung ist dann allerdings, daß das Entfleischen schon am Schlachthof oder in Konservierungszentralen (S. 143) oder nach einer gewissen Vorweiche (S. 212) erfolgt, daß das Spalten erst nach der Chromgerbung vorgenommen wird (Vor- und Nachteile siehe S. 286 ff.) und daß die Gesamtproduktion bis zum Ende der Gerbung stets nach der gleichen Rezeptur erfolgt und Variationen hinsichtlich weicherer und festerer Leder, Anilinledern und Ledern mit korrigiertem Narben erst nach dem Spalten, insbesondere durch die Arbeiten der Naßzurichtung, erreicht werden. Das ist bei vielen Lederarten möglich, aber nicht immer ist eine so weitgehende Rationalisierung durchzuführen und muß daher von Fall zu Fall je nach den betrieblichen Gegebenheiten entschieden werden.

Auf die technologischen Fragen, die sich bei der Rationalisierung der Naßarbeiten ergeben können, wird an späterer Stelle noch ausführlich eingegangenen (S. 211), in diesem Abschnitt sollen die *einrichtungsmäßigen Fragen* behandelt werden. Messen, Registrieren und Regeln sind die drei Stufen der Entwicklung, und in einem früheren Abschnitt (S. 34 ff.) wurde schon gezeigt, daß die moderne Meß- und Regeltechnik hierfür schlagkräftige Mittel liefert. In welchem Umfange diese Rationalisierung durchgeführt wird, ist in jedem Betrieb je nach den Produktionsbedingungen gesondert festzulegen, und hier gibt es viele Stufen des Ausbaues. In manchen Betrieben begnügt man sich mit der Einschaltung automatischer Betriebskontrollen, also etwa der kontinuierlichen Bestimmung und Registrierung des pH-Wertes, der Temperatur, der Umdrehungszahl des Gerätes usw., während die Einstellung der gewünschten Produktionswerte von Hand erfolgt. In anderen Fällen wird aber auch der Produktionsablauf automatisch gesteuert. Das kann mittels einer Teilautomatisierung erfolgen, bei der nur bestimmte Daten, wie z. B. der pH-Wert oder die Temperatur über die ganze Prozeßdauer, die Wasserzugabe nach Zeitpunkt, Menge und Temperatur, die Aufheizung des Faßinhalts auf eine gewünschte Temperatur, die Lauf- und Ruhezeiten des Fasses und die Laufrichtung, das Spülen und die Flottenentleerung oder die Zugabe gewisser Chemikalien automatisch gesteuert werden, während andere Daten von Hand geregelt und unter Umständen auch die Sollwerte an den Regelinstrumenten noch von Hand eingestellt werden, wodurch sich aber andererseits natürlich wieder Fehlermöglichkeiten einschleichen können. Die dritte Möglichkeit ist eine vollautomatische Steuerung, bei der der gesamte Produktionsgang nach allen Richtungen von vornherein programmiert ist und dann ohne menschliches Eingreifen automatisch abläuft. Zwischen diesen Möglichkeiten gibt es viele Übergänge, und man muß sich von vornherein klar werden, welches Ziel man langfristig anstrebt, wobei der Ausbau dann unter Umständen auch in einzelnen Stufen erfolgen kann.

Nachstehend sei ein Überblick über die verschiedenen Steuermöglichkeiten gegeben. Alle Geräte müsse zuverlässig arbeiten und für den rauhen und feuchten Betrieb in den Naßwerkstätten geeignet sein.

1.3.1 Steuerung der Faßbewegung. Die Steuerung der Faßbewegung hat verschiedene Faktoren zu erfassen. Werden verschiedene Teilprozesse hintereinander im gleichen Faß durchgeführt, so muß die *Drehzahl* des Fasses variierbar sein, um die optimale Faßbewegung (S. 166) einstellen zu können. Das kann, wie bereits an früherer Stelle dargelegt (S. 154), entweder mit stufenlosem Regelgetriebe oder mit mehreren von vornherein festgelegten Schaltstufen erfolgen. Zur Kontrolle oder auch zur Steuerung der Drehzahl bei stufenloser Geschwindigkeitsschaltung werden vielfach Drehzahlmesser verwendet, die bereits an früherer Stelle (S. 45) besprochen wurden. Zum andern ist häufig eine Umschaltung der *Drehrichtung* (S. 154) erforderlich. Sie wird z B. benötigt, wenn für eine kontinuierliche pH-Wert- und Temperaturmessung eine Schöpfvorrichtung (S. 184) vorgesehen ist oder wenn die Entleerung der Faßbrühe mittels einer Schöpfschlange (S. 191) erfolgt, da diese Schöpfvorrichtungen nur in einer Drehrichtung wirksam sind und daher durch Änderung der Drehrichtung in einfacher Weise ein- oder abgeschaltet werden können. Sie wird aber auch vielfach verwendet, um Verwicklungen des Faßinhalts und Knäuelbildung zu vermeiden. Zum dritten ist in vielen Fällen eine Steuerung von *Ruhe- und Laufzeiten* vorzusehen. Insbesondere beim Äscher ist zur Schonung des Hautmaterials keine kontinuierliche, sondern eine nur zeitweise Faßbewegung unbedingt erforderlich, sie kann aber auch bei anderen Arbeitsstadien von Vorteil sein. Dabei sollten Lauf- und Pausezeiten unabhängig voneinander in weiten Bereichen, z. B. von wenigen Minuten bis zu mehreren Stunden einstellbar sein, um Variationen in weiten Grenzen festlegen zu können.

Zur Steuerung dieser Variationen wurden automatisch arbeitende Programmschaltungen entwickelt, mit denen einmal die jeweils gewünschte Laufzeit geregelt wird und bei denen zum anderen für das übrige Laufprogramm zwischen verschiedenen Variationen gewählt werden kann. Hier seien einige Laufmöglichkeiten angeführt

1. Nur Vorwärtslauf,
2. Vorwärtslauf/Rückwärtslauf,
3. Vorwärtslauf/Pause/Vorwärtslauf/Pause...
4. Vorwärtslauf/Pause/Rückwärtslauf/Pause...

Die Einschaltung der verschiedenen Laufprogramme kann entweder manuell oder automatisch z. B. durch Lochkarte erfolgen. Falls in mehreren Fässern gleichartig gearbeitet wird, können diese entweder parallel angeschlossen sein, oder jedes Faß kann wahlweise zu- und abgeschaltet werden. Durch eine Kontrollampe mit der Bezeichnung »Vorsicht, Automatik eingeschaltet« sollte zur Vermeidung von Unfällen auch während der Pausenzeit zu erkennen sein, ob die Steuerung eingeschaltet ist. Falls die Steuergeräte in größerer Entfernung von den Fässern aufgestellt sind, empfiehlt es sich, in der Nähe jeden Fasses einen Notschalter oder -taster anzubringen.

Beim *Abschalten* der Fässer ist oft erwünscht, daß die Fässer stets in der gleichen Position zum Stehen kommen, also z. B. die Faßöffnung zur Entnahme der Leder oder zur Zugabe fester Chemikalien nach vorn steht oder der Entleerungsschieber für die Flüssigkeiten (S. 191) nach unten gerichtet ist. Auch das kann gesteuert werden, indem beim Abschalten eine pneumatische Bremse durch einen magnetischen Endschalter wirksam wird (Abb. 112).

1.3.2 Richtige Ausnutzung des Faßinhalts. Um die für die Anschaffung der Steuerungsanlagen erforderlichen Investitionskosten möglichst niedrig zu halten, ist es wichtig, den Faßinhalt bestmöglich auszunutzen. Üblicherweise werden in der Praxis die Fässer nur bis zur hohlen Achse gefüllt (S. 153). Wird aber z. B. von der Weiche bis zum Ende der Gerbung im gleichen Faß gearbeitet und dabei beim Weichen und Äschern 200 bis 300 % Flotte, bei den

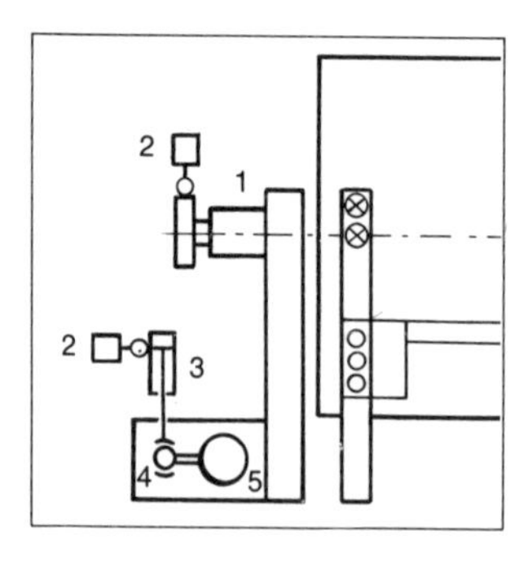

Abb. 112: Schema Faßpositionierung[68]. 1 Drehteil, 2 magnetische Endschalter, 3 Bremszylinder, 4 Bremse, 5 Motor.

nachfolgenden Arbeitsvorgängen dagegen höchstens 100 % Flotte verwendet, ist das Nutzvolumen beim Arbeiten mit offenen Achslöchern nicht richtig ausgenutzt. Dieser Nachteil läßt sich beheben, wenn die Achsdurchgänge verschließbar sind, was sich z. B. mit aufschraubbarem Blindflansch oder mit pneumatischen Schiebeventilen leicht bewerkstelligen läßt. Dann kann das Faß bei Weiche und Äscher nicht nur bis zur hohen Achse, sondern bis zu 90 % des Faßvolumens gefüllt werden, wobei als weiterer Vorteil bei der Äscherbewegung zwar ein Durchmischen erfolgt, die Walkwirkung aber abgedämpft wird. Wenn man z. B. bei der Faßschwöde zunächst ohne Flotte beginnt (S. 220) und erst später 200 % Wasser zugibt, kann man in üblicher Weise die Äscherchemikalien durch die hohle Achse oder die Faßöffnung zugeben und später das Wasser unter dem Druck der Wasserleitung in das Faß drücken. Das Faß wird dann mit einem Druckausgleichsventil (S. 156) versehen, durch das der Überdruck entweicht, oder man stellt, wenn man mit einer Schöpfschlange für das Entleeren und Spülen arbeitet (S. 191), diese mit der inneren Öffnung nach oben, so daß die Luft ebenfalls entweichen kann. Ein Druckausgleichsventil ist aber bei dieser Arbeitsweise auf alle Fälle erforderlich, denn schon beim Weichen erfährt die Haut zwar eine Volumzunahme, das Gesamtsystem (quellende Substanz und Quellwasser) dagegen eine Volumkontraktion[70], so daß im geschlossenen Gefäß ein Vakuum entsteht und bei großem Faßvolumen die Deckel nicht mehr geöffnet werden könnten, wenn nicht vorher ein Druckausgleich erreicht würde. Mittels des Entlüftungsventils muß schließlich bei völlig gefüllten Fässern auch der während des Ablassens der Flotte entstehende Unterdruck ausgeglichen werden.

1.3.3 Steuerung der Wasserzugabe nach Menge und Temperatur. Die genaue Erfassung der *Wassermenge* für jeden Arbeitsvorgang ist sowohl für die stets gleichmäßige Einhaltung der Arbeitstechnologie wie für die Maßnahmen zur Einsparung von Wasser im Hinblick auf die Kosten der Abwasserreinigung wichtig. Hier bieten sich Volummeßgeräte an; auf S. 42 wurde eine Reihe bewährter Ausführungen besprochen (Abb. 6 bis 11). Dabei sind in der Technik zur Vermeidung von Fehlern sicher die Typen vorzuziehen, die nach Durchlauf der gewünschten und vorher eingestellten Wassermenge die Zufuhr automatisch abstellen. Die Mengeneinstellung kann von Hand erfolgen, bei vollautomatischer Steuerung aber auch von der Zentrale mittels Zählwerk, das die Impulszahlen (z. B. pro 10 Liter ein Impuls) erfaßt und das Ventil nach Erreichung der erforderlichen Impulszahl automatisch schließt.

Der besprochenen Art der Wassermengenmessung haftet insofern ein Fehler an, als die Entleerung bei den vorhergehenden Prozessen nicht zuverlässig bis zur gleichen Restmenge erfolgt und daher unterschiedliche Flottenrestmengen in die folgenden Prozeßstadien übertragen werden. Das kann man vermeiden, wenn die Fässer auf Kraftmeßdosen (S. 45) mit Gewichtsanzeige am Steueraggregat installiert werden. Dadurch können die Faßentleerung wie die Wasserzugabe auf ein vorprogrammiertes Gewicht erfolgen.

Die richtige *Wassertemperatur* wird im allgemeinen durch Vermischen von Heiß- und Kaltwasser erreicht, wobei man zweckmäßig ebenfalls automatische Wassermischgeräte verwenden sollte, um das lästige manuelle Einregulieren der Mischtemperatur mit zwei Hähnen überflüssig zu machen. Die manuelle Einstellung ist zeitraubend, bei fehlender Kontrolle nicht genügend zuverlässig und ändert sich vor allem sofort, wenn die Druckverhältnisse in einer der beiden Zuleitungen durch andere Entnahmen beeinflußt werden. Die automatischen Mischgeräte liefern das Mischwasser sofort in der eingestellten Temperatur, gleichen den erwähnten Fehler der Druckänderung in den Zuleitungen selbsttätig aus, so daß das An- und Abstellen benachbarter Zapfstellen die Temperatur nicht beeinflußt, und bei Ausfall der Kaltwasserzufuhr schließt sich auch das Heißwasserventil automatisch. Häufig wird zur Kontrolle noch ein Zeigerthermometer am Mischwasserabgang eingebaut. Abb. 113 zeigt die Einstellskala für Handbetrieb an einem solchen Mischgerät, das in seinen größeren Typen auch technischen Leistungsanforderungen genügt und sich in der Praxis vielfach bewährt hat. Entscheidend wichtig ist aber in allen Fällen eine genügend große Warmwasservorratshaltung und zweckmäßig dimensionierte Zuleitungen zu den Verbrauchsstellen, um den Stoßbedarf in einer Gerberei ohne Verzögerung befriedigen zu können. Ferner empfiehlt sich die Zuleitung über Ringleitungen, die das nicht benötigte Warmwasser wieder in das Vorratsgefäß zurückführen, damit keine nennenswerte Abkühlung in der Zuleitung erfolgt. Das Wasser sollte erst ins Faß fließen, wenn die gewünschte Mischtemperatur etwa erreicht ist, und weiter sollte als weitere Sicherung ein Temperaturgrenzwertprüfer eingebaut sein, der bei Überschreiten einer eingestellten Maximaltemperatur sofort Alarm gibt und die Zuflußleitung absperrt.

Abb. 113: Einstellskala am Grohe-Thermostat[71].

Abb. 114 zeigt das Schemabild des in vielen Betrieben verwendeten Aquamix[68]. Das ist eine Wassermischbatterie, die heißes und kaltes Wasser mittels pneumatischen Mischventilen auf jede gewünschte Temperatur mischt (13), mittels Druckregelventilen unterschiedliche Druckwerte im Netz ausgleicht (12) und außerdem die gewünschte Wassermenge mittels Impuls-Mengenmesser (16) abmißt und in eine Zirkulationsleitung gibt, aus der mittels Ventilschieber bis zu sechs Arbeitsgeräte bedient werden können. Wegen der Robustheit und Schnelligkeit ist ganz allgemein die pneumatische Regelung einer elektrischen vorzuziehen. Der Transmitter (14) vergleicht Soll- und Istwerte der Wassertemperatur. Solange der Sollwert nicht erreicht ist, fließt das Mischwasser wieder in den Warmwasserspeicher zurück, ist sie erreicht, so öffnet sich das Ventil für das zu bediendende Faß und die gewünschte

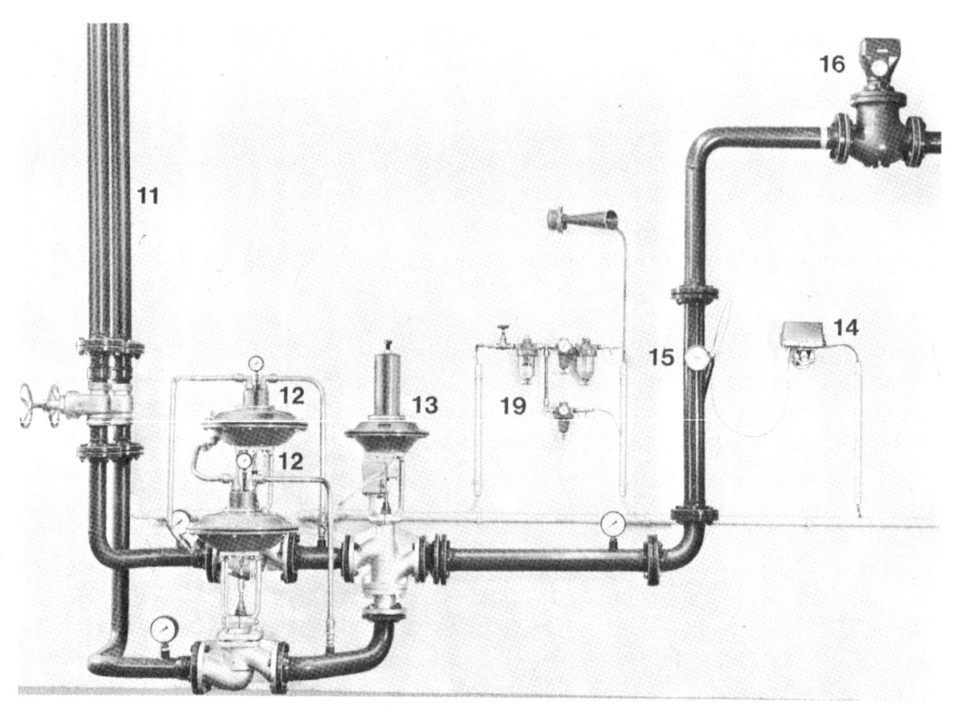

Abb. 114: Aquamix[68].
11 Kalt- und Heißwasserzuleitungen, 12 zwei Druckregelventile, 13 Dreiwegmischventil, 14 Pneumatischer Temperaturtransmitter, 15 Kontrollthermometer, 16 Mengenmesser mit Impulsgeber.

Wassermenge fließt zu. Literzahl und Temperatur können mittels Tasten manuell vorgewählt werden, das Gerät kann aber auch an eine Lochkartenschaltung angeschaltet und damit ferngesteuert werden. Um Verwechslungen zu vermeiden, können gewisse Fässer auch mit einer Temperaturverriegelung versehen werden, die vorbestimmt, daß nur Wasser bis zu einer bestimmten Temperatur einfließen kann (Wasserwerkstatt, Gerbung), während andere (z. B. Färbfässer) auch heißeres Mischwasser aufnehmen können. Neuerdings ist die Aquamixanlage auch mit Satellitenstationen versehen, die ein bis sechs Fässer bedienen kann und einen gesonderten Mengenmesser besitzt, so daß von der Basisstation, die nach wie vor das Mischen vornimmt, je ein Faß jeder Gruppe, wenn es die gleiche Wassertemperatur benötigt, zur gleichen Zeit über die Satellitenstationen bedient werden kann.

Man kann aber auch das Mischen für den ganzen Betrieb zentral vornehmen und in Ringleitungen von der Zentrale aus Mischwasser, mit zwei oder drei einheitlich festgelegten Temperaturen an die Fässer liefern. Die Leitungen müssen aber gut isoliert sein, um Abkühlungen auf dem Transport zu vermeiden.

1.3.4 Steuerung der Zugabe flüssiger bzw. gelöster Chemikalien. Die Methode, die für die Naßarbeiten erforderliche Zugabe von Chemikalien manuell durch Trichter durch die hohle Achse in das Faß vorzunehmen, ist nur für Kleinanlagen zu empfehlen, sie ist zu arbeitsaufwendig und umständlich. Wird sie praktiziert, so empfiehlt sich, die Chemikalien in fahrbaren

Tonnen (S. 90) oder Faßkippern (S. 101), die evtl. mit Farbringen je nach Inhalt zu kennzeichnen sind, zu den Fässern zu bringen und dort mit kleinen Pumpen ins Faß einzufüllen (Abb. 115). In größeren Betrieben erfolgt dagegen die gesamte Chemikalienzubereitung und Prozeßüberwachung in gesonderten *Zentralen* (S. 74), in denen die Beschickung für alle Fässer zusammengefaßt ist und von wo die Lösungen durch Rohrleitung ins Faß transportiert werden. Bei größeren Arbeitshallen können die Zentralen am Kopfende der Halle auf einer Empore eingerichtet werden, von wo der Techniker einen Überblick über alle zu überwachenden Fässer hat. Sie können aber auch – wie dies in vielen Betrieben geschehen ist – in einen Raum über der Faßhalle verlagert werden. Dann besteht kein direkter Kontakt zwischen Faßhalle und Zentrale, in der Halle werden lediglich die Fässer beschickt und das Ende der Arbeiten, d. h. die Startbereitschaft der gefüllten Fässer wird durch Lichtsignal zur Zentrale gemeldet, wobei gleichzeitig auch eine Arbeitsschutzbarriere vor dem Faß blockiert wird. Alle weiteren Anordnungen und Zugaben erfolgen von der Zentrale aus, und erst nach Abschluß der Arbeiten zeigt ein Lichtsignal nach unten an, daß das Faß entleert werden kann, wobei zugleich auch die Blockierung der Barriere aufgehoben wird. Die Zentralen sind so einzurichten, daß das ganze Geschehen im Faß mit einem Minimum an Arbeitskräften und einem Optimum an Zuverlässigkeit gesteuert und überwacht wird. Unabhängig davon, ob nur eine automatische Kontrolle vorgesehen oder die Prozesse halb- oder vollautomatisch gesteuert werden, sollten folgende Einrichtungen in den Zentralen zusammengefaßt werden:
1. alle Meß-, Register- und Regelgeräte bzw. die Steuerschränke für die vollautomatische Steuerung, so daß der leitende Techniker zu jeder Zeit den Stand der Arbeiten in allen Fässern überblicken, Soll- und Istwerte vergleichen und bei Anlagen mit Alarmeinrichtungen sofort von automatischer Steuerung auf Handsteuerung umschalten kann (S. 193),
2. wird die Zugabe des Wassers nicht vollautomatisch gesteuert, so sind hier die automatischen Mischaggregate und Mengenzähler (S. 174) zusammenzufassen. Ebenso sollten von hier aus die Faßbewegung und der Spülvorgang jeder Zeit manuell regelbar sein,
3. die Zugabe der flüssigen oder gelösten Chemikalien wird ebenfalls von der Zentrale aus vorgenommen.

Abb. 115: Faßpumpe.

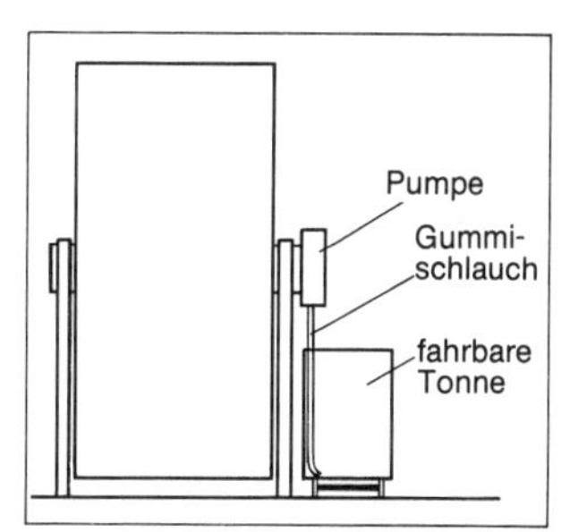

Das alte Verfahren, die Chemikalien für jede Partie getrennt abzuwiegen und aufzulösen, ist unrationell. In diesem Falle befinden sich in der Zentrale für jedes Faß Lösegefäße, aus denen die Chemikalien dem Faß zufließen, wenn der Hahn von Hand oder automatisch geöffnet wird (Abb. 116). In mittleren und größeren Betrieben wird dagegen die Zugabe zweckmäßig aus Flüssigkeitsbehältern vorgenommen, die genügend groß sind, um eine Menge für eine ganze Serie von Partien zur Verfügung zu haben. Die Chemikalien werden in gesonderten Lösebehältern in stets gleicher Konzentration gelöst oder schon gelöst in

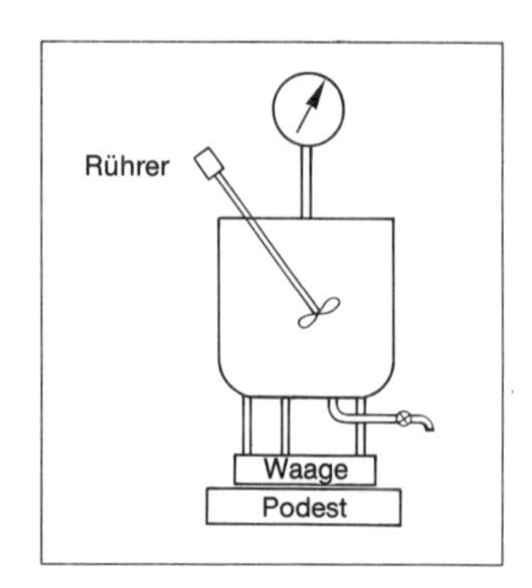

Abb. 116: Einzelvorbereitung der Chemikalien in den Zentralen in Gefäßen, die direkt mit den Fässern verbunden sind (links), oder in Gefäßen, die fest auf Waagen montiert sind (rechts).

Kesselwagen bezogen und dann in die Vorratsbehälter gepumpt. Über die Art der Tanks, ihre Füllung und Abgabe der Flüssigkeiten wurden bereits im Abschnitt über die Lagertechnik (S. 117) Angaben gemacht. Es ist zweckmäßig, die Zentrale auch mit einer kleinen Laboreinrichtung zu versehen, um die eingehenden Chemikalien auf sachgemäße Beschaffenheit zu untersuchen und bei den Stammlösungen vor ihrem Einsatz den tatsächlichen Gehalt an wirksamer Substanz festzustellen.

Von den Vorratsbehältern führen Rohrleitungen zu den Fässern. Sollen Lösungen warm zugeleitet werden (z. B. Lickerstammlösungen), so empfiehlt sich, die Leitung mit einem zweiten Rohr zu umgeben, durch das warmes Wasser umgepumpt wird. In die Zuleitungen zu den Fässern werden Meßeinheiten mit automatischer Mengeneinstellung eingeschaltet, wie sie bereits an früherer Stelle besprochen wurden (S. 42, Abb. 6 bis 11), nur muß im Gegensatz zur Wasserdosierung darauf geachtet werden, daß sie gegenüber den abzumessenden Chemikalien genügend korrosionsbeständig sind. Da meist von dem gleichen Vorratsbehälter eine Vielzahl von Fässern zu bedienen sind, ist ein entsprechendes Verteilungssystem erforderlich. Abb. 117 zeigt das Schema einer solchen Chemikalienverteilung bei Handbedienung mit fünf Chemikalienbehältern, fünf Meßeinrichtungen mit automatischer Mengeneinstellung und

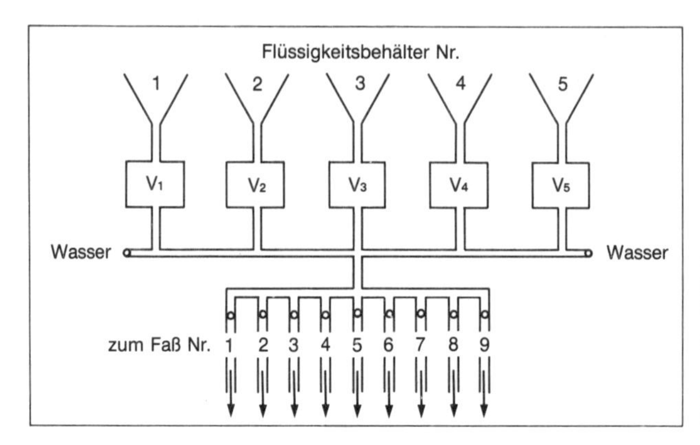

Abb. 117: Zentrale Steuerung der Zuleitung gelöster Chemikalien aus Flüssigkeitsbehältern zu den verschiedenen Gerbfässern. V = Mengeneinstellwerke mit Absperrventil an jedem Chemikalienbehälter.

einer Aufteilung auf neun von der Zentrale aus zu bedienenden Fässern, wobei für jedes Faß ein Absperrventil eingebaut ist, das jeweils für das Faß geöffnet wird, das die Chemikalie erhalten soll. Bei vollautomatischen Anlagen wird das Einstellen der Meßaggregate und das Öffnen der Ventile vom Befehlsschrank aus über die Lochkarte gesteuert. Dabei sollte in einer solchen Rohranlage nie ein Wasserzufluß vergessen werden, um die Leitungen durch kurzes Nachspülen zu reinigen und gegenseitige Reaktionen und Ausfällung zu vermeiden. An der hohlen Achse des Fasses ist ein Einlauftrichter vorzusehen; ist eine ständige pH-Messung eingeplant, so ist an der Schöpfeinrichtung (S. 185) ein Zugabeanschluß vorhanden.

Man kann natürlich auch den umgekehrten Weg beschreiten, die Chemikalienbehälter nur mit Ventilen zu versehen und die Meßaggregate mit automatischer Mengeneinstellung an den Fässern anzubringen, was für die Prozeßkontrolle den Vorteil hat, daß bei automatischer Aufzeichnung der zugeflossenen Mengen für jede Partie ein gesonderter Registrierstreifen mit allen dieser Partie zugeflossenen Chemikalienmengen vorliegt (Abb. 118). Auch hierbei muß natürlich nach jeder Chemikalienzugabe ein Durchspülen der Zuflußleitung erfolgen. Die dritte Art der Chemikalienzuführung sieht für jede Chemikalie ein gesondertes Rohrleitungssystem zu den verschiedenen Fässern vor. Das bereitet etwas höhere Installationskosten, besitzt aber den Vorteil einer klaren Trennung der verschiedenen Chemikalien; ein Nachspülen kann hier unterbleiben.

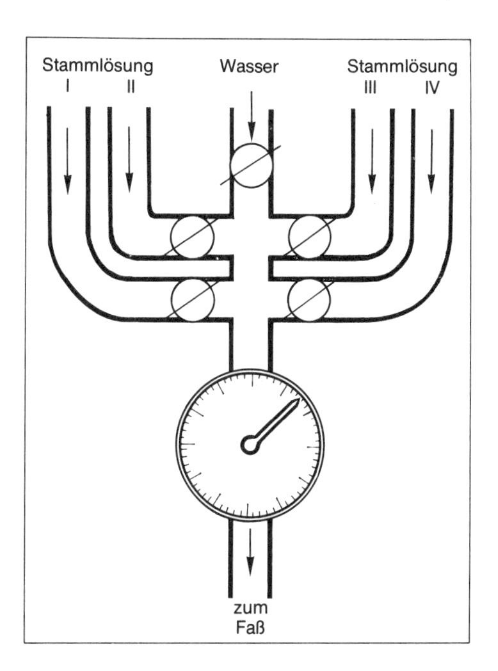

Abb. 118: Zuleitung von Stammlösungen zum Faß. Mengeneinstellwerk am Faß.

Wichtig ist weiter, daß dort, wo die Chemikalienzugabe durch den pH-Wert gesteuert wird (z. B. Sodazugabe beim Abstumpfen der Chromgerbung), Chemikalienzugabe und Brühenschöpfung für die pH-Messung auf der gleichen Faßseite erfolgen. Geschieht das nicht, so wird insbesondere bei breiten Fässern eine zu lange Zeit benötigt, bis sich die Zugabe voll auf die pH-Messung auswirkt, damit sind Überdosierungen unvermeidlich. Befinden sich Chemikalienzugabe und Schöpfvorrichtung dagegen auf der gleichen Seite, so findet eher eine »Unterdosierung« statt, die Ventile öffnen und schließen sich mehrfach, bis der gewünschte pH-Wert eingestellt ist, aber eine Überdosierung wird mit Sicherheit vermieden.

An früherer Stelle war schon darauf hingewiesen worden, daß viele Mengenmesser einen gewissen Druck in der Flüssigkeitsleitung verlangen, der beim Zufluß aus Vorratsbehältern nicht immer gegeben ist. In solchen Fällen kann man auch Dosierpumpen (S. 44) verwenden, die die Chemikalien ansaugen und über ein ausgewähltes Magnetventil in das Faß pumpen, bei denen die Menge durch die Dosierzeit, d. h. eine eingestellte Hubzahl mit konstantem Hubvolumen, eingestellt wird. Auch hier können verschiedene Chemikalien mit der gleichen Dosierpumpe zugeführt werden, nur sollte wieder ein Zwischenspülen vorgesehen werden. Kleine Dosierpumpen empfehlen sich insbesondere auch in den Fällen, in denen Chemikalien etwa zur pH-Steuerung oder zum Abstumpfen von Chrombrühen über einen längeren Zeitraum mit gleichmäßiger Verteilung zugesetzt werden sollen.

In älteren Anlagen findet man bisweilen – meist aus Platzgründen –, daß auf eine Steuerzentrale verzichtet und direkt über oder in halber Höhe hinter der Faßreihe eine Arbeitsbrücke angebracht wurde, auf der ein oder mehrere Gefäße für die Vorbereitung der Chemikalien angebracht sind. Hier werden die Chemikalien entweder direkt gelöst bzw. verdünnt oder sie fließen aus Vorratsbehältern als Stammlösungen zu und werden hier aufgehoben, bis die Zeit der Zugabe gegeben ist. Das hat zwar den Vorteil, daß kein großes Leistungssystem erforderlich ist, aber es ist doch ein Notbehelf und besitzt den Nachteil, daß jede Kontrolle fehlt, Geschehenes also bei Produktionsfehlern nie mehr rekonstruiert werden kann.

Bei den bisher beschriebenen Zugabeeinrichtungen erfolgt die Zugabe von den Vorratsgefäßen unter Zwischenschaltung von Meßeinrichtungen direkt in das Faß. Eine andere Möglichkeit ist, neben jedem Faß noch einen Vorbereitungsbehälter zu installieren, in dem die Stammlösungen für die nächste Chemikalienzugabe zunächst in abgemessener Menge bereitgestellt und dann zum gewünschten Zeitpunkt von dort durch Ventilöffnung in das Faß gegeben werden. Diese Art der Zugabe wurde auch von Hüni[68] gewählt. Abb. 119 zeigt das Schemabild einer solchen Anlage. Links oben befinden sich neben der bereits an früherer Stelle besprochenen Wassermischbatterie (S. 175) sechs Vorratsbehälter für die Stammlösungen, die auch mit Rührwerk versehen sein können. An diese Vorratsbehälter ist für jede Chemikalie eine gesonderte Ringleitung angeschlossen, die an der Decke über den Fässern montiert ist, und in der die Lösungen mittels Pumpe umgepumpt werden und, wenn sie nicht abgerufen werden, wieder in die Vorratsbehälter zurückfließen, so daß eine ständige gute Durchmischung gewährleistet ist und Absetzungen vermieden werden. Öffnet sich das pneumatische Zufuhrventil über dem Faß, so fließt die Chemikalie in den Vorbereitungsbehälter, der ebenfalls mit einem sich automatisch einschaltenden Rührwerk ausgestattet sein kann. Die Vorbereitungsbehälter enthalten für die Dosierung der verschiedenen Chemikalien seitlich oder von oben eingeführte elektrische Niveaustäbe, die die Zufuhr abstoppen, wenn die eingestellte Niveauhöhe erreicht ist (Abb. 120). Die Dosierung mit Niveaustäben hat allerdings den Nachteil, daß man immer mit konstanter Partiegröße arbeiten muß, sonst müssen die Niveaustäbe manuell neu eingestellt werden, was mit nicht unbeträchtlichem Arbeitsaufwand verbunden ist. Der Zufluß ins Faß erfolgt dann zu einem im Programm festgelegten Zeitpunkt unter Schwerkraft oder mit Pumpe. Soll er portionsweise erfolgen,

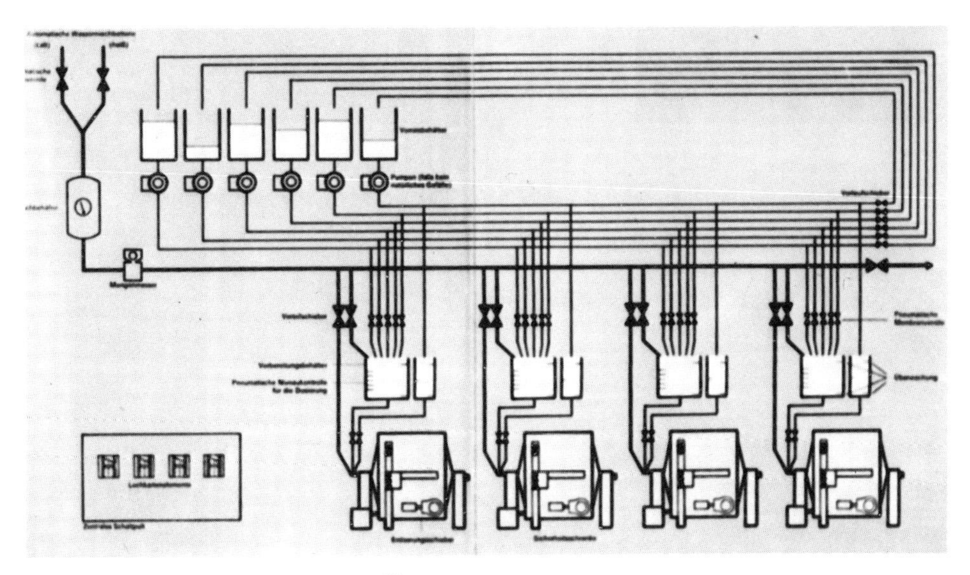

Abb. 119: Zugabe gelöster Chemikalien[68].

kann er auch über Membranventil und Zeitrelais in einzelnen Impulsen gesteuert werden. Für das Vorbereitungsgefäß ist auch ein Aussprühen der Behälter mittels Magnetventil und Sprühdose vorgesehen, bevor die nächste Lösung vorbereitet wird.

1.3.5 Steuerung der Zugabe ungelöster Substanzen. Vielen Chemikalien (Äscherchemikalien, Beizpräparate, Chromgerbextrakte, Kochsalz usw.) werden in ungelöster Form in das Faß gegeben. Das erfolgt vielfach noch manuell, wobei die Faßtüren geöffnet werden und die Chemikalien mittels Gabelstabler und geeignetem Anbaugerät (S. 101) eingefüllt werden. Für eine vollautomatische Steuerung ist aber auch hierfür eine Automatisierung erforderlich. Sie ist einfach zu erreichen, wenn man in einer der hohlen Achsen eine Transportschnecke einbaut (Abb. 121), die bei Öffnung des Schraubverschlusses herausgezogen und gereinigt werden kann und im übrigen mit Steckzapfen und Vierkantmitnehmer direkt mit der Faßwand verbunden ist und sich dreht, sobald sich das Faß bewegt, so daß ein besonderer

Abb. 120: Vorbereitungsbehälter am Faß mit Zufuhrleitungen und Niveaustäben[68].

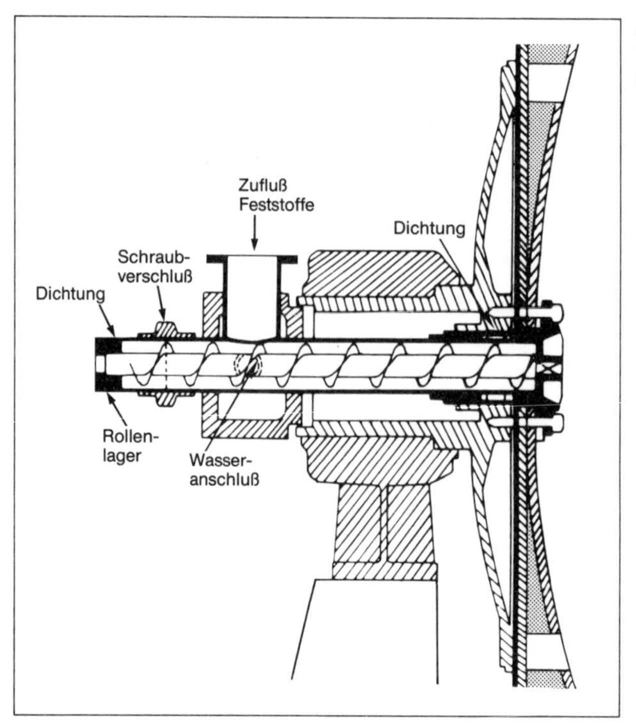

Abb. 121: Faßarmatur mit Transportschnecke für ungelöste Chemikalien und Wasserzufuhr[72].

Antrieb nicht erforderlich ist. Die Leistungsfähigkeit der Schnecke hängt dann vom Durchmesser der Armaturöffnung und der Umdrehungszahl des Fasses ab, kann aber auch dadurch gesteigert werden, daß möglichst wenig Spiel zwischen Schneckenwelle und Rohrwand gegeben wird, daß der Kern der Schnecke möglichst gering gehalten wird, und daß die Schneckenspirale möglichst flach ist, denn je flacher sie ist, desto größer ist die transportierte Materialmenge pro Umdrehung. In vielen Fällen reicht das allerdings nicht aus, um bei langsam laufendem Faß (z. B. beim Äschern) größere Materialmengen rasch ins Faß zu bekommen. Dann muß die Schnecke mit gesondertem Antrieb versehen werden, was auch keine Schwierigkeiten bereitet.

Die festen Chemikalien werden ähnlich wie die Stammlösungen in Vorratsbehältern geeigneter Größe gelagert und von dort durch geeignete Einlauforgane (siehe Lagertechnik S. 117) der Dosierwaage zugeführt. Auch über das Dosieren und Verwiegen wurden an früherer Stelle schon ausführliche Angaben gemacht (S. 39 ff.). Damit die von der Zentrale bzw. Verwiegestation herangeführten Festchemikalien nicht direkt ins Faß gelangen, werden am Faß Zwischenbehälter eingebaut, in denen die abgewogene Menge bereitgestellt und von dort nach Öffnen von Ventilen zur Schnecke und damit in das Faß transportiert wird. Abb. 122 zeigt ein Mucon-Ventil, bei dem ein Manchettenverschluß durch Verschieben eines Hebels von links nach rechts von Hand oder auch automatisch mittels elektrischer oder pneumatischer Betätigung ähnlich einer Irisblende geöffnet wird und die Festsubstanz dann je nach dem Grad der Öffnung mehr oder weniger schnell auf die Transportschnecke fließt. Abb. 123 zeigt das Schema eines Premaflex-Quetschventils, bei dem eine zylindrische elastische Gummi- oder Kunststoffmanschette im ruhenden Zustand mit Wasserdruck oder

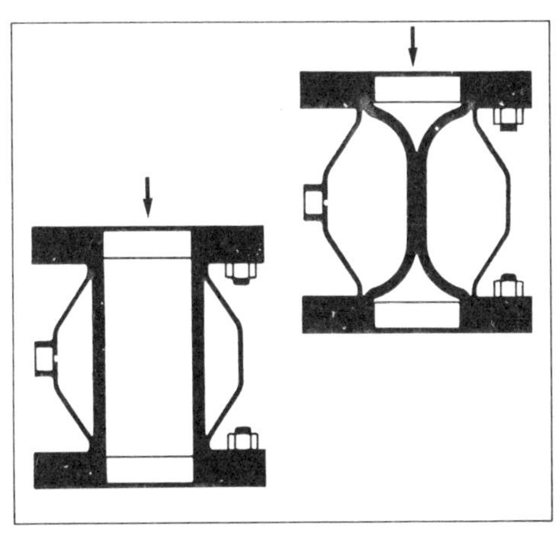

Abb. 123: Premaflex-Quetschventil, links offen, rechts geschlossen[74].

Abb. 122: Mucon-Ventil[73].

Preßluft als Steuermittel so zusammengepreßt ist, daß das Pulver nicht hindurchfließen kann (rechts), während durch Abschalten des Steuermittels von Hand oder mit Automatik der Durchfluß unverengt freigegeben wird (links). Solche Dosiervorrichtungen machen auch die Zugabe von Festsubstanzen zu einem leicht zu handhabenden Vorgang, ohne daß das Faß

Abb. 124: Links Doppeltrichter und zwei Premaflex-Quetschventile, rechts Verteilerstutzen über der Öffnung zur Transportschnecke.

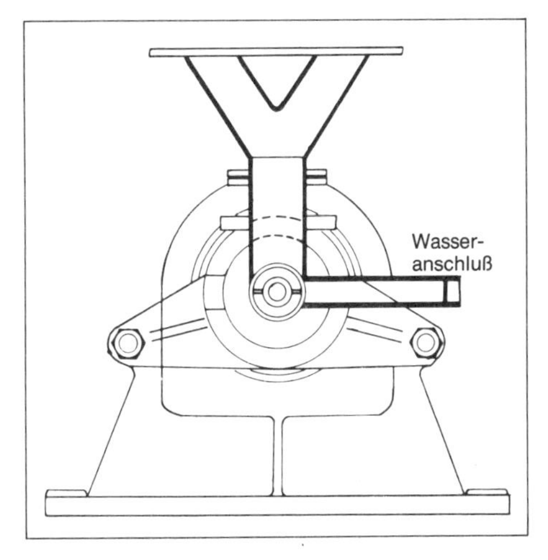

stillgesetzt oder gar der Faßdeckel geöffnet zu werden braucht. Abb. 124 zeigt links ein Faß mit einem Doppeltrichter und zwei Premaflex-Quetschventilen, rechts einen Verteilerstutzen zum direkten Anschluß an die Zuleitung von der Waage. Der Vollständigkeit halber sei noch erwähnt, daß die Armatur mit der Transportschnecke auch mit einem Wasseranschluß zum Nachspülen nach der Zugabe der festen Chemikalien versehen ist (Abb. 121 und 124).

Ich kenne auch Anlagen, bei denen die Zugabe der ungelösten Chemikalien ohne Schnecke derart erfolgt, daß das Faß beim Abschalten so positioniert wird (S. 173), daß sich eine Öffnung direkt unter der Chemikaliendosierklappe befindet. Der Faßdeckel öffnet sich dann automatisch (S. 155) und das Pulver fällt in das Faß.

1.3.6 Messen und Steuern von pH-Wert und Temperatur. Für eine einwandfreie Betriebskontrolle ist es unumgänglich, pH-Wert und Temperatur in der Gerbflotte ständig zu kontrollieren und auf den gewünschten Wert einzustellen. Moderne Gerb- und Zurichtverfahren sind im Hinblick auf ihren viel rascheren Ablauf von der Einhaltung dieser Arbeitsbedingungen besonders stark anhängig und daher ist es erstaunlich, warum auf diese Kontrolle und Dosierung in der Praxis so häufig verzichtet wird. Um pH-Wert und Temperatur in der Flotte kontinuierlich messen und registrieren zu können, muß diese ständig dem Faß entnommen, gemessen und zurückgegeben werden. Eine der Möglichkeiten, das zu erreichen, ist das Arbeiten mittels einer Schöpfeinrichtung, bei der sich, wie Abb. 125 zeigt, im Innern des Fasses eine Schöpfschlange befindet, die an der offenen Seite zu einem Schöpftrichter erweitert ist. Vor dem Schöpftrichter sitzt eine auswechselbare Lochplatte (kein Sieb), um zu vermeiden, daß Hautfasern usw. in die Rohrleitung gelangen und Verstopfungen verursachen. Der Trichter muß von der Faßöffnung her leicht zu erreichen sein, um die Lochplatte von Zeit zu Zeit auswechseln und reinigen zu können. Der Trichter sollte ferner etwas abgeschrägt sein, um Narbenverletzungen auch bei empfindlichem Hautmaterial zu vermeiden. Bei jeder Umdrehung schöpft die Schlange eine gewisse Menge der Flüssigkeit und transportiert sie durch die hohle Achse in ein außerhalb des Fasses befindliches

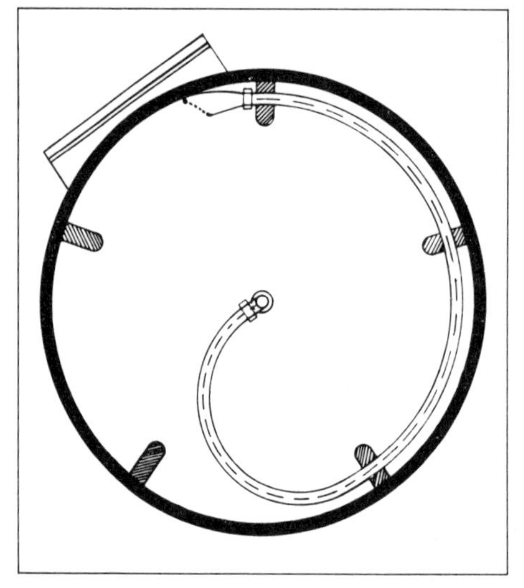

Abb. 125: Schöpfschlange im Faß.

Abb. 126: Faßarmatur mit Wasserzufuhr, Einlauftrichter für gelöste Chemikalien, Schöpfeinrichtung und Meß- und Heizgefäß[72].

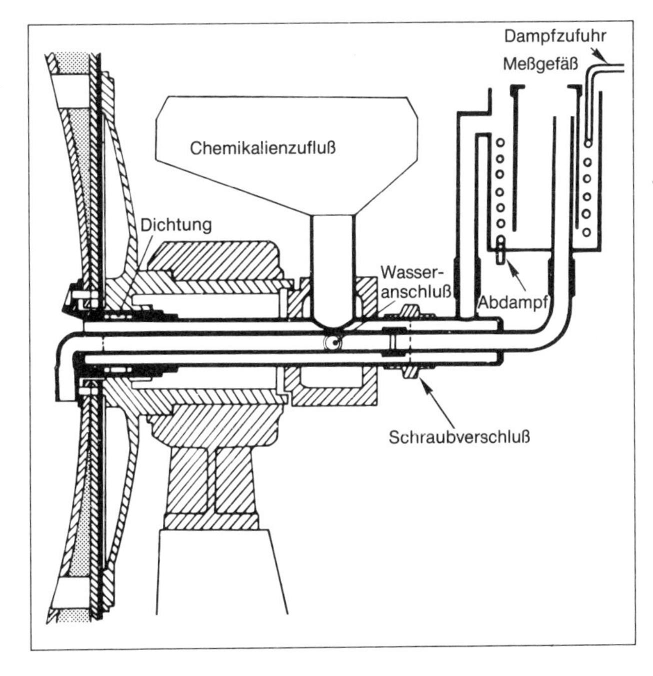

Meßgerät. Abb. 126 zeigt eine mit den hierfür notwendigen Einrichtungen versehene Armatur, wobei in der Nähe des Schraubverschlusses ein Übergang vom drehenden zum ruhenden Zustand erfolgt. Die Flotte gelangt durch diese Rohrleitung in das Auffang- und Meßgefäß, wird dort an dem Meßaggregat vorbeigeführt, gelangt dann in den äußeren Heizraum und fließt von dort wieder in das Faß zurück. Die Geschwindigkeit des Brühenwechsels im Meßgefäß hängt von Größe und Durchmesser der Schöpfschlange im Faß ab und wird außerdem durch Flottenmenge und Drehzahl des Fasses beeinflußt. Der Rücklaufteil dient gleichzeitig auch für die Wasserzugabe und die Zugabe der gelösten Chemikalien, so daß Überdosierungen bei Chemikalienzugabe vermieden werden (S. 180) und die andere Achse für die Transportschnecke frei ist. Alle Durchgänge müssen natürlich so dimensioniert werden, daß Verstopfungen völlig ausgeschlossen sind. Alle Teile, die mit Chemikalien in Berührung kommen, müssen aus V2A-Stahl hergestellt sein und die Befestigung der Armaturen am Faß mit V4A-Stahlschrauben erfolgen. Das Meß- und Heizgefäß (Abb. 127), das aus zwei konzentrischen Kammern besteht, kann durch Lösen eines Schraubverschlusses zum Reinigen entfernt werden, und wird durch einen Blindflansch ersetzt, wenn man bei Weiche oder Äscher das Faß über die hohle Achse füllen will (S. 173). Wenn es aus durchsichtigem Material wie Plexiglas gefertigt ist, kann man die Flotten hinsichtlich Farbänderungen oder Auftreten von Niederschlägen gut beobachten.

Für die Betriebskontrolle werden mit dieser Einrichtung pH-Wert und Temperatur in der durchfließenden Flotte *kontinuierlich gemessen* und registriert. Abb. 128 zeigt ein hierfür geeignetes Gerät, in dem alle für die Messung erforderlichen Aggregate in einem dicht schließenden, abschließbaren Stahlblechgehäuse mit Sichtfenster eingebaut sind. Rechts befindet sich ein anzeigendes pH-Meßgerät mit pH-Meßbereich von 1 bis 13 und automati-

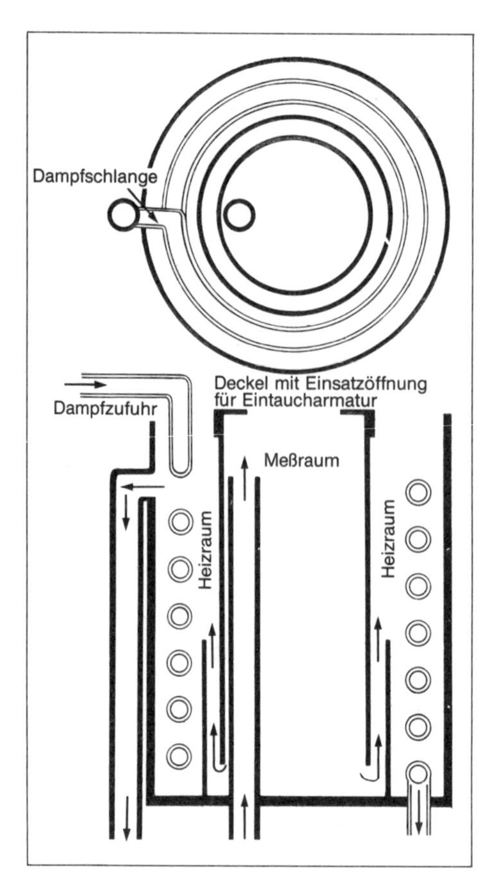

Abb. 127: Meß- und Heizraum im Meßgefäß (vgl. auch Abb. 129).

Abb. 128: Frontansicht des pH- und Temperatur-Meß- und -Registriergeräts[12].

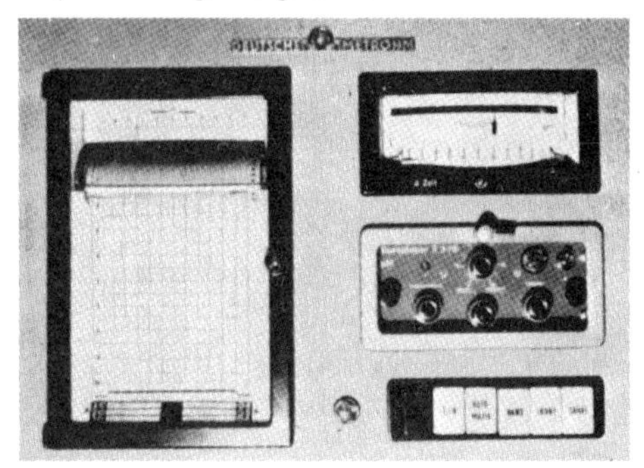

scher Temperaturkompensation der pH-Werte. Links befindet sich ein Zweifarben-Punktschreiber (S. 52) mit zwei Schreibstellen für die pH-Registrierung (pH-Wert 1 bis 13) und die Temperaturregistrierung (Meßbereich 15 bis 70 °C). Am Schreiber befindet sich ferner ein einstellbarer Kontakt für die Steuerung der automatischen Temperaturregelung (s. u.), am pH-Gerät selbst sind zwei Regelkontakte zur Betätigung der vollautomatisch arbeitenden pH-Dosieranlage (s. u.) vorhanden. Das zugehörige Meßaggregat für die pH- und Temperaturmessung (Elektrode und Temperaturfühler) ist mit Spezialkabel mit dem Meßgerät verbunden und in einer Eintauch-Schutzarmatur aus Hart-PVC eingebaut, die schon an früherer Stelle besprochen wurde (S. 49). Sie wird in den inneren Teil des Meßgefäßes leicht herausnehmbar eingehängt (Abb. 129). Abb. 130 gibt eine so erhaltene pH- und Temperaturkurve für die Vorgänge vom Entkälken bis zum Ende der Chromgerbung wieder, wobei die Temperaturkurve, die hier gestrichelt gezeichnet ist, vom Punktschreiber durchgehend rot aufgezeichnet wird. Bei A wird nach dem Äscher diskontinuierlich gespült, bei B beginnt das Entkälken und Beizen, bei C das nachfolgende Spülen, bei D die Salzzugabe, bei E die Zugabe der Pickelsäure, bei F die Zugabe des ungelösten Chromsalzes, bei G die Zugabe der

Abb. 129: Meßgefäß mit eingebauter Meßarmatur und Heiz-Dampfschlange.

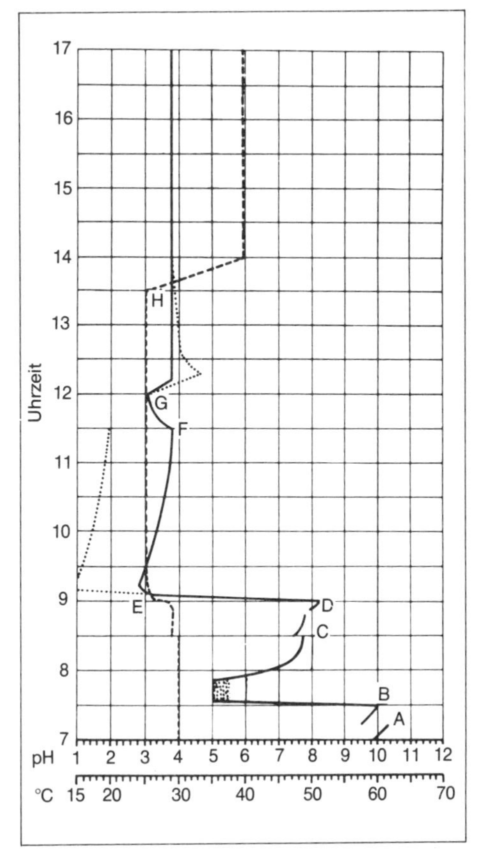

Abb. 130: pH- und Temperaturkurve (pH-Kurve ausgezogen, Temperaturkurve gestrichelt, Pickel mit 2,16 % Schwefelsäure bzw. Sodazugabe ohne pH-Steuerung punktiert).

Soda und bei H das Aufheizen auf 40 °C. Vergleicht man die Betriebskurve mit der Normalkurve, so sieht man mit einem Blick, ob die Produktion ordnungsgemäß gelaufen ist.

An früherer Stelle war schon gezeigt worden, daß das in der Praxis vielfach übliche Verfahren, die *Erwärmung des Faßinhaltes* durch hohe Drehzahlen zu erreichen, falsch ist, weil dadurch einmal die Lederqualität verschlechtert wird (S. 166) und außerdem der Weg, elektrische Energie durch Reibung in Wärme umzuwandeln, völlig unwirtschaftlich ist (S. 170). Daher ist wichtig, das Faß mit einer automatischen Temperaturregelung zu versehen, um die Temperatur konstant zu halten (z. B. beim Beizen) oder aufzuheizen (z. B. bei der Chromgerbung). Die Aufheizung kann einmal mit einer Dampfschlange im Heizraum des Meßgefäßes (Abb. 129) erfolgen. Entspricht der Istwert der Temperatur nicht dem Sollwert, so wird mittels eines Kontaktes am Schreibgerät, der auf den Sollwert eingestellt ist, ein Dampfabsperrventil in der Dampfzuleitung geöffnet, und Dampf strömt durch die Heizschlange, bis der Sollwert erreicht ist und das Ventil sich wieder schließt. Die Leistungsfähigkeit der Heizeinrichtung hängt von der zugeführten Dampfmenge und der Größe der Oberfläche der Heizschlange ab. Um bei größeren Fässern die größere Flotte ebenfalls kurzfristig aufheizen zu können, kann das Heizgefäß auch bis auf den Boden verlängert werden (Abb. 131), so daß eine genügend große Heizoberfläche erreicht wird.

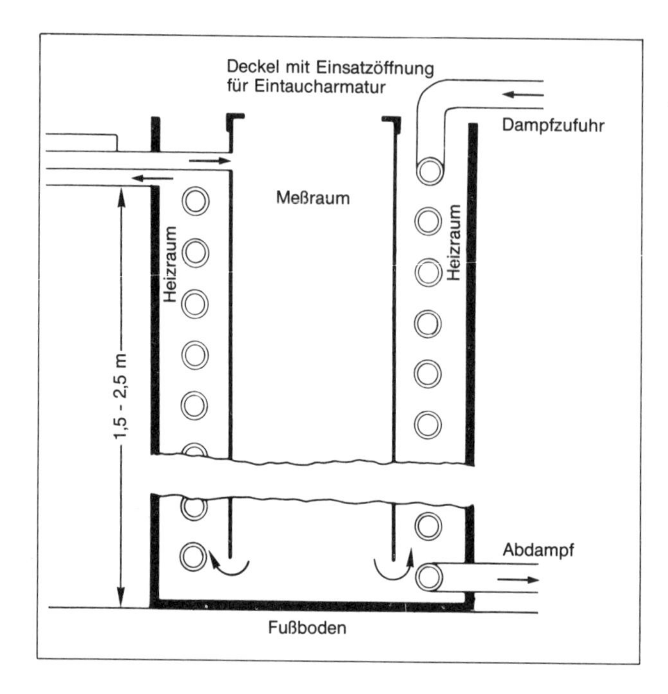

Abb. 131: Verlängertes Meß- und Heizgefäß zur Steigerung der Heizleistung.

Natürlich kann die Heizung auch elektrisch erfolgen, wenn statt der Dampfschlange Heizstäbe in Schlangenform in den Heizraum eingebaut werden, die ebenfalls über den Kontakt am Meßschrank an- und abgeschaltet werden. Bei Kunststoff-Fässern kann man auch Heizdrähte in die Faßwand selbst einlaminieren (Abb. 132). Die Stromzufuhr erfolgt über Schleifringe, die durch eine Abdeckung wassergeschützt sind, und schaltet sich automa-

Abb. 132: Einlaminierte Heizdrähte in Kunststoff-Fässern.

tisch ab, wenn die Solltemperatur erreicht ist. So kann ebenfalls eine rasche Aufheizung erreicht werden, ein Übertemperaturschutz verhindert bei Ausfall der Regelung das Delaminieren des Polyesters. Außerdem schaltet sich die Heizung bei Stillstand des Fasses automatisch ab, sonst würde in der Stillstandszeit die Temperatur in der Flüssigkeit ungleichmäßig sein (an der Faßwand höher als im Innern), und es wären für das Hautmaterial Hitzeschäden zu befürchten.

Von großer Bedeutung ist in vielen Fällen auch eine *automatische pH-Wert-Regulierung*. Die Arbeitsweise, lediglich den pH-Wert der Flotte zu messen und zu registrieren, reicht in vielen Fällen nicht aus. Bei einer ganzen Reihe von Prozessen wie bei der Entkälkung mit sauren Entkälkungsmitteln, dem Abstumpfen, der Neutralisation oder dem Entgerben von Crust-Fellen gibt eine automatische pH-Wert-Dosierung dem Techniker ein äußerst wirksames Mittel für eine exakte Führung der Arbeitsgänge in die Hand. Das pH-Meßgerät ist dafür mit zwei Kontakten ausgerüstet, die ihrerseits mit Dosierventilen (Magnetventilen oder Dosierpumpen) verbunden sind, die sich an den Chemikalienbehältern für Säure bzw. Alkali befinden. Über- oder unterschreitet der pH-Meßwert eine der eingestellten Kontaktgrenzen, so wird eine automatische Dosierung in Gang gesetzt, das betreffende Magnetventil öffnet sich und Säure oder Alkali fließen so lange zu, bis in der Faßflüssigkeit der gewünschte pH-Wert erreicht ist. Da man die Konzentration der zufließenden Lösung beliebig variieren, die Durchflußöffnung der Ventile ändern und am Meßgerät durch Einstellung mehr oder weniger langer Impulse erreichen kann, so daß die Lösung nicht kontinuierlich, sondern nur in Zeitperioden zufließt, läßt sich die Gefahr einer Überdosierung praktisch ausschließen. Daß hierbei Messen und Zugeben auf der gleichen Faßseite erfolgen muß, wurde bereits erwähnt (S. 179).

Der Vollständigkeit halber sei aber, wenn man nicht mit der beschriebenen Schöpfeinrichtung (S. 184) arbeiten will, auch eine andere Art der Brühentnahme und -rückführung während des Arbeitens im Faß beschrieben. Dabei wird mittels Saugpumpe die Faßbrühe auf einer Seite des Fasses durch die hohle Achse entnommen, die Leitung unter oder hinter dem Faß zur anderen Seite des Fasses geführt und die Brühe dann durch die andere hohle Achse wieder zurückgegeben. In diesem Kreislauf kann man dann die kontinuierliche pH-Wert- und Temperaturmessung mittels Durchlaufarmatur (S. 47) vornehmen und dahinter eine Durchlaufheizung einbauen und ebenso alle Zuführungen für das aus der Mischbatterie gelieferte Wasser, die Chemikalien und auch Säure und Alkali für die pH-Regulierung einbauen. Auch das ist eine sehr übersichtliche Lösung, nur steht dann die Öffnung auf einer Faßseite nicht mehr für die Zugabe pulverförmiger Chemikalien zur Verfügung.

1.3.7 Steuerung des Spülens und der Flottenentleerung. Bei diesen Arbeitsvorgängen ist zu beachten, daß heute im Hinblick auf die immer höher werdenden Kosten für die Abwasserreinigung mit erheblich geringeren Wassermengen gearbeitet wird (S. 222)[75]. Wurden noch vor 20 Jahren z. B. für die Herstellung von Rindoberleder 150 bis 220 m^3/t Rohhaut verwendet, so liegt diese Menge heute in vielen Betrieben bei 35 bis 40 m^3/t. Das wird einmal dadurch erreicht, daß die meisten Arbeitsprozesse mit wesentlich kürzerer Flotte durchgeführt werden, zumal dadurch zugleich eine wesentlich raschere Chemikalienaufnahme erreicht (S. 168) und andererseits die Qualität des Leders nicht ungünstig beeinflußt wird (S. 166). Vor allem aber wurden die Spülprozesse entscheidend verändert. Früher arbeitete man mit durchlaufendem Wasser, große Wassermengen wurden durch die hohle Achse zugegeben und flossen durch den mit Löchern oder Schlitzen versehenen Spüldeckel wieder ab, wobei die Lösekapazität des Wassers auch nicht im entferntesten ausgenutzt wurde. So machten damals die Spülwasser etwa 70 % des Wasserverbrauchs bei den Naßarbeiten aus. Heute wird dagegen mit einem diskontinuierlichen Spülen im geschlossenen Faß mit nur gelegentlichen Wasserwechsel – auch als Waschen bezeichnet – gearbeitet, wobei natürlich für die Reproduzierbarkeit Zeitdauer, Temperatur und Menge des Wassers von Bedeutung sind. Das setzt einmal eine exakte Steuerung der Wasserzugabe voraus, die schon an früherer Stelle besprochen wurde (S. 174). Es verlangt aber im Hinblick auf die automatische Steuerung des Waschprozesses auch, daß bei der Flottenentleerung statt des manuellen Deckelwechsels (Einsetzen des Lochdeckels) automatisch gearbeitet werden kann. Hierfür gibt es verschiedene Möglichkeiten.

Eine der Möglichkeiten ist, daß im Faßmantel oder einer Seitenwand ein oder mehrere Klappen eingesetzt werden, die manuell geöffnet werden (Abb. 133). Um zu vermeiden, daß sich im Innern des Fasses Häute vor die Öffnung legen, kann eine durchlochte schräge Seitenwand (Abb. 133, rechts) eingesetzt werden. Meist bleiben aber auch bei gründlichem Entleeren etwa 15 % der Flotte im Faß, und nur durch einen gelochten doppelten Boden ist auch im Faß eine vollständige Entflottung möglich. Bei Hüni[68] sind die Öffnungen in Faßmantel oder Seitenwand mit pneumatischen Entleerungsschiebern mit maximal 200 mm Durchmesser aus rostfreiem Stahl versehen (Abb. 134). Durch eine pneumatische Drehkupplung an der Achse wird die erforderliche Druckluft zugeführt. Die dritte Möglichkeit ist, zur Entleerung eine zweite Schöpfeinrichtung mit möglichst großem Durchmesser einzubauen (Abb. 135), die in der Gegenrichtung zur Schöpfschlange für das Meßaggregat (S. 184) arbeitet und deren Ausfluß nicht durch die hohle Achse geführt zu werden braucht, um diese für die Transportschnecke freizuhalten, sondern einfach durch die Faßwandung geführt wird. Es ist zweckmäßig, das Rohr schon unmittelbar hinter dem Schöpftrichter nach außen zu führen und dann an die Außenseite des Fasses zu montieren, um Verletzungen und Einklemmungen von Hautfetzen hinter dem Rohr zu vermeiden. Bei Kunststoff-Fässern kann die Schöpfschlange so einlaminiert werden, daß außen wie innen eine glatte Fläche vorhanden ist. Laufenberg[60] hat am Kunststoff-Faß eine Muldenkonstruktion mit Durchlaßgitter entwikkelt. Von der Mulde aus führen zwei Schlangen nach rechts und links und können mit Absperrschiebern ausgestattet werden.

Beim Spülen und Entleeren mit Schöpfschlangen braucht nur die Drehrichtung des Fasses geändert werden, und die Faßflüssigkeit fließt in wenigen Minuten aus. Bei großen Fässern kann man auch je eine Schöpfeinrichtung an beiden Faßseiten anbringen, um die Leistungsfähigkeit nochmals zu verdoppeln. Ich gebe der Entleerung mittels Schöpfschlange, insbesondere bei automatischer Steuerung, den Vorzug vor pneumatischen Schiebern, weil dort die Gefahr nicht auszuschließen ist, daß Hautfetzen oder sonstige Verunreinigungen den Schieber verklemmen. Die Auslaufstutzen der Schöpfschlangen können auch mit Verschlußkappen oder Absperrschiebern versehen werden, wenn man gleichzeitig die Arbeitsprozesse abwechselnd in Rechts- und Linkslauf durchführen will, ohne daß eine Entleerung des Fasses erfolgen darf.

Heute werden die abgelassenen Flotten und Spülwässer nicht immer kanalisiert, sondern in Vorratsgefäße gefüllt, wo sie aufbereitet und wieder in die Arbeitsprozesse zurückgeführt werden (Recycling der Chrom- und Äscherbrühen S. 220 und 227). Das sind im Hinblick auf die Abwasserprobleme sehr wichtige Teilvorgänge. Daher empfiehlt es sich, die Entleerung

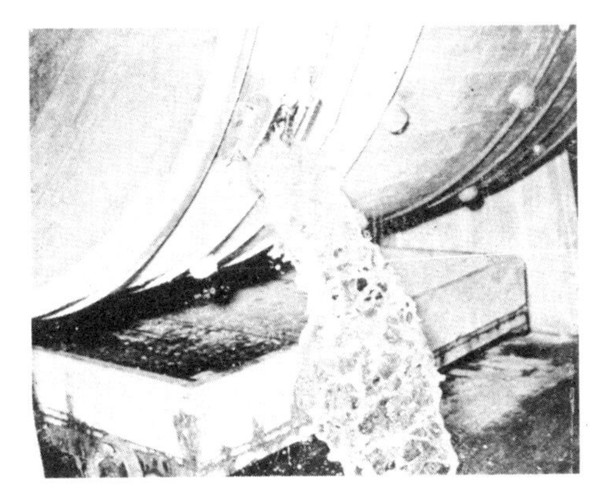

Abb. 133: Oben Klappen im Faßmantel zur Entleerung; rechts durchlochte schräge Seitenwand.

mittels Schöpfschlange oder Entleerungsschieber in Auffangbehälter vorzunehmen, die entweder unter das Faß gestellt werden (Abb. 136) oder in den Boden eingelassen sind, und die Brühen von dort mittels Verteilerleitung oder Pumpen entweder zum Abfluß oder in die Aufbereitungsgefäße zu bringen. Auch das Arbeiten der Verteilerpumpen kann natürlich automatisiert werden.

1.3.8 Vollautomatische Steuerung. Die bisher beschriebenen Einrichtungen stellen schon einen wesentlichen Schritt zur Erreichung einer guten Produktionssicherheit und Gewährleistung einer einheitlichen Lederqualität dar. Sie gestatten exakt festzustellen, ob die Prozesse

Abb. 134: Pneumatischer Entleerungsschieber am Faßmantel[68].

Abb. 135: Schöpfschlange zum Spülen.

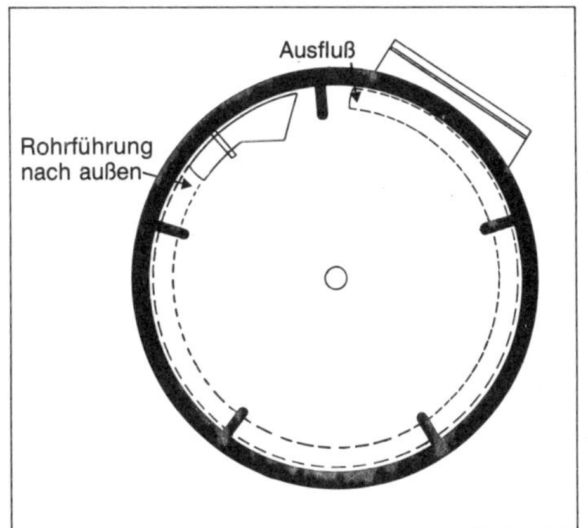

Abb. 136: Auffangbehälter für Restbrühen.

richtig abgelaufen sind und lassen bei auftretenden Fehlern zumeist auch deren Ursachen erkennen, soweit sie in einer fehlerhaften Arbeitsweise begründet sind. Sie gestatten außerdem, viele Faktoren, die den Ablauf der Herstellungsprozesse beeinflussen, zu regeln, wobei die Vorgabe der Sollwerte aber meist manuell erfolgt. Dabei sind natürlich nicht in allen Fällen alle beschriebenen Einrichtungen erforderlich, sondern von Fall zu Fall sollte eine den jeweiligen Betriebsverhältnissen angepaßte Auswahl vorgenommen werden. In ihrer Gesamtheit stellen die beschriebenen Einrichtungen aber eine optimale moderne Faßausrüstung für eine halbautomatische Gerbanlage dar. Aber natürlich gestattet eine solche Anlage noch nicht, das Auftreten von Fehlern von vornherein zu vermeiden, solange die Einstellung der Sollwerte nach Zeit und Höhe von Hand vorgenommen wird. Je größer aber der Umfang der einzelnen Produktionspartien geworden ist – es werden ja heute Partiegrößen von 5 bis 15 t Rohware schon vielerorts praktiziert (S. 152) –, um so mehr entsteht natürlich auch der Wunsch, Fehler von vornherein zuverlässig auszuschalten. Das ist aber nur möglich durch Vollautomatisierung der Naßarbeiten, d. h. durch Lenkung des Gesamtvorganges in allen Arbeitsstufen mit Programmsteuerung und Impulsgebung. Solche Anlagen werden nachstehend beschrieben.

Die erste vollautomatische Anlage, die wir halbtechnisch erprobten, die aber auch im großen läuft, arbeitet mit einer Programmkartensteuerung. Das Programmwerk kann mit 12, 24 oder 48 Steuerbahnen ausgeführt werden, in unserem Falle mit 24 Bahnen. Die Programmkarten (Abb. 137), die sehr beständig gegen mechanische und chemische Einflüsse und in verschiedenen Farben und Längen lieferbar sind, haben am Rande eine Skaleneinteilung und zur Steuerung Steuerbahnen (Profile), die bei der Programmierung mittels Spezialzangen sehr einfach eingekerbt oder ausgeschnitten werden. Die Karten laufen bei der Steuerung mit konstanter Geschwindigkeit durch das Programmwerk (Abb. 138), dabei werden die Profile mechanisch abgetastet und überall dort, wo sie eingekerbt bzw. ausgeschnitten sind, wird beim Abtasten der dieser Bahn zugehörige Schaltvorgang zur festgelegten Zeit ausgelöst. Die Programmkarte kann bei ausgeschaltetem Programmwerk auch von Hand durchgeschoben und damit das Programm an jeder beliebigen Stelle begonnen oder unterbrochen oder auch ein Prozeßteil übersprungen oder wiederholt werden. Natürlich sollte auch bei jedem Steuergerät vorgesehen werden, daß jede einzelne Steuerung unabhängig vom Programmwerk – also auch während eines gerade laufenden Programmes – vorübergehend oder ganz abgeschaltet oder wieder dazugeschaltet oder von Hand betätigt werden kann, so daß man ohne zusätzlichen Arbeitsaufwand Änderungen im Programm oder Variationen einzelner Prozeßteile ausprobieren kann, ohne ständig neue Programmkarten schneiden zu müssen (S. 76).

In unserer Anlage ist von den 24 Steuerbahnen eine zur Eigensteuerung der Apparatur bestimmt, um nach Abschluß des gesamten Herstellungsablaufs die Steuerung automatisch abzustellen oder die Programmierung auch an jeder Stelle von Hand abschalten oder unterbrechen zu können. Die verbleibenden 23 Steuerbahnen wurden in unserem Falle wie folgt verteilt:

1. drei Bahnen für drei verschiedene Drehgeschwindigkeiten des Fasses in Vorwärtsbewegung,
2. zwei Bahnen für zwei verschiedene Drehgeschwindigkeiten des Fasses in Rückwärtsbewegung,
3. sechs Bahnen für die Zugabe von sechs flüssigen oder ungelösten Chemikalien aus den Vorratsbehältern,
4. drei Bahnen für die Heizung der Faßflüssigkeit auf drei verschiedene Temperaturen,
5. drei Bahnen für drei verschiedene Wassermengen,
6. drei Bahnen für die Steuerung von drei verschiedenen Wassertemperaturen,
7. drei Bahnen für die automatische pH-Regelung.

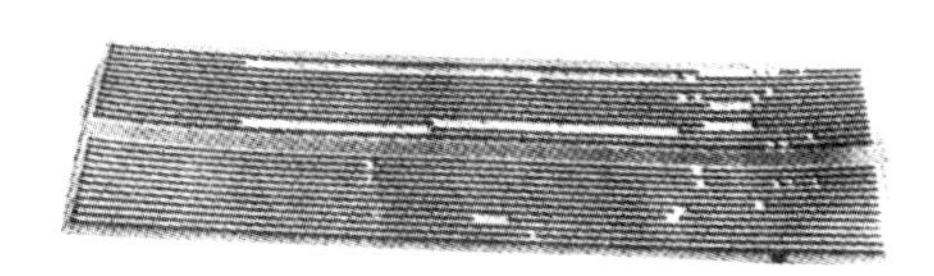

Abb. 137: Programmkarte mit 24 Steuerbahnen.

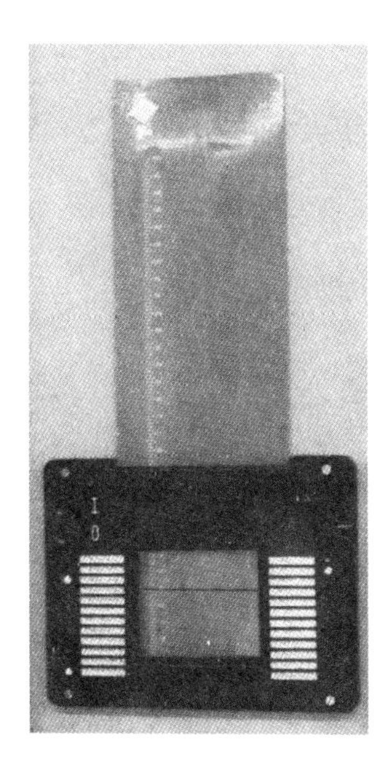

Abb. 138: Programmwerk mit eingeführter Programmkarte.

Aber natürlich kann auch jede andere Aufteilung der Steuerbahnen erfolgen; das muß nach den spezifischen Produktionsbedingungen, die zu steuern sind, festgelegt werden.

Abb. 139 zeigt die Vorderansicht des Steuerschrankes. Oben befinden sich drei Zeigergeräte (Regelabweichungsanzeiger, S. 35), die anzeigen, inwieweit die gemessenen Werte der Temperatur des zufließenden Wassers, der Temperatur und des pH-Wertes der Flotte im Faß von den Sollwerten abweichen und im Falle des Abweichens die Impulse zur endgültigen Einstellung steuern. Darunter befindet sich das Registriergerät mit dem Schreiber für die Aufnahme der pH-Wert- und Temperaturkurven und das pH-Meßgerät und links davon das Programmwerk für die Steuerung über die Programmkarte (Abb. 138). Darunter sind verschiedene Einstelleinrichtungen angebracht, mit denen für die einzelnen Steuerbahnen die gewünschten variablen Werte eingestellt werden, und ganz unten die Umstellkontakte, um die einzelnen Steuerbahnen auf Handsteuerung umschalten zu können.

Die Programmkarten werden in Standardlängen von 250 und 480 mm, auf Wunsch aber auch in jeder beliebigen anderen Länge geliefert. Nach der Länge der Karte richtet sich die maximale Laufzeit des Programms. Ist sie abgelaufen, ohne daß das volle Programm darauf Platz gefunden hätte, so muß entweder eine neue Karte zugeführt oder eine längere Karte gewählt oder die Durchlaufgeschwindigkeit der Karte vermindert werden. Im letzteren Falle wählt man zweckmäßig Programmwerke mit verschiedenen Vorschubgeschwindigkeiten. Die Umschaltung vom langsamen zum schnellen Durchlauf kann dabei auch automatisch mit einer der Steuerbahnen erfolgen. Je langsamer die Karte durchläuft, desto längere Programme können natürlich gesteuert werden, aber desto geringer ist die zeitliche Einheit und desto schlechter können rasch hintereinanderfolgende Befehle getrennt werden. Daher ist es in solchen Fällen am zweckmäßigsten, das Programmwerk mit einer Uhr zu versehen, die die verschiedenen Geschwindigkeiten nach Programm variiert, so daß der Durchschub der Karte langsam erfolgt oder zum völligen Stillstand kommt, wenn keine Programmänderungen zu geben sind (z. B. wenn bei Äschern über lange Stunden das Faß nur jede Stunde zwei Minuten bewegt wird, sonst aber nichts geschieht), während zu anderen Zeiten mit schnellerem Durchschub gearbeitet wird und dann die Schaltaufgaben zeitlich besser unterteilt werden können.

Beim Arbeiten mit der besprochenen vollautomatischen Anlage muß der Bearbeiter zunächst an Hand der Partiegröße die variablen Faktoren für Wassermenge, Chemikalienmenge, Temperatur, pH-Wert usw. errechnen und dann diese Daten am Steuerschrank einstellen. Dann wird die Programmkarte für das vorgesehene Arbeitsprogramm eingeschaltet und das Gesamtprogramm kann jetzt ohne irgendeine menschliche Hilfe ablaufen. Das hat den Vorteil, daß die Programmkarte für jede Partie unabhängig von der Partiegröße verwendet werden, aber auch den Nachteil, daß die vorbereitenden Rechenarbeiten noch von Menschen geleistet werden müssen. Man kann sich natürlich auch auf eine (oder auch mehrere) stets konstante Partiegrößen festlegen und dann für dieses oder diese Partiegewichte die Programmkarten einschließlich aller variablen Faktoren, auch hinsichtlich der Wasser- und Chemikalienmengen, festlegen. Aber man ist dann natürlich stets daran gebunden, mit diesen zwei oder drei oder vier Partiegewichten zu arbeiten, Zwischengewichte sind nicht möglich. Das mag für Betriebe, die eine stets gleiche Massenfertigung durchführen, noch tragbar sein, im allgemeinen werden aber die besseren Variationsmöglichkeiten, die im ersten Falle gegeben sind, in der Praxis vorgezogen.

Das beschriebene Steuersystem ist zunächst nur für die Steuerung eines Fasses ausgelegt.

Wenn man bei der Beschaffung nicht übersehen kann, wie weitgehend eine Steuerung zweckmäßig ist, so ist doch zu empfehlen, den Steuerschrank selbst genügend groß einzuplanen (S. 74), denn die meisten Steuersysteme werden auch nach dem Baukastensystem geliefert, und man kann dann seine Anlage stufenweise ausbauen, wenn es sich als erforderlich erweist. Wenn mehrere Fässer stets nach Zeit, Partiegröße und Programm einheitlich arbeiten, kann man sie auch mit einem gemeinsamen Steuergerät vollautomatisch steuern, aber diese Voraussetzungen werden in der Praxis nur selten gegeben sein. Unter Umständen kann man aber auch eine gesamte Produktion mit einem Steuergerät steuern, wenn man den

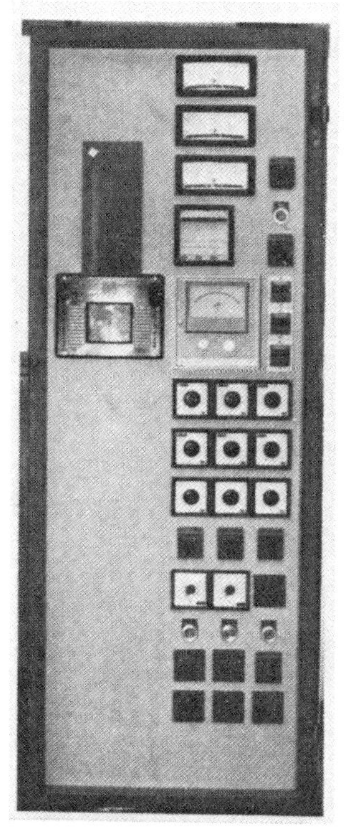

Abb. 139: Vorderansicht des Steuerschranks.

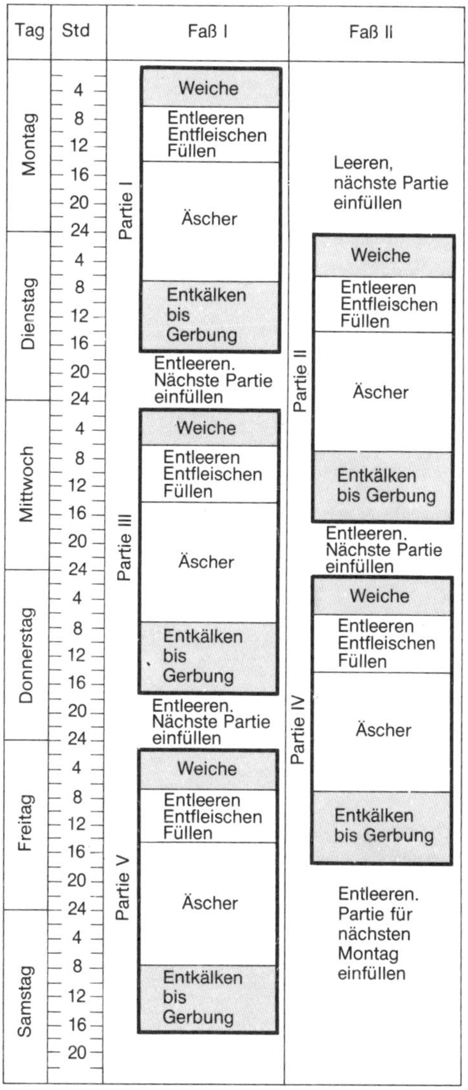

Tag	Std	Faß I	Faß II
Montag	4 8 12 16 20 24	Partie I: Weiche; Entleeren Entfleischen Füllen; Äscher	Leeren, nächste Partie einfüllen
Dienstag	4 8 12 16 20 24	Entkälken bis Gerbung; Entleeren. Nächste Partie einfüllen	Partie II: Weiche; Entleeren Entfleischen Füllen; Äscher
Mittwoch	4 8 12 16 20 24	Partie III: Weiche; Entleeren Entfleischen Füllen; Äscher	Entkälken bis Gerbung; Entleeren. Nächste Partie einfüllen
Donnerstag	4 8 12 16 20 24	Entkälken bis Gerbung; Entleeren. Nächste Partie einfüllen	Partie IV: Weiche; Entleeren Entfleischen Füllen; Äscher
Freitag	4 8 12 16 20 24	Partie V: Weiche; Entleeren Entfleischen Füllen; Äscher	Entkälken bis Gerbung
Samstag	4 8 12 16 20	Entkälken bis Gerbung	Entleeren. Partie für nächsten Montag einfüllen

Abb. 140: Wochenschema einer Gerbung mit fünf Partien. In den schraffierten Teilen sind die Fässer an die vollautomatische Steuerung angeschlossen. ▷

Ablauf geschickt plant. Hier sei als Beispiel eine Firma angeführt, die täglich 10 t Rohware, also 50 t/Woche einarbeitet, Rindoberleder herstellt und von der Weiche bis zum Ende der Chromgerbung durchlaufend arbeitet. Sie benötigt dazu zwei Fässer mit je 4 × 4 m (S. 153), so daß täglich nur ein Faß gefüllt wird. Da der Äscherprozeß keiner Steuerung bedarf, wird die Steueranlage nur für die vollautomatische Steuerung des Weichens und der Prozesse vom Entkälken bis zum Ende der Chromgerbung benötigt, sie kann auf das eine oder das andere Faß umgeschaltet werden. Abb. 140 zeigt, wie beide Fässer wechselseitig automatisch gesteuert werden können (schraffierter Teil). Außer den beiden Fässern war in dem betreffenden Betrieb für die Arbeitsprozesse bis zum Ende der Chromgerbung nur noch eine Entfleischmaschine und ein Hubstapler für die Transportarbeiten und das Füllen der Fässer vorhanden.

In größeren Betrieben wird aber zumeist für jedes Faß eine getrennte Steuerung benötigt, und es ist dann zweckmäßig, sie in einem gemeinsamen Steuerpult zusammenzufassen (S. 74). Abb. 141 zeigt ein solches zentrales Steuerpult[68] für die Steuerung von sechs Fässern, wobei für jedes Faß ein getrennter Lochkartenleser vorhanden ist. Jede Lochkarte hat 40 Steuerbahnen, die mit einem Stanzwerkzeug programmiert werden. Jedes Faß kann mit einem anderen Rezept fahren, was dem Betrieb besondere Beweglichkeit gibt, aber natürlich können auch mehrere Fässer zu einer Steuergruppe zusammengefaßt werden, wenn sie mit gleicher Rezeptur arbeiten. Das Leuchtbild auf der Rückseite zeigt mit farbigen Lämpchen an, welche Funktionen jeweils angestellt sind. Charakteristisch für diese Anlage ist ferner, daß die einzelnen Funktionen nicht nur automatisch gesteuert werden, sondern auch durch Rückmeldung überwacht wird, ob das Faß sich dreht, Wasser- und Chemikalienmenge

Abb. 141: Steuerpult für sechs Fässer[68].

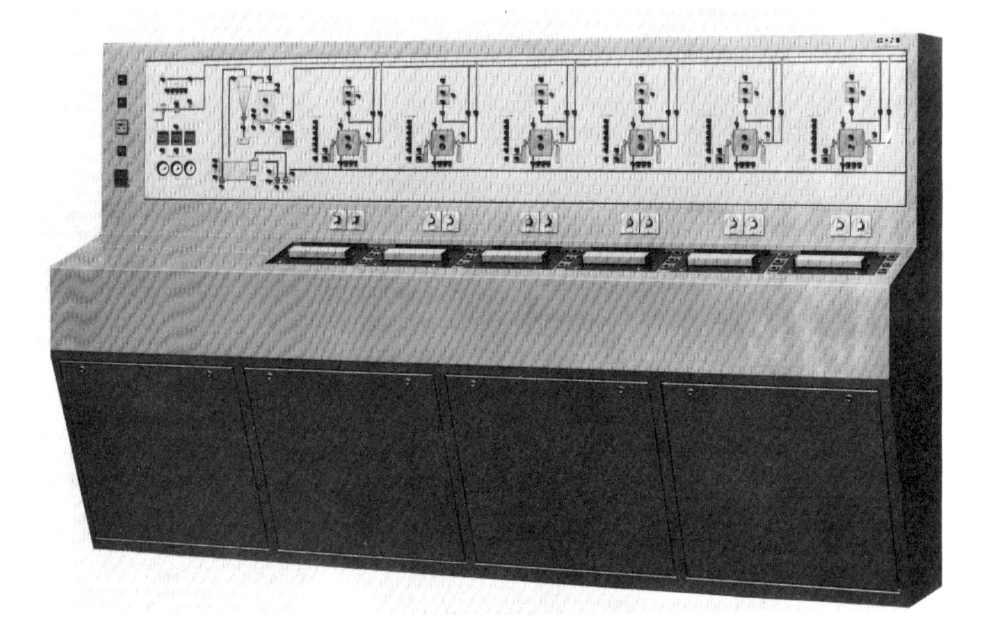

ordnungsgemäß zugelaufen sind, der Vorbereitungsbehälter völlig entleert ist usw. Auch für diese Anlage ist für jedes Faß getrennt eine zusätzliche Handsteuerung möglich.

Der letzte Schritt für eine vollautomatische Steuerung ist schließlich der Einsatz zentraler *Rechenautomaten* (S. 55 und 76) mit angeschlossenem Speicher, in dem alle Arbeitsprogramme eingegeben sind und bei Bedarf abgerufen werden können. Alle Ventile, Motoren usw. sowie alle Meß-, Steuer- und Regelgeräte sind mit diesem Prozeßrechner verbunden, und von hier aus kann jedes angeschlossene Faß mit unterschiedlichem Programm gefahren werden. Die Herstellung herkömmlicher Programme über Lochkarten entfällt, die Partiegewichte werden ebenfalls eingegeben, der Rechner rechnet aufgrund dieser Eingabe und des abgerufenen Programmes die erforderlichen Mengen aus und gibt sie in die Programmsteuerung ein (z. B. Zahl der Impulse für die Zähler bei der Wasser- oder Chemikalienzugabe). Die Fehleinstellung eines Zählers seitens des Bedienungspersonals ist ausgeschlossen. So wird eine vollständige, durch den Rechner geführte Lenkung der Fertigung erreicht und parallel dazu auf dem angeschlossenen Schreiber ein Protokoll geschrieben, das immer den aktuellen Stand des Produktionsablaufs anzeigt und in dem auch alle Mengenangaben festgehalten werden. Charakteristisch für eine rechnergesteuerte Steuerung ist stets, daß jeder Steuerbefehl auf seine Ausführbarkeit hin überwacht wird und an das Steueraggregat zurückgemeldet wird, ob er ordnungsgemäß durchgeführt ist. Außerdem können im Prozeßrechner auch Optimierungsprogramme vorhanden sein, die z. B. verhindern, daß gleichzeitig zu viele Fässer mit Wasser gefüllt werden wollen und daher das Wasserbereitungsaggregat überlastet ist. Schließlich ist aber auch bei der Steuerung mit Rechenautomaten die Möglichkeit gegeben, die einzelnen Steuerstufen anzuhalten und manuell in die Prozesse einzugreifen.

2. Abwandlungen des Fasses

In den letzten beiden Jahrzehnten hat es eine Reihe von Vorschlägen gegeben, durch zusätzliche Einrichtungen am Faß das Arbeiten in rotierenden Arbeitsgefäßen zu verbessern. Über diese Abwandlungen, soweit sie von Erfolg waren, soll nachstehend berichtet werden.

2.1 Fässer auf Rollen. Der Vorschlag, das rotierende Faß nicht freihängend drehbar auf Ständern zu lagern, sondern auf drehbaren Rollen laufen zu lassen, kam von einer Schweizer Lederfabrik[76]. Ob die zu geringe Höhe der Naßwerkstätten oder produktionstechnische Probleme hierbei Pate standen, sei dahingestellt, jedenfalls wurden solche Fässer speziell für die Herstellung von Unterleder nach dem RFP-Verfahren (S. 230) eingesetzt und haben sich dafür bewährt. Die Fässer sind entweder auf der einen Seite auf einem Bock gelagert, auf der anderen Seite auf einem Rollenpaar, und der Antrieb erfolgt dann auf der ersteren Seite durch Kettenantrieb, oder sie sind auf zwei Rollenpaaren gelagert und dann erfolgt der Antrieb über die Rollen. Sie haben geringeren Durchmesser, aber größere Länge als normale Fässer (z. B. 2 m Durchmesser und 5 m Länge), bei gleichem Faßvolumen können 60 bis 70 % mehr geladen werden, der Kraftbedarf ist im Verhältnis zur Beladung geringer, die Walkwirkung nicht so intensiv, was sich insbesondere beim RFP-Verfahren als günstig erwies. Die Zugabe des Wassers erfolgt durch die hohle Achse, der Flottenabfluß durch eine Tür in der Faßwand in der Mitte des Fasses. Im Innern sind Zapfen spiralförmig angeordnet *(Spiralfaß)*, die Häute werden dadurch je nach der Drehrichtung, die in regelmäßigem Turnus umwechselt, von der einen Seite zur anderen und umgekehrt transportiert (Abb. 142). Die freie Stirnwand des Fasses ist als Chromstahldeckel konstruiert, mit Exzenterverschlüssen befestigt und kann mittels Gabelstaplers für die Beschickung und Entleerung des Fasses entfernt werden. Der Vorteil des Fasses liegt insbesonders in der leichten Entleerbarkeit. Während bei normalen Fässern die Entleerung, insbesondere wenn ohne Flotte gearbeitet und feststrukturiertes Unterleder hergestellt wird, mühevoll ist, wird hier der ganze Faßinhalt nach Entfernen der Seitenwand beim Drehen des Fasses gewissermaßen aus der Öffnung »herausgeschraubt«.

Abb. 142: Spiralfaß: Links spiralförmige Anordnung der Zapfen, rechts Stirnwand mit Gabelstapler aufgesetzt.

Es hat nicht an Versuchen gefehlt, solche Fässer auf Rollen, namentlich aus glasfaserverstärktem Polyesterharz, auch für die Herstellung von Chromleder einzusetzen und gleichzeitig mit den beschriebenen Einrichtungen für eine halb- oder vollautomatische Prozeßsteuerung auszurüsten. Das hätte den Vorteil gehabt, in großen Partien zu arbeiten, ohne daß die Faßwände und Drehlager zu sehr auf Druck beansprucht worden wären, und durch die spiralig angeordneten Zapfen und die Öffnung der Stirnwand wäre die Entleerung viel einfacher gewesen. Die Fässer haben sich aber in der Praxis nicht eingeführt, insbesondere weil die einseitig durch die hohle Achse eingeführten Chemikalien sich nur langsam über die große Länge des Fasses verteilten und besonders dort, wo es auf eine rasche und gleichmäßige pH-Einstellung ohne größere lokale Anreicherungen ankam (z. B. beim Abstumpfen) Qualitätsschwankungen unvermeidbar waren.

Älter als das Spiralfaß ist die Entwicklung des *Schneckenfasses* in den UdSSR (1955)[77], das bis zu 40 m lang ist, mit den Faßumfang umschließenden Gußstahlbändern auf Rollen gelagert ist und zusätzlich im Innern durch eine schraubenförmige Spirale (Schnecke) in mehrere Sektionen unterteilt ist, so daß in jeder Sektion eine Behandlung mit getrennter Flotte vorgenommen werden kann. Das Faß ist an beiden Enden offen, hat einen Durchmesser von etwa 2,7 bis 3 m und wird mittels eines Zahnkranzes etwa in der Mitte des Fasses angetrieben. Solange der lange Hohlzylinder nur in kontinuierlicher Schaukelbewegung hin- und herbewegt wird, bleibt jede Hautpartie mit der zugehörigen Flotte in der gleichen Sektion. Bei voller Umdrehung gelangt das Hautmaterial mit der Flotte in die nächste Sektion, die letzte Sektion wird entleert und dafür auf der entgegengesetzten Seite eine Sektion zum Einfüllen der nächsten Partie frei. Im Innern des Hohlzylinders verlaufen die

Versorgungsleitungen für Wasser und Chemikalien, im Faßmantel befinden sich Abflußventile und Beobachtungsluken. Soll eine Lösung durch eine neue ersetzt werden, muß sie vor Vornahme der vollen Umdrehung abgelassen werden.

Abb. 143 zeigt ein Schneckenfaß mit 16 m Länge für Weiche und Äscher mit sieben Sektoren, deren Breite von 1,8 bis zu 2,4 m Breite ansteigt, um die Volumsteigerung der Häute durch Schwellung abzufangen. Zwei Sektoren dienen zur Weiche, die restlichen fünf zum Äschern. Abb. 144 zeigt ein anderes Schneckenfaß von 30 m Länge für die Durchführung der pflanzlichen Gerbung von Unterleder. Es enthält 29 Sektoren, deren Breite wegen

Abb. 143: Schneckenfaß für Weiche und Äscher.

Abb. 144: Schneckenfaß für die Unterledergerbung.

des höheren Raumbedarfs mit steigender Gerbintensität von 0,9 bis zu 1,2 m ansteigt. Jede Sektion wird mit 500 bis 600 kg Blöße gefüllt, das Gesamtfaß enthält also 15 bis 18 t Blöße und etwa 30 m^3 Brühe. Die Blößen bleiben in jeder Sektion drei Stunden, die Gerbung benötigt also maximal 87 Stunden. Die Brühenführung erfolgt im Gegenstromprinzip, was so bewerkstelligt wird, daß sich in der Spirale Sieblöcher befinden und bei einer bestimmten Faßstellung, wenn in der besten Sektion frische Brühe zugegeben wird, die übrigen Brühen im Überlaufsystem zum Anfang der Gerbung hin weiterbewegt werden und die schlechteste Brühe abgelassen wird. Erst wenn diese Brühenbewegung beendet ist, und in allen Sektoren die Häute eine neue Brühe erhalten haben, wird durch eine volle Umdrehung das ganze Gerbsystem um eine ganze Sektion weiterbewegt.

Zur Zeit der Entwicklung war das Schneckenfaß sicher ein interessanter Vorschlag zur Rationalisierung; bei dem heutigen Stand der Rationalisierung ist aber das Arbeiten in Einzelfässern vorzuziehen. Einmal ist die Anschaffung solcher Schneckenfässer wesentlich teurer als die Beschaffung einer entsprechenden Zahl von Einzelfässern. Zum anderen sind Variationen bei unterschiedlichem Hautmaterial und unterschiedlichen Anforderungen an die Lederqualität im Schneckenfaß kaum durchzuführen und schließlich liegt bei Reparaturen oder irgendwelchen Betriebspannen das gesamte Arbeitssystem still und die Gefahren für das Hautmaterial sind beträchtlich, während der Ausfall eines Einzelfasses zumeist leicht zu überbrücken ist.

2.2 Sektoren-Gerbmaschinen. Heidemann und Keller[78] haben wohl als erste das Waschmaschinenprinzip zur Durchführung der Naßarbeiten bei der Lederherstellung herangezogen und die von ihnen entwickelte Maschine analog als *Gerbmaschine* bezeichnet (Abb. 145). Dabei stellte der rotierende Teil (2) eine durchlochte Trommel dar, die im Innern mit Zapfen besetzt war und sich in einer feststehenden, allerdings im Gegensatz zu modernen Waschmaschinen oben offenen Wanne (3) bewegte und in der die Häute wie im Faß gewalkt wurden, während die Zugabe der Chemikalien, die Messung von Temperatur und pH-Wert (6, 7) und die Heizung (5) im ruhenden Teil erfolgte. Das hat den großen Vorteil, daß man mit allen Meß- und Regelsonden für halb- und vollautomatische Steuerungen leicht an die Flotte herankommt und keinerlei Schöpfeinrichtung benötigt und daß beim Flottenwechsel und Spülen eine sehr schnelle und vor allem vollständige Entflottung (8), also eine wirklich klare Trennung zwischen den einzelnen Fabrikationsstadien, möglich ist. Da keine offene hohle Achse vorhanden ist, kann man die Trommel höher füllen, also bei gleichem Trommelinhalt mit größeren Partien als im Faß arbeiten. Dagegen ist die Angabe einer größeren Wassereinsparung (wie übrigens bei allen nachfolgend beschriebenen Gerbmaschinen) irreführend, da dabei meist beim Faß das Arbeiten mit längeren Flotten im Vergleich herangezogen wird, während man auch im Faß ohne Flotte oder mit ganz kurzen Flotten arbeiten kann. Im Gegenteil, der Nachteil aller Gerbmaschinen besteht darin, daß moderne Methoden mit ganz kurzen Flotten ausscheiden müssen, da etwa bis zu 10 % Flotte kaum ins Innere der durchlochten Trommel gelangt.

Die in Zusammenarbeit mit MAN entwickelte Gerbmaschine hat sich in dieser Form nicht eingeführt. Das lag vielleicht einmal am Preis, da die Herstellung ganz aus Edelstahl erfolgte, es lag aber vielleicht auch an den Schwierigkeiten beim Entleeren. Hier wurden zwei Möglichkeiten angeboten, die aber beide recht arbeitsaufwendig waren. Beim einen Vorschlag mußte die innere Trommel, die eine große Öffnung von ¼ des Trommelumfangs besaß, mittels Kran völlig aus der Wanne herausgezogen werden, beim anderen Vorschlag war auch die äußere Wanne schwenkbar auf einem Bock gelagert und mußte nach unten gedreht werden, um eine Entleerung zu ermöglichen. Die Entleerung war dann portionsweise möglich.

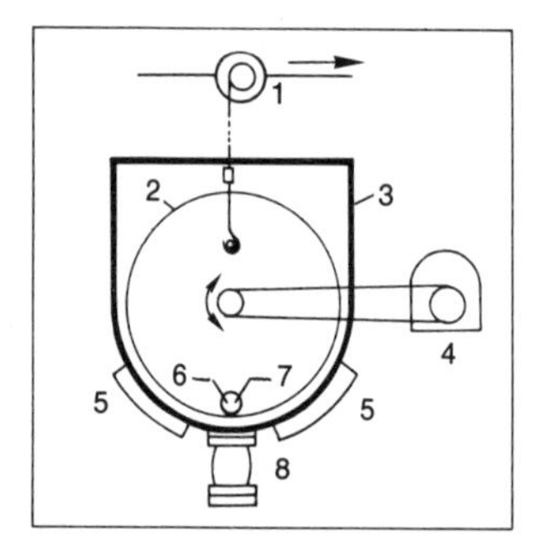

Abb. 145: Gerbmaschine[78].

Praktische Bedeutung hat die Gerbmaschine erst in Form der *Sektoren-Gerbmaschine* erlangt, bei der die perforierte Innentrommel durch ebenfalls perforierte Zwischenwände in drei Sektoren unterteilt ist (auch Y-Teilung genannt). Damit entfällt natürlich die Walkwirkung, wie sie für das Faß besprochen wurde (S. 162 ff.), also das Hochheben und Herunterfallen des Hautmaterials. Die Häute werden vielmehr bei jeder Umdrehung in die Flotte eingetaucht und wieder herausgezogen, wobei schließlich auch die Drehrichtung periodisch gewechselt werden kann. Außer mit einer Verschlußtür der Außentrommel ist auch jedes Segment mit einer verschließbaren Ladeöffnung versehen. Beladung und Entladung können, wie aus Abb. 146 zu ersehen ist, einseitig vorn (System 1) wechselseitig von hinten und vorn (System 2) und mit Füllung von oben und einseitiger Entleerung nach unten (System 3) erfolgen. Während bei diesen drei Systemen eine Selbstentleerung durch Herausrutschen nach vorn erfolgt, müssen die Häute beim System 4 herausgezogen werden. Durch automatische Steuerung wird erreicht, daß die Öffnungen der Innentrommel stets exakt vor der Außentür stehen, und durch automatische Verriegelung wird gesichert, daß bei geöffneten Türen kein Drehen der Trommel erfolgt. Die Sektoren-Gerbmaschinen waren ursprünglich nur für die Prozesse der Naßzurichtung gedacht, werden heute aber auch für die Arbeiten der Wasserwerkstatt und Gerbung eingesetzt.

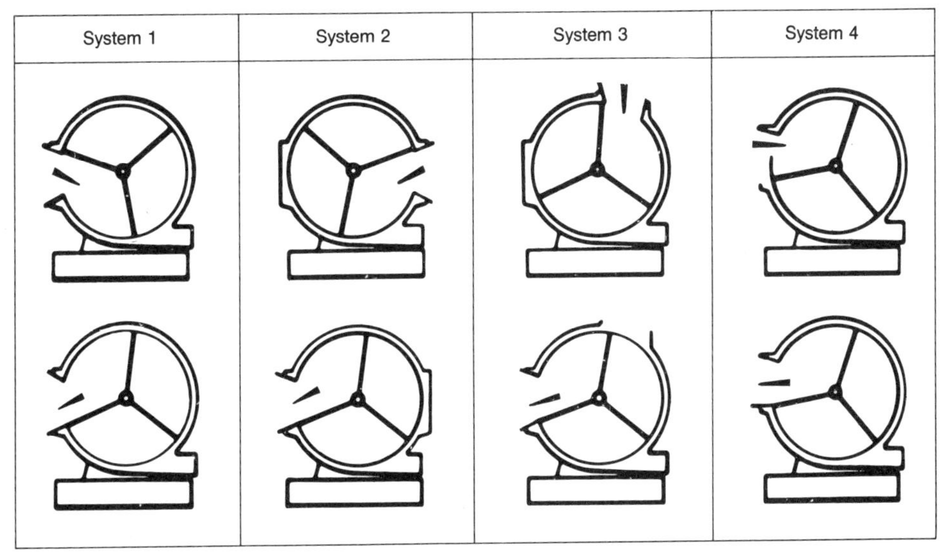

Abb. 146: Be- und Entladung bei Sektoren-Gerbmaschinen[79].

Es gibt im Handel drei Fabrikate von Sektoren-Gerbmaschinen. Da ist einmal die *Coretan-Maschine*[79] (Abb. 147), die für die Naßzurichtung in Größen von 2 bis 6 m^3 Inhalt geliefert wird, für die Arbeit der Wasserwerkstatt und Gerbung für Kleintierfelle mit 4,7 m^3 Inhalt, wobei die Sektoren nochmals in der Mitte geteilt sind, so daß sechs Kammern entstehen, und für Großviehhäute mit 12 bis 25 m^3 Inhalt und ebenfalls einer Mittelteilung jeden Sektors. Die *Hagspiel-Automaten*[80] (Abb. 148) werden je nach Verwendungszweck mit 2 bis 45 m^3 Inhalt geliefert. In beiden Fällen sind die gesamten Apparate aus Metall hergestellt; alle Teile, die mit der Haut und den Lösungen in Berührung kommen, aus Edelmetall der Gütegruppe V2A oder V4A. Man muß also mit starker Wärmeabstrahlung rechnen. Für beide Typen sind die Außentüren so dicht verschließbar, daß das Flüssigkeitsniveau bei geschlossener Tür wesentlich höher eingestellt werden kann und damit liegen die Füllgewichte erheblich über denen des Fasses. Der dritte Typ ist die *Gerbmaschine Ypsimat*[81] (Abb. 149), die sich von den

Abb. 147: Coretan-Maschine[79].

Abb. 148: Hagspiel-Maschine in Doppeltrommelausführung[80].

beiden anderen dadurch unterscheidet, daß der Außenkörper und das Innenfaß mit Y-Teilung aus Holz bestehen und daher die Wärmeabstrahlung geringer ist, nur der Faßinnendeckel besteht aus V4A-Stahl. Außerdem läßt sich der Außenkörper drehen, so daß die Öffnung zum Füllen und Entleeren in die jeweils dafür bequemste Stellung gebracht werden kann und der Außendeckel nicht wasserdicht abzuschließen braucht, sondern ein einfacher Abschlußdeckel gegen Spritzwasser und Wärmeabgabe genügt, weil die Öffnung des Außenkörpers während der Arbeit nach oben gestellt wird.

Abb. 149: Gerbmaschine Ypsimat[81].

Die Anschaffungskosten für die Sektoren-Gerbmaschinen sind im Vergleich zu Fässern sehr hoch. Daher sollte man die Vorteile vor der Beschaffung in jedem Einzelfall genau überlegen. Sie seien daher nachstehend kurz zusammengestellt[82]:

1. Platzersparnis in Breite, Tiefe und Höhe, wobei besonders die Höhe bei niedrigeren Arbeitsräumen von Vorteil sein kann.
2. Ein größeres Fassungsvermögen (s. o.); bei gleichem Volumen kann also die Arbeitspartie im Vergleich zum Faß größer gewählt werden. Aber oft versprechen die Werbeschriften hier zuviel (S. 231).
3. Bequeme Be- und Entladung. Das gilt sicher für die Beladung. Insbesondere beim Ypsimat kann durch die fast über die ganze Breite gehende Öffnung auch Trockenware leicht eingefüllt werden, und bei niedrigen Räumen auch vom Stockwerk darüber beladen werden, weil die Öffnung des Außenkörpers auch nach oben gestellt werden kann. Bei der Entleerung haben wir zwar eine Gleitentleerung, aber die Häute fallen immer noch leicht auf den Boden

und ergeben dann die bekannte ermüdende Arbeit in gebückter Stellung. Man kann sie erleichtern, wenn man ein Podest vor der Öffnung anbringt. Häufig wird aber auch darüber geklagt, daß die Leder, wenn die Flotte vorher abgelassen wurde, nicht mehr herausrutschen, sondern mühevoll herausgezogen werden müssen. Dieser Nachteil ist um so größer, je voller die Sektoren beladen wurden; dies ist auch ein Grund, die Beladung nicht zu hoch zu wählen.
4. Geringerer Kraftbedarf, insbesondere bei geringer Flotte, weil gerade durch die Y-Teilung die Gewichtsverteilung gleichmäßiger ist.
5. Das Ablassen der Flotte erfolgt rascher und vollständig, so daß eine klare Trennung der Prozeßflotten gegeben ist. Oft haben die Maschinen mehrere Entflottungsventile, deren Öffnen automatisch gesteuert wird, so daß die Restflotten je nach Kanalisation oder Recycling (S. 190) getrennt abgeleitet werden.
6. Schonendere Behandlung des Hautmaterials, keine Verwicklungen, Verknotungen, Narbenschäden und kein Einreißen. Das mag im Vergleich zu Zapfen im Faß richtig sein. Beim Arbeiten mit schrägen Brettern (S. 165) treten die zuletzt genannten Fehler auch im Faß nicht auf.
7. Arbeiten in kürzerer Flotte, Einsparung bis zu 50 % Wasser. Wie oben schon erwähnt, sind diese Angaben im Vergleich zum Haspelgeschirr richtig, im Vergleich zum Faß falsch. Soweit zahlenmäßige Vergleiche aufgemacht werden, wird beim Faß meist das Arbeiten mit langer Flotte herangezogen. Aber das ist nicht der heutige Stand der Technik, heute wird auch im Faß mit ganz kurzen Flotten gearbeitet. Im Gegenteil, man braucht bei den Sektoren-Gerbmaschinen eine Mindestflotte, um das Hautmaterial in der durchlochten Trommel überhaupt mit der Flotte richtig in Berührung zu bringen, Trockenprozesse oder flottenarme Prozesse wie Faßschwöde oder Trockenentkälkung, bei denen man die Chemikalien meist in fester Form zugeben muß, sind in üblicher Form in den Sektoren-Gerbmaschinen leider nicht durchführbar. Auch bei Weiche und Äscher muß eine genügend lange Flotte verwendet werden, sonst ist die Haarzerstörung nicht gleichmäßig, Quellung und Hautaufschluß lassen zu wünschen (S. 231).
8. Eine oft behauptete Chemikalieneinsparung ist fraglich. Für die Prozesse der Wasserwerkstatt gilt das bestimmt nicht, meist muß man bei Weiche und Äscher noch zusätzliche Hilfsmittel anwenden, weil sonst Schwellung und Aufschluß nicht befriedigen. Aber auch bei den meisten anderen Teilprozessen ist eine Chemikalieneinsparung nicht oder nur geringfügig festzustellen.
9. Auch die Angabe, daß durch eine intensivere Durcharbeitung eine Abkürzung der Prozeßzeiten bis zu 50 % möglich sei, gilt in dieser Form nicht. Sie mag vielleicht beim Färben und Fetten zutreffen, während beim Äschern und Entkälken eher eine etwas längere Zeit benötigt wird. Im allgemeinen sind die Unterschiede nur gering. Im übrigen hängt natürlich die Prozeßdauer auch in starkem Maße von der Länge der Flotte ab und auch beim Arbeiten im Faß führen kurze Flotten zu einer erheblichen Verkürzung der Prozeßdauer (S. 168).
10. Es bedarf dagegen keiner Frage, daß die Prozeßkontrolle und die halb- oder vollautomatische Steuerung der Prozesse bei den Sektoren-Gerbmaschinen einfacher als beim Faß durchzuführen ist, da man leichter an die Flüssigkeit herankommen kann und keine Schöpfvorrichtung benötigt. Ebenso ist auch die Zugabe der Chemikalien, insbesondere von Pulverzugaben einfacher. Bei der Pulverzugabe findet man z. T. Einspülbehälter, um das Pulver direkt in den Behälter mit Wasser einzuspülen. Man kann aber auch durch Anbringung von z. B. Quetschventilen (S. 182) das Pulver direkt in die Maschine bringen. Im übrigen kann

für die Prozeßüberwachung und -steuerung das an früherer Stelle ausgeführte (S. 171 ff.) ohne weiteres auch auf die Sektoren-Gerbmaschine übertragen werden. Abb. 150 zeigt das Schema einer Hüni-Prozeß-Steuerung[68] mit Zugabe von kaltem (1) und heißem (2) Wasser, Überwachung des Flottenniveaus (3), Verriegelung der Türen beim Lauf (4), Vorwärts-Rückwärts-Lauf (5), Dampfregelung zur Konstanthaltung der Temperatur (6), Flottentemperaturmessung (7) und Sicherheitsthermostat (8), Dosierung verschiedener Stammlösungen aus Vorratsbehältern und zwischengeschalteten Vorbereitungsbehältern (9) mit Niveausonden (10) (S. 180), dosierte Zugabe von manuell vorbereiteten Chemikalien (12) mit Rührwerk (13) und Ausspülvorrichtung (15), Ablassen der Flotte (17) und pneumatischen Öffnen der Außentüren (18). Leider fehlt in dieser Zeichnung die automatische Zugabe von Pulverchemikalien, die pH-Kontrolle und -konstanthaltung, aber auch diese Möglichkeiten können natürlich eingeschaltet werden.

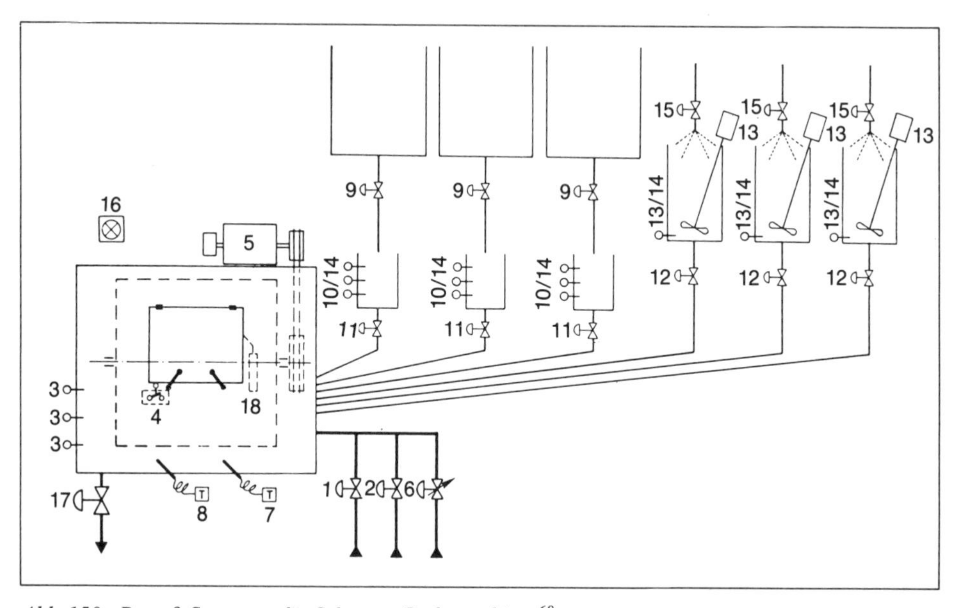

Abb. 150: Prozeß-Steuerung für Sektoren-Gerbmaschinen[68].

Von der Lederqualität her kann man in den Sektoren-Gerbmaschinen einwandfreie Leder erhalten, aber man muß dabei beachten, daß die Rezepturen für das Arbeiten im Faß nicht ohne weiteres auf das Arbeiten in Sektoren-Gerbmaschinen übernommen werden können, sondern eine Reihe spezifischer Faktoren zu berücksichtigen sind. Auf diese Fragen wird an späterer Stelle noch eingegangen (S. 231).

Es sei hier der Vollständigkeit halber noch angeführt, daß manche Lederfabriken anstelle der Beschaffung von Sektoren-Gerbmaschinen einfach ihre vorhandenen Holzfässer mit drei großen Öffnungen versehen und mit perforierten Trennwänden in drei Sektoren aufgeteilt haben (Abb. 151). Dabei fehlt natürlich die Auftrennung in Außen- und Innentrommel, und so können nicht die gleichen Effekte und Vorteile erreicht werden. Aber man erzielt auch so die andersartige Hautbewegung und die damit zusammenhängenden Wirkungen.

In die Gruppe der Trommelmaschinen gehören auch die *Böwe-Spezialmaschinen*[83] für die Pelz- und Lederentfettung, die für ein Beladungsgewicht von 60 bis 150 kg geliefert werden. Sie werden vorwiegend für Pelzfelle, und zwar sowohl für Schaf- wie für Edelfelle, aber auch zur Entfettung von Ledern eingesetzt, das Material sollte möglichst vorher schon gegerbt und getrocknet sein. Die Entfettung erfolgt mit organischen Lösungsmitteln (meist Perchloräthylen) und ist daher rascher und wesentlich intensiver als eine Entfettung in wässerigem Medium. Der Gesamtprozeß einschließlich Be- und Entladung, Schleudern und Trocknen dauert höchstens eine Stunde. Häufig sind mehrere Maschineneinheiten zu einem Arbeitsaggregat zusammengeschlossen (Abb. 152 und 153) und haben dann eine gemeinsame Destillationsanlage und je einen gemeinsamen Rein- und Schmutztank. Alle korrosionsgefährdeten Teile bestehen aus Edelstahl, eine Trommelgehäusebeheizung gestattet Flottener-

Abb. 151: Holzfaß mit Sektoreneinteilung[62].
◁

Abb. 152: Böwe-Maschine für Schaffellentfettung[83].

Abb. 153: Gesamtentfettungsanlage[83]. ▽

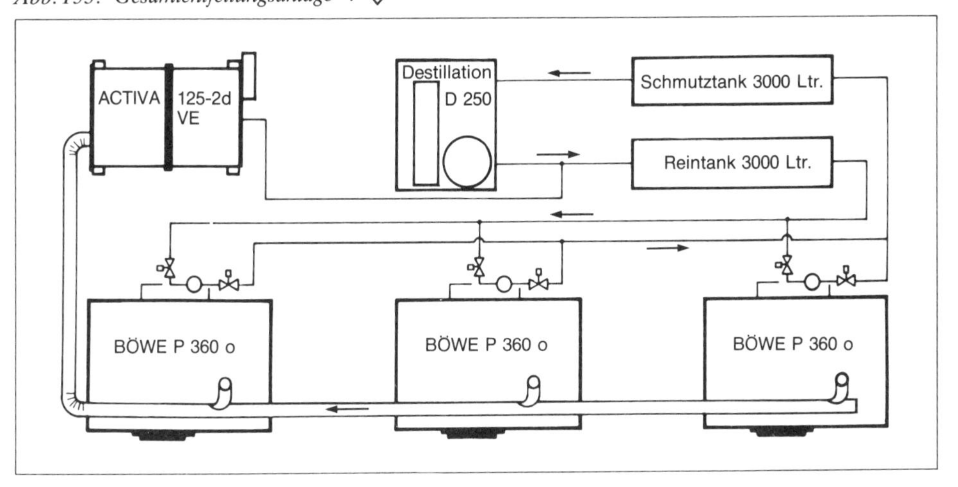

wärmung, Anpassung der Trockentemperatur an die Ware und Verkürzung der Trockenzeit. Die Drehzahl während der Entfettung ist relativ gering, hohe Schleuderdrehzahlen sorgen für gutes Abschleudern und selbstverständlich sind die Maschinen mit vollautomatischer elektropneumatischer Steuerung mit Programmkarten und allen notwendigen Sicherheitsvorrichtungen versehen. Die Entfettung ist umweltfreundlich, da Wasser nur zum Kühlen verwendet wird und dann in der Gerberei weiterverwendet werden kann, auch der Destillationsschlamm ist fast lösungsmittelfrei. Durch den Einbau von Aktivkohle-Luftfiltern (z. B. Activa, Abb. 153) kann auch die Abluft völlig von Lösungsmittelgas befreit werden, und dann liegt der Lösungsmittelverbrauch nicht über 4 bis 5 % des Beladungsgewichts.

Der Vollständigkeit halber sei hier erwähnt, daß die Böwe-Maschinen auch für die Durchführung ledertechnischer Prozesse verwendet werden können. So hat die Firma Dr. Th. Böhme[84] das Carbacet-Verfahren entwickelt, bei dem unter Einsatz einer Böwe-Spezialmaschine Pelzfelle in organischen Lösungsmitteln statt Wasser chromgegerbt, nachgegerbt und gefettet werden können, wobei die Chemikalien vollständig von der Haut aufgenommen werden. Es verbleiben keine Restchemikalien im Prozeß, weshalb Abwasserprobleme entfallen sollen. In Zusammenarbeit mit Ciba-Geigy[85] wurde ein spezielles Farbstoffsortiment entwickelt, um in Böwe-Geräten Schaffelle auf der Fleischseite schweiß- und reibecht zu färben.

Eine Spezialentwicklung in der Gruppe der Sektoren-Gerbmaschinen ist der *Dosomat*[86], der eine Zwischenstellung zwischen Gerbfaß und reiner Sektoren-Gerbmaschine darstellt. Er besteht auch aus zwei Trommeln, die aber fest miteinander verschweißt sind und sich damit beide drehen. Der äußere Mantel weist nur drei Beladungstüren für die drei Sektoren auf, die zumeist mit Automatik-Schiebedeckeln (S. 156) versehen sind. Die innere Trommel ist in drei Sektoren aufgeteilt (Y-Teilung) und ihr Mantel hat über den Umfang verteilt drei durchlochte Flächen über die ganze Faßbreite, zwischen denen sich dann aber jeweils drei ungelochte Flächenteile befinden (Abb. 154). Im ungelochten Teil befinden sich zwischen den beiden Trommeln drei Diagonalstege, die die Brühe beim Rotieren des Fasses über

Abb. 154: Schemabild Dosomat[86].

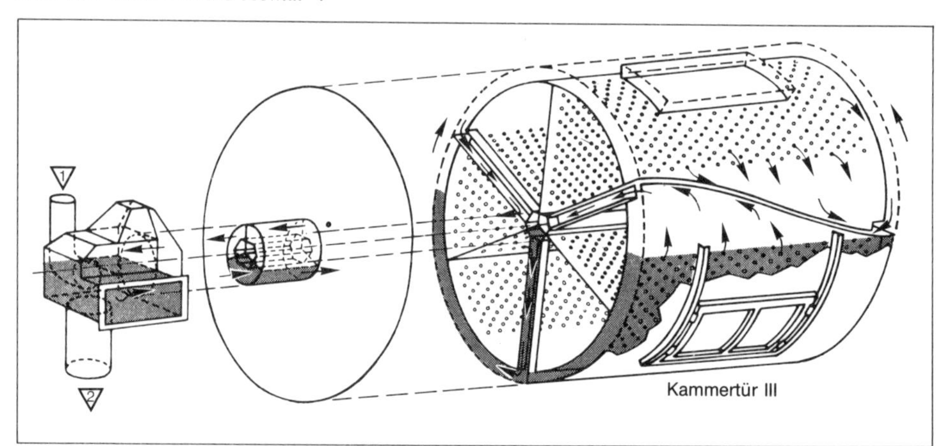

1 Zugabe von Wasser und Chemikalien, 2 Flottenablauf, dunkel = Flottenstrom ins Faß, hell = Flottenstrom nach außen.

seitliche Kanäle zur Faßachse und von dort in ein außerhalb des rotierenden Gefäßes befindliches Mischgefäß transportieren. Dann wandert der Flottenstrom im gegenläufigen Sinne wieder ins Faß zurück. In dem feststehenden Mischgefäß können die Aggregate für die pH-Wert- und Temperaturmessung, die Zuflüsse für die Wasser- und Chemikalienzugabe und die Heizung angebracht werden, ebenso kann die Entflottung von dort in den Abwasserkanal oder die Recyclinganlage erfolgen. In Abb. 155 sind zwei solche Dosomat-Geräte und vorn die Zu- und Abflüsse zum bzw. vom Mischgefäß zu sehen. Die Einrichtung für die Brühenbewegung ist also ähnlich der früher für das Faß beschriebenen Schöpf- und Meßein-

Abb. 155: Zwei Dosomat-Fässer.

richtung (S. 184), nur erfolgt hier das Schöpfen statt mit einer Schöpfschlange mit den Diagonalstegen, die einmal den Vorteil haben, daß sie in beiden Drehrichtungen wirksam sind. Außerdem können die mit der zurückfließenden Flotte zugeführten Chemikalien sich in dem Zwischenraum zwischen den beiden Trommeln viel rascher über die ganze Faßbreite verteilen, bevor sie durch die Löcher in die innere Arbeitstrommel eintreten, so daß die Durchmischung und Flottenzirkulation ebenso wie die Einwirkung auf das Hautmaterial viel schneller und intensiver erfolgen. Das ist ein wesentlicher Vorteil. Im übrigen gilt hier ähnliches wie oben generell für Sektoren-Gerbmaschinen angeführt (S. 200 ff.), wobei ich allerdings auch hier zunächst Bedenken gegen die Behauptung der Chemikalien- und Wassereinsparung, der Verkürzung der Prozeßzeiten und auch gegen zu hohe Beladungsmengen in dieser allgemeinen Form äußern möchte.

Der Dosomat wird in Größen von 200 l (Versuchstrommeln) bis zu 50 000 l geliefert. Die halb- oder vollautomatische Steuerung im Hinblick auf den Trommelantrieb, die Steuerung der Wasserzugabe, der Chemikalienzugabe, des Messens und Steuerns von pH-Wert und Temperatur, der Spülvorgänge und der Flottenentleerung, kann problemlos wie beim Faß erfolgen, so daß auf die dort gemachten Ausführungen (S. 171 ff.) verwiesen werden kann.

3. Naßarbeiten im Gerbmischer

Ein ganz anderes Reaktionsgefäß ist der Gerbmischer, auch Hide-Processor genannt, der aus der Bauindustrie übernommen wurde (Betonmischer). Dieses birnenförmige Gefäß mit schrägstehender Achse (Abb. 156 und 157) ist auf verschleißarmen Laufrollen gelagert und im Inneren mit schneckenförmigen Arbeitsspiralen versehen, in die zur besseren Flottendurchmischung Löcher angebracht sind. Bei der drehenden Bewegung des Gefäßes wird das Hautmaterial intensiv so umgewälzt, daß es vom Faßboden axial zur Öffnung und durch die Schubkraft der Spirale wieder zum Siebboden bewegt wird, die Bewegung ist also von derjenigen im Faß und seinen verschiedenen Abwandlungen grundsätzlich unterschieden. Die Öffnung an der Vorderseite mit großem Durchmesser dient zum Be- und Entladen und wird während des Umlaufs nicht verschlossen. Vor der Öffnung befindet sich eine schwenkbare Beladungsrutsche, die heruntergeklappt wird, wenn beladen werden soll, und nach oben geklappt wird, wenn die Entleerung erfolgt. Die Beladung kann mit den üblichen Transportgeräten (S. 88 ff.) mechanisiert werden, z. B. mit Gabelstapler, Bandförderer, Kreisförderer, Hängebahnen oder Laufkran, also all den Geräten, die auch schon für die Faßfüllung (S. 156 ff.) behandelt wurden. Zur Entleerung wird der Gerbmischer in umgekehrter Drehrichtung bewegt, so daß die Spirale die Häute aus der Öffnung herauswirft, wobei die Geschwindigkeit der Entladung durch die Drehgeschwindigkeit gesteuert und gestoppt werden kann. Meist werden die Häute bzw. Leder dann in Hubwagen, Gitterboxpaletten usw. aufgefangen, können aber auch langsam auf Bandförderer entleert werden. Rührschaufeln am Boden des Mischers fördern die Verteilung nach vorn und verhindern eine Häufung der Häute am Boden des Gefäßes. Am Boden befindet sich ferner ein kräftiger Siebboden, der die Flotte von den Häuten trennen soll, und dahinter eine verschließbare Öffnung, so daß eine rasche und vollständige Entflottung nach unten möglich ist. Die entnommene Flotte kann entweder kanalisiert oder für Recyclingverfahren getrennt aufgefangen oder auch durch ein Flottenzirkulationssystem mit Pumpe wieder durch die vordere Öffnung zugegeben werden, so daß eine ständige Brühenzirkulation möglich ist. In dieses Zirkulationssystem können auch alle Meß- und Regeleinrichtungen für eine Prozeßsteuerung eingebaut werden, worauf an späterer Stelle noch eingegangen wird (S. 210).

Abb. 156: Gerbmischer[87].

Abb. 157: Serie von Gerbmischern[87].

Als Lieferfirmen für Gerbmischer kommen wohl hauptsächlich drei Firmen in Betracht, die Challenge Bros. Inc[87], die Canbar Products Ltd. bzw. die Eurobar[88] und die Firma Stettner GmbH[89]. Die Gerbmischer werden entweder aus Gußstahl hergestellt und mit einer Polyesterauskleidung mit möglichst hoher Abriebfestigkeit, chemischer Resistenz und Temperaturbeständigkeit versehen, oder sie werden ganz aus Edelstahl oder 100 %ig aus Polyesterharz hergestellt, wobei im letzteren Fall das geringe Trommelgewicht bedeutsam ist. Bei den im Handel befindlichen Gerbmischern schwankt die Neigung des Gefäßes zwischen 14 und 16 Grad, der Gesamtinhalt zwischen 6 und 25 m^3, das Nutzvolumen, das durch die Neigung des Gefäßes und den unteren Rand der Öffnung bestimmt ist und etwa 70 % des Gesamtvolumens ausmacht, etwa zwischen 3,5 und 17,5 m^3 und die Beladung zwischen 1,8 und 9 t (S. 232). Die Höhe vom Boden bis zum oberen Rand beträgt bei den größeren Gerbmischern maximal 3,3 m bzw. 2,8 m, wenn der Mischer etwas im Boden versenkt aufgestellt wird. Die Drehgeschwindigkeit kann bis zu 15 U/min stufenlos gesteuert werden. Neuerdings werden auch Mischer mit geringerem Neigungswinkel und Variationen an den Arbeitsspiralen (z. B. Teilung in einzelne Segmente) zur weiteren Verbesserung der Bewegung des Inhalts geliefert.

Gerbmischer werden in der Praxis praktisch für alle Naßarbeiten von der Konservierung (S. 131) bis zum Ende der Naßzurichtung eingesetzt. Die Anschaffungskosten liegen erheblich höher als beim Faß, man muß daher vor der Beschaffung für jeden Einzelfall die Vorteile exakt prüfen. Nachstehend seien sie wie bei den Sektoren-Gerbmaschinen (S. 202) kurz zusammengestellt[90]:

1. Der Platzbedarf ist geringer, insbesondere ist die Aufstellung auch in niedereren Räumen möglich. Es werden keine besonderen Fundamente oder Sockel benötigt, daher ist Platzwechsel leicht möglich.
2. Das oft behauptete höhere Fassungsvermögen ist gegenüber dem Faß nicht gegeben, bezogen auf Gesamtvolumen und gleiche Flottenlänge. Darüber wird an späterer Stelle (S. 232) noch ausführlich berichtet.
3. Die Be- und Entladung ist bequemer, schneller und automatisierbar. Das gilt für die Beladung mit den üblichen Transportmitteln, wobei die große, nicht verschlossene Öffnung eine wesentliche Hilfe ist. Das gilt nach den obigen Ausführungen insbesondere für die Entladung bei Großviehhäuten. Bei Kleintierfellen ist die Entladung bei festgelegtem Neigungswinkel erschwert, da die Felle leicht von der Schaufel zurückgleiten. Ein verstellbarer Neigungswinkel kann diesen Nachteil beheben.
4. Der Kraftbedarf ist im Vergleich zum Faß infolge der gleichmäßigeren Gewichtsverteilung günstiger.
5. Das Entflotten erfolgt rasch und infolge des Siebbodens vollständig, so daß die verschiedenen Prozeßflotten klar getrennt werden können. Durch Einbau verschiedener Ventile können die Abflotten gut nach Kanalisation und Recycling getrennt werden. Auch die mögliche Brühenzirkulation und die bequeme Wasser- und Chemikalienzugabe durch die Beladungsöffnung oder in das Zirkulationssystem sind für den Prozeßablauf vorteilhaft.
6. Schonendere Behandlung des Hautmaterials, keine Beschädigungen, Ein- und Abrisse. Das ist beim Vergleich zum Faß mit Zapfen richtig, im Faß mit schrägen Brettern treten diese Fehler aber ebenfalls nicht auf. Die Walkwirkung ist aber im Mischer geringer als im Faß, das Fasergefüge wird mehr geschont (S. 233).
7. Arbeiten in kürzerer Flotte. Erhebliche Verminderung des Wasserbedarfs. Das stimmt im Vergleich zum Haspel, nicht im Vergleich zum Faß. In Faß und Mischer kann in gleicher Weise mit Kurzflotten- und Trockenverfahren gearbeitet werden, bei vergleichbaren Technologien ist der Wasserverbrauch in beiden Fällen gleich. Bei zu kurzen Flotten ist stets mit der Gefahr des Wundscheuerns zu rechnen (S. 233).

8. Eine Einsparung an Chemikalien kann im Mischer im Vergleich zum Faß nicht erreicht werden, wenn in gleicher Flottenmenge gearbeitet wird. Anderslautende Angaben beziehen sich stets auf Vergleiche mit unterschiedlichen Flottenmengen (S. 233).

9. Eine oft behauptete Abkürzung der Prozeßzeiten im Mischer und schnellere Chemikalienaufnahme ist nicht zutreffend, wenn in gleicher Flottenmenge gearbeitet wird. Auch bei Einschaltung einer Zusatzheizung ist eine nennenswerte Zeiteinsparung nicht zu erreichen, wohl aber wird dadurch die Gleichmäßigkeit verbessert.

10. Auf zwei Nachteile sei besonders hingewiesen. Einmal ist der Wärmeverlust als Folge der großen, unverschlossenen Öffnung und des leitfähigeren Baumaterials wesentlich größer als im Faß, eine Heizung, die am besten als Durchlaufheizung in das Brühenzirkulationssystem eingebaut wird, ist daher unbedingt erforderlich. Zum anderen können durch die großen Öffnungen alle entstehenden unangenehmen bis gefährlichen Gase (H_2S; S. 225) in den Arbeitsraum entweichen. Daher muß insbesondere bei den Naßarbeiten der Wasserwerkstatt eine gute Abzugsvorrichtung und eine oxidative Zerstörung des Schwefelwasserstoffs vorgesehen werden.

11. Die Gerbmischer haben den großen Vorteil, daß alle Maßnahmen der Prozeßkontrolle ebenso wie eine halb- oder vollautomatische Steuerung des Prozeßablaufs in jedem gewünschten Umfang einfach durchgeführt werden können. Die früher beschriebenen Einrichtungen (S. 171 ff.) für die Prozeßüberwachung und -steuerung können dabei ohne weiteres übertragen werden. Abb. 158 zeigt das Schema einer solchen Einrichtung. Das Wasser mit der vorher richtig eingestellten Temperatur und die flüssigen Chemikalien werden entweder durch die vordere Öffnung oder in die Zirkulationsleitung (links) zugegeben, wobei von Fall zu Fall zu entscheiden ist, ob die Chemikalienzugabe aus den Vorratsbehältern unter

Abb. 158: Prozeß-Steuerung beim Mischer[68].

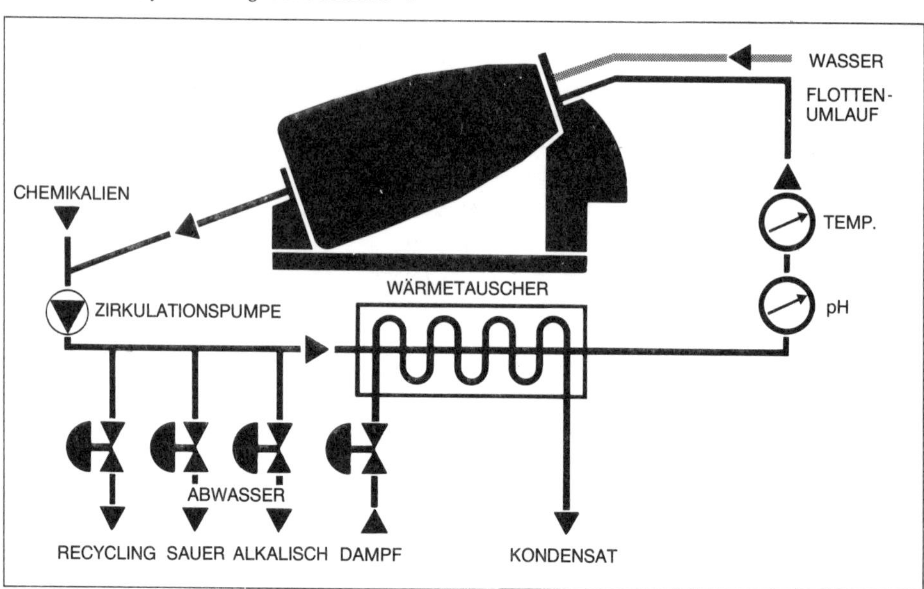

Zwischenschaltung von Meßaggregaten oder Dosierpumpe direkt in das Arbeitsgefäß erfolgt oder ein Vorbereitungsbehälter (S. 180) zwischengeschaltet wird. Auch die Zugabe ungelöster Chemikalien kann von den Wägeeinrichtungen aus direkt in die vordere Öffnung entweder auf einmal oder in einzelnen Portionen erfolgen. Die Meßgeräte für Temperatur und pH-Wert und die Durchlaufheizung mittels Wärmetauscher werden direkt in die Zirkulationsleitung eingebaut. Die Laufgeschwindigkeit in einzelnen Geschwindigkeitsstufen, Lauf- und Stillstandszeiten, Wechsel der Drehrichtung zur Entleerung, Temperatursteuerung, Entflottung der Restbrühen bzw. Auffangen für Recyclingbearbeitung können in üblicher Weise mittels Schreibvorrichtung erfaßt und mittels Lochkarten gesteuert werden. Oft werden die Gerbmischer auch auf Kraftmeßdosen (S. 45) gelagert, so daß alle Gewichtsänderungen im Reaktionsgefäß, Höhe der verbleibenden Restflotten usw. durch direkte Gewichtsfeststellung erfaßt werden können.

Auch beim Arbeiten in Gerbmischern sind spezifische Faktoren zu berücksichtigen. Darauf wird an späterer Stelle (S. 232) noch eingegangen.

4. Technologische Gesichtspunkte für das Arbeiten in rotierenden Gefäßen

Die bisher besprochenen Arbeitsaggregate für die Naßarbeiten haben gemeinsam, daß bei ihnen das Hautmaterial zusammen mit der Flotte mehr oder weniger intensiv bewegt wird. In diesem Buch sollen in erster Linie die maschinentechnischen Fragen der Rationalisierung behandelt werden. Aber sie ist nicht nur von der apparativen Seite her zu lösen, auch die Technologien der Naßarbeiten müssen den Anforderungen der mehr oder weniger automatisch arbeitenden Anlagen richtig angepaßt werden. Hier sind eine Reihe von Faktoren zu beachten, auf die ich in diesem Buch kurz eingehen muß, auch wenn sich dadurch gewisse Überschneidungen mit anderen Büchern dieser Schriftreihe ergeben. Ich lege den folgenden Ausführungen zunächst das Arbeiten im Faß zugrunde, werde dann aber auch auf andere Arbeitsgefäße eingehen, da die im Faß erarbeiteten Technologien nicht ohne weiteres auf das Arbeiten in ihnen übertragen werden können. Unter Naßarbeiten sind zwei Arbeitszyklen zu verstehen:

a) alle Arbeiten von der Weiche bis zum Ende der Chromgerbung,

b) die Naßarbeiten der Zurichtung von der Neutralisation über das Nachgerben und Färben zum Fetten.

Diese zweite Gruppe sei hier ausgeklammert, da hier schon immer im gleichen Gefäß gearbeitet wurde und daher die Erfahrungen bei der Automatisation des ersten Arbeitszyklus mit Leichtigkeit sinngemäß übertragen werden können.

Aber auch einige Abwasserfragen werden hier kurz mit eingeschaltet, obwohl die ökologischen Probleme der Lederindustrie ebenfalls in einem anderen Buch dieser Schriftreihe ausführlich behandelt werden. Aber bei den hohen Kosten, die den Lederfabriken in Zukunft durch die Abwasserreinigung in eigenen oder fremden Reinigungsanlagen entstehen werden, ist es oft sinnvoller und billiger, durch entsprechende Umstellung der Produktionsverfahren schon prophylaktisch dafür zu sorgen, daß die Entstehung von Verunreinigungen von vornherein auf ein Mindestmaß beschränkt wird. So sind die modernen Technologien meist unter beiden Gesichtspunkten der Rationalisierung und der Abwasserverbesserung entstanden, wobei beide Entwicklungen oft in die gleiche Richtung liefen.

4.1 Arbeiten im Faß. Für das Arbeiten im Faß liegen unter den Gesichtspunkten der Rationalisierung und der Abwasserverbesserung umfangreiche Untersuchungen vor[91].

1. Die technologischen Probleme der Lederherstellung beginnen m. E. schon am Schlachthaus mit den Fragen des zentralen Entfleischens und Entmistens und des zentralen Enthaarens. Durch diese Vorarbeiten, über die an anderer Stelle schon eingehend berichtet wurde (S. 139 ff.), kann die rationelle Gestaltung des Arbeitsablaufs bei den Naßarbeiten der Lederherstellung wesentlich gefördert werden. Ist keine vorentfleischte Ware erhältlich, so ist das *Entfleischen schon nach der Weiche* oder noch besser nach einer kurzen Vorweiche durchzuführen. Die Häute sind hier leichter zu handhaben als die glitschigen geäscherten Häute, und das hier anfallende Leimleder kann besser und gewinnbringender zu Tierfutter verarbeitet werden. Vor allem erfolgt dann aber die Äschereinwirkung schneller und gleichmäßiger. Ich sehe den Hauptfehler vieler moderner Äschersysteme darin, daß wir die Chemikalien zu sehr auf den Narben zwingen und so durch einen zu starken Äscheraufschluß der von Natur aus schon strukturell geschwächten Papillarschicht das Auftreten von Losnarbigkeit, losen Flämen und Narbenzug fördern. Das gilt um so mehr, je fetthaltiger das Unterhautbindegewebe ist. Daher ist es naheliegend, die Fleischseite vor dem Äschern für die Diffusion der Äscherchemikalien freizulegen, und in der Tat werden dadurch Griff, Narbenelastizität, Flämenbeschaffenheit und Egalität der Lederfarbe erheblich verbessert. Um ein sauberes Entfleischen zu gewährleisten, sollte man es schon nach kurzer Vorweiche vornehmen, da dann die Außenschichten der Haut zwar genügend geschmeidig sind, die Innenzone aber infolge der dort erst geringen Salzentfernung und Wasseraufnahme noch eine genügend feste Unterlage für den Entfleischvorgang liefert. Um den unnötigen Arbeitsaufwand für die Faßfüllung und Entleerung zu sparen, wird die Vorweiche zweckmäßig nicht im Faß vorgenommen, sondern in der früher schon besprochenen rotierenden Waschanlage (S. 132). Das Hautmaterial wird z. B. mittels Bandtransport vom Rohhautlager zur Waschtrommel gebracht, 15 bis 20 Minuten gewaschen und dann wieder mittels Band zur Entfleischmaschine transportiert.

Für die dann folgende Hauptweiche wird zweckmäßig eine Enzymweiche eingesetzt, die es gestattet, die Weichdauer selbst bei ungespaltenem kräftigen Hautmaterial auf maximal vier Stunden zu vermindern und trotzdem einen einwandfreien Weicheffekt zu erhalten (S. 225). Bei stark fetthaltiger Ware ist auch ein Zusatz von Netzmitteln und speziellen Weichhilfsmitteln von Vorteil.

2. Es ist wichtig, den technologischen Ablauf soweit nur eben möglich *zu vereinfachen und zu verkürzen,* um so den Umfang der notwendigen Investitionen möglichst niedrig zu halten, denn die Wirtschaftlichkeit halb- und vollautomatischer Anlagen ist um so günstiger, je größer die Partien sind und je geringer die Bearbeitungszeit pro Partie ist. Ohne Zweifel wäre die optimale Lösung, die Arbeiten von der Weiche bis zum Ende der Gerbung *durchlaufend durchzuführen,* also alle Prozesse ohne Gefäßwechsel hintereinander durchzuführen, das Entfleischen am Schlachthof oder nach der Vorweiche vorzunehmen, haarzerstörend zu äschern, auf das Streichen zu verzichten und das Sortieren und Spalten erst nach der Chromgerbung vorzunehmen. Dabei sollte man anstreben, mit möglichst großen Partien und in einem stets gleichmäßigen Arbeitsturnus zu arbeiten. Oft wird ein 24-Stunden-Turnus für die Gesamtprozesse von der Weiche bis zum Ende der Chromgerbung verlangt und in manchen Betrieben auch praktiziert, aber ob das vom Standpunkt hoher Qualität optimal ist, erscheint mir oft zweifelhaft. Ich bin mir auch darüber im klaren, daß eine so weitgehende

Rationalisierung ohne Gefäßwechsel nicht oder noch nicht bei allen Lederarten durchführbar ist. So verbietet sich z. B. das Spalten erst nach der Chromgerbung aus Gründen, die an späterer Stelle besprochen werden (S. 286), bei schweren Rindhäuten über 30 kg, und ebenso verbietet es sich dort, wo der anfallende Fleischspalt eine andere Gerbung als der Narbenspalt erhalten soll. Man muß also stets die individuellen Verhältnisse des Betriebes und der herzustellenden Lederart berücksichtigen, aber insgesamt kann als Leitziel dienen, möglichst weitgehend in diesem Bereich durchzuarbeiten, denn jeder Gefäßwechsel kostet Zeit und Geld und widerspricht dem Ziel der Rationalisierung.

Die Tabellen 6 bis 11 zeigen einige Rahmentechnologien für verschiedene Lederarten. Rahmentechnologien sind nie optimal in bezug auf die erreichbare Lederqualität, sondern müssen auf die betrieblichen Verhältnisse und die verarbeitete Rohware eingestellt werden. Sie sollen nur verdeutlichen, was ich unter dem Begriff eines rationellen Betriebsablaufs verstehe und wie der Zeitplan eines solchen Ablaufs aussehen kann.

Tabelle 6: Rahmentechnologie der Herstellung von Chromrindoberleder (Spalten erst nach der Chromgerbung), Kuhhäute 25–29,5 kg.

1. Tag	
	Schmutzweiche
7.00 Uhr	300 % Wasser von 30 °C, 35 min ruhen, 15 min bewegen, 10 min wieder ruhen. 2 U/min
8.00 Uhr	Weichflotte ablassen. Waschen mit 300 % Wasser von 30 °C, 2 U/min
8.15 Uhr	Entleeren, entfleischen, beschneiden, wiegen. Entfleischgewicht + 10–20 % für alle weiteren Mengenangaben verwenden.
	Hauptweiche
10.00 Uhr	300 % Wasser 30 °C 0,7 % Pellvit F. 2 U/min. Erst 15 min und dann alle Stunde 10 min bewegen (Automatik)
	Faßschwöde und -äscher
14.00 Uhr	Weichflotte so weit wie möglich ablassen (unter 25 %)
14.10 Uhr	1,5 % NaSH flüssig 30 %ig 0,3 % netzendes Äscherhilfsmittel Mit 2 U/min 15 min laufen lassen. 15 min stehen lassen
14.40 Uhr	2,5 % Na_2S konz. 3,0 % $Ca(OH)_2$ Mit 2 U/min laufen lassen
15.00 Uhr	Mit 2 U/min alle ½ Std. 5 min laufen lassen (Automatik)
16.45 Uhr	25 % Wasser von 30 °C zugeben. Mit 2 U/min 5 min laufen lassen, 15 min stehen lassen
17.05 Uhr	25 % Wasser von 30 °C zugeben. Mit 2 U/min 5 min laufen lassen, 15 min stehen lassen
17.25 Uhr	25 % Wasser von 30 °C zugeben. Mit 2 U/min 5 min laufen lassen, 15 min stehen lassen
17.45 Uhr	125 % Wasser von 30 °C zugeben. Mit 2 U/min alle Stunde 5 min laufen lassen (Automatik)
2. Tag	
	Spülen nach dem Äscher
6.30 Uhr	Äscherflotte ablassen. Mit 300 % Wasser von 30 °C füllen. 10 min walken, 2 U/min, dann Flotte wieder ablassen. (Entfernung der Haarreste und des Hauptschmutzes)
6.50 Uhr	Meßgeräte, Lochplatte am Schöpftrichter und Schnecke anbringen. Programmsteuerung einschalten
7.00 Uhr	Waschen mit 300 % Wasser von 30 °C. 5 U/min
7.20 Uhr	Entleeren durch Rückwärtslauf. 5 U/min. Etwa 15 % Wasser bleiben im Faß zurück

Entkälken und Beizen

7.30 Uhr 1. Vorwärtslauf. 5 U/min
2. 4 % NH_4Cl in 15 % Wasser zugeben
3. 0,2 % Hydrophan AS (Kempen) zugeben

7.35 Uhr Heizung bis 8.30 Uhr auf 30 °C eingestellt

7.45 Uhr 0,7 % Oropon O zugeben

Spülen nach der Beize

8.30 Uhr Entleeren der Beizflüssigkeit durch Rückwärtslauf 10 U/min

8.33 Uhr Waschen mit 300 % Wasser von 28 °C 10 U/min

8.45 Uhr Entleeren durch Rückwärtslauf. 10 U/min. Etwa 15 % Wasser bleiben im Faß zurück

Pickel

8.50 Uhr 1. Vorwärtslauf. 9 U/min
2. Zufluß von 3,0 % NaCl in 15 % Wasser
3. Heizung bis 13.30 Uhr auf 25 °C eingestellt

9.00 Uhr Zufluß von 2,3 % Ameisensäure + 0,5 % Formalin 40 Vol. % in 10 % Wasser

Chromgerbung

11.30 Uhr 2,0 % Cr_2O_3 als Chromgerbsalz 33 % bas. als Pulver über Schnecke zugeben

12.00 Uhr Zufluß von Soda calc., 1:10 gelöst, über pH-Steuerung, so daß der pH-Wert sich konstant auf 3,8 einstellt.

13.30 Uhr Heizung bis 16.55 auf 40 °C eingestellt

17.00 Uhr Ende der Gerbung, Steuerung stellt sich automatisch ab. Evtl. über Nacht im Faß lassen und alle Stunde 5 min laufen lassen (Automatik)

Tabelle 7: Rahmentechnologie der Herstellung von Chromkalbleder (Spalten oder Egalisieren erst nach der Chromgerbung). Süddeutsche Kalbfelle 4,5–7,5 kg.

1. Tag **Schmutzweiche**

gesondert am Vormittag vorweichen

1 Std. 300 % Wasser von 30 °C, 35 min ruhen, 15 min bewegen, 10 min wieder ruhen. 2 U/min

15 min Weichflotte ablassen. Waschen mit 300 % Wasser von 30 °C, 2 U/min, 15 min.
Entleeren, entfleischen, beschneiden, wiegen.
Entfleischgewicht + 10–20 % für alle weiteren Mengenangaben verwenden

Hauptweiche

13.30 Uhr 300 % Wasser 30 °
0,7 % Pellvit F
2 U/min, erst 15 min und dann alle Stunden 10 min bewegen (Automatik)

Faßschwöde und -äscher

16.00 Uhr Weichflotte soweit wie möglich ablassen (unter 25 %)

16.10 Uhr 1,5 % NaSH flüssig 30 %ig.
0,3 % netzendes Äscherhilfsmittel
Mit 2 U/min 15 min laufen lassen, 10 min stehen lassen

16.25 Uhr 2,5 % Na_2S konz.
3,0 % $Ca(OH)_2$
Mit 2 U/min laufen lassen

16.50 Uhr Mit 2 U/min, alle ½ Std. 5 min laufen lassen (Automatik)

17.40 Uhr 25 % Wasser von 30 °C zugeben. Mit 2 U/min 5 min laufen lassen, 15 min stehen lassen

18.00 Uhr 25 % Wasser von 30 °C zugeben. Mit 2 U/min 5 min laufen lassen, 15 min stehen lassen

18.20 Uhr 25 % Wasser von 30 °C zugeben. Mit 2 U/min 5 min laufen lassen, 15 min stehen lassen

18.40 Uhr 125 % Wasser von 30 °C zugeben. Mit 2 U/min alle Stunde 5 min laufen lassen (Automatik)

2. Tag **Spülen nach dem Äscher**

6.00 Uhr Äscherflotte ablassen. Mit 300 % Wasser von 30 °C füllen, 10 min walken, dann Flotte wieder ablassen. (Entfernung der Haarreste und des Hauptschmutzes.)

6.20 Uhr Meßgefäß, Lochplatte am Schöpftrichter und Schnecke anbringen. Programmsteuerung einschalten

6.30 Uhr Waschen mit 300 % Wasser von 30 °C, 5 U/min

6.50 Uhr Entleeren durch Rückwärtslauf. 5 U/min. Etwa 15 % Wasser bleiben im Faß zurück

Entkälken und Beizen

7.00 Uhr 1. Vorwärtslauf 5 U/min
2. 2 % NH_4Cl in 15 % Wasser zugeben
3. 0,2 % Hydrophan AS (Kempen) zugeben

7.05 Uhr Heizung bis 8.00 Uhr auf 30 °C eingestellt

7.15 Uhr 0,7 % Oropon O zugeben

Spülen nach der Beize

8.00 Uhr Entleeren der Beizflüssigkeit durch Rückwärtslauf 10 U/min

8.03 Uhr Waschen mit 300 % Wasser von 28 °C 10 U/min

8.15 Uhr Entleeren durch Rückwärtslauf. 10 U/min. Etwa 15 % Wasser bleiben im Faß zurück

Pickel

8.20 Uhr 1. Vorwärtslauf 9 U/min
2. Zulauf von 3,0 % NaCl in 15 % Wasser
3. Heizung bis 11.00 auf 25 °C eingestellt

8.30 Uhr Zufluß von 2,0 % Ameisensäure 85%ig + 0,5 % Formalin 40 % Vol. in 10 % Wasser

Chromgerbung

9.30 Uhr 2,5 % Cr_2O_3 als Chromgerbsalz 33 % bas. als Pulver über Schnecke zugeben

10.00 Uhr Zufluß von Soda calc., 1:10 gelöst über pH-Steuerung, so daß der pH-Wert sich konstant auf 3,6 einstellt

10.30 Uhr Heizung bis 13.00 Uhr auf 40 °C eingestellt

12.30 Uhr Ende der Gerbung. Steuerung stellt sich automatisch ab. Evtl. noch einige Stunden oder über Nacht im Faß belassen und alle Stunde 5 min laufen lassen (Automatik)

Tabelle 8: Rahmentechnologie der Herstellung weicher Chromvachetteleder (Spalten nach dem Äschern und Entfleischen).

1. Tag **Schmutzweiche**

7.00 Uhr 300 % Wasser von 30 °C, 35 min ruhen, 15 min bewegen, 10 min wieder ruhen. 2 U/min

8.00 Uhr Weichflotte ablassen. Waschen mit 300 % Wasser von 30 °C. 2 U/min

8.15 Uhr Entleeren, entfleischen, beschneiden, wiegen. Entfleischgewicht + 10–20 % für alle weiteren Mengenangaben verwenden. Das Entfleischen kann aus Kostengründen auch erst nach dem Äschern vorgenommen werden, für die Faßschwöde ist es nach der Schmutzweiche vorzuziehen.

Hauptweiche

10.00 Uhr 300 % Wasser 30 °C
0,7 % Pellvit F
2 U/min. Erst 15 min und dann alle Stunde 10 min bewegen (Automatik)

Faßschwöde und -äscher

14.00 Uhr Weichflotte so weit wie möglich ablassen (unter 25 %)

14.10 Uhr 5,0 % NaSH flüssig 30 %ig
0,3 % netzendes Äscherhilfsmittel
Mit 2 U/min 15 min laufen lassen, 15 min stehen lassen

14.40 Uhr 3,0 % $Ca(OH)_2$ zugeben
Mit 2 U/min laufen lassen

15.00 Uhr Mit 2 U/min alle ½ Std. 5 min laufen lassen (Automatik)

16.45 Uhr 25 % Wasser von 30 °C zugeben. Mit 2 U/min 5 min laufen lassen, 15 min stehen lassen

17.05 Uhr 25 % Wasser von 30 °C zugeben. Mit 2 U/min 5 min laufen lassen, 15 min stehen lassen

17.25 Uhr 25 % Wasser von 30 °C zugeben. Mit 2 U/min 5 min laufen lassen, 15 min stehen lassen

17.45 Uhr 125 % Wasser von 30 °C zugeben. Mit 2 U/min alle Stunde 5 min laufen lassen (Automatik)

2. Tag **Spülen, Entfleischen, Spalten**

6.30 Uhr Äscherflotte ablassen. Mit 300 % Wasser von 30 °C füllen, 10 min walken. 2 U/min, dann Flotte wieder ablassen (Entfernen der Haarreste und des Hauptschmutzes)

6.50 Uhr Entleeren der Häute, evtl. entfleischen, beschneiden, spalten. Spaltgewicht für alle weiteren Mengenangaben verwenden

Spülen, Entkälken, Beizen

9.00 Uhr Waschen mit 300 % Wasser von 30 °C, 5 U/min

9.20 Uhr Entleeren durch Rückwärtslauf. 5 U/min. Etwa 15 % Wasser bleiben im Faß zurück

9.30 Uhr 1. Vorwärtslauf. 5 U/min
2. 2 % NH_4Cl in 15 % Wasser zugeben
3. 0,2 % Hydrophan AS (Kempen) zugeben

9.35 Uhr Heizung bis 10.30 auf 30 °C stellen

9.45 Uhr 0,7 % Oropon O zugeben

Spülen nach der Beize

10.30 Uhr Entleeren der Beizflüssigkeit durch Rückwärtslauf. 10 U/min

10.33 Uhr Waschen mit 300 % Wasser von 28 °C, 10 U/min

10.45 Uhr Entleeren durch Rückwärtslauf. 10 U/min. Etwa 15 % Wasser bleiben im Faß zurück

Pickel

10.50 Uhr 1. Vorwärtslauf 9 U/min
2. Zulauf von 3,0 % NaCl in 15 % Wasser
3. Heizung bis 13.00 Uhr auf 25 °C eingestellt

11.00 Uhr Zufluß von 2,0 % Ameisensäure + 0,5 % Formalin 40 Vol. % in 10 % Wasser

Chromgerbung

12.00 Uhr 2,0 % Cr_2O als Chromgerbsalz 33 % bas. als Pulver über Schnecke zugeben

12.30 Uhr Zufluß von Soda calc. 1:10 gelöst über pH-Steuerung, so daß der pH-Wert sich konstant auf 3,8 einstellt.

13.00 Uhr Heizung bis 15.00 Uhr auf 40 °C eingestellt

16.00 Uhr Ende der Gerbung. Steuerung stellt sich automatisch ab. Eventuell über Nacht im Faß lassen und alle Stunde 5 min laufen lassen (Automatik)

Tabelle 9: Rahmentechnologie der Herstellung von Bekleidungsleder aus Schafspickelblößen.

Zeit	Arbeitsgang
	Entpickeln, saure Beize und Entfettung in einem Bad
7.00 Uhr	1. Vorwärtslauf 9 U/min 2. 90 % Wasser 25 °C 3. Heizung bis 9.00 Uhr auf 25 °C 4. 6 % Kochsalz in 20 % Wasser 5. Zugabe 4–6 % eines nichtionogenen Emulgators 6. Zugabe einer sauren Beize, z. B. 1 % Eropic RVP über Schnecke 7. Zulauf von 1 % Natriumformiat (1:10) 8. Dosierung mit Soda (1:10) über pH-Steuerung so, daß der pH-Wert sich konstant auf pH 3,5 einstellt
	Chromgerbung
8.00 Uhr	2,0 % Cr_2O_3 als Chromgerbsalz 33 % bas. als Pulver über Schnecke zugeben
8.30 Uhr	Zufluß von Soda calc. (1:10) über pH-Steuerung so, daß der pH-Wert sich konstant auf pH 3,8 einstellt
9.00 Uhr	Heizung bis 12.00 Uhr auf 40 °C einstellen
12.00 Uhr	Ende der Gerbung. Faß und Steuerung stellen sich automatisch ab. Evtl. noch einige Stunden im Faß lassen und alle Stunde 5 min laufen lassen (Automatik)

Tabelle 10: Rahmentechnologie der Herstellung von Bekleidungsleder aus gesalzenen Wollschaffellen.

Zeit	Arbeitsgang
	Nach betriebsüblichem Weichen, Schwöden von der Fleischseite, Entwollen, Entfleischen und Gewichtsbestimmung
	Faßschwöde und -äscher
15.00 Uhr	20 % Wasser 28 °C 2,0 % NaSH flüssig 30 %ig 0,3 % netzendes Äscherhilfsmittel Mit 2 U/min laufen lassen
15.15 Uhr	1,0 % Na_2S konz. 3,0 % $Ca(OH)_2$ Mit 2 U/min laufen lassen
15.35 Uhr	Mit 2 U/min alle ½ Std. 5 min laufen lassen (Automatik)
16.30 Uhr	25 % Wasser von 30 °C zugeben. Mit 2 U/min 5 min laufen lassen, 15 min stehen lassen
16.50 Uhr	25 % Wasser von 30 °C zugeben. Mit 2 U/min 5 min laufen lassen, 15 min stehen lassen
17.10 Uhr	25 % Wasser von 30 °C zugeben. Mit 2 U/min 5 min laufen lassen, 15 min stehen lassen
17.30 Uhr	125 % Wasser von 30 °C zugeben. Mit 2 U/min alle Std. 5 min laufen lassen (Automatik)
	Spülen nach dem Äscher
6.00 Uhr	Äscherflotte ablassen. Mit 300 % Wasser von 30 °C 20 min laufen lassen. 2 U/min, dann Flotte wieder ablassen. Entfernen des Hauptschmutzes
6.40 Uhr	Nochmals waschen mit 300 % Wasser von 30 °C. 5 U/min
7.00 Uhr	Entleeren durch Rückwärtslauf. 5 U/min. Etwa 15 % Wasser bleiben im Faß zurück
	Entkälken, Beizen und Entfetten
7.10 Uhr	Vorwärtslauf 5 U/min 60 % Wasser 32 °C 4,0 % NH_4Cl in 15 % Wasser zugeben 0,2 % Hydrophan AS (Kempen) 6,0 % eines nichtionogenen Emulgators Heizung bis 8.10 Uhr auf 30 °C eingestellt
7.25 Uhr	0,5 % Oropon AT 7 H zugeben
	Spülen
8.10 Uhr	Entleeren der Beizflotte durch Rückwärtslauf 9 U/min

8.20 Uhr Waschen mit 300 % Wasser 28 °C. 9 U/min

8.40 Uhr Entleeren durch Rückwärtslauf 9 U/min. Etwa 15 % Wasser bleiben im Faß zurück

Pickel

8.50 Uhr Vorwärtslauf 9 U/min
60 % Wasser 25 °C
5,0 % Kochsalz
Heizung bis 11.00 Uhr auf 25 °C einstellen

9.00 Uhr Zugabe von Ameisensäure (1:10) durch pH-Steuerung auf pH 3,3

Chromgerbung

10.00 Uhr 2,0 % Cr_2O_3 als Chromgerbsalz 33 % bas. als Pulver über Schnecke zugeben

10.30 Uhr Zugabe von Soda calc. (1:10) über pH-Steuerung, so daß der pH-Wert sich konstant auf 3,8 einstellt

11.00 Uhr Heizung bis 14.00 Uhr auf 40 °C eingestellt

14.00 Uhr Ende der Gerbung. Faß und Steuerung stellen sich automatisch ab. Eventuell einige Stunden im Faß lassen und alle Stunde 5 min laufen lassen (Automatik)

Tabelle 11: Rahmentechnologie der Herstellung von Chromziegenleder aus chinesischen trockenen Ziegenfellen.

Alle Gewichtsangaben in Prozent auf Trockengewicht

1. Tag **Vorweiche**

8.00 Uhr 1000 % Wasser 30 °C
1–2 % Netzmittel
Mit 2 U/min alle 30 min 3 min laufen lassen

Hauptweiche

14.00 Uhr Weichflotte ablassen

14.20 Uhr 1000 % Wasser 30 °C
1,0 % Pellvit F
Mit 2 U/min alle Std. 5 min laufen lassen

2. Tag

3. Tag

7.00 Uhr Weichflotte ablassen, trocken walken, bis fast keine Flotte mehr vorhanden

Faßschwöde und -äscher

7.30 Uhr 30 % Wasser 30 °C
4,5 % NaSH flüssig 30 %ig
1,0 % netzendes Äscherhilfsmittel
Mit 2 U/min 15 min laufen lassen

7.45 Uhr 7,5 % Na_2S konz.
9,0 % $Ca(OH)_2$
Mit 2 U/min laufen lassen

8.05 Uhr Mit 2 U/min alle ½ Stunde 5 min laufen lassen (Automatik)

9.40 Uhr 75 % Wasser von 30 °C zugeben. Mit 2 U/min 5 min laufen lassen, 15 min stehen lassen

10.00 Uhr 75 % Wasser von 30 °C zugeben. Mit 2 U/min 5 min laufen lassen, 15 min stehen lassen

10.20 Uhr 75 % Wasser von 30 °C zugeben. Mit 2 U/min 5 min laufen lassen, 15 min stehen lassen

10.40 Uhr 400 % Wasser von 30 °C zugeben. Mit 2 U/min alle Std. 5 min laufen lassen (Automatik)

4. Tag

5. Tag **Spülen nach dem Äscher**

7.00 Uhr Äscherflotte ablassen. Mit 300 % Wasser von 30 °C 20 min laufen lassen, 5 U/min

7.40 Uhr Ablassen durch Rückwärtslauf 5 U/min. Dann Entleeren des Fasses, Entfleischen, Beschneiden,

Wiegen, alle weiteren Angaben auf Blößengewicht.

Entkälken, Beizen und Entfetten

13.00 Uhr	300 % Wasser von 35 °C zugeben. 5 U/min
13.30 Uhr	Ablassen durch Rückwärtslauf. 5 U/min
13.50 Uhr	Vorwärtslauf 5 U/min 60 % Wasser 32 °C 4,0 % NH_4Cl in 15 % Wasser zugeben 0,2 % Hydrophan AS (Kempen) 2,0 % nichtionogener Emulgator Heizung bis 15.00 Uhr auf 30 °C eingestellt
14.05 Uhr	1 % Oropon AT 7 H zugeben

Spülen

15.00 Uhr	Entleeren der Flotte durch Rückwärtslauf. 9 U/min
15.20 Uhr	Waschen mit 300 % Wasser 28 °C 9 U/min
15.40 Uhr	Entleeren durch Rückwärtslauf. 9 U/min. Etwa 15 % Wasser bleiben im Faß zurück

Pickel

15.50 Uhr	Vorwärtslauf 9 U/min 60 % Wasser 25 °C 5,0 % Kochsalz Heizung bis 18.00 Uhr auf 25 °C eingestellt
16.00 Uhr	2,0 % Ameisensäure (1:10)

Chromgerbung

17.00 Uhr	2,5 % Cr_2O_3 als Chromgerbsalz 33 % bas. als Pulver über Schnecke zugeben
17.30 Uhr	Zufluß von Soda calc. (1:10) über pH-Steuerung, so daß der pH-Wert sich konstant auf 3,8 einstellt
18.00 Uhr	Heizung bis 24.00 Uhr auf 40 °C eingestellt
24.00 Uhr	Faßumdrehung nur noch alle Std. 5 min
7.00 Uhr	Ende der Gerbung. Faß und Steuerung stellen sich automatisch ab. Evtl. noch einige Stunden im Faß lassen und alle Stunde 5 min laufen lassen (Automatik)

---

3. Die *Arbeiten der Wasserwerkstatt* können entscheidend vereinheitlicht werden. Die frühere Auffassung, Leder würde in der Wasserwerkstatt gemacht, ist richtig, wenn man darunter versteht, daß Fehler in der Wasserwerkstatt sich nur schwer später ausgleichen lassen. Sie ist dagegen heute falsch, wenn damit gesagt werden soll, daß schon hier eine Aufteilung und Variation nach einzelnen Ledertypen erforderlich ist. Natürlich verlangt unterschiedliche Rohware in der Wasserwerkstatt unterschiedliche Arbeitsverfahren, aber bei gleichartiger Rohware kann ohne Nachteil bis zum Ende der Gerbung einheitlich gearbeitet und erst bei der Naßzurichtung nach der Ledertype variiert werden. In der Naßzurichtung bietet insbesondere die große Palette der Nachgerbstoffe viele Möglichkeiten, eine weitgehende Variation nach weichen und standigeren Lederarten vorzunehmen.

4. Größere Entwicklungsarbeiten wurden immer wieder dem *Äscherprozeß* gewidmet, um einmal bei möglichst kurzer Äscherdauer neben einer zuverlässigen Entfernung der Haare einen genügenden Äscheraufschluß des Hautfasergefüges bei guter Narbenfestigkeit zu erreichen und andererseits die Abwasserqualität aus diesem Produktionsstadium möglichst zu verbessern. Hier liefert der Kalkäscher mit Sulfidanschärfung immer noch das beste Ergebnis, und mir ist kein Verfahren bekannt, das in bezug auf die Lederqualität bessere

Befunde ergibt. Für dieses Äschersystem wurde im Hinblick auf Rationalisierung und Lederqualität ein wesentlicher Fortschritt mit der Einführung der *Faßschwöde*[92] erreicht, bei der zunächst ohne Flotte gearbeitet und erst nach genügendem Eindringen der Chemikalien in die Haut durch Wasserzugabe die Quellung ausgelöst wird. Einzelheiten der Durchführung sind aus den Rahmentechnologien zu ersehen. Die Weichflotte muß soweit wie möglich abgelassen werden, und dann werden die Äscherchemikalien ohne Wasserzusatz zugesetzt, wobei man zweckmäßigerweise zunächst das Sulfhydrat und eine geringe Menge eines Netzmittels zugibt und Kalk und Schwefelnatrium erst nach einiger Zeit folgen läßt. Wird allerdings nach der Hauptweiche entfleischt, so müssen schon hier 20 bis 25 % Wasser zugesetzt werden, weil mit dem Entfleischen zugleich auch ein Abwelken der Häute erfolgt. Auf diese Weise können die Äscherchemikalien infolge des Fehlens einer Quellung zunächst tief in das Innere der Haut diffundieren, und erst dann wird das Wasser in einzelnen Portionen von je 25 bis 30 % ins Faß gegeben, weil sonst die Quellung zu rasch anspringt und dann ein Narbenzug unvermeidlich ist. Durch das rasche und tiefe Eindringen der Äscherchemikalien in das Innere der Haut wird bei der Faßschwöde erreicht, daß sie ihre Wirkung nicht ausschließlich auf die Außenschichten ausüben. So wird der Narben geschont und trotzdem ein weiches, flexibles Leder erhalten, das andererseits doch gute Narbenfestigkeit und Flämenbeschaffenheit besitzt. Das kommt der heutigen Tendenz nach weichen, aber dennoch narbenfesten Ledern sehr entgegen.

Abwassertechnisch haften den Abwässern aus dem Äscher die Nachteile an, daß sie erhebliche Mengen an Schwefelnatrium enthalten und daß sie durch den Äscheraufschluß und die Haarzerstörung rund 80 bis 85 % der Gesamtverschmutzung durch organische Substanzen liefern. Das Sulfid muß ausgefällt oder oxidiert werden, damit beim Vermischen mit sauren Abwassern kein giftiger freier Schwefelwasserstoff entsteht. Die Entfernung des Sulfids bereitet technisch keine Schwierigkeiten, hier hat sich die Ausfällung mit Eisen-II-salzen oder durch Durchleiten von Rauchgas oder die katalytische Oxidation durch Belüftung unter gleichzeitiger Zugabe von Mangan-II-sulfat als Katalysator in der Praxis bewährt. Insbesondere das letzte Verfahren[93], bei dem dem Abwasser 200 g Mangansulfat/m^3 zugefügt und dann ein intensiver Luftstrom durch die Flüssigkeit geleitet wird, ist elegant und einfach durchzuführen, und vor allem entstehen im Gegensatz zu den beiden anderen Verfahren keine zusätzlichen Schlamm-Mengen. Schließlich seien hier auch die Vorschläge von Blazey und Mitarbeitern[94] und von Harenberg und Heidemann[95] angeführt, bei denen Verfahren empfohlen werden, aus den abgelassenen Äscherbrühen durch Säurezusatz den Schwefelwasserstoff in Freiheit zu setzen und dann in Kalk oder Natronlauge wieder aufzufangen (S. 253), wobei von Fall zu Fall zu prüfen sein wird, ob der Aufwand für die Einrichtung und die Chemikalien die Wiedergewinnung im Vergleich zur katalytischen Zerstörung lohnt.

Zur Verminderung der Mengen an organischen Substanzen, die mit den Äscherbrühen kanalisiert werden, ist seit einigen Jahren die Anwendung von *Recyclingverfahren* empfohlen worden[94, 96], bei denen die gleiche Äscherbrühe bei einer Vielzahl von Partien nach Zubesserung mit Kalk und Schwefelnatrium immer wieder verwendet wird. Für solche Verfahren liegen im wesentlichen zwei Durchführungsformen vor, die Äscherbrühe als solche stets wiederzuverwenden oder vor der Wiederverwendung zunächst die organischen Substanzen weitgehend auszufällen. Beim ersten Verfahren werden die Äscherbrühen durch Absitzenlassen, Zentrifugieren oder Filtrieren durch ein grobes Sieb von den unlöslichen Bestandteilen befreit und dann wiederverwendet. Beim Arbeiten in langer Flotte wird die Brühe nach

Ergänzung des fehlenden Wassers und der Äscherchemikalien wiederverwendet, nach sechs bis sieben Malen stellt sich ein Gleichgewicht an Salzen und Eiweißstoffen ein, aber es muß mehr als nur die fehlende Differenz an Chemikalien zugesetzt werden, sonst wirkt das System nicht richtig enthaarend und aufschließend. Die Einsparung an Chemikalien ist also nur gering. Wird mit Faßschwöde gearbeitet, so wird am Anfang natürlich die volle Menge an Chemikalien zugesetzt, und die alte Äscherbrühe wird dann statt Wasser zur Auffüllung der Endflotte verwendet.

Bei der anderen Durchführungsform wird zunächst der Sulfidgehalt durch katalytische Oxidation (s. o.) entfernt und dann werden die organischen Substanzen durch Ansäuern mittels Schwefelsäure auf pH 4 bis 4,5 ausgefällt. Der Schlamm ist sehr kompakt und kann abgestochen werden, der Rest setzt sich ab oder wird abfiltriert und die erhaltene Restflotte dann wiederverwendet, wobei hier natürlich die volle Chemikalienmenge benötigt wird, gleichgültig ob mit langer Flotte oder mit Faßschwöde gearbeitet wird.

Beide Formen des Recyclingverfahrens werden in der Praxis mit 10- bis 20facher Wiederholung durchgeführt, wobei man sich darüber klar sein muß, daß damit keine nennenswerte Einsparung an Chemikalien zu erreichen ist, sondern der Vorteil nur darin liegt, daß nur in weiten Zeitabständen Abwasser aus dem Äscherprozeß anfällt. Ich würde trotz des höheren Arbeitsaufwandes die zweite Durchführungsform bevorzugen, da die Verhältnisse klarer sind, die Belastung des Äschers mit organischen Substanzen erheblich geringer und die Zahl der Wiedereinsätze in jedem Zyklus meist erheblich höher ist. Interessant ist in diesem Zusammenhang aber die Feststellung, daß die jeweilige Ausfällung um so besser erfolgt, je konzentrierter die Verunreinigungen anfallen und wenn auf die hohen Kalkmengen in Äscher verzichtet werden kann. Das TNO-Institut[97] hat daher ein Weich- und Äscherverfahren entwickelt, bei dem die erforderlichen Calciumionen statt mit Kalk in Form von Calciumchlorid zugegeben werden und gleichzeitig die Wassermenge stark reduziert werden kann (Tabelle 12). In der Lederqualität sollen nach vergleichenden Versuchen[98] zwischen diesem Verfahren und der üblichen Faßschwöde keine größeren Unterschiede bestehen.

Tabelle 12: TNO-Arbeitsweise für Weiche und Äscher.

Weiche	**Äscher**
100 % Wasser von 25 °C 1,3 % $CaCl_2$ 70 %ig 0,4 % MgO 1 Std. ständig laufen lassen, dann alle Stunde 5 min. Gesamtdauer 4 Std. Entfleischen, beschneiden, wiegen.	30 % Wasser von 25 °C 3 % Na_2S konz. 1 % NaOH, 1:10 gelöst Über 4 Std. je ½ Std. laufen lassen, ½ Std. stehen lassen. Dann Zugabe von 60 % Wasser von 25 °C und weiter jede Stunde 5 min bewegen. Nach üblicher Äscherdauer dreimal je 10 min mit 100 % Wasser waschen.

Eine weitere Methode, die Abwasserqualität zu verbessern, wäre, *haarerhaltend zu arbeiten,* weil dadurch der Gehalt an organischen Substanzen im Äscherabwasser entscheidend vermindert wird. Gegen haarerhaltende Äscher werden oft zwei Gegenargumente vorgebracht. Das eine Argument, eine zusätzliche Enthaarung, die man bei haarerhaltenden

Äschern benötigt, wäre zu kostenaufwendig, ist nicht unbedingt richtig, wenn die Gerbereimaschinenindustrie sich entschließen könnte, eine Maschine auf den Markt zu bringen, die in einem Arbeitsgang enthaaren und entfleischen könnte. Darauf komme ich an anderer Stelle noch zurück (S. 267). Zum anderen wird behauptet, mit haarerhaltenden Äschersystemen könnten keine narbenfesten Blößen, wie sie für Anilinleder benötigt werden, erhalten werden. Aber das ist nur richtig, wenn wir an die vier bis fünf Tage dauernden Äscher früherer Zeiten denken. Heute bieten insbesondere *Enzymäscher*, die ja mancherlei verbessernde Variationen erfahren haben, die Möglichkeit, haarerhaltend so kurzfristig und narbenschonend zu arbeiten wie mit haarzerstörenden Äschersystemen. Ich kann darauf hier nicht ausführlicher eingehen, möchte aber an dieser Stelle gerade unter dem Gesichtspunkt der Rationalisierung das enzymatische Einstufenverfahren der Firma Röhm[99] anführen, bei dem durch intensive Behandlung mit einer Kombination von proteolytischen Enzymen in Verbindung mit Alkalien und Reduktionsmitteln die Arbeitsgänge Weiche, Haarlockerung, Hautaufschluß und Beize zu einem Arbeitsgang zusammengefaßt sind. Das Verfahren, das einfach und sicher in relativ kurzer Zeit durchgeführt werden kann, hat sich vielfach eingeführt und kann sowohl sulfidfrei wie unter Mitverwendung geringer Sulfidmengen durchgeführt werden. Tabellen 13 und 14 zeigen die Rahmentechnologien für beide Möglichkeiten. Die in Lösung gehenden Eiweißstoffe können durch Ansäuern zum größten Teil wieder ausgefällt werden, wobei im zweiten Falle natürlich keine vorherige oxidative Sulfidzerstörung erforderlich ist.

Tabelle 13: Rahmenrezeptur Einstufenverfahren sulfidarm.

Waschen:

100 % Wasser v. Salzgewicht 28 °C

Einstufenverfahren:

50–100 % Wasser 28 °C
0,2–0,3 % Enzymprodukt
0,2–0,3 % Ätznatron 1:10 gelöst
4 Stunden, jede volle Stunde 20 Minuten laufen
3,0–5,0 % Kalkhydrat
1,2–2,0 % Äscherhilfsmittel
0,3–0,5 % Natriumsulfhydrat 95 %ig
0,3–0,5 % Natriumsulfid 60 %ig
0,3–0,5 % Ätznatron 1:10 gelöst
16 Stunden, zu Beginn 2 Stunden laufen, öfter kurz bewegen

Tabelle 14: Rahmenrezeptur Einstufenverfahren sulfidfrei.

Waschen:

100 % Wasser v. Salzgewicht 28 °C

Einstufenverfahren:

50 % Wasser 28 °C
0,2–0,3 % Enzymprodukt
0,2–0,3 % Ätznatron 1:10 gelöst
4 Stunden, jede volle Stunde 20 Minuten laufen
3,0–5,0 % Kalkhydrat
2,5–3,5 % Äscherhilfsmittel
0,3–0,5 % Ätznatron 1:10 gelöst
16 Stunden, zu Beginn 2 Stunden laufen, öfter kurz bewegen

5. Ein unter den Gesichtspunkten der Rationalisierung wie der Abwasserkosten wichtiges Problem ist die *Verminderung des Wasserbedarfs*[75]. Das Arbeiten in kurzen Flotten vermindert sehr stark die Kosten für die Einrichtung einer Halb- und Vollautomatisierung, durch Verminderung der Abwassermenge werden die Abwassergebühren herabgesetzt, die Investi-

tionskosten für die Sammel- und Mischbecken sind niedriger, und die Reinigung selbst ist in konzentrierterer Lösung besser als bei höherer Verdünnung durchzuführen. Früher lag der Wasserverbrauch in Lederfabriken ungewöhnlich hoch, noch in den 50er Jahren waren Wassermengen bei Unterleder mit 60 bis 70 m^3/t und bei Chromoberleder mit 150 bis 220 m^3/t normal.

Für eine Einsparung an Wasser boten sich in erster Linie die Spülprozesse an, mindestens 60 bis 70 % des Wasserverbrauchs fielen hier an. Man kann natürlich auf diese Spülprozesse nicht verzichten, doch lassen sich beträchtliche Wassermengen einsparen, wenn statt des früher ausschließlich angewandten Spülens mit Lattentür und durchfließendem Wasser, bei dem dessen Lösekapazität auch nicht im entferntesten ausgenutzt wurde, ein diskontinuierliches Spülen im geschlossenen Faß mit nur gelegentlichem Wasserwechsel, auch als Waschen bezeichnet, vorgenommen wird. Wenn dabei Menge und Temperatur des Wassers und Dauer des Waschens exakt festgelegt werden, ist auch die Reproduzierbarkeit der Spülvorgänge und damit ein einheitlicher Ausfall des Fertigproduktes viel besser gewährleistet. Tabelle 15 zeigt von der Weiche bis zum Ende der Chromgerbung fünf Waschstadien bei Schmutzweiche, Hauptweiche, zweimal nach dem Äscher und nach dem Entkälken und Beizen mit insgesamt 1500 %, auf Rohhautmenge bezogen, Tabelle 16 für die Naßzurichtung zwei Waschstadien vor der Neutralisation und vor dem Färben und Fetten. Zur Überwachung dieses Wasserverbrauchs und der richtigen Mischwassertemperatur sind exakt arbeitende Meß- und Mischaggregate unbedingt erforderlich (S. 174 ff.).

Tabelle 15: Wasserbedarf in Prozent auf Rohgewicht von der Weiche bis zum Ende der Chromgerbung.

	Rindbox Boxkalb Chromvachette	pflanzlich gegerbte Vachetten
Schmutzweiche	300	300
Hauptweiche	300	300
Äscher	200	200
1. Waschen	300	300
2. Waschen	300	300
Entkälken/Beize	15	15
Waschen	300	300
Pickel/Chromgerbung	25	—
Abstumpfen	15	—
Phosphatvorgerbung	—	60
Hauptgerbung	—	50
Gesamtverbrauch	1755	1825

also etwa 18 m^3/t Rohhaut

Die andere Möglichkeit, Wasser einzusparen, besteht in der Anwendung kurzer Flotten bei den meisten Arbeitsprozessen. Schon an früherer Stelle wurde gezeigt, daß kurze Flotten zu einer erheblichen Steigerung der Aufnahmegeschwindigkeit der Chemikalien und damit Zeitverkürzung führen (S. 168) und daß andererseits nicht mit einer Qualitätsverschlechterung zu rechnen ist, wenn die Drehzahl nicht zu hoch gewählt wird (S. 166). So liegen die Wassermengen für Entkälken, Beizen, Pickel und Chromgerbung in Tabelle 15 sehr niedrig, wobei für das Entkälken und Beizen die tatsächliche Wassermenge am Prozeßende wesentlich höher ist, da beim Entquellen des Hautmaterials beträchtliche Wassermengen frei werden. Daß durch das Arbeiten in kurzer Flotte auch eine Wassereinsparung erreicht wird, ist ein zusätzlicher Vorteil, aber im Vordergrund stehen die Vorteile in bezug auf die Rationalisierung und Beschleunigung der Prozesse und der günstige Einfluß auf die Qualität des Fertigproduktes, diese Vorzüge haben weltweit zu einer immer stärkeren Einführung dieser Arbeitsverfahren geführt. Nur beim Äscher sollte auf eine stärkere Verminderung der Flottenmenge verzichtet werden, da ein schwimmender Äscher für die Narbenbeschaffenheit zweckmäßiger ist und zu geringe Flottenmengen leicht Narbenverkrampfungen und ein Wundscheuern verursachen. Auch bei den Prozessen der Naßzurichtung (Tabelle 16) haben sich kurze Flotten immer mehr eingeführt, da sie die Chemikalienaufnahme beschleunigen, das Eindringen in das Innere des Leders und damit die Chemikalienverteilung günstig beeinflussen und die Badauszehrung verbessern.

Tabelle 16: Wasserbedarf in Prozent auf Falzgewicht bei der Naßzurichtung.

	pflanzlich-synthetische Nachgerbung	Chrom-nachgerbung	Zirkon/ pflanzliche Nachgerbung	Harz-nachgerbung	Glutaraldehyd/ pflanzliche Nachgerbung
Waschen	300	300	—	300	300
Neutralisation	20	—	—	20	—
Nachgerbung	im Neutralisationsbad	20	60	—	30
Abstumpfen	—	20	—	—	—
Waschen	300	300	300	300	—
Neutralisation	—	20	20	—	—
Nachgerbung	—	—	im Neutralisationsbad	50	im Neutralisationsbad
Waschen	—	300	300	—	300
Färben, fetten	100	100	100	100	100
Gesamtverbrauch	720	1060	780	770	730

also 7–11 m^3/t Falzgewicht

Nach den Angaben der Tabellen 15 und 16 kann der Wasserverbrauch in Wasserwerkstatt und Gerbung mit 18 m^3/t angenommen werden, bei stark verschmutzten oder ausgetrockneten Waren kann noch eine Steigerung hinzukommen, jedoch sollte der Wasserverbrauch nicht über 21 m^3/t ansteigen. Für die Naßzurichtung werden auf Falzgewicht 7 bis 11 m^3/t benötigt, was im Durchschnitt etwa 3 bis 5 m^3/t Hautgewicht entsprechen würde. Dazu kommen natürlich noch weitere Wassermengen als Verbrauch bei der Maschinenarbeit, für das Reinigen der Arbeitsgefäße und Maschinen, das Heizen und Kühlen usw., aber insgesamt reicht für das Beispiel der Herstellung von Chromrindoberleder (Tabelle 6) eine maximale Wassermenge von 35 bis 40 m^3/t aus, je nach Lederart und Betriebsverhältnissen sind Mengen bis zu 60 m^3/t noch normal.

6. In vielen Betrieben wird aus Kostengründen und im Hinblick auf ein kontinuierliches Durcharbeiten auf ein *Streichen* vor dem Entkälken und Beizen verzichtet. Andererseits werden oft Bedenken angemeldet, ob lediglich durch das Waschen und die Bearbeitung im Faß eine einwandfreie Entfernung des Grundes und der Haarreste, wie sie gerade für Anilinleder erforderlich ist, erreicht werden kann. Diese Einwände sind bei schwarz-weißer Rohware im allgemeinen größer als bei rotbunten Häuten. Ich möchte diese Frage bejahen, wenn man drei Faktoren berücksichtigt. Einmal sollte man die Enzymweiche anwenden, weil sie nicht nur den Weichvorgang wesentlich beschleunigt, sondern auch beim nachfolgenden Äschern dessen Tiefenwirkung verbessert und die Lockerung des Grundes und der Haarwurzeln fördert. Zum anderen hat sich die Faßschwöde bewährt, weil durch deren bessere Tiefenwirkung ebenfalls die Lockerung dieser Bestandteile gefördert wird, so daß sie beim nachfolgenden Entkälken und Beizen leichter herausgespült werden. Drittens sollte man beim Entkälken und Beizen mit möglichst kurzer Flotte arbeiten, Netz- oder Emulgiermittel mitverwenden und bei sauer reagierenden Entkälkungsmitteln darauf achten, daß der pH-Wert auch nicht kurzfristig unter 5 sinkt, da sonst Grund und versulzte Haarreste in der Haut ausgefällt werden und dann nur noch schwer lediglich durch Waschen entfernbar sind. Werden diese Faktoren beachtet, so kann man auch bei Anilinleder ohne Bedenken auf ein mechanisches Streichen verzichten.
7. Hier sollte auch noch auf die Möglichkeit der *Entstehung von Schwefelwasserstoff* beim Entkälken als Gefahrenquelle für tödliche Unfälle hingewiesen werden[100]. Diese Gefahr ist gestiegen, seit große Partien in kurzer Flotte bearbeitet werden und im gleichen Gefäß kontinuierlich weitergearbeitet wird. Die Blößen schleppen große Sulfidmengen vom Äscher ins Entkälkungsbad, und dort wird mit sinkendem pH-Wert Schwefelwasserstoff freigesetzt. Daher ist wichtig, nach dem Äscher unter mehrfachem Wasserwechsel gründlich zu waschen und zu Beginn des Entkälkens 200 mg Mangansulfat/l Flotte als Katalysator gelöst gemeinsam mit dem Entkälkungsmittel zuzusetzen und dann sofort mit der Bewegung des Fasses zu beginnen. Dadurch wird der entstehende Schwefelwasserstoff sofort oxidativ zerstört und nach 20 Minuten, also bei Beginn der Zugabe des Beizmittels, ist kaum noch Schwefelwasserstoff nachweisbar. Als Sicherheitsfaktor werden die Fässer, in denen entkälkt und gebeizt wird, oft auch mit Entlüftungsrohr an der hohlen Achse versehen.

Auch beim Äschern kann Schwefelwasserstoff entstehen, wenn Sulfhydrat im Vorlauf ohne Kalk zugegeben wird. Man sollte dann gleichzeitig so viel Alkali zugeben, daß der pH-Wert der Flotte über 10 liegt.
8. An dieser Stelle sei auch die Frage angeschnitten, ob das *Spalten nach dem Äschern oder erst nach beendeter Chromgerbung* durchgeführt wird. Ein Spalten nach der Chromgerbung muß immer durchgeführt werden, wenn man die Prozesse von der Weiche bis zum Ende der Chromgerbung kontinuierlich im gleichen Gefäß durchführen will. Es kann nach meinen Erfahrungen auch bei Rindhäuten bis zu maximal 30 kg empfohlen werden, wenn die Arbeitsverfahren sachgemäß darauf eingestellt sind. Bei schwereren Häuten, wie sie vorwiegend für Möbelleder verarbeitet werden, ist ein früheres Spalten vorzuziehen, da hier bei ungespaltenen Häuten die Prozeßdauer gegenüber Narbenspalten wesentlich verlängert wird und weil sich als Folge der festgegerbten inneren Spannung aus noch darzulegenden Gründen qualitätsmäßige Nachteile ergeben. Es gibt eine Reihe von Faktoren, die für oder gegen das Spalten erst nach der Chromgerbung sprechen, und hierher gehört auch die Frage, inwieweit die Flächenausbeute, die ja für die Kalkulation eine entscheidende Rolle spielt, durch das

Spalten nach der Chromgerbung ungünstig beeinflußt wird. An späterer Stelle werden bei Besprechung des Spaltprozesses alle diese Fragen ausführlich behandelt (S. 284 ff.), so daß hier auf weitere Ausführungen verzichtet werden kann. Die Verhältnisse liegen aber in jedem Betrieb andersartig, und man wird die Vor- und Nachteile daher unter kalkulatorischen und qualitätsmäßigen Gesichtspunkten jeweils von Fall zu Fall sorgfältig abwägen müssen. Wird erst nach der Chromgerbung gespalten, so empfiehlt sich, die Leder nach beendeter Gerbung über Nacht in der Gerbflotte zu belassen, wenn der betriebliche Ablauf das nur eben erlaubt, und durch Heizen dafür zu sorgen, daß die Temperatur auch über Nacht nicht unter 40 Grad absinkt.

9. Auch bei der *Chromgerbung* seien im Hinblick auf Rationalisierung und Abwasserprobleme einige Angaben gemacht. So zeigen die Rahmentechnologien beim Pickel geringe Zusätze von Formalin, um eine raschere und gleichmäßigere Durchpickelung zu erreichen und das Auftreten von Mastfalten zu verhindern. Als Pickelsäure ist stets Ameisensäure angegeben, weil sie schneller durchreagiert und gleichzeitig durch Formiatmaskierung eine mildere Chromgerbung bewirkt. Aber Ameisensäure ist teurer als Schwefelsäure, ihr Einsatz daher eine Kalkulationsfrage, und daher werden in der Praxis meist Gemische von Ameisen- und Schwefelsäure verwendet, doch sollte im Hinblick auf Lederqualität und straffe Prozeßführung auch dann der Anteil der Ameisensäure nicht zu gering sein. Bei der Chromgerbung selbst hat sich das Ungelöstverfahren[100a] immer mehr durchgesetzt, da es einfache und sichere Handhabung, milde Angerbung, rasche Durchgerbung, gute Chromausnutzung und gleichmäßige Chromverteilung in der Haut zu erreichen gestattet. Dabei wird die Chrommenge meist von früher 2,5 auf 2,0 % Chromoxid vermindert, da die Nachgerbungen, mit denen wir später die Ledereigenschaften variieren wollen, sich besser auswirken können, wenn die Hauptgerbung die Ledereigenschaften nicht schon zu sehr fixiert hat. Wichtig ist beim Ungelöstverfahren auch die richtige Führung der Temperatur, die in der ersten Stunde nicht über 25 °C liegen sollte, um einen zu schnellen Zerfall der Sulfatokomplexe zu verhindern, dann aber durch ein Aufheizen auf 40 °C diesen Zerfall fördern soll. 45 °C sollten nicht überschritten werden, sonst wird der Narben zu grob, die Mastfalten treten stärker hervor und die Flächenausbeute wird geringer.

Das Abstumpfen mit Soda wird in den Rahmentechnologien stets unter automatischer pH-Steuerung durchgeführt. Zwar haben wir heute selbstabstumpfende Chromsalze, sind dann aber doch sehr auf deren Eigenschaften festgelegt, und daher wird vielfach das Abstumpfen mit Soda bevorzugt. Es ist auch mit automatischer pH-Steuerung einfach und zuverlässig durchzuführen, indem man auf einen vorher festgelegten pH-Wert hin dosiert. So werden alle pH-Schwankungen in Entkälkung und Pickel, etwa verursacht durch schwankenden Kalkgehalt der Blößen, die sich sonst zwangsläufig im End-pH-Wert der Gerbung auswirken, kompensiert und damit eine bessere Gleichmäßigkeit der Lederqualität gewährleistet. Dabei sollte der pH-Wert nicht über 3,8 liegen, weil sonst ein gröberer Narben erhalten wird. Wird ein zarterer Narben angestrebt, etwa bei Boxkalbleder, kann man auf nur pH 3,6 abstumpfen, hat dann aber keine so gute Chromauszehrung, bei Velourleder, wo es nicht auf den Narben ankommt, kann man bis pH 4,0 bis 4,2 abstumpfen und erhält dann für eine spätere satte Färbung einen höheren Chromoxidgehalt in den Außenschichten des Leders.

Bei der Chromgerbung werden die verwendeten Chromsalze nicht restlos von der Haut aufgenommen, gewisse Restmengen gelangen in das Abwasser und liegen dort, wenn sich beim Mischen mit den anderen Abwässern eine alkalische Reaktion einstellt, vorwiegend in unlöslicher Form vor (Auszehrung meist 60 bis 70 % der angebotenen Menge). Nach den behördlichen Vorschriften darf der Gehalt an Chromverbindungen im Mischabwasser insgesamt, gelöst und ungelöst, 2 mg Cr/l nicht übersteigen. Diese Grenze ist unnötig scharf und könnte ohne Bedenken bis auf 25 bis 30 mg Cr/l gelockert werden, worauf oftmals hingewiesen wurde[101], aber unter dem Deckmantel »Umweltschutz« können Behörden heute selbstherrlich auch unberechtigte Forderungen erheben. In England hat man den Grenzwert neuerdings wieder auf 20 mg Cr/l angehoben (Covington[102]). Es gibt eine Reihe von Möglichkeiten, die Auszehrung der Chromsalze zu verbessern, so durch Arbeiten in kurzer Flotte, Anwendung des Ungelöstverfahrens oder der »Chromtrockengerbung« nach Schorlemmer, Belassen der fertigen Chromleder über Nacht in der Gerbflotte, oder auch durch Mitverwendung bestimmter zusätzlicher Chemikalien, doch kann darauf in diesem Buch nicht näher eingegangen werden. Unter dem Gesichtspunkt der Rationalisierung sei aber die Möglichkeit einer praktisch vollständigen Chromauszehrung unter Verwendung von *Recyclingverfahren* kurz behandelt[102]:

Die einfachste und wirtschaftlichste Methode ist die Wiederverwendung der Chromrestbrühe als Pickel für die nächste Partie. Sie setzt voraus, daß bei der Gerbung mit kurzen Flotten gearbeitet wird, da dann die Salzaufnahme durch die Häute und die Steigerung der Salzmenge durch das Gerbsalz sich in etwa kompensieren. Die Restbrühe wird zunächst durch ein grobes Filter filtriert, mit der für den Pickel normalen Säuremenge versetzt und dann als Pickel für die nächste Partie verwendet. Dabei wird zweckmäßig zunächst etwa die Hälfte der Säure und nach etwa zehn Minuten der Rest zugegeben. Am Ende des Pickels ist die Restchrommenge fast vollständig in die Blöße eingedrungen, der Blößenschnitt erscheint über die ganze Dicke hellblau. Dann erfolgt die Chromgerbung nach dem Ungelöstverfahren in üblicher Weise, wobei die neue Chrommenge um 0,4 bis 0,5 % vermindert wird. Dieses Verfahren kann über viele Partien fortgesetzt werden, es gelangen also keine Chromrestmengen in das Abwasser. Beim zweiten Verfahren werden die vorhandenen Chromsalze in der Restflotte mittels Soda oder besser noch mit Magnesiumoxid[103], das sehr dichte, rasch absetzbare Fällungen gibt, ausgefällt, wobei die Restflotte zur Verbesserung der Fällung zweckmäßig auf 70 °C erwärmt wird. Man fügt soviel Soda bzw. Magnesiumoxid zu, bis pH 8 erreicht ist, läßt den Hydroxidschlamm dann 20 bis 24 Stunden absitzen, evtl. unter Mitverwendung von Sedimentationshilfsmitteln, und zieht dann die überstehende fast chromfreie Flüssigkeit ab, wobei etwa die Hälfte der Restflotte dekantiert wird. Dann wird der Hydroxidschlamm wieder mit Schwefelsäure gelöst, die benötigte Säuremenge beträgt etwa das Doppelte der analytisch ermittelten Chromoxidmenge, die Lösung bleibt zum Auflösen über Nacht stehen, wobei zur Beschleunigung des Lösevorganges schon am Vorabend auch die erforderliche Pickelsäure zugesetzt wird. Die jetzt im Volumen verkleinerte Restbrühe wird dann ebenfalls wieder als Pickellösung für die nächste Partie verwendet. Das Verfahren ist natürlich arbeitsaufwendiger als das Verfahren 1, die ins Abwasser gelangenden Chrommengen liegen nicht über 0,6 mg/l. Als drittes Verfahren sei schließlich auch die Möglichkeit aufgeführt, das ausgefällte Chromhydroxid abzufiltrieren oder abzuzentrifugieren und mit der stöchiometrischen Schwefelsäuremenge aufzulösen, doch ist dieses Verfahren am arbeitsaufwendigsten und auch apparativ am teuersten und verlangt gute analytische Kontrolle. Alle drei Verfahren haben sich in der Praxis bewährt.

Allerdings ist damit das Problem noch nicht gelöst, da beim Abwelken und der Naßzurichtung Teile des aufgenommenen Chroms wieder aus dem Leder ausgepreßt bzw. ausgewaschen werden. Es sind in den letzten Jahren aber Chromgerbsalze entwickelt worden, bei denen durch Mitverwendung vernetzend wirkender Komponenten auf der Grundlage mehrbasiger Carbonsäuren sowohl die Auszehrung der Chrombäder wie auch die Bindung der Chromsalze an die Hautsubstanz wesentlich verbessert werden und damit fast kein Chrom mehr in die Restflotten der Naßzurichtung gelangt[104].

10. Vielfach wird in der Fachliteratur auch behauptet, man könne den Ablauf der Naßprozesse bei der Lederherstellung durch die Anwendung von *Ultraschall* beschleunigen. Diese Behauptungen tauchen seit uralten Zeiten periodisch immer wieder auf. Neuere Untersuchungen[105] haben aber gezeigt, daß zwar auf diesem Wege eine gewisse Beschleunigung erreicht werden kann, die aber im Hinblick auf die relativ hohen Kosten der Ultraschallbehandlung nicht befriedigen. Man kann vielleicht einen gewissen Reinigungseffekt bei der Weiche auf das Haarkleid erreichen, der u. U. bei Pelzfellen von Interesse sein kann, insgesamt ist der Einsatz von Ultraschall bei den Naßprozessen negativ zu bewerten. Ob der weitere Vorschlag, eine Gerbbeschleunigung durch *Druckanwendung* zu erreichen[106], wirtschaftlich realisierbar ist, vermag ich nicht zu beurteilen.

11. Die *Gerbung mit pflanzlichen und synthetischen Gerbstoffen* kann als Hauptgerbung ebenfalls im Faß durchgeführt werden, und hier haben systematische Untersuchungen zu zwei Verfahren mit ausgesprochener Rationalisierung geführt. Auch diese Verfahren sind in der Durchführung exakt einstellbar und in der Kontrolle weitgehend automatisierbar. Aber auch solche Schnellgerbungen haben ihre eigenen Gesetzmäßigkeiten, und die variablen Faktoren müssen richtig eingestellt werden.

Das »Vierstufen-Verfahren«[107] arbeitet mit vier Gerbstufen, einer Gerbdauer von sechs Tagen und einer Flottenmenge von 200 bis 225 % auf Blößengewicht. Das Hautmaterial bleibt während der ganzen Gerbung im gleichen Faß, die Brühen werden zum Zwecke der Abarbeitung im Gegenstromprinzip von Partie zu Partie unter Zwischenschaltung von Vorratsgefäßen für jede Stufe weitergepumpt. Bezüglich der pH-, Temperatur- und Zeiteinstellung und der mittleren Zusammensetzung der Gerbbrühen am Anfang und Ende jeder Stufe gelten die Angaben der Tabelle 17. Natürlich benötigt nicht jedes Faß getrennte Vorratsgefäße, sondern für die Gesamtanlage genügen vier Gefäße, die Brühenbewegung ist aus Abb. 159 ersichtlich. Die Gerbung beginnt mit relativ hohem pH-Wert um etwa pH 5, um die Diffusion zu fördern, und von Stufe zu Stufe wird der pH-Wert gesenkt, um schließlich eine genügend satte Gerbung zu erreichen. Wie tief er am Ende liegt, hängt von der Art der Gerbmaterialien und der Art des herzustellenden Leders ab. Je fester das Leder sein soll, um so tiefer ist der End-pH zu wählen, je flexibler es gewünscht wird, um so höher muß er liegen. Gleichzeitig soll die Temperatur am Anfang bei 26 bis 28 °C liegen und im Laufe der Gerbung bis zu 37 °C ansteigen. Entscheidend ist, daß die Temperaturen und pH-Werte in jeder Stufe regelmäßig kontrolliert und konstantgehalten werden, was mit entsprechenden Meß- und Regeleinrichtungen am Faß kein Problem ist. Für die pH-Einstellung am Anfang hat sich Natriumsulfit, für die spätere Sauerstellung Ameisensäure bewährt. Eine solche Faßgerbung ermöglicht auch ein Durcharbeiten von der Weiche bis zum Ende der Gerbung in einem Faß, wie die Rahmentechnologie in Tabelle 18 erläutert.

Das zweite Verfahren, das »C-RFP-Verfahren« (Bayer)[108], ist ein geschlossenes Gerbsy-

Tabelle 17: Angaben über eine reine Faßgerbung in vier Stufen.

	1. Stufe	2. Stufe	3. Stufe	4. Stufe
Temperatur	28°	31°	34°	37°
pH-Wert	5,0	4,6	4,1	3,7
Dauer Tage	1	1	2	2
° Bé	4,1/3,0	5,8/4,1	8,2/5,8	9,3/8,2
g Reingerbstoff/l	13/2	46/13	115/46	151/115
Anteilzahl	31/15	59/31	76/59	82/76

Abb. 159: Brühenführung beim Vierstufenverfahren.

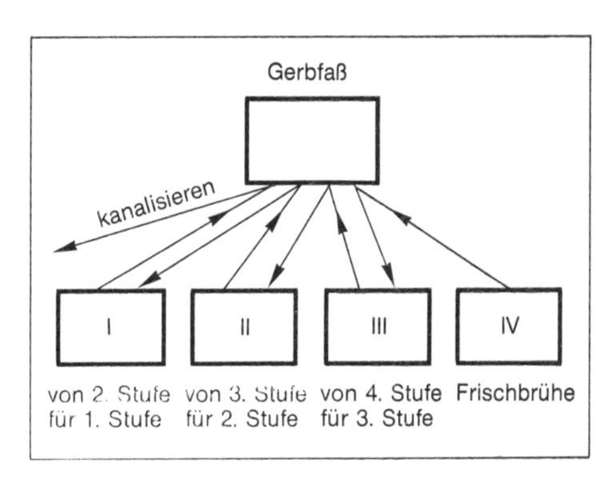

Tabelle 18: Rahmentechnologie der Herstellung von Unterleder – Kuhhäute 25–29,5 kg.

1. Tag **Schmutzweiche**

7.00 Uhr 300 % Wasser von 30 °C, 35 min ruhen, 15 min bewegen, 10 min wieder ruhen, 2 U/min

8.00 Uhr Weichflotte ablassen, Waschen mit 300 % Wasser von 30 °C, 2 U/min

8.15 Uhr Entleeren, entfleischen, crouponieren, wiegen. Croupongewicht + 10–20 % für alle weiteren Mengenangaben verwenden

Hauptweiche

10.00 Uhr 300 % Wasser 30 °C
0,7 % Pellvit F
2 U/min, erst 15 min und dann alle Std. 10 min bewegen (Automatik)

Faßschwöde und -äscher

14.00 Uhr Weichflotte so weit wie möglich ablassen (unter 25 %)

14.10 Uhr 1,5 % NaSH flüssig 30 %ig
0,3 % netzendes Äscherhilfsmittel
Mit 2 U/min 15 min laufen lassen, 15 min stehen lassen

14.40 Uhr 2,5 % Na_2S konz.
3,0 % $Ca(OH)_2$
Mit 2 U/min laufen lassen

15.00 Uhr Mit 2 U/min alle ½ Std. 5 min laufen lassen (Automatik)

16.45 Uhr 25 % Wasser von 30 °C zugeben. Mit 2 U/min 5 min laufen lassen, 15 min stehen lassen

17.05 Uhr 25 % Wasser von 30 °C zugeben. Mit 2 U/min 5 min laufen lassen, 15 min stehen lassen

17.25 Uhr 25 % Wasser von 30 °C zugeben. Mit 2 U/min 5 min laufen lassen, 15 min stehen lassen

17.45 Uhr 125 % Wasser von 30 °C zugeben. Mit 2 U/min alle Std. 5 min laufen lassen (Automatik)

2. Tag	**Spülen nach dem Äscher**
6.30 Uhr	Äscherflotte ablassen. Mit 300 % Wasser von 30 °C füllen, 10 min walken, 2 U/min, dann Flotte wieder ablassen. (Entfernung der Haarreste und des Hauptschmutzes)
6.50 Uhr	Meßfaß, Lochplatte am Schöpftrichter und Schnecke anbringen, Programmsteuerung einschalten
7.00 Uhr	Waschen mit 300 % Wasser von 30 °C. 5 U/min
7.25 Uhr	Entleeren durch Rückwärtslauf. 5 U/min, etwa 15 % Wasser bleiben im Faß zurück
	Entkälken
7.30 Uhr	Vorwärtslauf 5 U/min, 100 % Wasser, 30 °C, 0,3 % HCl 1:10 langsam zufließen lassen
7.45 Uhr	2 % $(NH_4)_2SO_4$ + 1,5 % $NaHSO_3$ gemeinsam lösen und zufließen lassen mit pH-Steuerung, so daß der pH-Wert nicht unter 5,5 sinkt. Heizung bis 12.45 Uhr auf 30 °C eingestellt
12.45 Uhr	Entleeren durch Rückwärtslauf, 5 U/min
12.55 Uhr	Waschen mit 300 % Wasser von 25 °C
	Vorgerbung mit Coriagen V (Polyphosphat)
13.15 Uhr	100 % Wasser 24 °C, 9 U/min 2,0 % Coriagen V 1:10 gelöst
13.30 Uhr	1,0 % Schwefelsäure 1:10 verdünnt zugeben, pH-Kontrolle so einstellen, daß pH-Wert nie unter 2,2 sinkt
18.00 Uhr	Faßautomatik, alle Stunden Faß 3 U/min laufen lassen. Über Nacht keine Temperaturautomatik. Am Morgen pH-Wert bei 3,5–3,6, Temperatur bei etwa 20 °C
3. Tag	**Hauptgerbung**
7.30 Uhr	Ablassen des Vorgerbbades. Zugabe der Gerbbrühe der 1. Stufe aus Vorratsgefäß I. Einstellen der Temperatur- und pH-Automatik auf pH 5,0 und 28 °C
4. Tag 7.30 Uhr	Kanalisieren der Gerblösung. Zugabe der Gerbbrühe der 2. Stufe aus Vorratsgefäß II. Einstellen der Temperatur- und pH-Automatik auf pH 4,6 und 31 °C
5. Tag 7.30 Uhr	Rückgabe der Gerblösung in Vorratsgefäß I. Zugabe der Gerbbrühe der 3. Stufe aus Vorratsgefäß III. Einstellen der Temperatur- und pH-Automatik auf pH 4,1 und 34 °C
7. Tag 7.30 Uhr	Rückgabe der Gerblösung in Vorratsgefäß II. Zugabe der Frischbrühe der 4. Stufe aus Vorratsgefäß IV. Einstellen der Temperatur- und pH-Automatik auf pH 3,7 und 37 °C
9. Tag 7.00 Uhr	Gerbung beendet, Rückgabe der Gerblösung in Vorratsgefäß III. Entleeren des Fasses

stem, bei dem die Gerbmittel als Pulver zugegeben und fast quantitativ von der Haut aufgenommen werden. Dabei wird die Blöße zunächst entkälkt und konditioniert, erhält eine Vorgerbung ohne Flotte mit einem speziellen synthetischen Gerbstoff bei einer Arbeitstemperatur von 24 bis 26 °C, wodurch bei der Hauptgerbung eine reversible Totgerbung vermieden werden soll. Dann wird kurz mit Wasser bei 30 °C gespült, die Flotte abgelassen und ohne Flotte mit einem Gemisch von pulverförmigen pflanzlichen und synthetischen Gerbstoffen ausgegerbt, wobei die Gerbdauer z. B. bei Unterleder zwischen 20 und 30 Stunden liegt. Die Umdrehungsgeschwindigkeit des Fasses ist so zu steuern, daß die Endtemperatur bei 35 bis 38 °C liegt, nicht darüber, was durch eine direkte Kopplung von Temperaturmessung im Faß und Drehzahlregelung des Motors automatisch gesteuert werden kann. Das Verfahren stellt hohe Ansprüche an Motoren und Getriebe, Bretter haben sich als Faßausrüstung besser bewährt als Zapfen.

4.2 Arbeiten in Sektoren-Gerbmaschine und Gerbmischer. Über die Vor- und Nachteile des Arbeitens in der Sektoren-Gerbmaschine und im Gerbmischer wurde bereits an früherer Stelle berichtet (S. 202 und 209). Aber auch im Hinblick auf die technologische Durchführung der Naßprozesse sind die Erfahrungen beim Arbeiten im Faß nicht ohne weiteres auf diese Reaktionsgefäße zu übertragen. Daher sollen auch hierüber kurz einige Angaben gemacht werden.

Beim Arbeiten mit *Sektoren-Gerbmaschinen*[82] ist einmal eine gewisse Mindestflotte erforderlich, ausgesprochene Trockenprozesse wie Faßschwöde oder Trockenentkälkung lassen sich hier nicht durchführen. Die Höhe der Mindestflotte hängt von der Größe der Trommel ab. Man sollte auch hier mit möglichst geringer Flotte arbeiten, um ein schnelleres und gleichmäßigeres Eindringen der Chemikalien zu erreichen, aber auch dann gehen die Prozesse meist etwas langsamer vor sich als im Faß, eine gewisse Verlängerung der Prozeßdauer ist nicht zu vermeiden. Eine andere Änderung der Rezepturen ergibt sich dadurch, daß längere Stillstandzeiten, wie man sie beim Arbeiten im Faß oft einschaltet, um nicht fortlaufend walken zu müssen, hier nicht möglich sind. Bei der Sektoren-Gerbmaschine würde dann stets ein Teil der Häute ohne Flotte gewissermaßen in der Luft schweben, bei kurzen Flotten würde auch ein Teil der Brühe zwischen den Häuten herausfließen, was die Einheitlichkeit der Reaktionsbedingungen beeinflußt. Daher muß man die Trommel ständig rotieren lassen, wenn auch mit niederer Drehzahl.

Die mechanische Beanspruchung des Hautmaterials ist bei der Sektoren-Gerbmaschine geringer als im Faß, und das wirkt sich vor allem auf die locker strukturierten Hautteile günstig aus. Darauf ist sicher auch die oft bessere Flämenbeschaffenheit zurückzuführen. Aber natürlich ist auch hier eine Abhängigkeit von der jeweiligen Drehzahl gegeben. Mit zunehmender Drehzahl steigt die Tendenz, daß die Flämen schlechter werden, und zwar um so ausgeprägter, je geringer die Beladung ist, da das Material dann in den Kammern stärker beansprucht wird als bei voller Beladung. Daher ist es einmal wichtig, eine bestimmte Drehzahl einzuhalten, die optimalen Drehzahlen liegen hier bei 10 U/min bei der Hauptweiche und den ersten Äscherstadien, wenn die Quellung noch gering ist, 5 U/min beim eigentlichen Äscher und 10 bis 15 U/min vom Entkälken bis zur Chromgerbung, beim Färben oft noch etwas höher. Ebenso sollte die Beladung aus den dargelegten Gründen nicht zu gering sein, aber niedriger als 50 % des Trommelvolumens, am besten 35 bis 40 %. Mißerfolge sind oft auf zu hohe Beladung zurückzuführen.

Interessant ist beim Vergleich zum Faß auch der Einfluß der Wasserwerkstattarbeiten auf die Lederqualität. Wird mit gleicher Flotte gearbeitet, also beim Faß auf Faßschwöde und Trockenentkälkung verzichtet, dann ist der Äscheraufschluß in der Sektoren-Gerbmaschine besser, was sich in größerer Weichheit und Dehnbarkeit auswirkt. Bei Einsatz von Faßschwöde und Trockenentkälkung erhält man dagegen im Faß einen gleichmäßigeren und besseren Äscheraufschluß und damit weichere und geschmeidigere Leder. Daher ist im Faß stets Faßschwöde und Trockenentkälkung vorzuziehen, in der Sektoren-Gerbmaschine ist das leider nicht möglich. Die Chromgerbung und ebenso die Prozesse der Naßzurichtung erfordern im Vergleich zum Faß keine Umstellung. Beim Färben und Fetten ist die Eindringtiefe infolge der geringeren mechanischen Walkbewegung geringer, die Egalität der Färbung besser als im Faß. Diese vielfach als Vorteil angeführte gleichmäßigere Färbung wird aber in der Praxis nicht immer bestätigt, insbesondere bei hellen Farbtönen mit niedriger Farbstoffmenge wurden oft die Ergebnisse im Faß als günstiger bezeichnet. Das ist nach meinen Beobachtungen insbesondere dann der Fall, wenn entweder die Trommelfüllung zu hoch gewählt wurde oder wenn die Größe der Trommel für das Färben zu groß war, so daß eine rasche und gleichmäßige Farbstoffverteilung zu wünschen übrigließ.

Wegen der besseren Entflottung in der Sektoren-Gerbmaschine muß hier im Vergleich zu den Rezepturen im Faß stets etwas mehr Wasser zugegeben werden, um auf das gleiche Flottenniveau zu kommen.

Werden die dargelegten Punkte und die sich daraus ergebenden Rezeptänderungen berücksichtigt, erhält man in der Sektoren-Gerbmaschine Leder von einwandfreier Lederqualität. Dabei ist, wie schon früher gesagt wurde (S. 203), eine halb- oder vollautomatische Prozeßüberwachung und -steuerung unbedingt zu empfehlen. Nicht verzichtbar ist eine Heizung, da bei Edelstahl als Baumaterial die Wärmeabstrahlung größer als bei Holz ist und außerdem im Gegensatz zum Faß keine Wärme durch Reibung an der Gefäßwandung entsteht.

Auch beim Arbeiten im *Gerbmischer*[90] müssen eine Reihe gefäßspezifischer Faktoren berücksichtigt werden. Einmal hat man im Mischer eine viel größere Abhängigkeit der Bewegung von der Drehzahl, die um so größer ist, je stärker das Nutzvolumen ausgenutzt wird. Insbesondere bei den Arbeiten der Wasserwerkstatt geben die beim Faß üblichen Drehzahlbereiche im Mischer eine unbefriedigende Durchmischung, und im Zusammenhang damit bilden sich Hautballen und treten starke Ungleichmäßigkeiten und Scheuerstellen auf. Eine deutliche Grenze im Bewegungsablauf liegt bei 7 bis 9 U/min, oberhalb dieser Grenze verschwinden die angeführten Nachteile, die stärkere Bewegung wirkt sich nicht nachteilig auf die Lederqualität auf. Als günstigste Drehzahlen haben sich beim Mischer 9 bis 12 U/min bei Weiche und Äscher und etwa 15 U/min bei Pickel und Gerbung ergeben. Bezüglich der Beladungsgrenze bestehen zwischen Faß und Mischer keine grundsätzlichen Unterschiede, beim Faß liegt das Nutzvolumen bei 50 % des Gesamtinhalts, wenn bis zur hohlen Achse gefüllt wird, beim Mischer liegt es beim Neigungswinkel von 16 Grad ebenfalls bei 50 %. Je nachdem, ob man mit 50 oder 100 % Flotte arbeitet, liegt die Beladungsgrenze für das Hautmaterial also bei 25 bis 33 % des Gesamtvolumens = 50 bis 66 % des Nutzvolumens bei Faß und Mischer in gleicher Höhe. Bei einer Beladung von mehr als 35 % des Gesamtvolumens = 70 % des Nutzvolumens wird die Grenze hinsichtlich der Gleichmäßigkeit des Prozeßablaufes überschritten, bei Kleintierfellen liegen die Grenzen mit 25 % des Gesamtvolumens noch niedriger. Wenn nicht vorwiegend Schleifbox, sondern vollnarbige Leder hergestellt werden, sollten zu kurze Flotten grundsätzlich ausscheiden, sonst ist die Gefahr des Wundscheuerns des Narbens nicht zu vermeiden. Treten Scheuerstellen auf, sind sie entweder auf zu geringe Drehzahl oder zu hohe Belastung zurückzuführen. Alle Angaben von Wasser- oder Chemikalieneinsparung im Vergleich zum Faß sind falsch, wenn man die Erzeugung von Qualitätsledern im Auge hat.

Trockenverfahren wie Faßschwöde und Trockenentkälkung lassen sich im Mischer ebenso gut wie im Faß durchführen, die Chemikalienverteilung ist auch hier einwandfrei. Kurze Flotten geben insbesondere bei Pickel und Gerbung eine bessere Lederqualität, doch sollte die Flottenmenge nicht unter 60 % sinken, sonst wird die Durchmischung schlecht. Beim

Äscher liegt die Mindestmenge für die angewandte Flotte bei 100 %, besser noch 120 %, sonst ergeben sich Qualitätseinbußen und längere Laufzeiten. Unter diesen Gesichtspunkten können die Rahmentechnologien für das Arbeiten im Faß auch auf den Gerbmischer übertragen werden, vielfach behauptete Zeitverkürzungen und Einsparungen an Chemikalien sind aber bei vergleichbaren Bedingungen nicht zu erreichen.

Die Walkwirkung ist im Gerbmischer auch bei den angeführten höheren Drehzahlen nicht so intensiv wie im Faß, und daher wird das Fasergefüge weniger aufgelockert, was sich beim Arbeiten im Mischer in etwas höheren Festigkeitswerten und geringerer Dehnbarkeit auswirkt. Im übrigen ergeben sich, wenn die angeführten Faktoren berücksichtigt werden, in Qualität und Ledereigenschaften zwischen Faß und Gerbmischer keine Unterschiede. Auch beim Gerbmischer ist für den Prozeßablauf, wie schon früher betont wurde (S. 210), eine exakte Prozeßüberwachung und Regelung unbedingt zu empfehlen. Im Hinblick auf die größeren Wärmeverluste als Folge der großen unverschlossenen Öffnung und der stärkeren Wärmeabstrahlung ist eine Zusatzheizung unbedingt erforderlich, und ebenso sei auch hier nochmals darauf hingewiesen, daß über der Öffnung ein Abzug für das Absaugen gefährlicher Abgase angebracht werden sollte.

Die Frage, wie sich die verschiedenen Gefäßtypen auf die *Flächenausbeute des Leders* auswirken, ist noch weitgehend ungeklärt, aber unter wirtschaftlichen Aspekten von erheblicher Bedeutung. Erste Teilergebnisse über systematische Untersuchungen zu dieser Frage wurden kürzlich veröffentlicht[108a]. Aber dabei wurde zunächst nicht gefäßspezifisch gearbeitet, doch man sollte für jedes Gefäß optimale Arbeitsbedingungen miteinander vergleichen; solche Ergebnisse werden von der Praxis mit Spannung erwartet.

5. Naßarbeiten im Haspelgeschirr

Während bei den bisher besprochenen Arbeitsgefäßen Hautmaterial und Flotte gemeinsam bewegt werden, wird in Haspelgeschirren – das sind offene Tröge mit halbrundem Boden (Abb. 160) – nur die Flüssigkeit direkt durch Schaufelrad bewegt, und die Häute schwimmen frei in der Lösung. Die Haspelgeschirre werden in Größen von 3 bis 20 m^3 Inhalt geliefert, sie müssen stets vollständig mit Flüssigkeit gefüllt sein, sonst erfolgt die Umwälzung nicht bzw. ist nicht genügend kraftvoll, aber das Füllgewicht für das Hautmaterial liegt nur bei 20 bis 25 % des Gesamtvolumens, da sonst die Häute nicht genügend schwimmen, sondern zum Teil am Boden der Geschirre liegen bleiben. Damit liegt die Flotte bei 300 bis 400 % des Haut- bzw. Ledergewichts, also wesentlich höher als bei allen anderen bisher besprochenen Arbeitsgefäßen.

Die Haspelräder (Abb. 161) haben einen Durchmesser von 80 bis 90 % der Bottichtiefe und tauchen mit etwa ¼ des Durchmessers in die Flotte ein. Sie sind weit an die Hinterseite des Haspelgeschirrs gerückt, um vorn genügend Raum für das Einwerfen und Herausziehen der Häute zu haben. Die Drehrichtung des Rades geht meist in der Flüssigkeit nach hinten. Der Antrieb erfolgt als Einzelantrieb durch Elektromotoren mit Reduktionsgetriebe, die Umdrehungszahl schwankt zwischen 15 und 30 U/min. Oft sind die Haspelgeschirre auch mit einer Haubenabdeckung versehen, um ein zu rasches Abkühlen des Arbeitsinhalts zu vermeiden.

Die Vor- und Nachteile des Arbeitens in Haspelgeschirren stehen einmal im engen

Abb. 160: Haspelgeschirr mit Abdeckung des Haspelrades und seitlicher Öffnung[61].
Abb. 161: Haspelrad[62].

Zusammenhang mit den erforderlichen langen Flotten. Dadurch ist die Behandlung sehr schonend und weitgehend gleichförmig, ein Zerreißen, Verknotungen oder das Auftreten von Scheuerstellen ist nicht zu befürchten. Daher hat sich die Verwendung von Haspelgeschirren insbesondere bei empfindlichen Haut- und Lederarten erhalten. Außerdem ist das System leicht zugänglich, gut zu beobachten und zu überwachen, ohne daß man das Geschirr stillsetzen muß. Aber andererseits führen die langen Flotten auch zu hohem Wasserverbrauch und schlechter Auszehrung der Chemikalien, beides unter modernen Abwasseraspekten unerwünscht. Moderne technologische Entwicklungen zur Beschleunigung der Arbeitsvorgänge, die an kurze Flotten gebunden sind, scheiden hier von vornherein aus. Auch bei den Spülvorgängen ist ein diskontinuierliches Waschen praktisch kaum möglich, man kann nur mit kontinuierlichem Wasserzu- und -abfluß arbeiten, wodurch der Wasserverbrauch wesentlich gesteigert wird.

Die andere Schwierigkeit liegt in der Mechanisierung des Entladens. Das Beladen ist durchweg einfach durchzuführen. Hier können praktisch alle früher besprochenen Transportgeräte wie Gabelstapler mit Drehgerät, hydraulischem Behälterentleerer oder Selbstkipper (S. 99), Transportbänder (S. 103), Kreisförderer (S. 105), Hängebahnen (S. 106) usw. eingesetzt werden. Wesentlich größere Schwierigkeiten bereitet dagegen das Entleeren, wobei die Häute früher einzeln aus der Brühe gefischt wurden, indem man das Haspelrad am besten in umgekehrter Richtung laufen läßt, da die Häute dann an der Oberfläche auf das Personal zuschwimmen. Aber das ist sehr arbeitsaufwendig. Eine Mechanisierung der Entleerung hängt davon ab, wie die Haspelgeschirre aufgestellt sind. Sind sie im Boden versenkt, so findet man vielfach heraushebbare Trogeinsätze, Abb. 162 zeigt solche Einsätze, die ich in einer Ziegenlederfabrik für alle Arbeiten der Wasserwerkstatt sah. In jeder Grube befanden sich zwei Einsätze. Beim Entleeren wurden zunächst die Haspelräder, die transportabel auf den Geschirren aufgesetzt waren, mittels Krananlage entfernt, dann die Einsätze herausgezogen, kurz abtropfen gelassen, zum nächsten Arbeitsplatz transportiert, z. B. vor einen Tisch vor der Schwödemaschine oder der Entfleischmaschine, und dann entleert, indem man die unteren Klammern öffnete, so daß die Felle von selbst nach unten herausfielen. Auch in den USA habe ich viele Haspelgeschirre gesehen, bei denen die Haspelräder transportierbar waren und sich in den Geschirren Einsätze zum Herausziehen und Weitertransport der Häute befanden.

Abb. 162:
Einsatz im Haspelgeschirr.

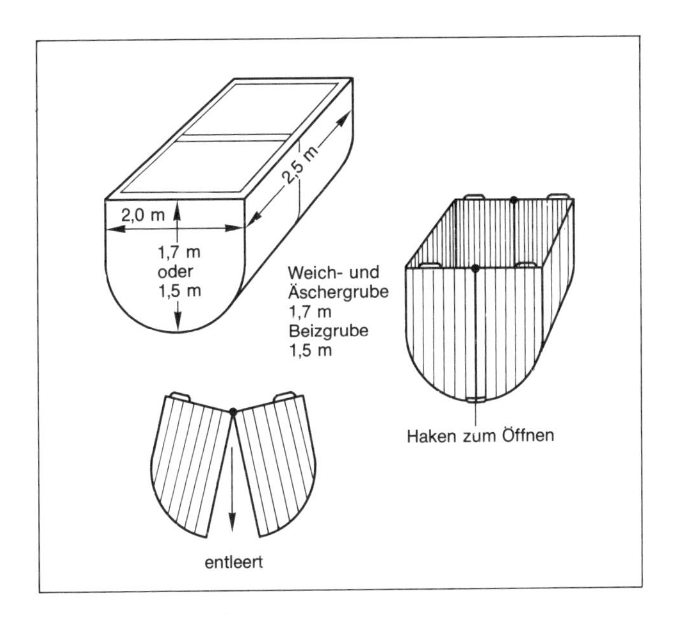

Meist werden die Haspelgeschirre heute aber hochgestellt (Abb. 163). Das Füllen wird dadurch nicht erschwert, evtl. kann es auch durch Luken im Boden der darüber liegenden Etage erfolgen. Zum Entleeren haben sie meist große Öffnungen an einer Seitenwand, die Verschlußdeckel werden zum Entleeren entriegelt und dann hochgezogen oder die Druckluftventile abgeschaltet, so daß die Häute dann zusammen mit der Flüssigkeit herausgeschwemmt werden. Die Blößen bedecken dann allerdings eine große Bodenfläche und müssen zum weiteren Transport wieder eingesammelt werden, was hohen Zeitaufwand erfordert. Besser ist es, die Haspelgeschirre so hoch aufzustellen, daß man die Häute in vorgestellte Kastenwagen oder Paletten auffangen kann, oder man bringt vor der Öffnung Gruben an, wo die Häute in durchlochte Transportkästen fallen, die dann mittels Krananlage abtransportiert werden. Bei Blößen mit glatter Oberfläche ist auch an das Einschalten von Abschlämmkanälen (S. 162) zu denken. Überhaupt muß darauf hingewiesen werden, daß dieses Herausschlämmen der Häute aus dem Haspelgeschirr nur befriedigend möglich ist, wenn die Blößen eine glatte Oberfläche haben, so daß die Häute gut mit der Flotte herausrutschen und nur einige wenige Häute noch mechanisch herausgezogen werden

Abb. 163: Serie hochgestellter Haspelgeschirre[64].

müssen. Das geht einwandfrei nach Äschern oder Beize, nicht dagegen etwa nach der Weiche, weil das Haarkleid dann das Rutschen unmöglich macht, und es geht auch nicht gut nach der Gerbung. Ein mechanisches Herausziehen wäre dann aber viel zu arbeitsaufwendig, wenn nicht überhaupt unmöglich.

Sehr geschickt ist dagegen das Arbeiten mit Kipphaspeln (Abb. 164). Auch hier sind die Haspeln hochgestellt, aber an beiden Seiten mit Lagerarmaturen zum Kippen gelagert und außerdem mit einem Zahnrad-Halbkreis versehen, der mit Motor und Vorgelege verbunden ist. Zum Entleeren wird das Haspelgeschirr entriegelt und mittels dieses Motors gekippt, was auch in einzelnen Etappen erfolgen kann, so daß die Häute gut in Wagen aufgefangen werden können. Wenn die Lagerarmaturen tief genug angebracht sind, so daß das Gleichgewicht relativ labil ist, ist der Kraftbedarf für das Kippen gering.

Abb. 164: Kipphaspel, links in Arbeitsstellung mit Kranbeladung, rechts beim Kippen.

Die Anbringung der Einrichtungen für eine halb- oder vollautomatische Meß- oder Regeleinrichtung ist bei Haspelgeschirren sehr einfach, da das Arbeitsgerät selbst still steht. Es empfiehlt sich dann[109], eine perforierte Seitenwand an einer Seite des Haspelgeschirrs anzubauen (Abb. 165). Dadurch wird einmal das Ablassen der Flüssigkeit mittels eines Ventils, das an der tiefsten Stelle des Gerätes unten oder an der Stirnwand angebracht ist, erleichtert, da sich die Häute nicht vor die Öffnung legen können, und außerdem können in diesem abgetrennten Raum die Meß- und Dosiereinrichtungen (Eintaucharmatur mit Elektrodensystem, Temperaturfühler), die Heizeinrichtung usw. angebracht werden, so daß sie nicht mit den Häuten direkt in Verbindung kommen. Beim normalen Arbeiten ist der Austausch der Flüssigkeiten zwischen Arbeitsraum und Meßraum so gut, daß beim Aufheizen

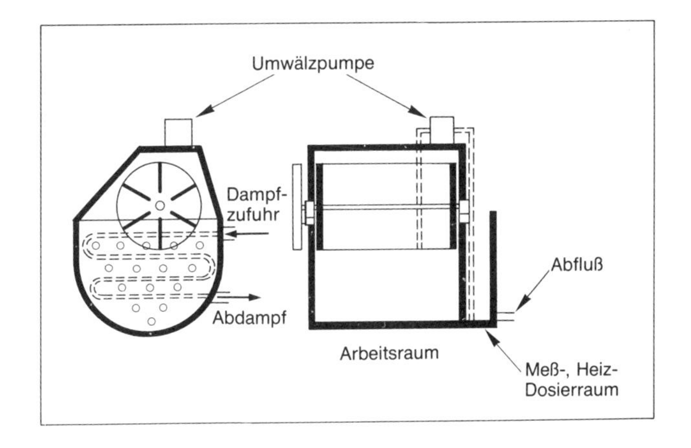

Abb. 165: Schemazeichnung eines Haspelgeschirres mit gesondertem Meß-, Heiz- und Dosierraum, Dampfheizung und Umwälzpumpe.

und Zudosieren im Meßraum in ganz kurzer Zeit ein entsprechender Ausgleich mit dem Arbeitsraum erfolgt. Alle für das Faß beschriebenen Meß- und Steuereinrichtungen mit allen nur denkbaren Variationen, die den jeweils betrieblichen Bedingungen angepaßt werden, können hier eingesetzt werden (S. 171 ff.), so daß weitere Ausführungen sich hierüber erübrigen. Soll aber auch während der Ruhezeiten beim Haspeläscher für eine stets gleichmäßige Äschertemperatur gesorgt werden, so kann, wie Abb. 165 zeigt, zusätzlich eine kleine Umwälzpumpe eingeschaltet werden, die die Haspelflüssigkeit auch in den Ruhezeiten in den Heizraum pumpt und damit eine ständige Flüssigkeitsbewegung und Aufheizung gewährleistet. Um den Eintritt unangenehmer oder giftiger Gase (H_2S) in den Arbeitsraum zu vermeiden, sollte auch bei Haspelgeschirren eine gute Entlüftung mittels Abzug vorgesehen werden, obwohl die Gefahr hier wegen der langen Flotten geringer ist.

6. Naßarbeiten im ruhenden Zustand

Gruben sind die ältesten Gefäße, die für die Naßarbeiten der Lederherstellung verwendet wurden. Sie waren früher oft rund, heute sind sie fast ausschließlich viereckig. Als Baumaterial wurde früher vorwiegend Holz (Eiche, Kiefer, Lärche) verwendet, heute ist es Mauerwerk oder Beton. Werden Betongruben heute für die Gerbung mit pflanzlichen und synthetischen Gerbstoffen verwendet, so müssen die Wände mit Schutzvorrichtungen versehen werden, weil sonst die sauren Bestandteile in den Gerbstofflösungen Kalk- und Eisenionen aus den Betonwänden lösen, die dann mit den pflanzlichen Gerbstoffen dunkel gefärbte Verbindungen liefern und damit Dunkelfärbung und Fleckigkeit der Leder verursachen. Zum Schutz hiergegen werden säurefeste Schutzanstriche oder Auskleidungen eingesetzt. Vor dem Aufbringen müssen die Wandungen gut gesäubert und trocken sein. Als Schutzschichten kommen einmal Bitumenschichten in Frage, die mehrfach aufgestrichen oder aufgespachtelt werden und eine Haltbarkeit von ein bis zwei Jahren haben. Wesentlich haltbarer, aber auch teurer sind Chlorkautschukanstriche oder Anstrichfarben bzw. Streichmassen aus Kunststoffen der verschiedensten Art. Für Auskleidungen seien einmal Kunststoff-Folien erwähnt. Hier sind z. B. dünne PVC-Folien geeignet, die in frisch verputzten, gut ausgetrockneten Gruben auf die Grubenwände wie Tapeten aufgeklebt und dort, wo sie aneinanderstoßen, thermoplastisch verschweißt werden. Ich weiß aus eigener Erfahrung, daß solche Auskleidungen mehr als 30 Jahre gehalten haben. Gut haltbar sind natürlich auch Auskleidungen mit glasfaserverstärktem Polyesterharz, aber wesentlich teurer als PVC-Auskleidungen. Sehr bewährt haben sich Auskleidungen mit säurefesten Porzellankacheln, doch müssen hier auch für die Verfugung säurefeste Kitte (z. B. Asplit, Hoechst) verwendet werden.

Das Arbeiten in Gruben ist einfach. Das Hautmaterial wird in die Gruben in die Behandlungsflotten eingehängt, von Zeit zu Zeit »aufgeschlagen« oder beim Arbeiten in Grubengängen auch zur nächsten Grube weitergezogen, wobei die Brühen gleichzeitig gründlich durchgerührt werden. Aber das Arbeiten in ruhendem Zustand ist relativ langwierig, weil die Diffusion nicht durch ständige mechanische Bewegung des gesamten Systems gefördert werden kann. Es ist wegen des ständigen Aufrührens arbeitsaufwendig, und da relativ lange Flotten verwendet werden (400 bis 500 %), ist die Auszehrung der Brühen schlecht und daher der Chemikalieneinsatz größer, und die Abwassermengen sind relativ hoch. Daher findet man heute Gruben in Lederfabriken nur noch in beschränktem Umfang, sie sind größtenteils durch die bisher besprochenen Arbeitsgefäße, die durch die Bewegung des ganzen Gerbsystems und das Arbeiten in kurzen Flotten eine wesentliche Zeitverkürzung und durch das Hintereinanderschalten einer Reihe von Arbeitsvorgängen im gleichen Gefäß eine wesentliche Verringerung der Arbeitskosten gebracht haben, weitgehend verdrängt worden. Aber man findet weltweit doch noch Arbeiten in der Grube, und da man auch hier versucht hat, den Prozeßablauf durch Mechanisierung und Automatisierung zu rationalisieren, sollen diese Bestrebungen ebenfalls behandelt werden.

Jede stärkere mechanische Bewegung des Gerbsystems ist mit einer Auflockerung des Fasergefüges und damit zugleich mit einer Verminderung der Festigkeitseigenschaften verbunden. Bei vielen Lederarten ist das für den Gebrauchswert unerheblich, die verbleibenden Festigkeitseigenschaften sind noch völlig ausreichend und eine mechanische Steigerung der Weichheit ist oft erwünscht. Daher findet man das Arbeiten in Gruben meist nur noch bei Lederarten, bei denen es auf hohe Festigkeitseigenschaften, hohen mechanischen Abrieb und dichte Faserstruktur ankommt wie bei Unterleder, Blankleder, Riemenleder und verschiedenen anderen technischen Lederarten. Erwähnt sei hier einmal der Einsatz der Gruben beim Weichen und Äschern, wobei meist mehrere Geschirre in wechselnder Zahl zusammengefaßt sind und zunächst geweicht und dann gewissermaßen im Gegenstromprinzip geäschert wird. Eine andere Möglichkeit ist das Entkälken in der Grube (Standentkälkung), das sich dann empfiehlt, wenn auch die pflanzliche Gerbung in Gruben durchgeführt wird und ein Entkälken etwa im Faß einen unnötigen Arbeitsaufwand für das Füllen und Entleeren des Fasses bedeutet. Bei der Standentkälkung wird das Entkälken meist mit organischen Säuren vorgenommen, und bei den folgenden Partien werden die Brühen mit Schwefelsäure wieder auf den gleichen pH-Wert eingestellt. Dann fällt unlösliches $CaSO_4$ aus, und die organische Säure steht wieder für die weitere Entkälkung zur Verfügung. Das gleiche Bad kann für 15 bis 20 Partien verwendet werden.

Die dritte Möglichkeit des Einsatzes von Gruben ist bei der Gerbung mit pflanzlichen und synthetischen Gerbstoffen. Wie schon an früherer Stelle dargelegt (S. 152), scheidet natürlich unter dem Gesichtspunkt der Rationalisierung der Einsatz von Versenken und Versätzen aus, hier kommen nur reine Brühengerbungen in Betracht. In der Fachliteratur liegen viele Vorschläge vor, solche reinen Brühengerbungen auch von der technologischen Seite her so zu rationalisieren, daß die Gerbdauer möglichst abgekürzt und trotzdem eine einwandfreie

Lederqualität erhalten wird. Die zahlreichen Vorschläge können in diesem Buch nicht diskutiert werden, ich will hier nur die Grundzüge eines Verfahrens anführen, mit dem ich viele Jahre mit Erfolg gearbeitet habe[107, 110]. Die Gerbung wird mit drei Farben und zwei Hotpitgruben mit einer Gesamtgerbdauer von 17 Tagen durchgeführt, nur bei sehr schwerem Hautmaterial empfiehlt es sich, den Gerbgang um eine Farbgrube zu erweitern. Die Angaben hinsichtlich pH, Temperatur- und Zeiteinstellung und die mittlere Beschaffenheit der Gerbbrühen am Anfang und Ende jeder Stufe sind aus Tabelle 19 ersichtlich. Die Gruben sind mit einem Überlaufsystem verbunden (S. 245). Die Zugabe des Frischextraktes erfolgt ausschließlich zur zweiten Hotpitgrube, die Abarbeitung geschieht im Gegenstromprinzip, eine entsprechende Brühenmenge wird durch den Überlauf von Grube zu Grube weitertransportiert und bei der ersten Farbe kanalisiert. Nach jeder Partie wird ein Viertel des Grubeninhalts zur nächsten schwächeren Grube weitergegeben. Wie bei dem früher besprochenen »Vierstufen-Verfahren« im Faß (S. 228), wird die Gerbung mit einem relativ hohen pH-Wert begonnen, um zunächst die Diffusion zu fördern, und dieser wird dann von Stufe zu Stufe gesenkt, um eine immer sattere Bindung zu erreichen, und gleichzeitig wird die Temperatur von Stufe zu Stufe gesteigert und in den Hotpitgruben auf 37 °C konstant gehalten. Für die Erreichung einer einwandfreien und stets konstanten Qualität ist natürlich wichtig, daß Temperatur und pH-Wert stets exakt eingehalten werden, und auch hier hat sich eine automatische Kontrolle und Regelung bewährt, die an späterer Stelle noch besprochen wird (S. 247). Nach umfangreichen Erfahrungen und Vergleichen ziehe ich vom Qualitätsstandpunkt aus gegenüber dem »Vierstufen-Verfahren« die ruhende Gerbung vor, da die Leder eine hellere Farbe und glatteren Narben haben, höhere Festigkeitswerte, höhere Wasserdichtigkeit und besseren Abnutzungswiderstand besitzen. Zwar werden in vielen Industrieländern die letzten Eigenschaften nicht mehr hoch geschätzt, da die meisten Menschen nur noch wenig und dann nur bei schönem Wetter größere Wege zu Fuß zurücklegen, aber in anderen Ländern, wo diese Eigenschaften noch gefragt sind, ist die ruhende Gerbung für Unterleder vorzuziehen und ergibt auch für andere Lederarten wie beispielsweise Treibriemenleder für Hochleistungsantriebe[111] große Vorteile. Für Unterleder ergab das geschilderte Verfahren bei einem Reingerbstoffangebot von 33 % auf Blößengewicht ein Rendement von 72 bis 75 % auf Salzgewicht.

Tabelle 19: Angaben über die Gerbung mit drei Farben und zwei Hotpit-Gruben.

	1. Farbe	2. Farbe	3. Farbe	2. Hotpit	1. Hotpit
Temperatur	26°	28°	30°	37°	37°
pH-Wert	4,75	4,50	4,25	4,00	3,75
Dauer Tage	3	4	3	4	3
° Bé	3,0/2,6	3,7/3,2	5,0/4,4	6,1/5,5	13,0/11,6
g Reingerbstoff/l	17/10	33/22	57/49	95/87	213/199
Anteilzahl	29/21	46/37	59/50	67/64	73/70

Die Maßnahmen der Rationalisicrung beim Arbeiten in der Grube beziehen sich auf die verschiedenen Bewegungsabläufe der Häute bzw. der Brühen und auf die exakte Einstellung der variablen Faktoren in den Brühen.

6.1 Bewegung der Häute und Felle. Großviehhäute werden meist beim Arbeiten in Gruben in diese eingehängt. Um eine Bewegung der Häute in den Gruben oder bei Grubengängen von Grube zu Grube mit einem Minimum an Arbeitsaufwand vornehmen zu können, werden sie an Rahmen eingehängt, die ihrerseits auf Auflageflächen in den Grubenwänden ruhen. Bei sehr langen Gruben können auch mehrere Holzrahmen nebeneinander eingelegt werden, um das Gewicht der Einzelrahmen einschließlich der daran hängenden Häute nicht zu groß werden zu lassen. Zum Einhängen werden die Häute oder Kernstücke oft an der Schwanzseite an Stangen genagelt, die ihrerseits auf die Rahmen aufgelegt werden. Dann ist es aber zweckmäßig, die Rahmen mit Einkerbungen zu versehen (Abb. 166), in die die Stangen eingelegt werden, damit sie sich beim Transport oder beim Schaukeln in Schaukelrahmen (s. u.) nicht verschieben. Eine andere Möglichkeit ist, die Rahmen an der Unterseite mit Haken zu versehen und die Häute mit Einschnitten an den Hinterklauen einzuhängen. Da aber die Häute nicht gleiche Breite haben, hängen sie in unterschiedlichem Maße durch, ein Nachteil dieser Methode. Besser ist das in Abb. 167 gezeigte Verfahren, bei dem die Häute mit Haken versehen werden, an denen sich Stricke mit mehreren Knoten befinden. Am Einhängerahmen befinden sich Metallstifte, zwischen die die Stricke geklemmt werden, wobei die Knoten ein Durchrutschen verhindern. Dieses Einhängen geht sehr rasch, und die Häute hängen unabhängig von der Größe immer glatt.

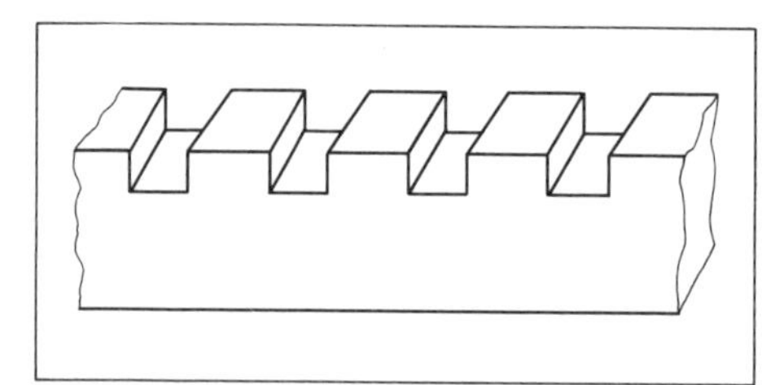

Abb. 166: Einkerbungen im Hängerahmen.

Für den *Transport* der Rahmen bietet sich, wenn die Räume hoch genug sind, in erster Linie der hängende Transport an. Das können einschienige Hängelaufkatzen sein, die an Kranschienen laufen (S. 106), insbesondere wenn es sich nur um einen Grubengang handelt, oder das können Lauf- oder Hängekrane der verschiedensten Art sein (S. 108 ff.), mit denen man ganze Flächen bedienen kann. Abb. 168 demonstriert ein einfacheres Beispiel für die Bedienung mehrerer nebeneinander liegender Farbengänge, Abb. 169 zeigt eine Halle mit fast 6 m Höhe und einer Spannweite von etwa 26 m, in der mit zwei Laufkranen mit je 5 t Tragekraft, die auf eisenarmierten Betonsockeln laufen, die Äschergruben im Vordergrund, die Farbengänge im Hintergrund und die dazwischen aufgestellten Reinemachmaschinen der Wasserwerkstatt (S. 256 ff.) bedient werden. Die beiden Krane können getrennt arbeiten, sie können sich, da sie auf dem gleichen Betonsockel laufen, gegenseitig entlasten (etwa im Falle der Reparatur eines Krans), sie können aber auch gemeinsam schwerere Lasten wie etwa eine der Reinemachmaschinen, transportieren. Wie bereits früher ausgeführt (S. 108), kann die Bedienung vom Boden aus mit Druckknopfschalter erfolgen oder aus einer an der Laufkatze befestigten Kabine. Ist diese hoch angebracht, hat der Kranführer eine bessere Übersicht, ist sie dicht über dem Boden, kann er das Anketten der Rahmen an die Hebevorrichtung selbst besorgen. Mit solchen Krananlagen kann sowohl das Aufschlagen (Heben und Senken in der gleichen Grube) wie auch das Weiterziehen von Grube zu Grube erfolgen.

Abb. 167: Einhängen mit Stricken und Haken.

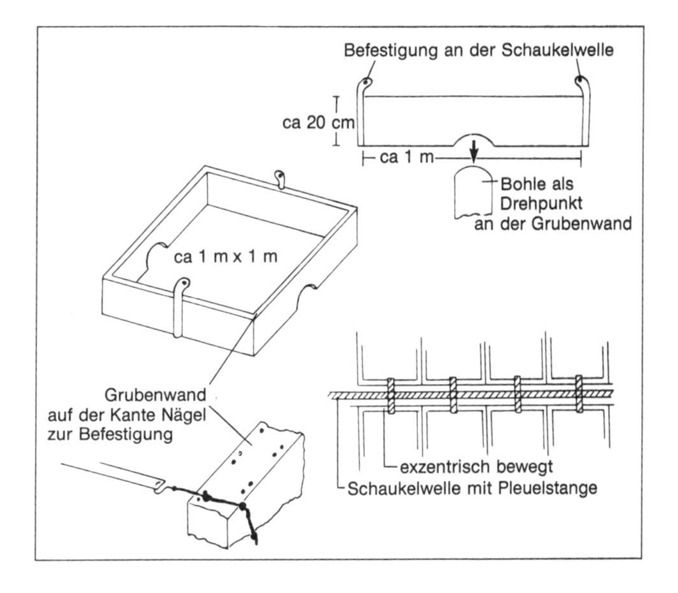

Häufig will man aber, um die Prozesse in der Grube zu beschleunigen, nicht nur gelegentlich aufschlagen, sondern eine ständige Bewegung durchführen. Dazu haben sich die *Schaukelrahmen* bewährt, bei denen die Häute ebenfalls an Rahmen gehängt und die Rahmen dann in eine schaukelnde Bewegung gebracht werden, so daß abwechselnd bald die eine, bald die andere Seite gehoben oder gesenkt wird. Eine der Möglichkeiten in der Praxis ist, die Rahmen an Seile zu hängen, die Seile an der Decke an einer auf einer Achse drehbaren Stange zu befestigen und diese dann mittels Exzenter hin und her zu bewegen, so daß einmal die Seile auf der einen Seite, dann die auf der anderen Seite der Rahmen angezogen werden

Abb. 168: Krananlage über Farbengängen.

Abb. 169: Zwei Laufkräne in Halle mit Äschergruben und Farbengängen.

(Abb. 170). Diese Lösung halte ich für ungünstig, da der ganze Raum mit Seilen gefüllt ist, ein Weitertransport der Rahmen etwa von Grube zu Grube nicht möglich und auch das Einhängen der Blößen erschwert ist. Viel besser ist die Anlage in Abb. 167, bei der die Rahmen außerhalb der Grube gefüllt und dann mittels Krananlage in die Grube transportiert und dort durch Bolzen an der Schaukeleinrichtung befestigt werden. Der Rahmen ruht dabei in der Mitte auf abgerundeten Bohlen als Drehpunkt, die beiderseits an der Längswand der Grube angebracht sind. Die Schaukelwelle ist auf der Mauer zwischen zwei Grubenreihen so gelagert, daß sowohl die rechten wie die linken Schaukelrahmen daran befestigt werden können (Abb. 171). Sie wird ebenfalls mittels Exzenters in schaukelnde Bewegung gesetzt und kann Tag und Nacht oder auch nur periodisch laufen. Der Vorteil dieser Anordnung ist, daß der Raum über den Gruben für eine Krananlage völlig frei ist, die Rahmen durch Lösen des Bolzens leicht von der Schaukelvorrichtung abgekoppelt und dann mittels Krans von Grube zu Grube weitergezogen werden können. Ich kenne auch Anlagen, bei denen die Rahmen von oben mit einer Art exzentrischer Pleuelstange und Schleifring bewegt werden (Abb. 172). Auch hier können die Rahmen leicht abgekoppelt werden, aber der Luftraum ist auch nicht mehr so frei für die Krananlage wie bei der Schaukelvorrichtung auf der Mauer.

Schwierig ist der *Weitertransport von Grube zu Grube,* wenn eine zu geringe Raumhöhe keine Krananlage zuläßt. Dann läßt man häufig die Häute in der gleichen Grube und bewegt nur die Flüssigkeit weiter (s. u.). Aus der Praxis kenne ich eine interessante Lösung, bei der man die Rahmen beibehielt, auf die gemauerten Grubenwände Schienen verlegte und darauf einen Gabelstapler mit verlängerten Achsen hin- und herfahren ließ. Der Stapler war mit

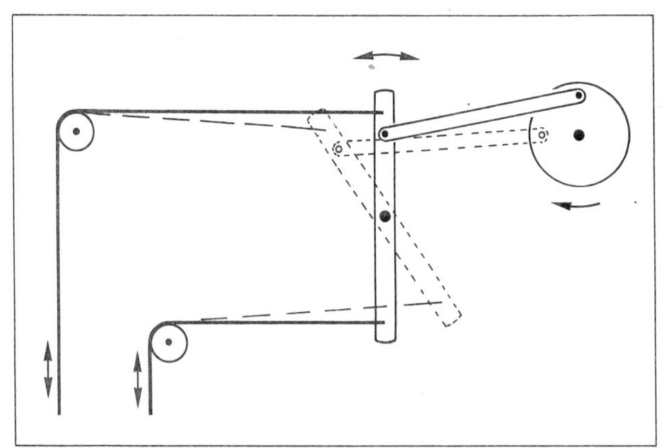

Abb. 170: Schaukelrahmen an Seilen.

Abb. 171: Exzentrischer Schaukelantrieb.

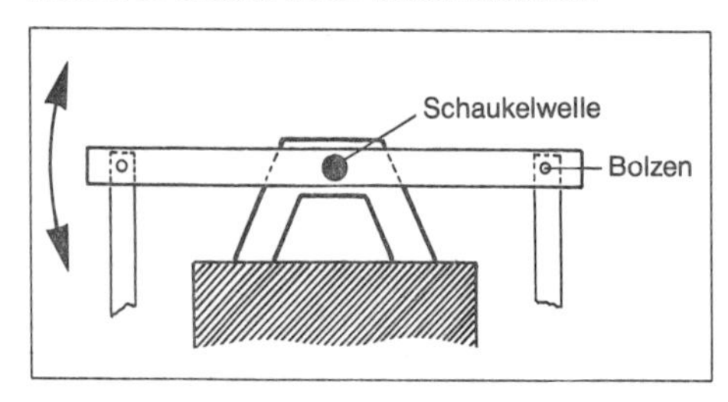

Abb. 172: Schaukelbewegung mit Pleuelstange.

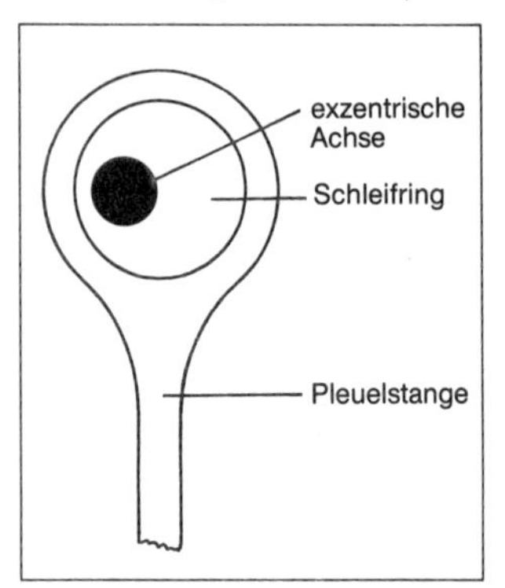

einem Kranarm versehen (S. 99), mit dem dann der Rahmen aus der Grube gezogen und zur nächsten Grube transportiert wurde. Am Kopfende der Farbengänge befand sich ein fahrbarer Flachwagen – ebenfalls mit Schienen versehen – mit dem man den Stapler von einer Grubenreihe zur nächsten transportieren konnte, so daß die ganze Grubenhalle von einem einzigen Gabelstapler bedient wurde. Die andere Möglichkeit ist, auf Rahmen ganz zu verzichten, die Häute, Kernstücke oder auch Seiten mit Stricken miteinander zu verbinden (Hinterklaue einer Haut an die Vorderklaue der nächsten) und dieses »Band« mittels eines Haspelrades von einer Grube zur nächsten zu transportieren (Abb. 173). Die Haspelräder sind ebenfalls über Schienen, die auf den Grubenmauern verlegt sind, weiterzuschieben. Der Nachteil ist hier natürlich, daß das Hautmaterial in den Gruben liegt statt hängt und daher die Chemikalien nur ungleichmäßig an die Häute herankommen. Ein solches Verfahren ist daher für die Gerbung nicht anwendbar, ich habe es in der Praxis nur beim Weichen und Äschern gesehen.

Das Einhängen verbietet sich natürlich auch bei Kleintierfellen und meist auch (schon wegen des Arbeitsaufwandes) bei Seiten. Wenn hier das Weichen und Äschern in Gruben vorgenommen werden soll, so verwendet man am besten Einsätze aus Eisenstangen, wie schon beim Haspeln besprochen (S. 234). Die Felle werden in diese Käfige eingelegt und können so zum Aufschlagen insgesamt hochgehoben bzw. von einer Grube zur nächsten weitertransportiert werden. Meist ist der Boden oder eine Seitenwand der Käfige zu öffnen, so daß das Hautmaterial mit den Käfigen auch zu den Bearbeitungsmaschinen transportiert und dann leicht herausgenommen werden kann. Aber das Verfahren hat natürlich den grundsätzlichen Nachteil, daß die Felle immer in der gleichen Lage bleiben und daher auch die Gefahr einer ungleichmäßigen Äscherwirkung und Haarlockerung groß ist. In solchen Fällen würde ich daher Haspelgeschirre unbedingt vorziehen, zumal sie leicht in etwa vorhandene

Abb. 173: Transport der Häute von einer Grube zur anderen mit Haspelrad.

Abb. 174: Scherengreifer zum Transport von Kleintierfellen und Seiten.

Gruben eingebaut werden können. Als sehr brauchbare Möglichkeit sei dagegen das Arbeiten mit *Scherengreifern* erwähnt (S. 110), die in Kombination mit einer Krananlage arbeiten. Beim Aufsetzen auf das in den Gruben befindliche Hautmaterial öffnet sich der Greifer, beim Hochziehen schließt er sich wieder und zieht einen Teil des Hautmaterials mit nach oben (Abb. 174). Diese Einrichtung kann sowohl zum Aufschlagen wie zum Weitertransport des in der Grube einfach eingelegten Hautmaterials verwendet werden, beim Aufschlagen tritt auch eine Veränderung der Lage der Häute und Felle ein.

6.2 Bewegung und Einstellung der Brühen. Zwei Arten des Bewegens der Brühen beim Arbeiten in Gruben sind zu unterscheiden, die ständige oder periodische *Bewegung im gleichen Gefäß,* um dadurch die Prozesse zu beschleunigen, und die Bewegung von Gefäß zu Gefäß, wenn in Grubengängen gearbeitet wird. Für den ersten Fall liegen zahlreiche Vorschläge vor, nur teilweise haben sie Eingang in die Praxis gefunden. Die einfachste Methode des Aufwirbelns mit Druckluft geht natürlich nicht bei pflanzlichen Gerbstoffen, da durch Sauerstoffeinwirkung Dunkelfärbung und Schlammbildung verursacht würden. Auch beim Äschern wird sie vielfach wegen der Bildung von unlöslichem Calciumcarbonat abgelehnt, in der Praxis aber doch oft verwendet. Beim Rühräscher wird mittels eines unter einem Lattenboden angebrachten Rührwerks die Brühe ständig oder periodisch aufgewirbelt. Bei Abb. 175 erfolgt der Antrieb von oben, es sind keine bewegten Teile in der Flüssigkeit, aber wenn man die Häute von einer Grube zur anderen weiter ziehen will, stören die senkrechten Achsen. Bei Abb. 176 mit dem Kettenantrieb ist diese Störung geringer, aber dafür befinden sich die Lager für das Haspelrad in der Äscherbrühe, und damit ist die Korrosionsgefahr groß. Viel einfacher ist das Schaukelsystem in Abb. 177, bei dem die Häute normal in transportablen Rahmen in den Gruben hängen und zusätzlich links und rechts Holzbohlen angebracht sind, die über einen Drehpunkt hin- und herbewegt werden können und unterhalb der Häute mit einem Schaber verbunden sind. Wird das System oben mit Exzenterstangen in Bewegung gesetzt, so wirbelt der Schaber am Boden der Gruben den sich absetzenden Kalk wieder auf. Am meisten haben sich Zirkulationssysteme eingeführt (Abb. 178), bei denen die Äscher- oder Gerbbrühen oben abgesaugt und unten in die Grube wieder durch über deren ganze Länge gehende Schlitze oder schräg aufwärts gerichtete Düsen eingeblasen werden. Bei Äscherbrühen muß der Eintritt ganz am eventuell konisch gestalteten Boden sitzen, damit der abgesetzte Kalk wieder aufgewirbelt wird. Bei der pflanzlichen Gerbung dagegen soll der sich evtl. absetzende Schlamm nicht aufgewirbelt werden. Abb. 179 zeigt eine solche Einrichtung, bei der das Absaugen oben über ein Querrohr mit Löchern oder Schlitzen erfolgt, damit tote Winkel vermieden werden, und die Rückführung etwas oberhalb des Grubenbodens ebenfalls mit einem Querrohr mit Löchern in waagerechter bzw. aufsteigender Richtung erfolgt, so daß die ganze Gefäßfüllung durchwirbelt wird, die Bodenschicht daran aber nicht teilnimmt. Gleichzeitig kann in dieses Umpumpsystem auch eine Durchlaufheizung eingebaut werden, um die Brühen ständig anzuwärmen, worauf ich unten noch zurückkomme.

Mit dem Zirkulationssystem sind wir aber auch schon bei der zweiten Art der *Brühenbewegung von Grube zu Grube* (Umpumpsystem). Bei einem Grubengang kann man, wie Abb. 178 zeigt, mit einer für alle Gruben gemeinsamen Pumpe und einer gemeinsamen Hin- und Rückleitung arbeiten. Dann wird jede Grube für sich vorgenommen und die Brühe je nach der Ventilstellung entweder in dieselbe Grube zurückgepumpt (Umpumpen) oder in die nächste Grube, die inzwischen geleert wurde, geführt (Weiterpumpen). Man benötigt dann auch nur eine gemeinsame Durchlaufheizung. Ventilstellung und Temperatureinstellung können dann auch automatisch gesteuert werden (s. u.). Die zweite Art der Weiterbewegung ist das Überlaufsystem. Dabei sind die einzelnen Gruben, wie Abb. 180 zeigt, durch Überlaufrohre miteinander verbunden. Wird in die beste Farbe (links) frische Brühe zugegeben, so läuft nach dem Gesetz der kommunizierenden Röhren eine gleiche Brühenmenge von der 1. in die 2. Grube, von der 2. in die 3. Grube usw. und aus der schlechtesten Farbe wird die gleiche Menge kanalisiert. Hierbei tritt natürlich leicht ein Vermischen der Brühen und damit

Abb. 175: Rückäscher, Antrieb von oben.

Abb. 176: Rückäscher mit Kettenantrieb.

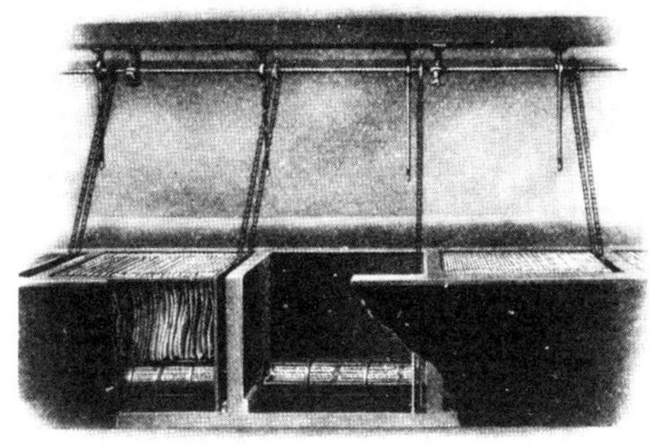

Abb. 177: Aufrührvorrichtung.

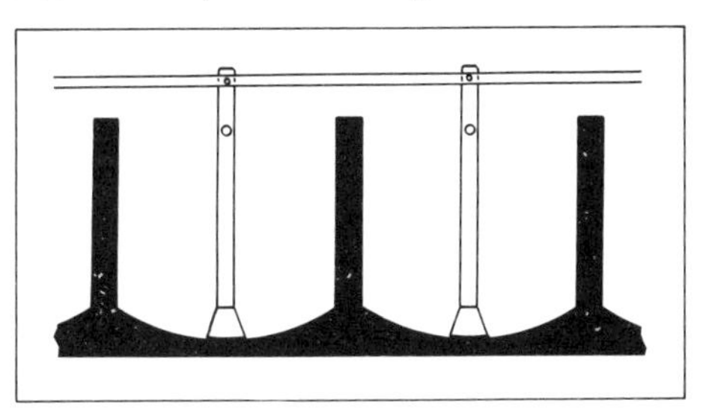

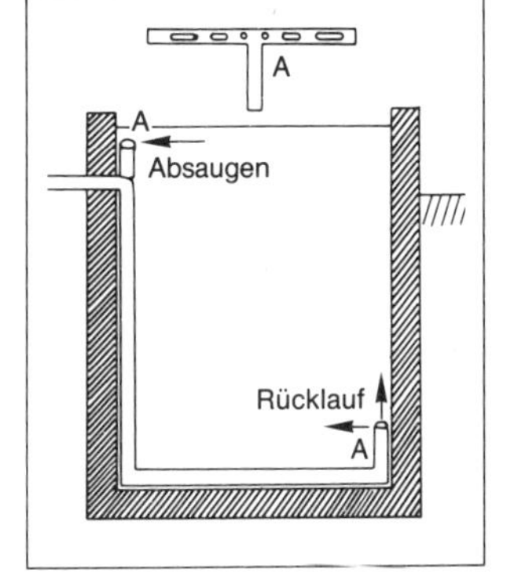

Abb. 179: Zirkulationsgefäß bei der pflanzlichen Gerbung. ▷

Abb. 178: Zirkulationssystem.

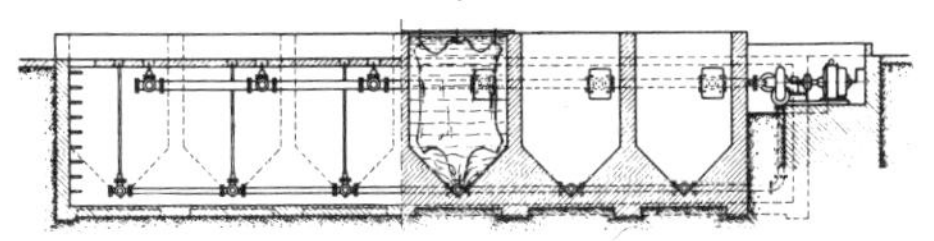

eine Verschlechterung der Abarbeitung ein. Dieses Vermischen kann man aber auf ein Minimum beschränken, wenn die stärkere Brühe, wie in Abb. 180 zu sehen, unten in die nächste Grube fließt und die dünnere Brühe oben abfließt.

Eine andere Frage ist das *Erwärmen der Brühen* in den Gruben, das nur indirekt erfolgen kann, denn durch direktes Einleiten von Dampf würde die Brühe unerwünscht verdünnt. Man kann aber an einer der Wände oder am Boden Dampf- oder Warmwasserrohre anbringen, muß dann aber ein Schutzgitter aus Holz und möglichst auch eine Brühenzirkulation einbauen, um lokale Überhitzungen zu vermeiden. Sehr bewährt hat sich der Starapparat (Abb. 181)[112]. In einem Rohr mit etwa 200 mm Durchmesser aus Kupfer oder nichtrostendem Stahl, das bis an den Boden der Grube reicht, befindet sich ein Schraubenpropeller, der über eine senkrechte Welle von oben mit einem ¼-PS-Motor angetrieben wird und die Brühe unten ansaugt und oben wieder abgibt und damit an einer elektrisch oder mit Dampf betriebenen Heizschlange vorbeitransportiert. Gleichzeitig wird die Brühe auch ständig in der Grube bewegt, Zirkulationsgeschwindigkeit und Erwärmung sind regelbar, oben befindet sich ein Temperaturregler, der die Heizung abschaltet, wenn die gewünschte Temperatur erreicht ist. Der Starapparat ist einfach, billig, tragbar (30 kg) und nimmt nur wenig Platz ein. Er kann entweder ortsfest in einer Ecke der Grube angebracht oder auch mit Leichtigkeit von Grube zu Grube transportiert werden, so daß man mit einem Apparat den ganzen Farbengang periodisch aufheizen kann. Hat man dagegen ein stationäres Zirkulationssystem, wie es oben beschrieben wurde, so kann auch hier, wie Abb. 178 zeigt, eine zentrale Durchlaufheizung (im Bild rechts) leicht eingeschaltet werden.

Wie bereits beschrieben (S. 259), ist für Schnellgerbungen in Gruben mit pflanzlichen und synthetischen Gerbstoffen die genaue Einhaltung der Temperatur und des pH-Wertes, eine regelmäßige Bewegung der Brühen und eine gleichartige Zubesserung frischer Gerbbrühe für die Erreichung einer einheitlichen Lederqualität unerläßlich. Das verlangt, wenn es von Hand gemacht wird, einen relativ hohen Arbeitsaufwand, durch *automatische Kontrolle und Rege-*

Abb. 181: Starapparat.

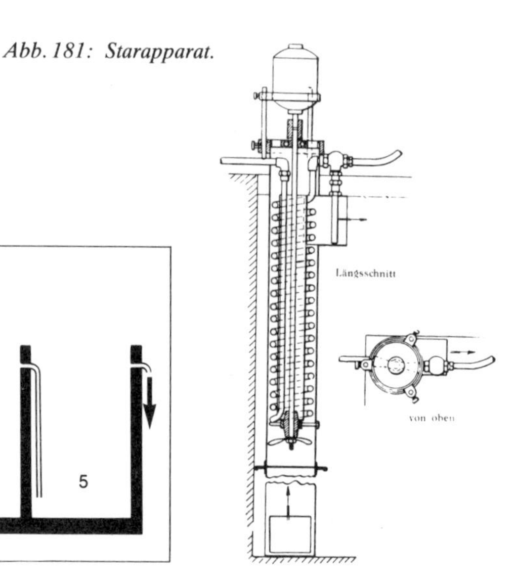

Abb. 180: Überlauf-Farbengang.

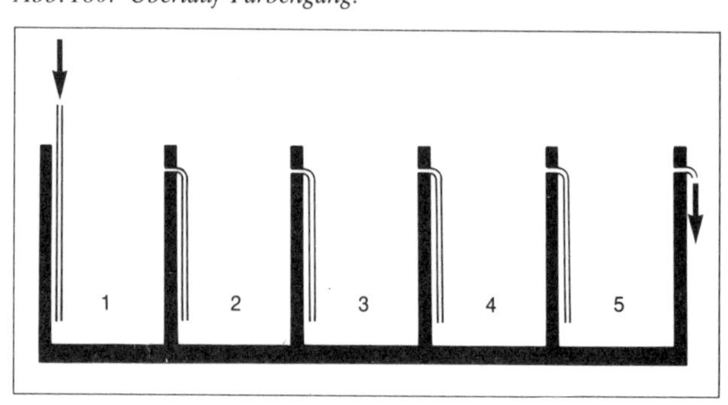

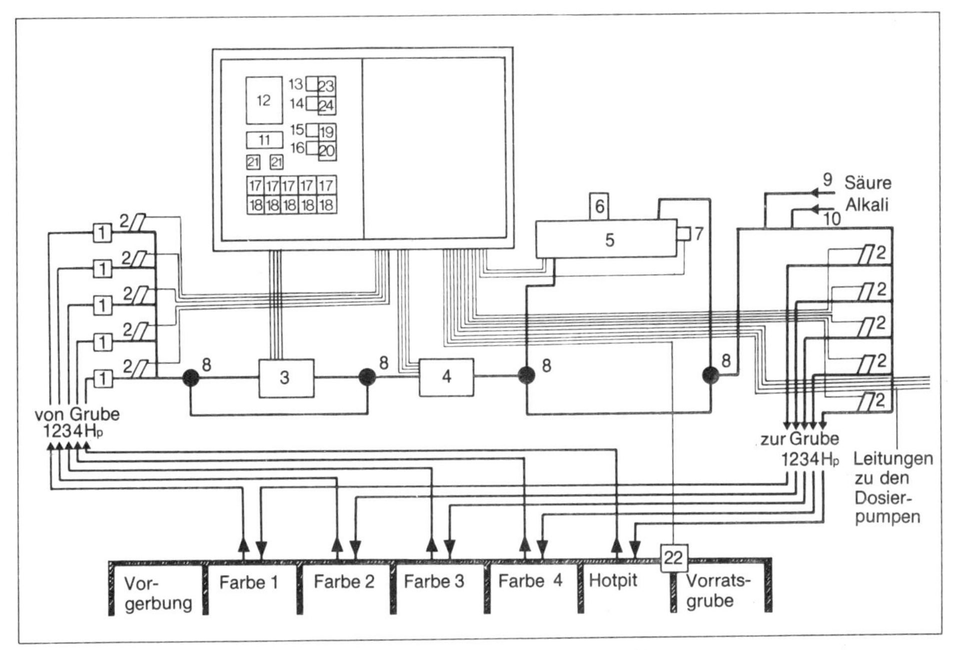

Abb. 182: Schemazeichnung der Steueranlage (Steuma Fuchs & Cie.[69]).

lung kann auch hier ein wichtiger Schritt zur Rationalisierung getan werden. Hier sei daher eine Anlage beschrieben (Abb. 182 und 183), die seit 15 Jahren mit einigen Abwandlungen zur Zufriedenheit arbeitet[110]. Dabei liegt die Überlegung zugrunde, daß jede Farbe nur zeitweise umgepumpt zu werden braucht und daß auch Temperatur und pH-Wert nur in

Abb. 183: Gesamtbild der Steueranlage.

Intervallen gemessen und korrigiert werden müssen. Daher genügt eine gemeinsame Meßeinrichtung, die durch Einbau von Schrittschaltwerken (S. 69) die einzelnen Gefäße nacheinander zur Prüfung und Kontrolle vornimmt. Wird z. B. die Brühe aus Farbe 1 bearbeitet, so sind die Eingangs- und Ausgangsventile (2) der Leitung 1 geöffnet, die Pumpe (4) saugt die Brühe aus Farbe 1 über einen Schmutzfänger zum Meßgefäß (3), in dem Temperatur und pH-Wert in einer Durchflußarmatur (S. 47) gemessen werden, dann zur Pumpe, die so dimensioniert ist, daß der Inhalt einer Grube innerhalb einer halben Stunde durchgepumpt wird, weiter zum Durchlauf-Heizaggregat (5) und fließt dann durch das Ausgangsventil wieder in die Grube 1 zurück. Die Werte der pH-Messung werden bei 11 angezeigt und bei 12 durch einen Zweifarben-Punkteschreiber registriert. Über- oder unterschreiten die Meßwerte für den pH-Wert die eingestellten Sollwerte um mehr als $\pm 0{,}1$, so wird bei 9 bzw. 10 entweder Ameisensäure oder Natriumsulfit so lange mit einer Einspritzpumpe eingespritzt, bis der gewünschte pH-Wert wieder erreicht ist. Gleichzeitig wird bei 12 auch die Temperatur registriert, und wenn der gemessene Wert um mehr als 1 Grad vom Sollwert abweicht, springt die Durchlaufheizung (5) an. Sie kann elektrisch und mit Dampf betrieben werden. Um Gerbstoffverkrustungen um die Heizkörper herum zu vermeiden, sollten die Heizrohre möglichst lang sein, ihre Oberflächentemperatur aber nicht zu sehr von der gewünschten Brühentemperatur abweichen. Bei 6 befindet sich ein Überdruckventil, bei 7 ein Überhitzungsregler, der die Heizung abschaltet, wenn die Lösung im Heizaggregat über 40 °C steigt, was beispielsweise eintreten kann, wenn die Pumpe versagen sollte, die Brühe damit zum Stillstand kommt und dann vom Meßaggregat her falsche Steuerimpulse gegeben werden.

Nach einer einstellbaren Zeit schließen sich die Ventile von und zur Farbe 1, es öffnen sich die Ventile von und zur Farbe 2, gleichzeitig schalten die Schrittschaltwerke auch von den Sollwerten für Farbe 1 auf diejenigen auf Farbe 2 um und es wiederholt sich der gleiche Vorgang. Das Umschalten von einem zum nächsten Ventil erfolgt bei den Ausgangsventilen 12 bis 15 Sekunden später als bei den Eingangsventilen, damit die in der Meßanlage befindliche Brühe noch in die richtige Grube abfließt. Sind alle Gruben geprüft, so schaltete der Apparat früher wieder auf Farbe 1 zurück, und es begann der gleiche Kreislauf, wobei eventuell auch eine Ruheperiode in beliebiger Länge zwischengeschaltet werden konnte. Aber es zeigte sich, daß nicht verhindert werden konnte, daß bei Rückschalten auf Farbe 1 ein Teil der starken Hotpitbrühe in die schwächste Farbe 1 gelangte, wodurch die Auszehrung der Brühen erheblich verschlechtert wurde. Daher schaltet beim zweiten Durchgang der Apparat heute nicht mehr auf die Grube 1 zurück, sondern rückwärts auf die Gruben 4, 3, 2 und 1 und dann erst im nächsten Durchgang wieder von 1 über 2, 3, 4 auf die Hotpitgrube. Dadurch wurde dieser Fehler praktisch restlos behoben. Für den Umpumpbereich wäre noch zu erwähnen, daß die Hähne (8) eine Umwegleitung einzuschalten gestatten, wenn Meßapparatur (3) und Heizung (5) gereinigt werden sollen. Beim Schaltschrank befinden sich bei 17 die fünf Sollwerteinstellungen für die Temperatur, bei 18 für den pH-Wert. Die anderen Schalter dienen zum Ein- und Abschalten der verschiedenen Aggregate oder zur Variation der Umpumpdauer für jede Grube oder der Länge der Ruhezeit zwischen den verschiedenen Arbeitsintervallen. Bei 13 schließlich befindet sich der Schalter für die Zubesserungspumpe (22); eine Kolbenmembran-Dosierpumpe, deren Gehäuse und Laufrad aus Chromnickel-Molybdän-Stahl besteht und die jeweils die erforderliche Menge Frischextrakt von der Vorratsgrube in die Hotpitgrube pumpt, während die Gruben im übrigen durch Überlaufsystem (S. 245) miteinander verbunden sind. Die Pumpe gibt 4 l/min zu, die zuzugebende

Menge wird durch die Pumpzeit bei 23 eingestellt. Wichtig ist, daß die Anlage mit wenigen Handgriffen auch auf alle gewünschten pH-, Temperatur-, Zeit- und Mengenwerte eingestellt werden kann, also außerordentlich variabel arbeitet.

Wenn in einem Betrieb eine Vielzahl gleichartiger Farbgänge nebeneinander läuft (Abb. 184), so werden diese in Deutschland meist völlig getrennt geführt, also bei jedem der Gänge A bis D laufen die Brühen im Gegenstromprinzip von der Hotpitgrube bis zur Farbe 1 und werden dann kanalisiert. Dagegen besteht keine Querverbindung zwischen den gleichen Farben der verschiedenen Farbengänge. In solchen Fällen müßte jeder Gang eine gesonderte Regelanlage haben. Faßt man aber – wie das in manchen Ländern üblich ist – jeweils die gleichen Stadien der verschiedenen Farbengänge zu einem Zirkulationssystem zusammen (Abb. 185) und bringt an einer Seite jedes Zirkulationssystems eine Grube an, in der sich eine kleine Pumpe für das Umpumpen innerhalb des Zirkulationssystems befindet, so haben alle Lösungen des gleichen Gerbstadiums auch gleiche Zusammensetzung und gleiche Temperatur, unabhängig von der Größe der Produktion und der Zahl der Gruben. Dann wird auch nur eine Kontroll- und Regeleinrichtung für den Gesamtbetrieb benötigt, täglich wird ein Teil der Brühen im Gegenstromprinzip von einem Zirkulationssystem zum nächsten weitergegeben und vom Zirkulationssystem 1 aus kanalisiert.

Abb. 184: Schema einer fünfstufigen ruhenden Brühengerbung und von vier getrennt geführten Gerbgängen.

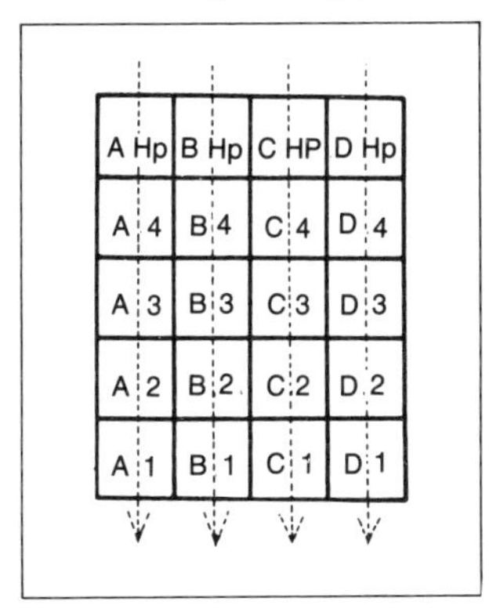

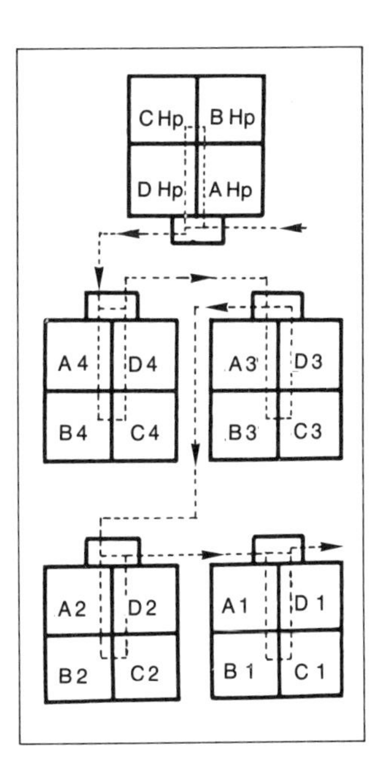

Abb. 185: Schema der gleichen fünfstufigen Brühengerbung, bei der die vier Brühen des gleichen Gerbstadiums zu einem Zirkulationssystem zusammengefaßt sind. ▷

7. Naßarbeiten im Durchlaufverfahren

Als letzte Gruppe der Aggregate für die Naßarbeiten seien zwei Verfahren beschrieben, bei denen das Haut- bzw. Ledermaterial durch die Flotte bzw. die Maschinen hindurchläuft und dabei eine entsprechende Bearbeitung erfährt.

7.1 Multima-Durchlaufmaschine[113]. Diese Maschine wurde ursprünglich für das Färben von Leder entwickelt. Die häufig wechselnden modischen Anforderungen an Leder machen es auf vielen Gebieten erforderlich, Lieferungen und Nachlieferungen möglichst rasch vornehmen zu können. Daher hat sich seit Jahren eingeführt, die Leder in einheitlicher Grundfärbung auf ein Zwischenlager zu nehmen und von dort die Färbung mit Anilinfarbstoffen auf den endgültigen Farbton mittels »Kopffärbung«, d. h. durch nachträgliches Aufgießen, Aufplüschen oder Aufspritzen der Farblösung vorzunehmen, doch hat dieses Verfahren gewisse Nachteile (geringe Tiefe der Einfärbung, ungenügende Echtheit der Färbung, Rückseite nicht im gleichen Farbton gefärbt). Um diese Nachteile zu beheben, werden bei der Multima-Maschine die trockenen Leder im Durchlaufverfahren gefärbt, indem man sie über ein Einlaufband zwischen zwei angetriebenen endlosen Drahtgeflechtbändern aus Edelstahl durch eine mit Farbflotte gefüllte, etwa 20 cm tiefe Wanne transportiert (Abb. 186), wobei die Farbstofflösung durch das trockene Leder rasch aufgesaugt wird und damit kurzfristig eine vollständige Durchfärbung erreicht werden kann. Die Verweilzeit in der Flotte dauert 10 bis 15 Sekunden, die Flottenmenge und Farbkonzentration wird durch Nachpumpen von Farblösung aus einem Vorratsbehälter stets konstant gehalten, wobei die Farbflotte schon im Vorratsbehälter vorgewärmt, in der Wanne auf einer konstanten Temperatur von 60 bis 80 °C gehalten und im Umpumpverfahren immer wieder erneuert wird. Dann wird das Leder mittels eines Walzenpaares aus der Wanne gezogen und gleichzeitig unter pneumatisch regulierbarem Druck abgepreßt, die abgepreßte Farbflotte fließt wieder in das Farbbad zurück.

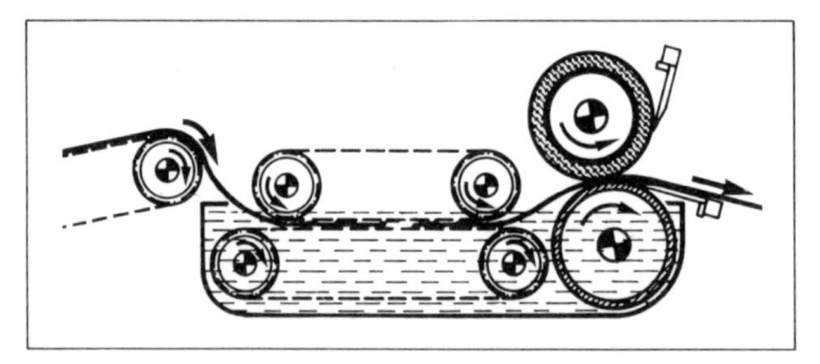

Abb. 186: Schemazeichnung der Multima-Durchlaufmaschine.

Die verwendete Farbflotte enthält je nach Farbstoff und Farbton 5 bis 20 g Farbstoff/l, als Lösungsmittel werden neben Wasser 15 bis 20 % eines mit Wasser mischbaren Lösungsmittels wie Äthanol, Propanol, Isopropanol, Äthylglykol usw. verwendet und eventuell auch Netzmittel zugesetzt, um ein schnelles Eindringen des Farbstoffs zu erreichen. Es ist wichtig, daß für die Multima-Färbung ausgewählte Farbstoff-Sortimente eingesetzt werden, namentlich werden 1,2-Metallkomplexfarbstoffe in Form konzentrierter Farbstoffe mit niedrigem Salzgehalt verwendet, die natürlich im Preis entsprechend höher liegen, bei denen aber nicht die Gefahr der Salzanreicherung in der Flotte und des Entstehens leichter Grauschleier auf der Lederoberfläche besteht. Meist wird heute Flüssigfarben der Vorzug vor Pulverfarben gegeben. In der oben angegebenen Verweilzeit können Leder von 1,8 bis 2 mm Stärke weitgehend bzw. vollständig durchgefärbt werden. Der Grad der Durchfärbung hängt von der Verweilzeit der Leder in der Flotte, der Farbstoffkonzentration, der Temperatur und von der eingesetzten Menge an organischen Lösungsmitteln und Netzmitteln ab. Die Zeit des Durchlaufs kann in weiten Grenzen durch Änderung der Durchlaufgeschwindigkeit oder der Wannenlänge variiert werden.

Die Multima-Durchlaufmaschine wird in zwei Bandbreiten geliefert. Die 1600 mm breite Maschine färbt etwa 60 bis 80 Hälften in der Stunde, sie wird heute vorwiegend für Kleintierfell-Leder, Hälse, Hechte und Croupons empfohlen. Mit einer Arbeitsbreite von 3200 mm können bis zu 180 Hälften/Stunde und auch ganze Häute gefärbt werden. Die Reinigung der Maschine ist einfach, da die Farbwanne leicht herausgezogen werden kann. Als Vorteil des Verfahrens[114] kann einmal angeführt werden, daß das Färbegut während des Färbevorganges gut sichtbar ist, die Färbung also leicht zu überwachen ist und die Leder stets gleichgerichtet die Maschine verlassen. Die Kapazität ist hoch, die Durchführung rasch und die Färbung erfolgt beidseitig mit guter Durchfärbung und hoher Gleichmäßigkeit, insbesondere auch, weil sich Mastfalten und narbenbeschädigte Stellen nicht so stark durch eine andersartige Farbstoffaufnahme markieren. Wasser- und Farbstoffverbrauch und Energieaufwendung sind geringer als bei der Faßfärbung, und es entsteht kein Abwasser in diesem Stadium, da die gesamte Farbflotte verbraucht wird. Die Handhabung der Maschine ist einfach, der Personalaufwand nicht hoch und hinsichtlich der Echtheitseigenschaften können die erreichten Färbungen bei sachgemäßer Farbstoffauswahl mit der Faßfärbung durchaus verglichen werden. Bei der heute immer stärkeren Einfuhr von Crust-Leder (S. 148) bietet sich die Maschine für deren Fertigzurichtung besonders an. Aber sie kann natürlich auch für die Binderimprägnierung und für die Hydrophobierung eingesetzt werden.

Mit der Multima-Durchlaufmaschine können aber auch die gesamten Prozesse der Naßzurichtung durchlaufend vorgenommen werden, wenn man mehrere Maschinen hintereinanderschaltet. Der Unterschied gegenüber dem Färben trockener Leder besteht darin, daß hier mit feuchten Ledern gearbeitet wird und damit der Aufsaugeeffekt natürlich geringer ist. Umfangreiche systematische Untersuchungen[115] haben aber gezeigt, daß es möglich ist, die Prozesse nacheinander in wirtschaftlich vertretbarer Zeitspanne nicht über 60 Sekunden pro Teilprozeß durchzuführen, wenn zwischen jedem Teilprozeß ein Abwelkvorgang eingeschaltet wird, wodurch die Aufnahme und Diffusion der Chemikalien entscheidend verbessert wird. Das ist bei der Multima-Maschine ja durch das vorhandene Walzenpaar mit regulierbarem Druck automatisch möglich. Tabelle 20 zeigt einen Arbeitsvorschlag für eine solche Naßzurichtung im Durchlaufverfahren, der natürlich nur als Anhaltspunkt dienen kann. Hier werden Neutralisation und Nachgerbung in getrennten Bädern, Färbung und Fettung im gemeinsamen Bad vorgenommen. Dabei müssen die Zubesserungsflotten so eingestellt sein, daß sich die Flüssigkeit des Bades auf dem gleichen Niveau hält und die von den durchlaufenden Ledern aufgenommenen Chemikalien wieder in gleicher Menge zugeführt werden. Bei sachgemäßer Auswahl der eingesetzten Chemikalien, Gerb-, Farb- und Fettstoffe und sachgemäßer Einstellung von Konzentration, Temperatur und Kontaktzeit ist es möglich, im Durchlaufverfahren mit guter Tiefenwirkung wesentlich schneller, gleichmäßiger und weniger arbeitsaufwendig zu arbeiten und damit in diesen Stadien eine weitere Rationalisierung zu erreichen, ohne daß die Qualität des Leders ungünstig beeinflußt wird. Gleichzeitig wird eine raschere Anpassung der gesamten Naßzurichtung an die ständig wechselnden modischen und qualitätsmäßigen Anforderungen erleichtert und schließlich werden die Abwasserverhältnisse für die Naßzurichtung weitgehend verbessert, da ja Abwässer überhaupt nicht bzw. nur in großen Zeitabständen in geringen Mengen anfallen.

Tabelle 20: Arbeitsvorschlag für die Naßzurichtung von Narbenrindoberleder im Durchlaufverfahren.

1. Neutralisation	35 °C; 20 Sekunden	
Anfangsflotte:	10 % Natriumformat 10 % Tanigan P 2 5 % Amollan P	= 100 g/l = 100 g/l = 50 g/l
Zubesserung:	1 % Natriumformat 2 % Tanigan P 2 0,5 % Amollan P	} auf Abwelkgewicht, 1:1 in Wasser gelöst
2. Nachgerbung	60 °C, 60 Sekunden	
Anfangsflotte:	20 % Rg Mimosaextrakt = 200 Rg/l	
Zubesserung:	5 % Rg Mimosaextrakt auf Abwelkgewicht, 1:1 in Wasser gelöst	
3. Färbung und Fettung	55 °C; 60 Sekunden	
Anfangsflotte:	20 % Reinfett = 200 g/l 8 % Farbstoff = 80 g/l gelöst in einer Mischung von $^1/_3$ Äthylglycol und $^2/_3$ Wasser	
Zubesserung:	5 % Reinfett 2 % Farbstoff	} auf Abwelkgewicht, gelöst im gleichen Gemisch

Im Zusammenhang mit der Durchlaufmaschine muß aber auch ein zweites patentrechtlich geschütztes Verfahren[116] erwähnt werden, bei dem ein anderer Wirkungsmechanismus als bei der Multima-Maschine angewandt wird. Die Leder laufen in einer mit der Behandlungsflüssigkeit gefüllten Wanne durch eine Vielzahl von Walzenpaaren, die einen gewissen Druck gegeneinander ausüben. Dadurch werden die Leder beim Durchlauf zusammengepreßt, beim Austritt wieder entspannt, und so erfolgt ein ständig sich wiederholendes Abwelken und Wiedervollsaugen mit Flüssigkeit, wodurch erwartungsgemäß die Diffusion und Tiefenwirkung wesentlich gesteigert wird. Sicher wird die so bewirkte Pumpwirkung sich in Tiefenwirkung und Beschleunigung anders auswirken als die Wirkungsweise der Multima-Maschine. Auch hier können durch die Anordnung der Walzenpaare, Walzendruck, Anzahl der Quetschvorgänge, Durchlaufgeschwindigkeit, Temperatur und Konzentration der Flotte viele Variationen eingeschaltet werden.

7.2 Darmstädter Durchlaufverfahren[117]. Der für dieses Verfahren entwickelten Apparatur liegt die Grundidee zugrunde, anstelle eines diskontinuierlichen Arbeitens in einzelnen Produktionschargen mit mehrfachem Gefäßwechsel ein kontinuierliches Durcharbeiten der Prozesse von der Weiche bis zum Ende der Chromgerbung zu erreichen. Moderne Technologien beschränken zwar auch beim Arbeiten im Faß oder anderen Gefäßen die Diskontinuität auf ein Minimum (S. 212 ff.), hier werden aber die Häute im Gegensatz dazu nicht chargenweise, sondern kontinuierlich in den Arbeitslauf eingebracht. Die wesentlichen Punkte des Vorschlages sind, daß das Hautmaterial über Stangen hängend durch die einzelnen Prozeßstufen gefahren wird, daß die Chemikalien mittels Sprühauftrag auf die Häute gebracht werden, wodurch ein automatischer Betrieb möglich wird und daß die Häute mit einer gut entwickelten Fördertechnik kontinuierlich durch alle Produktionsstadien geführt werden, wobei die Verweilzeiten in den einzelnen Stadien einstellbar sein müssen.

Der bisher am weitesten entwickelte Teilprozeß ist die Blößenherstellung und Konservierung im Darmstädter Durchlaufverfahren, wobei eine automatische Sprühschwöde mit Schwefelnatrium, ein Abstreifen der Haare und eine Sprühkonservierung durchgeführt wird. Dabei wird eine klare Trennung von Enthaarung und später erfolgendem Hautaufschluß vorgenommen. Wie die vereinfachte Konstruktionszeichnung dieser Anlage (Abb. 187) zeigt, werden die Häute mit der Haarseite nach außen über exzentrisch gelagerte Stangen gehängt, so daß eine asymmetrisch aufgelegte Haut nicht abrollen kann. Zum Transport dienen horizontale Förderketten, die gemeinsam am Ende der Anlage angetrieben werden und die an den Stangen hängenden Häute an den Sprühkabinen und sonstigen Behandlungsvorrichtungen vorbeitransportieren. Die Stangen werden bei der ersten Hebe-Senk-Vorrichtung mit Doppelhaken erfaßt, die sich dann von Steuerschaltern abgetastet in Bewegung setzt und die Stangen mit den Häuten in die Na_2S-Sprühkabine absenkt. Die Häute fahren dann an den versetzt angeordneten Sprühdüsen entlang und werden dort von oben mit 10%iger Schwefelnatriumlösung besprüht, die dann an den Häuten herunter läuft, unten gesammelt und oben immer wieder aufgesprüht wird. Am Ende des Sprühbereichs werden die Häute wieder mit einer Hebe-Senk-Vorrichtung angehoben und die anhaftende überschüssige Na_2S-Flotte wird zwischen zwei Gummi-Abdruckwalzen von den Häuten abgedrückt und fließt ebenfalls wieder in das Vorratsgefäß zurück. Gleichzeitig wird auch der in den Haaren verklebte Dung abgestrichen.

Die Häute werden dann auf der Horizontalkette weitertransportiert und nach 10 bis 20 Minuten ist die Haarlockerung so weit fortgeschritten, daß das Haar samt Epidermis in einer Enthaarapparatur mit Rakeln als pastenförmige Masse abgestreift werden kann. Dabei werden haar- und epidermisfreie Blößen erhalten, die nun entweder in einem Weißkalkäscher weiterbehandelt werden oder aber auch direkt in einer weiteren Sprühkabine, z. B. mit einer 5%igen Natriumchloritlösung, konserviert werden, wobei das in der Haut vorhandene Sulfid zerstört und die Alkalität der Blößen so vermindert wird, daß eine mehrmonatige Lagerung möglich ist. Am Ende der Apparatur werden die Häute dann auf einer Rutsche abgelegt und dort zur Lagerung oder Weiterbearbeitung entnommen.

Der bei der Enthaarung anfallende Haarschlamm kann in einem kontinuierlich und wartungsfrei arbeitenden Reaktor (Abb. 187, rechts) neutralisiert und durch Ansäuern vom Sulfid befreit und der dabei freiwerdende Schwefelwasserstoff durch Auffangen in Natronlauge zurückgewonnen werden. Der anfallende Haarschlamm und der Schlamm aus dem Streichapparat werden mittels einer Impellerpumpe oben in das senkrecht stehende Reaktionsrohr eingepumpt, in welchem viele Lochscheiben eingesetzt sind. Er wird oben mit saurem Kreislaufwasser vermischt, das mittels einer Kreislaufpumpe aus dem unten befindlichen Gefäß hochgepumpt wird, in dem der neutralisierte Haarschlamm aufgefangen und die Haare abfiltriert werden. Der Haarschlamm wird zusammen mit dem Kreislaufwasser in dem Reaktionsrohr weitertransportiert, wobei die Lochscheiben für einen engen Kontakt der Haare mit dem Kreislaufwasser sorgen. Auch der Pulsator am Ende der Reaktionssäule sorgt durch Oszillieren der Flüssigkeitssäule für einen schnellen und intensiven Kontakt des Kreislaufwassers mit dem Haarschlamm. Kurz unterhalb des Eintrittsstutzens befindet sich ein pH-Regler und etwas tiefer wird mit der HCl-Pumpe so viel HCl zur Neutralisation

Abb. 187: Durchlaufanlage zur Schnellenthaarung von Häuten mit Reaktor zur Aufbereitung des Haarschlammes.

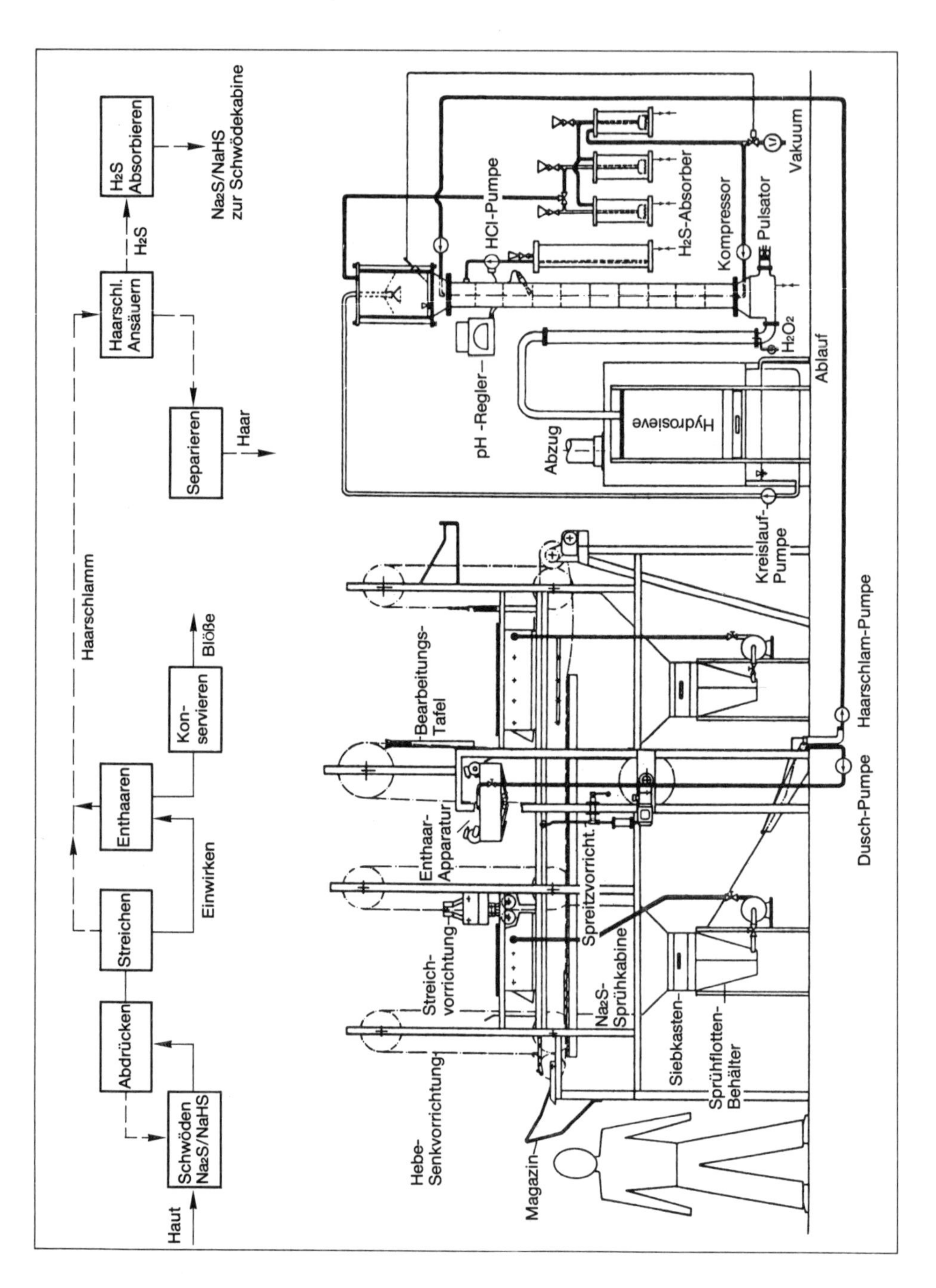

zugeführt, daß sich ein konstanter pH-Wert von 5 einstellt. Am unteren Ende des Reaktionsrohres wird mit Hilfe eines Kompressors Druckluft eingeführt, die im Gegenstrom durch die Säule perlt und damit das freigesetzte H_2S nach oben transportiert, wo es abgesaugt und über mit Natronlauge gefüllte Absorber geleitet wird. Das entstehende Na_2S kann wieder der Durchlaufapparatur zugeführt, der neutralisierte Haarschlamm nach Entwässern oder Trocknen für Düngezwecke verwendet werden.

Hier sei der Vollständigkeit halber erwähnt, daß die gleiche Apparatur auch zur Aufarbeitung sulfidhaltiger Äscherabwässer vor der Kanalisation verwendet werden kann, wobei ebenfalls das Na_2S zurückgewonnen wird. Nach einem anderen Vorschlag[118] soll sie auch für die Rückgewinnung von Chromrestbrühen einsetzbar sein, indem man das Chrom zunächst mit Natronlauge fällt und dann in einer Zentrifuge abtrennt.

Für den Einsatz des Darmstädter Durchlaufverfahrens für die Herstellung und Konservierung von Blößen sind eine Reihe von Vorteilen anzuführen, neben den Vorteilen, die generell für die zentrale Blößenherstellung gelten und schon an früherer Stelle behandelt wurden (S. 144). Anzuführen seien eine Zeiteinsparung, geringerer Arbeitsaufwand, geringerer Wasserverbrauch und Einsparung an Schwefelnatrium, da dieses zu einem beträchtlichen Anteil zurückgewonnen wird. Die Abwassermenge wird wesentlich verringert und seine Qualität infolge des Fehlens von Na_2S und den Haarproteinen auch erheblich verbessert. Ob wegen des fehlenden Walkens tatsächlich eine Verbesserung des Hautmaterials eintritt, erscheint fraglich, da auch in den rotierenden Gefäßen Bewegungen nur kurzfristig und in langer Flotte erfolgen. Die Arbeiten des Entfleischens und Spaltens sind natürlich hier wie bei allen anderen Verfahren getrennt durchzuführen. Die maschinentechnische Entwicklung des Verfahrens als Durchlaufmethode wurde vorzüglich gelöst, ob die Verfahrensseite zu einer einwandfreien Blößen- bzw. Lederqualität führt, wird man erst beantworten können, wenn die geplante Großanlage ihre Tätigkeit aufgenommen hat. Auch dann wird erst zu entscheiden sein, wie hoch die Anlagekosten liegen und in welcher Zeitspanne sie durch die angeführten Vorteile amortisierbar sind.

Neuerdings sind auch Untersuchungen zur Weiterverarbeitung der Blößen bis zum Ende der Chromgerbung im Darmstädter Durchlaufverfahren veröffentlicht worden.[119] Diese Weiterverarbeitung umfaßt einen Hautaufschluß mit Natriumperoxid in steigender Konzentration in drei Etappen, Vorneutralisation, Neutralisation und Pickel mit einer Mischung von Ameisensäure und Schwefelsäure 2 : 1 und schließlich die Chromgerbung. Eine enzymatische Beize halten die Autoren für entbehrlich. Für den Gesamtprozeß wird eine Dauer von sechs Stunden vorgesehen. Ob diese Zeitverkürzung und auch hier eine Verminderung der Abwassermenge ausreicht, um die zweifellos hohen Investitionskosten zu rechtfertigen und ob eine solche vereinfachte Arbeitsweise zu den heute erforderlichen Lederqualitäten führen kann, wird noch eingehende Untersuchungen in großtechnischem Maßstab erfordern.

VI. Rationalisierung der Maschinenarbeit in der Wasserwerkstatt

Bevor in die Betrachtungen dieses Themas eingetreten wird, sei zunächst die Begrenzung der Stoffbehandlung für dieses und das nächste Kapitel angeführt. In diesem Buch sollen nicht maschinentechnische Konstruktionsfragen im Vordergrund stehen, nicht Einzelheiten über den Aufbau der Gerbereimaschinen, ihre Bauelemente und ihre Einstellung auf die Verschiedenheiten des Arbeitsprozesses usw. behandelt werden. Wer sich darüber unterrichten will, sei auf die Lehr- und Handbücher unseres Fachgebiets, die Prospekte der herstellenden Firmen und insbesondere das Fachbuch von Brill[120] verwiesen. Hier sollen die bei der Lederherstellung verwendeten Maschinen bzw. die daran angebrachten Einrichtungen im wesentlichen aus der Sicht der Rationalisierung der verschiedenen Arbeitsprozesse behandelt, der Stand der Rationalisierung besprochen und vorhandene Wünsche und Entwicklungstendenzen aufgezeigt werden. Natürlich stellt jede Maschine aus der Sicht der früheren Handarbeit an sich schon eine Rationalisierungsmaßnahme dar, aber die Maschinenarbeit als solche wird als bekannt vorausgesetzt. Hier interessieren in erster Linie die Entwicklungen etwa der letzten 30 Jahre in Hinblick auf die Steigerung der Leistung pro Arbeitskraft, die Erleichterung der Arbeit, die Verbesserung und Verkürzung des Produktionsablaufes, die bessere Zu- und Abführung des Produktionsgutes, mögliche Automatisierungen, die zweckmäßigste Aufstellung der Maschinen und selbstverständlich immer die Verbesserung der Maschinenarbeit im Hinblick auf die Qualität des fertigen Leders.

Die Gerbereimaschinenindustrie in aller Welt hat hier Bedeutsames geleistet. Dabei darf nicht übersehen werden, daß Entwicklungsarbeiten erhebliche Kosten verursachen, insbesondere in einem Industriebereich, wo der stückzahlmäßige Absatz relativ gering ist, also von Produktions-»Serien« im Vergleich zu anderen Industrien nicht gesprochen werden kann. Natürlich bestehen aus der Sicht der Lederhersteller noch viele Wünsche, aber es ist falsch, der Gerbereimaschinenindustrie generell – wie das vielfach geschieht – fehlendes Interesse oder Engagement vorzuwerfen. Diskussionen in den maßgebenden Gremien[121] haben immer wieder gezeigt, daß zwar Wünsche vorhanden waren, die aber unklar und widersprüchlich vorgetragen wurden, daß es an klaren Konzeptionen fehlte und daß der mögliche Bedarf auf dieser Grundlage zu vage erschien, um größere Entwicklungskosten zu rechtfertigen, von Absatzgarantien gar nicht zu reden. Einzelne Lederfabriken sind hier zwar oft vorbildlich, die Zusammenarbeit auf breiter Basis läßt nach meiner langjährigen Erfahrungen meist sehr zu wünschen übrig.

1. Allgemeine Gesichtspunkte für weitere Rationalisierungen

Die Maschinenarbeiten in der Wasserwerkstatt (Enthaaren, Entfleischen, Glätten, Spalten) sind namentlich bei der Verarbeitung von Großviehhäuten besonders lohnintensiv, schwer, schmutzig und übelriechend, und es wird in Zukunft immer schwerer sein, hierfür Arbeitskräfte zu bekommen. Daher sind gerade in diesem Bereich Rationalisierungsmaßnahmen besonders viel diskutiert worden und sollen hier, soweit sie alle Maschinenarbeiten gemeinsam betreffen, zusammenfassend behandelt werden. Dabei handelt es sich sowohl um produktionstechnische wie um maschinentechnische Fragen.

Ein produktionstechnisches Problem ist zunächst die Frage, ob man nicht die Maschinenarbeit in der Wasserwerkstatt ganz wegfallen lassen oder an Produktionsstellen vornehmen kann, wo sie leichter und rationeller durchzuführen sind. Unter diesem Gesichtspunkt wäre die beste Lösung, *von der Rohware bis zum Ende der Hauptgerbung in einem Produktionsgefäß einheitlich durchzuarbeiten,* das Entfleischen am Schlachthof (S. 139) oder nach der Vorweiche (S. 212) vorzunehmen, haarzerstörend zu arbeiten, auf das Streichen zu verzichten (S. 225) und das Sortieren und Spalten erst nach der Chromgerbung durchzuführen (S. 225). Für ein solches Arbeiten liegen zahlreiche Prozeßvorschläge vor[122]. In vielen Ländern und Betrieben wird bereits in dieser Weise gearbeitet. Aber das geht nicht bei allen Lederarten. Es verbietet sich z. B. in den Fällen, wo der anfallende Fleischspalt eine andere Gerbart als der Narbenspalt erhalten soll. Das Spalten nach der Chromgerbung verbietet sich, wie an späterer Stelle noch zu besprechen sein wird (S. 286), aus Qualitätsgründen, insbesondere bei der Verarbeitung schwerer Gewichtsklassen, und als Nachteil kann hier auch noch der wirtschaftlich wichtige Faktor einer geringeren Flächenausbeutung hinzukommen (S. 287). So findet man das Durcharbeiten vorwiegend in Ländern bzw. Betrieben, bei denen leichtere Häute bearbeitet werden, nicht dagegen etwa in Betrieben, die schwere Bullenhäute zu Möbelleder verarbeiten und bei denen daher die Dicke des Fleischspaltes ein Vielfaches der Dicke des Narbenspaltes ausmachen kann. Diese technologischen Probleme müssen von Betrieb zu Betrieb zunächst sorgfältig geprüft werden, bevor Rationalisierungsmaßnahmen überhaupt ergriffen werden können.

Alle übrigen Rationalisierungsfragen sind vordergründig maschinentechnische Probleme. Da für alle Arbeiten der Wasserwerkstatt außer dem Spalten fast ausschließlich *Walzenmaschinen* verwendet werden, soll hier das Prinzip ihrer Wirkungsweise kurz behandelt werden. Bei den Walzenmaschinen wird die Haut bzw. das Leder zwischen zwei Förderwalzen aus der Maschine nach der Aufgabeseite hin, also auf die bedienende Person zu, herausgezogen und dabei an dem eigentlichen Arbeitsaggregat vorbeigeführt (Abb. 188). Eine der beiden Transportwalzen, die Auflagewalze 2 ist zu Beginn des Arbeitsvorganges nach vorn geklappt (Stellung 4), die Haut wird teilweise (etwa zwei Drittel der Fläche) eingelegt, dann schwingt infolge eines Hebeldruckes die schwenkbare gegen die feststehende Transportwalze 1 ein und klemmt die Haut fest, diese läuft aus der Maschine heraus und wird dabei jeweils von der Mitte zum Rand hin von der Arbeitswalze 3 bearbeitet, wie das früher auch bei der Handarbeit erfolgte. Dann klappt die bewegliche Transportwalze wieder in die Stellung 4 zurück, die Haut wird von den Arbeitern umgelegt und die andere Hälfte in gleicher Weise

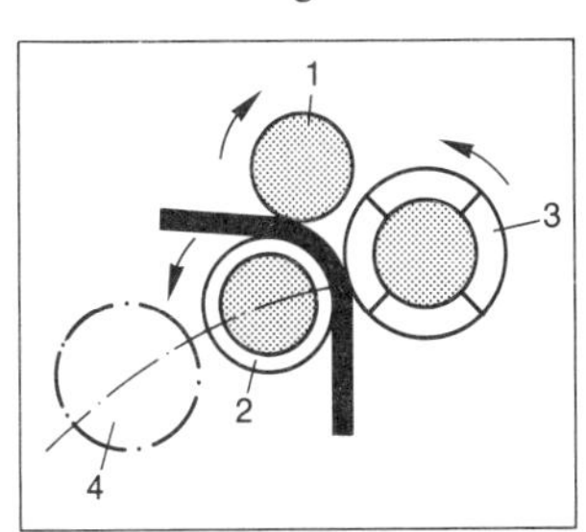

Abb. 188: Schema einer Walzenmaschine.

bearbeitet. Das Öffnen und Schließen der Maschine und das Aneinanderpressen der beiden Transportwalzen wird mit Fußdruck ausgelöst und dann selbsttätig heute meist durch eine *hydraulische Steuerung* (S. 83) bewirkt. Einige solcher Steuersysteme seien kurz besprochen. In Abb. 189 links ist der Kolben a im Zylinder c mit einer Zahnstange b gekoppelt, die ihrerseits über das Zahnrad d auf die Kurbelwelle e einwirkt. Durch die Anschlüsse f und g erhält der Zylinder durch die Pumpe abwechselnd von beiden Seiten Drucköl. Mit jedem Kolbenhub dreht sich die Kurbelwelle um 180 Grad in der einen oder anderen Richtung, diese Drehung wird durch Exzenter h auf die beiden Schwingarme i übertragen, in denen die bewegliche Transportwalze k gelagert ist und dadurch wird die Maschine geschlossen oder geöffnet. Bei der Bauart in Abb. 189 rechts sind dagegen zwei hydraulische Druckzylinder a pendelnd an festen Stützpunkten b des Maschinengestells aufgehängt und ihre Kolbenstangen c greifen mit den beiden Tragarmen d der Transportwalze g an und öffnen bzw. schließen die Maschine, je nachdem von welcher Seite das Drucköl gegen den Kolben wirkt. Bezüglich weiterer Einzelheiten sei auf die Darlegungen von Brill[120] verwiesen. Moenus[123] setzt anstelle des hydraulischen Zahnstangenantriebs für die erforderliche Drehbewegung der Kurbelwelle einen hydraulischen Drehkolbenmotor (Abb. 190) ein, bei dem der Öldruck über ein Elektromagnetventil dem Drehkolben einmal von der einen und dann von der anderen Seite zugeleitet wird und damit die Öffnungs- und Schließbewegung bewirkt wird. Der Drehkolbenmotor ist gleichzeitig mit einer Endlagendämpfung versehen, die das Entstehen von Ansatzstreifen auf dem Bearbeitungsgut verhindern soll. Turner[124] hat schließlich in ihrem Injectronic-System eine elektromechanische Steuerung der Schließ- und Öffnungsbewegungen entwickelt (Abb. 191). Bei Fußtrittbetätigung führt die Kurbelwelle (unten) eine Dre-

Abb. 189: Hydraulische Steuerung über Kurbeltrieb (links) oder unmittelbar wirkend (rechts) (Brill[120]).

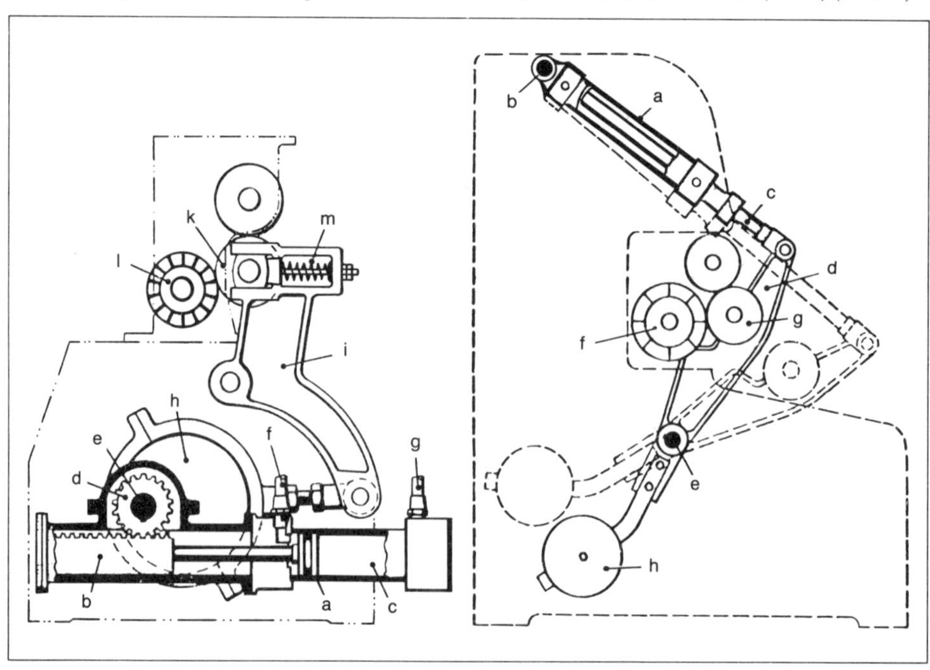

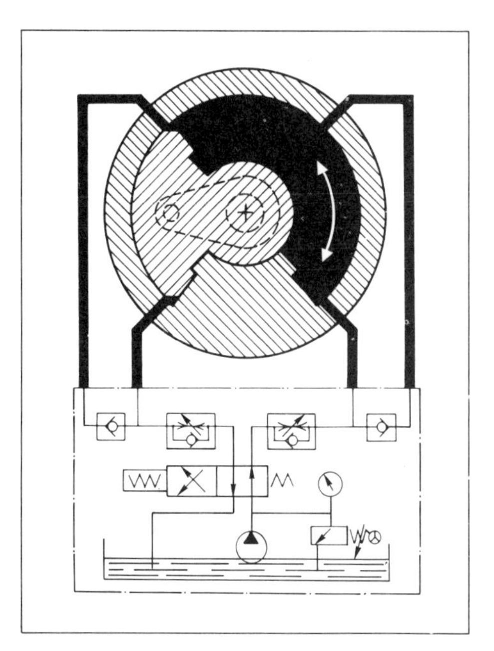

Abb. 190: Hydraulische Steuerung mittels Drehkolbenmotor[123].

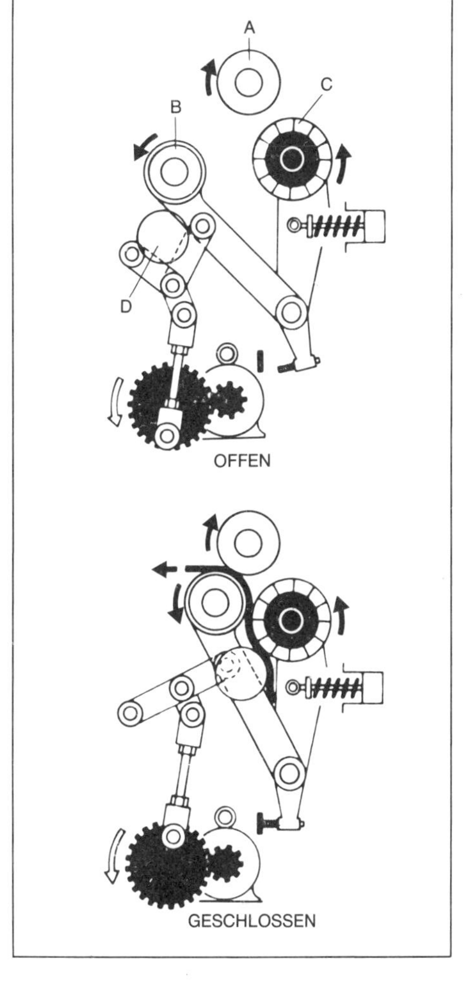

Abb. 191: Injectronic-System[124].

hung um 180 Grad aus, die über das Gestänge die Auflagewalze B schließt. Ist das erreicht, wird der Motor mittels eines Endschalters sofort exakt abgeschaltet. Zum Öffnen wird mittels Fußtrittbetätigung wieder eine Halbkreisbewegung der Kurbelwelle veranlaßt und die Auflagewalze kehrt in die offene Ausgangsstellung zurück.

Um zu vermeiden, daß die Hände des Arbeiters zwischen die sich schließenden Walzen kommen, haben die Walzmaschinen entweder einen *Berührungsschutz* in Form eines Gitters, das an Scharnieren pendelnd angebracht ist, bei Berührung mit der Hand zurückpendelt und die Schließbewegung durch mechanische, elektrische oder hydraulische Übertragung stoppt, oder man verwendet *photoelektrische Lichtschranken* (S. 85), die ebenfalls das Einschwenken stoppen, wenn der Lichtstrahl durch einen Fremdkörper unterbrochen wird. Neuerdings wurden auch *Druckwellenschalter*[81] verwendet, die noch sicherer sein sollen. Alle Schutzvorrichtungen sollten immer wieder auf ihre Funktionstüchtigkeit geprüft werden[125].

Typisch für die Walzenmaschinen in Gerbereien ist der Einbau von *Messerwalzen,* d. h. Walzen mit »Spiralmessern«, die von der Zylindermitte aus in rechts- und linksgängigen Schraubenlinien verlaufen (Abb. 192). Durch diese Anordnung wird die Haut während der Bearbeitung glatt ausgebreitet. Dabei spielt der Schnittwinkel, d. h. der Winkel, unter dem die Messer die Mantellinie der Werkzeugwalze schneiden, eine wichtige Rolle. Ist er spitzer, wird die Haut mehr in der Auslaufrichtung gedehnt, ist er stumpfer, erfolgt die Dehnung mehr nach den Seiten. Je nach dem Arbeitsgang sind die Messer unterschiedlich beschaffen. Zum Enthaaren und Glätten werden stumpfe, vorn rund geschliffene Messer aus Bronze, Messing oder rostfreiem Stahl verwendet. Die Entfleischmesser sind aus geschmiedetem Stahl, dem auf der Vorderseite eine dünne Schicht aus hochhärtbarem Stahl aufgewalzt ist. Die blankgeschliffene, gehärtete Seite bildet die Schneidkante, die beim Entfleischen das Unterhautbindegewebe von der Haut abreißt. Das Schleifen erfolgt mit einem rechtkantigen Schmirgelstein, der mittels Schlittens entlang der umlaufenden Walze hin- und herbewegt wird.

Abb. 192: Spiralmesserwalze[126].

Stellen die Walzenmaschinen nun unter arbeitstechnischen Gesichtspunkten und Rationalisierungsmaßstäben ein geeignetes Bearbeitungssystem dar? Schon die Messerwalzen werden vielfach angegriffen, man müsse sie durch moderne Schnitt- und Fräswerkzeuge ersetzen und vom Standpunkt der Zerspanungstechnik weise das Hobelmesser oder das Fräswerkzeug weit bessere Eigenschaften als das Spiralmesser auf[121]. Außerdem übe die Walzenmaschine zu hohe Kräfte in einer unerwünschten Wirkungsrichtung, nämlich in der Transportrichtung auf das Behandlungsgut aus und erfordere damit unnötige Haltekräfte. Ein großer Teil der aufgewandten Kräfte werde durch das Quetschen und Schieben des Behandlungsgutes nutzlos verschwendet[121]. Dem stehen aber die Vorteile gegenüber, daß der Messerzylinder in seiner jetzigen Form durch seine gleichzeitig ausbreitende Wirkung auf die Haut Faltenbildungen und Einschnitte vermeiden hilft und daß er während des Schneidevorganges die Haut gegen die Unterlage niederdrückt und daher im Gegensatz zum Hobelmesser nicht zum Einhacken neigt. Wenn man das gegeneinander abwägt, wird die Suche nach einem besseren Bearbeitungssystem nicht leicht, das Arbeiten mit Spiralmessern ist vielleicht gar nicht so ungünstig, wie es auf den ersten Blick scheinen mag.

Ausgesprochen ungünstig ist dagegen das Prinzip der herauslaufenden Maschinen im Hinblick auf die *Leistung* pro Arbeitskraft. Dabei handelt es sich nicht so sehr um eine zu geringe Arbeitsleistung der Maschinen an sich, und entsprechend hilft es auch nicht grundsätzlich, die Maschine einfach schneller laufen zu lassen, dabei würden nur die Gefahren für das Bedienungspersonal steigen. Zunehmende Maschinenleistung verlangt grundsätzlich auch höhere Betriebssicherheit, und zwar Sicherheit gegen Störungen (Funktionssicherheit) wie auch Sicherheit für den Menschen. Aber die Neben- und Wartezeiten, die für die Vorbereitung der Haut zum Einlegen in die Maschine, den Einlegevorgang selbst, die dann folgende arbeitsgebundene Wartezeit, das Umlegen durch Drehen der Haut, die erneute Wartezeit und schließlich das Ablegen benötigt werden, sind insgesamt zu groß, viel größer als die Zeiten des eigentlichen Arbeitsprozesses, und daher ist man nicht in der Lage, die wirkliche Leistungsfähigkeit der Maschine auszunutzen. Die reinen Wartezeiten während der eigentlichen Bearbeitung sind wahrscheinlich unumgänglich. Sie sind zu kurz, um den Arbeiter inzwischen mit anderen Dingen zu beschäftigen. Aber die Tätigkeitszeiten vor und nach dem Bearbeitungsvorgang und für das Umlegen sind zu lang, sie zu verkürzen und diese Tätigkeit auch zu erleichtern, das ist das Problem und würde schon eine Leistungssteigerung an sich bringen.

Hier wird immer wieder der Ruf nach *Durchlaufmaschinen* anstelle von rauslaufend arbeitenden Maschinen laut, denn sie würden die geschilderten Nachteile beheben, die Totzeiten vermindern und damit die Leistung steigern und gleichzeitig die Arbeit für den Durchführenden erleichtern. Für viele Arbeitsgänge der Zurichtung wurde dieser Wunsch, wie das folgende Kapitel zeigt, erfüllt, aber dort sind die Probleme einfacher. Bei den Maschinenarbeiten der Wasserwerkstatt muß man die relativ weiche, ungegerbte Haut vor der eigentlichen Bearbeitung ja ausbreiten, also eine Ausbreitvorrichtung vor das Arbeitswalzensystem vorschalten, wenn man hereinlaufend arbeiten will. Und hierin besteht das Problem, immer vorausgesetzt, man will beim Arbeitsprinzip der Walzenmaschine bleiben. Hier wird dann zwangsläufig von der Maschinenindustrie die Frage gestellt, ob es sich wirklich lohne, die Haut mit allen Zipfelchen zu verarbeiten oder ob man sie nicht »maschinengerecht« etwa in der Art des Reutlinger Beschnittvorschlags (S. 126) beschneiden könne, weil dadurch die Entwicklung von Durchlaufmaschinen auch für die Arbeiten der Wasserwerkstatt wesentlich leichter würde. Oder brauchen wir – wie viele behaupten – jeden Quadratfuß, um auf unsere Kalkulation zu kommen. Hier Beschnitt und geringere Bearbeitungskosten, dort Verarbeitung jeden Zipfels, aber höhere Neben- und Wartezeiten, das ist die Frage, die nur die Praxis entscheiden kann, und hier stoßen wir an die Grenzen der Rationalisierung. Nur wer die Voraussetzungen zur Entwicklung von Durchlaufmaschinen zu schaffen bereit ist, kann die Forderung danach aufrechterhalten. Sonst muß man sich mit Kompromissen zufriedengeben, etwa durch Kombination mehreren herauslaufenden Maschinen eine Art Pseudodurchlaufmaschine zu schaffen, Zusatzaggregate zur Erleichterung der Arbeiten zu entwickeln, durch zweckmäßige Aufstellung der Maschinen die Nebenzeiten zu vermindern und die Arbeiten zu erleichtern usw. Hier liegen viele gute Vorschläge vor, die bei den einzelnen Arbeitsprozessen noch behandelt werden.

2. Schwöden, Enthaaren, Entwollen

Die Haarlockerung wird heute meist in Form des Äschers bzw. der Faßschwöde in den im vorhergehenden Abschnitt besprochenen Gefäßen durchgeführt. Die Haare werden dabei je nach der Zusammensetzung der Äscherflüssigkeiten mehr oder weniger stark angegriffen oder ganz zerstört. Sollen die Haare dagegen erhalten bleiben und nicht mit den haarlockernden Chemikalien in Berührung kommen, vorwiegend bei Schaf-, Ziegen- und auch Kalbfellen, so wird auch heute noch die klassische *Schwöde* angewendet, bei der die haarlockernden Chemikalien gegebenenfalls unter Zusatz von Verdickungsmitteln auf der Fleischseite aufgetragen werden, die Haut bis zur Epidermis und den Haarwurzeln durchdringen und so Haarlässigkeit bewirken, ohne daß die Haare selbst mit Ausnahme der Haarwurzeln mit ihnen in Berührung kommen. Das Aufbringen des Schwödebreis erfolgt heute statt durch den arbeitsaufwendigen Handauftrag meist mit *Schwödemaschinen* mit 1500 bis 2500 mm Arbeitsbreite, die alle nach dem Durchlaufsystem arbeiten. Ein Gummitransportband führt die ausgebreiteten Felle in einem umbauten Kasten unter dem Verteilungssystem durch und der Schwödebrei wird entweder mit Saug- und Druckpumpe und angeschlossener Spritzdüse in gleichmäßigem Strahl (Arenco-BDM[72]) oder mit rotierenden Nylonbürsten (Mercier[127]) auf das vorbeiwandernde Fell aufgebracht. Die Maschinen sind mit Rührwerk, Förderpumpe und Rückgewinnungsbehälter versehen, die Leistung liegt bei Kleintierfellen bei 400 bis 600, bei Häuten bei 250 bis 300 Stück/Std. An dieser Stelle sei auch nochmals das früher bereits besprochene Darmstädter Durchlaufverfahren (S. 252) erwähnt, bei dem es sich auch um ein Schwödeverfahren handelt, bei dem die Haarlockerungschemikalien auf die über Stangen hängenden Häute aufgesprüht werden. Das Verfahren wird z. Z. für Rindhäute erprobt, und das Aufsprühen erfolgt auf der Haarseite, es könnte aber im Prinzip sicher auch für den Schwödeprozeß verwendet werden.

Soweit die Haarlockerung noch haarerhaltend durchgeführt wird, erfolgt das Enthaaren als gesonderter Arbeitsgang. Durch vorherige Behandlung mit warmem Wasser kann der Arbeitsgang erleichtert werden, da dadurch die Verquellung des Fasergefüges, durch die die Haare festgeklemmt werden, vermindert wird. Die meisten *Enthaarungsmaschinen* sind Walzenmaschinen (Abb. 193, ferner S. 257, Abb. 188). Die obere feststehende Transportwalze 1 ist aus Eisen und mit einer Riffelung in der Längsrichtung oder kreuzweise schräg zur Längsrichtung versehen, um dadurch ein Rutschen des sehr glatten Hautmaterials zu verhindern, die untere nach vorn ausschwenkbare Walze 2 bzw. 4, die gleichzeitig der Hautträger ist, ist mit Gummi überzogen. Wenn sie eingeschwenkt ist, bewirkt sie zusammen mit der Riffelwalze den Transport der Haut nach außen und gleichzeitig drückt sie die Haut gegen die Arbeitswalze 3 (S. 257), wobei der elastische Gummiüberzug der Andruckwalze die Dickenunterschiede der Haut weitgehend ausgleicht. Durch ständig überrieselndes Wasser werden die Haare von Haut und Walzen abgespült. Die Tourenzahl liegt bei 100 bis 500 U/min, die Arbeitsbreite für Kleintierfelle bei 1300 bis 1750 mm, für Großviehhäute bis 3300 mm, die Stundenleistung beträgt bei Kleintierfellen 200 bis 350, bei Großviehhäuten 120 bis 200 Stück. Soweit die Maschinen zum *Entwollen* verwendet werden, sind sie meist mit einem Sortier- und Abtransportband ausgestattet, auf dem die Wolle sortiert werden kann, da weiße Wolle meist höher als bunte, Wolle der Rückenpartien höher als von den Seiten bewertet wird. Zum Entwollen werden heute teilweise auch noch *Mehrtischmaschinen* (Abb. 194) angeboten, bei denen an einem umlaufenden Kettenband mehrere Tische angebracht sind, die durch ein federnd gelagertes Arbeitswalzenpaar hindurchlaufen. Auch hier erfolgt ein automatischer Abtransport der Wolle mittels Band zur Sortierung oder zur Weiterbehandlung. Die Stundenleistung wird je nach Größe der Maschine mit bis zu 800 Fellen/Std. angegeben.

Ebenso gibt es Maschinen für das nachfolgende *Waschen der Haare* bzw. *Wolle.* Sie bestehen meist aus einem holländerartigen Spülgefäß mit Doppelboden, in dem das schwim-

Abb. 193: Hydraulische Enthaar- und Entwollmaschine[81].

Abb. 194: Mehrtisch-Entwollmaschine.

mende Haarmaterial mittels Gabeln stark bewegt und umgeschichtet wird, wobei das Wasser kontinuierlich oder periodisch erneuert wird und der Schlamm sich zwischen den beiden Böden absetzt. Mittels selbsttätig wirkender Aushebevorrichtung mit Transportband wird das gewaschene Material aus dem Bottich entfernt und gelangt dann nach *Zentrifugieren* in eine Trockenanlage für die Wolltrocknung. Für das anschließende *Verpressen* der lockeren Wolle zu dichten, leicht transportierbaren Ballen liefert z. B. Mercier[127] eine Presse, die die Wolle in zwei Etappen mit einem Druck von 30 t vorverdichtet und 200 t fertigverdichtet und auch verpackt, wobei alle Bewegungen mittels Programmsteuerung automatisiert sind.

Man kann natürlich auf das Enthaaren am leichtesten verzichten, wenn im Äscher *haarzerstörend* gearbeitet wird. Das wird bei Großviehhäuten in vielen Ländern heute praktisch ausschließlich durchgeführt und damit konnte ein ganzer Arbeitsgang eingespart werden. Man bezahlt dieses Verfahren aber mit einem hohen Gehalt an Schwefelnatrium und Proteinen im Abwasser, und auch das ist im Hinblick auf die Abwasserkosten nicht billig. Hier bieten sich natürlich die schon an anderer Stelle (S. 221) besprochenen *haarerhaltenden Verfahren* an, besonders der Enzymäscher[128], vielleicht auch der Aminäscher[129], die beide die Möglichkeit bieten, ebenso kurzfristig und narbenschonend zu arbeiten wie mit haarzerstörenden Äschern. Natürlich müßte man dann auch in einem Arbeitsgang enthaaren und entfleischen können (S. 267), aber man wäre damit manche Abwassersorgen los, und daher ist es schon wert, auch über diesen Weg immer wieder nachzudenken. Die dritte Alternative wäre – hier nochmals erwähnt – das Darmstädter Durchlaufverfahren (S. 252), das zwar auch haarzerstörend arbeitet und eine Enthaarung durchführt, Schwefelnatrium und anfallende Proteine der Haare aber ebenfalls nicht in das Abwasser gelangen läßt.

3. Entfleischen

Entfleischmaschinen werden von allen größeren Gerbereimaschinenfabriken geliefert, auf konstruktive Unterschiede, soweit sie nicht unter Rationalisierungsaspekten grundsätzlich Neuartiges bringen, soll hier nicht eingegangen werden. Soweit es sich um Maschinen für

Kleintierfelle handelt, ist der Aufbau praktisch der gleiche wie bei den Walzenmaschinen zum Enthaaren (S. 262), nur ist die Messerwalze natürlich eine andere (S. 260). Bisweilen werden zum besseren Transport der Häute auch zwei Riffelwalzen eingebaut. An Maschinen für Großviehhäute werden dagegen wesentlich höhere Anforderungen gestellt, und das wirkt sich im Aufbau in zwei Richtungen aus (Abb. 195 und 196). Einmal haben die Maschinen neben der ein- und ausschwenkbaren, mit Gummi überzogenen Auflagewalze zwei festgelagerte geriffelte Transportwalzen, um die schweren glatten Häute sicher herausziehen zu können. Der Druck wird hydraulisch erzeugt, die Einwurföffnung zum bequemen Einführen des Arbeitsgutes möglichst weit gehalten. Zum anderen bewirkt die gummierte Auflagewalze nicht auch gleichzeitig den Andruck an die Messerwalze und könnte das auch nicht, weil sie nicht in der Lage wäre, die hier viel stärkeren Dickenunterschiede zwischen Kern- und Seitenteilen auszugleichen, so daß die letzteren mit Sicherheit ungenügend entfleischt würden. Daher verfügen die Maschinen über eine pneumatische Hautunterlage, die aus einem allseitig abgedichteten luftgefüllten Schlauch und einem darübergezogenen dickwandigen Gummimantel mit Gewcbeeinlage besteht. Dieser nachgiebige Hohlkörper ist zwischen den Backen eines langen Gußstücks eingespannt und abgestützt und bildet mit ihm zusammen das pneumatische Bett. Ein darüber befindlicher Sperrhebel oder heute meist ein Druckminderventil oder elektromechanisch bzw. hydraulisch gesteuerte Andruckvorrichtungen dienen dazu, den Abstand zwischen Luftschlauch und Messerwalze und damit den Anpreßdruck rasch zu verstellen und an die Eigenschaften der bearbeiteten Haut anzupassen. Diese hydraulische Dickenvariation um eine vorgewählte Spanne kann durch Hand- oder Fußbetätigung auch während des Arbeitsablaufes selbst, also z. B. bei Durchgang besonders dicker Halspartien, erfolgen, um ein seitliches Abrutschen zu vermeiden. Der Luftdruck im Gummischlauch ist mit einem Regelventil variabel einstellbar, die Druckluft wird von einem Kompressor geliefert. Die pneumatische Hautunterlage gewährleistet, daß die Haut über ihre

Abb. 195: Schema pneumatischer Entfleischmaschine (Brill[120]).

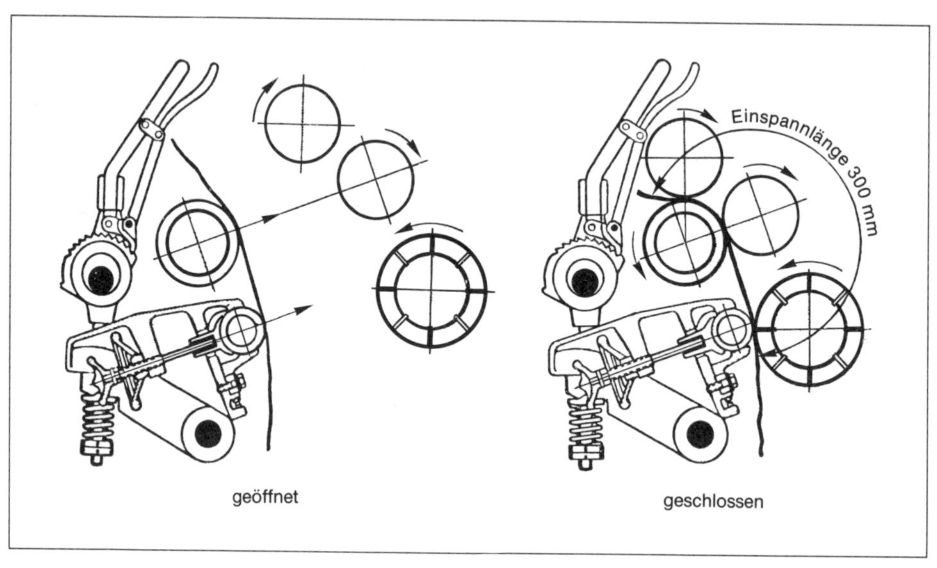

Abb. 196: Hydraulische Entfleischmaschine, 3150 mm breit[130].

ganze Fläche durch gleichmäßigen Arbeitsdruck gleichstark an die Messerwalze angedrückt wird und damit auch die abfälligen Teile so sauber wie die Kernpartien entfleischt werden.

Die Umdrehung der Messerwalzen beträgt 1200 bis 1500 U/min, die Transportgeschwindigkeit schwankt je nach Rohhautart und -gewicht zwischen 15 und 55 m/min und kann stufenlos oder in Stufen variiert werden. Die Nachschleifvorrichtung (S. 260) wird automatisch angetrieben und an dem Messerzylinder vorbeigeführt. Das anfallende Leimleder wird hinter der Maschine in ihrer ganzen Breite mittels Wasserstrahl abgeschwämmt. Für die Arbeitsbreite und Leistung der Maschine können etwa die folgenden Grenzwerte angegeben werden:

	Arbeitsbreite mm	*Leistung Stück/Std.*
Ganze Häute	2700 bis 3300	120 bis 180
Hälften, Croupons, Kalbfelle	1800 bis 2400	140 bis 220
Kleintierfelle	1250 bis 1700	200 bis 350

Zu bemängeln ist für alle Entfleischmaschinen, daß das Leimleder an den Rändern teilweise hängenbleibt und die Häute daher manuell kantiert werden müssen, wozu im normalen Fabrikationsablauf mehrere Arbeitskräfte erforderlich sind. Hier wäre eine Abhilfe kostenmäßig ein großer Erfolg.

In welchem Stadium wird zweckmäßig entfleischt, am Schlachthaus, nach der Weiche bzw. Vorweiche oder nach dem Äscher? Die historische Form ist das *Entfleischen nach dem Äschern.* Sie hat den Vorteil, daß das lockere Unterhautbindegewebe auf der in diesem Stadium stark gequollenen Haut am saubersten zu entfernen ist. Dem stehen aber die Nachteile gegenüber, daß die Haut in diesem Stadium infolge ihrer glitschigen Oberfläche insbesondere bei Großviehhäuten sehr schwer und unangenehm zu handhaben ist und daß wir den Ablauf der chemischen Arbeitsvorgänge durch Entleeren und Wiederfüllen der Gefäße unterbrechen müssen, was erhebliche Kosten bedingt, so daß wir für viele Lederarten den Wunsch nach einem Durcharbeiten von der Weiche bis zum Ende der Hauptgerbung in einem Produktionsgefäß (S. 257) nicht realisieren können. Außerdem verläuft der Äscherprozeß an einem nicht entfleischten Hautmaterial ungünstiger als nach dem Entfleischen[122], weil die Äscherchemikalien vorwiegend über den Narben in die Haut gezwungen werden und dadurch ein zu starker Äscheraufschluß der von Natur aus schon strukturell geschwächten Papillarschicht erfolgt und damit das Auftreten von Losnarbigkeit, losen Flämen und Narbenzug gefördert wird. Das gilt um so mehr, je fetthaltiger das Unterhautbindegewebe ist, so daß dann der Äscher überhaupt nicht mehr gleichmäßig durchgreifen kann. Man bemüht sich zwar in der Praxis, durch stufenweise Zugabe der Äscherchemikalien diese Schwierigkeiten nach Möglichkeit zu vermindern, aber es ist unverständlich, daß man den einfachsten Weg, die Fleischseite zur rechten Zeit für die Diffusion der Äscherchemikalien freizulegen, bisher vielfach ungenutzt läßt. Schließlich kann auch das nach der Weiche anfallende Leimleder besser zu Tierfutter und für andere Zwecke verarbeitet werden.

Über das zentrale *Entfleischen am Schlachthaus* oder in Entfleisch- und Konservierungszentralen wurde bereits an früherer Stelle (S. 139 ff.) eingehend berichtet, und dort wurden auch die vielfachen Vorteile, die für diese Art des Entfleischens sprechen, aber auch die besonderen europäischen Verhältnisse dargelegt. Aber auch wenn das Entfleischen in der Lederfabrik vorgenommen wird, hat die Durchführung *nach der Weiche* erhebliche Vorteile, da die geweichte Haut bequemer zu handhaben ist als die glitschige geäscherte Blöße und der anschließende Äscherprozeß aus den dargelegten Gründen wesentlich schneller, gleichmäßiger und auch gefahrloser verläuft, weil ein erheblicher Teil der Äscherchemikalien jetzt vorwiegend über die Fleischseite in die Haut diffundieren kann und dadurch Griff, Narbenelastizität, Flämenbeschaffenheit und Egalität der Lederfarbe erheblich verbessert werden[122, 131]. Dabei ist aber – um gleichzeitig ein sauberes Entfleischen zu gewährleisten – zweckmäßig, dieses Entfleischen schon nach der Vorweiche vorzunehmen, weil dann die Außenschichten der Haut zwar eine genügende Geschmeidigkeit besitzen, die Innenzonen aber infolge der dort erst geringen Salzentfernung und Wasseraufnahme noch eine genügend feste Unterlage für den Entfleischvorgang bieten. Dabei wird dann die Vorweiche, schon um den unnötigen Arbeitsaufwand des Füllens und Entleerens zu sparen, natürlich nicht im Faß oder einem anderen rotierenden Reaktionsgefäß vorgenommen, sondern z. B. in dem an früherer Stelle beschriebenen Waschzylinder (S. 132). Ich kenne eine ganze Reihe ausländischer Betriebe, die das Hautmaterial durch Bandtransport zu dieser Waschtrommel bringen, dort 15 bis 20 Minuten rotierend waschen und nach dem Waschen wieder mit Bandtransport zur Entfleischmaschine bringen (Abb. 83). Schließlich muß beim Entfleischen nach der Weiche bzw. Vorweiche auch berücksichtigt werden, daß die Technologien für den nachfolgenden Äscher natürlich wegen der rascheren Diffusion und des damit intensiveren Einwirkens der Äscherchemikalien variiert werden müssen, was oft nicht genügend berücksichtigt wird und dann zwangsläufig zu ungünstigeren Ergebnissen führen muß.

Selbstverständlich muß das Entfleischen auch in diesem Stadium sauber erfolgen. Gewiß wird es meist nicht so sauber wie nach dem Äschern sein, gewisse verbleibende Anteile des Unterhautbindegewebes, besonders in den Flämen, werden mitgegerbt, doch fällt das von Materialeinsatz und Lederqualität her kaum ins Gewicht. Viele der heutigen Entfleischmaschinen sind darauf eingestellt, die Haut auch unenthaart zu entfleischen, und so konzipiert, sie durch Variation des Walzendruckes der Transportwalzen bzw. den Andruck zwischen

Messerwalze und Pneumatik auf die hier bestehenden besonderen Verhältnisse abzustimmen. Ebenso kann durch höhere Tourenzahl der Messerwalze eine Verbesserung des Schnittverhaltens und damit eine Steigerung der Entfleischwirkung nach der Weiche erreicht werden. Schwierigkeiten bereitet dagegen die Tatsache, daß viele Häute namentlich in Europa stark mit Dung behaftet sind, der vorher entfernt werden muß, sonst gibt es Löcher in der Haut. Das kann man zwar durch Verminderung des Drucks vermeiden, aber dann wird der Entfleischeffekt ungenügend. Man benötigt also eine Maschine, die *in einem Arbeitsgang zugleich entmisten und entfleischen* kann. Hier bietet sich natürlich die bereits an früherer Stelle besprochene Stehling-Maschine an (S. 140). Zwar wurde jahrelang gesagt, sie sei für europäische Verhältnisse wegen des relativ hohen Umrechnungsfaktors der europäischen Währungen zum US-Dollar zu teuer, aber inzwischen haben sich diese Verhältnisse geändert. Auf maschinentechnischen Tagungen[121] wurde immer wieder die Frage aufgeworfen, warum europäische Maschinenfabriken keine solche Maschine auf den Markt brächten. Derartige Maschinen könnten auch als Mehrzweckmaschine verwendet werden, wenn sie erst nach der Haarlockerung eingesetzt werden, um das *Enthaaren und Entfleischen in einem Arbeitsgang* durchzuführen, wenn haarerhaltend gearbeitet wird (S. 221 und 263). Diese Arbeitsweise scheitert oft nur daran, daß es zu arbeitsaufwendig ist, Enthaaren und Entfleischen getrennt durchzuführen. Mit der kombiniert arbeitenden Maschine könnte man diese Klippe überspringen und damit den Einsatz haarerhaltender Äscherverfahren wieder reizvoll machen.

Der Vollständigkeit halber sei erwähnt, daß neuerdings Rizzi[130] eine Entfleischmaschine mit Entmisteinrichtung in den Arbeitsbreiten von 2750 und 3150 mm anbietet. Mercier[127] liefert für stark verschmutzte Rohware zusätzlich zu ihrer Entfleischmaschine auch eine Entmistmaschine für die Reinigung auf der Haarseite.

An früherer Stelle hatten wir auch bereits die grundsätzliche Frage der Entwicklung von *Durchlaufmaschinen,* ihre Vorteile und die gegebenen Grenzen der Entwicklung besprochen (S. 261). Bis heute sind echte Durchlaufentfleischmaschinen noch nicht entwickelt worden. Es gibt aber inzwischen einige Entwicklungen, die ich als Pseudodurchlaufmaschinen bezeichnen möchte, weil sie nicht hereinlaufend arbeiten, sondern zwei herauslaufende Entfleischmaschinen geschickt so miteinander kombiniert sind, daß de facto eine Durchlaufmaschine vorliegt. Bereits 1968 hatte die englische Firma Turner eine Maschine vorgestellt, die auf dieser Basis entwickelt war. Sie arbeitet in einigen Exemplaren in den USA, ein durchschlagender Erfolg blieb aber aus, weil die Maschine nur für Hälften ausgelegt war (2100 mm) und daher das Verhältnis Preis/Rentabilität etwas ungünstig war.

Inzwischen hat Turner[124] eine neue Durchlaufentfleischmaschine für ganze Häute entwickelt[132]. Sie besteht, wie Abb. 197 zeigt, auch aus zwei in einem gemeinsamen Maschinengestell kombinierten Entfleischmaschinen, einem Kettentransporter zum Einziehen der Häute und einem Transportband zum Abtransport nach dem Entfleischen. Der Transporter besitzt vier in gleichmäßigem Abstand angebrachte Klemmeinrichtungen, an die die Haut mit den Hinterklauen angehängt und durch diese von unten in die Maschine eingezogen wird. Bei Erreichung einer bestimmten Position in der Maschine (A) wird die Klemmeinrichtung hydraulisch geöffnet und der Weitertransport von dem Walzensystem übernommen. In der ersten Bearbeitungsstufe (B) wird die Haut von der Mitte bis zum Hals entfleischt, wobei der unbearbeitete Teil gleichzeitig in die geöffnete 2. Bearbeitungsstufe einläuft. Nach einer mittels Zeitrelais vorgewählten Zeit wird die zweite Maschine geschlossen (C) und durch gleichzeitiges Umkehren der Transporteinrichtung der Walzen der restliche Teil der Haut

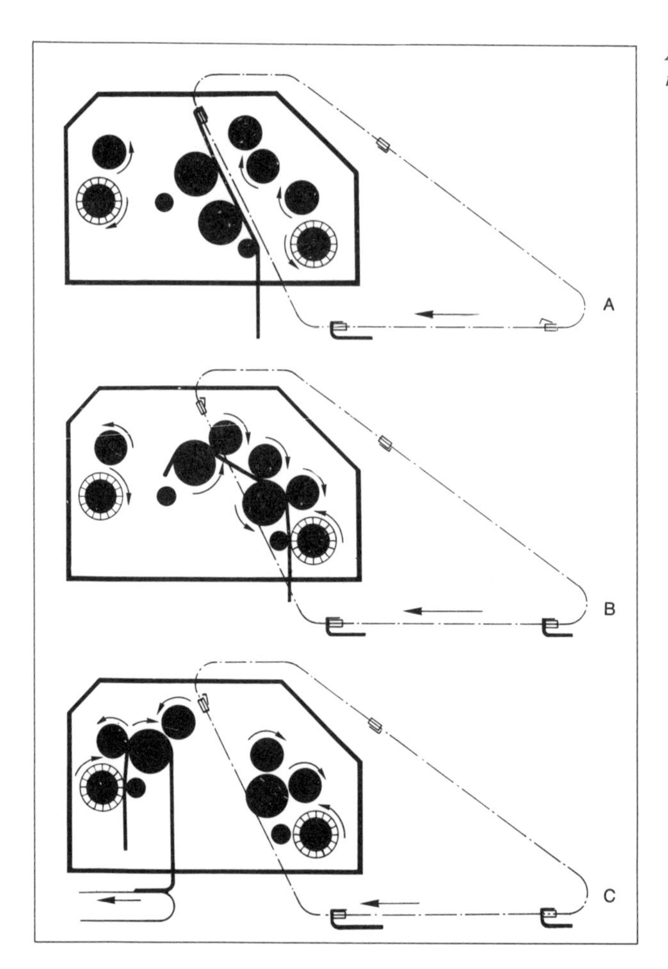

Abb. 197: Durchlauf-Entfleischmaschine[124].

entfleischt. Die Haut wird dann mittels Transportband aus der Maschine transportiert. Die Arbeitsbreite beträgt 3100 mm, die Durchlaufgeschwindigkeit ist stufenlos bis zu 40 m/min regelbar. Die Maschine setzt natürlich genügend große Rindhäute voraus, damit die Haut in der zweiten Bearbeitungsstufe richtig erfaßt wird. Dann wird die Leistung von zwei herkömmlichen Maschinen erreicht und die körperliche Belastung der Arbeitskräfte auch bei schwerster Rohware stark vermindert. Während der Bearbeitung kann schon die nächste Haut in den Transporter eingeklemmt werden. Die Steigerung der Leistung wurde mit etwa 80 %, die Energieeinsparung mit 40 bis 45 % angegeben.

Eine Durchlaufmaschine auf ähnlicher Basis ist die neuerdings auf dem Markt erschienene italienische »Pirana 3100« (Abb. 198)[133]. Hier ist aber keine Transportvorrichtung nötig, die Häute werden in üblicher Weise in die Maschine eingelegt und dann nach dem Schließen durch ein Walzensystem durch die beiden Bearbeitungsstufen hindurch transportiert. Es wird eine hohe Leistung von 200 bis 300 Rindhäuten/Std. angegeben, allerdings wird die Maschine z. Z. wohl nur bei leichteren Gewichtsklassen eingesetzt. Ihr fehlt z. Z. noch eine pneumatische Hautunterlage, und daher erscheint es mir zweifelhaft, ob man ohne diese Einrichtung auch schwere Häute sauber entfleischen kann, auch wenn der Gummiüberzug der Gegendruckwalzen sehr elastisch gehalten wird.

Abb. 198: Durchlauf-Entfleischmaschine Pirana[133].

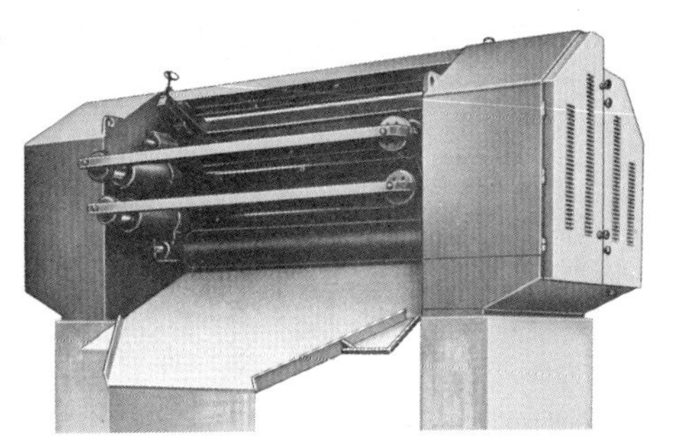

Es gibt von einer Reihe von Maschinenfabriken auch Vorschläge, durch Verbindung von zwei getrennt arbeitenden Entfleischmaschinen, z. B. mit Transportbändern, ein Arbeiten im Durchlauf zu erreichen, doch handelt es sich hier mehr um eine Rationalisierung durch günstige Aufstellung und Anordnung der Maschinen, die im Abschnitt 5 behandelt wird. An dieser Stelle ist aber noch der *Manipulator* der Arenco-BMD[72] zu behandeln, der zwar keinen Durchlauf bewirkt, aber durch Zusatzgeräte, d. h. einen Einlegeförderer und einen Wendeförderer vor und einen Austragförderer hinter der Entfleischmaschine die Arbeit des Entfleischens schwerer Häute erheblich erleichtert und gleichzeitig die Leistung steigert[134]. Er ermöglicht es, die Häute mit mechanischer Hilfe einzulegen, während des Entfleischens zu wenden und sie horizontal ausgebreitet zum Beschneiden auszutragen. In Abb. 199, links, wird die Haut 2 durch den Einlegeförderer mittels pneumatischer Zangen zur Entfleischmaschine gebracht, dort automatisch eingesenkt und dabei manuell ausgebreitet. Nach Beendigung des Senkens öffnet sich die Zange automatisch und der Einlegeförderer fährt leer zum Häutestapel zurück. Während die Haut 2 halb entfleischt wird, wird die Haut 1, die schon vorher halb entfleischt wurde und in dem Trog des Wendeförderers liegt, gewendet, hochgezogen und fährt in Wartestellung. In Abb. 199, rechts, läuft die Haut 2 aus der Maschine und fällt dabei in den Trog des Wendeförderers, die Haut 1 befindet sich hochgezogen in Wartestellung, und die Zange des Einlegeförderers wird an die Haut 3 befestigt. Im nächsten Stadium wird die halbentfleischte Haut 1 in die Maschine eingefahren und dann führt die Zange wieder zum Wendeförderer zurück, um die Haut 2 zu übernehmen. Die Haut 3 wird hochgezogen und fährt in Wartestellung vor die Maschine, die Haut 1, die jetzt fertig entfleischt wird, wird beim Verlassen der Maschine durch pneumatisch angetriebene Zangen des Austragförderers über die Maschine hinweg abtransportiert, schon während des Transports beschnitten und auf einer Palette auf Stapel abgelegt.

4. Sortieren, Streichen, Narbenabstoßen

Nach dem Entfleischen erfolgt meist ein erstes *Sortieren* des Hautmaterials, um dadurch auch die weiteren Arbeiten, insbesondere auch die Spaltstärke, festzulegen. Um dabei ein rasches Ermüden des Sortierers zu vermeiden, ist es zweckmäßig, die Paletten, auf denen die Häute nach dem Entfleischen flach ausgebreitet werden, auf einen Scherenhubtisch (S. 115) zu

Abb. 199: Manipulator[72].

fahren, damit der Sortierer mittels Fußschalters den Stapel stets auf eine ihm angenehme Höhe einstellen kann. Hier werden die Arbeitspartien meist auch mit Stempelaufdruck numeriert, wobei die Zahlen aus einzelnen durchgehenden Löchern bestehen sollten, damit sie während des ganzen Bearbeitungsganges gut sichtbar bleiben. Die Stempelung erfolgt von Hand oder mit Stempelgeräten. Abb. 200 zeigt ein solches Gerät, das unten in einem Gehäuse aus Edelstahl einen Druckluftzylinder mit Kolbenstange und Druckluftwegeventil zur Handbetätigung enthält. Die Zahlen im Zahlenmagazin sind rasch auswechselbar, die bewegliche Aufhängung an einem Gewichtsausgleich ermöglicht, daß man das Gerät leicht zur Haut hin bewegen kann und nicht wie bei älteren Stempelmaschinen die schwere Haut zur Maschine hin bewegen muß.

Das *Streichen* bzw. *Glätten* hat die Aufgabe, die in der Blöße nach dem Entfleischen noch vorhandenen Reste der Epidermis und der Haarwurzeln, Pigmente und Hautfette vorwiegend in Form von Kalkseifen, also den »Grund« zu entfernen, da er sonst im Pickel durch die Säure ausgefällt würde bzw. mit den Gerbstoffen unlösliche Verbindungen ergäbe, und so zu rauhem Narben und Versprödung des Leders, insbesondere der Narbenschicht, führen würde. Soweit dieser Prozeß heute noch durchgeführt wird, wäre er am logischsten erst nach der Beize vorzunehmen, da dann das Fasergefüge aufgelockert und verfallen ist. Andererseits ist aber die Gefahr des Wundstreichens des Narbens nach dem Beizen besonders groß, und daher wird in der Praxis das Streichen schon vor dem Entkälken und Beizen vorgenommen und vielfach vorher durch Einlegen in warmes Wasser ein gewisses Verfallen der Blöße bewirkt. Das Streichen erfolgt dann heute wohl ausschließlich maschinell wieder mit hydraulischen Walzenmaschinen und rundgeschliffenen Messern (S. 260). Sehr bewährt hat sich hier auch die *Alisora-Streichmaschine,* eine Trommelmaschine (Abb. 201), bei der die Haut auf einer Auflagetrommel (2) ruht, mit einer Klemmvorrichtung (3), bestehend aus der Zange und dem Klemmbrett, festgehalten und von der Werkzeugwalze (1) mit automatisch pneumatisch stufenlos einstellbarem Arbeitsdruck bearbeitet wird, während sich die Auflagetrommel hin- und herbewegt.

Man bemüht sich heute, nach Möglichkeit auf das Streichen ganz zu verzichten und den Grund während des Entkälkens aus der Blöße herauszuspülen (S. 225). Nach meinen Erfahrungen wird dieses Herausspülen gefördert, wenn man schon bei der Weiche Enzyme mitverwendet, eine gute Tiefenwirkung beim Äscher durch Einsatz der Faßschwöde anstrebt, beim Entkälken und Beizen mit möglichst kurzer Flotte arbeitet (Trockenentkälken), Netz- und Emulgiermittel mitverwendet und darauf achtet, daß auch bei der Verwendung sauer reagierender Entkälkungsmittel der pH-Wert nicht unter 5 sinkt, um Ausfällungen des Grundes zu vermeiden. Der bei Beachtung dieser Faktoren erreichte Effekt reicht meist auch für Anilinleder, um eine gute Reinigung der Blößen zu erreichen, insbesondere wenn rotbunte Häute verarbeitet werden, während eine gute Pigmententfernung bei schwarz-weißen Häuten wesentlich schwieriger ist. Vielleicht interessiert hier eine Arbeitsweise, die ich in der Praxis bei Ziegenfellen sah. Nach der Beize wurden die Felle im Faß 15 Minuten gespült und dann 60 bis 90 Minuten mit Lochdeckel trockengewalkt. Dabei wurde der Grund völlig aus den Blößen herausgearbeitet und konnte dann mit Wasser von 25 bis 30 °C abgespült werden. Das geht aber nur bei Ziegenfellen, deren Narben gegen mechanische Strapazen besonders resistent ist, bei anderer Rohware ist dieses Verfahren kaum zu empfehlen.

Eine echte Rationalisierung und Arbeitserleichterung bedeutet es auch, wenn heute das mühsame *»Abstoßen« des Narbens* von Hand z. B. für Sämischleder ebenfalls mit rotierenden Walzenmaschinen (Abb. 202) vorgenommen wird, wobei im Gegensatz zum Entfleischen die Narbenseite der Blößen an die rotierende Messerwalze herangeführt wird.

Abb. 201: Schema der Alisora-Streichmaschine[72] *(vgl. auch Abb. 242, S. 308).*

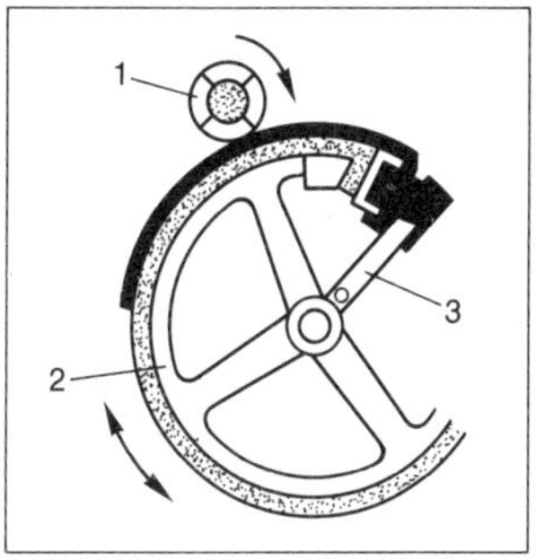

1
2
3

Abb. 200: Stempelgerät »Print«[72].

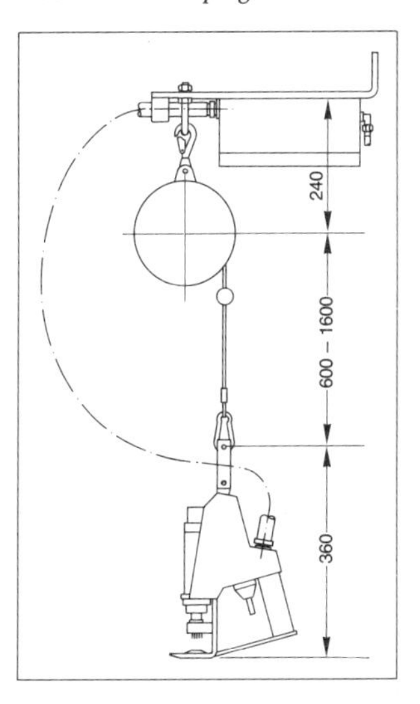

Abb. 202: Hydraulische Narbenabstoßmaschine[81]. ▽

5. Rationalisierung durch günstige Anordnung der Maschinen

Um den Ablauf der Maschinenarbeiten in der Wasserwerkstatt zu rationalisieren, zu erleichtern und einen kontinuierlichen Materialfluß zu erreichen und damit die zwangsläufig gegebenen Neben- und Wartezeiten zu vermindern, kommt auch der Anordnung der Maschinen und den eingesetzten Transportmitteln große Bedeutung zu. Daher sollen in den folgenden Darlegungen einige mir bekannt gewordene Möglichkeiten behandelt werden.

Einige Ausführungen seien zunächst über die meist verwendeten *Transportmittel* gemacht (S. 88 ff.). An erster Stelle steht hier wie in den meisten Stadien der Lederherstellung der Palettentransport, da er ein einfaches Abstellen und Zwischenlagern zwischen den einzelnen Arbeitsetappen gestattet. Er erfolgt mittels Hubwagen (S. 92), Elektrohubwagen (S. 96) oder auch mittels Elektrogabelstapler (S. 96), wenn die Maschinen hochgestellt sind, ist bequem durchführbar, in den Transportwegen variabel und kann praktisch unter allen Gebäudebedingungen eingesetzt werden. Wo große Hallen zur Verfügung stehen, wird natürlich in Kombination mit der Beschickung und Entleerung der Arbeitsgefäße in Wasserwerkstatt und Gerbung der hängende Transport mittels Hängebahnen (S. 106) oder mittels *Laufkranen* (S. 108) eingesetzt, wobei im letzten Fall der besondere Vorteil darin besteht, daß ganze Flächen ohne Bindung an bestimmten Fahrbahnen bedient werden können. Beim hängenden Transport müssen aber unbedingt auch die Kreisförderer (S. 105) erwähnt werden, die mittels Transportkette und Haken arbeiten, auch in niedrigeren Gebäuden eingesetzt und durch die auch in der Höhe variable Transportbahn zur Aufnahme des Transportgutes dicht über die Maschinen geführt werden können, während die Abgabe durch Anschlagabstreifer (S. 134) sehr erleichtert wird. Auch der Bandtransport (S. 103) wird in vielen Betrieben verwendet, etwa zum Transport des Hautmaterials von den Reaktionsgefäßen zu den Maschinen, aber auch, wie noch gezeigt wird, um mehrere Maschinen zu einer Durchlaufeinheit zu verbinden.

Wichtig ist auch die Art der *Ablage der Häute und Felle* vor den Maschinen. Sie sollte möglichst bequem und in greifbarer Nähe sein und die Arbeiter sollten sich möglichst wenig bücken müssen. Das kann sehr einfach durch den Einbau von Scherenhubtischen bzw. hydraulischen Hebebühnen (S. 115) erreicht werden, deren Höheneinstellung leicht mit Handdruck- oder Fußschalter der abnehmenden Stapelhöhe angepaßt werden kann. Auch eine Neigung der Tischebene zur Maschine hin nach unten erleichtert bei den nassen und aneinanderklebenden Häuten die Abnahme.

Es ist weiter wichtig, die Maschinen so aufzustellen, daß die Arbeit der Aufgabe, des Einlegens und des Abtransports so gering wie möglich ist. Wenn alle drei Arbeiten des Enthaarens, Entfleischens und Streichens und dazwischen noch ein Beschneiden hintereinander durchgeführt werden, so sollten alle drei Maschinen möglichst gleiche Leistungen haben und so zueinander aufgestellt werden, daß das Bedienungspersonal der einen Maschine dem der nächsten die Häute griffbereit hinlegen kann. Hier eignet sich besonders die *Karreeaufstellung*. Abb. 203 gibt das im Schemabild für das Zusammenspiel aller vier Arbeiten wieder. Von der Streichmaschine werden die Häute dann zur Waage und von dort zur Einfüllung in die Reaktionsgefäße gebracht. Ähnlich ist auch die Anordnung in Abb. 204 für die drei Arbeitsstadien in einem Hallenbau mit Krananlage. Als drittes Beispiel sei für die Verarbeitung von Kalbfellen die Karreeaufstellung der Maschinen des Entfleischens, Kopfspaltens und Streichens angeführt, wobei auch hier alle drei Maschinen etwa gleiche Leistung haben sollten, damit ein flüssiger Arbeitsablauf entsteht.

Abb. 203: *Karreeaufstellung.*

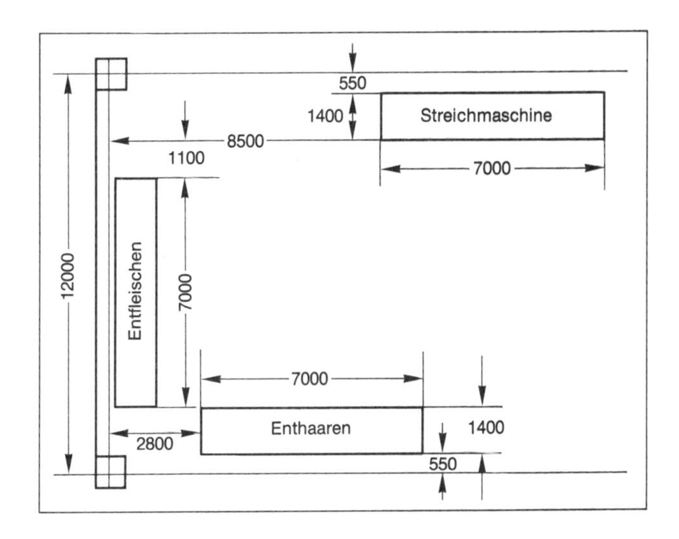

Man kann natürlich die Maschinen auch alle nebeneinander aufstellen und den Transport *mittels Band* bewirken, wie das Abb. 205 aus der Lederfabrik Thälmann Moskau zeigt, aber hier ist die Gefahr eines Staus für alle drei Maschinen wesentlich größer, wenn nur eine Maschine kurzfristig ausfällt, da keine Lagerreserven zwischen den Maschinen vorhanden sind.

Die *Podestaufstellung* der Maschinen wurde zuerst in den USA vorgenommen. Hier zwei Beispiele aus den USA. Abb. 206 zeigt eine Enthaarungsmaschine auf einem Podest von etwa 1 bis 1,5 m Höhe. Nach einem Äschern im Haspel mit Einsatz (S. 2^5) wurde dieser mittels Krananlage auf das Podest gebracht, dort seitlich geöffnet und die Enthaarung normal durchgeführt. Beim zweiten Rauslauf fällt dann die Haut durch einen Schlitz im Boden in den untergestellten Wagen, der Schlitz ist durch eine Bretterschutzwand nach der Arbeitsseite hin abgetrennt, und die Haare werden auf der Rückseite der Maschine in eine Rinne und von dort

Abb. 204: Karreeaufstellung.

Abb. 205: Bandtransport bei den Maschinen der Wasserwerkstatt.

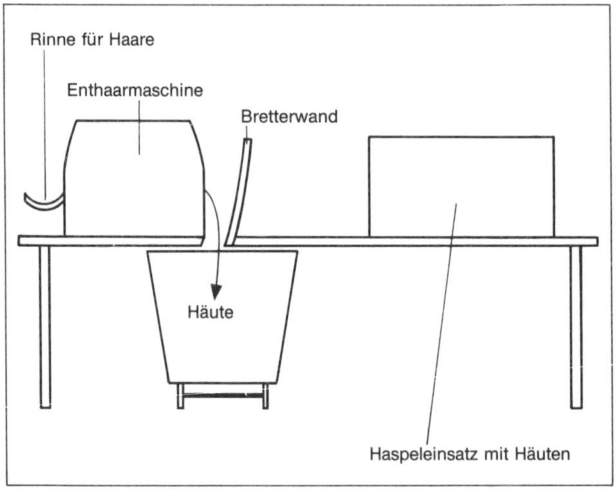

Rinne für Haare
Enthaarmaschine
Bretterwand
Häute
Haspeleinsatz mit Häuten

Abb. 206: Enthaarmaschine auf Podest.

zur Haarwäsche gespült. Abb. 207 zeigt eine Entfleischmaschine auf Podest. Die Häute kommen mit Hubstapler auf das Podest, auch hier fallen sie nach dem zweiten Durchlauf durch den Schlitz am Boden in den Wagen, während die Arbeiter in dieser Zeit schon die nächste Haut aufnehmen können, und das Leimleder fällt auf der Rückseite mittels Wasserspülung direkt in einen Siebwagen.

Diese Podestaufstellung ist heute in aller Welt zu finden, wobei je nach den baulichen Gegebenheiten des Betriebes, der Art der betrieblich eingesetzten Transportmittel und der Art der Gefäße für Weiche und Äscher die verschiedensten Variationen zu finden sind. Teils

Abb. 207: Entfleischen auf Podest.

wird nur mit einer Entfleischmaschine gearbeitet, teils werden zwei Maschinen hintereinander geschaltet, auf jeder nur eine Hälfte entfleischt und der Transport zwischen den Maschinen mit Band oder Hakentransporter vorgenommen. Teils sind beide Maschinen auf dem Podest, anderswo steht die erste Maschine unten, die zweite dagegen auf dem Podest, und im dritten Falle hat man den umgekehrten Weg gewählt. Das muß von Fall zu Fall variiert werden, hier seien nur zur Anregung einige Beispiele angeführt.

In Abb. 208 wird das Hautmaterial aus den Fässern mittels Bandtransport (A und B) zum Auffangtrog (C) gebracht, von dort in üblicher Weise auf einer Maschine entfleischt, und dann rutschen die Häute über D nach unten, das Leimleder wird mit Rutsche E und Schnecke F abgeleitet. Abb. 209 zeigt eine Kombination von zwei Entfleischmaschinen, die mit

Abb. 208: Bandtransport und Entfleischen auf Podest[124].

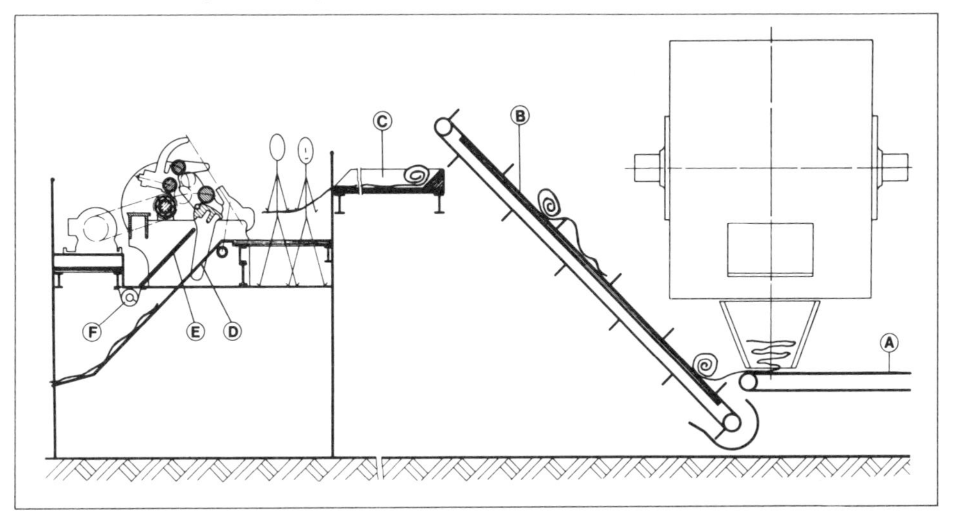

Abb. 209: Zwei Entfleischmaschinen in Podestaufstellung[130].

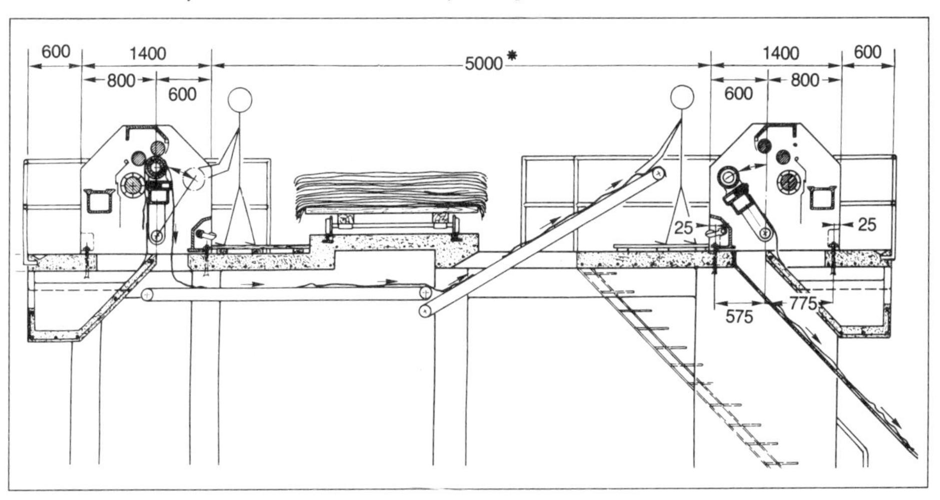

Bandtransport unter dem Podest verbunden sind. Die Arbeiter sind also nicht durch das Umwenden der Häute blockiert und können an beiden Maschinen schon während des Herauslaufs die nächste Haut bereitlegen. Bei der zweiten Maschine rutscht die Haut schräg nach unten ab, das Leimleder wird mit Schrägrohrleitung bei beiden Maschinen abtransportiert. Wird eine Maschine auf das Podest, die zweite ebenerdig aufgestellt (Abb. 210), so kann der Zwischentransport mittels Rutsche, der Abtransport von der zweiten Maschine über diese hinweg mittels eines Hakentransporters (C) zum Beschneidetisch D erfolgen, das Leimleder wird wieder bei beiden Maschinen mittels Rutsche E und Transporteinrichtung F entfernt. Abb. 211 zeigt schließlich eine Anlage, bei der die Häute zwischen den Bändern B und C, die quer mit Brettern bestückt sind, in die erste Maschine transportiert werden, die bei bestimmter Stellung der Haut automatisch schließt. Während des Rauslaufs wird die nichtentfleischte Hautpartie mittels des Gummitransportbandes D, das über die Auflagewalzen der beiden Maschinen läuft und dessen oberstes Trum durch eine Platte unterstützt ist, in die zweite Maschine gebracht. Während sie dort bearbeitet wird, wird sie bereits an die Haken des Kettentransporters F befestigt und von diesem dann zum Beschneidetisch oder -band G gebracht. Der Abtransport des Leimleders erfolgt wieder über H und I. Natürlich kann die Haut von dort auch wieder mit einem Transportband zur Spaltmaschine gebracht werden. König und Aichelmann [135], die die letztere Anlage ausführlich beschrieben haben, geben die Leistung mit 240 Haut/Std. bei mittelschweren Häuten bzw. 160 Haut/Std. bei schweren Gewichtsklassen an. Im allgemeinen kann bei allen beschriebenen Aufstellungsmöglichkeiten eine Steigerung der Maschinenkapazität bis zu 25 bis 30% erreicht werden, und gleichzeitig wird die Arbeit wesentlich erleichtert.

Die bisherigen Ausführungen über die Podestaufstellung haben sich nur mit dem Entfleischvorgang befaßt, aber natürlich können auch verschiedene Arbeiten auf diese Weise miteinander gekoppelt werden. So kenne ich aus der Praxis eine Anlage, bei der das

Abb. 210: Zwei Entfleischmaschinen, eine auf Podest[124].

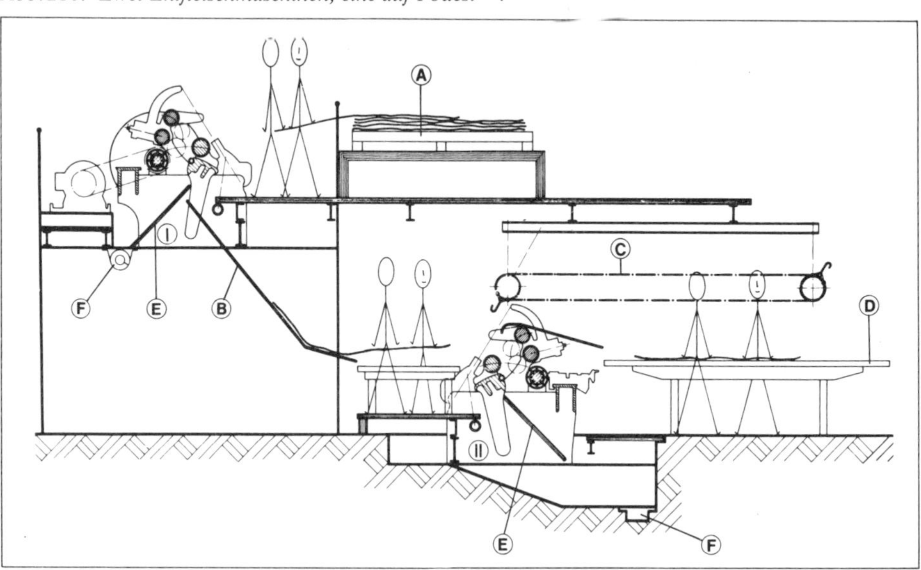

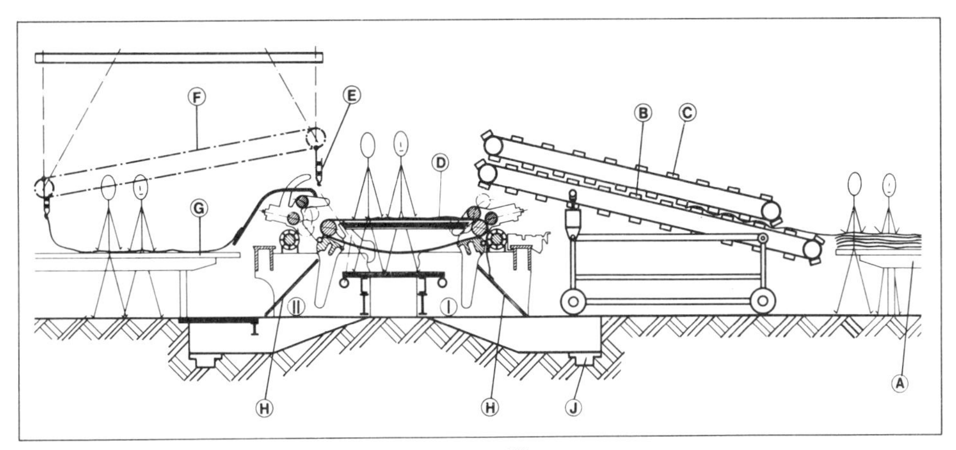

Abb. 211: 2 Entfleischmaschinen mit Bandverbindung[124].

Entfleischen in normaler Weise mit einer ebenerdig aufgestellten Maschine erfolgt, die Häute dann beim zweiten Rauslauf mit Kettentransporter über die Maschine hinweg zu einer auf einem Podest aufgestellten Streichmaschine gebracht werden, beim zweiten Rauslauf aus dieser Maschine durch den Podestschlitz wieder nach unten auf ein Sortierband fallen und damit direkt auch zum Spalten transportiert werden. Die Einschaltung des Spaltens in den Gesamtgang ist immer wieder vorgeschlagen worden, hat sich aber in der Praxis meist nicht bewährt, weil einmal vor das Spalten die Arbeitsvorgänge des Beschneidens und Sortierens eingeschaltet werden (S. 269) und weil zum anderen diese beiden Vorgänge, das Entfleischen und das Spalten, mit ganz unterschiedlicher Geschwindigkeit ablaufen, so daß sich gegenseitige Behinderungen ergeben, die den zügigen Ablauf der Einzelprozesse und die richtige Ausnutzung der Maschinenkapazität meist erschweren.

In diesen Abschnitt gehören auch einige Angaben über *Erfassung und Abtransport der Haare und des Leimleders,* nicht über deren Weiterverwertung, da darüber in einem anderen Buch dieser Serie ausführlich berichtet wird. Soweit die Haare gewonnen und nicht wie im Falle der Wolle auf einem Sortierband direkt hinter der Entwollmaschine aufgefangen werden (S. 262), werden sie meist abgeschwämmt und dann in einem Schwämmkanal mit Wasser oder durch Abpumpen des Wasser-Haargemisches in haspel- oder holländerartige Gefäße gebracht und dort unter reichlichem Wasserzufluß gründlich gewaschen und dann mit Sieb- oder Gabelaushebung oder mittels Zentrifuge vom Wasser getrennt oder in Walzenstühlen abgepresst. Sie werden dann in besonderen Trockenapparaten, meist in kontinuierlich arbeitenden Bandtrocknern, im Luft-Gegenstromprinzip getrocknet und für den Abtransport mittels geeigneter Pressen zu Ballen verpreßt (S. 263).

Die Handhabung des *Leimleders,* das zu Hautleim, Tierfuttermitteln, Düngemitteln und Proteindetergentien verarbeitet werden kann, ist bei der gegebenen Beschaffenheit des Materials meist unangenehmer und arbeitsaufwendiger. Das Handverladen dürfte heute schon wegen der hohen Kosten und der unangenehmen Tätigkeit kaum mehr durchgeführt werden. Von den vielen Rationalisierungsmöglichkeiten, die in der Praxis angewendet werden, seien hier nur einige angeführt, die Auswahl muß nach den betrieblichen Gegebenheiten getroffen werden.

1. Das Leimleder wird mittels Wasserspülung von der Maschine in eine Grube dahinter transportiert, die möglichst schon außerhalb des Gebäudes liegt (Schrägrutsche durch eine Öffnung in der Wand) und dort dann mit mechanischen Hilfsmitteln, wie z. B. Greifern, verladen. Die Gruben haben zweckmäßig einen schrägen Boden und in einer Ecke einen Abfluß, damit das überschüssige Wasser abfließen kann.
2. Das Leimleder wird mittels Ablaufrinne in einen Behälter gespült (Abb. 212). Ist er gefüllt, so wird er geschlossen und das Leimleder dann mit Druckluft von 4 bis 5 atü in einen hochstehenden Behälter abgedrückt. Die Transportwagen können unter den Behälter fahren und so einfach beladen werden. Die Hochbehälter sollten aber wegen der Gefriergefahr im Winter nicht im Freien stehen.

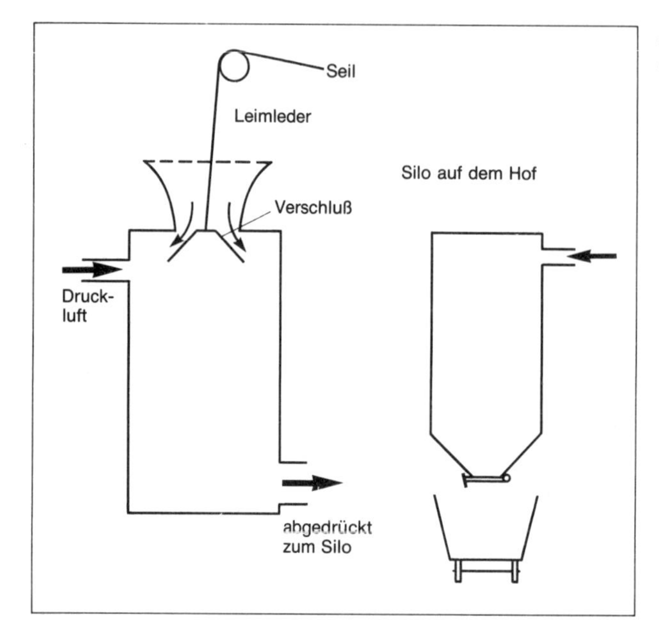

Abb. 212: Leimledertransport mit Druckluft.

3. Das Leimleder wird in durchlochte Behälter hinter der Maschine oder zwischen zwei Maschinen gespült (Abb. 213), und diese werden dann mittels Krananlage hochgehoben und zum direkten Verladen oder gegebenenfalls auch zum Lagern abtransportiert. Das Leimleder bleibt auch während des Lagerns in den Behältern.
4. Das Leimleder fällt durch Bodenschlitze auf ein in einem Kanal darunter angebrachtes breites Transportband und wird damit direkt in den Transportwagen oder -behälter verladen.
5. Für den Transport des Leimleders von der Maschine bis zur Verladung werden vielfach auch Schneckenförderer (S. 102) oder Kratzenförderer (S. 102) verwendet, die das Leimleder hinter der Maschine direkt in Empfang nehmen (S. 140).
6. Das Leimleder fällt hinter der Maschine in eine kleine Versenkung und wird daraus mit Vakuum mittels eines Schnorchelhebers in einen Verteilertank (etwa 1/4 m^3), der 3 bis 4 m über der Maschine steht, angesaugt (Abb. 214). Ist er voll, öffnet sich mit automatischer

Abb. 213: Leimledertransport in Behältern.

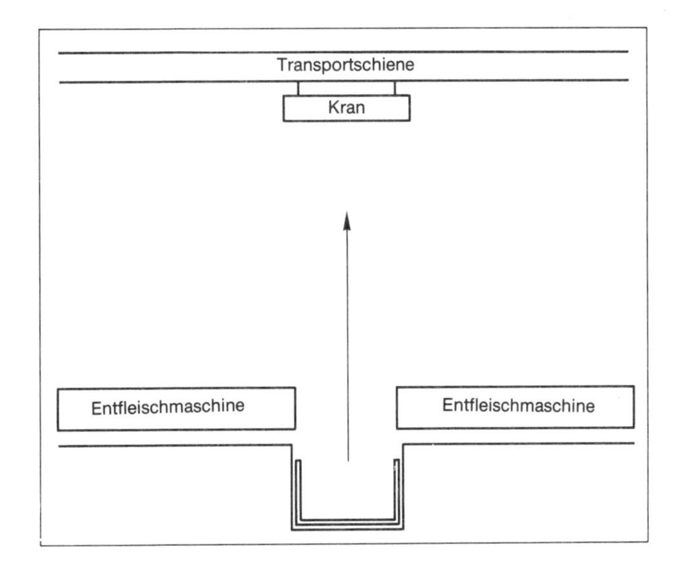

Steuerung eine Entleerungsklappe und das Leimleder gleitet nach außen in ein Fahrzeug oder transportable Lagerbehälter (Kleige[136]).

7. Arenco-BMD hat den vollautomatisch arbeitenden Leimlederförderer Fleco entwickelt (Abb. 215). Das Leimleder gelangt durch Schwerkraft über eine Rutsche in den Aufgabetrichter und wird dann mittels Schubkolben und Stopfvorrichtung, die hydraulisch angetrieben werden, in einer geschlossenen Rohrleitung horizontal oder verikal je nach den räumlichen Gegebenheiten an den gewünschten Platz transportiert. Das Kolbenprinzip ist günstiger als eine Schnecke, da die Transportstrecke größer ist, keine Rückstände auftreten und Störungen durch Fremdkörper leichter vermieden werden können. Zwei Magnetschalter steuern die Hin- und Herbewegung der Schubkolben, am Ausgang des Förderers befindet sich eine Rückschlagklappe. Der Förderer kann etwa 1200 kg Leimleder/Std. aufnehmen und vertikal bis zu etwa 25 m, horizontal bis zu etwa 200 m bewegen.

8. Hier sei auch noch die Lamatic, ein vollautomatisches Gerät zum Entwässern und Entfetten von grünem oder geäschertem Leimleder durch thermische Behandlung erwähnt (Abb. 216). Es wird vielfach schon in den Lederfabriken eingesetzt, einmal um durch die Entwässerung

Abb. 214: Leimledertransport mit Vakuum.

Abb. 215: Hydraulischer Leimlederförderer Fleco[72].

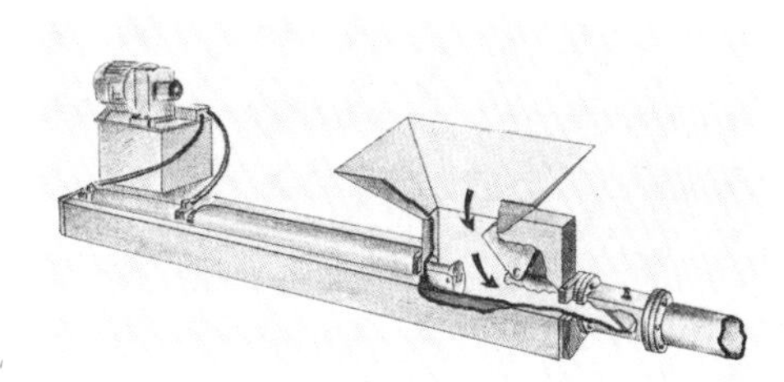

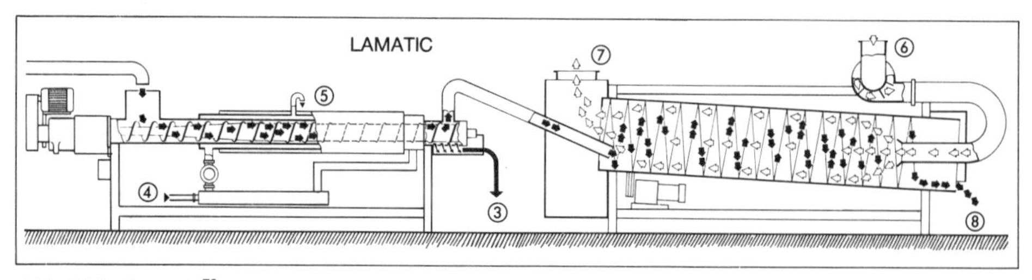

Abb. 216: Lamatic[72].

und Entfettung und eine dadurch bewirkte erhebliche Vermindung von Gewicht und Volumen Transport oder Lagerung zu vereinfachen und zu verbilligen. Zum anderen, weil so behandeltes Leimleder einen Wassergehalt unter 70 % hat und damit auch auf normalen Hausmülldeponien abgelagert werden kann. Im linken Teil der Apparatur (Erhitzer) wird das Leimleder in einem zylindrischen Gehäuse mittels Schnecke transportiert und mittels dampfbeheizter Heißwasser-Mantelheizung erhitzt. Bei 3 fließt ein Wasser-Fettgemisch ab, aus dem in einem gesonderten Durchlauf-Fettabscheider noch das für viele technische Zwecke wertvolle Fett abgetrennt werden kann. Die Proteinmasse wird dann im nachfolgenden Kühler, einem rotierenden Zylinder mit darin eingebauter Schnecke mit Luft im Gegenstrom abgekühlt und verläßt das Gerät bei 8[137]. Auf Anschlußentwicklungen zur weiteren Aufbereitung der Proteinmasse kann in diesem Buch nicht eingegangen werden.

6. Spalten

Das Spalten hat die Aufgabe, die Haut bzw. das Leder in der ganzen Fläche in zwei oder mehrere Schichten von bestimmter Dicke zu zerlegen und damit eine rationelle Verwertung der Hautsubstanz zu ermöglichen. Dabei handelt es sich aber nicht um ein Spalten im strengen Sinne des Wortes, also eine Keilwirkung, sondern um ein Zerschneiden der Haut. Dadurch wird natürlich auch die Zugfestigkeit verringert, und es ist von Fall zu Fall im Hinblick auf den Verwendungszweck des herzustellenden Leders zu entscheiden, in welchem Umfange eine solche Verringerung tragbar ist. Der obere Spalt wird als »Narbenspalt«, der oder die unteren Spalte als »Fleischspalt« bezeichnet. Handelsüblich kann der Narbenspalt auch als »Vollleder« bezeichnet werden (RAL 063 A2).

Der Spaltvorgang zählt heute zu den wichtigsten Prozessen der Lederherstellung. Ich bespreche ihn im Rahmen der Maschinenarbeiten der Wasserwerkstatt, obwohl er auch den Zurichtearbeiten zugeordnet werden könnte. Die Konstruktion der Bandmesserspaltmaschine war eine der bedeutsamsten Entwicklungen auf dem Gebiet der Gerbereimaschinen; sie war die erste echte durchlaufend arbeitende Gerbereimaschine. Die einzelnen Entwicklungsphasen seit 1768 ebenso wie die konstruktiven Einzelheiten im maschinellen Aufbau, der Einstellung und Arbeitsweise der Spaltmaschine können bei Brill (S. 68 ff.) nachgelesen werden.

Abb. 217 zeigt den *Grundaufbau einer Bandmesserspaltmaschine.* Die Haut bzw. das Leder wird auf dem Tisch a aufgelegt und mittels der Walzen b und d gegen die Schneide c des umlaufenden Bandmessers geführt. Die Walze b, auch als Lehrwalze bezeichnet, ist beim Trocken- und Feuchtspalten von Leder glatt, beim Spalten von geäscherten Häuten dagegen mit Riffelung versehen. Die darüber befindliche Walze f verhindert ein Durchbiegen der Lehrwalze. Der senkrechte Abstand der Lehrwalze zur Messerschneide bestimmt die Stärke des Oberspaltes, der meist der Narbenspalt ist und über die ganze Fläche gleichmäßig stark sein soll, während der untere Spalt, meist Fleischspalt, natürlich alle naturbedingten Dickenunterschiede der Haut aufweist. Daher besteht die untere Walze d aus einzelnen Gliedern (Abb. 218), die auf einer durchgehenden Stange aufgereiht und quer zur Achse gegeneinander verschiebbar sind. Sie stützt sich auf die elastische Gummiwalze i mit großem Durchmesser auf, die evtl. noch ein bis zwei Unterstützungswalzen besitzt, wodurch auch größere Dickenunterschiede ausgeglichen werden. Sie kann durch Hebelbetätigung abgesenkt werden. Die Abstreifplatte k sorgt dafür, daß die Gliederringe nur senkrecht zur Messerebene ausweichen können, daß keine Verwicklungen auftreten und keine Spaltreste oder Fasern an der Gliederwalze haften bleiben. Der über die ganze Maschinenbreite gehende Brückenkopf e ist durch zwei Handräder senkrecht beweglich und hier kann die gewünschte Stärke des Spaltes eingestellt werden. Sie wird dann mit einer Feineinstellungsschraube nachgestellt und fixiert.

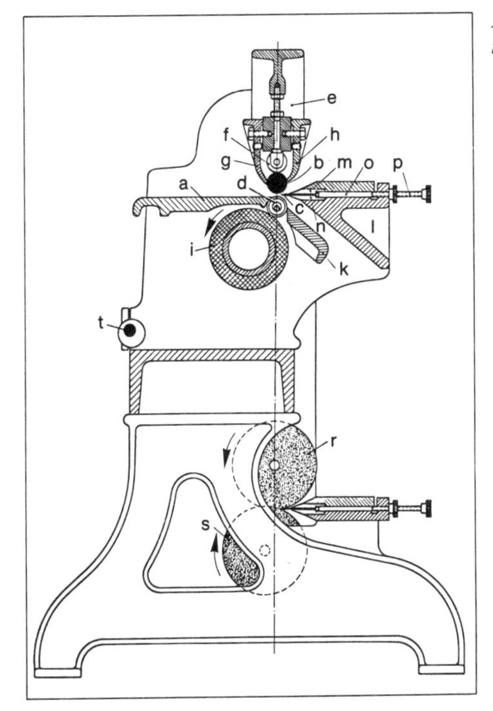

Abb. 217: Grundaufbau einer Bandmesserspaltmaschine (Brill[120]).

Abb. 218: Gliederwalze (Brill[120]).

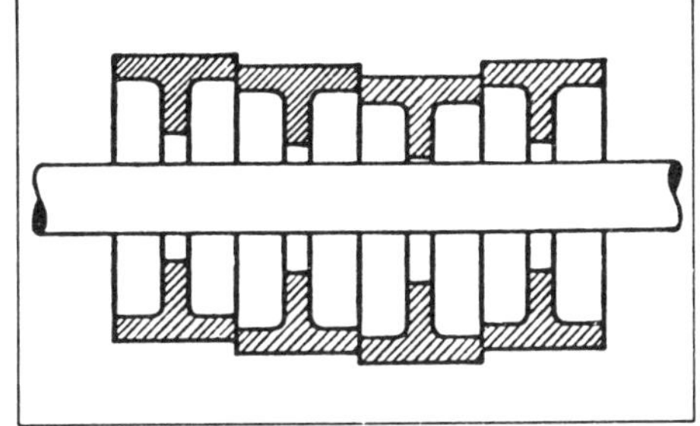

Das Bandmesser wird zwischen den Spezialbandagen m und n so geführt, daß es nicht nach oben oder unten ausweichen kann. Es wird während der Arbeit mit zwei Schleifscheiben r und s, die sowohl senkrecht wie waagrecht verstellbar und beim Bearbeiten abgewelkter bzw. trockener Leder mit einer Absaugvorrichtung für den Schleifstaub versehen sind, dauernd geschliffen. Dadurch ist es einer stetigen Abnutzung unterworfen und muß entsprechend während der Nutzungsdauer gegen die Zuführungswalzen hin verschoben werden, damit die Schneide stets den gleichen Abstand beibehält. Die Messervorschubplatten o in der Messerführung l, die mit Einlagen aus besonders hartem Metall versehen sind, sorgen dafür, daß der eingestellte Abstand der Messerschneide von der Maschinenmittellinie trotz ständiger Abnutzung gleich bleibt und können mittels der Schrauben p nachgestellt werden. Gleichzeitig müssen aber auch die beiden Messerscheiben um das gleiche Maß axial verschoben werden, eine umständliche Justierung, die aber heute durch den automatisch arbeitenden Messervorschub (s.u.) ersetzt ist. Die Arbeitsbreite der handelsüblichen Maschinen schwankt zwischen 1500 und 3200 mm.

Nun gibt es heute an den modernen Spaltmaschinen, die von vielen Gerbereimaschinenfabriken geliefert werden (Abb. 219), zahlreiche Entwicklungen, die der Steigerung der Spaltgenauigkeit, aber auch der Rationalisierung des Spaltvorganges und der Erleichterung der Bedienung der Maschinen dienen[138]. Die wichtigsten davon seien nachfolgend aufgezählt:

1. Die Spaltmesser erwärmen sich beim Spalten und dehnen sich aus, nach der Benutzung ziehen sie sich beim Abkühlen wieder zusammen, wobei Risse entstehen können. Die Spaltmaschinen haben daher heute *Spann- und Entspannungsvorrichtungen,* die selbsttätig hydraulisch arbeiten. Der hydraulische Spanndruck wird mit einem Überdruckventil begrenzt, so daß das Messer immer unter gleicher Spannung arbeitet, sowie zur Kontrolle von einem Manometer ständig geprüft. Bei Schichtende kann er durch Öffnen eines Sperrventils entspannt werden.

2. Der *Messervorschub* erfolgt heute nach dem Grad der vom Schleifen herrührenden Abnutzung während der Spaltarbeit automatisch, wobei auch die Messerscheiben mittels Getriebemotors oder Schneckenradübertragung in gleicher Weise axial nach vorn wandern, so daß der Abstand der Messerschneide zur Maschinenmitte bzw. zur Lehrwalze stets gleich bleibt. Der automatische Vorschub wird durch berührungslos arbeitende Abtastung der Messerschneiden durch elektromagnetische Näherungsinitiatoren oder mit Photozellen (S. 85) ausgelöst und überwacht. Um ein Abgleiten der Messer nach vorn zu verhindern, sind die Achsen der Messerscheiben nicht ganz parallel eingestellt, so daß die Spannung des Messers an der Schneide etwas größer ist als am Rücken.

3. Der Antrieb erfolgt meist beidseitig, hydraulisch gesteuert mit stufenlos zwischen 5 und 36 m/min veränderlicher *Arbeitsgeschwindigkeit.* Die Geschwindigkeit kann damit den Anforderungen des jeweiligen Haut- bzw. Ledermaterials sachgemäß angepaßt werden. Um die

Abb. 219: Beispiel einer modernen Bandmesser-Spaltmaschine[123].

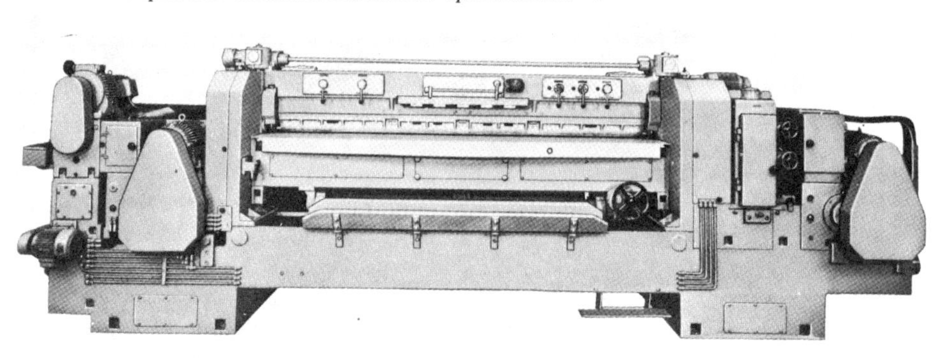

Einführung des Spaltgutes in die Maschine zu erleichtern, kann bei den meisten Maschinen der Vorschub durch zusätzliche Stufenschaltung in zwei Stufen variiert werden. Durch Umschaltung meist mittels Fußtrittschalter wird zunächst die langsamere Eingabegeschwindigkeit gewählt und oft gleichzeitig auch die Gliederwalze etwas abgesenkt, bis das Spaltgut mit Klauen, Schwanzende usw. eingeführt ist. Dann wird durch Freigabe des Fußschalters die Gliederwalze wieder gehoben und die Umschaltung auf die höhere Arbeitsgeschwindigkeit bewirkt.

4. Mit der Tendenz, die Durchlaufgeschwindigkeit beim Spalten wesentlich zu erhöhen, wird auch die Gefahr von Hautbeschädigungen und bei schlechter Einführung des Spaltgutes die Unfallgefahr wesentlich gesteigert. Die Maschinen besitzen daher heute meist *Sicherheitsvorrichtungen,* durch deren Auslösung durch Tipschalter die Kopftraverse hydraulisch gehoben und gleichzeitig der Transport momentan angehalten wird.

5. Die *Einstellung der Spaltstärke* erfolgt heute bei vielen Maschinen durch Heben der Kopfbrücke elektromotorisch oder mit hydraulischen Verstellantrieben in Verbindung mit rechts und links an den Führungen angebrachten Präzisionsmeß- und Anzeigegeräten zur Erfassung des Abstandes der oberen Transportwalze zur Messerschneide. Damit kann jederzeit auch die parallele Einstellung der Transportwalze zur Messerschneide kontrolliert werden.

6. Die *Kopftraverse* kann während des Durchlaufs des Spaltgutes um eine vorher eingestellte Dickenzunahme zwischen 0,1 und 2 mm *angehoben* werden, um so die Kopfpartien, die infolge ihrer lockereren Faserstruktur beim Äschern stärker gequollen sind, beim späteren Entkälken und Beizen aber wieder stärker zusammenfallen, von vornherein nicht so stark wie die Kernteile auszuspalten. Dieses Heben auf eine vorgewählte Dickenzunahme wird bei kleineren Maschinen meist mit Fußtritt- oder Handhebelbetätigung, bei größeren Maschinen mit hydraulischem Verstellantrieb bewirkt, sie kann meist einfach mittels Druckknopfbetätigung ausgelöst und auch exakt durch Meßuhren angezeigt werden. Die Steigerung muß natürlich langsam erfolgen, um Spalttreppen zu vermeiden, beim Zurückfahren muß die beim Arbeitsbeginn eingestellte Dicke wieder exakt zurückgestellt werden.

7. Dasselbe gilt auch für die *Schrägstellung der Kopftraverse,* um beim Spalten von Hälften die Seitenteile dicker zu halten, da auch sie bei der späteren Weiterverarbeitung eine größere Dickenverringerung als die Kernteile erfahren. Früher konnte man diese Einstellung nur einseitig vornehmen und arbeitete daher für linke und rechte Hälften mit verschiedenen Maschinen. Heute kann die Schrägstellung meist nach Vorwahl der Dickenzunahme bei kleineren Maschinen durch Hand- oder Fußhebel, bei größeren Maschinen hydraulisch mittels Druckknopfauslösung vorgenommen werden, und man kann daher nach Bedarf kurzfristig zwischen Rechts- oder Linkshebung variieren. Der Grad der Hebung wird von einer Meßuhr angezeigt.

8. Auch beim *Spalten ganzer Häute* ist natürlich erwünscht, die Bäuche auf beiden Seiten kräftiger zu halten. Viele moderne Spaltmaschinen haben daher heute Einrichtungen zur hydraulischen Durchbiegung der Lehrwalze, die konvex oder konkav, symmetrisch und unsymmetrisch erfolgen kann. Auch hierbei werden die Biegewerte vorgewählt und die Biegung wird bei kleineren Maschinen durch Handhebel, bei größeren hydraulisch ausgelöst. Der tatsächliche Grad der Durchbiegung wird mit Meßuhren gut ablesbar angezeigt.

9. Mittels Druckknopfschaltung kann das Bandmesser auf *Rechts- und Linkslauf* geschaltet werden. Das ist insbesondere beim Spalten von Hälften wichtig, damit das Bandmesser immer

gegen die feste Schnittkante anläuft und gleichzeitig Seiten und Klauen ausbreitet, gleichgültig ob rechte oder linke Hälften gespalten werden.
10. Vor allem ist natürlich für den Spaltvorgang eine hohe *Spaltgenauigkeit* von Bedeutung, um eine maximale Materialausnutzung zu erreichen und namentlich beim Spalten von abgewelktem Chromleder das nachfolgende Falzen auf ein Minimum zu beschränken. Das wurde vornehmlich durch Verbesserungen der Messerführung und der Schleifsysteme erreicht. Der Grad der erreichbaren Spaltgenauigkeit hängt aber auch davon ab, in welchem Stadium der Produktion das Spalten vorgenommen wird. Bei modernen Spaltmaschinen kann eine Spaltgenauigkeit beim Trockenspalten bis zu 0,05 mm, beim Spalten nach der Gerbung bis zu 0,1 mm und beim Blößenspalten bis zu 0,2 mm erwartet werden.

In diesem Zusammenhang interessieren auch die Untersuchungen von Dorstewitz[139] über das *plastische und viskoelastische Verhalten* von nassem Haut- und Ledermaterial, das eine bedeutsame Rolle beim Transport durch Walzen vor der mechanischen Bearbeitung, also z. B. beim Transport zwischen Lehr- und Gliederwalze gegen das Spaltmesser spielt. Bei Druckbelastung wird die pralle geäscherte Haut ziemlich sprungartig komprimiert, im Kern am wenigsten, in den Seitenteilen am stärksten. Nach der Entlastung federt sie ebenfalls ziemlich sprungartig wieder zurück und erreicht in Kern und Hals fast wieder die Ausgangsdicke, während in den Seitenteilen die Rückfederung wesentlich weniger ausgeprägt ist. Gepickelte und damit verfallene Haut wird wesentlich stärker komprimiert, federt aber nach der Entlastung im Gegensatz zur geäscherten Haut kaum zurück. Chromgegerbte feuchte Leder werden nicht ganz so stark wie gepickelte Haut komprimiert und federn auch etwas stärker zurück, aber nicht momentan, sondern über eine längere Zeit verteilt, und sind in ihrem diesbezüglichen Verhalten der Pickelware wesentlich ähnlicher als der geäscherten Haut. Dieser Rückfedereffekt ist für den Spalteffekt sehr bedeutsam. Materialien, die nach der Entlastung wenig zurückspringen, sind durchweg gut spaltbar (aus dem Pickel und nach der Chromgerbung). Beim geäscherten Hautmaterial führt dagegen der starke Rückfedereffekt zu Klemmkräften am Messer, die um so stärker sind, je größer der Absolutbetrag der Rückfederung ist, und natürlich das Spalten erschweren. Hinzu kommen noch die Unterschiede zwischen Kern- und Seitenteilen in Bezug auf die Rückfederung. Außerdem nehmen die abfälligen Teile bei der Quellung infolge ihrer lockereren Struktur wesentlich mehr Wasser auf und gehen daher in der Dicke prozentual mehr auf, ohne den Verspannungsgrad des Kernstücks zu erreichen. Sie enthalten im gequollenen Zustand weniger Kollagensubstanz und gehen daher, wenn die Haut in der ganzen Fläche auf gleiche Stärke gespalten wird, bei den nachfolgenden Prozessen in der Dicke viel stärker zurück. Das kann man zwar durch die Schrägstellung der Kopftraverse beim Spalten (S. 283) in etwa auffangen, eine gleichmäßige Stärke nach der Gerbung wird man aber nie erreichen. Grundsätzlich ist von der Spaltgenauigkeit her das Spalten der äschergequollenen Haut nicht der günstigste Zeitpunkt.

Wann wird das Spalten am zweckmäßigsten vorgenommen? Hier gibt es fünf Möglichkeiten, vor dem Äschern, nach dem Äschern, nach dem Pickel, nach der Chromgerbung und im trockenen Zustand. Alle fünf Stadien haben Vor- und Nachteile, wobei neben der Rationalisierung natürlich auch der Einfluß auf die Ledereigenschaften zu berücksichtigen ist. Sie sollen in den nachfolgenden Ausführungen diskutiert werden.

Für das *Spalten vor dem Äschern,* also mit Haaren nach dem Vorweichen, Entmisten und Entfleischen, liegen bisher die wenigsten praktischen Erfahrungen und theoretischen Untersuchungen vor. Aber wenn man von der Weiche bis zum Ende der Chromgerbung durcharbeiten will, liegt es auf der Hand, statt des Spaltens nach der Chromgerbung mit den Nachteilen, die an späterer Stelle noch zu besprechen sein werden, aus Gründen der Rationalisierung auch die Möglichkeit des Spaltens vor Beginn der gesamten Prozeßkette zu erwägen. Daß das Spalten in diesem Stadium durchführbar ist, weiß ich aus eigenen Erfahrungen bei der Hautpulverherstellung. Neuerdings wurden aus der DDR Erfahrungen über das Spalten der rohen Haut mitgeteilt[140]. Als Vorteile dieses Verfahrens werden angeführt eine bessere Durchäscherung, kein Auftreten von Narbenzug beim Äschern, kaum noch ein Hervortreten von Mastfalten, eine wesentliche Materialeinsparung beim Äschern und bei der Gerbung, weichere Lederbeschaffenheit (wegen der stärkeren Durchäscherung), höheres Flächenrendement und wesentliche Sortimentsverbesserung. Als Nachteile werden eine etwas höhere Spaltdickentoleranz (± 0,3 mm), stärkere Falzarbeit und geringe Spaltausbeute erwähnt. Die Spaltgeschwindigkeit und der Walzendruck müssen erhöht, der Abstand der Messerschneide zur axialen Verbindungslinie zwischen Riffelwalze und Gliederwalze verringert werden. Man muß die auslaufende Haut sorgfältiger nach außen ziehen. Insgesamt stellt das Verfahren höhere Anforderungen an das Personal. Aber die geschilderten Ausbeute- und Qualitätsvorteile sollten doch Anreiz geben, die Methode zu erproben.

Das *Spalten nach dem Äschern* und den Reinmacharbeiten ist das älteste Verfahren, es ist aber insbesondere vom Spalten nach der Chromgerbung heute vielfach verdrängt worden. Im vorhergehenden Abschnitt wurde schon eingehend begründet, daß das Spalten in diesem Stadium vom Standpunkt der Spaltgenauigkeit ungünstig zu bewerten ist. Infolge der wechselnden strukturellen Beschaffenheit des Hautmaterials und der unterschiedlichen Schwellung von Haut zu Haut und innerhalb jeder Haut ist das Verhältnis von Spaltstärke und gewünschter Lederstärke nur schwer abzuschätzen und daher eine stärkere Dickenzugabe nicht zu umgehen. Das bedeutet dünneren Spalt und damit schlechtere Ausnutzung der Hautsubstanz und erhöhte Kosten für ein stärkeres Falzen bei der Zurichtung. Zum anderen ist das Sortieren in diesem Zustand wegen der schlechten Erkennbarkeit der Narbenfehler schwierig, man kann die Häute hier noch nicht mit Sicherheit einer bestimmten Lederart oder einem bestimmten Auftrag zuordnen, und auch zur Gewährleistung der späteren Variierbarkeit ist eine größere Dickenzugabe erforderlich. Die Haut ist in diesem Zustand wegen ihrer glitschigen Beschaffenheit bei Rindhäuten schwierig und unangenehm zu handhaben, und man benötigt daher bei Großviehhäuten auf der Einlaufseite zwei, auf der Auslaufseite vier bis fünf Arbeiter, um das Breitziehen und Herausziehen zu bewerkstelligen (s. u.), und das kostet Geld und Kraft. Will man aus Rationalisierungsgründen von der Weiche bis zur Chromgerbung durcharbeiten (S. 257), kann ein Spalten nach dem Äschern überhaupt nicht durchgeführt werden.

Diesen Nachteilen stehen allerdings auch einige Vorteile gegenüber. So können Narben- und Fleischspalt, da sie noch nicht gegerbt sind, je nach dem Verwendungszweck in unterschiedlicher Technologie weitergearbeitet werden, dünne Spaltanteile sind in ungegerbtem Zustand für eine Weiterverarbeitung z. B. zur Gelatineherstellung besser geeignet. Insbesondere bei dicken Rindhäuten erfolgt die Durchgerbung der Spalte wesentlich rascher. Vielfach wird auch eine größere Flächenausbeute behauptet, doch das ist nur bedingt richtig (s. u.). In Bezug auf die Ledereigenschaften ist im Vergleich zum Spalten nach der Chromgerbung der Einfluß auf die physikalischen Eigenschaften nur gering, aber beim Spalten im Blößenzustand treten Mastriefen weniger stark hervor, und auch die Narbenbeschaffenheit und die Egalität der Lederfarbe ist meist etwas günstiger, während Griff und Fülle meist etwas ungünstiger sind[141, 142]. Insbesondere bei kräftigen Häuten zeigen die Leder beim Spalten nach der Chromgerbung infolge der festgegerbten inneren Spannung etwas mehr Narbenzug (S. 288), und daher würde ich bei Rindhäuten über 30 kg ein Spalten im Blößenzustand vorziehen.

Das *Spalten nach dem Pickeln* wird in der Praxis nur relativ selten durchgeführt. Es hat gegenüber dem Spalten nach der Chromgerbung den Vorteil, daß man den Spalt im ungegerbten Zustand erhält und daher bei der Weiterverwendung, namentlich wenn daraus nicht Leder, sondern z. B. Gelatine, Wurstdärme usw. hergestellt werden sollen, variabler ist. Andererseits kann man in diesem Zustand die Spaltgenauigkeit so gut wie nach der Chromgerbung einstellen und damit auch erheblich Falzarbeit sparen. In den Ledereigenschaften sind die Unterschiede zwischen dem Spalten nach dem Pickel und nach der Chromgerbung durchweg nur sehr gering[141, 142]. Als Kostennachteil muß für das Spalten nach dem Pickeln der Arbeitsaufwand für das vorher erforderliche Abwelken erwähnt werden und außerdem müssen Abwelk- und Spaltmaschine nach jedem Arbeiten gründlich gesäubert werden, um Säurekorrosionen zu vermeiden.

Das *Spalten nach der Chromgerbung* hat in den letzten zwei Jahrzehnten immer größere Bedeutung erlangt. Immer, wenn von der Weiche bis zum Ende der Chromgerbung in einem durchgehenden Arbeitsfluß ohne Verlassen des Reaktionsgefäßes gearbeitet werden soll, ist dieser Vorgang zwangsläufig gegeben[122] und hat ebenso durch die Verarbeitung von Wet-blue-Ware immer mehr Bedeutung erlangt. Dieser Vorgang besitzt eine Anzahl wesentlicher *Vorteile.* Das Sortieren nach der Chromgerbung kann einfacher und zuverlässiger erfolgen, da Fehler des Hautmaterials besser zu erkennen sind und daher ist der Wunsch verständlich, die endgültige Festlegung auf die zu erzeugende Lederart bei jeder Haut so weit wie möglich hinauszuschieben. Beim Spalten selbst wird eine wesentliche Einsparung an Arbeitskräften erreicht, da für das Spalten im chromgegerbten Zustand in Hälften höchsten zwei statt der sonst sechs bis sieben Arbeitskräfte beim Spalten der Rindblößen nach dem Äschern benötigt werden und die Maschinen außerdem im ersten Falle mit wesentlich höherer Geschwindigkeit (20 bis 25 statt 10 bis 12 m/min) laufen können. Die Spaltstärke kann im Hinblick auf die spätere Lederdicke wesentlich exakter eingestellt werden und die anfallenden Spalte sind daher kräftiger, was sich in der Kalkulation durchaus günstig auswirken kann. Gleichzeitig wird damit auch weniger Zeit für das Falzen benötigt, da nur noch eine Feinregulierung der Dicke erforderlich ist, die oft auch durch ein Trockenfalzen erreicht werden kann.

Den Vorteilen stehen natürlich auch hier einige *Nachteile* gegenüber. Einmal fallen die Spalte in schon gegerbtem Zustand an und bisweilen wird geklagt, man könne daraus keine genügend weichen Velourspalte mehr herstellen. Wir haben aber in umfangreichen Versuchsreihen zeigen können[143], daß es bei richtiger Arbeitsweise möglich ist, auch aus diesen Spalten hochwertige Leder unter breiter Variation der äußeren Beschaffenheit, Weichheit, Geschmeidigkeit, Schlifflänge usw. herzustellen. Der Nachteil höheren Materialverbrauchs, weil auch nichtverwendbare Spaltanteile mitgegerbt werden, dürfte kaum ins Gewicht fallen. In den physikalischen Eigenschaften sind die Unterschiede gegenüber dem Spalten nach dem Äschern nur gering. Das Spalten nach dem Äschern besitzt im Hinblick auf Narben- und Flämenbeschaffenheit der Leder und Stärke des Hervortretens der Mastriefen gewisse Pluspunkte[141,142], ob sie aber so entscheidend sind, um das ohne Zweifel unwirtschaftliche Verfahren beizubehalten, muß von Fall zu Fall entschieden werden.

Ich glaube nach meinen Erfahrungen, daß ein Spalten nach der Chromgerbung bei Rindhäuten bis zu maximal 30 kg empfohlen werden kann, während bei schwereren Häuten, wie sie insbesondere für Vachetten verarbeitet werden, die Prozeßdauer bei ungespaltenen Häuten gegenüber Narbenspalten wesentlich verzögert wird und als Folge einer festgegerbten inneren Spannung ein Narbenzug und ein Hervortreten der Mastriefen nach dem Spalten, wie unten noch zu begründen sein wird (S. 289), unvermeidbar ist. Bei kräftigen Rindhäuten sollte man daher das Spalten nach dem Äschern bevorzugen, aber auch ein Spalten vor dem Äschern in Erwägung ziehen.

Vielfach wird behauptet, beim Spalten nach der Chromgerbung sei die *Flächenausbeute* geringer, von anderen Fachleuten wird dem widersprochen, und auch wir haben bei Vergleichsversuchen keine diesbezügliche Differenz festgestellt[141]. Da die tierische Haut nach Gewicht gekauft, die meisten Lederarten aber nach Fläche verkauft werden, spielt die Flächenausbeute in der Kalkulation jeder Lederfabrik aber eine wichtige Rolle. Daher sollte diese Frage nicht auf die leichte Schulter genommen werden, denn zu starke Flächenverluste können die finanziellen Vorteile einer an sich sinnvollen Rationalisierung wieder aufzehren. Wir haben deshalb dieser Frage unsere besondere Aufmerksamkeit geschenkt. Die Flächenausbeute kann zwischen verschiedenen Betrieben auch bei Herstellung der gleichen Lederart erheblich schwanken, wird also von der jeweiligen Prozeßführung in weiten Grenzen beeinflußt. Daher haben wir unter Zugrundelegung einer Rahmentechnologie für Rindoberleder vergleichende Untersuchungen durchgeführt[144], bei denen einmal nach dem Äschern und zum andern nach der Chromgerbung gespalten und die Fläche in verschiedenen Stadien bestimmt wurde, wobei der nach Vorweiche und Entfleischen erhaltene Wert = 100 gesetzt wurde. Abb. 220 zeigt, daß beim Spalten nach dem Äschern durch die Zug- und Druckeinwirkung eine starke Flächenzunahme erfolgt (8,7 %), die im Vergleich zu den Flächenwerten der erst nach der Chromgerbung gespaltenen Gegenhälften bestehen bleibt. Beim Spalten nach der Chromgerbung findet dagegen keine Flächensteigerung, sondern sogar eine geringfügige Verminderung (1,4 %) statt, das kollagene Fasergefüge ist also durch die Gerbung gegenüber dem doch nur geringen zerrenden Einfluß beim Spalten wesentlich beständiger geworden.

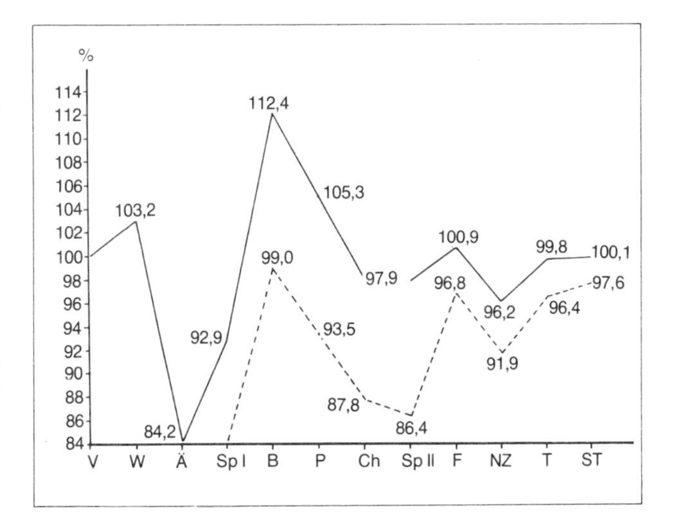

Abb. 220: Änderung der Hautfläche während der Herstellung (Spalten nach dem Äschern: ausgezogen; Spalten nach der Chromgerbung: gestrichelt). Bestimmungen der Fläche nach Beendigung der Hauptweiche (W), des Äscherns (Ä), des Spaltens (Sp I, soweit nach dem Äschern gespalten wurde), des Entkälkens und Beizens (B), des Pickelns (P), der Chromgerbung (Ch), des Spaltens (Sp II, soweit nach der Chromgerbung gespalten wurde), des Falzens (F), der Naßzurichtung (NZ), des Trocknens (T) und des Stollens und Wiederauftrocknens (ST).

Dagegen ist die zerrende Wirkung des nachfolgenden Falzens wesentlich intensiver, und daher nimmt die Fläche hier wieder beträchtlich (10,4 %) zu. Im Mittel aller Versuche wurde bei den Hälften, die nach dem Äschern gespalten wurden, eine Mehrfläche von 2,5 % erhalten. Insgesamt kann also aufgrund der durchgeführten Versuche festgestellt werden:

1. Der Grund für die seitens der Praxis oft getroffene Feststellung, beim Spalten nach dem Äschern sei die Flächenausbeute größer, ist in erster Linie auf die starke Dehnung der Haut beim Spalten in diesem Stadium zurückzuführen. Die Werte in Tabelle 21 für die Einzelversuche zeigten aber, daß die Größe dieser Enddifferenz auch durch die jeweiligen Arbeitsbedingungen beeinflußt wird, stärkerer Äscheraufschluß erhöht die Flächenausbeute (Versuch 2 und 5), geringerer Äscheraufschluß (Versuch 3 und 4) senkt sie, ein milderes Gerben erhöht sie etwas (Versuch 9 und 10), übermäßiges Abstumpfen verringt sie. Die Tatsache, daß manche Gerber praktisch keine Unterschiede in der Flächenausbeute feststellen können, andere dagegen hohe Unterschiede bis zu 5 bis 6 % ermittelten, ist damit verständlich und dürfte in erster Linie mit der unterschiedlichen Äscherintensität zusammenhängen.

Tabelle 21: Einfluß von Variationen in Wasserwerkstatt und Gerbung auf die Flächenausbeute.

Vers.-Nr.	Art der Variationen	Spalten nach		Differenz
		Äscher	Chromgerbung	
—	Durchschnitt	100,1	97,6	−2,5
2	Äscher 24 Std. verlängert	103	99	−4
3	Keine Faßschwöde	97	96	−1
4	Ohne Sulfhydrat	96	96	0
5	Mehr Sulfhydrat	104	99	−5
13	Saure Entkälkung	99	97	−2
12	Kurzpickel	99	97	−2
6	Normaler Gleichgewichtspickel	99	97	−2
7	7,5 % Chromosal	99	97	−2
8	Klassische Chromgerbung	100	98	−2
9	Maskiert Gerben	102	99	−3
10	Abstumpfen pH 3,4	102	99	−3
11	Abstumpfen pH 4,2	97	96	−1

100 = Fläche nach Vorweiche und Entfleischen.

2. Die Haut kommt in stark gedehntem Zustand in die Gerbung, und diese Dehnung geht nur teilweise während der Gerbung wieder zurück, die restliche Verspannung des Hautfasergefüges wird also festgegerbt. Dabei ist die Verspannung in der zweidimensional verflochtenen Narbenschicht natürlich wesentlich größer als in der dreidimensionalen verflochtenen Retikularschicht, und die Narbenschicht wäre daher bei der Gerbung noch mehr geschrumpft, wenn die mengenmäßig überwiegende Retikularschicht das zugelassen hätte. So wurde in der

Narbenschicht eine gewisse Zusatzspannung festgegerbt, und als nun durch das Spalten der Hauptteil der Retikularschicht entfernt wurde, konnte sie sich jetzt auswirken und führte damit zwangsläufig zu einem Narbenzug und einem stärkeren Hervortreten vorhandener Mastfalten. Dieser Einfluß muß um so stärker sein, je dicker die Haut ist und je dünner die Narbenspalte sind, die beim Spalten gewonnen werden. Das erklärt die Feststellung der Praxis, daß gerade bei der Herstellung relativ dünner Möbelleder aus schweren Bullenhäuten über 40 kg beim Spalten nach der Chromgerbung die ursprünglich sehr gute Narbenglätte verloren geht, als Auswirkung der zusätzlichen Narbenverspannung treten gezogene Narben und Mastriefen hervor. Daher findet man das Spalten nach der Chromgerbung vorwiegend in Ländern bzw. Betrieben, bei denen Häute bis 30, maximal 35 kg eingearbeitet werden, nicht dagegen bei Einarbeitung schwerer Häute.

Das *Trockenspalten* liefert die höchste Spaltgenauigkeit (S. 284), kann aber nicht für eine Hauptregulierung der Lederdicke bei Rindledern eingesetzt werden. Durchgeführte Vergleichsuntersuchungen[141] haben gezeigt, daß die Leder dann in Aussehen und Eigenschaften am schlechtesten abschnitten, die Mastfalten am deutlichsten und der Narbenzug am stärksten waren. Die Leder wurden im Griff am härtesten und die Festigkeitseigenschaften stets am ungünstigsten, vermutlich weil ein stark fetthaltiger Fleischspalt weggespalten wurde. Dagegen kommt ein Trockenspalten manchmal für eine möglichst exakte Schlußregulierung der Dicke von Rindleder oder auch für eine Dickenregulierung ganz allgemein bei Kleintierfell-Ledern in Frage.

Einige Ausführungen müssen noch über die Einrichtungen zur *Erleichterungen des manuellen Arbeitens* an der Spaltmaschine gemacht werden. Solche Einrichtungen findet man selten auf der Einlaufseite, obwohl auch hier das Hochheben, Eingeben und Breitziehen bei schweren Rindhäuten erhebliche Kraftanstrengung verlangt. Hier ist die Aufstellung von Scherenhubtischen oder Hebebühnen (S. 115) zu empfehlen, mit denen die Häutestapel so angehoben werden können, daß die obere Haut in der Höhe des Einführtisches liegt. Turner[124] hat zur kontinuierlichen Beschickung einen Transporteur vorgeschlagen, der mittels Band oder mit auf Spezialkettenband angebrachten Querbrettern arbeitet, wobei die Zuführung mittels stufenloser Geschwindigkeitsregelung der Arbeitsgeschwindigkeit der Spaltmaschine angepaßt werden kann; auch König und Aichelmann[135] beschreiben die Zuführung mit Bandtransport. Abb. 221 zeigt, wie eine Firma, die die Häute vor dem Spalten zur Erleichterung des Spaltens und Vermeidung von Kalkschatten in angewärmtem Wasser und nach dem Spalten wieder zum Entkälken in eine Gruben hing, durch Tieferstellung der Spaltmaschine die Arbeit an Ein- und Auslaufseite und gleichzeitig durch mit Haken versehenen Ketten den Transport innerhalb der Gruben erleichterte.

Auf der Auslaufseite benötigt man beim Blößenspalten von Rindhäuten vier bis fünf Arbeiter, um das Breitziehen und Herausziehen der Häute zu bewerkstelligen. Es wurde oft diskutiert, ob eine Spaltmaschine entwickelt werden könne, bei der auf diesen hohen Arbeitseinsatz an der Auslaufseite verzichtet werden könne[121], aber das wird sich beim Spalten ganzer Häute im Blößenzustand kaum vermeiden lassen. Die abgezogene Haut ist ja nicht eben, sie hat den Tierkörper rund umschlossen und wenn man sie flach legt, so liegen zwar die Rückenpartien glatt, die Bauchteile dagegen sind wellig. Sie müssen daher schneller durchlaufen als die Kernpartien, da man in den Seitenteilen gleichzeitig mehr Substanz durchbringen muß. Das kann man nur erreichen, indem man die Kernteile auf der Einlaufseite etwas bremst und die Seitenteile auf der Auslaufseite stark herauszieht und gleichzeitig

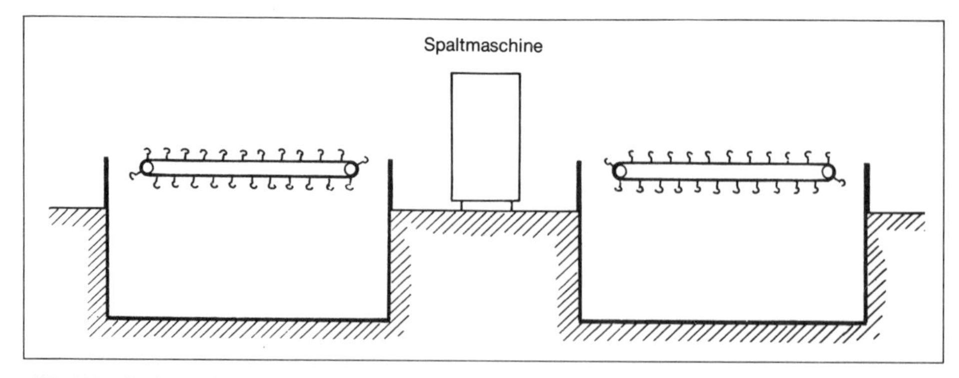

Abb. 221: Spaltmaschine zwischen zwei Gruben.

auch nach der Seite zieht, da man ja im Gegensatz zu den Walzenmaschinen keine Verteilerwalze anbringen kann. Außerdem ist trotz der Gliederwalzen der Andruck an den massiven Kernteilen stärker, der Kern wird daher leichter transportiert als die Seiten. So ergibt sich insgesamt ein unnötiger Kraftaufwand, den man aber kaum vermeiden kann. Man findet oft auf der Auslaufseite als *Ausziehhilfe* eine angetriebene, mit rauhem Gummiprofil versehene Zugwalze, auf die der Oberspalt aufgelegt und mit der Hand festgedrückt wird. Die Walze hat gegenüber der Spaltmaschine eine etwas höhere Transportgeschwindigkeit, so daß der Oberspalt unter Spannung aus der Maschine herausgeführt wird. Die Meinungen über den Wert solcher Walzen sind geteilt. Sicher wird das Ziehen dadurch erleichtert, auch wird von einer wesentlichen Erleichterung und Einsparung von Personal gesprochen[135], aber das eigentliche Problem wird dadurch sicher nicht gelöst, weil durch eine solche Walze die Seitenteile nicht rascher als der Kern transportiert werden und man daher trotzdem noch an den Seiten ziehen muß. Es gibt Vorschläge, die Walze an den Seiten stärker zu halten oder mit geteilten Walzen zu arbeiten und die Seitenwalzen rascher anzutreiben. Mir sind solche Einrichtungen aber aus der Praxis nicht bekannt geworden.

Häufiger findet man dagegen Spalthilfen auf der Auslaufseite beim *Spalten von abgewelktem Chromleder,* das ja meist in Hälften gespalten wird. Hier bietet sich namentlich der Bandtransport an, und ich habe schon vor vielen Jahren in den USA Spaltmaschinen in Tätigkeit gesehen, bei denen nur ein Arbeiter auf der Eingabeseite die Hälften zuführte, während auf der Auslaufseite ein Band den Narbenspalt aus dem oberen Auslauf der Messerführung aufnahm und geradeaus zu einem Stapler (S. 295) und Bock transportierte, während ein zweites Band am unteren Auslauf der Messerführung den Fleischspalt nach der Seite in einen Kastenwagen transportierte, wobei er teilweise schon auf dem Band beschnitten wurde. Solche oder ähnliche Vorschläge werden heute oft von den Gerbereimaschinenfabriken angeboten und sind auch in der Praxis vielfach zu finden. Durch die Schrägstellung des Spaltkopfes der Spaltmaschine Scimatic XMS (Abb. 222) wird der vertikale Austrag des Spaltes aus der Maschine und damit die Anwendung von Transportbändern erleichtert. Im Hinblick auf einen fließenden Arbeitsablauf scheint mir beim Chromspalten auch eine gute gegenseitige Maschinenanordnung der Arbeitsgänge Durchlaufabwelken, Spalten und nach-

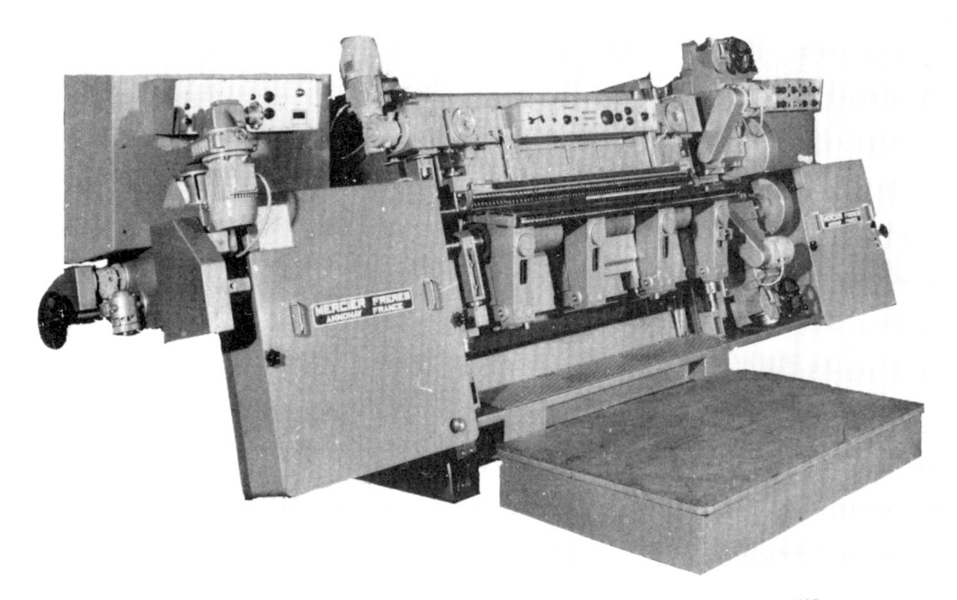

Abb. 222: Bandmesserspaltmaschine Scimatic XMS mit Schrägstellung des Spaltkopfes[127].

folgendem Falzen (S. 305) mit entsprechender Transportrationalisierung etwa durch Bandtransport wichtig zu sein. Hier sind je nach den betrieblichen Gegebenheiten viele Variationen denkbar.

Zu Vervollständigung der Ausführungen über das Spalten sei abschließend noch der Einsatz von *Kopfspaltmaschinen* zum Egalisieren der verdickten Nackenpartien bei Kalbfel-

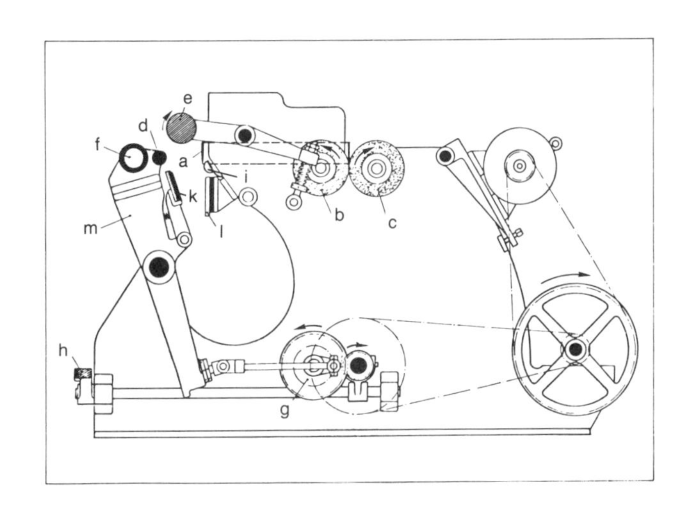

Abb. 223: Kopfspaltmaschine mit Bandmesser (Brill[120]*).*

len erwähnt, die sich nach dem Prinzip der Walzenmaschinen öffnen und schließen. Ohne auf konstruktive Einzelheiten einzugehen, seien nur die zwei üblichen Typen erwähnt. Es gibt einmal Kopfspaltmaschinen mit Bandmesser (Abb. 223), wobei das mit der Schneide nach unten gerichtete Bandmesser a bei b und c geschliffen wird. Die Lehrwalze d bestimmt durch ihren Abstand zum Messer die Spaltstärke, die Förderwalze e und die Gummiwalze f ziehen nach dem Schließen der Maschine das Fell aus der Maschine. Bei den Kopfspaltmaschinen mit oszillierendem Messer (Abb. 224) wird das Messer a mittels Kurbelgetriebe f mit großer Geschwindigkeit hin- und herbewegt. Die Gummiwalze b ist hier gleichzeitig Förderwalze (gegen die Walze c) und Lehrwalze. Auch hier ist wichtig, das Kopfspalten richtig in den Prozeßablauf einzuschalten (vgl. z. B. Karreeaufstellung, S. 272).

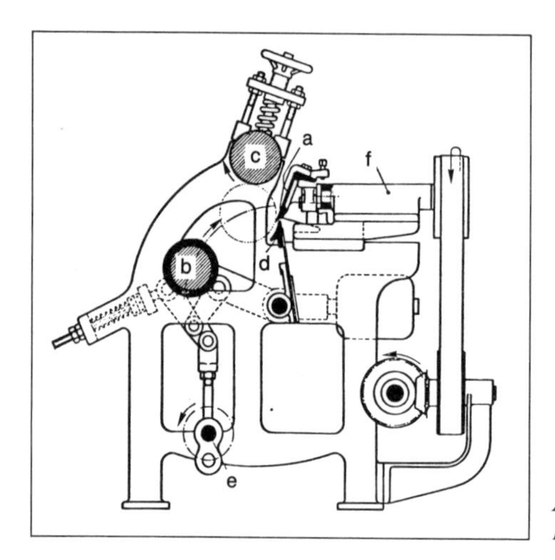

Abb. 224: Kopfspaltmaschine mit oszillierendem Messer (Brill[120]).

VII. Rationalisierung der Maschinenarbeit in der Zurichtung

Mit der Durchführung der Gerbung ist zwar die Überführung der tierischen Haut in ein als Leder zu bezeichnendes Produkt beendet. Zum Erhalt einer brauchbaren Handelsware fehlt aber noch eine ganze Reihe von Eigenschaften, die es für den jeweiligen Verwendungszweck geeignet macht. Um diese Eigenschaften zu erlangen, muß es noch in bezug auf Aussehen, Oberflächenbeschaffenheit, Griff, Weichheit, Geschmeidigkeit oder Zügigkeit oder auch Standigkeit und manche Eigenschaften mehr Variationen erfahren. Dazu ist eine Reihe von Arbeitsprozessen erforderlich, die in ihrer Gesamtheit als »Zurichtung« bezeichnet wird. Seit 20 bis 25 Jahren wird insbesondere im deutschen Sprachraum darunter vielfach nur die Oberflächenbehandlung der Leder mit Deckfarben usw. verstanden, im weiteren Sinne sind aber unter der Zurichtung, wie auch die Fachwörterbücher der International Council of Tanners[145] und der Internationalen Union der Ledertechniker- und Chemiker-Verbände[146] in ihren Begriffsbestimmungen deutlich machen, alle Arbeitsvorgänge zu verstehen, die nach der eigentlichen Gerbung naß oder trocken, mechanisch oder chemisch durchgeführt werden, um dem Leder die gewünschten Eigenschaften als Handelsprodukt zu verleihen und den Gebrauchswert zu verbessern. Dabei sind drei Gruppen von Arbeiten zu unterscheiden, einmal die mit chemischen Mitteln durchgeführten Prozesse der Neutralisation, Nachgerbung, Färbung und Fettung, die mit dem Begriff der »Naßzurichtung» zusammengefaßt werden können und deren Mechanisierung und Automatisierung schon in Kapitel V ausführlich behandelt wurde, die mechanische Zurichtung sowie die Deckfarbenzurichtung. Die Rationalisierung dieser mechanischen Arbeitsvorgänge, zu denen ich hier auch den Trockenprozeß zähle, obwohl er im Grundprinzip kein maschineller Vorgang ist, sollen in den folgenden Ausführungen behandelt werden. Für die Abgrenzung gegenüber rein maschinentechnischen Konstruktionsfragen, also einer reinen »Maschinenkunde«, gilt das bereits am Eingang des vorherigen Abschnitts Ausgeführte (S. 256), hier sollen die Arbeitsprozesse und die dabei eingesetzten Maschinen und Einrichtungen wieder im wesentlichen aus der Sicht der Rationalisierung des Arbeitsablaufs, der Verbesserung der Arbeitsqualität und der möglichen Arbeitserleichterungen besprochen werden.

1. Allgemeine Fragen zur maschinellen Bearbeitung in der Zurichtung

Bevor die einzelnen Arbeitsvorgänge der mechanischen Zurichtung behandelt werden, sollen einige allgemeine Betrachtungen vorausgeschickt werden, die sich auf die Entwicklung von Maschinen für diesen Produktionsbereich, auf die Zusammenstellung der gegerbten Leder zu Zurichtpartien und die Lagerung der Leder während der einzelnen Zurichtstadien beziehen.

Die Entwicklung von Gerbereimaschinen hat auf dem Gebiet der Zurichtung in den letzten beiden Jahrzehnten die größten Erfolge erzielt, und es gibt hier praktisch keine Arbeit, die nicht maschinell durchgeführt wird. Die Wünsche nach Leistungssteigerung, Erhöhung der

Arbeitsgeschwindigkeit, Verringerung der Neben- und Wartezeiten und Verbesserung d
Arbeitsqualität haben vielseitig Erfüllung gefunden. Auch der Wunsch nach Durchlaufma-
schinen wurde für die meisten Arbeiten realisiert, und solche Maschinen haben sich in der Praxis immer mehr eingeführt. Aber alle derartigen Maschinen bringen zwangsläufig auch recht erhebliche Kostensteigerungen mit sich, und jeder Betriebsleiter wird sich daher vor der Beschaffung neuer Maschinen nüchtern darüber klarwerden müssen, welche Maschinengröße sich unter gegebenen Produktionsbedingungen in ihrer Kapazität wirklich ausnutzen läßt und wo im Hinblick auf seinen Betrieb die Grenzen liegen, die sich hier ökonomisch rechtfertigen lassen.

Bei der Entwicklung neuer Zurichtmaschinen ist auch der Wunsch der Praxis verständlich, daß sie bei der heutigen Knappheit an Fachkräften möglichst *einfach zu bedienen* sein sollten, so daß auch angelernte Kräfte damit ohne lange Einarbeitungszeit arbeiten können. Auch dieses Ziel ist heute bei vielen Zurichtmaschinen schon weitgehend erreicht. Aber der Gesichtspunkt einer sachgemäßen Wartung darf dabei nicht außer acht gelassen werden, um eine störungsfreie Produktion zu gewährleisten. Eine völlig wartungsfreie Maschine ist zwar eine Utopie, doch sie sollte so wartungsarm wie nur möglich sein. Die Wartung wirft oft Probleme auf, denn die frühere Fachkraft war auch dazu in der Lage, die angelernte Kraft ist das in den meisten Fällen nicht. So läßt sich heute eine klare Trennung zwischen Bedienungs- und Wartungspersonal nicht umgehen. Für die Bedienung reichen meist angelernte Kräfte aus, das Wartungspersonal sollte dagegen möglichst qualifiziert, »mehrspartig« aus- oder weitergebildet und beweglich sein und stets Möglichkeiten zur Weiterbildung erhalten. Ebenso muß auch ein gut ausgebildeter Ledertechniker heute über gute Kenntnisse über Gerbereimaschinen, über Mechanisierungs- und Automatisierungsmaßnahmen in der Lederfabrikation und über Grundkenntnisse der Meß- und Regeltechnik verfügen.

Um den *Maschinenpark klar unter Kontrolle* zu haben, sind außerdem zwei Maßnahmen in einem gut geleiteten Betrieb unerläßlich:

a) Alle Maschinen sollten mit Betriebsstundenzählern versehen sein. Dann weiß man, wieweit sie ausgelastet sind. Nicht das Beschaffungsalter, sondern nur die tatsächlich geleisteten Arbeitsstunden geben Auskunft, ob eine Neubeschaffung erforderlich ist.

b) Über jede Maschine sollte eine Maschinenkarte geführt werden, in der die regelmäßigen und geplanten Wartungs- und Instandhaltungskosten und getrennt davon die unplanmäßigen Reparaturzeiten und -kosten und damit meist Ausfallverluste in der Produktion eingetragen werden. Daraus sind einmal die Schwachstellen jeder Maschine abzuleiten, und außerdem zeigen diese Angaben an, wann die Reparaturkosten so hoch steigen, daß sie eine Neuanschaffung rechtfertigen.

Die gerade bei den Zurichtarbeiten vielfach entwickelten Durchlaufmaschinen geben auch die Möglichkeit, sie zu beliebigen *Fertigungsstrecken* miteinander zu verbinden. Dadurch kann bei sachgemäßer Anwendung die Transportrationalisierung wesentlich gefördert und eine erhebliche Einsparung an Arbeitskräften erreicht werden. Aber ich habe bereits an früherer Stelle (S. 31) nachdrücklich darauf hingewiesen und möchte das hier nochmals wiederholen, daß dieser Möglichkeit gerade in der Zurichtung Grenzen gesetzt sind, denn zu lange Fertigungsstrecken bergen die Gefahr in sich, daß der Ablauf der Zurichtung zu starr und unbeweglich wird, obwohl wir dieses Stadium der Fertigung im Hinblick auf die Herausarbeitung der spezifischen Ledereigenschaften möglichst beweglich und variabel halten wollen. Wie an späteren Beispielen noch gezeigt wird, ist eine Kombination verschiedener Arbeitsvorgänge in vielen Fällen sinnvoll, die Einrichtung längerer Produktionsstraßen bedarf aber stets sehr sorgfältiger Prüfungen.

Soweit keine Fertigungsstrecken bestehen, müssen die Leder nach jedem Arbeitsgang gestapelt werden. Das bedeutet, daß bei jeder Durchlaufmaschine neben der eigentlichen Bedienungsperson noch eine zweite Arbeitskraft benötigt wird, die die Leder hinter der Maschine abnimmt und auf Bock oder Palette stapelt. Wenn man einmal durchrechnet, wieviel Personen mit diesem Stapeln beschäftigt sind, kommt ein recht beträchtlicher unproduktiver Lohnkostenbetrag zusammen. Daher wurden zunächst in den USA *Stapler* entwickelt, die diese Aufgabe übernehmen. Der wohl älteste Stapler ist der Aulson-Stapler, den man in den USA in jedem Betrieb findet (Abb. 225). Er besteht aus zwei endlosen Kettenbändern, die in dem Gestell des Staplers umlaufen können und zwischen denen sich Stangen teils fest, teils mit Scharnier angeordnet befinden. Das von der Maschine ablaufende Leder läuft über eine Stange des zunächst stillstehenden Staplers, und wenn es weit genug vorgedrungen ist, wird durch photoelektrische Befehlgebung (S. 85) das Band in Bewegung gesetzt, an der linken Seite fällt eine mit Scharnier befestigte Stange durch den im Gestell angebrachten Schlitz herunter; dadurch wird das Leder zwischen zwei Stangen geklemmt und so über den Bock gezogen. Sobald die Stangen oben eine bestimmte Stelle erreicht haben, bei der wieder ein Schlitz im Gestell angebracht ist, fällt die am Scharnier befindliche Stange nach unten, dadurch löst sich die Verklemmung, und auch das andere Ende des Leders fällt über den Bock. Die Leder werden stets Narben- auf Fleischseite gestapelt. Man kann die optische Regeleinrichtung auch so einstellen, daß das eine Leder am vorderen Ende, das nächste mit seinem hinteren Teil zwischen die Rollen geklemmt und hochgezogen wird und dadurch die Stapelung abwechselnd Narben auf Narben und Fleisch- auf Fleischseite erfolgt. Aber diese Einrichtung war in den von mir besuchten Betrieben in den USA meist nicht im Betrieb, da man dann die Leder vorher nach gleicher Länge sortieren muß, damit das wechselseitige Erfassen hinten und vorn richtig funktioniert, wodurch allerdings die angestrebte Zeiteinsparung illusorisch würde. Im übrigen ist aber der Aulson-Stapler viel verwendet, und in den USA wird als besonderer Vorteil hervorgehoben, daß er wenig bewegliche Teile hätte und wenig reparaturanfällig sei. Für weiche Nappaleder ist er nicht geeignet.

Abb. 225: Aulson-Stapler; links Schemabild, rechts hinten Bügelpresse.

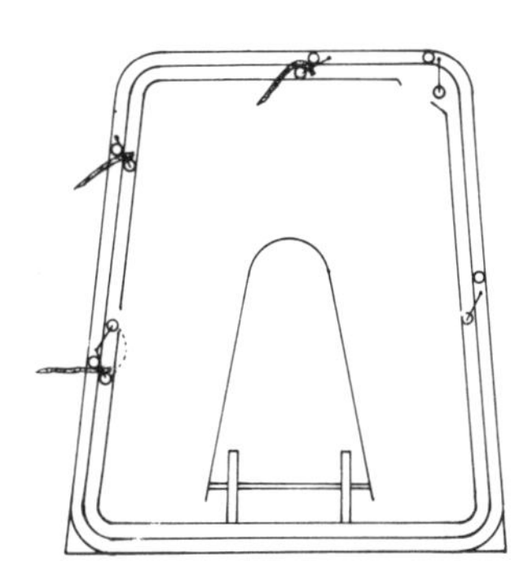

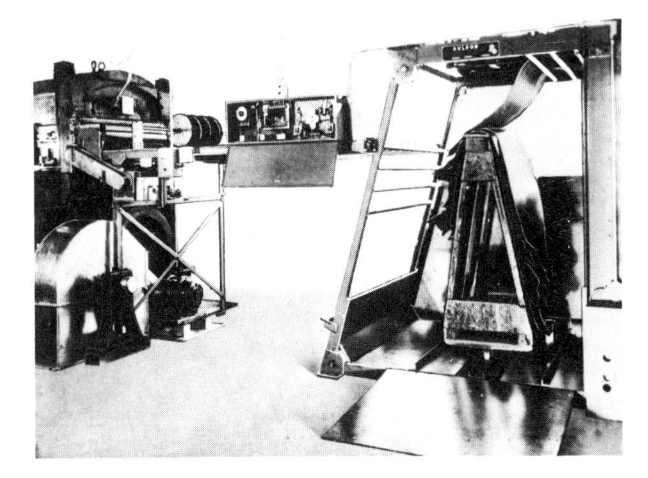

Auch in Europa wurden einige Stapler entwickelt, von denen einige Typen kurz beschrieben seien, ohne daß die Aufstellung vollständig wäre. Das Prinzip ist meist so, daß die Leder von der betreffenden Maschine mit umlaufendem Band übernommen und vorwärts transportiert werden. Das Band bewegt sich gleichzeitig nach vorn, ähnlich dem Prinzip des an früherer Stelle besprochenen Teleskopbandförderers (S. 104), nur ist es hier breiter (bis zu 3400 mm) und nicht massiv, sondern besteht aus einer Vielzahl von Schnüren oder schmalen Bändern. Das Band gibt vorn das Leder auf einen darunter stehenden Bock oder eine Palette ab. Die Länge des Leders wird vorher photoelektrisch (S. 85) gemessen und dieser Wert auf die Bewegung des Bandes so übertragen, daß die Mitte des Leders stets auf der Mitte des Bockes oder der Palette zu liegen kommt. Bewegt sich das vordere bewegliche Band bei der Abgabe stets nach vorn, so erfolgt die Lagerung Narben- auf Fleischseite, bewegt es sich einmal nach vorn und beim nächsten Leder nach hinten, so erfolgt die Lagerung abwechselnd Narben auf Narben und Fleischseite auf Fleischseite (Abb. 226 und 227). Die Bandgeschwindigkeit kann zwischen 16 und 48 m/min variieren und damit der vorgeschalteten Maschine angepaßt werden. Durch photoelektrische Abtastung der Stapelhöhe wird durch Heben des Bandablaufs oder in anderen Fällen durch Senken der Palette oder des Bocks, wenn sie auf einem zusätzlichen Scherenhebetisch (S. 115) stehen, der Abstand zwischen Stapelhöhe und Band immer konstant gehalten. Es gibt auch Stapler, die mit festem Band arbeiten und bei denen Bock oder Paletten oder bei breiten Bändern auch zwei Böcke oder Paletten auf gesonderten Fahrgestellen hin- und herbewegt werden (Abb. 228). Der Effekt ist der gleiche.

Voraussetzung für den Einsatz von Staplern sind natürlich Durchlaufmaschinen, die aber, wie die folgenden Beschreibungen zeigen werden, für viele Prozesse der Zurichtung entwikkelt wurden und in Betrieb sind. Nachstehend seien einige Kombinationen angeführt, die ich in Betrieb gesehen habe und die sich bewährt haben:

Abb. 226: Stapler mit hebbarem Bandablauf, Abgabeseite[147].

Abb. 227: Stapler mit hebbarem Bandablauf, Einlaufseite[148].

Abb. 228: Stapler mit Abgabe auf bewegliche Böcke[149].

1. Abwelken bzw. Abwelken + Ausrecken (S. 305), Sortieren, Stapeln. Ein Arbeiter zur Eingabe, ein Sortierer.
2. Durchlauffalzmaschine (S. 314), Stapeln, ein Arbeiter zur Eingabe.
3. Hochfrequenztrocknung (S. 342), Durchlaufstollen (S. 348), Stapeln. Ein Arbeiter zur Eingabe.
4. Durchlaufschleifen (S. 366), Blasenentstaubung (S. 370), Stapeln. Ein Arbeiter für die Eingabe.
5. Hydraulische Bügel- oder Narbenpresse mit automatischer Steuerung der Vorwärtsbewegung, Stapeln. Ein Arbeiter zur Eingabe. Bei geeigneter Aufstellung (S. 355) kann ein Arbeiter zwei gegenüberstehende Pressen bedienen; damit werden drei Kräfte eingespart.
6. Plüschband, Trockenkanal, Spritzband, Trockenkanal (S. 388), Stapeln. Ein Arbeiter zur Eingabe, eventuell zwei Arbeiter zum Nachplüschen.

Wie bereits an anderer Stelle ausführlicher behandelt (S. 31), gehen die Entwicklungen zur Rationalisierung der Lederherstellung immer mehr dahin, eine möglichst einheitliche Arbeitsweise in den Naßvorgängen bis zum Ende der Gerbung anzustreben, die Prozesse hier möglichst ohne Gefäßwechsel und in Großpartien durchzuführen, die Zurichtung aber möglichst beweglich zu halten, hier lieber einen Arbeitsgang mehr als zu wenig zu tun, um eine möglichst breite Qualitätspalette anbieten zu können, die naturgegebene Individualität jedes einzelnen Leders mehr herauszuarbeiten und damit eine klare Abgrenzung gegenüber den uniformen Kunststoffen zu schaffen. Dazu sind auch kleine Zurichtpartien erforderlich.

Es ist daher notwendig, vor der Naßzurichtung, ja vor dem Spalten, soweit es nach der Chromgerbung durchgeführt wird, bzw. vor dem Falzen eine sorgfältige *Zwischensortierung* und Zusammenstellung von Zurichtpartien mit möglichst einheitlichem Ledermaterial vorzunehmen. Dabei sind als Faktoren der gewünschte Farbton des Fertigleders, gewünschte Oberflächenzurichtung in bezug auf Anilin- oder Semianilinleder oder mehr oder weniger starke Abdeckung, glatte Naturnarbenbeschaffenheit, Narbenprägung oder geschliffenen Narben und Lederstärke (wichtig für das nachfolgende Spalten oder Falzen) zu berücksichtigen, wobei natürlich auch alle Narbenfehler in Art und Ausmaß mit zu beachten sind. Dieses Zwischensortieren ist eine sehr verantwortliche Tätigkeit, sie sollte bei guten Lichtverhältnissen erfolgen und wird entweder direkt auf einem Transportband oder direkt vom Stapel vorgenommen, wobei aber gerade hier, um die Gefahr der Ermüdung zu vermindern, Scherenhubtische (S. 115) unbedingt eingeschaltet werden sollen, damit das Sortieren stets in aufrechter Stellung unabhängig von der Höhe des Stapels erfolgen kann. Nach dem Sortieren werden Rindhäute auch meist, wenn es die Lederart zuläßt, längs der Rückenlinie in Hälften geteilt, soweit das nicht schon im Rohhautlager oder in der Wasserwerkstatt erfolgte, um die weitere Bearbeitung zu erleichtern. Hier werden oft die bereits früher (S. 150) beschriebenen Halbierungsböcke verwendet, um die richtige Schnittführung zu unterstützen. Schließlich hat sich auch immer mehr durchgesetzt, hier eine *Sortierung nach Flächengröße* einzuschalten, da sich Leder etwa gleicher Fläche bei den Arbeiten der Naßzurichtung einheitlicher verhalten und auch die Durchführung vieler Maschinenarbeiten erleichtert wird, wenn innerhalb der Arbeitspartie keine zu großen Unterschiede in der Lederfläche vorliegen. Dieses Sortieren im feuchten Zustand hat sich insbesondere eingeführt, seit die im berührungslosen Durchlauf messenden elektronischen Lederflächen-Meßmaschinen (S. 396) zur Verfügung stehen, die auch in diesem Stadium ein Sortieren nach vorher eingestellten Größenkategorien mit unterschiedlichem Lichtsignal für jede Gruppe rasch und einfach ermöglichen.

Einige Ausführung noch über *Zwischenlagerungen* vor oder während der Zurichtung. Im Rahmen der Bestrebungen der Rationalisierung hat sich eingeführt, Lagerungen zwischen den einzelnen Produktionsstadien immer mehr abzukürzen, wogegen aber Bedenken angemeldet wurden mit dem Hinweis, daß es sich hier nicht um unnütze »Totzeiten« handele, sondern daß sich während dieser Lagerungen sekundäre Änderungen abspielen würden, die für die Qualität des Fertigleders von Bedeutung sein könnten. Bei der Verarbeitung von Wet-blue-Ledern und Crustledern (S. 148) ergeben sich zwischen Gerbung und Zurichtung zwangsläufig mehr oder weniger lange Lagerzeiten, und schließlich hat sich bei modischen Ledern immer mehr eingeführt, vor der Endzurichtung auf ein Zwischenlager zu arbeiten, um von dort bei Vorliegen der Farbwünsche des Käufers die Auslieferung der Leder möglichst rasch vornehmen zu können. Zu der Frage, ob sich solche Zwischenlagerungen für die Lederqualität günstig oder ungünstig auswirken, liegen Untersuchungen vor, deren Ergebnisse hier kurz angeführt seien[150].

1. Alle Leder werden zwischen Gerbung und Beginn der Zurichtung im nassen Zustand gelagert, meist wenige Tage, bisweilen auch länger, bei Chromspalten, die in anderen Betrieben weitergearbeitet werden, und bei Wet-blue-Ware oft auch viele Wochen. Diese

Lagerzeiten sollten aber möglichst kurz gehalten werden. Lassen sich längere Lagerzeiten nicht vermeiden, so empfiehlt sich, die Leder am Ende der Chromgerbung gut abzustumpfen (Vermeidung von Säureschäden, pH über 3,5) und dann möglichst bald abzuwelken oder noch besser auszuwaschen und abzuwelken, um Strukturverschlechterungen auf ein Mindestmaß zu beschränken.
2. Für die Lagerung von Chromleder im nassen Zustand nach der Naßzurichtung haben sich für die Lederqualität keine nachteiligen Einflüsse ergeben, im Gegenteil, Griff, Dehnbarkeit und Geschmeidigkeit werden mit zunehmender Lagerdauer durch eine bessere Fettverteilung günstig beeinflußt. Nur bei pflanzlich nachgegerbten Ledern kann mit zunehmender Lagerung eine gewisse Verminderung der Strukturfestigkeit eintreten.
3. Eine längere Lagerung nichtzugerichteter pflanzlich gegerbter Leder (Crustleder) ergibt für die Lederqualität keine Vorteile. Ist sie nicht zu umgehen, ist es zweckmäßig, die Gerbung nicht zu intensiv vorzunehmen und die Leder vor dem Auftrocknen gut auszuwaschen, da sonst nachteilige Einflüsse auf die spätere Entgerbbarkeit und damit auf Farbton und Lichtechtheit der fertigen Leder auftreten können.
4. Vielfach wird behauptet, man müsse Chromleder vor dem Stollen einmal gründlich auftrocknen, um eine gute Lederqualität zu erhalten. Aus Qualitätsgründen ist aber ein solches Auftrocknen und Trockenlagerung vor dem Stollen nicht erforderlich, zur Rationalisierung des Arbeitsablaufs wäre es sogar zweckmäßiger, vor dem Stollen lediglich den hierfür erforderlichen Feuchtigkeitsgrad einzustellen. Auf die technologischen Schwierigkeiten zur Erreichung dieses Zieles wird an späterer Stelle eingegangen (S. 337).
5. Eine Lagerung der trockenen Leder nach dem Stollen und Wiederauftrocknen auf einem Zwischenlager kann beliebig lange erfolgen, ohne daß sich daraus Vor- oder Nachteile für die spätere Endzurichtung und für die Lederqualität ergeben.

2. Abwelken, Ausrecken

Das *Abwelken,* d. h. ein mechanisches Vermindern des Wassergehaltes nasser Leder, wird in zwei Produktionsstadien vorgenommen, einmal nach der Gerbung vor dem Messen, Sortieren und Falzen (bzw. Spalten, wenn es nach der Chromgerbung erfolgt) und nach der Naßzurichtung vor dem eigentlichen Trocknen. Dabei wird ein erheblicher Teil des nur kapillar eingelagerten Wassers aus dem Leder herausgepreßt.

Über die normalen Abwelkmaschinen sind keine größeren Ausführungen erforderlich. Einmal kann die Entwässerung statisch mit *hydraulischen Abwelkpressen* zwischen zwei Preßplatten vorgenommen werden. Sie entwässern stärker als Walzenmaschinen, haben aber den Nachteil, daß die Leder gefaltet in Stapel eingelegt werden müssen und die mit hohem Druck entstehenden Quetschfalten nachträglich nur schwer wieder zu entfernen sind. Außerdem ist der Feuchtigkeitsgehalt innerhalb der Fläche ungleichmäßig.

Zum anderen werden normale Walzenmaschinen (*rotierende Abwelkpressen,* Abb. 229 und 230) eingesetzt, deren Aufbau schon früher behandelt wurde (S. 257). Auch hier hat die Maschine eine Messerwalze mit abgerundeten, sorgfältig polierten Messern, die aber nur zum Glattstreichen des Leders, also zur Vermeidung einer Faltenbildung dient, daher auch als Reckerwalze (Ausreckwalze) bezeichnet und meist mit separatem Motor angetrieben wird. Ihr gegenüber befindet sich zusätzlich eine kleine Hilfsandruckwalze mit Gummibelag, deren Abstand zur Reckerwalze variabel einstellbar ist. Das eigentliche Abwelken erfolgt dagegen

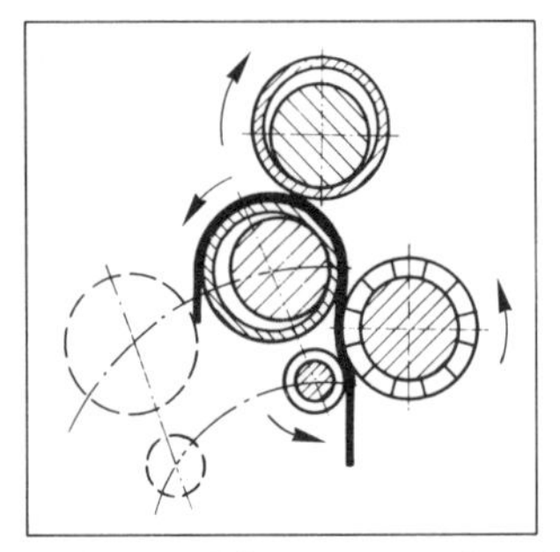

Abb. 229: Schema einer rotierenden Abwelkpresse[81].

Abb. 230: Rotierende Abwelkpresse[151].

durch die beiden Transportwalzen, die gleichzeitig als Druckwalzen dienen und von lose aufgeschobenen gepreßten oder gewobenen Filzärmeln umhüllt sind. Wenn die untere Auflagewalze eingeschwenkt ist, erfolgt die Druckgebung auf beiden Seiten der oberen Druckwalze hydraulisch, der Druck ist je nach Lederart und gewünschtem Grad der Entwässerung zwischen 5 und 30 t stufenlos variierbar und wird durch Manometer angezeigt. Natürlich erfolgt auch das Einschwenken der unteren Druckwalze hydraulisch mit einem der früher besprochenen Systeme (S. 258). Mit der Ausreckwalze darf die untere Auflagewalze auch nach dem Einschwenken nicht in Berührung kommen, denn auf der rauhen Oberfläche des Filzes kann sich das Leder nicht ausbreiten und andererseits würde sich der Filz zu schnell abnützen. Die Arbeitsbreite der Maschinen schwankt zwischen 1200 und 3100 mm. Natürlich haben alle Maschinen auch die früher besprochenen Schutzeinrichtungen (S. 259).

Das im Leder befindliche Wasser staut sich vor der eigentlichen Druckzone zwischen den beiden Druckwalzen an und wird dort von den Filzen absorbiert und abgeleitet, etwa nicht entferntes Wasser wird in der Entspannzone hinter den Druckwalzen wieder durch das Leder aufgesaugt. Die Transportgeschwindigkeit ist meist zwischen 3 und 24 m/min in Stufen oder stufenlos variierbar. Je schneller die Maschine läuft, desto höher muß der Preßdruck sein, um den gleichen Grad der Entwässerung zu erreichen. Dünne Leder und solche mit loserer Struktur lassen sich rascher und stärker entwässern als dicke Leder und solche mit festerer Struktur. An die Filze werden hohe Anforderungen gestellt, sie sind ein erheblicher Kostenfaktor, ihrer Pflege ist besondere Aufmerksamkeit zu schenken, und das Auswechseln sollte möglichst einfach sein. Je höher ihr Saugvermögen, desto besser die Abwelkleistung, desto niedriger kann der Abwelkdruck und desto höher die Durchlaufgeschwindigkeit sein. Filzärmel aus synthetischen Fasern haben oft eine längere Lebensdauer, aber ihr Saugvermögen ist nicht so hoch wie bei Wolle. Gewalkte Filzärmel sind meist besser als gewebte. Neuerdings werden genadelte Wirrvliese besonders empfohlen[152], weil sie hohes Saugvermögen und gute Festigkeit miteinander vereinen, wobei aber die Textur des Untergewebes, auf dem der Vlies aufgenadelt ist, sich nicht auf das Leder abdrücken darf. Es gibt auch Maschinen, die eine automatische Zentriervorrichtung besitzen, die ebenfalls zur höheren Lebensdauer der Filze beiträgt.

Unter dem Gesichtspunkt der Rationalisierung hat gerade hier die Entwicklung von *Durchlaufmaschinen* große Fortschritte gebracht. Dabei ist zunächst häufig der Weg beschritten worden, einfach zwei Abwelkmaschinen durch geeignete Kombination miteinander zu verbinden. Ich habe schon vor vielen Jahren in den USA die in Abb. 231 skizzierte Kombination gesehen, bei der das aus der ersten Maschine herauslaufende Leder mittels Band zur zweiten, spiegelbildlich aufgestellten Maschine gebracht wurde. War dort eine bestimmte Einlauftiefe erreicht, schloß sich diese Maschine automatisch (Photozelle) und das Leder wurde jetzt auf einem zweiten Band zum Messen, Sortieren und Falzen transportiert. Rizzi[130] hat diese Kombination von zwei gegeneinander gestellten Maschinen und Bandtransport ebenfalls empfohlen (Abb. 232). Aber inzwischen sind auch einige echte Durchlaufmaschinen auf den Markt gekommen; einige Beispiele seien nachfolgend kurz beschrieben. Dabei ist bei vielen Entwicklungen zwar das Prinzip des Entwässerns zwischen Druckwalzen beibehalten worden, aber diese sind nicht mehr mit Filzärmeln überzogen.

Abb. 231: Durchlauf durch Kombination von zwei rotierenden Abwelkmaschinen.

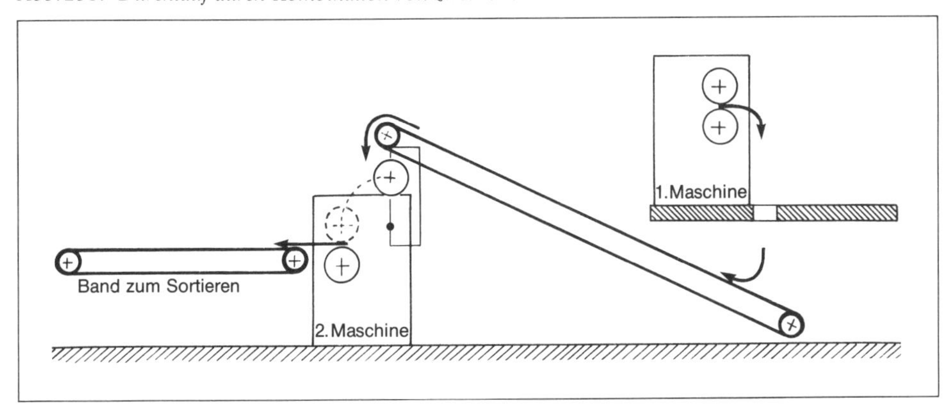

Abb. 232: Kombination von zwei Abwelkmaschinen[130].

So arbeiten Maschinen z. B. von Turner[124] (Abb. 233) und von Rizzi[130] (Abb. 234) statt der Filzärmel mit zwei endlosen Filzbändern, zwischen denen das Leder im Durchlauf durch ein Walzensystem von drei Druckwalzen hindurchtransportiert und dabei entwässert wird. Bei Turner wird das Leder direkt auf das untere Filzband aufgelegt, zunächst an einem Reckerzylinder mit Gegendruckwalze zur Erreichung eines faltenfreien Einlaufs vorbeigeführt und dann durch das Druckwalzensystem transportiert. Bei Rizzi befindet sich vorn ein getrenntes Lederzufuhr-Förderband, um dadurch das untere Filzband verkürzen und Zufuhr- bzw. Abwelkgeschwindigkeit getrennt regeln zu können. Der Andruck des Walzensystems wird bei Rizzi hydraulisch, bei Turner pneumatisch durch Preßluft zwischen zwei Druckkissen

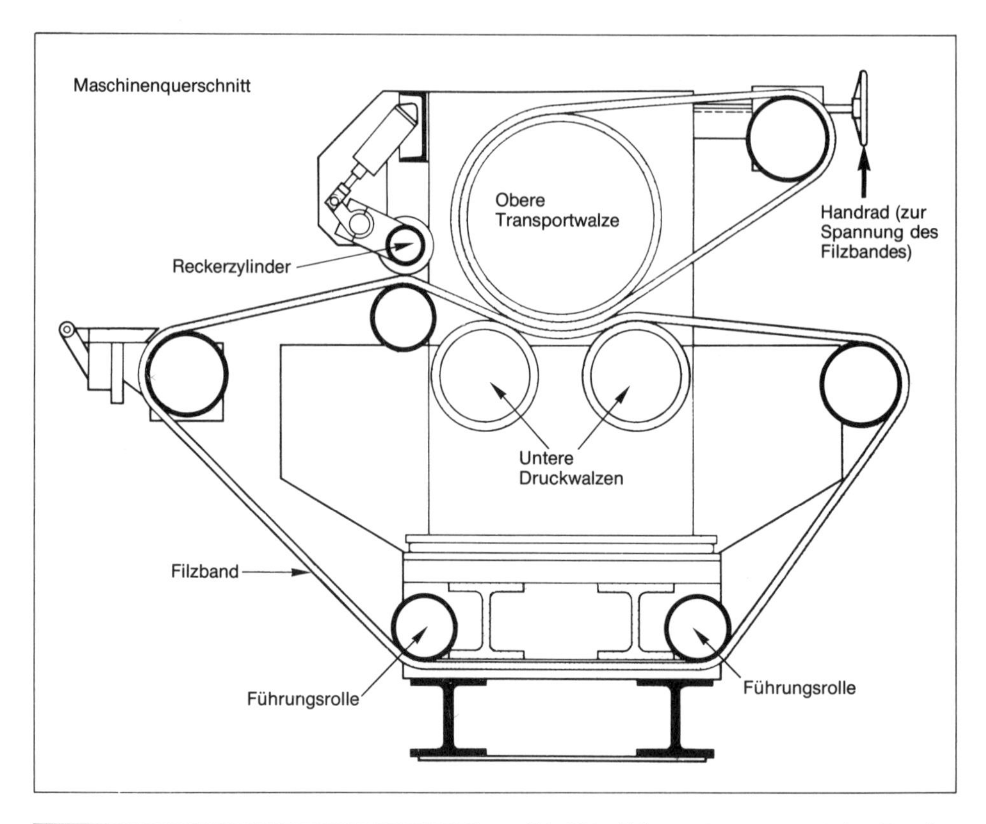

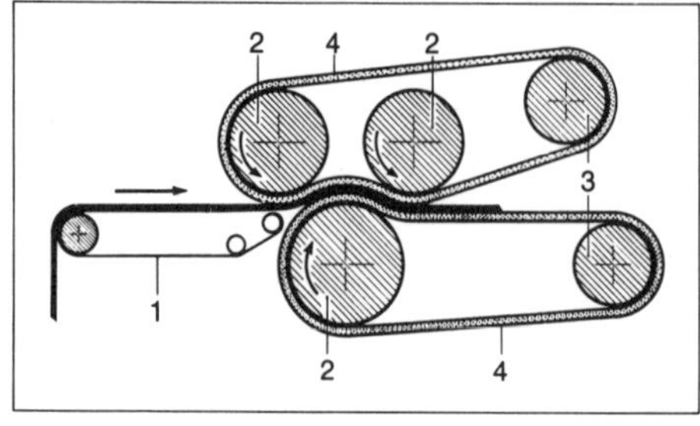

Abb. 233: Schema einer pneumatischen Durchlauf-Abwelkmaschine[124].

Abb. 234: Schemazeichnung einer Durchlauf-Abwelkmaschine[130].

erreicht. Der Anpreßdruck kann zwischen 10 bis 40 bzw. 16 bis 50 t stufenlos geregelt, die Transportgeschwindigkeit zwischen 4 und 16 m/min variiert werden, die Arbeitsbreite schwankt zwischen 1800 und 3200 mm. Wichtig ist, daß das Auswechseln der Bandfilze möglichst einfach und mit geringem Arbeitsaufwand erfolgen kann.

Eine andere Entwicklung ist die Intapress von Kela[153] (Abb. 235), die im Gegensatz zu den vorgenannten Maschinen nur mit einem endlosen Filzband (2) arbeitet, während der Gegendruck von einem glattpolierten Edelstahlrohr (8) und einer darin befindlichen Druckwalze (9) erfolgt, deren Druckgebung hydraulisch über zwei Zylinder auf die Druckwalze erzeugt wird. Dadurch werden hohe spezifische Drücke mit relativ niederem Gesamtdruck erreicht und durch den großen Durchmesser des Edelstahlrohrs ein faltenfreies Einlaufen des Leders in die Druckzone begünstigt. Die Durchlaufgeschwindigkeit ist stufenlos zwischen 4 und 14 m/min variierbar, die Maschine wird in Arbeitsbreiten von 1800 bis 3200 mm geliefert. Das Filzband wird hydraulisch gespannt, die Andruckwalze 1 und die Walzen 3 bis 6 für das Filzband sind mit Gummi bezogen, die Abpreßbrühe wird in einem Becken (7) gesammelt. Die Entwässerung soll gleichmäßig und intensiv erfolgen. Durch das polierte Gegendruckrohr entstehen keine Markierungen der Filzoberfläche auf der Narbenseite, was insbesondere beim Abwelken nach der Färbung bzw. vor der Trocknung günstig ist.

Abb. 235:
Schema der Intapress[153].

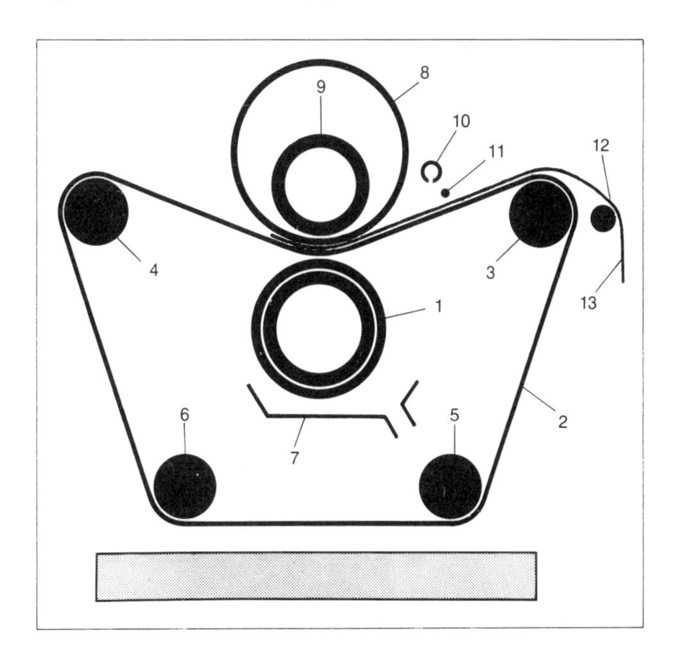

Eine völlig neuartige Entwicklung ist die Aeropress (Arenco[72], Abb. 236). Sie benötigt keine Abwelk-Filzbänder, die Entwässerung erfolgt mit einer Pneumatik-Schlauchwalze, die im Kontakt mit vier Gegenwalzen arbeitet und damit vier Preßzonen bildet, durch die das Leder zwischen wasserdurchlässigen Polyesterbändern transportiert wird, nachdem es zuvor zwischen einer Verteilerwalze und einer schwenkbaren gummierten Gegenwalze faltenfrei ausgebreitet wurde. Der Luftdruck der Schlauchwalze ist variabel, die Druckverteilung über

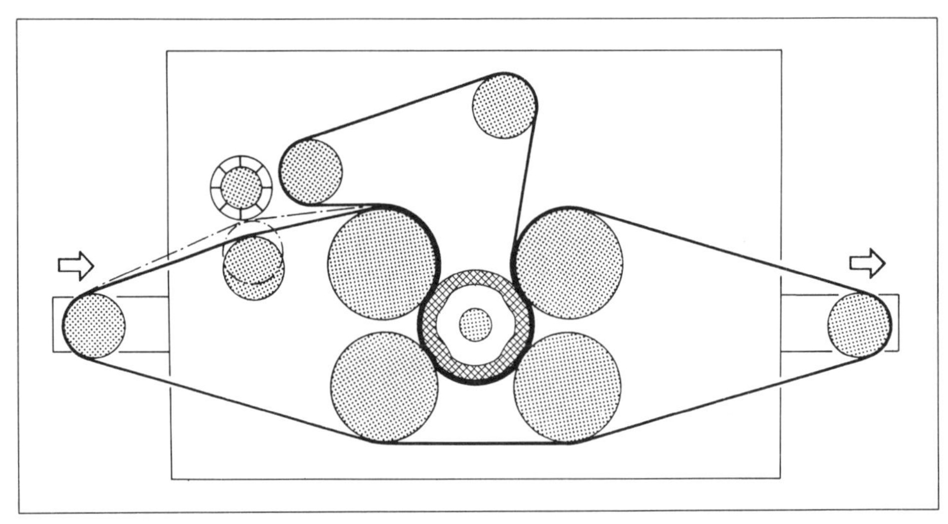

Abb. 236: Walzenschema der Aeropress[72].

die ganze Lederfläche auch bei unterschiedlicher Lederdicke völlig gleichmäßig. Infolge der vier Preßzonen ist die entwässernde Verweilzeit erheblich verlängert; damit werden besonders gute Entwässerungswerte erreicht, obwohl der spezifische Druck relativ niedrig ist. Der Ledertransport ist stufenlos zwischen 6 und 35 m/min variabel, die Walzen für die Transportbänder sind mit Gummi beschichtet. Als Vorteile werden sehr hohe, gleichmäßige und doch schonende Entwässerung, günstige Betriebskosten (keine Filze), gute Faltenverteilung, Recycling des Abwelkwassers und günstige Wartungskosten angeführt.

Schließlich sei noch die Cyclopress erwähnt, eine durchlaufende Abwelkmaschine von Investa[151] (Abb. 237), bei der das Leder (1) mit zwei Transportbändern in den Abwelkraum (6) transportiert und dort durch Verpressen zwischen den Arbeitsflächen des Druckträgers (2), des mittleren Trägers (3) und des rückwärtigen Trägers (4), die rhythmisch gegeneinan-

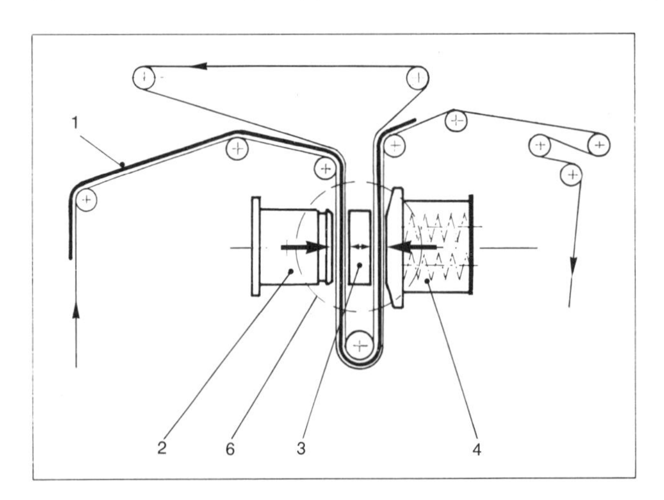

Abb. 237: Schema der Cyclopress[151].

der gepreßt werden, entwässert wird. Die Durchlaufgeschwindigkeit ist zwischen 4 und 12 m/min regelbar; bei maximaler Geschwindigkeit wird das Leder in einem Durchlauf zweimal abgewelkt, bei geringerer Arbeitsgeschwindigkeit entsprechend häufiger.

Alle Durchlaufmaschinen haben natürlich zunächst den Vorteil wesentlich gesteigerter Leistung, da im Gegensatz zu den herauslaufenden Maschinen mit ihrem zwangsläufigen zwischenzeitlichen Umlegen erhebliche Warte- und Nebenzeiten vermieden werden und da vielfach auch die Durchlaufgeschwindigkeit größer ist. Sie bieten einen weiteren Rationalisierungsvorteil dadurch, daß sie auf der Auslaufseite entweder mit einem Stapler (S. 297) oder durch Bandtransport mit einer Durchlauffalzmaschine (S. 313) verbunden werden, so daß ein volles Durchlaufsystem mit guter Transport-Rationalisierung entsteht. Abb. 238 zeigt schließlich für Chromleder, das erst nach der Chromgerbung gespalten wird, die Kombination von Durchlaufabwelkmaschine und Spaltmaschine, wobei das Band nach der Abwelkmaschine auch zum Sortieren verwendet werden kann und hinter der Spaltmaschine noch ein Stapler oder eine Bandverbindung mit einer Durchlauffalzmaschine folgen kann. Neuerdings hat Arenco-BMD[72] vorgeschlagen, auch das Eingeben der Leder in die Abwelkmaschine mit Hilfe von Baugruppen aus dem Manipulatorprogramm (S. 269) zu rationalisieren, indem ein Druckluft-Hebezug mit pneumatischer Zange die Leder aus dem Transportgerät zur Maschine transportiert und dort absenkt. Das ist insbesondere dann von Vorteil, wenn die Leder vom Entleeren des Fasses her unorientiert in Kastenwagen angefahren werden (S. 160).

Das *Ausrecken (Ausstoßen),* das normalerweise nach der Naßzurichtung vor dem eigentlichen Trockenprozeß erfolgt, hat die Aufgabe, das Leder, das von der Form des Tierkörpers her eine tonnige Form mit Rundungen und Erhebungen aufweist, zu ebnen, ein Glätten der Narbenoberfläche und eine Beseitigung von Falten und Runzeln in der Lederoberfläche zu bewirken, die Gesamtfläche des Leders, insbesondere in den abfälligen Teilen, möglichst auszuarbeiten und damit die Dehnbarkeit, die für viele Lederarten im Hinblick auf ein gutes Formhaltungsvermögen nicht zu groß sein darf, zu vermindern und gleichzeitig eine Verdichtung des Fasergefüges und eine gewisse Verfestigung der Verbindung zwischen Narbenschicht und übrigem Fasergefüge zu erreichen. Dabei wird gleichzeitig natürlich auch eine Steigerung der Flächenausbeute erreicht.

Das Ausstoßen erfolgte, als es noch von Hand vorgenommen wurde, von der Rückenlinie und den Kernpartien her strahlenförmig nach außen, also Hinterklauen, Vorderklauen, Hals

Abb. 238: Kombination Durchlauf-Abwelkmaschine/Spaltmaschine[130].

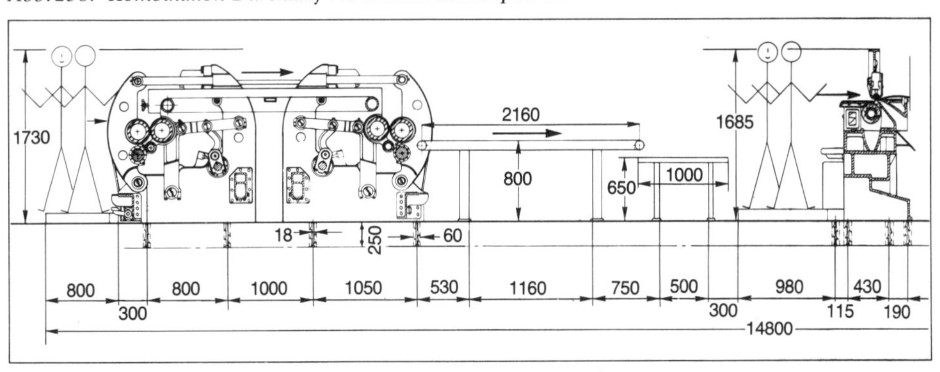

und Kopf und schließlich die Seitenteile. Dabei muß das Leder feucht sein, aber vorher gut abgewelkt werden, so daß kein Wasser mehr herausgedrückt werden kann. Auch bei der Maschinenarbeit muß eine gründliche Ausarbeitung erfolgen, die Maschinen sind daher grundsätzlich für hohe Belastungen ausgelegt. Hier werden meist Walzenmaschinen verwendet (Abb. 239 und 240), die in der Konstruktion den rotierenden Abwelkmaschinen ähnlich sind, sich aber grundsätzlich dadurch von ihnen unterscheiden, daß hier der eigentliche Ausreckeffekt durch die untere Auflegewalze und die Messerwalze, die mit abgerundeten kräftigen rostfreien stählernen Reckern ausgerüstet ist, ausgeübt wird. Diese beiden Bauelemente, die sich bei der Abwelkmaschine nicht berühren sollten (S. 300), sind hier also einem kräftigen Druck gegeneinander ausgesetzt, während zwischen unterer Auflegewalze und oberer feststehender Druckwalze nur der für den Transport notwendige Druck erforderlich ist. Die Auflagewalze ist mit einem Gummibezug versehen, die obere mit Hartgummibezug, bisweilen aber auch mit einer Heizeinrichtung, durch die insbesondere bei Kleintierfellen der Narben feiner werden soll. Als vierte Walze hat die Ausreckmaschine noch eine Hilfsan-

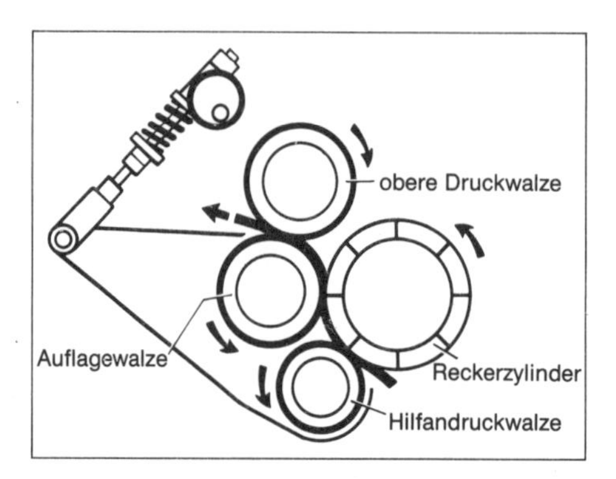

Abb. 239: Schema einer Ausreckmaschine[124].

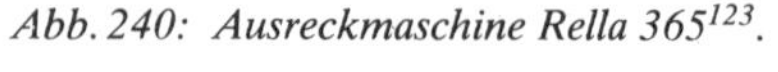
Abb. 240: Ausreckmaschine Rella 365[123].

druckwalze, die zusammen mit der Auflagewalze ein- und ausschwenkt, zusammen mit der Reckerwalze das Leder ausbreitet (daher auch Verteiler- oder Ausbreitwalze genannt) und dabei gleichzeitig, da sie auch kräftig gegen die Messerwalze angedrückt wird, die Umschlingung des Leders auf dem Reckerzylinder und dadurch die Intensität der Reckarbeit erhöht. Der Abstand zwischen Reckerzylinder und Auflage- bzw. Hilfsandruckwalze kann in Anpassung an die Stärke des auszureckenden Leders variiert werden. Sowohl die Druckgebung wie die Betätigung der Öffnungs- und Schließbewegung erfolgen hydraulisch. Es ist wichtig, daß die Druckverteilung gleichmäßig über die ganze Arbeitsbreite erfolgt und daß sie beim Schließen nicht zu plötzlich erfolgt, damit insbesondere bei empfindlichen Ledern keine Markierungen auf der Lederoberfläche auftreten. Die meisten Maschinen besitzen eine Reversiervorrichtung, d. h. durch Fußhebel kann der Drehsinn der Walzen umgekehrt werden, so daß stark faltige Stellen namentlich im Hals (Mastfalten) durch mehrfache Hin- und Herbewegung intensiver bearbeitet werden können. Turner[124] hat auch eine Einrichtung an ihrer Maschine, durch die mittels Fußtrittbetätigung die Durchlaufgeschwindigkeit beim Durchlauf von Hälsen mit tiefen Mastfalten auf $^1/_3$ reduziert und dadurch der Ausreckeffekt gesteigert werden kann. Die Arbeitsbreite der Maschinen schwankt zwischen 1200 und 3300 mm, die Transportgeschwindigkeit zwischen 10 und 30 m/min.

Eine weitere Rationalisierung bei den Walzenmaschinen bedeutet die *Kombination des Abwelkens und Ausreckens* in einem Arbeitsgang mit der damit verbundenen Einsparung an Investitions- und Arbeitskosten. Diese Kombination kommt für das zweite Abwelken zwischen Naßzurichtung und Trockenprozeß in Betracht. Sie wird bei den meisten Maschinen dadurch erreicht, daß beim rotierenden Ausrecken die feststehende obere Druckwalze gleichzeitig mit einem losen Filzärmel für die Feuchtigkeitsaufnahme und ferner wie bei der rotierenden Abwelkmaschine beidseitig mit zusätzlicher hydraulischer Druckgebung versehen ist. Die Auflagewalze kann dagegen nicht mit einem Filzärmel versehen werden, da sie wichtigere Funktionen für den Ausreckvorgang zu erfüllen hat.

Drees[81] hat dagegen eine kombinierte Ausreck- und Abwelkmaschine mit einem 5-Walzen-System herausgebracht, von denen zwei mit Filzmanschetten ausgestattet sind (Abb. 241). Dadurch wird die Abwelkbarkeit intensiviert, zumal ein gleichzeitiges Abwelken an zwei Stellen, Filzwalze 4 gegen Gummiwalze 3 und Filzwalze 4 gegen Filzwalze 4 erfolgt. Der Preßdruck kann daher geringer sein und schließlich ist dadurch eine Reversierung, die immer zu Lasten der Arbeitsleistung geht, nicht mehr erforderlich. Alle Walzen werden hydraulisch angetrieben. Aber auch hier wie bei allen Maschinen für das kombinierte Abwelken und Ausrecken, wird das Abwelken erst nach dem Ausrecken vorgenommen. Ob

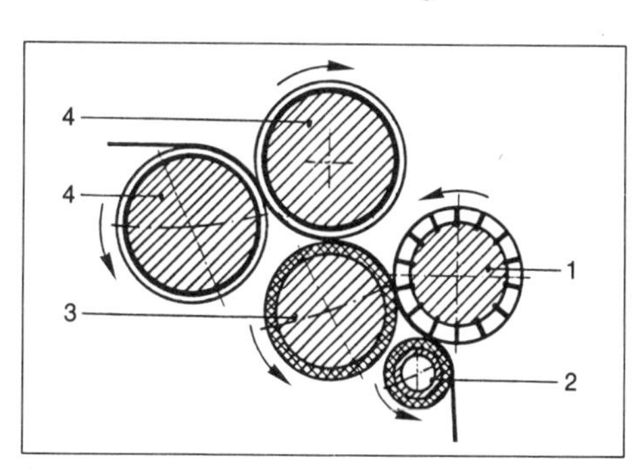

Abb. 241: Schema einer kombinierten Abwelk- und Ausreckmaschine[81].

das sinnvoll ist, erscheint mir zweifelhaft, denn der Ausreckeffekt ist erfahrungsgemäß am zuvor abgewelkten Leder besser, und was ist nach dem Ausrecken noch abzuwelken?

Eine besonders intensiv arbeitende Maschine ist die *Trommelausstoßmaschine* Etira der Arenco-BMD[72] (Abb. 242; siehe auch S. 271). Das Ausstoßen erfolgt auf einem stabilen, halbrunden Trommelzylinder, der einen aus einer Filz- und einer Lederdecke bestehenden Belag hat und auf der das Leder an der Längsseite der Trommel durch eine Klemmvorrichtung festgehalten und durch dauernde Bewegung der Trommel unter der rotierenden Reckerwalze durchgezogen wird. Die Reckerwalze, mit kräftigen Messing- oder Edelstahlmessern ausgerüstet, besitzt etwa $^{1}/_{3}$ der Breite der Unterlagetrommel und kann während des Vor- und Rücklaufs der Trommel unter Druck zum Ausstoßen benutzt werden. Sie kann dabei auch während des Stoßvorganges ohne Anstrengung mit Hilfe eines Hebels axial hin- und herbewegt werden; dadurch kann die Stoßvorrichtung so gewählt werden, wie es das zu bearbeitende Leder erfordert. Mittels Fußhebels kann schließlich der Anpreßdruck beliebig reguliert werden. So wird auf der nachgiebigen Unterlage dadurch, daß Zug- und Druckwirkung gleichzeitig erfolgt, eine intensive Stoßarbeit erreicht, die insbesondere ein gleichmäßiges und intensives Ausarbeiten der Halsriefen gewährleistet. Die Maschine wird daher insbesondere für schwere Rindleder bevorzugt.

Abb. 242: Trommelausstoßmaschine[72].

Früher gab es auch noch *Tafelausstoßmaschinen,* bei denen das Leder auf einer dreh- und fahrbaren Tafel ausgebreitet mit einem etwa 40 cm breiten hin- und herlaufenden Messerzylinder in einzelnen Bahnen intensiv bearbeitet wurde. Die Maschine, die für technische Leder in Einsatz war, ist heute fast verschwunden. Zu erwähnen sind aber noch *Elektroausstoßmaschinen,* d. h. Handapparate, bei denen eine Reckerwalze durch Motor angetrieben und mit zwei Handgriffen über das auf einer Tafel glatt aufliegende Leder hin- und hergeführt wird. Der Arbeitsaufwand ist dabei beträchtlich, die Leistung aber sehr individuell, da hier wie bei der Handarbeit die Stoßrichtung strahlenförmig nach allen Seiten hin variiert werden kann.

3. Falzen

Das Falzen hat die Aufgabe, das Leder auf seine endgültige Stärke zu bringen. Die Falzmaschine lebt z. T. davon, daß es bisher nicht gelungen ist, eine in bezug auf die exakte Dickeneinstellung ideale Spaltmaschine zu entwickeln. Das gilt in erster Linie für das Spalten im Blößenzustand (S. 285), aber auch das Spalten nach der Chromgerbung führt zwar zu einer günstigeren Einstellung der Spaltstärke im Verhältnis zur endgültigen Lederstärke, vermag aber eine Feinregulierung der Dicke durch ein Falzen nicht auszuschalten. So ist bei gespaltenen Rindledern eine zusätzliche Dickenkorrektur unerläßlich, bei Kalbfell- und Kleintierfell-Ledern wird die Dickenkorrektur nur durch Falzen vorgenommen. Das Falzen erfolgt meist im feuchten, gut abgewelkten Zustand vor der Naßzurichtung, um die Chemikalienzugabe bei diesen Prozessen auf das Falzgewicht beziehen zu können, die gefärbte und stärker gefettete Fleischseite nicht nachträglich wieder entfernen zu müssen und weil auch die Durchführung der Oberflächenbearbeitung bei den späteren mechanischen Zurichtoperationen nur bei einer einheitlichen Stärke des Leders gleichmäßig über die ganze Fläche erfolgen kann. Sind die Leder zu feucht, so kleben Chromleder leicht an der Andruckwalze. Auf die Vor- und Nachteile des Trockenfalzens wird an späterer Stelle noch eingegangen (S. 314).

Abb. 243 zeigt den *Aufbau einer klassischen Falzmaschine.* Durch Fußtritt f wird der Schwingrahmen k mit der Auflage- und Andruckwalze c, die genau parallel zum Messerkopf eingestellt sein muß, an diesen auf Falzstärke herangebracht, nach Aufheben des Fußdrucks geht sie automatisch wieder in die Ausgangsstellung zurück und das Leder kann herausgezogen und in gleicher oder anderer Position erneut eingelassen werden, bis die gewünschte Falzdicke erreicht ist. Die Falzstärke, also der Abstand zwischen Andruckwalze und Messerkopf, wird mit Handrad i eingestellt. Der Messerkopf a, dessen Arbeitsbreite bei den klassischen Maschinen zwischen 300 und 800 mm variiert, ist ein Stahlzylinder mit V-förmig angeordneten, von der Zylindermitte her spiralförmig nach außen verlaufenden Falzmessern. Durch die V-Stellung wird das Leder gleichzeitig glattgestrichen und damit das Auftreten von Falten vermieden. Die Umlaufgeschwindigkeit des Messerkopfes schwankt zwischen 1800 und 2100 U/min. Die Falzmesser werden während des Falzens ständig mittels Schleifscheibe b geschliffen, die zusammen mit dem ihr zugehörigen Elektromotor e mittels eines Schlittens an der Messerwalze entlang hin- und herbewegt wird. Da die Schleifscheibe in entgegengesetzter Richtung wie der Messerkopf und zudem mit höherer Geschwindigkeit bis zu 2800 m/min umläuft, erhalten die Schneiden der Falzmesser einen sich fortwährend erneuernden, senkrecht vom Messer abstehenden Grat, mit dem dünne, schmale Lederstreifen (Falzspäne)

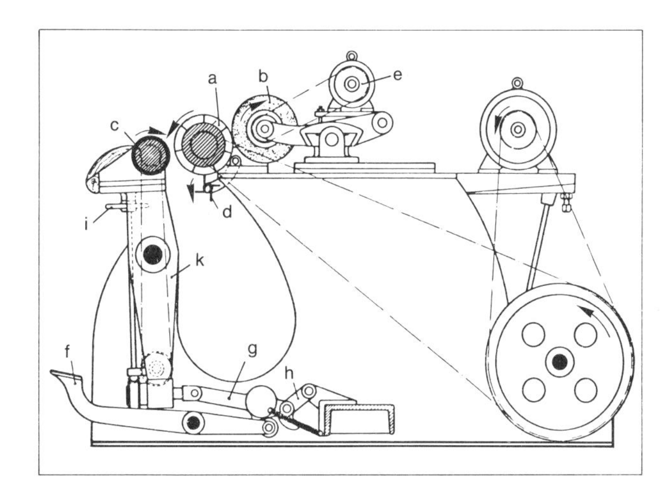

Abb. 243: Schema einer klassischen Falzmaschine (Brill[120]).

vom Leder abgeschnitten, abgehobelt werden. Um das Einlassen des Leders in die Maschine ungefährlich zu machen, wurde einmal die Andruckwalze im Durchmesser stark vergrößert und dadurch ein besseres Festhalten ermöglicht, und außerdem wurde sie mit gesondertem Antrieb versehen, wobei die Umlaufgeschwindigkeit wesentlich geringer als die des Messerzylinders ist (5 bis 20 U/min), oder es wird ein »Falzapparat« verwendet, der aus einer dünnen Andruckwalze und einer vorgelagerten dickeren hölzernen Zuführungswalze besteht, die beide mit gleicher Oberflächengeschwindigkeit umlaufen. Dadurch wird das Leder vor der Auflage festgehalten und läuft von selbst in die Maschine, der Arbeiter braucht nicht mehr zu befürchten, daß es ihm aus der Hand gerissen wird. Beim leichten Überfalzen von Großviehhäuten wird meist die dicke Holzwalze bevorzugt, das Herunterfalzen größerer Schichten geht besser mit dem Falzapparat. Das Leder muß völlig faltenlos eingeführt werden, da es sonst zerschnitten wird. Für das Auftreten von »Falztreppen«, d. h. achsparalleler Längsstreifen auf der bearbeiteten Oberfläche, gibt es eine Reihe von Möglichkeiten, die Brill[120] ausführlicher besprochen hat.

Das Falzen ist ein grundsätzlich anderer Prozeß als das Spalten. Beim Spalten erfolgt ein Durchschneiden des Fasergefüges parallel zur Oberfläche ohne besondere Druckanwendung, beim Falzen werden dagegen einzelne Späne in einem Winkel von etwa 45 Grad zur Hautoberfläche unter gleichzeitigem Druck abgehobelt. Damit werden auch die *Ledereigenschaften* anders beeinflußt. Einmal muß bei Einstellung der Falzstärke berücksichtigt werden, daß das Falzen unter Kompression erfolgt. Beim Spalten werden – das weiß man seit langem[121, 154] – die Festigkeitseigenschaften stärker als beim Falzen vermindert. Auch unsere vergleichenden Untersuchungen[141] haben bestätigt, daß das Falzen genauer und rationeller als etwa ein zweites Spalten ist und daß bessere Festigkeitseigenschaften und ein geringeres Hervortreten der Mastfalten bewirkt werden. Narbenzug und Narbenfestigkeit waren vielleicht etwas ungünstiger, die Unterschiede hierbei jedoch nur gering.

Für moderne Falzmaschinen wurden zahlreiche *zusätzliche Einrichtungen* entwickelt, um die Arbeitsweise zu rationalisieren und durch automatische Steuerungen von der Geschicklichkeit und Zuverlässigkeit des Personals unabhängiger zu machen. In der Tat benötigten gerade die alten Falzmaschinen lange Einarbeitungszeiten, was heute in diesem Maße nicht mehr der Fall ist. So wird heute das Ein- und Ausschwingen der Andruckwalze, also das Andrucksystem, statt durch mechanische Betätigung hydraulisch unter Anwendung der an früherer Stelle besprochenen Hydrauliksysteme (S. 258) gesteuert; es genügt ein leichter Druck auf den Fußtritt, um das Schließen und Öffnen zu ermöglichen. Ebenso wird die Hin- und Herbewegung des Schleifschlittens mit Wahlmöglichkeit für Einzel- oder Dauerschliff hydraulisch gesteuert. Die Falzstärke kann teilweise motorisch nach einer Skalenablesung eingestellt werden, und bei vielen Spaltmaschinen kann durch eine Feineinstellung der Falzstärke durch Fußtritt oder Handhebel auch während des Falzens eine Stärkevariation vorgenommen werden, um gewisse Teile wie etwa die Kopfpartien etwas stärker zu falzen. Oft wird dabei die erzielte Abweichung von der Grundeinstellung durch Anzeigegerät kenntlich gemacht. Durch oszillierende Bewegung des Messerkopfs kann erreicht werden, daß nicht so viele Späne an den Rändern des Leders hängen bleiben und dadurch ein nachträgliches Beschneiden überflüssig wird. Der wohl größte Fortschritt liegt aber in der Steigerung der Breite des Messerkopfs. Schmale Maschinen werden heute vorwiegend nur noch zum Falzen von Kleintierfelledern oder bei Rindhäuten zum örtlichen Falzen einiger Teile, namentlich der Randpartien verwendet.

Die Entwicklung von *Breitfalzmaschinen,* die es gestatten, große Flächen auf einmal zu falzen und damit eine wesentliche Leistungssteigerung zu erreichen und die heute vorwiegend mit Arbeitsbreiten von 1200 bis 3200 mm hergestellt werden, hat natürlich viele Probleme aufgeworfen, um eine wirklich über die ganze Fläche gleichmäßige Falzstärke zu erreichen und daher alle Schwingungen und Vibrationen sowohl der Messerwalze wie des Andrucksystems auszuschalten. Hinsichtlich der Falzgenauigkeit werden heute sehr hohe Anforderungen gestellt, da auch im Hinblick auf die maschinelle Fertigung bei der Lederverarbeitung viele moderne Maschinen eine ganz einheitliche Lederdicke verlangen. So soll die Lederdicke innerhalb eines Stücks und innerhalb der Partie nicht mehr als 0,1 mm schwanken, bei manchen Spezialledern (z. B. Zylinderkalbledern) werden noch wesentlich höhere Anforderungen gestellt.

Bei breiten Maschinen ist natürlich die Rückdruckkraft auf das Andrücksystem sehr groß, daher muß dieses mit allen seinen Teilen möglichst biegungssteif gestaltet werden, um die Rückdruckkraft abzufangen und auch bei härteren Ledern und stärkerer Spanabnahme eine gute Falzgenauigkeit zu erreichen. Der Ledervorschub sollte innerhalb eines großen Bereichs (meist 5 bis 25 m/min) in Anpassung an die jeweilige Lederart stufenlos variierbar sein und unabhängig von der größeren Belastung mit stets gleichbleibender Geschwindigkeit erfolgen. Ebenso ist ein automatischer Rücktransport des Leders nach Beendigung jeder Falzphase bei geöffneter Maschine durch Drehrichtungswechsel der Auflagewalze möglichst mit erhöhter Geschwindigkeit für den Bedienungskomfort fast unerläßlich, da ein Rückziehen entgegen der Laufrichtung der Zuführwalze einen unnötig hohen Kraftbedarf benötigen würde. Für die Lederzufuhr hat sich bei den breiten Maschinen (Abb. 244) die Kombination einer ein- und ausschwingbaren gummierten Auflage- und Andruckwalze (2) und einer gesondert angetriebenen hartverchromten Transportwalze (3), zwischen denen das Leder nach dem Einschwingen verklemmt wird, bewährt, da dadurch die Bedienung namentlich in der etwas ruckartigen Anfangsphase und bei starker Spanabnahme erleichtert und durch das gute Festhalten der

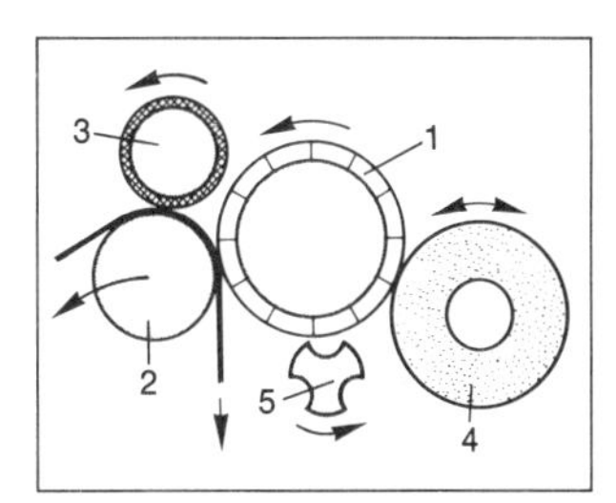

Abb. 244: Schema einer Breitfalzmaschine.

Leder die Arbeitssicherheit beträchtlich erhöht wird. Das Öffnen und Schließen erfolgt hydraulisch. Für die Messerwalzen (1) waren mit Steigerung der Arbeitsbreite zunächst beträchtliche Schwierigkeiten dahingehend zu beheben, daß sie nicht in Schwingung geraten und eine hohe Rundlaufgenauigkeit besitzen, da nur so ein gleichmäßiger Falzschnitt ohne Treppenbildung auch bei hohem Ledervorschub gewährleistet ist. Aus dem gleichen Grund muß auch der Schleifschlitten schwingungsfrei gelagert sein und darf durch die rotierende Schleifscheibe (4) nicht zu störenden Schwingungen angeregt werden. Bei vielen Maschinen erfolgt das automatische Schleifen nur in den Zeiten, in denen nicht gefalzt wird, also im entlasteten Zustand, während des Falzens hebt die Schleifscheibe automatisch etwas von der Messerwalze ab und setzt dadurch das Schleifen aus.

Die Dickeneinstellung wird hydraulisch vorgenommen und überwacht, die Falzdicke bei manchen Fabrikaten elektronisch angezeigt. Der Messerverschleiß wird automatisch ausgeglichen und ebenso erfolgt der Vorschub der Schleifscheibe automatisch. Da die Falzmesser in der Mitte etwa 15 mm überlappen, hier also die doppelte Messerzahl wirksam wird, würden sich Mittelstreifen bilden, die oft auch nach dem Zurichten noch sichtbar sind. Durch spezielle Anordnung der Messer, etwa ein Überlappen nur nach jedem dritten Messer, kann das weitgehend vermieden werden. Unterhalb der Messerwalze ist unbedingt eine Abweisvorrichtung (z.B. Walze [5]) anzubringen, um besonders beim Falzen leichter Leder ein Aufwickeln um die Messerwalze zu verhindern. Moenus[123] empfiehlt schräggestellte Messer, durch die die Schnittleistung erhöht, die Falzgenauigkeit gesteigert und der Messerverbrauch vermindert werden soll. Schließlich haben die meisten Maschinen heute auch die schon erwähnte hydraulische Verstellautomatik, mit der die Falzdicke während des Falzens hydraulisch verändert werden kann. Sie soll nicht momentan, sondern allmählich einsetzen, um ein langsames Dickerwerden etwa der Halspartien zu erreichen; der Grad des Verstellens und die Verstellgeschwindigkeit sind vorwählbar. Um bei Hälften die Flämen zu schonen, ist auch eine gewisse Schrägstellung der Auflagewalze nach beiden Seiten möglich, die von Hand oder automatisch mittels Druckknopfschaltung (ein Knopf für jede Seite) bewirkt wird. Bei ganzen Häuten hat die Messerwalze oft eine konvexe Form, um die Flämen beidseitig zu schonen, dann muß die Schleifscheibenführung aber auch der Konvexform angepaßt sein. Drees[81] hat die Maschine mit einer elektronischen Steuerung versehen, die die Durchbiegung der Gegendruckwalze optisch abtastet und danach hydraulisch reguliert. Selbstverständlich haben alle Maschinen auch eine der früher besprochenen mechanischen oder optischen Schutzvorrichtungen (S. 259).

Man unterscheidet bei den Breitfalzmaschinen geschlossene und offene Bauweise. Bei der *geschlossenen Bauweise,* dem in der Entwicklung älteren System, sind alle Walzen wie etwa bei der Entfleisch- oder Abwelkmaschine beidseitig gelagert, dadurch war die Gefahr auftretender Schwingungen leichter zu beherrschen. Auch die ein- und ausschwingbare Auflagewalze ist beidseitig fest in Schwingarmen gelagert und wird getrennt angetrieben. Daher können aber in solchen Maschinen nur Leder bearbeitet werden, die nicht breiter als die Arbeitsbreite der Maschine sind. Das waren zunächst Kleintierfell-Leder, Kalbleder, Spalte und Rindlederhälften. Heute liefern aber einige Firmen auch wesentlich größere Breiten, die breiteste ist z. Z. wohl die FM 3200 der Arenco-BMD[72] mit einer Arbeitsbreite von 3200 mm (Abb. 245). Mit solchen Maschinen können ganze Rindhäute beliebiger Größe in einem Schnitt über die ganze Breite bearbeitet werden, ihre Anschaffung wird sich in erster Linie dort rentieren, wo der Schwerpunkt der Produktion bei ganzflächigen Rindledern liegt, wie etwa im Falle von Möbelvachetten. Hier liefern sie hohe Stückleistungen und ein gleichmäßiges Schnittbild über die ganze Fläche ohne Ansatzstreifen. Um hohe Falzgenauigkeit zu erreichen, mußte bei der großen Breite ein besonders biegungssteifes und spielfreies Andruck- und Messerkopfsystem entwickelt werden.

Bei Maschinen mit *offener Bauweise* (Abb. 246) ist die Auflagewalze wie bei den klassischen Falzmaschinen nach beiden Seiten offen, der gesamte Einschwingungsmechanismus mußte daher wesentlich biegungssteifer gestaltet werden, um, wie bereits oben besprochen, die Rückdruckkraft abzufangen und Schwingungen auszuschließen. Sie haben aber den

Abb. 245: Geschlossene Breitfalzmaschine mit 3200 mm Arbeitsbreite[72].

großen Vorteil, daß auch Leder, die wesentlich breiter als die Arbeitsbreite der Maschine sind, gefalzt werden können, daher werden sie auch kaum breiter als mit 1800 mm hergestellt. So können auch breitere Kalbleder und Hälften noch in einem Zug gefalzt werden, ganze Rindleder werden z. B. auf einer Maschine von 1800 mm in zwei Bahnen gefalzt, da sie auf der Auflagewalze rechts und links beträchtlich überhängen können. Maschinen dieses Typs sind also vom Hautmaterial her auf ein sehr vielseitiges Produktionsprogramm abgestimmt.

Schließlich sei hier auch noch erwähnt, daß viele Breitfalzmaschinen heute auch als *Durchlaufmaschinen* geliefert werden, die also im vollen Durchlauf arbeiten können, so daß die Leder nicht wieder oben herausgezogen werden müssen, sondern nach hinten oder unten auslaufen. Durch das Fehlen einer Rücklaufphase werden erhebliche Leerlaufzeiten einge-

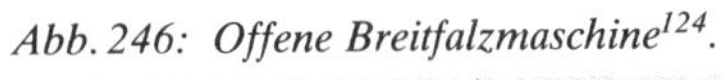

Abb. 246: Offene Breitfalzmaschine[124].

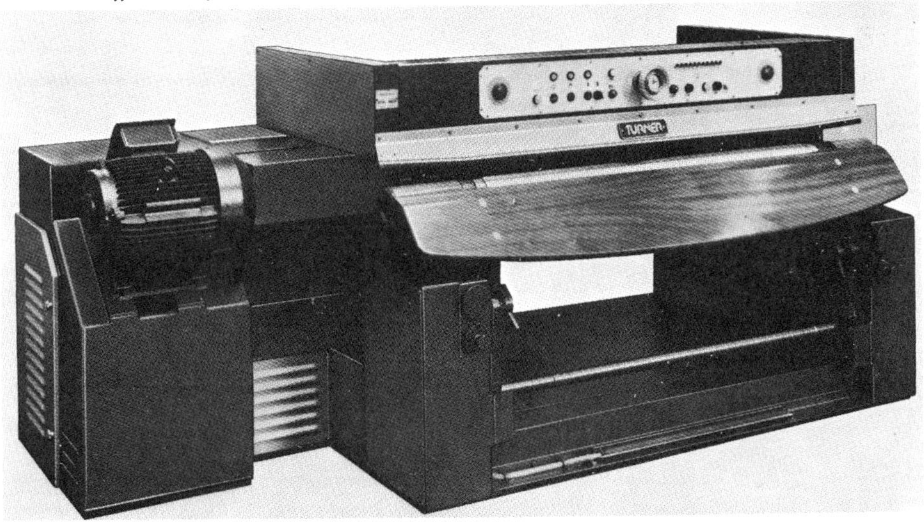

spart. Diese Maschinen haben natürlich ebenfalls alle rationalisierenden Einrichtungen, die oben beschrieben wurden. Zusätzlich können die auslaufenden Leder hier durch Bandtransport oder Stapler aufgenommen und abtransportiert werden. Interessant ist auch die Feststellung von Arenco[72], daß die Falzzeit weiter abgekürzt werden kann, wenn die Leder nicht mit dem Hals, sondern von der Schildseite hereingeführt werden. Die Geschwindigkeit kann dann höher eingestellt und muß nur für die Halspartien gedrosselt werden.

Moenus[123] hat bereits vor einigen Jahren eine Falzmaschine entwickelt, bei der das Falzen nicht beim Einlaufen in die Maschine, sondern *beim Herauslauf* erfolgt (Abb. 247). Dabei befindet sich wie etwa bei den rotierenden Abwelkmaschinen vor der Messerwalze eine Reckerwalze, die für eine glatte Ausbreitung der Leder vor der Schnittzone sorgt. Diese Maschine hat sich insbesondere für Leder aus Kleintierfellen vielfach eingeführt, wobei einfache Bedienung, besonders sichere Bearbeitung auch bei kleinsten Fellen infolge der sehr kurzen Einspannlänge und hohe Leistung gelobt werden.

Bisweilen wird in der Praxis auch ein *Trockenfalzen* nach dem Stollen und Wiederauftrocknen durchgeführt, insbesondere dort, wo es auf eine ganz genaue Lederstärke ankommt. Die angeführten Maschinen sind durchweg auch für ein Trockenfalzen geeignet, aber da hierbei neben Spänen auch leichter Falzstaub anfällt, müssen sie stets mit Abzugrohr und Ventilator zur Entfernung dieses Staubs versehen werden (S. 370). Das Trockenfalzen bringt maschinentechnisch keine Probleme, wohl aber unter dem Gesichtspunkt der Ledereigenschaften. Einmal werden die Festigkeitseigenschaften vermindert, was aber auch damit zusammenhängen kann, daß eine stark fetthaltige Schicht weggespalten wird, die die Zugfestigkeit bekanntlich besonders günstig beeinflußt[121]. Zum anderen werden Weichheit und Dehnbarkeit erhöht, was für manche Lederarten, z. B. Zylinderkalbleder unerwünscht sein kann[155], und auch die Narben- und Flämenbeschaffenheit wird ungünstiger beeinflußt als durch Naßfalzen[141]. Unter dem Gesichtspunkt der Ledereigenschaften würde ich dem Naßfalzen den Vorzug einräumen und das Trockenfalzen höchstens für eine Feinregulierung der Lederstärke einsetzen.

Hierher gehören auch einige Ausführungen über das *Blanchieren,* bei dem auf der Fleischseite eine ganz dünne Lederschicht entfernt wird, um sie zu glätten, namentlich bei den Lederarten, wo sie nach der Verarbeitung sichtbar bleibt. Blanchiermaschinen sind entsprechend den Falzmaschinen gebaut, der Messerkopf besitzt aber eine größere Messerzahl und sie umlaufen den Stahlzylinder steiler und nur in einer Richtung, nicht V-förmig. Je größer die Zahl der Messer und je schneller der Messerkopf rotiert, um so feiner und kurzfaseriger wird der Schnitt. Heute wird das Blanchieren aber nur noch selten durchgeführt, sondern meist durch ein Trockenfalzen oder Schleifen ersetzt.

Abschließend noch einige Ausführungen über den *Abtransport der Falzspäne,* über ihre Weiterverarbeitung wird in einem anderen Buch dieser Serie berichtet. Der Anfall an Falzspänen ist beträchtlich, sie sollten daher entweder kontinuierlich oder in gewissen Zeitabständen abtransportiert und dann in geeigneten Räumen oder Behältern zwischengelagert werden. Der Transport zum Zwischenlager sollte unbedingt mechanisiert werden, die hier einsetzbaren Transportmittel wurden bereits früher besprochen, ich will hier nur einige Beispiele aus der Praxis anführen. Dabei sollte zweckmäßig für alle Falzmaschinen, die ja meist nebeneinander stehen, ein gemeinsamer Abtransport der Späne erfolgen. Stehen die Maschinen im nicht unterkellerten Erdgeschoß, so kann man unter oder hinter den Maschinen eine Transportrinne anbringen und darin Transportschnecke (S. 102), Kratzenförderer

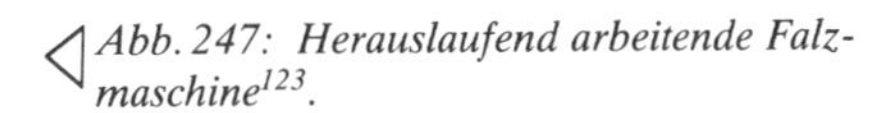

◁ *Abb. 247: Herauslaufend arbeitende Falzmaschine[123].*

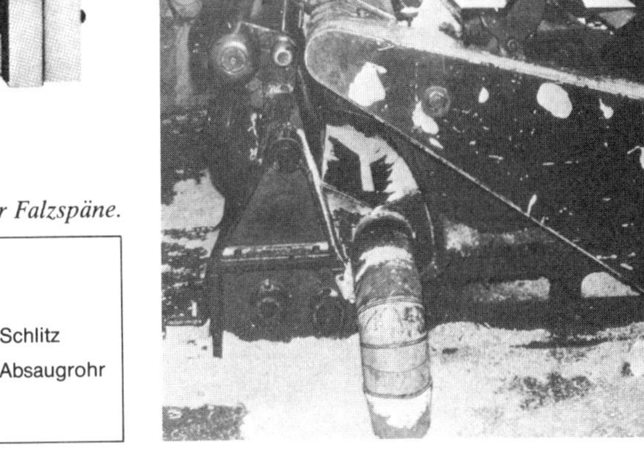

Abb. 248: Absaugen der Falzspäne.

(S. 102) oder Transportband (S. 103) einbauen. Stehen sie in einem oberen Stockwerk, so kann man die Rinne mit den angeführten Transportmitteln auch an der Decke des darunter befindlichen Stockwerks anbringen und die Späne durch Löcher in der Decke auf diese Transporteinrichtung geben. Oder man bringt hinter den Maschinen Körbe oder Kästen am besten in Gruben oder sonstwie vertieft an, verbindet sie eventuell mit einer Art Rutsche mit der Maschine, und die gefüllten Gefäße werden dann je nach den betrieblichen Gegebenheiten mittels Elektrohubwagens (S. 96), Hängebahn (S. 106) oder Laufkran (S. 108) abtransportiert. Man kann mit Schlitzen versehene Rohre verlegen (Abb. 248) und die Späne dann absaugen (S. 116). Da die Späne viel Lagerplatz in Anspruch nehmen, sei auf die Späne- und Staubpresse PS 300 der Arenco-BMD[72, 156] hingewiesen (Abb. 249). Sie erhält die Späne mit den besprochenen Transportmitteln zugeleitet, arbeitet ohne Bedienungspersonal, die Späne fallen über eine Klappe in den Maschinentrichter und nach Erreichung einer bestimmten Belastung schaltet sich die Maschine automatisch ein. Sie ist eine hartmetallbeschichtete Preß-Schnecke. Der für die Materialverdichtung erforderliche Druck kann variiert werden, das Volumen wird bei Falzspänen um 60 %, bei Schleifstaub um 80 % vermindert, und es fallen zylindrische Ballen von etwa 300 mm Durchmesser und 400 mm Länge mit einem

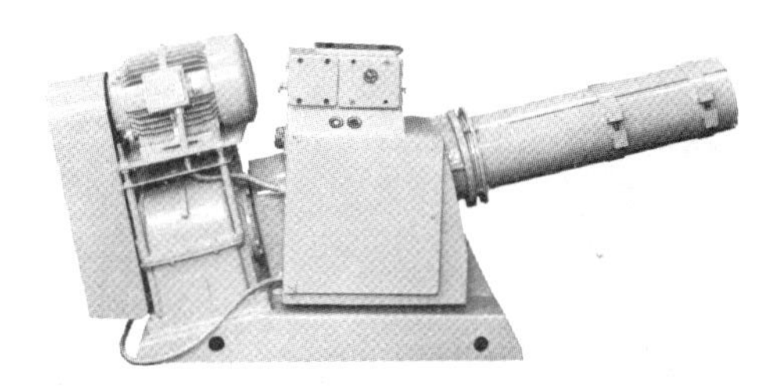

Abb. 249: Spänepresse[72].

Gewicht von etwa 40 kg an, die bequem transportiert werden können. Die Presse verdichtet stündlich etwa 1500 bis 2000 kg Falzspäne.

4. Trocknen

In den nachfolgenden Ausführungen sollen die verschiedenen Verfahren der Ledertrocknung und ihre Rationalisierungsmöglichkeiten behandelt werden, jedoch mit Ausnahme der Trocknung während der Deckfarbenzurichtung, die erst an späterer Stelle (S. 384) besprochen wird. Es verbleibt das Trocknen nach der Naßzurichtung und dem folgenden Abwelken und Ausrecken und das Wiederauftrocknen nach dem Stollen.

Es ist bekannt, daß jeder Stoff im festen oder flüssigen Zustand in einem *thermodynamischen Gleichgewicht* mit dem gleichen Stoff im Gaszustand steht. Auch unterhalb des Siedepunkts verdampft jede Flüssigkeit dauernd, auch ohne Erhitzen, sie verdunstet, und die dazu erforderliche Wärmemenge (»Verdampfungswärme«) wird der Flüssigkeit und der umgebenden Luft entzogen. Umgekehrt kondensieren die auf die Flüssigkeit auftreffenden Dampfteilchen wieder; dabei wird die gleiche Energiemenge als »Kondensationswärme« frei. Bei gleichbleibender Temperatur stellt sich zwischen Verdampfen und Kondensieren ein Gleichgewicht ein, jede Flüssigkeit hat bei gegebener Temperatur einen bestimmten Dampfdruck. Mit steigender Temperatur wird die Zahl der die Flüssigkeitsoberfläche verlassenden Teilchen größer, das Verdunsten nimmt zu, und es stellt sich ein neues thermodynamisches Gleichgewicht zwischen Flüssigkeit und Dampf ein. Der Siedepunkt schließlich ist die Temperatur, bei der der Dampfdruck der Flüssigkeit gleich dem äußeren atmosphärischen Druck ist. Bei Normaldruck (1 atü = 760 Torr) liegt er für Wasser bei 100 °C. Während der Vorgang des Verdunstens nur an der Oberfläche der Flüssigkeit erfolgt, geschieht das Sieden aus der gesamten Flüssigkeit heraus.

Der Trockenvorgang hat die Aufgabe, die nach dem Abwelken im Leder verbleibende Wassermenge weitgehend zu entfernen, die Leder lufttrocken zu machen. Das ist ein thermischer Vorgang. Die im Trockengut vorhandene Feuchtigkeit wird bis zur Erreichung des gewünschten Trockenzustandes an die umgebende Luft abgegeben. Wegen der Temperaturempfindlichkeit des Leders (S. 317) liegt die Trockentemperatur stets wesentlich unter dem Siedepunkt des Wassers. Es handelt sich daher beim Trocknen des Leders stets um ein Verdunsten des Wassers an der Lederoberfläche. Dieses Verdunsten erfolgt um so schneller, je mehr Wärme zum Verdampfen zugeführt wird und je aufnahmefähiger die umgebende Luft ist, je weiter sie also vom Zustand der maximalen Sättigung an Wasserdampf (Tabelle 22), dem Taupunkt, entfernt ist. Entscheidend für die Trocknung ist also nicht der absolute Wassergehalt der Luft, sondern die relative Luftfeuchtigkeit (S. 48). Der Trockenvorgang wird demgemäß gefördert durch Steigerung der Lufttemperatur (soweit das Leder das

Tabelle 22: Sättigungsmenge aus Wasserdampf in g/m³ in Luft mit verschiedener Temperatur.

°C	g/m³	°C	g/m³	°C	g/m³	°C	g/m³
– 10	2,3	20	17,2	50	82,7	80	290,0
0	4,9	30	30,2	60	130,0	90	419,0
+10	9,4	40	51,0	70	197,0	100	590,0

verträgt), durch Verwendung von Luft mit möglichst geringer Luftfeuchtigkeit, durch häufigen Luftwechsel, um die feuchte Luft abzuführen und neue trockenere Frischluft zuzuführen, und durch ständige Wärmezufuhr, um den Wärmeverbrauch zu ergänzen, der durch Verdunstung des Wassers und Erwärmung des Trockengutes selbst eintritt. Gleichzeitig steigt mit zunehmender Temperatur der Luft auch ihre Aufnahmefähigkeit für Wasserdampf; je höher die Temperatur ist, desto geringer ist die Luftmenge, die zur Aufnahme einer bestimmten Wassermenge benötigt wird. Durch die Wärmeabgabe an das Trockengut und zum Verdunsten des Wassers sinkt die Lufttemperatur und damit auch ihre Aufnahmefähigkeit für Wasserdampf wieder, für den Trockeneffekt ist also nicht die Anfangstemperatur maßgebend, sondern die Temperatur, mit der die Luft den Trockenraum verläßt. Je weiter die Trocknung fortschreitet, desto niedriger wird die Wasserdampfspannung an der Lederoberfläche, sie ist beendet, wenn diese gleich derjenigen der umgebenden Luft ist, wobei sich dann gleichzeitig auch die Temperatur des Trockengutes und der Luft angeglichen haben. Der erforderliche Wärmeaufwand setzt sich also zusammen aus dem Wärmeverbrauch für das Erwärmen des Trockengutes, das Verdunsten des Wassers, das Anwärmen des Trockenraums und seiner Einrichtungen und Wärmeverluste durch Leitung und Strahlung und insbesondere das Fortleiten der Abluft. Für die Kontrolle und das Regeln des Trockenvorganges sind Meßgeräte für die Temperatur (S. 36) und Luftfeuchtigkeit (S. 48) erforderlich. Für die gelegentliche Kontrolle des Wassergehaltes im Leder gibt es handliche Prüfgeräte (z. B. den Aqua-Boy[63]), deren Meßprinzip auf der Bestimmung der elektrischen Leitfähigkeit beruht, die in einem festen Verhältnis zum Feuchtigkeitsgehalt des Leders steht.

Der Verlauf des Trockenvorganges kann in zwei Stadien unterteilt werden[157]. Im ersten Stadium verdampft vorwiegend das in den Faserzwischenräumen kapillar aufgenommene, nicht gebundene Wasser. Diese Abgabe erfolgt rasch, es besteht eine lineare Abhängigkeit zwischen Trockenzeit und Wasserabgabe, ihre Geschwindigkeit ist unabhängig von der Gerbart, sie richtet sich nach der Größe der Lederoberfläche, dem Temperatur- und Feuchtigkeitsgefälle zwischen Leder und Trockenluft und nach der Geschwindigkeit des Luftwechsels. Die im ersten Stadium verdunstende Wassermenge hängt ab von der Gesamtwassermenge im Leder, dem Verteilungsverhältnis zwischen Kapillarwasser und gebundenem Wasseranteil und den Oberflächen- und Strukturveränderungen des Leders im Verlauf der Trocknung. Der Endpunkt des ersten Trockenstadiums ist der *hygroskopische Punkt,* in dem die Kurve des Trockenverlaufs einen mehr oder weniger ausgesprochenen Knickpunkt zeigt. Im zweiten Stadium der Trocknung sind die Oberflächenschichten weitgehend ausgetrocknet, die Feuchtigkeit aus dem Innern kann nicht so rasch verdunsten, wie sie von der Umluft aufgenommen werden könnte, zumal sich dieser Anteil zum größten Teil aus einer Bindung an die Ledersubstanz lösen muß, und entsprechend ist jetzt die Wasserabgabe mehr oder weniger gehemmt. Der Endwassergehalt wird außer durch die Trockenbedingungen, auch durch Gerbart und -intensität und Lederstruktur bestimmt.

Da Leder gegenüber höheren Temperaturen je nach der Gerbart in unterschiedlichem Maße empfindlich sind und unerwünschte Änderungen der Eigenschaften auftreten können, sollte die Höchsttemperatur des Trockenvorganges bei pflanzlich gegerbtem Leder nicht über 30 bis 35 °C[158], bei Chromleder nicht über 50 bis 60 °C gesteigert werden. Ist die Temperatur zu hoch, können irreversible Maßverluste, Faltenbildung des Narbens, unerwünschte Verminderung der Dehnbarkeit, Elastizität und Weichheit bis zum Auftreten von Narbenbrüchigkeit, insbesondere bei pflanzlich gegerbtem Leder auch Dunklung der Lederfarbe,

Herausdiffundieren von Fettstoffen oder sonstigen auswaschbaren Stoffen usw. auftreten, wobei die Empfindlichkeit gegen höhere Temperaturen mit höherem Feuchtigkeitsgehalt des Leders zunimmt, während stark ausgetrocknete Leder relativ hitzeunempfindlich sind. Daher findet man in der Literatur oft die allgemeine Regel, man müsse die Trocknung unter milden Bedingungen, also bei niederer Temperatur und höherer relativer Feuchtigkeit beginnen und könne die Trockenintensität dann im weiteren Verlauf der Trocknung durch Steigerung der Temperatur bis zu den Grenzen, die durch die Hitzempfindlichkeit der betreffenden Gerbart gegeben sind, und durch Senkung der relativen Feuchtigkeit der Luft intensivieren. Das gilt aber nur bedingt für die klassische Form der Trocknung in abgeschlossenen Räumen und bei längerer Trockendauer, besonders die beim Hängetrocknen beschriebenen Verfahren, da das Leder hier schon bald die Raumtemperatur annimmt. Bei den moderneren, relativ rasch arbeitenden Verfahren dagegen kann die Trocknung unter scharfen Bedingungen begonnen werden, da die zugeführte Wärme zunächst bis etwa zum hygroskopischen Punkt zur Verdunstung des Wassers verbraucht wird und daher eine stärkere Erwärmung des Trockengutes erst im zweiten Teilstadium der Trocknung eintritt. Daher ist der Einfluß der Trocknung auf die Eigenschaften des Leders hier stets von den Endtrockenbedingungen des Leders abhängig und wird nicht durch die Bedingungen der Anfangstrocknung beeinflußt.

Der Feuchtigkeitsgehalt der Frischluft läßt sich nicht sonderlich regulieren, man ist hier von den jeweiligen klimatischen Bedingungen abhängig. Unter wärmetechnischen Aspekten sollte die Abluft möglichst an Feuchtigkeit gesättigt sein, in der Praxis wird aber meist höchstens eine Dreiviertelsättigung erreicht, da sonst die Trockendauer zu sehr ausgedehnt werden müßte. Wärmetechnisch ist auch ein zu starker Luftwechsel nicht erwünscht, da die Frischluft immer wieder angewärmt werden muß und mit zunehmendem Luftwechsel daher auch der Wärmeaufwand ansteigt. Wärmetechnisch wäre es schließlich auch zweckmäßig, die Leder, die nach dem Trocknen für das nachfolgende Stollen wieder angefeuchtet werden (S. 344), nur bis zur Stollfeuchte auszutrocknen, wodurch Energie für das völlige Austrocknen und Arbeitskraft für das nachfolgende Anfeuchten gespart würden. Hinzu kommt, daß die Behauptung, jedes Leder müsse einmal in diesem Stadium völlig ausgetrocknet werden, sich als unrichtig erwiesen hat (S. 299). Trotzdem muß man austrocknen und wieder anfeuchten, da die Leder nicht gleichmäßig austrocknen, die Seitenteile vielmehr, wenn der Kern schon Stollfeuchte erreicht hat, noch zu feucht wären und sich nicht stollen lassen. Diese Beispiele zeigen, daß bei allen Trockenvorgängen zwischen wärmetechnischen Optimalbedingungen und ledertechnischen Qualitätsanforderungen ein Kompromiß gefunden werden muß.

4.1 Hängetrocknung. Hierher gehören alle Trockenverfahren, bei denen die Leder freihängend getrocknet werden. Sie werden dabei an Haken gehängt, an Stangen befestigt oder über Stangen gelegt. Neuerdings wurden die verschiedensten Typen von Aufhängeklammern bzw. Nadelaufhängern entwickelt, um dieses manuelle Aufhängen zu erleichtern (Abb. 250). Zu enge Zwischenräume verschlechtern die Berührung mit der Luft und vermindern damit den Trockeneffekt, bei zu weiten Zwischenräumen wird die Luft nicht richtig ausgenutzt und die Wärmebilanz ist ungünstig. Die älteste Form der Hängetrocknung ist der *Trockenboden* mit nach allen Seiten freiem Luftzutritt ohne Anwendung von Wärmezufuhr und nur durch verstellbare Holzverschalung vor Witterungseinflüssen und Staub geschützt. Das Verfahren ist billig, aber stark witterungsabhängig und daher heute nur noch teilweise in Ländern mit

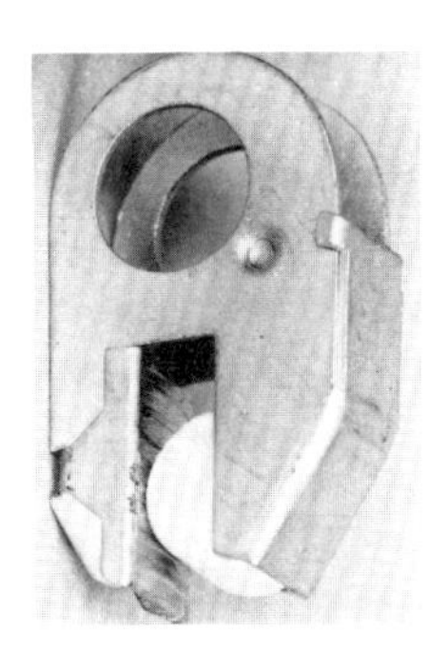

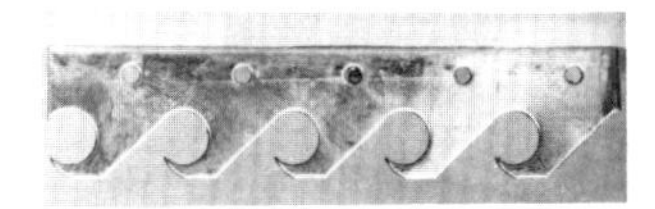

Abb. 250: Aufhängeklammern und Nadelaufhänger[63].

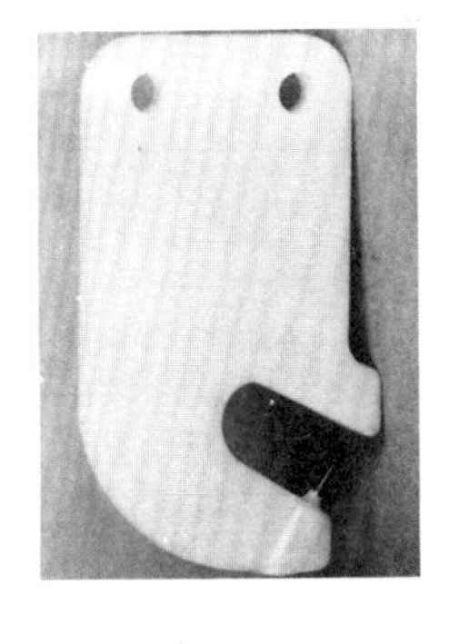

warmem und trockenem Klima anzutreffen. Der nächste Schritt ist der *geschlossene Trockenraum* mit Heizung, durch die eine langsame Temperatursteigerung ermöglicht wird. Da die Warmluft infolge ihres geringeren spezifischen Gewichts aufsteigt, Kaltluft dagegen absinkt und außerdem die Luft bei gleicher Temperatur um so leichter wird, je mehr Feuchtigkeit sie aufnimmt, werden die Heizelemente zweckmäßig im unteren Teil des Trockenraums angebracht, so daß die warme Luft unter dem Trockengut einzieht, auf dem Weg nach oben die Feuchtigkeit aufnimmt und den Trockenraum an der Decke durch verstellbare Luken verläßt. Eine wärmetechnische Verbesserung bedeutet die *Turm- oder Etagentrocknung,* bei der in einem mehrstöckigen Trockenbau die einzelnen Etagen nur durch Lattenböden getrennt sind. Die Frischluft wird unten erwärmt, steigt durch die einzelnen Etagen an den Ledern vorbei nach oben und verläßt den Turm weitgehend an Feuchtigkeit gesättigt unter dem Dach. Wenn gleichzeitig das nasseste Leder in die oberste Etage gehängt und mit zunehmender Trocknung immer mehr nach unten gebracht wird, was man z. B. mit Kettentransportern mechanisieren kann, wird eine zweckmäßige Trocknung nach dem Gegenstromprinzip und eine optimale Ausnutzung des Wärmeinhalts und des Feuchtigkeitsaufnahmevermögens der Luft erreicht.

Eine weitere Verbesserung der Trocknung ist durch *Umwälzung der Luft* erreichbar. Abb. 251 zeigt eine Ledertrockenanlage mit einem Ventilator und Lufterhitzer für die Frischluft und einem zweiten Ventilator für die Abluft. Der erstere, im Bild hinten links, bringt die warme Luft durch die runden Rohrleitungen und die senkrechten, mit verschließbaren Regulierschiebern versehenen Rohre in den Trockenraum und verteilt sie dort gleichmäßig, der zweite, hinten rechts, bringt die Abluft durch die quadratischen Rückluftkanäle an der Decke, die auch mit Jalousieverschlüssen versehen sind, wieder zurück. Er kann dann die Abluft teils nach außen bringen oder auch zum nochmaligen Umlauf wieder dem Erhitzer

Abb. 251: Trockenraum mit Luftumwälzung[159].

zuführen. Mittels einer Klappe kann das Verhältnis von Frisch- und Umluft beliebig eingestellt werden, um so die Wärmeverluste und die für die Trocknung vorgesehene Zeit entsprechend zu koordinieren. Die Einstellung des Verhältnisses von Frisch- und Umluft kann durch Einbau eines Hygrometers (S. 48) in die Frischluftleitung, das durch Änderung der Klappenstellung die maximale Feuchtigkeit der eingeblasenen Mischluft steuert, automatisch geregelt werden. Solche Trockenräume mit stationärer Aufhängung der Leder findet man hauptsächlich in Betrieben, die schwere Leder vegetabilischer Gerbung herstellen und daher mit der Temperatur nicht zu hoch gehen dürften und mit längeren Trockenzeiten rechnen müssen. Platzbedarf und Arbeitsaufwand sind relativ hoch.

Bei Chromledern, die bei wesentlich höherer Temperatur getrocknet werden können und kurze Trockenzeiten benötigen, werden dagegen vielfach *Kanal- oder Tunneltrockner* verwendet, die in kontinuierlichem Betrieb arbeiten und einen gleichmäßigen Trockeneffekt auf verhältnismäßig kleinem Raum geben. Dabei durchlaufen die Leder einen Warmluftkanal in einer Geschwindigkeit, die so eingestellt ist, daß nach dem Durchlaufen gerade der gewünschte Trockeneffekt erreicht ist. Der Transport erfolgt mit beidseitig angebrachten endlosen Transportketten, zwischen denen Tragstäbe festeingebaut oder lose auflegbar sind, über die die Leder gelegt oder an denen sie mit Haken oder Klammern befestigt sind. Die einfachste Form sind Gradaustunnel (Abb. 252), die vorn und hinten offen sind. Die Kanäle können schmal sein, aber je nach Bedarf auch so breit gehalten werden, daß mehrere Häute oder Felle nebeneinander an der gleichen Stange befestigt werden. Die Frischluft wird durch Lufterhitzer angewärmt und dann durch Gebläse quer zur Laufrichtung des Leders von einer Seite her zwischen den Ledern hindurchgeführt und an der anderen Seitenwand wieder abgezogen, erneut angewärmt und in den Kreislauf gegeben, wobei auch hier durch Vermischung von Umluft und Frischluft dafür zu sorgen ist, daß die Feuchtigkeit der Luft nicht zu hoch wird. Häufig sind die Tunneltrockner in mehrere Sektoren eingeteilt, jeder Sektor hat einen

Abb. 252: Kanaltrockner mit Doppelkanal (Brill[120]).

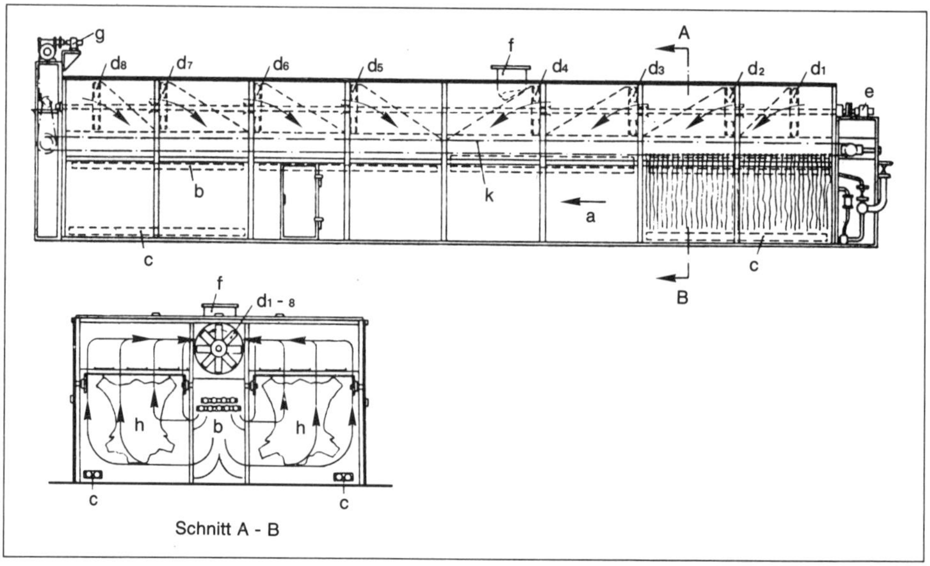

eigenen Ventilator und oben jeweils ein Leitblech, mit dem die Luft dem nächsten Sektor zugeführt wird. Damit wird wieder ein Gegenstromprinzip erreicht, die Frischluft läuft der Wanderungsrichtung des Leders entgegen und reichert sich immer mehr mit Feuchtigkeit an. Das Leder selbst kommt mit immer trockenerer Luft in Berührung. So werden eine schonende Antrocknung, gute Austrocknung und eine gute Ausnutzung der Aufnahmekapazität der Luft für Wasserdampf erreicht.

Da bei der Einteilung in Sektoren jeder Sektor auf gesonderte Trockenbedingungen eingestellt werden kann, kann mit dieser *Umluft-Stufentrocknung* eine hohe Trockenleistung auf kleinstem Raum und eine weitgehende Sättigung der Luft mit Wasserdampf erreicht werden. Die Wärmeregulierung erfolgt mit Hilfe von Thermostaten, die für jeden Sektor mit einem Gerät für die Temperaturmessung (S. 36 ff.) verbunden sind und danach die Dampfzuleitung zu den Heizkörpern elektrisch, hydraulisch oder meist pneumatisch steuern, so daß die eingestellte Trockentemperatur automatisch gewährleistet ist. Die relative Luftfeuchtigkeit wird in der Praxis meist mittels Psychrometers (S. 48) gemessen und der Sollzeiger auf eine bestimmte Temperaturdifferenz zwischen den beiden Thermometern eingestellt, die der gewünschten relativen Feuchtigkeit im jeweiligen Sektor entspricht. Wird der Sollwert überschritten, so wird automatisch mittels Abluft- und Frischluftklappen zu feuchte Umluft ganz oder teilweise durch Frischluft ersetzt. Häufig wird die Frischluft in einem Kanal längs des Tunnels schon vorgewärmt den einzelnen Sektoren zugeführt. Die Luftzirkulation erfolgt in jedem Sektor mit getrenntem Ventilator, oft wird von Sektor zu Sektor auch die Zirkulationsrichtung gewechselt. Viele Geräte haben am Anfang, in der Mitte und am Ende der Trockenstrecke automatische Schreibgeräte (S. 51), um die Variationen der Temperatur und Luftfeuchtigkeit in Abhängigkeit von der Zeit zu registrieren. Die beschriebene Art der Klimaeinstellung und Kontrolle gilt auch für die in den folgenden Abschnitten behandelte Spannrahmentrocknung und Klebetrocknung, die ja auch Abarten einer Tunneltrocknung sind. Oft wird am Ende der Trockenstrecke bei allen Trockenarten noch eine Kühlstrecke mit niedrigerer Temperatur und erhöhter Luftfeuchtigkeit, bisweilen auch mit Vorrichtung zum Einsprühen von Wasserdampf nachgeschaltet, um dadurch eine Klimatisierung bzw. Wiederanfeuchtung der oft übertrockneten Lederoberfläche zu erreichen.

Der oben beschriebene Gradaustunnel für die Tunneltrocknung ist insofern nachteilig, als gesonderte Arbeitskräfte zum Einhängen und auf der anderen Seite zum Abnehmen der Leder benötigt werden. Das kann man schon dadurch vermeiden, daß die auslaufenden Leder mittels Kettentransport außen um den Trockner herum wieder zur Eingabestelle geführt werden. Man kann aber auch den Trockenkanal selbst wieder zur Eingabestelle zurückführen (Abb. 253), so daß der gleiche Arbeiter dann Eingabe und Abnahme vornehmen kann und außerdem die Tunnellänge verkürzt wird. Dieser Umlauf kann horizontal erfolgen (Abb. 252), wobei sich sehr häufig zwischen den beiden Trockenkanälen ein Schacht mit Heizrohren befindet, in dem die Luft aufgeheizt und dann wieder zwischen die Leder

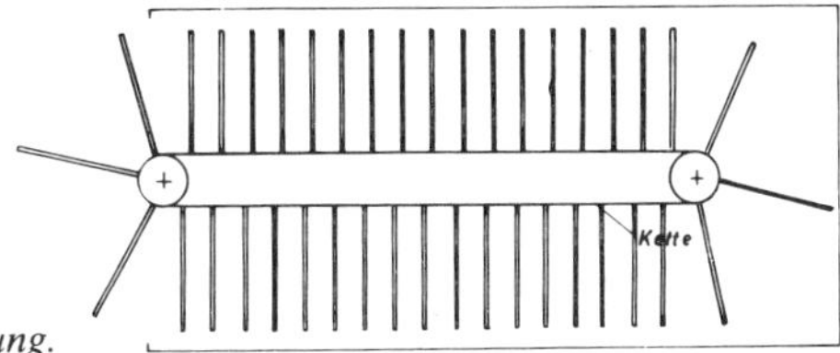

Abb. 253: Schemabild Trockenkanal mit Rückführung.

eingeblasen und oben abgesaugt wird. Man kann aber auch die beiden Gänge übereinander legen (*Etagentrockner;* Abb. 254), wobei die Stangen auf den Ketten liegend zunächst im unteren Gang bis zum Tunnelende transportiert, dann von senkrecht arbeitenden Ketten übernommen und nach oben gehoben und schließlich wieder von einem dritten Kettenpaar zurücktransportiert werden. Der obere Gang kann noch an der Trocknung selbst beteiligt sein, er wird aber oft auch frei zurückgeführt, um wieder eine Klimatisierung bzw. ein Wiederanfeuchten zu erreichen.

Abb. 254: Etagentrockner[160].

Allen Trockenverfahren, bei denen die Leder freihängend trocknen, ist gemeinsam, daß die Leder nicht flach auftrocknen und während des Trocknens schrumpfen, diese *Schrumpfung* kann man nicht verhindern. Sie schwankt etwa zwischen 5 und 18 %. Der Schrumpfungsgrad hängt von der Art der Gerbung (pflanzlich gegerbt unterer Teil, chromgegerbt oberer Teil der angegebenen Spanne) und von der Intensität der Gerbung, aber auch vom Grad der Austrocknung ab. Die Schrumpfung wird allerdings beim späteren Stollen durch mechanische Bearbeitung zu einem erheblichen Teil wieder herausgearbeitet, bei vielen Lederarten ist auch zur Erreichung einer gewissen Fülle und eines bestimmten Griffs eine mäßige Schrumpfung durchaus erwünscht. Wegen der Schrumpfung wird aber die Hängetrocknung nur bei der ersten Zwischentrocknung eingesetzt, nicht dagegen bei der Endtrocknung nach dem Stollen. Das Schrumpfungsverhalten des Leders hat zur Entwicklung anderer Trockenarten geführt, die in den nachfolgenden Abschnitten behandelt werden.

Eine grundsätzlich andere Art der Hängetrocknung beinhaltet der neuere Vorschlag der *Trocknung bei tieferer Temperatur durch Entfeuchten* der Luft[161]. Dabei wird die Aufnahmefähigkeit der Luft nicht durch Temperatursteigerung, sondern durch Erniedrigung der relativen Luftfeuchtigkeit erreicht. Die Leder hängen in geschlossenen Zellen, die zirkulierende Luft nimmt die Feuchtigkeit aus dem Leder auf und wird dann in einer Kühlzelle abgekühlt. Dabei schlägt sich das in der Luft enthaltene Wasser als Tau nieder und wird abgezogen. Die stark getrocknete Luft wird dann wieder erwärmt und hat jetzt einen so stark reduzierten Wassergehalt, daß die Trocknung bei Raumtemperatur oder nur wenig erhöhter Temperatur durchgeführt werden kann. Dadurch bleibt das Leder geschmeidiger, braucht nur wenig gestollt zu werden und gibt einen Maßgewinn von 1 %. Der Kältekompressor erzeugt neben der Kälte auf der einen Seite bekanntlich auch Wärme auf der anderen Seite, die zum Wiederaufwärmen der getrockneten Luft verwendet wird. Dadurch arbeitet die Anlage energetisch sehr günstig.

4.2 Spannrahmentrocknung. Das Trocknen mit Spannrahmen wird, wenn auch nicht ausschließlich, so doch vorwiegend für das zweite Trocknen nach dem Stollen eingesetzt. Durch das Spannen vor dem Trocknen soll erreicht werden, daß die Leder nicht schrumpfen, mit glatter Oberfläche auftrocknen und im fertigen Zustand keine zu starke plastische Dehnung besitzen. Das Spannen erfolgt in feuchtem Zustand nach dem Abwelken bei älteren Verfahren durch Aufnageln auf Bretter oder Lattenrosten oder durch Spannen in Rahmen mittels Schnüren; heute meist durch Spannen auf Trockenrahmen mit gelochten Blechen, auf die die Leder mit besonders konstruierten Spannklammern (Abb. 255) befestigt werden. Die Zangen der Spannklammern schließen sich um so fester, je größer die Zugspannung wird, mit den Sporen an der Unterseite werden die Klammern in die Löcher der perforierten Bleche eingehängt. Das Spannen beginnt mit einem Ausziehen in der Rückenlinie (Befestigung an Schwanzwurzel und Kopf), dann folgt ein diagonales Ausziehen von der rechten Hinterklaue zur linken Vorderklaue und umgekehrt und schließlich folgt ein Ausziehen der Randpartien mit optimaler Faltenverteilung. Je größer die Spannung, desto größer die Flächenausbeute, desto geringer die bleibende Dehnung, desto ungünstiger werden aber auch Griff und Fülle beeinflußt. Weichere Lederarten, wie z. B. Bekleidungsleder, werden daher weniger kräftig gespannt als Oberleder, die geringere Dehnbarkeit haben sollen, ein zu starkes Spannen geht bei allen Lederarten auf Kosten der Qualität.

Abb. 255: Beispiele von Spannklammern[63].

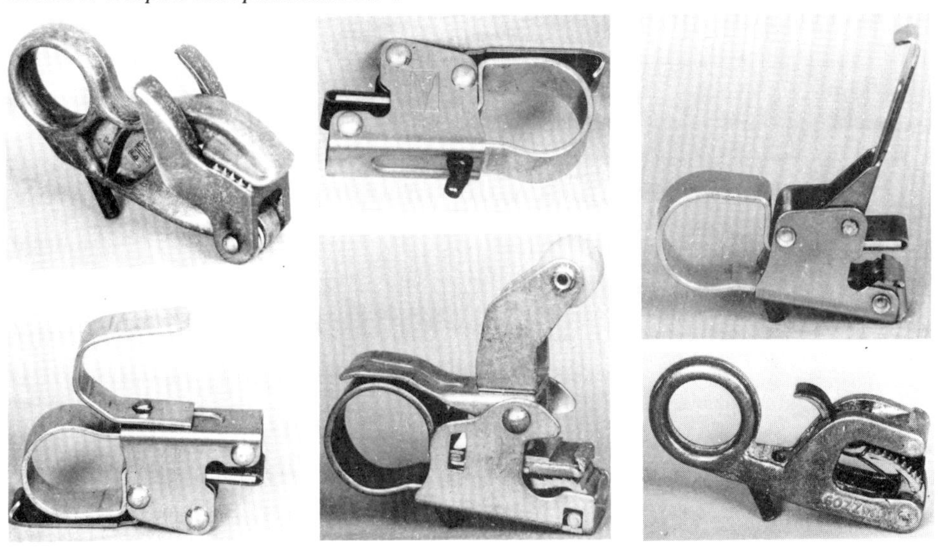

Zur besseren Ausnutzung des Trockenraums werden die Spannbretter oder -Rahmen auf beiden Seiten bespannt. Ganze Häute werden oft über die oberen Rohre des Spannrahmens gezogen und dann nach beiden Seiten gespannt. Um das manuelle Ausziehen beim Aufspannen, das mit hohem Arbeitsaufwand und insbesondere bei Rindleder auch mit großem Kraftaufwand verbunden ist, zu erleichtern, liefern viele Firmen heute die Lochplatten in der Mitte geteilt. Nach dem Aufklammern, das hierbei in horizontaler oder vertikaler Position ohne große Zugbeanspruchung erfolgt, werden die Leder dann durch ein Auseinanderziehen der beiden Teile mittels seitlich angebrachter pneumatischer Druckgeräte zusätzlich automatisch nachgespannt (Abb. 256 und 257). Der Zug ist bei dieser mechanischen Spannung immer konstant; er kann vorweg der für die betreffende Lederart erforderlichen Spannung angepaßt werden.

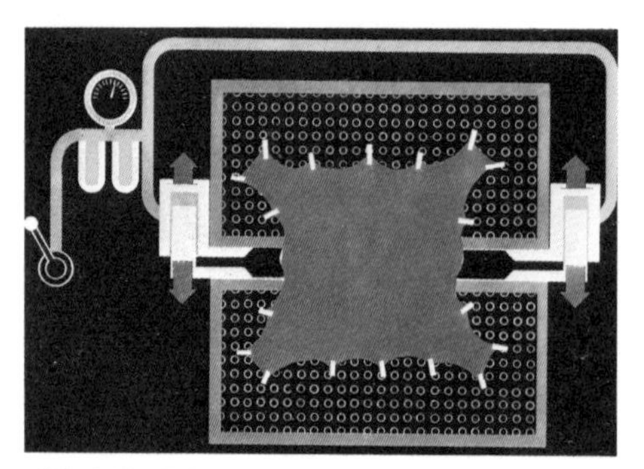

Abb. 256: Schema einer pneumatischen Spannvorrichtung[162].

Abb. 257: Pneumatisches Druckgerät[160].

Es gibt zwei verschiedene Gerätetypen für die Durchführung der Spannrahmentrocknung.
a) *Kammertrockner* (Abb. 258). Die Spannrahmen sind zur Erleichterung der Handhabung in äußeren Rahmen, die an einer oberen Führungsschiene hängend aus der Trockenkammer herausgezogen werden können, drehbar gelagert, so daß sie zum Bespannen in eine waage-

Abb. 258: Schema eines Kammertrockners.

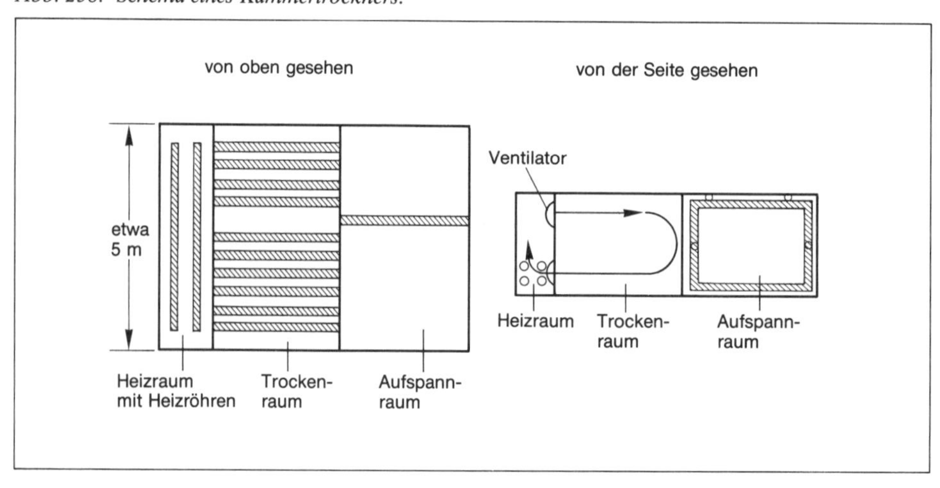

Abb. 259: Rahmen zum Spannen in waagerechter Stellung.

rechte Stellung gebracht werden können (Abb. 259). Nach dem beidseitigen Bespannen werden sie in die senkrechte Stellung zurückgekippt und dann zum Trocknen der Leder in die Trockenkammer eingeschoben. Die Kammertrockner werden wohl ausschließlich zur zweiten Trocknung eingesetzt, die mit einer durchschnittlichen Trockenzeit von etwa zwei Stunden beendet ist, so daß bei der üblichen Ausstattung eines Trockners mit 18 bis 30 Rahmen (nur selten ist die Zahl höher) eine kontinuierliche Beschickung ohne Unterbrechung möglich ist. Die Kammern sind mit einer guten Luftzirkulation unter gleichzeitigem Einbau von Vorrichtungen für den teilweisen Austausch von Umluft durch Frischluft und mit einer Temperaturregelung auf üblicherweise 40 bis 50 °C ausgerüstet und gestatten daher, die Trocknung auf kleinstem Raum unter definierten und variabel einstellbaren Klimabedingungen durchzuführen.

b) *Durchlauftrockner* (Abb. 260) sind Trockner in Tunnelbauweise. Entsprechend gelten für sie hinsichtlich der Durchführung der Trocknung und der Einstellung der Klimabedingungen, gegebenenfalls mit Unterteilung des Tunnels in einzelne Trockenzonen, die an früherer Stelle für die Kanaltrocknung gemachten Angaben (S. 320). Sie werden vorwiegend in größeren Betrieben eingesetzt, arbeiten mit bis zu 300 Rahmen insgesamt (20 bis 25 Rahmen pro Trockenzone). Ihr Raumbedarf ist bei dieser Größe geringer als für mehrere Kammertrockner.

Da bei der Spannrahmentrocknung die Luft das Leder von allen Seiten umspülen kann, verläuft sie bei sonst gleichen Trockenbedingungen schneller als die im nächsten Abschnitt zu behandelnde Klebetrocknung. Beide Trockenarten verhalten sich in Hinblick auf den Ablauf der Trocknung und die Beeinflussung der Ledereigenschaften unterschiedlich, im nächsten Abschnitt wird auf diese Unterschiede noch ausführlicher eingegangen.

Abb. 260: Spannrahmen-Kanaltrockner[79].

Abb. 261: Finclip[163].

In diese Gruppe gehören auch die neuerdings auf dem Markt befindlichen *vollautomatisch arbeitenden Spannrahmentrockner,* der »Finclip« (Abb. 261) und der »Strakomat« (Abb. 262), die bei gewissen Unterschieden in der Konstruktion etwa gleichartig arbeiten. Der Finclip wird je nach der Größe der zu trocknenden Leder in vier, der Strakomat in drei Standardgrößen geliefert. Die Geräte besitzen Spezialklammern, die sich automatisch öffnen und schließen, die Leder erfassen und spannen, wobei die Spannkraft den Erfordernissen der betreffenden Lederart entsprechend im voraus festgelegt wird. Es ist auch möglich, die verschiedenen Bezirke des Leders mit unterschiedlicher Kraft zu spannen. Der Rahmen mit dem getrockneten Leder fährt aus dem Trockner, senkt sich auf den Spanntisch, die Klammern öffnen sich automatisch und bewegen sich über Gleitbahnen – beim Finclip Drähte aus rostfreiem Stahl, beim Strakomat Gleitschienen – in ihre Warteposition am Rahmenrand. Die Arbeiter müssen jetzt nur noch das abgespannte Leder abnehmen und das nasse Leder auf dem Spanntisch (Klammerstation) ausbreiten. Dann wird mit Druckschalter der Spannprozeß eingeleitet. Beim Finclip bewegt sich zunächst ein Festhaltegerät nach unten und drückt das Leder leicht gegen den Spanntisch. Bei beiden Geräten bewegen sich die Klammern dann auf den Gleitbahnen wieder der Mitte zu, und wenn sie mit ihren pneumatischen Fühlern, mit denen jede Klammer ausgerüstet ist, Kontakt mit dem Leder bekommen,

Abb. 262: Strakomat[161].

schließen sie sich, das Leder wird fest eingespannt und gleichzeitig die Bewegung nach innen gestoppt. Im nächsten Stadium bewegen sich die Klammern wieder nach außen und spannen das Leder, bis der eingestellte Spannzug erreicht ist, eingebaute Bremsen verhindern ein Zurückrutschen der Klammern. Der Rahmen wird jetzt vom Spanntisch abgehoben und in den Trockentunnel gebracht, wo eine gute Luftzirkulation für kurze Trockenzeiten sorgt, während gleichzeitig der nächste Rahmen mit getrocknetem Leder auf den Spanntisch gleitet. Der Vorteil dieser Geräte ist geringer manueller Arbeitsaufwand, hohe Leistung (je nach Ledergröße 50 bis 80 Stück/Std.), hoher Flächengewinn und vor allem nach allen Seiten gleichgroßer Spannzug, wodurch die Poren gleichmäßig geöffnet werden und den Narben gute Glätte erhalten.

Abschließend sei noch eine Gruppe von Spanntrocknern erwähnt, bei denen die Leder auf einem *Metallband* aufgespannt und dann waagerecht durch einen Trockenkanal transportiert werden (Abb. 263). Die Arbeitsbreite der Bänder schwankt je nach der Größe der Leder zwischen 1200 und 3600 mm. Die Bänder bestehen aus gelochten einzelnen Blechplatten, die beim Spannen, das von Hand vorgenommen wird, sich fast berühren, dann aber beim Einlauf in den Trockenkanal in Längs- und Querrichtung auseinander gezogen werden (auf dem Bild gut zu sehen), so daß eine zusätzliche Streckung der Leder erfolgt. Der Grad der Streckung kann variiert werden, er kann bis zu 250 mm betragen. Im Trockenkanal wird mit intensiver Luftumwälzung gearbeitet, die quer zur Laufrichtung erfolgt, am Ende kann eine Abkühlzone nachgeschaltet werden, das Entklammern kann automatisch erfolgen.

4.3 Klebetrocknung. Die Klebetrocknung wurde in den USA schon seit 1932 praktiziert, in Europa hat sie sich erst nach dem Zweiten Weltkrieg um 1950 eingeführt, als mehr und mehr Leder mit korrigierten Narben hergestellt wurden. Bei der Klebetrocknung (Pasting-Trocknung; Abb. 264) wird das feuchte abgewelkte Leder meist mit der Narbenseite auf Metall-, Porzellan- oder Glasplatten »aufgeschlickert«, nachdem zuvor ein geeignetes Klebemittel auf unterschiedlicher Rohstoffbasis auf Leder- oder Plattenoberfläche aufgetragen wurde. Die Platten werden beidseitig beklebt und dann durch einen Trockentunnel mit Einteilung in Trockenzonen unter definierten Trockenbedingungen transportiert. Auf der Gegenseite werden die getrockneten Leder wieder von der Platte abgezogen und auf der Narbenseite

Abb. 263:
Durchlauftrockner Skinmat[165].

Abb. 264: Klebetrockner: Einlaufseite, vorn Plattenwaschanlage, rechts Klebeplatz.

durch Abwaschen von Klebstoffresten befreit, was meist in Kombination mit dem Wiederanfeuchten vor dem Stollen erfolgt (S. 344). Ebenso müssen die Platten wieder gründlich von Klebstoffresten befreit werden, bevor sie erneut beklebt werden. Bei der Durchführung der Trocknung sind insbesondere im Hinblick auf Maßnahmen der Rationalisierung die folgenden Faktoren zu beachten:

a) Die *Größe der Anlagen* schwankt normalerweise zwischen 140 und 200 Platten, gelegentlich ist die Zahl noch höher. Die Trockendauer schwankt je nach Lederart, Lederdicke, Anfangswassergehalt und Trockenbedingungen bei Kleintierfellen zwischen zwei und drei, bei Rindledern zwischen vier und sieben Stunden. Der Tunnel ist in Einzelzellen mit je 20 Platten und einem Plattenabstand von 10 cm, also einer Länge von 2 m , eingeteilt. Je nach der Produktionsgröße können beliebig viele Zellen aneinander gereiht werden. Jede Platte schiebt beim Einfahren in den Kanal den ganzen Plattenbestand um 10 cm weiter, die letzte Platte verläßt den Kanal mit fertig getrockneten Ledern (Abb. 265). Um einen stets gleichen Trockeneffekt zu erreichen, muß der Vorschub kontinuierlich sein, die Beschickung also pausenlos erfolgen. In größeren Betrieben wird daher in Tag- und Nachtschichten gearbeitet, einmal zur Steigerung der Rentabilität, vor allem aber, um alle Leder gleichmäßig zu trocknen und das tägliche Anheizen zu sparen.

b) Jede Zelle kann hinsichtlich ihrer *Trockenbedingungen* gesondert gesteuert werden. Hier gilt bezüglich der Einrichtungen für die Steuerung der Luftbewegung und der Einstellung der Temperatur und Luftfeuchtigkeit das bereits an früherer Stelle (S. 320) ausgeführte. Normalerweise liegt die Temperatur zwischen 40 und 60 °C, die relative Luftfeuchtigkeit zwischen 35 und 55 %. Bei weichen Ledern verwendet man auch niedrigere Temperaturen, muß dann aber die Trockenzeit verlängern oder die umlaufende Luftmenge erhöhen. Am Ende der Trockenstrecke wird auch hier meist eine Zone mit niederer Temperatur und höherer Luftfeuchtigkeit für die Klimatisierung bzw. Wiederanfeuchtung nachgeschaltet.

c) In den USA werden oft *emaillierte Blechplatten* verwendet, was bei der dort meist sehr starken Nachgerbung durchaus möglich ist. *Glasplatten* geben aber namentlich bei Chromleder mit geringer Nachgerbung einen glatteren Narben und werden daher in Europa bevorzugt. Man findet bisweilen auch *Sperrholzplatten,* auf die die Leder mit Klammern oft mit dem

Abb. 265: Klebetrockner: Auslaufseite.

Narben nach außen befestigt werden. Dann benötigt man keinen Klebstoff, verzichtet aber auch auf den glättenden Einfluß auf den Narben, und der Effekt entspricht einer Spannrahmentrocknung.
d) Die Reinigung der Platten vom Klebstoff erfolgt heute meist mechanisch, wobei der Klebstoff zunächst durch Berieseln mit Wasser vorgeweicht wird. Die Platten durchlaufen anschließend eine Plattenwascheinrichtung, die mit ein bis vier Paaren senkrecht stehender, rotierender Bürstenwalzen arbeitet. Oft streifen dann nachfolgende Gummiwischer die restliche Wassermenge ab.
e) Der *Vorschub der Rahmen* durch die Plattenwascheinrichtung erfolgt stets automatisch-mechanisch, aber auch die Gesamtbewegung der Rahmen vom Auslauf über die Wasserspülung, die Plattenwaschmaschine und die eventuell noch folgende Klebstoff-Spritzanlage (s. u.) kann automatisch erfolgen, indem z. B. kleine Gummireifen auf jeder Seite den Vorschub übernehmen (Abb. 266) oder die Platten in einen Kettentransport einrasten und so weitergeführt werden.
f) Die verwendeten *Klebstoffe* müssen in ihrer Klebkraft so eingestellt werden, daß die Leder sich nicht vor Beendigung des Trocknens ablösen, sonst schrumpfen sie und verziehen sich. Sie müssen sich aber dann ohne Verletzung des Narbens leicht von der Platte abziehen lassen. Bei kleineren Anlagen erfolgt der Auftrag meist manuell mit Bürsten, bei größeren Trocken-

Abb. 266: Weitertransport der Platten mit Gummireifen.

kanälen mit Spritzanlagen, mit denen der Klebstoff durch Druckluft gleichmäßig auf die vorbeiwandernden Platten aufgespritzt wird. Der dabei etwas höhere Klebstoffverbrauch wird durch den geringeren Arbeitsaufwand reichlich aufgewogen.
g) Das *Aufschlickern der Leder* erfolgt an den stehenden, senkrecht nach unten hängenden Platten, die dann von Hand zum Einlauf in den Trockner weitergeschoben werden. Hier fehlen bisher noch geeignete mechanische Vorrichtungen zum Ausstreichen, die Handarbeit ist relativ arbeitsaufwendig. Ich habe in den USA zwar gesehen, wie drei Arbeiter bei guter Organisation 110 bis 130 Hälften (20 bis 22 qf/Hälfte) pro Stunde aufschlickerten, einschließlich des Antransports der nassen Leder (37 Hälften/Mann/Std.), aber diese Leistung wird meist kaum erreicht. Ein Schrägstellen der Platten vor dem Aufschlickern soll dieses sehr erleichtern (Abb. 267). Die Platten fahren in eine Führungsleiste, die dann nach rechts oder links vorgeschoben wird und einrastet.

Abb. 267: Aufkleben an schräggestellter Platte.

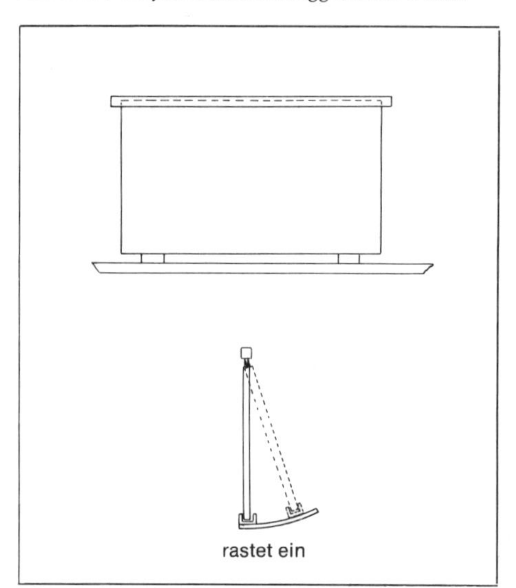

h) Der *Klebstoff* soll beim Abziehen der trockenen Leder möglichst an der Glasplatte haften bleiben, ein Teil wird aber stets am Leder bleiben und muß dann von Hand oder mit Maschinen abgewaschen werden (S. 344). Klebstoffreste spielen bei geschliffenen Ledern (Schleifbox) keine Rolle, bei der Anilinzurichtung sind sie dagegen sehr störend. Das ist einer der Gründe, warum sich die Vakuumtrocknung (S. 333), als die Anilinzurichtung ihren Siegeszug antrat, so stark entwickeln konnte.

Vergleichende Untersuchungen zwischen Klebe- und Spannrahmentrocknung[166] ergaben bei Variation der Temperatur zwischen 30 und 60 °C und der relativen Feuchtigkeit zwischen 30 und 70 % (Abb. 268) zwischen der schärfsten Trocknung (60 °C; 30 %) und der mildesten Trocknung (30 °C; 70 %) Unterschiede in der Trockengeschwindigkeit bis zur Erreichung eines Endgleichgewichts zwischen 3 und 15 Stunden. Die Dauer war um so größer, je niedriger die Temperatur und je höher die Luftfeuchtigkeit lag. Die Geschwindigkeit der

Abb. 268: Verlauf der Trocknung bei verschiedenen Trockenbedingungen. Ausgezogen: Klebetrocknung, gestrichelt: Spannrahmentrocknung.

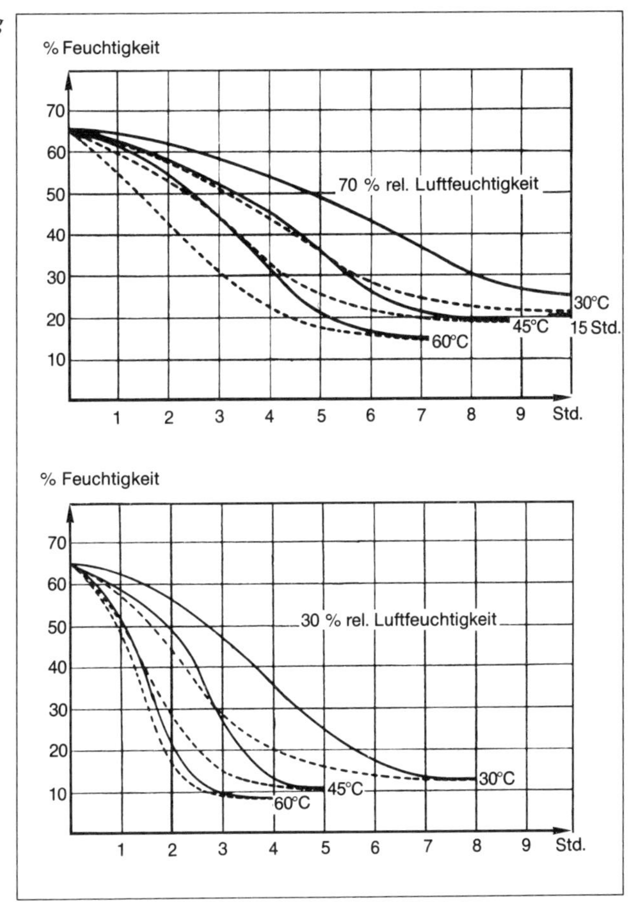

Wasserabgabe geschah bei der Klebetrocknung langsamer als bei der Spannrahmentrocknung, da im ersteren Falle nur eine Oberfläche zur Verfügung steht. Am Ende der Trocknung stellte sich aber der gleiche Endwassergehalt ein, bei der schärfsten Trocknung mit 8 bis 9 %, der mildesten mit 18 bis 20 %. Beide Verfahren liefern gegenüber der Hängetrocknung einen erheblichen Flächengewinn, der natürlich beim späteren Klimatisieren und der wiederholten Befeuchtung vor dem Stollen und bei der Deckfarbenzurichtung wieder etwas zurückgeht, aber auch dann in der Praxis etwa in der Größenordnung von 6 bis 10 %, bei locker strukturierten Ledern noch etwas höher liegt und bei unseren Vergleichsversuchen mit der Spannrahmentrocknung noch etwas höher als bei der Klebetrocknung lag. Andererseits kommt für die Klebetrocknung als Vorteil hinzu, daß keine Beschneideverluste durch Nagellöcher oder Klammerabdrücke entstehen. Ein wesentlicher Vorteil der Klebetrocknung ist auch, daß die Flämenbeschaffenheit besser ist, da hier jede einzelne Hautstelle die beim Trocknen eintretende Verspannung des Fasergefüges selbst auffangen muß, während bei der Spannrahmentrocknung der durch die Verspannung ausgeübte Zug in erster Linie an die strukturell schwächsten Stellen, also die Flämen weitergeleitet wird. Dieser Unterschied führt bei der Verarbeitung der geklebten Leder zu einem besseren Ausschnittergebnis und damit indirekt auch zu einem Flächengewinn. Andererseits führt dieser Faktor aber bei der Klebetrocknung zu im Griff generell festeren Ledern. Man mußte bei der Einführung der Klebetrocknung zunächst lernen, durch Variationen in der Fettung und eventuell Nachgerbung diese Unterschiede auszugleichen.

Die nach dem Klebeverfahren getrockneten Leder unterscheiden sich von den in Spannrahmen getrockneten[166] durch einen wesentlich feineren glatteren Narben, weniger ausgeprägte Mastriefen, bessere Schleifbarkeit und etwas festeren Griff, bei scharfem Trocknen aber auch durch eine etwas blechigere Lederbeschaffenheit. In den physikalischen Eigenschaften ergaben sie niedrigere Lastometer- und Tensometerwerte, etwas höhere Werte beim Narbenabrieb und höhere Festigkeitswerte, wobei sich diese Unterschiede bei schärferen Trockenbedingungen stärker bemerkbar machten, sich aber bei milden Trockenbedingungen immer mehr ausglichen. Mit Verschärfung der Trockenbedingungen nimmt die Dehnbarkeit bei beiden Trockenverfahren ab, der Narbenabrieb wird etwas größer, die Wasseraufnahme stark vermindert und die Festigkeitswerte steigen an.

Nun wird in der Praxis nicht nur mild oder nur scharf getrocknet, sondern es werden geeignete Kombinationen angewendet. Die Vergleichuntersuchungen[166] haben nun gezeigt, daß sowohl beim Kleben wie beim Spannen sowohl der Endwassergehalt wie die Endschrumpfung wie der Einfluß auf äußere Beschaffenheit und physikalische Eigenschaften ausschließlich von den Bedingungen am Ende der Trocknung abhängen und nicht durch die Bedingungen der Anfangstrocknung beeinflußt werden. Es ist also ohne weiteres möglich, im Interesse der Verkürzung der Trockendauer in den Anfangsstadien schärfere Trockenbedingungen zu wählen, ohne daß dadurch die Eigenschaften der Leder entsprechend dieser Trockenart beeinflußt werden, wenn gegen Ende der Trocknung milde Bedingungen eingestellt werden.

Eine Abart der Klebetrocknung ist das *Secotherm-Verfahren,* bei dem flache, senkrecht stehende Behälter mit ebenen oder auch leicht gewölbten Seitenwänden aus rostfreiem oder emailliertem Stahlblech verwendet werden, auf die die Leder beidseitig ebenfalls mit der Narbenseite zur Platte aufgeklebt werden (Abb. 269). Die Beheizung der Platten erfolgt im Innern der mit Wasser oder Öl gefüllten Behälter mittels Dampf oder auch elektrisch. Es wird mit Temperaturen bis zu 90 °C gearbeitet, wodurch die Trockenzeit nur 15 bis 30 Minuten beträgt. Der Vorteil dieser Arbeitsweise liegt in den niedrigen Anschaffungs- und Betriebs-

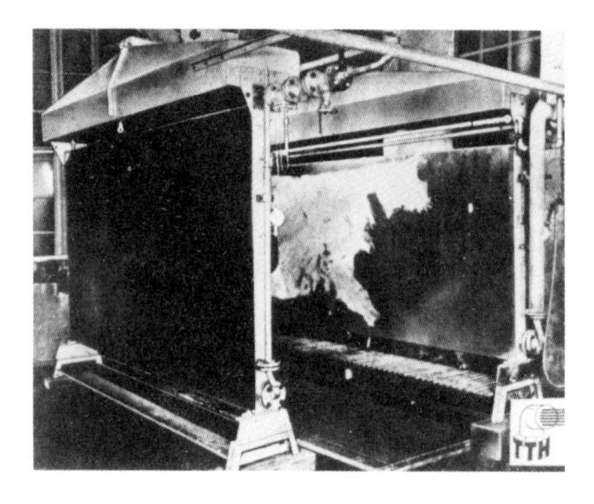

Abb. 269: Secothermapparat[79].

kosten der benötigten Aggregate, und außerdem fehlt außer der Temperaturregulierung jegliche Belüftung oder Klimaeinrichtung. Der Hauptnachteil ist darin zu erblicken, daß die Leder mit der Narbenseite direkt auf der beheizten Platte aufgeschlickert sind und diese daher als erste Lederschicht völlig austrocknet, während sie mit der normalen Klebetrocknung nie so hohen Temperaturen ausgesetzt ist und als letzte Zone austrocknet. Daher zeigen die Narben stärkere Verhärtungen, die später nur noch teilweise reversibel sind. Der Nachteil kann natürlich durch starke Senkung der Trockentemperatur vermindert werden, aber dann ist der Vorteil der sehr kurzen Trockendauer nicht mehr gegeben. Arbeitstechnisch ist das ständige Stehen unmittelbar vor der heißen Platte sehr unangenehm. In Europa mit seinen hohen Qualitätsanforderungen hat sich daher das Verfahren kaum durchgesetzt oder höchstens für untergeordnete Zwecke wie das Trocknen von Spalten oder bestimmten Spezialartikeln. In Südamerika und Ostasien habe ich es dagegen oft gefunden, dabei vielfach auch in der Form, daß die Behälter nicht senkrecht standen, sondern mit leichter Schrägung wie Ausrecktafeln aufgestellt waren, wodurch das Aufschlickern erleichtert wurde, die Hitzeeinwirkung für den Arbeiter aber nach wie vor beträchtlich war. Ein Arbeiter bedient dann mehrere Platten, die teils so groß sind, daß man zwei Hälften oder drei Kalbfelle aufschlickern konnte.

4.4 Vakuumtrocknung. An früherer Stelle (S. 316) wurden die Begriffe des Verdunstens und Siedens unter normalen atmosphärischen Bedingungen erläutert. Wird der atmosphärische Normaldruck von 760 Torr (= mm Quecksilbersäule) durch Anlegen eines Vakuums vermindert, so wird natürlich weniger Energie zum Verdampfen benötigt, das flüssige Wasser geht um so schneller in die Dampfform über, je niedriger der Luftdruck ist. Der Siedepunkt des Wassers, der bei 760 Torr bei 100 °C liegt, beträgt bei 500 Torr etwa 89 °C, bei 300 Torr etwa 76 °C, bei 100 Torr etwa 50 °C und schließlich bei 37 bis 30 Torr, entsprechend einem Vakuum von 95 bis 96 %, bei dem die meisten Vakuumapparate arbeiten, 32 bis 29 °C. Diese Tatsache der rascheren und leichteren Verdampfung wird bei der Trocknung der Leder unter Vakuum ausgenutzt.

Bei der Vakuumtrocknung[167] werden die nassen, abgewelkten Leder auf völlig ebene, geschliffene und polierte angeheizte Platten aus nichtrostendem Stahl, die meist waagerecht angeordnet sind, um das Ausbreiten zu erleichtern, faltenfrei aufgeschlickert. Dann wird ein luftdicht abschließender Deckel, der im Innern noch mit einer Filzdecke oder einem Gewebe aus nichtrostendem Stahl versehen ist, angedrückt und damit das Leder festgehalten und dann der Raum zwischen den beiden Platten evakuiert und dabei gleichzeitig die aus dem Leder verdampfende Flüssigkeit abgesaugt. Dabei sind *drei Arbeitskreise* zu unterscheiden:

1. Die Heizplatten und häufig auch die Deckel sind hohl und werden mit einer zirkulierenden Flüssigkeit beheizt, meist drucklos mit Wasser bis zu einer Temperatur von 95 °C, bisweilen auch in einem druckfesten System mit Wasser mit einer Temperatur bis zu 110 °C oder mittels Ölumlauf bis zu 130 °C. Die Heizflüssigkeit wird ständig umgepumpt und mittels eines Durchlauferhitzers auf die gewünschte Temperatur gebracht.
2. Eine Vakuumpumpe stellt das gewünschte Vakuum ein und pumpt dabei gleichzeitig den bei der Trocknung entstehenden Wasserdampf ab. Dieser aus dem Leder stammende Wasserdampf (bei normalen Geräten 50 bis 100 kg/Std.) wird einem Durchlaufkondensator zugeführt, dort wieder kondensiert und dann zusammen mit dem Kühlwasser der Pumpe (0,9 bis 1 m^3/Std.) abgelassen. Die Kondensation ist erforderlich, da Wasserdampf unter Vakuum ein relativ hohes Volumen einnimmt (1 kg Wasserdampf bei einem Vakuum von 95 % 28 m^3,

bei 96 % 40 m^3) so daß die Pumpe, wenn nicht kondensiert würde, ein riesiges Volumen bewältigen müßte. Das Kondensat enthält flüchtige, meist saure Bestandteile aus dem Leder und kann daher nicht wiederverwendet werden. Es wäre aber zu überlegen, den verbleibenden Wärmeinhalt mittels Wärmepumpe[168] teilweise rückzugewinnen.

3. Die Kühlung im Durchlaufkondensator unter 2. erfolgt mit Wasser, das sich dabei um einige Grad erwärmt. Menge etwa 2,5 m^3/Std. Es ist nicht verunreinigt und sollte daher unbedingt in der Fabrikation wieder verwendet werden, zumal es etwa 10 bis 20 % der dem Vakuumtrockner zugeführten Wärmemenge enthält, die wieder nutzbar gemacht werden kann. Gegebenenfalls könnte auch hier eine Rückgewinnung der Wärmeinhalts mittels Wärmepumpe[168] vorgenommen werden.

Bei der Vakuumtrocknung findet also im Gegensatz zu allen bisher besprochenen Trockenverfahren keine Abgabe des Wassers an die umgebende Luft durch Verdunstung, sondern eine echte Verdampfung statt. Ein wesentlicher Vorteil des Verfahrens ist, daß kein Klebstoff benötigt wird, dessen Reste nach dem Trocknen schwer wieder vollständig zu entfernen sind (S. 345). Daher hat die Vakuumtrocknung auch insbesondere bei dem heutigen Trend nach vollnarbigen Ledern mit Anilinzurichtung entscheidende Bedeutung erlangt. Auch die Wärmebilanz ist günstiger als bei allen anderen Trockensystemen. So benötigt man z. B. bei der Klebetrocknung 2,5 bis 3 kg, bei der Vakuumtrocknung nur 1,8 bis 2 kg Dampf pro kg zu verdampfendem Wasser. Auch der elektrische Energiebedarf ist geringer als bei modernen Klebeanlagen mit großer Luftumwälzung, Wascheinrichtung, Klebstoffsprühern usw.

Der *Arbeitsrhythmus* wird bei der Vakuumtrocknung nach vorheriger Einstellung der Sollwerte automatisch geregelt. Sobald das Leder aufgeschlickert ist, wird die Automatik mittels Druckknopfschaltung in Gang gesetzt, der Deckel senkt sich, die Evakuierung beginnt und nach Ablauf einer vorgegebenen Zeitspanne wird der Vorgang unterbrochen und der Deckel hebt sich wieder. Die Trockendauer hängt natürlich von Lederart und Lederstärke ab, bei einer Plattentemperatur zwischen 60 und 80 °C, beträgt sie etwa bei Kleintierfell-Ledern und Rindledern bis 1 mm Stärke 1 bis 2 Minuten, bei chromgaren Rindledern von 1,5 bis 2 mm Stärke 3 bis 3,5 Minuten, bei stärkeren Ledern oder stärker nachgegerbten Ledern 4 bis 6 Minuten, um sie bis zur Stollfeuchte oder lufttrocken auszutrocknen. Es ist ein Vorteil der Vakuumtrocknung, daß der Trockenvorgang bei jedem gewünschten Feuchtigkeitsgrad abgebrochen werden kann. Die Frage, ob dabei allerdings auf ein Wiederanfeuchten vor den Stollen verzichtet werden kann, wird an späterer Stelle noch behandelt. Beim völligen Trocknen wird zusätzlich noch ein Bügeleffekt erzielt, dessen Intensität vom jeweiligen Druck abhängt.

Damit sind wir beim *Einfluß des Druckes* auf das Leder während der Vakuumtrocknung, der sehr hoch ist und daher zu einer Komprimierung führt, die bei vielen Lederarten unerwünscht ist. Es bedeutete daher einen großen Fortschritt, als die Trockentechnik[79] Vakuumtrockner auf den Markt brachte, die mit *Gegenvakuum* ausgestattet waren (Abb. 270). Über dem Filz im Deckel befindet sich ein gelochtes Blech und darüber ein zweiter Vakuumraum, der auch mit der Vakuumpumpe verbunden ist. Durch Evakuierung dieses Zwischenraums kann der auf dem Leder lastende Anpreßdruck in weiten Grenzen vermindert oder auch ganz aufgehoben (Vakuum = Gegenvakuum) und damit den Anforderungen an die jeweilige Lederart hinsichtlich Weichheit und Geschmeidigkeit angepaßt werden. Das Gegenvakuum kann auch während des Trockenvorganges variiert werden, indem man z. B. am Anfang mit geringem Druck (hohes Gegenvakuum) arbeitet, damit das Wasser schnell

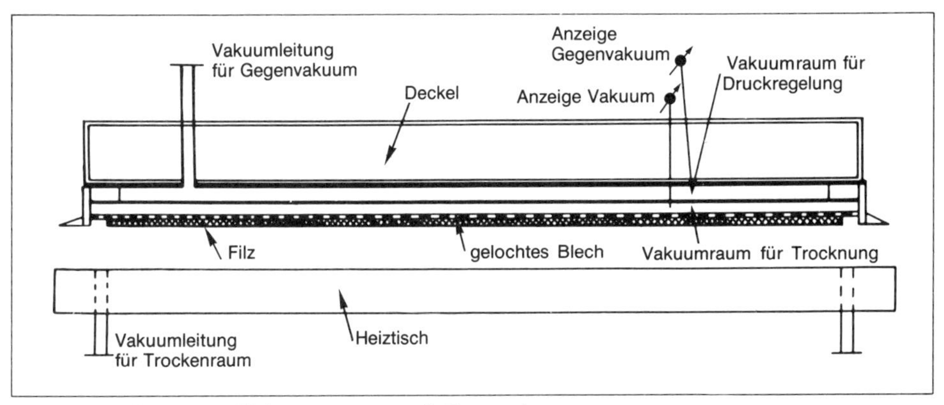

Abb. 270: Schema einer Vakuumapparatur mit Gegenvakuum.

verdampft, dann aber den Druck steigert, um eine später einsetzende Schrumpfung zu verhindern.

Untersuchungen über die *Vakuumtrocknung* unter Variation der Trockenbedingungen[169] haben die folgenden Gesetzmäßigkeiten ergeben:

1. Die *Wasserabgabe* erfolgt bei gleichem Vakuum um so schneller, je höher die Temperatur der Platte und die Belastung und je geringer die Stärke der Leder ist. Sie ist bei gleichen Trockenbedingungen bei pflanzlich gegerbten Ledern am schnellsten und gleichmäßigsten. Der Endwassergehalt liegt um so niedriger, je höher die Trockentemperatur und der Druck auf das Leder ist.
2. Die *Flächenschrumpfung* ist um so größer, je höher die Plattentemperatur und je geringer die Belastung ist. Diese Tendenz tritt besonders deutlich zutage, wenn bei einer Belastung unter 0,5 kp/cm^2 gearbeitet wird. Stark aufgeschlossene Leder schrumpfen stärker als strukturell festere. Die Schrumpfung hat ihren steilen Anstieg bei Ledern mit Stärken bis zu 2,5 mm meist erst bei einem Wassergehalt unter 20 %. Bei dickeren Ledern tritt dieser Anstieg schon um 30 % Wassergehalt ein, weil hier die längere Trockendauer eine Rolle spielt. Pflanzlich gegerbte Leder zeigen bei gleichen Trockenbedingungen eine geringere Schrumpfung. Gegenüber der Hängetrocknung liegt das Mehr an Flächenausbeute bei der Vakuumtrocknung, wenn man ohne Gegenvakuum arbeitet, bei etwa 4 bis 6 %.
3. Die *Dickenänderung* verhält sich genau umgekehrt. Die stärkste Minderung tritt bei voller Belastung der Leder ein und ist um so größer, je weicher die Leder sind. Ein gewisser Einfluß der Temperatur ist ebenfalls gegeben; je höher diese ist, desto stärker ist die Abnahme. Rein pflanzlich gegerbte Leder zeigen die geringste Dickenabnahme.
4. Die *besonders schonende Wirkung der Vakuumtrocknung* ist darauf zurückzuführen, daß selbst bei hohen Temperaturen der Platte die Temperatur im Leder und vor allem an seiner Oberfläche nicht sehr ansteigt, solange noch genügend Wasser im Leder vorhanden ist, an die die Oberfläche diffundieren und die zugeführte Wärme bei seiner Verdampfung abtransportieren kann (Abb. 271). Erst bei stärkerer Austrocknung ergeben sich intensivere Temperatureinflüsse auf die Lederbeschaffenheit und daher sollte man, wenn die Vakuumtrocknung bei hohen Temperaturen durchgeführt wird, im Interesse der Lederqualität nicht unter einen Wassergehalt von 25 bis 30 % heruntertrocknen. Eine Mehrstufentrocknung (etwa parallel

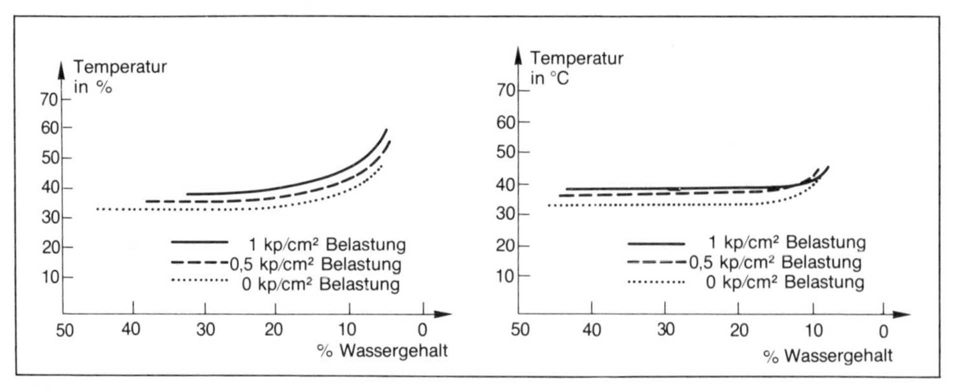

Abb. 271: Oberflächentemperatur beim Trocknen von Chromleder bei 95 (links) und 65 °C (rechts).

zur Kammertrocknung mit mehreren Trockenzonen), die in der letzten Stufe unter milderen Bedingungen zu trocknen gestattet, würde die Anwendungsbreite der Vakuumtrocknung noch steigern (S. 340).

Gefährlich ist aber im Hinblick auf die Lederqualität auch die Zeit vor dem Einsetzen der Wirkung des Vakuums, wenn die Häute und Felle auf die heiße Platte aufgeschlickert sind, aber das Vakuum noch nicht wirksam ist und daher die Temperatur im Leder beträchtlich ansteigen kann. Das gilt insbesondere für dünne Kleintierfelleder. Man muß hier nach dem Ausschlickern sehr rasch die Vakuumwirkung zum Einsatz bringen und hilft sich auch oft dadurch, die Felle vorher nicht abzuwelken. Es gibt aber auch Vakuumgeräte, die diesem Umstand durch ein Aufschlickern auf kalte Platten Rechnung tragen (S. 339).

5. Die Leder werden in ihrer *äußeren Beschaffenheit* um so härter, leerer und standiger, je höher Druck und Temperatur während der Trocknung sind, wobei sich der Druck stärker auswirkt. Sie werden dagegen um so weicher und voller, je weniger Druck auf die Leder einwirkt und je niedriger die Temperatur ist. Der Bügeleffekt, Glanz und Glätte der Oberfläche steigen mit der Belastung an, ohne Druck wird nur eine matte und weniger glatte Oberfläche erhalten.

Es liegen auch umfangreiche *vergleichende Untersuchungen über das Verhalten von Vakuum- und Klebetrocknung* vor[170], die ebenfalls bei der Auswahl des richtigen Trockenverfahrens beachtet werden sollten:

1. Die *Flächenausbeute* ist bei beiden Verfahren ungefähr gleich, wenn bei der Vakuumtrocknung unter Druck getrocknet und eine scharfe Klebetrocknung angewendet wird. Sie ist geringer, wenn die Klebetrocknung unter milden Bedingungen erfolgt und noch geringer, wenn bei der Vakuumtrocknung ohne Druck gearbeitet wird. Bei Chromledern sind die Unterschiede stärker ausgeprägt als bei pflanzlich gegerbten Ledern.

2. Die *Lederdicke* ist bei der Vakuumtrocknung unter Druck geringer als bei der milden Klebetrocknung. Sie ist gleich bei scharfer Klebetrocknung und Vakuumtrocknung unter Druck und ebenfalls gleich bei milder Klebetrocknung und Vakuumtrocknung ohne Druck.

3. In der *äußeren Lederbeschaffenheit* zeigten die im Vakuum mit Druck getrockneten Leder einen glatteren, glänzenderen und feineren Narben als bei der Klebetrocknung. Bei Vakuumtrocknung ohne Druck und Klebetrocknung war der Narben etwa gleich. Eine Neigung zur Losnarbigkeit war bei der Vakuumtrocknung und der scharfen Klebetrocknung ebenfalls

etwa gleich, bei milder Klebetrocknung geringer. Bei völligem Austrocknen traten im Gegensatz zur Klebetrocknung bei der Vakuumtrocknung auch die Blutadern hervor, bei vollem Druck sehr deutlich, bei vollem Gegenvakuum nur schwach erkenntlich. Der Griff der vakuumgetrockneten Leder war fester und standiger, wenn unter vollem Druck bis zum Endwassergehalt getrocknet wurde, ohne Druck war er dagegen weicher und voller, auch im Vergleich zu milden Bedingungen der Klebetrocknung. Die Farbe der im Vakuum getrockneten Leder war meist dunkler als bei der Klebetrocknung, und zwar war der Unterschied bei vollem Druck sehr deutlich, ohne Druck nur gering.

4. Bei den *physikalischen Eigenschaften* lag das Raumgewicht der unter Druck getrockneten Leder um 10 bis 15 % höher. Die Zugfestigkeit war bei Vakuumtrocknung ohne Druck stets geringer als bei den geklebten getrockneten Ledern und auch bei den mit Druck vakuumgetrockneten Chromledern waren noch geringere Werte, bei den pflanzlich gegerbten Ledern dagegen höhere Werte festzustellen als bei der Klebetrocknung. Die Dehnbarkeit war bei den ohne Druck vakuumgetrockneten Ledern höher, die Abriebfestigkeit des Narbens bei den unter Druck in Vakuum getrockneten Ledern am besten. Die unter Druck im Vakuum getrockneten Leder ergaben die günstigste Wasseraufnahme, die ohne Druck vakuumgetrockneten Leder entsprachen etwa denen der Klebetrocknung. Das Wasserdampfspeicherungsvermögen war bei den mit milder Klebetrocknung getrockneten Ledern am günstigsten, die im Vakuum getrockneten Leder waren durchweg ungünstiger, auch wenn ohne Druck getrocknet wurde, dagegen günstiger als bei der Klebetrocknung unter scharfen Bedingungen.

Die Vakuumtrocknung wird heute in beiden Trockenstadien eingesetzt. Der Einsatz *nach dem Stollen* zum Wiederauftrocknen ist problemlos. Die Leder werden einfach eingelegt, das Nachtrocknen erfolgt ganz kurzfristig, und gleichzeitig wird durch das Arbeiten mit Druck ein Bügeleffekt erreicht, der die nachfolgenden Prozesse erleichtert. Beim Einsatz zum ersten Trocknen der feuchten Leder *nach dem Abwelken und eventuell Ausrecken* ist die Frage wichtig, wieweit ausgetrocknet werden soll oder kann. Die Feuchtigkeit ist in der Gesamtfläche eines Leders ja nicht gleich, und die Kernteile trocknen daher viel schneller aus als die wasserhaltigeren abfälligen Teile. Wenn die ersten bis auf einen Wassergehalt um 20 bis 24 % ausgetrocknet sind, weisen die abfälligen Teile je nach der Lederart noch Werte von 45 bis 60 % auf. Trocknet man so lange, bis auch diese Anteile völlig ausgetrocknet sind, so werden die kernigen Teile nach den oben gemachten Angaben auf der relativ heißen Trockenplatte stark übertrocknet, verhärten und schrumpfen und können nachträglich nur sehr schwer wieder die gewünschte Weichheit und Geschmeidigkeit zurückerlangen. Bricht man den Trockenprozeß dagegen zu früh ab, so bleiben die abfälligen Teile zu feucht und würden durch die starke mechanische Beanspruchung beim Stollen locker und losnarbig werden. Daher arbeitet man heute meist so, den Trockenprozeß im Vakuumapparat bei einem mittleren Wassergehalt abzubrechen und die Leder dann zur Nachtrocknung der abfälligen Teile noch einer Hängetrocknung bei Raumtemperatur zu unterziehen und anschließend vor dem Stollprozeß wieder anzufeuchten. Nach Erfahrungen der Praxis werden die Leder vielfach auch vor dem Aufhängen über Nacht zunächst im Stapel gelagert, um eine weitere Verteilung der Restfeuchte zu erreichen. Das Aufhängen erfolgt bei Hälften besser mit den Seiten nach unten als in der Längsrichtung, weil die Hälften sich sonst verziehen und die Flächenausbeute dadurch schlechter wird. Ganz allgemein ist das Hängetrocknen nach der Vakuumtrocknung mit anschließendem Wiederanfeuchten ein arbeitsaufwendiger Prozeß, der den Gesichtspunkten eine Rationalisierung völlig widerspricht, zumal im Hinblick auf die Lederqualität ein völliges Auftrocknen nicht erforderlich ist (S. 299). Aber für ein sachgemäßes Stollen läßt er sich nicht umgehen, es sei denn, man setzt eine Hochfrequenztrocknung ein, die an späterer Stelle noch besprochen wird (S. 342).

Es gibt im Handel eine Vielzahl von Typen an *Vakuumtrocknern,* einige Grundmodelle seien hier kurz besprochen:

1. Eines der ersten Modelle lieferte die Incoma[171] (Abb. 272), das vorwiegend für Kleintierfelle verwendet wird. Der mit Scharnieren befestigte Deckel wird einfach heruntergedrückt und durch das Vakuum festgehalten. Schaltet das Vakuum ab, hebt sich der Deckel automatisch wieder.

◁ *Abb. 272: Vakuumtrockner der Incoma[171].*

Abb. 273: Vakuumtrockner Cartigliano[172].

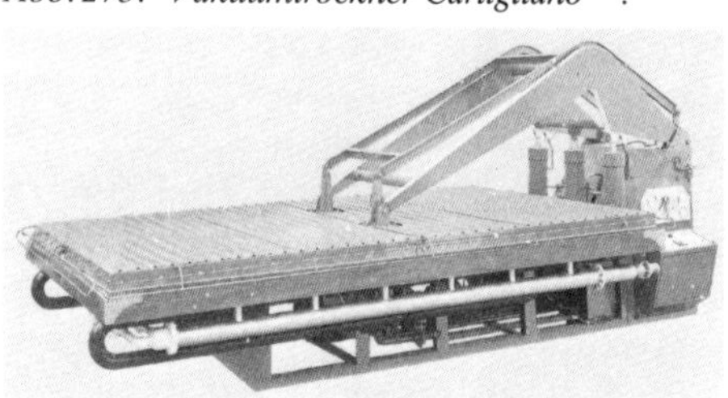

2. Abb. 273 zeigt das Gerät von Cartigliano[172]. Auch hier haben wir einen waagerechten Tisch. Der Deckel läuft rechts in einer Führung, in der Mitte wird er mittels eines schwenkbaren Doppelhebels gesenkt und gehoben und bewegt sich damit auch waagerecht auf und ab.

3. Aus der Produktion der Trockentechnik[79] seien verschiedene Geräte angeführt, die sämtlich mit Gegenvakuum ausgerüstet sind. Beim Eintischgerät (Abb. 274) bewegt sich der Deckel in Führung mit Gegengewichten auf und ab. Für das erste Trocknen arbeitet es mit zu hohen Totzeiten, es sei denn, man hat mehrere Geräte und die Arbeiter gehen von einem zum anderen Gerät. Dagegen ist dieses Gerät zum Nachtrocknen nach dem Stollen bei den dort

Abb. 274: Eintischgerät[79].

Abb. 275: Doppeltischgerät[79].

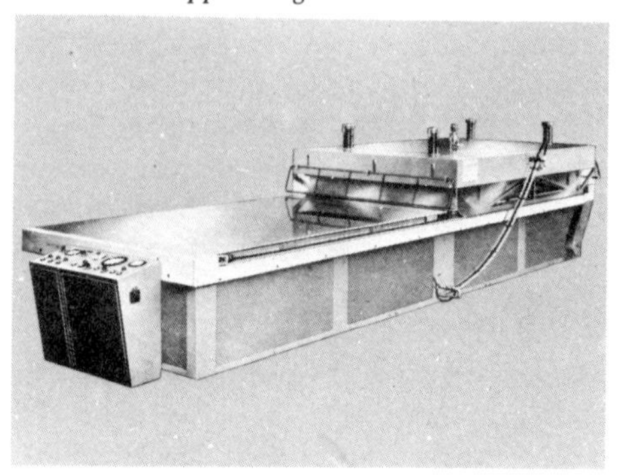

nur kurzen Trockenzeiten von wenigen Sekunden sehr gut geeignet. Abb. 275 zeigt eine Doppeltischmaschine mit zwei Heiztischen und einem gemeinsamen Deckel, der an einem Wagen hängend hin und her fährt. Während auf einem Tisch getrocknet wird, werden die Leder auf dem anderen aufgeschlickert. Die zwischenzeitlichen Öffnungs-, Fahr- und Schließzeiten sind sehr kurz und die Totzeiten daher sehr gering, um so geringer, je besser Trockenzeit und Ausreckzeit übereinstimmen. Die Größe der Tische kann so gewählt werden, daß selbst ganze Häute getrocknet werden können, die Bewegung des Deckels erfolgt nach der eingestellten Trockenzeit automatisch. Der Vakamat (Abb. 276) ist zur schonenden Trocknung dünner bzw. temperaturempfindlicher Leder bestimmt. Er ist mit zwei Blechplatten versehen, die abwechselnd in das Trockengerät ein- und ausfahren. Die

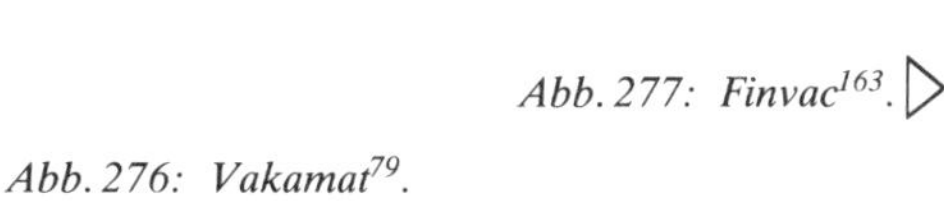

Abb. 277: Finvac[163]. ▷

Abb. 276: Vakamat[79].

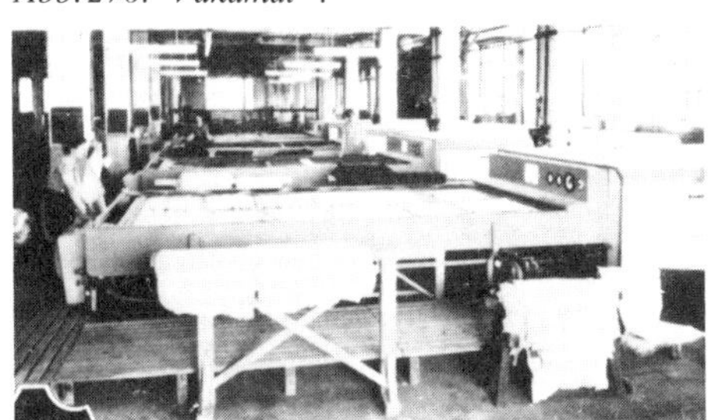

Leder werden hier außerhalb des eigentlichen Trockenraumes nicht auf die heiße Trockenplatte, sondern auf die relativ kalte, unbeheizte Blechplatte aufgelegt, die sich rasch abkühlt, wenn die nassen Leder aufgelegt werden, so daß diese nur mäßig erwärmt werden und damit die Gefahr zu rascher Vorerhitzung (S. 336) entfällt. Nach dem Einfahren wird die Blechplatte mit den Ledern durch den Vakuumdeckel gegen die darunter liegende Heizplatte gedrückt und die Vakuumtrocknung erfolgt in üblicher Weise.

4. Der finnische Vakuumtrockner Finvac[163] (Abb. 277) hat den Vorteil geringen Platzbedarfs, weil die drei Trockentische übereinander angeordnet sind und die mittleren Tische gleichzeitig den Vakuumdeckel des darunter befindlichen Tisches darstellen. Das Gerät ist einfach zu handhaben, der Arbeiter bleibt stets am gleichen Standplatz, da sich der Lattenrost, auf dem er steht, gleichzeitig hebt und senkt, so daß er beim Aufschlickern stets die gleiche Arbeitsstellung zur Platte beibehält. Ähnliche Maschinen werden inzwischen auch von anderen Firmen herausgebracht.

5. Beim Twin Vac[173] sind die Platten, auf denen die Leder aufgeschlickert werden, nicht waagerecht, sondern schräg angeordnet. Abb. 278 zeigt ein Gerät mit zwei Platten bzw. mit vier Arbeitseinheiten, da jede Heizplatte beidseitig mit Vakuumdeckel versehen ist und mittels drehbarer Mittelachse nach beiden Seiten schräg gestellt werden kann. Für diese Anordnung werden geringer Flächenbearf, intensiveres Ausstoßen (Verzicht auf Abwelken) und damit höhere Arbeitsproduktivität als Vorteile angeführt. Das Gerät kann auch zum zweiten Trocknen eingesetzt werden, der Tisch muß dann waagerecht gestellt werden, was durch die drehbare Mittelachse leicht möglich ist.

Abb. 278: Twin Vac[173].

Abb. 279: Rotovac[174].

6. Der Rotovac[174] (Abb. 279) ist ein Vakuumtrockner, der aus einem geheizten Edelstahlzylinder mit drei Trockensektionen besteht, von denen jede mit getrenntem Deckel versehen ist und getrennt evakuiert wird. Die Deckel haben eine Spezialabdichtung und sind mit einem Spezialgewebe ausgestattet, das freie Verteilung des Vakuums und Ableitung der Feuchtigkeit gewährleistet. Der Zylinder dreht sich fortlaufend um eine horizontale Achse, die Deckel öffnen sich nacheinander, wenn sich der jeweilige Sektor in der optimalen Position für das Aufschlickern der Leder befindet. In Abb. 280 ist bei Position I der Deckel A geöffnet, in den Sektionen B und C trocknen die Leder. Nach einer vorgegebenen Zeit, die für die Entnahme der trockenen und das Aufschlickern neuer nasser Leder ausreicht, dreht sich der Zylinder weiter, der Deckel A schließt sich langsam (Position II), und wenn er völlig geschlossen ist, öffnet sich der Deckel C (Position III) und der Arbeiter kann jetzt hier die trockenen Leder entnehmen und neue Leder aufschlickern. Das Öffnen und Schließen von Deckel und Vakuumventil wird durch die Umdrehung des Zylinders betätigt, die Trockenzeit wird ausschließlich von dem vorher eingestellten Programm bestimmt. Als Vorteil dieser Anordnung wird angeführt, daß der Arbeiter sich nur um das Abnehmen und Aufschlickern der Leder zu kümmern hat, durchgehend am gleichen Platz arbeitet, sich nicht über eine heiße Platte beugen und sich nicht ausrecken müsse, da durch das Drehen des Zylinders alle Stellen leicht erreichbar würden.

7. Alle bisher besprochenen Vakuumtrockengeräte haben den Nachteil, daß die Trockenbedingungen während des Trockenvorganges nicht variiert werden können, so daß man – im Gegensatz zur Tunneltrocknung mit einzelnen Trockensektionen – nicht die Trocknung

Abb. 280: Einzelne Arbeitspositionen beim Rotovac.

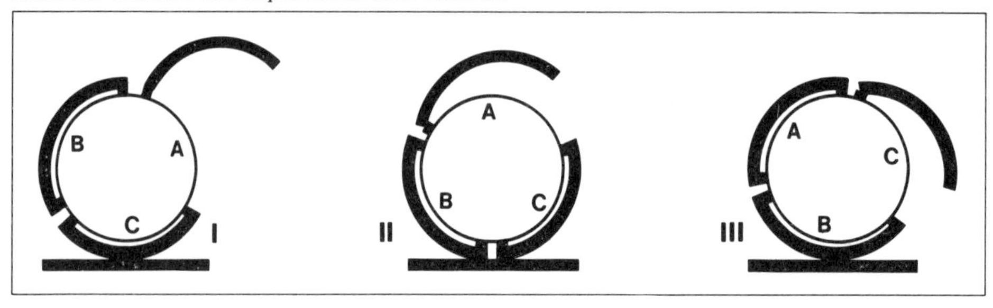

gegen Ende des Trockenprozesses mit milderen Bedingungen beenden kann (S. 321). Die Trockentechnik[79] hat allerdings in Italien eine Vier-Stufentrocknung auf Vakuumbasis aufgestellt, die aus vier Vakuuumtrocknern besteht, von denen drei zur Vakuumtrocknung, der vierte zur Konditionierung bestimmt ist. Sie sind mit einem durchlaufenden Transportband aus nichtrostendem Stahl miteinander verbunden. Die Auflagefläche (Abb. 281) ist 5 m lang, auf beiden Seiten stehen zwei Arbeiter zum Aufschlickern der Leder. Vier kleinere Kalbfelle können pro Tisch aufgelegt werden, jede Minute rückt das Band im Takt um einen Arbeitsplatz weiter, es werden also 240 Felle/Std., bei größeren Kalbfellen etwas weniger, oder 400 bis 500 Ziegenleder/Std. getrocknet. Die verschiedenen Vakuumgeräte können mit unterschiedlichen Trockenbedingungen arbeiten, die letzte Zelle wird mit Wasserdampf von 40 °C beschickt, die Leder kommen stollfeucht aus der Zelle, werden über Nacht in Stapeln gelagert und dann gestollt.

8. Auf der Ledermesse 1981 in Paris wurde ein Verfahren vorgeführt, bei dem eine Trocknung bzw. Nachtrocknung unter Vakuum zugleich mit einem hydraulischen Spannen der Leder in allen Richtungen zwischen geheizten Spezialmembranen kombiniert wurde[171]. Erfahrungen aus der Praxis liegen z. Z. noch nicht vor.

Abb. 281: 4-Stufen-Vakuumtrocknung[79].

4.5 Strahlentrocknung. Neben den bisher besprochenen Trockenverfahren, bei denen die Verdampfung des Wassers im Trockengut durch direkte Zufuhr von Wärme von außen sei es durch Kontakt mit Heizflächen oder durch Vermittlung vorher angewärmter Luft erfolgt, gibt es auch Trockenmethoden unter Verwendung von Strahlen, deren Energie erst im Leder in Wärme umgewandelt wird. Die Strahlen benötigen kein stoffliches Medium zur Übertragung der Energie, sie dringen, soweit sie nicht reflektiert werden, mehr oder weniger tief in das Trockengut ein und werden dort in Wärme umgewandelt. Die Trocknung erfolgt also gewissermaßen von innen heraus. In diese Gruppe gehört die Infrarot- und die Hochfrequenztrocknung.

4.5.1 Die Infrarotstrahlen sind elektromagnetische Wellen, die jenseits der Strahlung des sichtbaren Lichtes (Wellenlänge 0,4 bis 0,8 µm) im Gebiet der größeren Wellenlängen etwa zwischen 0,8 und 400 µm liegen. Sie werden als Wärmestrahlen bezeichnet, da sie infolge ihrer ausgeprägten Umwandlungsfähigkeit in Wärme besonders geeignet sind, die beim Trockenprozeß benötigte Energie zuzuführen. Das Absorptionsvermögen der Luft für Infrarotstrahlen ist nur gering, eine nennenswerte direkte Erwärmung der Luft zwischen Strahler und Trockengut findet daher nicht statt, während Wasser ein hohes Absorptionsvermögen mit einem Optimum bei einer Wellenlänge von 1,4 µm besitzt. Das Absorptionsvermögen des Trockengutes spielt in den *Anfangsstadien* der Trocknung keine Rolle, solange die aufgenommene Energie vorwiegend zum Verdunsten des Wassers dient, gegen Ende der Trocknung kann es aber bedeutsam sein, wenn das Trockengut gegen höhere Temperaturen empfindlich ist. Bei der Verwendung für die Ledertrocknung werden meist Hellstrahler mit einem Hauptemissionsbereich von 1,1 bis 1,4 µm verwendet und zu Strahlungsfeldern zusammengestellt, die eine gleichmäßige Bestrahlung über die ganze Fläche gewährleisten. Je größer der Abstand der Strahler vom Trockengut, desto gleichmäßiger ist die Bestrahlung über die ganze Fläche, um so mehr nehmen aber andererseits die Strahlungsstärke und damit Grad und Geschwindigkeit der Erwärmung und Trocknung ab. Für flächiges Trockengut, also auch für die Ledertrocknung, kommen Kanaltrockner mit Förderband und regelbarer Durchlaufgeschwindigkeit in Betracht. Ein mäßiges Absaugen der feuchten Luft ist notwendig, um eine Sättigung der Luft mit Wasserdampf zu vermeiden und so die Verdampfung zu fördern.

Für die eigentliche Ledertrocknung[175] kann die Infrarottrocknung unter geeigneten Bedingungen für chromgare und kombiniert gegerbte Leder zur Anwendung kommen, nicht dagegen für rein pflanzlich gegerbte Leder wegen der größeren Gefahr des Auftretens von Verbrennungserscheinungen. Bei Chromledern ist je nach den Trockenbedingungen und der Lederstärke mit Trockenzeiten zwischen 15 und 45 Minuten zu rechnen. Dagegen ist sie von der Kostenseite her nicht wirtschaftlich, insbesondere nicht für Betriebe, die den elektrischen Strom in eigener Anlage erzeugen und den Abdampf für Trockenzwecke verwenden, da dann der Strombedarf und damit die Menge anfallenden Abdampfes erhöht, dagegen seine sachgemäße Ausnutzung noch weiter vermindert wird und damit eine rentable Energieausnutzung völlig in Frage gestellt ist. Dagegen wird die Trocknung mit Infrarotstrahlen für das Trocknen von Wasser und organischen Lösungsmitteln bei der Deckfarbenzurichtung heute viel verwendet (S. 386). Da diese Trocknung vorwiegend oberflächlich erfolgt, die innere Feuchtigkeit aber nur wenig verändert wird, ist sie hierfür mit Vorteil einzusetzen, doch sollte auch hier längere Bestrahlung vermieden werden, um unerwünschte Einflüsse besonders auf die Elastizität der Deckschichten zuzuschalten.

4.5.2 Hochfrequenz (HF)-Strahlen sind durch Wechselströme erzeugte elektromagnetische Wellen mit sehr hoher Schwingungsfrequenz zwischen 10 kHz und 3000 MHz (Zahl der Schwingungen je Sekunde). Wird an zwei Plattenelektroden mittels eines HF-Generators eine Wechselspannung angelegt, so entsteht ein hochfrequentes elektrisches Wechselfeld, dessen Polarität im Rhythmus der Generatorfrequenz wechselt. Wird ein Trockengut zwischen diese Elektroden gebracht, so werden die einzelnen Moleküle des Trockengutes unter dem Einfluß dieser Feldkräfte in Schwingung versetzt und dabei treten Reibungskräfte auf, die zu einer Erwärmung führen. Bei Nichtleitern ist diese Umwandlung um so stärker, je schlechter die durchstrahlten Stoffe leiten, je höher also ihre Dielektrizitätskonstante ist. Da Wasser eine sehr hohe Dielektrizitätskonstante besitzt, erfahren nasse Stoffe eine wesentlich stärkere Erwärmung als trockene. In flächigem Trockengut nehmen die Stellen mit höherem Wassergehalt daher mehr HF-Energie aus dem Spannungsfeld auf als die trockeneren Stellen und werden so lange bevorzugt erwärmt, bis ihr Wassergehalt sich demjenigen in den trockneren Bereichen angepaßt hat. Die HF-Energie sorgt also selbständig für einen gleichmäßigen Feuchtigkeitsgrad im Trockengut, wobei die Umwandlung der HF-Energie in

Wärme auch hier im Inneren des Trockengutes erfolgt und daher das Trockengut an seinen feuchten Stellen eine höhere Temperatur als die umgebende Luft besitzt, wodurch eine wesentliche Beschleunigung der Verdampfung und gleichzeitig eine Temperaturschonung der Außenzonen (bei Leder also des Narbens) erfolgt.

Eine HF-Trocknung von flächigen Gebilden, also auch von Leder[176], erfolgt zweckmäßig im Durchlaufverfahren, wobei anstelle der Plattenelektroden, bei denen die Feldlinien senkrecht zur Transportrichtung verlaufen und die Wirkung des HF-Feldes daher relativ gering ist, ein Girlandenfeld (Abb. 282) mit gegeneinander versetzten Elektrodenstäben verwendet wird, so daß die Feldlinien schräg zur Transportrichtung des Trockengutes verlaufen und daher ein Streufeld mit hoher Feldstärke entsteht. Eine HF-Trockenanlage,

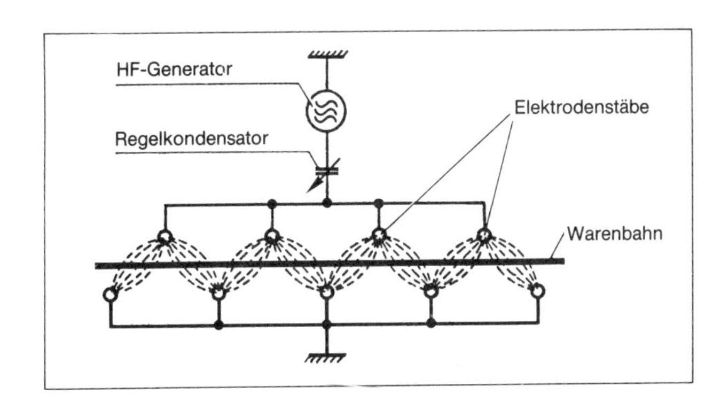

Abb. 282: Schema eines Girlandenfeldes bei der Hochfrequenztrocknung (Arntz[176]).

wie sie von der Firma Cartigliano[172] seit langem auf den Markt gebracht wird (Abb. 283), besteht aus einem HF-Generator, einem Trockentunnel mit zwei endlosen Transportbändern in Form von Perlonschnüren, um auch nach oben die Berührung des Leders mit den Elektrodenstäben zu vermeiden, einem dritten endlosen Schnürenband unterhalb des Tunnels zur Rückführung der getrockneten Leder an die Bedienungsperson und einer Absaugvorrichtung zum Absaugen des entstehenden Wasserdampfes. Die Leistung einer HF-Anlage ist abhängig von der Leistung des Generators, der Länge des Elektrodenfeldes, den Elektrodenabständen und der Transportgeschwindigkeit der Perlonbänder. Die beiden ersten Faktoren sind bei der beschriebenen Anlage konstant, wobei man vor Anschaffung bedenken muß, daß das Band um so schneller laufen kann und damit die Leistung um so größer ist, je länger das Elektrodenfeld ist. Die beiden anderen Faktoren sind je nach Lederart, Anfangswasser-

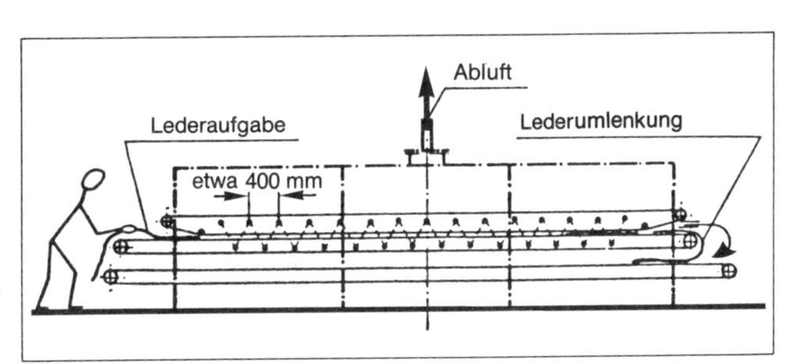

Abb. 283: Schema der Gesamtanlage eines Hochfrequenztrockners für Leder (Arntz[176]).

gehalt und gewünschter Endfeuchte variabel einstellbar, und man kann so jeden Grad der Trocknung anstreben.

Die HF-Trocknung hat sich vielfach eingeführt. Sie kommt allerdings angesichts der hohen Energiekosten nicht für eine Haupttrocknung von Leder in Frage, wohl aber für eine Zusatztrocknung im Anschluß an normale Trockenverfahren. Ich hatte an anderer Stelle schon darauf hingewiesen, daß alle anderen Trockenverfahren nicht gestatten, eine einheitliche Egalisierung des Wassergehaltes auf einen für das nachfolgende Stollen richtigen Feuchtigkeitsgrad zu erreichen (S. 337). Daher müssen wir heute die Leder etwa bei der Vakuumtrocknung relativ feucht dem Trockner entnehmen, aufhängen, einer Nachtrocknung bei Raumtemperatur unterziehen, abnehmen und wieder anfeuchten, bevor wir sie stollen; eine langwierige arbeitsaufwendige und damit kostspielige, jeder Rationalisierung widersprechende Arbeitsmethode. Hier kann die HF-Trocknung mit Erfolg eingesetzt werden, um die Leder, die die Vakuumtrocknung noch mit Schwankungen im Wassergehalt von 20 und 28 % innerhalb der Fläche verlassen, in brauchbarer Zeit und unter kostenmäßig vertretbaren Bedingungen im Wassergehalt so zu vergleichmäßigen, daß im Anschluß daran sofort der Stollprozeß durchgeführt werden kann, da die Schwankungen im Wassergehalt dann nur noch 1 bis 2 % betragen.

Die HF-Trocknung ist insbesondere für dünnere Lederarten geeignet, also für alle Leder aus Kleintierfellen und ebenso für alle Typen von Rindleder bis zu einer Stärke bis maximal etwa 2,3 mm. Hier ergibt sich durch Einschaltung der HF-Trocknung die Möglichkeit, die Nachtrocknung, z. B. nach einer Vakuumtrocknung, wesentlich billiger durchzuführen. Die Kosten betragen nach unseren Untersuchungen je nach der Dicke der Leder, Grad der Vortrocknung und Fettgehalt 0,3 bis 1,2 Pfennig/qf (1975 ermittelt). Wenn man eine Durchlaufstollmaschine unmittelbar hinter den HF-Trockner schaltet, kann man auch den Arbeiter an der Eingabeseite der Stollmaschine einsparen. Heute werden häufig auch bei dünnen Ledern zwei bis drei Leder übereinander in die HF-Trockenanlage eingegeben. Die Höhe des Feuchtigkeitsgehaltes kann durch Variation der Durchlaufgeschwindigkeit den Anforderungen des Stollprozesses individuell angepaßt werden. Die Qualität des Leders wird gegenüber der althergebrachten Arbeitsweise nicht ungünstig beeinflußt, die Intensität des Stollvorganges kann bei vielen Lederarten vermindert werden. Bei kräftigeren Ledern, insbesondere bei Ledern mit höherem Fettgehalt, ergeben sich nach meinen Erfahrungen allerdings oft Schwierigkeiten in der Durchführung und höhere Kosten, so daß hier die Rentabilität fraglich erscheint.

5. Anfeuchten, Stollen, Millen

Das Stollen und das Millen haben die Aufgabe, die getrockneten Leder, die durch eine gewisse Verhärtung des Gesamtfasergefüges beim Trocknen und ein Verkleben der Fasern und Faserbündel gegeneinander eine mehr oder weniger starre und blechige Beschaffenheit erhalten haben, durch eine mechanische Bearbeitung durch Ziehen, Dehnen und Zusammenbiegen in den verschiedenen Richtungen wieder weich und geschmeidig zu machen. Dazu muß das Fasergefüge aber zunächst *wieder leicht angefeuchtet* werden, weil dann die Fasern wieder gegeneinander elastisch werden und der mechanischen Beanspruchung nachgeben können. Das Anfeuchten darf aber nur sehr mäßig erfolgen, sonst kleben die Fasern beim späteren Nachtrocknen wieder zusammen. Ebenso wichtig ist auch, daß die Feuchtigkeit in der ganzen Fläche möglichst gleichmäßig ist, die abfälligen Teile also beim Wiederanfeuchten nicht nennenswert mehr Feuchtigkeit aufnehmen als die kernigen Teile, da sie sonst bei der mechanischen Bearbeitung zu locker und auch losnarbig werden. Die Problematik des Auftrocknens und Wiederanfeuchtens wurde bereits an verschiedenen Stellen behandelt (S. 318, 337). Nur die Hochfrequenztrocknung gestattet schon beim Trocknen eine in der ganzen Fläche gleichmäßige Stollfeuchte einzustellen (S. 342), andernfalls muß völlig ausgetrocknet und wieder angefeuchtet werden. Der für das Stollen zweckmäßigste Wassergehalt hängt sehr von der Gesamtbeschaffenheit des Leders ab, er kann für das Arbeiten mit Vibrationsmaschinen mit 18 bis 22 % angenommen werden, bei den anderen Stollmethoden liegt er etwas höher.

Das klassische Verfahren des Anfeuchtens ist das Einlegen der Leder in feuchte Buchenholz-Sägespäne (Einspänen), bis eine möglichst gleichmäßige Durchfeuchtung erreicht ist. Es hat den Vorteil, daß alle Stellen des Leders die gleiche Wassermenge angeboten erhalten, aber es ist arbeitsaufwendig. Man hat daher nach einfacheren Verfahren gesucht, indem man die Leder z. B. ein- oder beidseitig mit Spritzpistole mit Wasser bespritzt oder sie kurz durch Wasser hindurchzieht und sie dann einige Zeit, am besten über Nacht, zum gleichmäßigen Durchziehen lagert, entweder in geschlossenen Kisten oder in mit Planen oder Kunststoffolien abgedeckten Stapeln, wobei eine gleichzeitig eintretende Erwärmung noch die Verteilung der Feuchtigkeit fördert. Allerdings ist hierbei das Dosieren der richtigen Wassermenge schwieriger. Ich habe in den USA gesehen, daß man die Leder über Nacht in Kammern einhängte und die ganze Nacht hindurch Dampf eingeblasen wurde, so daß sie viel feuchter als sonst üblich zum Stollen kamen, das kann man sich jedoch nur leisten, wenn die Leder eine sehr intensive Nachgerbung mit pflanzlichen Gerbstoffen erfahren haben.

Man hat auch entsprechende Maschinen entwickelt, und in Kombination mit der Klebetrocknung wird dieses Befeuchten auch gleichzeitig mit einem Abwaschen der Klebstoffreste verbunden, das bei Durchführung von Hand auch mit relativ hohen Kosten verbunden ist. So verwendet man oft Appretiermaschinen oder Sprühmaschinen, wie sie bei der Deckfarbenzurichtung üblich sind (S. 373 ff.). Die Trockentechnik[79] bringt eine Lederabwaschmaschine auf den Markt (Abb. 284), bei der auch die Klebstoffreste durch die Walzenbearbeitung entfernt werden, aber in allen Fällen muß anschließend vor dem Stollen noch eine entsprechende

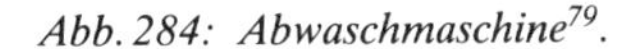
Abb. 284: Abwaschmaschine[79].

Lagerung in Stapeln zum gleichmäßigen Durchziehen der Feuchtigkeit erfolgen. Bei der durchlaufenden Befeuchtmaschine Difutherm[151] (Abb. 285) wird das Leder 1 von den beiden endlosen Transportbändern 2 und 3, die zuvor angefeuchtet wurden, um die beheizte untere Walze 4 und dann die obere Walze 5 geführt und dadurch der Einwirkung von heißem

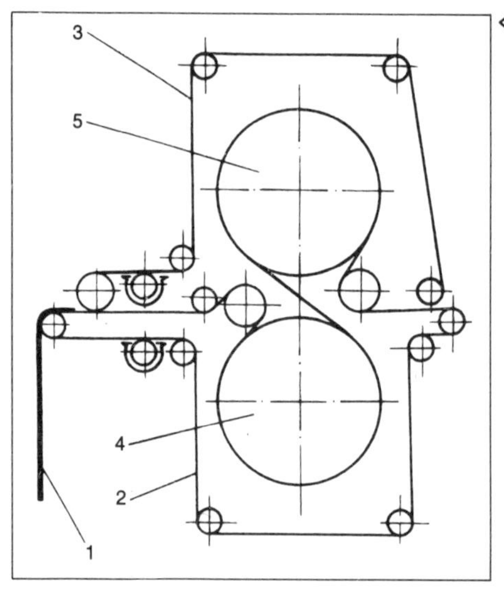

◁ *Abb. 285: Befeuchtemaschine Difutherm.*

Abb. 286: Befeuchtemaschine Conditiona[124].

Wasserdampf auf Narben- und Fleischseite ausgesetzt. Dadurch wird ein gleichmäßiges und intensives Befeuchten in sehr kurzer Zeit erreicht, und die Leder können ohne Zwischenlagerung unmittelbar im Anschluß daran auf einer Durchlaufstollmaschine gestollt werden, so daß eine durchlaufende Fertigungsstraße erreicht und damit die Arbeitsproduktivität sehr erhöht wird. Der Grad der Befeuchtung kann durch die Wassermenge und die Transportgeschwindigkeit variiert werden. Soll nur von einer Stelle befeuchtet werden, so wird nur ein Transportband angefeuchtet. Die Arbeitsbreite beträgt 1500 mm, die Durchlaufgeschwindigkeit 4 bis 22 m/min, die Leistung wird mit 150 bis 300 Rindhälften oder 250 Kalbfellen/Std. angegeben. Bei der Conditiona[124] (Abb. 286) werden die Leder zwischen zwei Spezialbändern eingefahren, auf die dosierte Wassermengen aufgebracht werden. Über und unter dem Leder befinden sich infrarotbeheizte Kontaktheizsegmente, die durch Schließen dem Leder einen leichten Dampfstoß geben, dessen Intensität durch die Schließzeit bestimmt wird. Eine Durchlaufstollmaschine kann auch hier ohne Zwischenverlagerung direkt nachgeschaltet werden, Schließzeit und Transportgeschwindigkeit in der Conditiona können der Arbeitsgeschwindigkeit der Stollmaschine angepaßt werden. Die Breite beträgt 1700 mm, ganze Rindhäute werden hälftig zusammengelegt eingeführt.

Beim Stollen wird bei manueller Durchführung das Leder über die Kante des Stolleisens scharf nach unten gezogen, und diese Beanspruchung wird bei der klassischen *Armstollmaschine,* die auch heute noch von verschiedenen Firmen hergestellt wird, nachgeahmt (Abb. 287 und 288). Die Maschine besitzt als Stollwerkzeuge einen oberen Stollarm mit einer senkrechten Metall- oder Kunststoffplatte an der Stirnseite und ein bis drei drehbaren Gummirollen und einem unteren Stollarm mit je nach der Rollenzahl zwei oder mehreren senkrechten Metallplatten (Stollklingen). Oberer und unterer Stollarm sind im Leergang voneinander entfernt und bewegen sich nach vorn auf den Arbeiter zu, beim Arbeitsgang dagegen in der entgegengesetzten Richtung gegeneinander gedrückt, so daß das Leder, das gleichzeitig an der Vorderkante des Arbeitstisches mittels selbsttätiger Festhaltevorrichtung

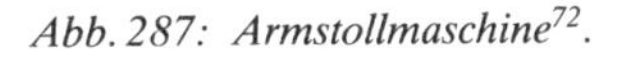

Abb. 287: Armstollmaschine[72].

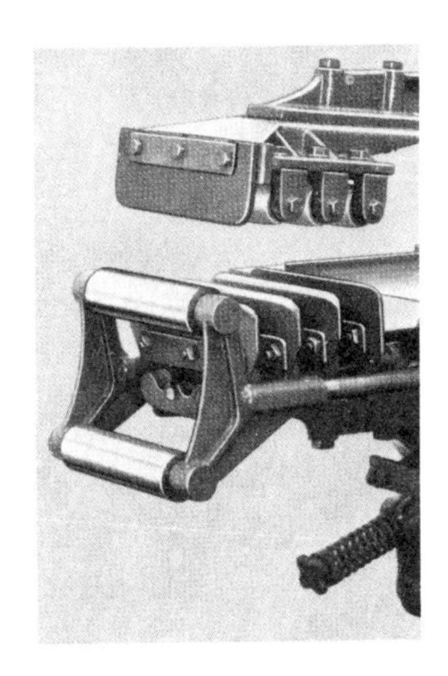

Abb. 288: Dreirollen-Stollkopf.

festgeklemmt ist, zwischen der Druckrolle des Oberteils und den Metallplatten des Unterteils hindurchgezogen und so in einzelnen Bahnen von 180 bis 300 mm Breite gründlich durchgestollt wird. Bei den Mehrrollen-Stollköpfen wird bei jedem Zug gleichzeitig mehrfach gestollt. Mit dem Öffnen der Stollarme beim Leergang löst sich gleichzeitig die Festhaltevorrichtung selbsttätig und das Leder kann in eine neue Bearbeitsstellung gebracht werden. Durch den Arbeitsdruck mittels Fußtritts kann die Stolltiefe während des Stollens variiert werden. Der Vorteil der Armstollmaschine liegt in erster Linie in der sehr individuellen Bearbeitungsintensität für die verschiedenen Teile der Hautfläche (Schonung der Abfälle, insbesondere der Flämen), doch verlangt die Maschine viel Erfahrung und eine gute Ausbildung des Bedienungspersonals und bei Unachtsamkeit können schwere Unfälle auftreten. Die Leistung liegt bei 40 bis 70 Kleintierfell-Ledern oder 30 bis 45 Hälften.

In der Handhabung wesentlich unproblematischer ist die *Universal-Stollmaschine* (Abb. 289 und 290), die schon vor vielen Jahren von der Firma Schödel[177] herausgebracht und heute von verschiedenen Firmen in ähnlicher Form hergestellt wird. Die Leder werden bei ihr in einen sich nach oben bewegenden Spannrahmen mit Klemmvorrichtung und Handverschluß eingespannt und dann über die ganze Breite in einem Zug nach oben bewegt und dabei durch eine mit Stollmessern versehene Walze bearbeitet. Die Stollmesser sind von der Mitte der Walze aus mit Rechts- und Linksdrall angebracht, zwischen den Messern befinden sich Bürsten, die ein Verhaken und damit Zerreißen der Felle verhindern sollen und gleichzeitig das Stollmehl abbürsten. Die Leder werden mit einem nachgiebigen Lederandruckpolster

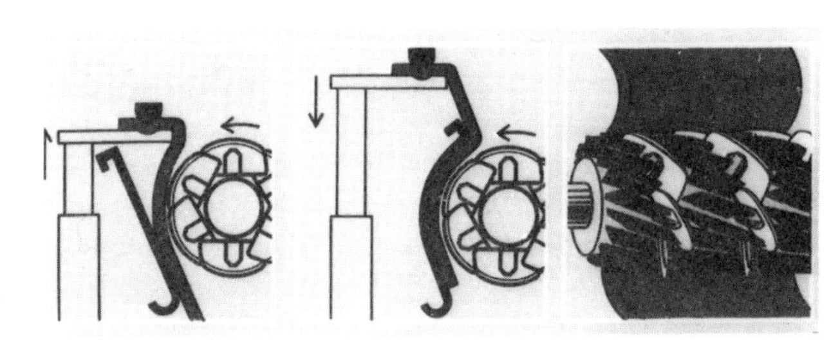

Abb. 289: Schema der Schödel-Stollmaschine.

gegen die Stollmesserwalze gedrückt, der Anpreßdruck kann während des Arbeitsganges reguliert werden und ist bei Drees[81] mit einem Manometer ablesbar. Beide Bewegungen, das Auf- und Abbewegen des Spannrahmens, sowie das Andrücken der Leder gegen die Stollwalze werden hydraulisch und damit ohne Kraftaufwand gesteuert, die hierzu erforderlichen Ventile werden teils mit Fußbedienung für die Ab- und Aufbewegung und Kniebedienung für den Andruck, bei Drees mit einem gemeinsamem Kniehebel bedient, so daß der Arbeiter beide Hände zum Einlegen, Festklemmen und individuellen Führen des Leders während der Arbeit frei hat. Der Spannrahmen kann in jeder Höhe angehalten und wieder auf- und abbewegt, die Bearbeitung also je nach Bedarf mehrfach wiederholt werden. Die Geschwindigkeit der Auf- und Abbewegung und nach Wunsch auch die Drehzahl der Messerwalze können stufenlos reguliert werden. Der Vorteil dieses Maschinentyps ist, daß die Leder in ihrer ganzen Breite gleichzeitig gestollt und gereckt werden und dann flach liegen und nicht verbeult sind. Die Leistung ist mit maximal 200 Fellen bzw. 70 Hälften/Std. relativ hoch und außerdem kann die Maschine von ungelernten Frauen bedient werden. Der Nachteil ist natürlich, daß die verschiedenen Teile der Hautfläche nicht individuell behandelt werden können, worauf bei Rindledern insbesondere bei standiger Ware Wert gelegt wird. Die Maschine kommt daher in erster Linie für weichere Lederarten in Frage, ursprünglich nur für Kleintierfell-Leder, heute auch für weichere Typen von Rindledern bis zu ganzen Häuten. Die Breite betrug ursprünglich 1300 bis 2200 mm, Drees hat sie erstmalig auch bis zu 3000 mm Breite herausgebracht und außerdem die Spannrahmen mit zwei Hydraulikzylindern rechts und links versehen, um ein Verkanten zu vermeiden.

Nach einem grundsätzlich anderen Prinzip arbeitet die von Investa[151] gelieferte durchlaufende *Vibrations-Stollmaschine Mollisa* (Abb. 291 und 292). Bei ihr werden die Leder mittels zweier elastischer Transportbänder 3 und 4 durch das Stollsystem transportiert, das aus der vibrierenden unteren Stoll-Leiste 5 und der oberen feststehenden Stoll-Leiste 6 besteht. Die Leisten sind mit einem mehrzeiligen System von auf Lücke stehenden Metallstiften versehen, die in kurzen Stößen gegeneinander schwingen, wodurch die Leder nach allen Richtungen gebogen und gedehnt und damit intensiv weichgemacht werden. Die Stollintensität wird durch Einstellung der gewünschten Durchstolltiefe geregelt, und da in fünf bis sechs Durchlaufstreifen eine unterschiedliche Stollintensität eingestellt werden kann, können flächenmäßige Strukturunterschiede entsprechend berücksichtigt werden, also bei individuellem Stollen ein hoher Stolleffekt erreicht werden. Die Transportgeschwindigkeit kann zwischen 80 und 380 mm/min stufenlos variiert werden, eine Stopptaste ermöglicht sofortiges Abstellen der Maschine. Die Leistung hängt natürlich in starkem Maße von der Lederstärke und vom Weichheitsgrad des zu stollenden Leders und der dadurch bedingten Durchlaufgeschwindigkeit ab und wird mit 150 bis 300 Hälften, 250 bis 300 Kalbfellen oder 500 bis 700 Kleintierfell-Ledern/Std. angegeben. Bei Ledern unter 1,5 mm Stärke können zwei Leder gemeinsam durchgelassen werden. Die Arbeitskräfte benötigen keine Spezialausbildung. Als durchlaufend arbeitende Maschine kann sie auch in Fertigungsstraßen eingebaut werden, z. B. in Kombination mit der Hochfrequenztrocknung (S. 342) und einem nachgeschalteten Stapler. Sie kann aber auch als Rücklaufstollmaschine arbeiten, wenn man an der Rückseite ein zusätzliches senkrechtes Band anbringt, das das auslaufende Leder über das obere Transportband zurücktransportiert. Die Arbeitsbreite beträgt 1500 bis 1800 mm. Der ursprünglich hohe Verschleiß an Transportbändern, der auch dadurch verstärkt wurde, daß die Luft zwischen den Bändern nicht entweichen konnte, wurde durch Entwicklung von Spezial-

Abb. 290: *Stollmaschine Typ Schödel*[177].

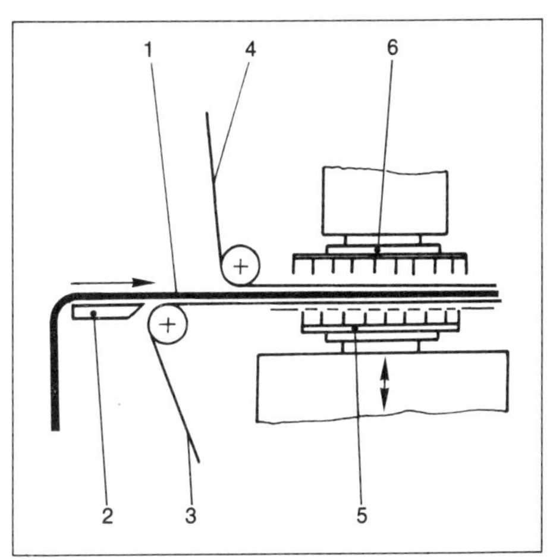

Abb. 291: Schema der Vibrations-Stollmaschine Mollisa[151].

Abb. 292: Vibrations-Stollmaschine Mollisa[151].

bändern vermindert, die aus hochreißfesten synthetischen Geweben bestehen, hohe Elastizität und bleibende Dehnung besitzen und durch gute Luftdurchlässigkeit die Luft zwischen den Bändern besser entweichen lassen und dadurch auch einen ruhigen und geräuscharmen Lauf gewährleisten[178].

Cartigliano[172] hat eine Vibrations-Stollmaschine herausgebracht, die auch mit vibrierenden Stoll-Leisten und auf Lücke stehenden Metallstiften arbeitet, die aber eine Art Hebelbewegung gegeneinander ausführen, so daß die Verzahnung nach und nach eingreift. So erfolgt die Bearbeitung beim Einlauf des Leders zunächst sanft und dann mit steigender Intensität. Arenco[72] bringt ebenfalls eine Vibrations-Stollmaschine, aber in offener Bauweise auf den Markt, deren Arbeitsablauf in Abb. 293 dargestellt ist. Die Arbeitsbreite beträgt 1600 mm, die Stollwerkzeuge bestehen aus vier je 400 mm breiten Einzelwerkzeugen, für jedes kann die Eintauchtiefe individuell eingestellt werden, an einem Anzeiger ist der Einstellwert auf $^1/_{10}$ mm genau abzulesen. Die Maschine hat einen Kurbelantrieb für die Vibrationsbewegung, einen zwischen 5 und 20 m/min stufenlos regelbaren Antrieb der Transportwalzen mit Wendegang, wenn die Maschine ausschwingt, einen Einschwingantrieb zum Öffnen und Schließen der Maschine, der mit Fußschalter bedient wird, und schließlich einen Verstellan-

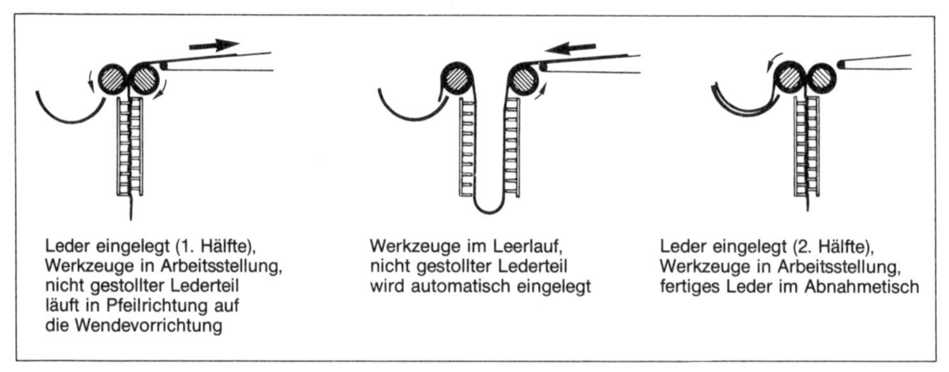

Abb. 293: Arbeitsablauf der offenen Vibrations-Stollmaschine Uniflex[72].

trieb zum Verstellen der Stollintensität während des Stollens bis zu maximal 5 mm, wobei sich die Eindringtiefe jeweils um einen vorher eingestellten Betrag vor- und wieder zurückstellt, sobald die Maschine ausschwingt. Der Hauptvorteil der Maschine ist, daß sie keine Transportbänder benötigt, die bei den anderen Maschinen ein erheblicher Verschließteil sind. Die Leistung der Maschine wird mit 60 bis 100 ganzen Häuten, 150 bis 200 Hälften oder Kalbfellen/Std. angegeben.

Schließlich sei noch die *Walzenstollmaschine* der Mercier[127] mit einer Arbeitsbreite von 1700 und 2100 mm angeführt (Abb. 294), die speziell für Kalbleder und Kleintierfell-Leder bestimmt ist. Sie ist mit zwei Messerwalzen ausgestattet, von denen die untere mit gehärteten und zugespitzten Messern, die zuerst ihre Arbeit beginnt, mit hoher Drehgeschwindigkeit das

Abb. 294: Walzenstollmaschine[127].

Aufstollen der Ränder und ein Dollieren auf der ganzen Fleischseite bewirkt, während die obere Walze mit Messern mit dickerem Schliff und mit geringerer Drehgeschwindigkeit die eigentliche Stollarbeit durchführt. Zwei Lederärmel führen das Fell zu den Messerwalzen.

Das *Millen im Walkfaß* ist die andere Möglichkeit, Leder nach dem Auftrocknen wieder weich zu machen. Dies wird bei Spaltleder und Velourleder angewendet– heute aber auch bei weichen und rustikalen Narbenledern, bei denen gleichzeitig eine mehr oder weniger intensive Faltenbildung bzw. Körnung der Oberfläche eintritt. Dabei werden in der Praxis teils normale Holzfässer verwendet, teils auch Kunststoff- oder Metallfässer, bei denen infolge ihrer glatten Oberfläche die Gefahr des Auftretens von Narbenschäden geringer ist. Die Fässer haben meist großen Durchmesser und geringe Breite, so daß die Leder intensiv geknetet und gestaucht werden. Die Walkdauer liegt bei vier bis acht Stunden, bisweilen wird auch über Nacht gewalkt. Der Vorteil im Vergleich zum Stollen liegt in dem wesentlich geringeren Arbeitsaufwand. Vergleichende Untersuchungen[179] haben gezeigt, daß die weichmachende Wirkung viel ausgeprägter als beim Stollen ist. Wichtig ist aber, daß eine genügend hohe Drehzahl von 12 bis 16 Umdrehungen/min gewählt wird und daß das Faß nicht zu sehr gefüllt wird, sonst wird die weichmachende Wirkung geringer und verschwindet bei starker Überbeladung völlig. Es tritt keine Verminderung der Festigkeitswerte ein, die Fläche wird aber geringer (3 bis 6 %), die stärkste Schrumpfung tritt schon in den ersten vier Stunden ein. Daher muß nach dem Millen unbedingt gut gespannt werden, aber auch dann werden die Unterschiede im Flächenrendement im Vergleich zum Stollen meist nicht ganz ausgeglichen.

Der Erfolg des Millprozesses hängt namentlich von der Nachgerbung und Fettung ab. Ebenso darf das Leder nicht zu sehr ausgetrocknet sein, sonst gibt es kein schönes Millkorn. Ist es zu trocken, sollte es wieder angefeuchtet und zum Durchziehen einige Zeit auf Stapel gelagert werden. Aber auch eine vorher durchgeführte Deckfarbenzurichtung kann das Ergebnis stark beeinflussen. Maltry[180] hat über die hier zu berücksichtigenden Faktoren ausführlich berichtet.

Es fehlt z. Z. nicht an Bemühungen, zur Vermeidung des Flächenverlustes beim Millen im Faß das Weichmachen auf andere Weise zu erreichen. So hat z. B. Clasen[180a] eine Maschine herausgebracht, bei der während des Stollens gleichzeitig durch eine Tangentialbewegung der Werkzeuge ein Milleffekt durch Querbeanspruchung bewirkt werden soll. Die Entwicklung ist aber noch nicht abgeschlossen.

6. Mechanische Bearbeitung der Lederoberfläche

In den folgenden Abschnitten wird über eine Reihe von Arbeitsgängen berichtet, die in erster Linie der Bearbeitung der Lederoberfläche dienen. Sie sollen zum Teil ihr Aussehen verbessern, sie glätten, mehr oder weniger glänzen oder durch Aufbringen von Narbenprägungen modische Wünsche erfüllen bzw. durch Verdeckung leichter Narbenfehler das Sortiment verbessern. Häufig ist damit auch eine Verdichtung des Gesamtfasergefüges verbunden, sie ist aber – wenn man einmal vom Walzen und Rollen gewisser pflanzlich gegerbter Schwerleder absieht – nur eine Nebenwirkung, die in vielen Fällen nicht einmal sehr erwünscht ist, da dadurch gleichzeitig Weichheit und Geschmeidigkeit verringert werden. Andere Arbeiten dieser Gruppe haben die Aufgabe, die Narbenbeschaffenheit aufzulockern oder durch Schleifen den Narben oder die Fleischseite grundsätzlich zu verändern (Nubuk-

bzw. Velourleder) oder sie für den nachfolgenden Auftrag von Appreturen vorzubereiten. Alle diese Arbeiten sollen aber die Gesamtstruktur des Leders nicht oder nur wenig verändern.

6.1 Pressen. Hydraulische Lederpressen (Abb. 295) haben die Aufgabe, die Lederoberfläche unter relativ hohem Druck entweder zu glätten (sattinieren) oder künstliche Narbenbilder einzuprägen (chagrinieren). Ich möchte hier den Begriff des Bügelns nicht verwenden, denn das Bügeln beinhaltet neben einer gewissen Druckwirkung auch eine seitliche Bewegung, während beim Pressen nur ein Druck senkrecht zur Oberfläche ausgeübt wird. Die Pressen haben in einem kräftigen Rahmen (geschweißte Rahmenbauweise, nicht geschweißte Plattenrahmenausführung, bei schweren Pressen Säulenausführung), der auch bei hohen Drükken ein erschütterungsfreies Arbeiten gewährleisten soll, eine obere, feststehende, beheizbare Platte (Preßplatte) und eine untere, planparallel dazu heb- und senkbare Platte (Arbeitstisch), die durch einen oder bei großen Pressen auch zwei hydraulische Druckstempel mit vorher eingestelltem Druck gegen die obere Platte gedrückt werden kann. Die Plattengrößc kann in Normalausführung bis zu 1370 × 1700 mm, bei Großflächenpressen (s. u.) sogar bis zu 1500 × 3000 mm betragen, wobei das größere Maß in der Länge oder Breite liegen kann. Die untere Platte, auf die das Leder aufgelegt wird, ist zum Ausgleich von Druckunterschieden mit einer Filzplatte beim Prägen oder einer glatten elastischen Unterlage, meist Gummiunterlage mit Textileinlage beim Glätten versehen. Der Druck wird hydraulisch erzeugt. Die Hydraulikanlage besteht aus dem oder den beiden Druckzylindern, dem Ventilblock mit verschleißfesten Kegelventilen, dem Ölbehälter, für den in heißen Ländern auch eine Wasserkühlung zu empfehlen ist, und einer Pumpe mit hohem Wirkungsgrad. Sie erzeugt den erforderlichen Druck, muß eine konstante und möglichst stoßfreie Ölförderung und damit

Abb. 295: Hydraulische Lederpresse[148].

eine gleichmäßige Schließbewegung gewährleisten und stellt sich ab, sobald der gewünschte, vorher eingestellte Arbeitsdruck erreicht ist. Die Motorstärke für den Pumpenantrieb liegt bei Normalpressen zwischen 10 und 15 kW und kann bei großen Pressen bis zu 60 kW ansteigen. Der Gesamtdruck ist durch Manometer ablesbar, er schwankt je nach der Plattengröße zwischen 400 und 3600 t. Dabei muß natürlich berücksichtigt werden, daß es sich bei dem ablesbaren Druck um den Druck auf den oder die Preßstempel handelt, der spezifische Druck auf das Leder ist natürlich wesentlich geringer und abhängig von der jeweiligen Lederfläche nach der Formel:

$$\text{spez. Druck auf das Leder in kp/cm}^2 = \frac{\text{Gesamtdruck der Presse in t} \times 1000}{\text{Lederfläche in cm}^2}$$

Das zeigt zugleich, daß bei konstant eingestelltem Gesamtdruck der Druck auf das Leder nicht immer konstant ist, sondern von der Lederfläche, nicht von der Fläche des Preßtisches abhängt, und macht verständlich, daß z. B. bei etappenweisem Pressen eine kleine Restfläche viel intensiver geprägt wird als die Hauptfläche. Die Geschwindigkeit des Schließens der Presse sollte rasch sein, um deren Produktivität zu steigern. Viele Pressen arbeiten zweistufig (Stufenkolbenpressen; Krause[181]) mit zwei hintereinander geschalteten Kolben, indem zunächst ein kleiner Schnellschlußzylinder für das rasche Schließen der Presse (1,2 bis 1,5 s) sorgt und dann der große Kolben den gewünschten Arbeitsdruck einstellt.

Die Pressen arbeiten mit auswechselbaren Platten, die an die mit Dampf oder heute meist elektrisch beheizte Preßplatte befestigt werden. Bei großflächigen Pressen gibt es Hubgeräte für das Einfahren der Platten. Zum Glätten dienen hochglanzpolierte Platten, für das Narbenprägen Prägeplatten, die das gewünschte Narbenbild im Negativ aufweisen. Die Reliefzeichnung muß klar und ausgeprägt sein, darf aber nicht scharfkantig sein, sonst treten Narbenbeschädigungen auf. Das Leder wird glatt auf den Arbeitstisch gelegt; je größer die Arbeitsfläche, desto größer sollte auch der Abstand zwischen den Platten sein, um das Einbringen und Glattlegen zu erleichtern.

Die Wirkung des Pressens hängt von Temperatur, Druck und Prägedauer ab, je höher sie sind, desto besser der Glätteeffekt und desto besser die Haltbarkeit der Prägung. Die drei Parameter sind gegeneinander austauschbar, bei hoher Temperatur kann Druck und Prägedauer, bei hohem Druck Temperatur und Prägedauer vermindert werden. Die maximal mögliche Temperatur wird einmal von der Temperaturempfindlichkeit der Gerbart bestimmt, sie sollte bei pflanzlich gegerbtem Leder nicht über 60 °C, bei Chromleder nicht über 90 bis 100 °C liegen. Bei abgedeckten Ledern wird sie aber auch von der Art, d. h. der Thermoplastizität der aufgetragenen Deckschicht bestimmt, zu hohe Temperatur bewirkt Erweichen und Klebrigkeit der Deckschichten. Der Druck auf das Leder wird beim Glätten meist mit 30 bis 45, bei normaler Narbung mit 50 bis 75 kp/cm^2, bei sehr tiefer Narbung noch höher eingestellt. Er sollte nicht zu hoch sein, sonst werden die Leder zwangsläufig härter und fester, auch wenn man die Preßdauer nur auf wenige Sekunden beschränkt. Bei der Narbenprägung, durch die modische Effekte erzielt, aber auch leichtere Narbenfehler mehr oder weniger verdeckt werden sollen, spielt aber auch die Gerbart eine entscheidende Rolle. Pflanzlich gegerbte Leder eignen sich besser, während bei Chromledern wegen deren elastischerer Beschaffenheit die gepreßten Stellen mehr zurückfedern und daher das Prägebild nicht so klar und weniger haltbar ist, doch kann durch eine Nachgerbung mit pflanzlichen oder synthetischen Gerbstoffen und auch durch ein leichtes Anfeuchten vor dem Prägen dieser Nachteil verbessert werden.

Für die automatische Kontrolle des Preßvorganges sollten Temperatur und Druck laufend kontrolliert und ebenso wie die Preßdauer nach Vorwahl der gewünschten Daten automatisch geregelt werden. Das geschieht für den Druck über Druckregelventile (Kontaktmanometer). Bei Erreichung des vorgewählten Maximaldruckes schaltet die Pumpe ab und läuft leer weiter. Gleichzeitig schließt sich bei Erreichung des vorgewählten Maximaldruckes ein Zeitschalter-Stromkreis für die Steuerung der Preßzeit, d. h. der Standzeit unter maximalem Druck. Ist sie abgelaufen, so öffnet sich der Arbeitstisch automatisch. Ein Fernthermometer zeigt die Plattentemperatur an und schaltet die Heizung bei Erreichung der gewünschten Temperatur über einen Thermostaten ab. Bei Änderung der Temperatur muß zunächst gewartet werden, bis sie sich wieder stabilisiert hat.

Die Steuerung des Preßvorganges selbst kann von Hand erfolgen, wobei für Kleintierfell-Leder ein Arbeiter, für Großviehleder je ein Arbeiter an beiden Seiten der Presse benötigt wird. Nach Einlegen und Glattstreichen der Leder löst er von Hand den Schließvorgang aus, wenn er das an allen Pressen beidseitig vorhandene Schutzgitter voll auf den Tisch heruntergezogen hat, so daß die Gefahrenzone zwischen den Platten abgesichert ist. Außerdem hat jede Presse einen Notdruckschalter an beiden Seiten zur sofortigen Öffnung der Presse im Gefahrenfalle. Die Preßdauer kann mittels Uhr gesteuert werden (s. o.), bei Handbetrieb kann auch der Arbeiter den Öffnungsvorgang einleiten. Sind die Leder größer als der Tisch, so müssen sie in einzelnen Etappen weitergezogen werden, und hier besteht beim Narbenprägen immer die Gefahr, daß dabei sichtbar bleibende Überlappungen auftreten. Dieses Anlegen, so daß die Prägungen genau aneinander passen, ist um so schwieriger, je gröber das Prägemuster ist, und verlangt viel Erfahrung und Zeit. Dazu kommt noch, daß kurze Reststücke einen im Vergleich zu den Hauptstücken zu hohen Druck erhalten und dadurch viel intensiver gepreßt werden (s. o.). Um diese Nachteile zu vermeiden, haben sich folgende Entwicklungen ergeben:

1. Steigerung der *Plattengröße.* Das geht aber nur bis zu einer gewissen Grenze, denn je größer die Platte, desto schwieriger wird das Einführen und Glattstreichen der Leder.
2. Anwendung von *Schiebetischen,* indem der untere Tisch in seitlicher Führung herausgezogen werden kann, wodurch das Auflegen und Glattstreichen auf der Tischfläche erleichtert wird und auch der Abstand zwischen den beiden Platten und damit der Schließvorgang kürzer gehalten werden kann. Rationeller ist noch, die Presse mit zwei Schiebetischen zu versehen, die nach beiden Seiten herausgezogen werden können, so daß immer ein Tisch zum Auflegen des nächsten Leders draußen ist, während auf dem anderen Tisch gepreßt wird.
3. *Transportbandbeschickung.* Abb. 296 zeigt eine Presse mit einer großen Tischabmessung von 1500 × 3000 mm, davon die größere Zahl in Längsrichtung, so daß eine Rindlederhälfte in einem Preßvorgang geglättet oder genarbt werden kann und keine Ansätze und Überlappungen auftreten. Schon dadurch ist die Leistung gegenüber kleinen Pressen um ein Mehrfaches erhöht. Die Beschickung erfolgt durch ein endloses Transportband, das mit Elektromotor und Getriebe angetrieben und mit Spannvorrichtung an der Auslaufseite versehen ist und sich nach jeder Pressung um 3 m weiterbewegt. Bei halbautomatischer Steuerung startet der Arbeiter das Band mit Starterknopf, nachdem er das Leder glatt aufgelegt hat. Der Preßvorgang kann von Hand ausgelöst werden, sich aber auch automatisch einschalten, wenn die Bandbewegung um 3 m beendet ist. Der Arbeiter kann dann schon das nächste Leder auflegen, wenn das vorige unter Druck ist. Auf der Rückseite nimmt ein zweiter Arbeiter das Leder ab. Es kann aber dort auch von dem Transportband auf einen Stapler (S. 297)

Abb. 296: Lederpresse mit Bandtransport[181] *(3600 t, Plattengröße 1500 × 3000 mm).*

übergeben werden. Bei vollautomatischer Steuerung erfolgen Transport und Pressen im Wechsel automatisch, man benötigt zwei Uhren, die eine für die Öffnungszeit zur Beschikkung des Bandes und den Transport, die andere für die Druckzeit, die Standzeiten im geöffneten und im geschlossenen Zustand sind variabel. Auch hierbei erfolgt die Abnahme mit Stapler, auf der Aufnahmeseite muß eine Speicheranlage[181] angebaut werden, die dem Transportband die Leder im Takt des Pressens zuführt.

Man kann aber auch Pressen gleicher Größe, bei dem die 3000 mm in der Querrichtung liegen und die damit für ganze Rindhäute eingesetzt werden können, oder kleinere Pressen mit Bandtransport versehen. Dann muß bei größeren Lederflächen wieder in einzelnen Etappen gepreßt werden, aber die Gefahr von Ansätzen entfällt, wenn das Band nach jeder Pressung einen Vorschub macht, der genau der Breite der Preßplatte entspricht. In den USA habe ich eine Anordnung gesehen, bei der sich zwei Pressen gegenüber standen und jede mit Stapler ausgerüstet war. Der Arbeiter legte die Rindlederhälfte in die eine Maschine ein, und wenn der Preßvorgang angelaufen war, wandte er sich der anderen Presse zu. Ein Arbeiter bediente also zwei Pressen mit einer Leistung von 1700 Hälften in acht Stunden. In zwei Rundspiegeln konnte er das Funktionieren der Stapler beobachten (Abb. 297).

Als älterer Pressentyp sei noch die *Klapp-Presse (Maulpresse)* erwähnt, bei der sich die obere Platte mit Knickgelenk schließt und öffnet. Sie arbeitet mit Einmannbedienung, ist aber nur mit maximal 600 t Druck und einer Plattenbreite nicht über 1000 mm auszurüsten, sonst wird sie zu klobig. Sie ist heute weitgehend von der Durchlaufpresse verdrängt.

6.2 Bügeln. Das Bügeln hat ebenfalls die Aufgabe, die Oberfläche zu glätten oder zu prägen, aber es unterscheidet sich vom Pressen grundsätzlich dadurch, daß nicht nur ein Druck senkrecht zur Oberfläche ausgeübt, sondern der den Druck ausübende Körper gleichzeitig seitlich über das Leder hinwegbewegt wird. Das gilt für das Handbügeln, bei dem ein schweres

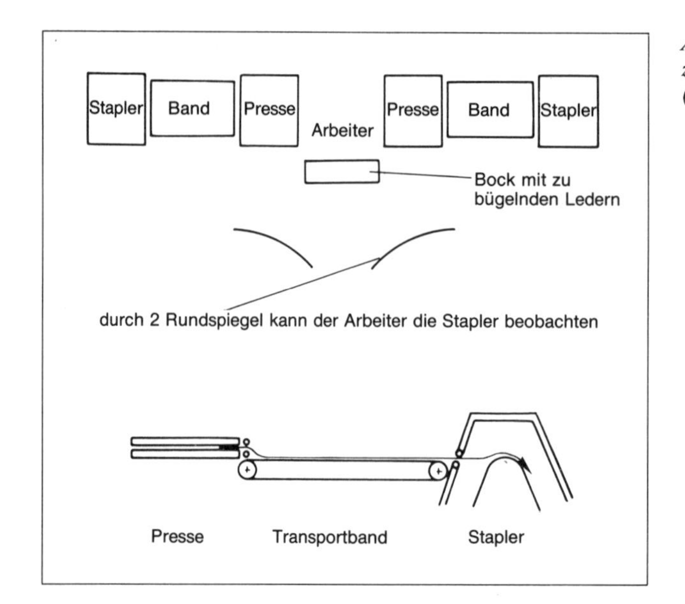

Abb. 297: Ein Arbeiter bedient zwei Pressen (vgl. auch Abb. 225, S. 295).

elektrisch beheiztes Bügeleisen (meist 10 bis 15 kg) Bahn für Bahn über die Lederoberfläche bewegt wird; das gilt ebenso für alle heute verwendeten Bügelmaschinen. Meist wird mit wesentlich höheren spezifischen Drücken als beim Pressen gearbeitet, aber die Einwirkungsdauer ist nur kurz und dadurch der Effekt der Verfestigung des Fasergefüges geringer, das Leder verhärtet nicht, bleibt griffiger und weicher. Daher wird bei der heutigen Tendenz nach weichen Ledern das Bügeln meist bevorzugt. Die Glanzwirkung ist meist geringer als beim Pressen und erst recht beim Glanzstoßen (S. 361), aber der Glanz bleibt seidiger, »eleganter«, doch hängt die Intensität des Glanzes natürlich auch von der Art der aufgetragenen Glanzappretur bzw. der Deckfarbenaufträge ab. Der seitliche Druck hat auch den Vorteil, daß keine Luftblasen eingeschlossen werden, die beim Pressen oft matte Flecken auf der Lederoberfläche bewirken. Er setzt jedoch einen festsitzenden Narben voraus, sonst kann er zu Losnarbigkeit und rinnendem Narben führen, eine Gefahr, die beim Pressen nicht gegeben ist.

Die älteste Type unter den heute verwendeten Bügelmaschinen ist die *Altera-Maschine* (Abb. 298), die sowohl zum Glätten wie im Gegensatz zu den meisten anderen Bügelmaschinen auch zum Narbenprägen eingesetzt wird. In einem schweren Rahmen befindet sich oben

Abb. 298: Altera-Presse[81].

eine feststehende heizbare Preßplatte, an die die hochglänzende Bügelplatte oder die Prägeplatten angebracht werden, wobei der Plattenwechsel durch Krananlage und Spannvorrichtung erleichtert wird. Die Heizung erfolgt mit Dampf oder elektrisch, ein Thermometer zeigt die Temperatur an, die durch einen Thermostat gesteuert wird. Statt des unteren festen Arbeitstisches hat die Altera eine an beiden Seiten befestigte Lederbahn und darüber eine Filzauflage, auf die das Leder flach ausgebreitet wird. Darunter wird ein mit einer Walze bestückter Wagen mit einer nach beiden Seiten drehbaren Spindel von einer Seite zur anderen bewegt, hebt dabei die Lederunterlage mit dem Leder hoch und drückt es kurzfristig unter Druck gegen die großflächige Bügel- oder Prägeplatte. Die Spindel ist mit einer Dämpfung in Axialrichtung versehen, die unteren Laufrollen des Wagens sind unfallsicher abgedeckt, die nach oben drückende Walze ist kugelgelagert. Das hydraulische Druckaggregat ist an den Wagen angebaut und drückt mit Federdruck die Walze nach oben, wobei Drücke bis zu 300 kp/cm^2 erreichbar sind. Der Druck bleibt während des ganzen Arbeitsganges konstant, ist stufenlos regelbar und kann an einem Manometer abgelesen werden. An der Seite stößt der Wagen gegen einen Endschalter, wodurch die Spindel stillgesetzt und gleichzeitig der Tisch so weit abgesenkt wird, daß das Leder um eine Bahnbreite verschoben werden kann. Mit der oberen Schubstange werden gleichzeitig alle Schaltvorgänge durchgeführt, die Öffnungs- und Schließvorrichtung kann von beiden Seiten bedient werden.

Die Altera wird mit einer Plattenlänge von 1200 bis 3000 mm geliefert, die Breite wurde mit 650 mm gegenüber den älteren Maschinen verdoppelt, wodurch die Leistung erheblich gesteigert und die Gefahr des Auftretens von Ansätzen verringert wurde, aber diese Gefahr ist wie beim Pressen gegeben. Neuerdings wird aber eine automatische Ledervorschub- und Stapelvorrichtung (Novomatik) geliefert, die das Auftreten von Ansätzen verhindert. Die Altera kann für jede Ledergröße bis zu großflächigen Rindledern verwendet werden.

Die übrigen handelsüblichen Bügelmaschinen sind *Walzenmaschinen,* die meist im Durchlauf arbeiten und heute mit Arbeitsbreiten bis zu 3000 mm angeboten werden. Sie werden meist nur zum Glattbügeln verwendet. Zwar wird gelegentlich auch der Einsatz zum Narbenprägen empfohlen, doch sind Walzen mit Prägemuster in der Beschaffung wesentlich teurer als Prägeplatten, so daß man sich bei der Walzenprägung aus Kostengründen auf höchstens ein bis zwei Muster beschränken wird. Klare Beziehungen bestehen zwischen Bügeltemperatur und Kontaktzeit zwischen Walze und Leder. Je kürzer diese Kontaktzeit ist, desto höher kann man die Temperatur wählen, ohne Schädigungen des Leders oder der Deckschichten befürchten zu müssen. Bei mehrschichtigen Deckfarbenbeschichtungen wird man beim Zwischenbügeln, das die Grundierung einebnen, auch bei geringer Schichtdicke einen guten Abschluß geben und ein Verschweißen der Schichten bewirken soll, meist mit niedererer Temperatur und etwas längerer Kontaktdauer arbeiten, beim Schlußbügeln bringt dagegen meist kurze Kontaktzeit mit sehr hoher Temperatur die beste Oberflächenbeschaffenheit.

Die *Finiflex*[127] (Abb. 299), die älteste Maschine dieser Art, gestattet insbesondere die letzte Wirkung bei kurzer Kontaktzeit gut zu erreichen. Sie wird mit Arbeitsbreiten bis zu 3100 mm geliefert und bügelt das Leder zwischen zwei Walzen, einer elektrisch beheizten Walze aus rostfreiem Stahl mit vernickelter und hochglanzpolierter Oberfläche und einer Andruckswalze, die mit Hartgummi überzogen oder mit Filzärmel versehen ist. Die Heizung erfolgt mit Thermoflüssigkeit, Förderpumpe und Temperaturregelung und kann bis zu 200 °C gesteigert werden, da die beiden Walzen sich wegen des kleinen Durchmessers nur kurz berühren, wird eine elegante Oberflächenbeschaffenheit erzielt. Natürlich kann auch bei niedrigeren Tempe-

Abb. 299: Finiflex, herauslaufend[127].

raturen gearbeitet werden, die Transportgeschwindigkeit ist variabel, und so ist die Maschine für alle Bügelarten geeignet und zum Schlußbügeln jedoch fast unübertrefflich.

Die Finiflex wird einmal herauslaufend mit hydraulischer Öffnungs- und Schließbewegung geliefert. Sie besitzt als Ausbreitvorrichtung eine Messerwalze, die gegen eine mit Lederärmel überzogene Walze arbeitet. Sie wird heute aber auch durchlaufend hergestellt, und dann erfolgt die Einführung über einen festen Tisch oder mittels Unterdruck – Förderband. Der Bügeldruck zwischen den beiden Walzen ist hydraulisch einstellbar und kann bis zu 70 kp/cm gesteigert werden. Die Maschine besitzt schließlich eine Photozellen-Schutzeinrichtung (S. 85), die sofort den Rücklauf veranlaßt.

Die übrigen Walzenbügelmaschinen arbeiten alle im Durchlauf, aber meist mit größerem Durchmesser der Bügelwalze, so daß die Kontaktzeit länger ist als bei der Finiflex, andererseits aber meist mit nicht so hoher maximal erreichbarer Temperatur und höherem maximalen Druck. Das gibt eine etwas andere Glanzwirkung, besitzt aber den erheblichen Vorteil, daß die Gefahr der Faltenbildung durch den mehr keilförmigen Einlauf stark vermindert ist. Hier seien einige Beispiele solcher Durchlaufbügelmaschinen kurz angeführt.

Bei der *Rotopress* (Abb. 300)[182] übernimmt ein endloses Filzband den Transport des Leders an einem hochglanzpolierten endlosen Stahlförderband aus rostfreiem Stahl, das als Bügelelement dient, vorbei. Das Filzband wird vom Stahlband durch Reibkraft mitgenom-

Abb. 300: Bügelmaschine Rotopress[182].

men. Dabei kann die Maschine auch in eine kontinuierlich arbeitende Fertigungsstraße (z. B. Zwischenbügeln nach Spritzaggregat und Trockenband und zum nächsten Spritzaggregat) eingebaut werden. Die maximale Arbeitsbreite beträgt 1500 mm, der Druck kann bis maximal 130 kp/cm², die Temperatur bis maximal 120 °C und die Bandgeschwindigkeit bis zu 21 m/min gesteigert werden. Die Heizung erfolgt mit Infrarot-Elementen. Die Stahlbänder erblinden häufig nach langer Laufdauer, können aber mit wenig Kosten wieder aufpoliert werden. Es sollten keine genadelten Filze verwendet werden, da sie das Stahlband leicht beschädigen. Bei der *Continua*[148] erfolgt der Transport mittels endlosem Filzband durch zwei Walzen hindurch. Die Breite ist maximal 1800 mm, Druck maximal 100 kp/cm², maximale Temperatur 125 °C, Bandgeschwindigkeit 3 bis 24 m/min. Die Heizung erfolgt mit Heißwasser oder meist elektrisch. Seit einigen Jahren hat die Maschine auch eine zusätzliche Vorrichtung zur Durchlaufprägung (Abb. 301). Das Leder wird zunächst mit dem Filzband 2 durch den Preßzylinder 1 und den verchromten Zylinder 3 geführt und heiß gebügelt, wobei die Kontaktzeit durch die vordere kleine Walze etwas erhöht wird. Anschließend folgt mit dem zusätzlichen Prägezylinder 4, der schon aus Preisgründen nur einen geringen Durchmesser hat, die Prägung. Soll nur geglättet werden, so kann der Prägezylinder abgerückt werden. Neuerdings gibt es eine Abart dieser Maschine, die mit vier Walzen mit je 250 mm Durchmesser zum Bügeln oder zum Prägen ausgerüstet ist, die mit einer Art Revolverkopfschaltung schnell in die Arbeitsposition gebracht werden können. Jede der vier Walzen ist heizbar und kann auch vorgeheizt werden, so daß sie beim Einschalten die gewünschte Bügel- oder Prägetemperatur besitzt.

Die Famosa[151] (Abb. 302), die in 1500 und 1800 mm Breite geliefert wird, arbeitet auch mittels Bandtransport, aber mit allmählich steigendem Flächendruck und Erhöhung des Umschlingungswinkels und damit der Kontaktzeit. Das über das Band 2 einlaufende Leder 1 wird dabei durch die Andruckwalzen 4 und 5 gegen die Bügelwalze 3 gedrückt; dabei kann die hydraulische Druckerzeugung so gesteuert werden, daß er bei den beiden Andruckwalzen

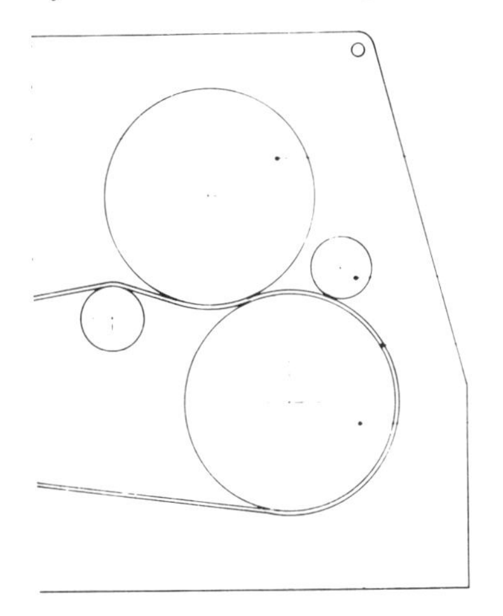

1 - Preßzylinder
2 - Endlos-Filzband
3 - Verchromter Zylinder
4 - Prägepreßzylinder

Abb. 301: Bügelmaschine Continua[148].

Abb. 302: Bügelmaschine Famosa[151].

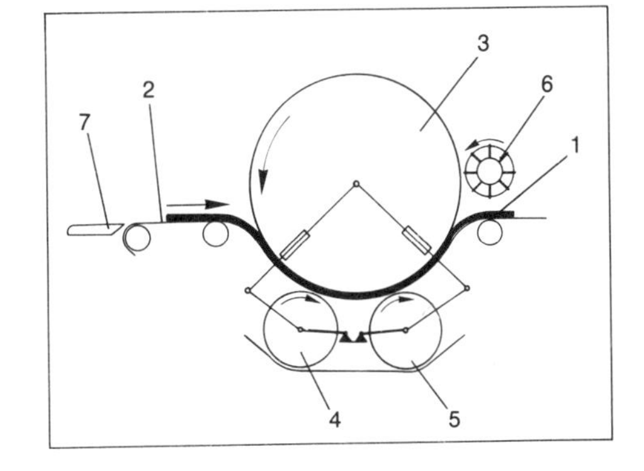

gleich oder unterschiedlich ist. Der Druck kann mit maximal 130 kp/cm^2, die Temperatur bis zu maximal 150 °C und die Bandgeschwindigkeit bis zu 21 m/min gesteigert werden. Das aus synthetischem Material hergestellte endlose Band wird automatisch gespannt, die Heizung des Bügelzylinders erfolgt mit flüssigem Heizmedium und Umlaufpumpe. Auf Wunsch kann auch eine Kühlanlage angebracht werden, die eine rasche Änderung der Bügeltemperatur ermöglicht. Die Maschine ist ferner mit einer rotierenden Walze 6 als Abnahmevorrichtung versehen, die angeklebte Leder von der Oberfläche der Bügelwalze abhebt und wieder auf das Förderband zurückbringt. Schließlich sei noch die RoPH[181] erwähnt, eine Maschine, bei der das Leder zwischen einem endlosen Filzband als Transportunterlage und einem darüber befindlichen endlosen polierten Stahlband keilförmig zwischen zwei Druckwalzen hindurchgeführt wird, wobei diese Art der Druckerzeugung und die allmähliche Erwärmung des Leders durch das Stahlband als besondere Vorteile angeführt werden. Arbeitsbreite 1500 mm, Bandgeschwindigkeit 4 bis 21 m/min Druck max. 20 atü, Temperatur max. 100 °C. Die gesamte Steuerung erfolgt hydraulisch, das Band kann rasch und einfach ausgewechselt werden, wenn der Bügeleffekt von »matt« auf »hochglanz« gewechselt werden soll.

Bei der Satina[72] (Abb. 303) wurde für das Durchlaufbügeln ein neues Arbeitsprinzip beschritten, indem Wärme und Druck nacheinander auf das Leder einwirken und zwar die Wärme zuerst und länger (4 s) mit Temperaturen bis zu max. 200 °C, die Druckeinwirkung erst danach nur kurz (0,15 s) mit Drücken bis zu max. 90 kp/cm^2. Die Bügelwalze (1) hat einen großen Durchmesser, wird berührungsfrei mit stationären Infrarotstrahlern (4) beheizt, ist in Rollen gelagert und erhält ihren Antrieb von der Preßwalze über das Transportband. Von den beiden Preßwalzen (2), deren Druck gegeneinander hydraulisch erzeugt wird, ist eine angetrieben. Der Transport des Leders erfolgt mit dem Transportband (3), das durch die Spannwalze (5) gespannt wird, die Transportgeschwindigkeit ist zwischen 4 und 18 m/min regelbar. Die Temperatur wird überwacht, ein Sicherheitsthermometer verhindert eine Überhitzung. Eine oszillierende Abweisvorrichtung (8) erleichtert das Abnehmen der Leder. Die Maschine hat sich insbesondere für großflächige Rindleder bewährt und wird nur noch mit 3000 mm Arbeitsbreite geliefert, wobei sie wegen des großen Durchmessers der Bügelwalze und der neuartigen Streckwalze (7) auch bei sehr dünnen und sehr weichen Rindledern

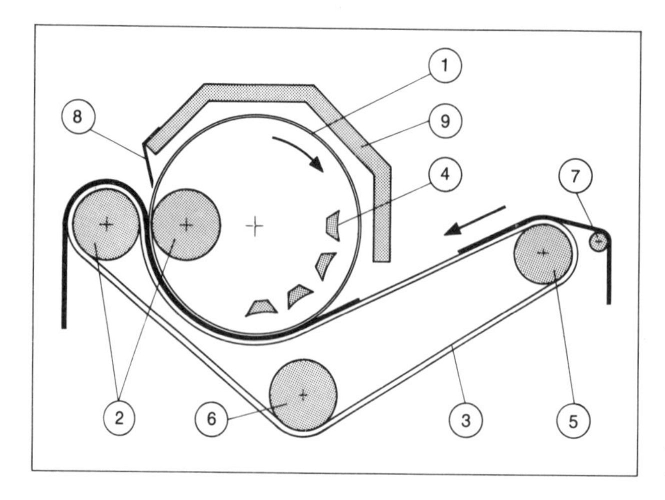

Abb. 303:
Bügelmaschine Satina[72].

eine faltenfreie Eingabe gewährleistet. Im übrigen hat die gleiche Firma die Gravima auf den Markt gebracht, die im Konstruktionsprinzip der Satina entspricht und auch mit einer Arbeitsbreite bis zu 3000 mm geliefert wird, aber mit höherem Druck bis zu 40 t arbeitet und deren Bügelwalze nur noch 400 mm Durchmesser hat, wodurch auch ein Austausch der Bügelwalze gegen Prägewalzen wirtschaftlich tragbar geworden ist.

Als Spezialgerät in dieser Gruppe, das schon in der Wirkung den im nächsten Abschnitt zu behandelnden Glanzstoßmaschinen nahesteht, sei noch die Bügelstoßmaschine von Drees[81] angeführt (Abb. 304), die mit einem elektrisch beheizten Bügeleisen arbeitet, das allerdings im Vergleich zum Handbügeln mit höherer Temperatur, mit höherem Druck und vor allem viel schneller über die Lederoberfläche bewegt wird und im Vergleich zu den anderen Bügelmaschinen individueller arbeitet und einen höheren Spitzenglanz erzeugt. Die Maschine wird namentlich für klassische Chevreauleder eingesetzt. Das Bügeleisen kann auch, um die Maschine universeller einsetzen zu können, gegen eine Glasrolle eingetauscht und dann als Glanzstoßmaschine eingesetzt werden.

6.3 Glanzstoßen. Zur Erzeugung von Hochglanz auf Leder werden Glanzstoßmaschinen (Abb. 305) verwendet, bei denen mit einem Pendelarm eine Glas- oder Achatrolle unter Druck in sehr rascher Stoßfolge über das auf einer federnd gelagerten Unterlage liegende Leder hin- und herbewegt wird. Der Antrieb erfolgt durch eine vom Antriebsrad exzentrisch bewegte Kurbelstange, an deren Ende das Stoßwerkzeug fest eingespannt ist, die übrigen Teile des Pendelgetriebes müssen so aufeinander abgestimmt sein, daß die Rolle auf dem Tisch über eine möglichst lange Strecke gradlinig mit konstantem Druck arbeitet. Die Stoßwirkung soll hart, aber doch in gewissen Grenzen nachgiebig sein. Daher wird die Stoßunterlage, die bei leichteren Maschinen waagerecht, bei schweren Maschinen geneigt ist, mit Dreipunktelagerung angebracht, so daß sie nach allen Richtungen reguliert werden kann. Mittels Handradeinstellung kann der Tisch planparallel gehoben oder gesenkt und damit der Andruck reguliert werden. Die Tische waren früher ausschließlich aus Holz, heute sind sie häufig auch aus Gußeisen gefertigt. Zum Ganzstoßen kann der Tisch gehoben und damit in

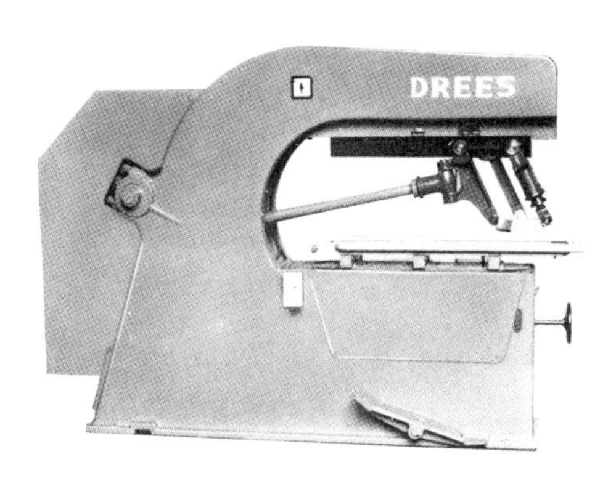

Abb. 304: Bügelstoßmaschine[81].

Abb. 305: Glanzstoßmaschine[81]. ▷

Arbeitsstellung gebracht werden, er wird durch eine Sperrklinke festgehalten. Durch zweiten Druck auf das Pedal wird die Sperrklinke gelöst und der Tisch sinkt wieder in die Ruhestellung zurück. Ein Riemen, der beim Glanzstoßen als Unterlage dient, soll schmäler als die Rolle und nach den Seiten etwas abgekantet sein, damit keine scharfen Stoßstreifen auf der Lederoberfläche entstehen.

Die Glanzstoßmaschinen arbeiten meist mit 120 bis 180 Stößen pro Minute, manchmal auch etwas mehr. Die Rolle besitzt 50 bis 55 mm Durchmesser und 90 bis 120 mm Länge und besteht meist aus Hartglas, bisweilen auch aus Achat, das hohen Glanz vermittelt, aber erheblich teurer ist. Um durch ungleichmäßige Abführung der Wärme Spannungen in der Rolle zu vermeiden, wird sie beim Einsetzen in den zangenartigen Halter mit einer Zwischenlage aus Leder oder Pappe isoliert. Stahlrollen geben die Wärme rascher ab als Glas- und Achatrollen.

Wenn das Leder auf den Stoßtisch gelegt ist, wird der Arbeitstisch durch Fußhebel gehoben (s. o.) und die Rolle bei der Pendelbewegung in die Maschine hinein unter Druck über das Leder gezogen. Dann hebt sie sich ab, so daß sie beim Rückwärtsbewegen das Leder nicht berührt, um dann am Anfang der Stoßbahn wieder auf das Leder aufzusetzen. Während des Rückganges kann der Arbeiter die Lage des Leders verändern, so daß die Rolle in schmalen Stoßstreifen über die Lederoberfläche gezogen wird. Durch die starke Druckwirkung und die häufige Stoßfolge entsteht eine beträchtliche Reibungswärme, zumal die Rollen durch die Art der Einspannung die Wärme nicht nennenswert ableiten. Dadurch wird ein je nach dem gewählten Druck ein mehr oder weniger hoher Oberflächenglanz bewirkt, der meist noch durch ein vorheriges Auftragen einer Glanzappretur meist auf Eiweißbasis und durch das beim Stoßen bewirkte Koagulieren unterstützt wird. Das Leder muß trocken, nicht zu fett sein, und das Fett darf nicht zu sehr in den Außenschichten sitzen, sonst verschmiert die Oberfläche. Es muß ferner in der Dicke ganz gleichmäßig sein, sonst erscheinen die dickeren Stellen dunkler. Auch beim Glanzstoßen tritt natürlich ein Verdichten des Fasergefüges ein, und das Leder wird etwas fester und härter, wenn auch nicht so stark wie beim Pressen. Der Vorteil vor dem Bügeln ist ein hoher Glanz und ein gutes Hervortreten des natürlichen Narbenbildes, sein Nachteil ein starkes Hervortreten mechanischer Lederfehler, auch wenn diese sich auf der Fleischseite befinden. Binderzurichtungen sind wegen der starken Thermoplastizität der meisten Bindertypen nicht stoßfest, sie neigen zum Erweichen und Verschmieren. Daher ist das Glanzstoßen mit Einführung dieser Zurichtart stark verschwunden und wird heute vorwiegend nur noch bei der klassischen Chevreauzurichtung und bei Reptilledern eingesetzt. In neuester Zeit hat es allerdings mit zunehmendem Wunsch nach Ledern mit Hochglanzoberfläche wieder gewisse Bedeutung erlangt.

6.4 Walzen, Rollen. Das Walzen gehört zu den Arbeitsverfahren, bei denen ein starker Druck auf das Leder einwirkt, nur hat es hier eine andere Aufgabe als bei den bisher besprochenen Arbeitsvorgängen und wird bei anderen Lederarten durchgeführt. Es soll insbesondere bei Unterleder, eventuell auch bei anderen pflanzlich gegerbten Schwerledern wie Blank- und Geschirrleder eine starke mechanische Verdichtung des gesamten Fasergefüges und damit eine Verbesserung des Standes, der Steifheit und Festigkeit, bei Unterleder auch der Wasserdichtigkeit und Wasseraufnahme bewirken.

Die in Deutschland und vielen anderen europäischen Ländern verwendete *Lederwalze* (Abb. 306), auch als Karrenwalze bezeichnet, hat in Aufbau und Wirkungsweise große

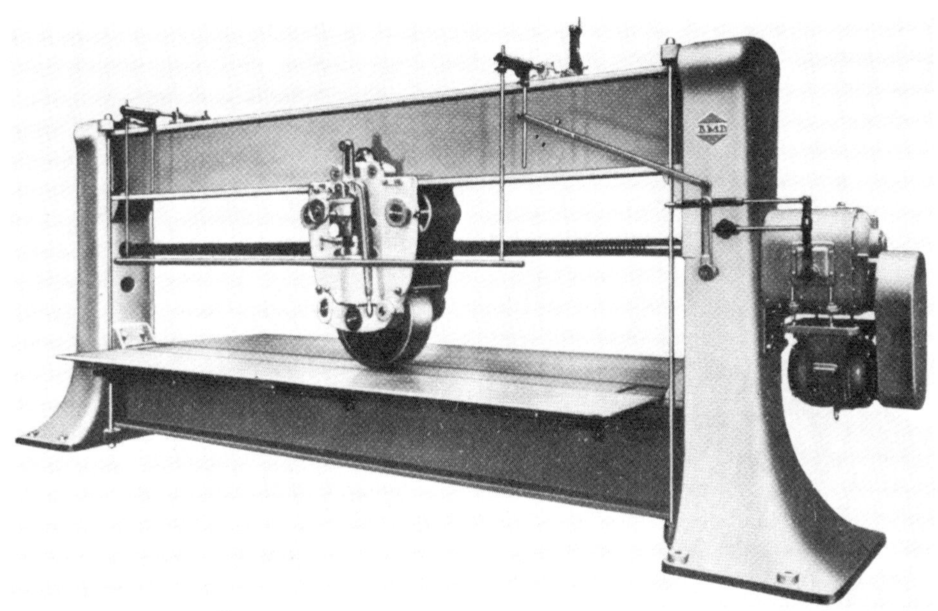

Abb. 306: Lederwalze[72].

Ähnlichkeit mit der an früherer Stelle (S. 356) besprochenen Altera-Bügelmaschine. Auch hier befindet sich in einem schweren Rahmen ein mit Walze bestückter Wagen, der mit einer nach beiden Seiten drehbaren Gewindespindel von einer Seite zur anderen bewegt wird. Die Spindel wird durch einen seitlich angebrachten Motor mit Getriebe und Reibungskupplung bewegt, der Arbeiter steuert den Wagen mit einer in Längsrichtung angebrachten Stange, die die Drehrichtung des Getriebes umschaltet oder das Getriebe ausschaltet, in der Endstellung erfolgt die Umsteuerung des Wagens automatisch. Der Unterschied gegenüber der Altera liegt darin, daß der Druck hier nach unten ausgeübt wird. Die Walze besteht aus Diamantrohguß, ist geschliffen und poliert und hat einen Durchmesser von 600 mm, eine Breite von 200 bis 300 mm. Die darunter befindliche Walzenbahn ist gehärtet und geschliffen und hat eine Länge von 2300 bis 3400 mm. Die Walze lagert in Schwingen, die an der Seitenwand des Wagens mit Gelenk befestigt sind. Der Druck wird hydraulisch erzeugt, kann bis zu 50 t stufenlos gesteigert werden und wird durch Manometer angezeigt. Er wird beidseitig in hydraulischen Zylindern über Pufferfedern auf die Walze übertragen, ein hydraulischer Druckausgleich sorgt für symmetrische Druckverteilung.

Die federnd gelagerte Druckwalze rollt über das Leder, das flach auf dem Tisch liegt, hin und her. Es muß vorher so angefeuchtet werden, daß es einen Wassergehalt von etwa 22 bis 24 % aufweist, es darf aber nicht zu feucht sein, sonst wird es an diesen Stellen dunkler. Das Leder wird nach jedem Durchgang weitergeschoben und so streifenweise gewalzt. Dabei wird die Oberfläche des Leders auf beiden Seiten auch glänzender, aber das ist hier nur ein Nebeneffekt. Um zu erreichen, daß das Leder gut flach liegt, sollte das Walzen nicht nur in der Richtung der Rückenlinie, sondern auch quer dazu auf beiden Seiten erfolgen.

Es gibt auch andere Typen von Walzenmaschinen. So werden in England Maschinen verwendet, deren Rollen breiter sind, aber einen wesentlich geringeren Durchmesser haben und die auch mit erheblich niedrigerem Druck arbeiten. In den USA findet man Pendelwalzen, bei denen eine Rolle von etwa 150 mm Durchmesser und gleicher Breite mittels eines Exzenters über das Leder geführt wird, das auf einer konkaven Unterlage liegt (Abb. 307). Die Bewegung erfolgt mit hoher Geschwindigkeit, der Druck wird von unten durch Fußhebel reguliert. In beiden Fällen ist der Verdichtungseffekt wesentlich geringer als bei der oben beschriebenen Lederwalze.

Abb. 307: USA-Pudelwalze.

Sehr effektiv ist dagegen die Wirkung einer *Croupon-Rollpresse*[124], die die Aufgabe hat, das Kernstück der Haut, das auch nach der Gerbung noch bis zu einem gewissen Grade seine gewölbte Form beibehalten hat, vollkommen zu ebnen und das Fasergefüge zu verfestigen, wobei das Leder gleichzeitig auch in der Stärke gleichmäßiger wird und die Mastfalten eingeebnet werden. Die Maschine enthält in einem Rahmen eine Vielzahl von Kunststoffrollen r (Abb. 308) lose nebeneinander hängend, darüber befindet sich eine mit Gummischicht versehene Stahlplatte p. Das Leder wird auf einen Drucktisch t gelegt, der in Ruhestellung abgesenkt ist und in Arbeitsstellung von unten hydraulisch angehoben und gegen die Rollen gepreßt wird, die mit einem Kurbelantrieb a und einem Pleuelgelenk b und h über das Leder k hin- und herbewegt werden. Die Hublänge dieser Bewegung ist so groß wie der Umfang der Rollen. Der Betriebsdruck beträgt 150 bis 230 atü, kann mittels Handrad variiert und durch Manometer abgelesen werden. Wichtig ist, daß das Leder den richtigen Feuchtigkeitsgehalt hat, der für jedes Fabrikat erprobt werden muß. Ist es zu trocken, ist die Verdichtung nur gering, ist es zu feucht, entstehen auf der Lederoberfläche Rollabsätze und Unebenheiten.

6.5 Krispeln. Während die bisher besprochenen Arbeitsvorgänge ein Glätten der Lederoberfläche bewirken sollten, hat das Krispeln im Gegensatz dazu die Aufgabe, eine natürliche Krausung und Fältelung des Narbens herauszuarbeiten. Das erfolgt bei der Handarbeit durch Krispelholz, mit dem das Leder, mit der Narbenseite nach innen gefaltet, auf einem Tisch mit leichtem Druck hin und her verschoben wird, so daß sich die obere und untere Lederfläche gegeneinander verschieben und der Narben sich dabei, wenn man die Bearbeitung nur in einer Richtung vornimmt, in parallele Quetschfältchen legt, die nach dem Auseinanderbiegen

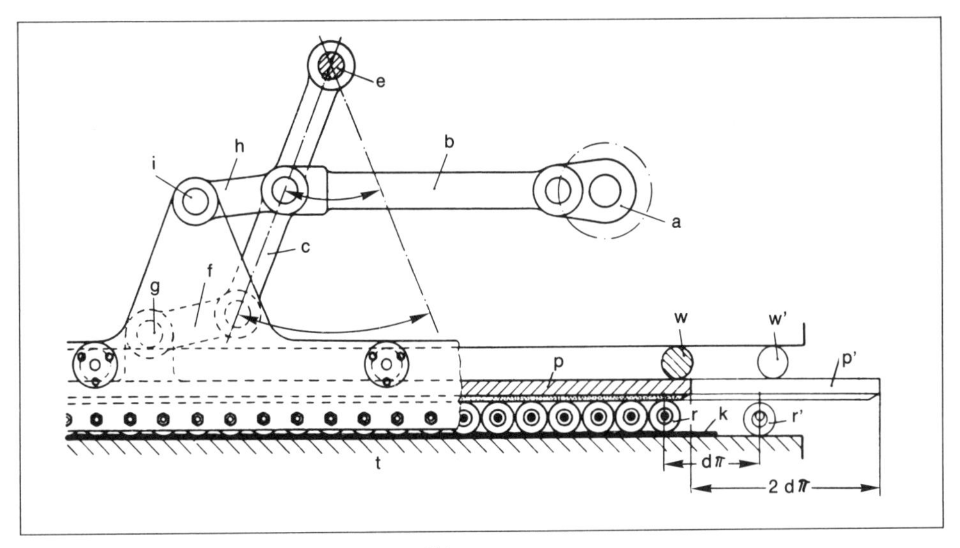

Abb. 308: Schema einer Croupon-Rollpresse[124].

bestehen bleiben. Bei Bearbeitung in verschiedener Richtung bilden sich Karos oder runde Aufwölbungen (z. B. Saffiannarben). Die Maschinen ahmen diesen Vorgang nach (Abb. 309), indem das Leder mit dem Narben nach innen zwischen oberer Korkwalze A und unterer Gegenwalze B über eine in der Dicke auswechselbare Stahlblechzunge gezogen wird und so eine scharfe Knickung entsteht. Die Bewegung des einschwenkbaren Tisches C mit Stahlblechzunge wird hydraulisch über einen Fußtritt gesteuert, die Stellung des Tisches zur Walzenmitte und damit die Stärke der Knickung kann durch Handrad variiert werden. Die Transportgeschwindigkeit der Walzen ist stufenlos regelbar, die Arbeitsbreite liegt zwischen 1500 und 3000 mm.

Der Arbeitsvorgang des Krispelns hat heute sehr an Bedeutung verloren, neuerdings wird er aber wieder häufiger angewendet.

Abb. 309: Krispelmaschine[124].

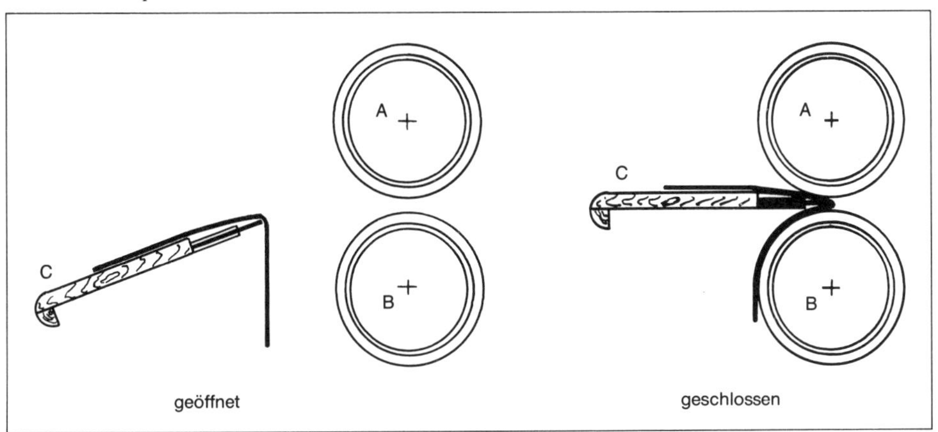

6.6 Schleifen, Bürsten, Entstauben, Polieren. Das *Schleifen des Leders* hat einmal die Aufgabe, die Fleischseite zu säubern, anhaftende Fransen zu entfernen und ihr bei Velourleder eine möglichst gleichmäßige, plüschartige Beschaffenheit zu verleihen, wobei in bezug auf die Faserlänge erhebliche Unterschiede vom kurzen, samtartigen Schliff bis zum langfaserigen »Schreibvelour« verlangt werden können. Zum anderen kann ein Schleifen der Narbenschicht vom leichten Überschleifen (Buffieren) beim Nubukleder bis zum intensiven Schleifen bei Ledern, die eine Narbenkorrektur mit Deckfarben erhalten sollen (»corrected grain«), in Frage kommen. Die Feinheit des Schliffs ist einmal von der Körnung des Schleifpapiers abhängig, die genau festgelegt ist (24 bis 60 grob, 80 bis 150 mittel, 180 bis 280 fein, 320 bis 600 sehr fein). Ein feines Abbuffen des Narbens wird z. B. mit 400 bis 500er-Körnung erreicht, bei Narbenkorrektur wird zunächst mit gröberem Papier von 220 bis 280 vorgeschliffen und dann feiner nachgeschliffen, bei grobem Schliff werden Papiere von 100 bis 150 verwendet. Auch bei Schleifbox gilt aber in Mitteleuropa heute die Tendenz, mit möglichst geringem Schleifen auszukommen, aber auch dann ist es immer nur ein »Schleif«-Leder, das als mindere Qualität bewertet wird. Zum anderen ist für die Feinheit des Schliffs auch die Lederbeschaffenheit von Einfluß, je weicher es ist, desto länger wird der Schliff, gewisse Narbenhärte ergibt kürzeren Schliff und daher werden Chromleder häufig vegetabilisch nachgegerbt, um die Schleifbarkeit zu verbessern. Von der Maschine her ist der Schliff um so feiner, je größer die Umdrehungszahl der Schleifwalze bzw. je größer ihr Durchmesser ist, da auch damit ihre Oberflächengeschwindigkeit zunimmt.

Die *klassische Schleifmaschine* (Abb. 310) ähnelt in ihrem Aufbau der früher beschriebenen klassischen Falzmaschine (S. 309). Sie hat anstelle der Messerwalze einen mit 300 bis 800 U/min rotierenden Schleifzylinder – heute meist aus Leichtmetall –, der mit Schleifpapier bezogen ist. Je nach der Art der Befestigung des Schleifpapiers auf dem Zylinder unterscheidet man zwischen der Schlitzwalze, bei der der rechteckige Bogen durch einen Längsschlitz der Walze in die Öse des darunter befindlichen Spannstabs eingeführt und um diesen aufgewickelt wird, bis der Bogen fest an der Walze haftet, und der heute meist verwendeten Wickelbandwalze, bei der nach Schablone geschnittene rhomboidische Bogen mit der einen Spitze in eine Klemmbacke der Walze gesteckt, dann in Windungen um die Walze gelegt und mit der anderen Ecke in die Klemmbacke an der anderen Seite gesteckt werden, die unter Federspannung steht und das Papier stets unter Spannung hält. Der Schleifzylinder arbeitet meist mit oszillierender Bewegung mit Schwingungen in axialer Richtung, um so eine Streifenbildung durch scharfe Schleifkörner zu vermeiden und einen streifenfreien gleichmäßigen Schliff zu gewährleisten. Die Andruckwalze 3 ist mit elastischem Gummibezug versehen und kann mit verschiedenen Geschwindigkeiten angetrieben werden. Der Abstand beim Schleifzylinder ist fein einstellbar. Die beiden Bürstwalzen 2 und 4 sind ebenfalls getrennt angetrieben, reinigen Andruckwalze und Schleifzylinder, und verhindern ein Herumwickeln der Leder. Die Leder werden bahnweise geschliffen, was gewisse Zeit in Anspruch nimmt. Die Arbeitsbreite schwankt etwa zwischen 250 und 600 mm, bei einer Breite von 600 mm kann man mit einer Stundenleistung von etwa 60 bis 70 Hälften oder bis zu 150 Kleintierfellen rechnen. Die Maschinen sind meist mit Staubabsaugern versehen.

Auch hier war natürlich der Wunsch nach *Durchlaufmaschinen* gegeben, und Turner[124] hat als erster Hersteller mit seiner Fulminosa (Abb. 311) eine solche Maschine herausgebracht. Heute liefern auch andere Firmen ähnliche Maschinen. Die Arbeitsbreite schwankt meist zwischen 1200 und 1800 mm, ist also ausreichend, um Rindhälften in ihrer ganzen Breite in

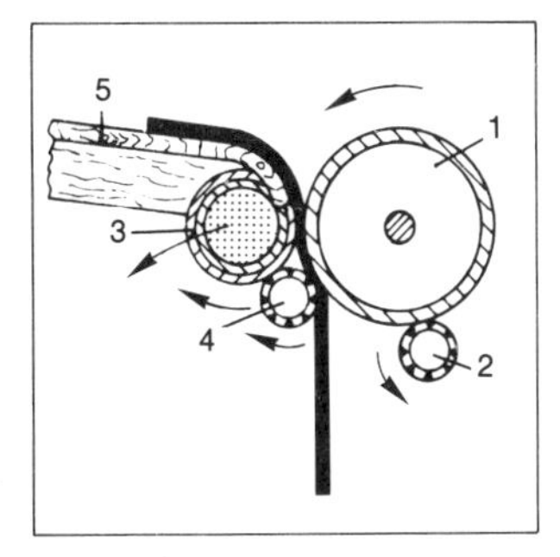

Abb. 310:
Schema Schleifmaschine[72].

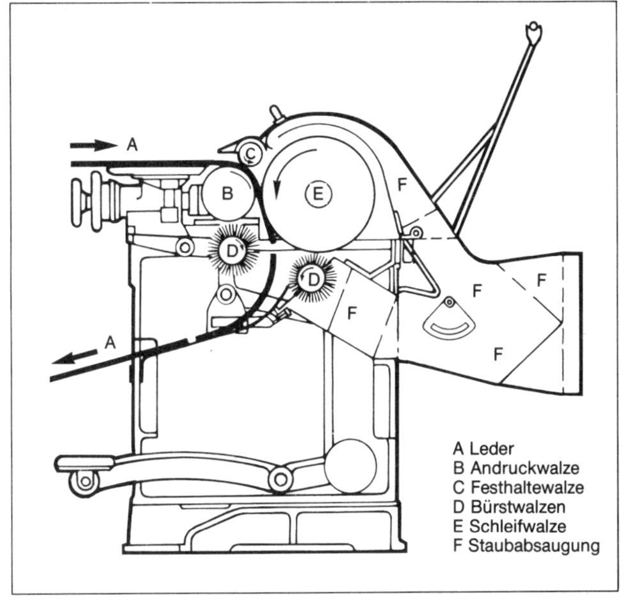

Abb. 311:
Schema der Fulminosa[124].

einem Durchgang zu schleifen. Es gibt aber auch Modelle, die bei offener Bauweise mit zwei Mann Bedienung das Schleifen ganzer Häute gestatten. Neuerdings sind auch geschlossene Maschinen bis zu 3200 mm Breite auf dem Markt erschienen[72, 124, 153], nachdem auch hier das Problem eines schwingungsfreien Laufes über große Breiten und bei großer Belastung gelöst werden konnte.

Das Einlassen der Leder erfolgt über Zuführungstisch und rotierender Andruckwalze B mit elastischem Gummibelag, der einen Ausgleich von Dickenunterschieden gewährleistet. Die Festhaltewalze C verhindert, daß die Leder von der Schleifwalze E mitgerissen werden. Die Andruckwalze wird hier nicht durch den Fußtritt gegen den Schleifzylinder gedrückt, sondern er befindet sich stets in Arbeitsstellung und wird umgekehrt durch Fußtritt zurückgenommen, wenn das Leder in die Maschine eingeführt oder das Schleifen während des Durchlaufs unterbrochen werden soll. Durch völliges Durchtreten kann der Schleifzylinder augenblicklich arretiert werden. Der Abstand zwischen Andruckwalze und Schleifzylinder wird durch Handräder mit Mikrometerskala eingestellt. Die beiden angetriebenen verstellbaren Bürstenwalzen D haben die oben schon beschriebene Aufgabe. Der Schleifzylinder E aus Leichtmetall ist eine Wickelbandwalze und arbeitet oszillierend. Die Transportgeschwindigkeit schwankt zwischen 5 und 12, neuerdings aber auch bis zu 25 m/min. Die geschliffenen Leder können unterhalb des Zuführungstisches wieder abgenommen werden, viele Maschinen sind aber auch mit einem endlosen Transportband zum Heraustransport an der Rückseite der Maschine versehen (Abb. 312), so daß die Leder dann direkt mittels eines Transportbandes zu einer Entstaubmaschine transportiert werden können. Da manche Leder einen mehrfachen Durchlauf benötigen, ist in solchen Fällen zu empfehlen, eine wahlweise Abnahme der Leder an Vorder- oder Rückseite vorzusehen. Mittels der Staubabsaugung F wird der anfallende Schleifstaub völlig abgesaugt, was mit maschineneigener oder zentraler Anlage

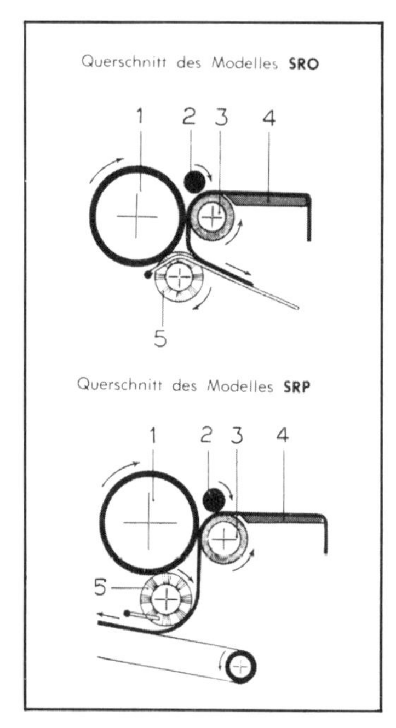

Abb. 312: Auslauf aus der Durchlaufschleifmaschine nach vorn oder hinten[130].

1 Schleifwalze
2 Druckwalze
3 Gummiwalze
4 Tisch
5 Rotierende Bürste

(S. 370) erfolgen kann. Die Leistung solcher Maschinen kann mit etwa 100 bis 120 Hälften und 200 Kleintierfell-Ledern angenommen werden, bei automatischem Abtransport an der Rückseite der Maschine noch etwas höher.

Es gibt aber noch einen *anderen Typ von Durchlaufschleifmaschinen,* der zunächst von Aulson in den USA auf den Markt gebracht wurde, heute aber auch von einigen europäischen Herstellern geliefert wird (Abb. 313). Er arbeitet nicht mit Schleifpapier, sondern mit einem endlosen Schleifband, das über zwei Walzen läuft. Es wird in passender Größe fertig geliefert und kann von der Seite her nach Lösen der Walzen leicht über diese gezogen werden. Auch hier wird mit oszillierendem Schleifband gearbeitet. Da die Maschine durchlaufend arbeitet, kann sie auf der Rückseite ebenfalls durch Transportband mit einer Entstaubmaschine verbunden werden (Abb. 314). Die Maschinen haben Arbeitsbreiten bis 1800 mm und zeigen

Abb. 313: Durchlaufschleifmaschine mit endlosem Schleifband (Aulson).

Abb. 314: Bandtransport von der Schleifmaschine zur Entstaubmaschine.

beträchtliche Leistungen. Wenn der Abtransport zum Entstauben automatisch erfolgt, kann mit 250 bis 300 leichteren Hälften/Std. (USA), beim Schleifen der Fleischseite sogar bis zu 400/Std. gerechnet werden. Infolge seiner Länge hat das Schleifband eine beträchtliche Abkühlstrecke, erwärmt sich daher nicht so sehr und besitzt deshalb eine wesentlich längere Lebensdauer als Zylindergarnituren (Auswechseln frühestens nach 2000 Hälften). Auch die Tatsache, daß das Auswechseln in wenigen Minuten erfolgen kann, ist als Pluspunkt zu werten. Solche Maschinen setzen natürlich große Produktionen voraus und die Bandkosten sind im Vergleich zum Schleifpapier beträchtlich. Von einigen Firmen wird eine abgewandelte Form dieser Bandschleifmaschine herausgebracht, bei der das Band vertikal angeordnet ist.

Lediglich als Gedanke sei auch die Möglichkeit angeführt, das gleichmäßige Aufrauhen der Lederoberfläche statt durch Schleifen mit *Sandstrahlgebläse* (Korund) zu bewirken. Bei der Chemischreinigung von Lederbekleidung wird das Verfahren häufig angewendet, um abgetragene Verlourbekleidung wieder ansehnlich zu machen, in der Lederindustrie habe ich es gelegentlich in Übersee angetroffen.

Beim Schleifen bleibt ein Teil des Schleifstaubs teils rein mechanisch, zum größten Teil aber auch durch die während der Reibung beim Schleifvorgang entstehende elektrostatische Ladung am Leder haften und muß daher anschließend wieder entfernt werden. Dieses gründliche *Entstauben* ist ein wichtiger Vorgang, einmal weil schon eine dünne Staubschicht auf der Lederoberfläche die Haftung nachträglich aufgetragener Deckschichten erheblich vermindert und eine homogene Filmbildung stört und zum andern, weil dadurch bei Velourleder ein Abfärben verursacht wird, das nichts mit einer schlechten Farbstoffbindung zu tun hat, sondern durch die ungenügende Staubentfernung verursacht wird. Zwei Maschinentypen werden zum Entstauben eingesetzt. Das eine sind *Bürstmaschinen,* bei denen der Staub mittels rotierender Bürstwalzen gelockert und dann mittels Exhaustoren (d) abgesaugt wird (Abb. 315). Das Leder wird dabei von Hand zwischen den beiden Bürstwalzen a und b, die sich fast berühren, mehrfach auf- und abbewegt. Das ist sehr arbeitsaufwendig, außerdem entsteht auch hierbei Reibungselektrizität, die die feinen Staubteilchen auf der Oberfläche festhält. Die elektrostatische Aufladung nimmt allerdings mit zunehmender Luftfeuchtigkeit ab, insbesondere wenn sie über 70 % relativer Feuchtigkeit ansteigt[183]. Daher können die diesbezüglichen Schwierigkeiten bei Bürstmaschinen zumindest wesentlich eingeschränkt werden, wenn man durch Befeuchtung der Luft in der Nähe der Maschinen für eine genügend hohe Luftfeuchtigkeit sorgt. Über Luftbefeuchter werden an anderer Stelle Ausführungen

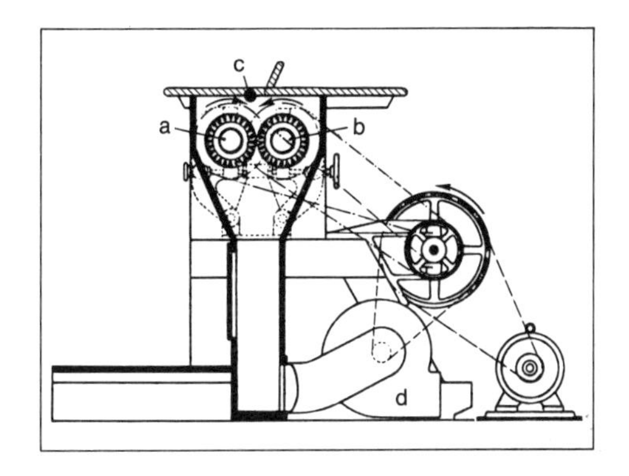

Abb. 315: Bürstenmaschinen zur Staubentfernung[120].

gemacht (S. 398). Moenus[123] hat an seiner Bürstmaschine eine zusätzliche Klopfwalze eingebaut, um dadurch ein Festsetzen des abgebürsteten Schleifstaubs zu verhindern.

An dieser Stelle sei der Vollständigkeit halber eingeschaltet, daß ***Bürstmaschinen auch bei Narbenleder*** verwendet werden, dann allerdings zu einem ganz anderen Zweck, wenn nämlich bei der Endzurichtung statt eines Hochglanzes ein Mattglanz angestrebt wird. Das sind dann normale Walzenmaschinen, die mit einer Andruckwalze mit Gummiauflage und einer rasch rotierenden Bürstwalze (300 bis 500 U/min) ausgerüstet sind, wobei die Bürsten streifenförmig entweder in V-Stellung oder spiralig angeordnet sind. Der Zylinder kann auch zur Erzeugung eines Seidenglanzes auf Handschuhleder mit einem Filzüberzug versehen sein.

Nun zurück zur Entstaubung. Der andere Maschinentyp, der heute vorwiegend eingesetzt wird, ist die *Blasluft-Entstaubmaschine* (Abb. 316). Das Leder wird mittels der Bänder 6 und 8 durch die Maschine transportiert und dabei sowohl auf der Narben- wie auf der Fleischseite mittels der sich über die ganze Lederbreite erstreckenden Düsenbalken mit einem Druckluftstrom von hoher Geschwindigkeit (3) behandelt. Die Druckluft trifft durch enge Düsen auf die Lederoberfläche, wirbelt den anhaftenden Schleifstaub auf, der dann sofort durch die Abzugsschlitze zu beiden Seiten der Düsenschlitze bei 1 abgesaugt wird. Die Maschine in Abb. 316 ist mit drei Düsenbalken ausgestattet, so daß die Seite mit der größeren Staubmenge im gleichen Durchgang zweimal behandelt wird, es gibt aber auch Maschinen, die nur einen Düsenbalken auf jeder Seite und solche, die vier Düsenbalken haben. Zur Vermeidung von Verstopfungen der Schlitzdüsen sind Reinigungsvorrichtungen eingebaut. Die Bürstwalzen 4 und 5 sorgen für ein glattes Ein- und Durchlaufen des Leders. Unter dem Transportband befindet sich eine Sicherheitsstange, die, wenn ein Druck darauf ausgeübt wird, die Laufrichtung des Bandes sofort umkehrt und daher vor Unfällen schützt. Die Maschine wird von einigen Firmen mit Arbeitsbreiten bis zu 3000 mm geliefert und kann auf Wunsch auch mit eigenem Kompressor ausgerüstet werden.

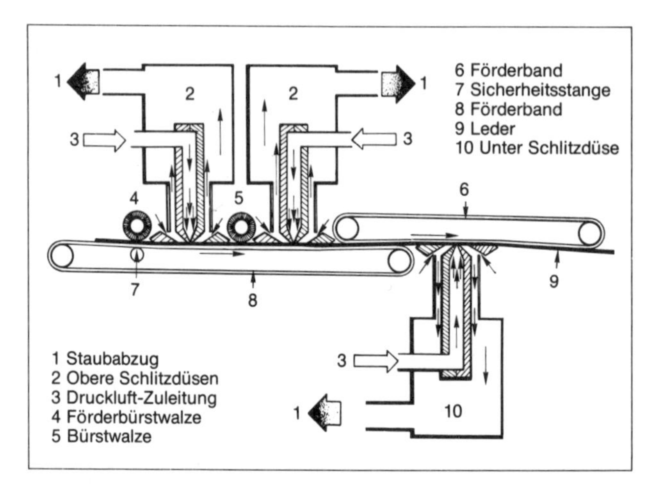

Abb. 316: Blasluft-Entstaubmaschine[124].

Schleifen und Entstauben sollten in abgesonderten Räumen vorgenommen werden, da sonst die feinen Staubteilchen die nachfolgenden Zurichtprozesse erheblich stören. Der beim Schleifen und bei der Entstaubung, aber auch beim Trockenfalzen (S. 314) und beim

Blanchieren (S. 314) *anfallende Staub* muß im Interesse des Umweltschutzes aufgefangen und gesammelt werden (siehe auch S. 115). Für die dazu erforderliche Filtration, also das Abscheiden der feinen Staubteilchen aus der Luft, wird man zunächst zu überlegen haben, ob man die Entstaubung für jede Maschine getrennt vornimmt oder für alle Staubanfallorte eine zentrale Anlage schafft. Im ersten Fall kommt nur eine *Trockenentstaubung* in Frage, hinter jede Maschine wird ein Filtrierschlauch in einem Gestell ausgespannt und die Staubluft mittels Ventilators von unten her so eingeblasen, daß sie die innere Wandung des Schlauches spiralig bestreicht und die Teilchen sich an dem luftdurchlässigen Stoff absetzen, unten die schweren, oben die leichteren Stoffe. Der Filterschlauch endet unten in einem Sack, der mittels Schieber abgetrennt werden kann und in den der Schlauch periodisch entleert wird, was durch Vibration, Rütteln oder Klopfen befördert wird. Die Filterschläuche bestehen aus glattem Gewebe (Baumwolle, Synthetics), neuerdings aber auch aus genadeltem Vliesmaterial (Non Woven), das infolge seiner dreidimensionalen Struktur und höherem Verdichtungsgrad besser geeignet sein soll. Wichtig ist, daß die verarbeiteten Materialien gute Luftdurchlässigkeit und doch hohe Filterleistung haben.

Man kann aber auch mit zentralen Entstaubanlagen arbeiten, an die alle Staub liefernden Maschinen mittels Zuführungsleitungen angeschlossen werden. Vielfach werden sie wegen möglicher Brandgefahren (s. u.) außerhalb der Produktionsräume im Keller oder im Freien aufgestellt, wo die Luft ins Freie entweichen kann, aber namentlich im Winter auch viel Wärme verloren geht. Bei zentralen Anlagen muß eine fachgerechte Planung der Rohrquerschnitte und -krümmungen erfolgen, damit keine Staubnester entstehen (Brandgefahr; s. u.) Die Anschlußleitungen sollten bei jeder Maschine mit Schieber verschließbar sein. Auch bei diesen zentralen Anlagen kann es sich um eine Trockenentstaubung handeln, wobei z. B. mehrere der oben beschriebenen Filterschläuche zu einer Batterie vereinigt werden und dabei jede Maschine die Staubluft zubläst oder ein zentraler Ventilator die Luft ansaugt (Abb. 317).

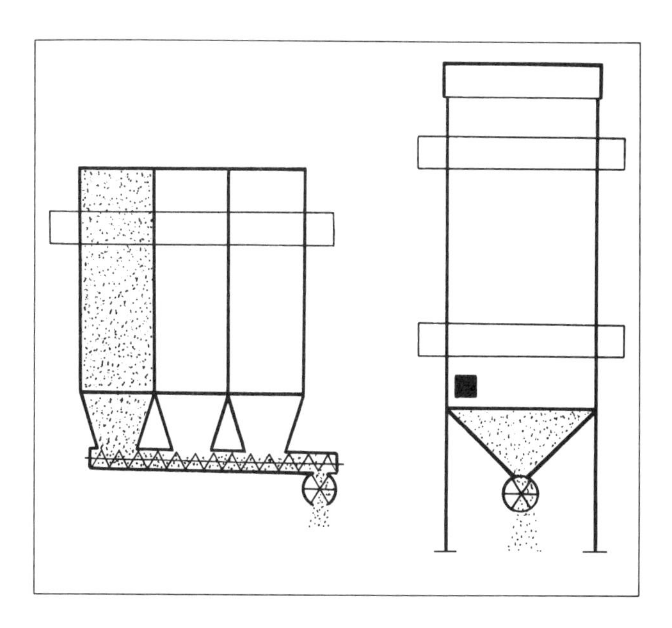

Abb. 317: Trockenentstaubung[184].

Die Entleerung nach unten kann kontinuierlich z. B. mit einer Schnecke und über ein rotierendes Zellrad (S. 116) erfolgen. Luftrückführung in den Arbeitsraum ist möglich. Bei trockener Abscheidung besteht aber immer die Gefahr einer Selbstentzündung und damit Brandgefahr, z. B. durch Funkengarben beim Schleifen des Falzmessers, Fehler in der Anlage, elektrostatische Aufladung des Staubs beim Schleifen oder auf dem Transport, wenn die Rohrleitungen zu lang sind usw. oder wenn die Stäube zu fetthaltig sind[185].

Daher wird heute vielfach eine *Naßentstaubung* vorgezogen, da hier eine Feuergefahr entfällt. Abb. 318 zeigt eine solche Anlage, bei der der Staub in der gekrümmten Venturidüse befeuchtet und das Wasser dann in dem nachgeschalteten zylindrischen Tropfenabscheider nach dem Fliehkraftprinzip vom Luftstrom getrennt wird. Die Luft entweicht tropfenfrei nach oben, das Schlammwasser wird nach unten zunächst über ein Lamellensieb gefahren, wobei ein Teil des Wassers abtropft und eine Feststoffkonzentration von etwa 5 % erreicht wird. Eine weitere Entwässerung erfolgt in der nachgeschalteten Schneckenpresse, der Schlamm wird dabei auf eine Restfeuchte von 70 % gebracht und kann in dieser spatenfesten Konsistenz leicht transportiert und auf Deponie gebracht werden.

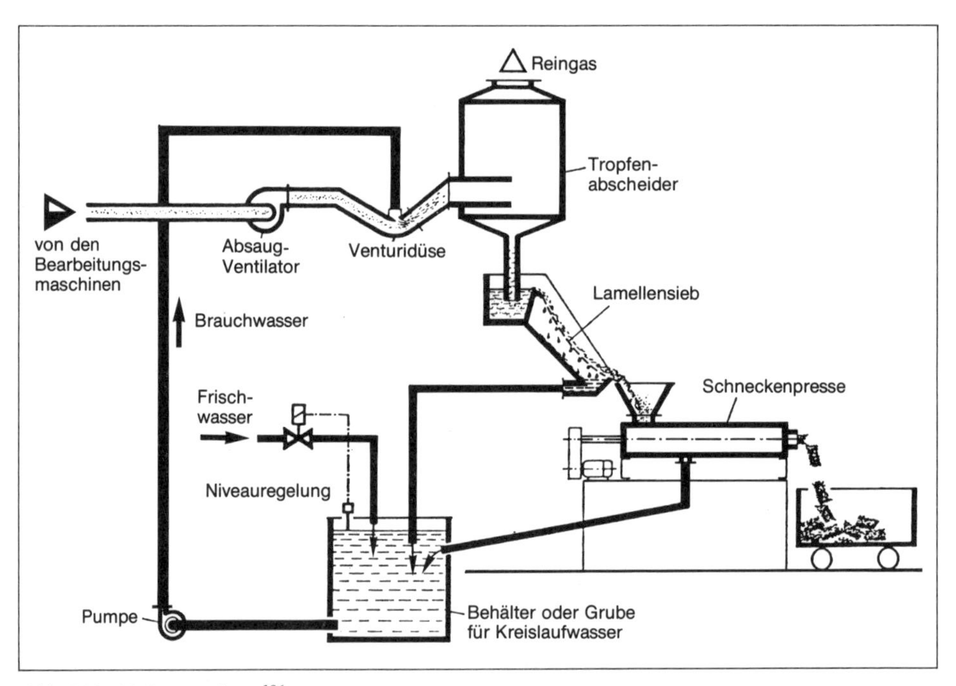

Abb. 318: Naßentstaubung[186].

Zur Gruppe der Schleifmaschinen gehören schließlich auch die *Walzenpoliermaschinen,* obwohl hierbei keine Fasern abgeschliffen, sondern der Narben geglättet wird. Die Poliermaschinen sind aufgebaut wie die klassischen Schleifmaschinen (S. 366), an die Stelle des Schleifzylinders tritt nur der Steinpolierzylinder (Abb. 319), der auf der Oberfläche pfeilförmige Nuten zum Ausbreiten des Leders und im übrigen eine auf Glanz polierte Oberfläche besitzt. Bisweilen verwendet man auch einfach die glatte Rückseite des Schleifpapiers. Das

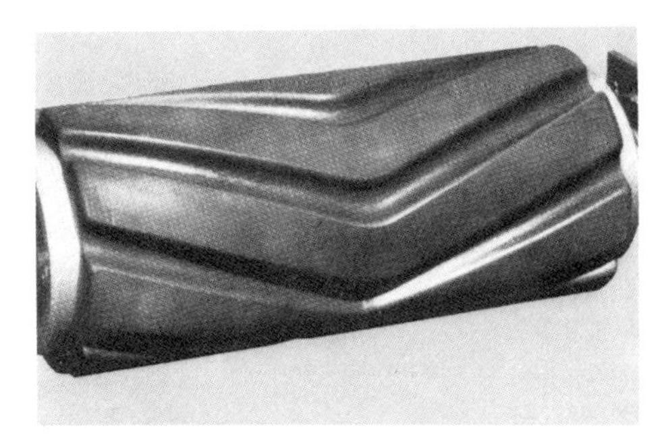

Abb. 319: Polierzylinder.

Polieren mit dieser hochtourig rotierenden Walze erfolgt am Anfang der Schlußzurichtung entweder ohne oder nach einer geeigneten Poliergrundierung und hat die Aufgabe, vor allem oberflächliche Verunreinigungen oder Beschädigungen des Narbens einzuebnen und der Lederoberfläche vor dem Auftrag der eigentlichen Appretur- oder Deckschichten einen geschlossenen Abschluß zu vermitteln und dadurch eine Sortimentsverbesserung zu bewirken. Mit zunehmender Beliebtheit des Anilinleders hat es steigende Bedeutung gewonnen und ist heute bei der Zurichtung glatter, vollnarbiger Leder meist unentbehrlich. Dabei geht auch eine vom Druck abhängige Reibungswärme, meist über 70 °C, ganz erheblich in den Effekt ein, nur muß man darauf achten, ob der Farbton sich bei höheren Temperaturen verändert. Gleichzeitig erfolgt auch eine recht beträchtliche Stollwirkung und zwar um so mehr, je höher die Umfangsgeschwindigkeit ist, was nicht immer von Vorteil ist. Für ein einwandfreies Polieren darf das Leder nicht zu weich sein, muß festnarbig sein, darf auf der Oberfläche nicht schmieren und muß einen gewissen Glanz erhalten[180].

Die Poliermaschinen werden mit einer Arbeitsbreite bis zu 1500 mm geliefert. Die Transportgeschwindigkeit ist zwischen 6 und 17 m/min variierbar, die Umfangsgeschwindigkeit des Zylinders zwischen 1000 und 1500 U/min; sie wird bei festeren Ledern höher als bei dünnen und weichen Ledern eingestellt. Die Andruckwalze ist mit Gummi überzogen und der Abstand gegen die Polierwalze einstellbar, bei den schmaleren Maschinen erfolgt der Andruck mit Fußtritt, bei den breiteren hydraulisch. Die beiden Bürstwalzen sind wichtig, um alle Schmutzteilchen von der Oberfläche zu entfernen. Bisweilen wird das Polieren auch nach der Zurichtung vorgenommen, dann werden aber statt der Steinwalzen Wollstoffscheiben oder Filzscheiben verwendet.

Bisweilen findet man für das Polieren auch Durchlaufmaschinen vom Typ der Fulminosa (S. 366), bei denen mit wenigen Handgriffen aus der Schleif- eine Poliermaschine gemacht werden kann.

7. Oberflächenbehandlung mit chemischen Mitteln

Am Ende der Zurichtprozesse finden wir neben der mechanischen Bearbeitung der Lederoberfläche noch eine Reihe von Prozessen, die der Oberflächenbehandlung, eventuell auch Einlagerung mit chemischen Mitteln dienen. Diese Mittel verhalten sich dem Leder gegenüber meist indifferent und sollen das Aussehen des Leders hinsichtlich Glanz, Gleichmäßigkeit, Licht- und Reibechtheit der Färbung beeinflussen, durch Verdecken von Narbenbeschädigungen Sortimentverbesserungen bewirken, aber auch gewisse Eigenschaften wie die

Wasserdichtigkeit durch Hydrophobierung verbessern. Hier handelt es sich um Glanz- oder Schutzappreturen, Aufträge von Lederdeckfarben, Pflegeleichtzurichtungen, Beschichtungen, Imprägniermittel usw. Dieses Gebiet, heute im engeren Sinne als Zurichtung bezeichnet (S. 293), hat in den vergangenen drei Jahrzehnten sowohl in der Palette der eingesetzten Produkte wie in der Breite der erzielten Effekte wie auch in den Methoden des Auftrags eine gewaltige Entwicklung erfahren, es ist außerordentlich heterogen und wird in einem anderen Buch dieser Reihe ausführlich behandelt. In den nachstehenden Ausführungen sollen nur die maschinellen Einrichtungen besprochen werden, die zum Aufbürsten und -plüschen, Aufspritzen und Aufgießen der angewandten Lösungen und Dispersionen oder zum Bedrucken, Aufkaschieren von Folien usw. dienen und die zu einer Rationalisierung und gesteigerten Produktivität dieser Arbeitsprozesse wesentlich beigetragen haben.

7.1 Plüschen. Das Plüschen erfolgt heute praktisch nur noch für die Grundierung, die die Lederoberfläche abschließen soll. Durch das Einreiben der Farblösungen mit Bürste oder Plüschbrett, einem mit saugfähigem Plüsch überzogenen Brett, bisweilen auch mittels Schwamm, wird eine besser in die Tiefe gehende Verankerung mit dem Leder erreicht. Beim Arbeiten mit Hand, das auch heute noch erfolgt, werden Bürste oder Plüschbrett in die Lösung eingetaucht und kreisend über das Leder geführt, wodurch die Farbe gleichmäßig verteilt und eingerieben wird.

Die Rationalisierung begann mit der Einführung endloser *Plüschbänder* (Abb. 320) aus Gummi von 5 bis 12 m Länge, 1,5 m Breite und einer Laufgeschwindigkeit von 4 bis 12 m/min, bei Einsatz der noch zu besprechenden Zusatzgeräte bis zu 20 m/min. An jeder Seite stehen bis zu vier Personen, das erste Paar trägt die Appretur auf, die anderen verreiben sie gleichmäßig. Am unteren, rücklaufenden Trum befindet sich eine Waschvorrichtung mit zwei Bürstwalzen, um die Farbe auf dem Band, die die Rückseite der nächsten Leder beschmutzen würde, zu entfernen. Durch den Einsatz von Plüschbändern wird die Leistung pro Arbeitskraft, die durch die Bandgeschwindigkeit bestimmt wird, wesentlich gesteigert, aber die Zahl der benötigten Arbeitskräfte ist noch beträchtlich. Doch findet man sie auch heute noch, wenn häufiger Auftragswechsel den Einsatz von *Auftragsmaschinen* nicht lohnt.

Abb. 320: Plüschband.

Der nächste Schritt der Mechanisierung ist der Einsatz von *Auftragsmaschinen,* einige Beispiele seien hier angeführt. Die in Abb. 321 wiedergegebene Maschine arbeitet mit rotierender Bürstwalze. Die aufzutragende Flüssigkeit wird mittels Pumpe in eine Farbwanne mit Niveauüberlauf gepumpt, wo eine Art hin- und herbewegter Rechen das Absitzen

Abb. 321:
Farbauftrag mit Bürstwalze.

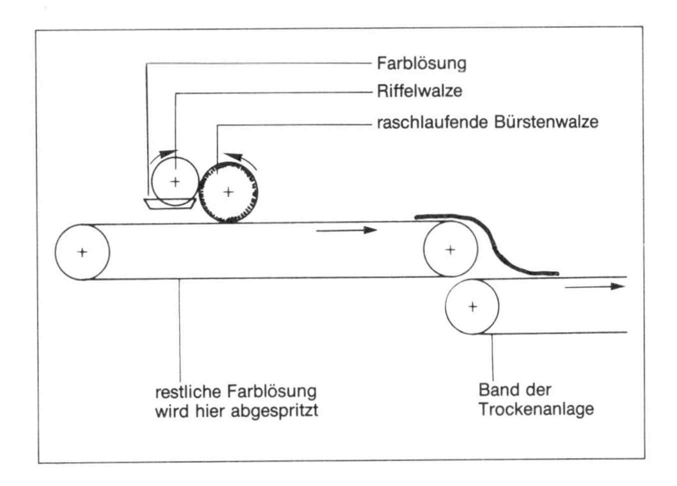

gröberer Teile verhindert, und von dort mittels geriffelter Messingwalze, die durch ihre Riffelung eine gleichmäßige Dosierung ermöglicht, auf eine rotierende Bürstwalze gebracht, die ihrerseits die Farbe auf das Leder verteilt. Manchmal haben solche Maschinen auch zwei Bürstwalzen, um das Verteilen zu verbessern. Die Drehzahl ist variabel und bestimmt das Arbeitstempo der an der Maschine und am Plüschband eingesetzten Personen, Abb. 322 zeigt eine auf diesem Prinzip aufgebaute Maschine, dahinter das manuelle Einbürsten von Hand. Abb. 323 zeigt ein anderes Arbeitsprinzip[147]. Die Fläche des auf dem endlosen Band aufgelegten Leders wird zunächst bei 1 mechanisch-elektrisch abgetastet (Pigmatron; S. 382), um so die Auftrags- und Verreibeaggregate zu steuern. Dann folgt der Farbauftrag, der bei 2 durch einen Schlitten mit Spritzdüsen, der quer zur Laufrichtung des Bandes hin und her fährt, vorgenommen wird. Die Farblösung wird von der Pumpe P in die Spritzdüsen gepumpt,

Abb. 322: Farbauftrag mit Bürstwalze[120]. ▷

Abb. 323: Plüschband mit mechanisiertem Auftrag und Verteilung der Farbe[147].

◁ 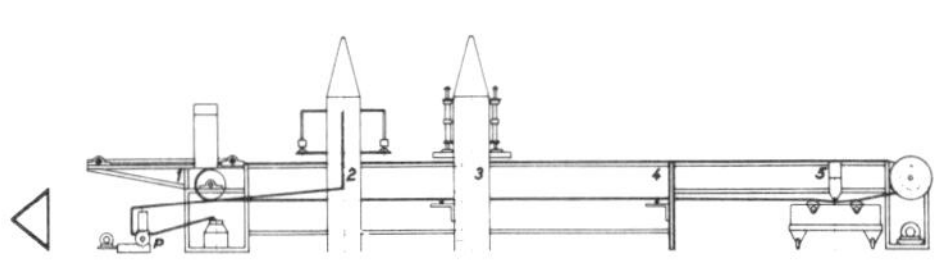

die nur dort spritzen, wo das Leder abgetastet wurde. Bei 5 befindet sich wieder eine Wascheinrichtung, um die Farbreste am rücklaufenden Trum zu entfernen.

Größere Schwierigkeiten entstehen bei der *Mechanisierung der nachfolgenden Verteilung der Farbe* auf dem Leder. Auch hier gibt es eine Reihe von Vorschlägen, von denen drei angeführt seien. In Abb. 323 befindet sich bei 3 eine Verreibeinrichtung, die sich ebenfalls quer zur Laufrichtung des Bandes hin und her bewegt. Die Verreibeinrichtung ist mit Plüsch bezogen und sitzt an einem Preßdruckzylinder, der sie nach Befehl der Abtastvorrichtung auf das Leder aufsetzt und so die Verteilung nur da vornimmt, wo sich Leder befindet. In den Lederfabriken der USA findet man häufig ein Gerät, das an jedem Plüschband angestellt werden kann (Abb. 324). Es handelt sich dabei um einen Ständer, an dem ein schwenkbarer Arm mit einem rotierenden endlosen Plüschstreifen angebracht ist. An jedem Plüschband benötigt man zwei solcher Gestelle, eines rechtsdrehend und eines linksdrehend, so daß die beiden Plüschstreifen sich von innen nach außen über das Leder bewegen. Geschwindigkeit und Druck sind variierbar, die Streifen sind leicht auswechselbar. Als dritter Vorschlag sei die Vibretta[79] erwähnt, die aus zwei drehenden Bürstwalzen besteht, die sich rasch über das durchlaufende Leder bewegen und zugleich mit hoher Frequenz oszillieren, so daß keine Streifenbildung entstehen soll. Die Drehzahl kann stufenlos der Bandgeschwindigkeit und Lederart angepaßt werden. Aber bei all diesen Verteilern läßt sich meist eine Streifenbildung nicht ganz vermeiden, so daß oft noch je eine Arbeitskraft an den beiden Seiten des Plüschbandes die letzte Korrektur von Hand vornimmt.

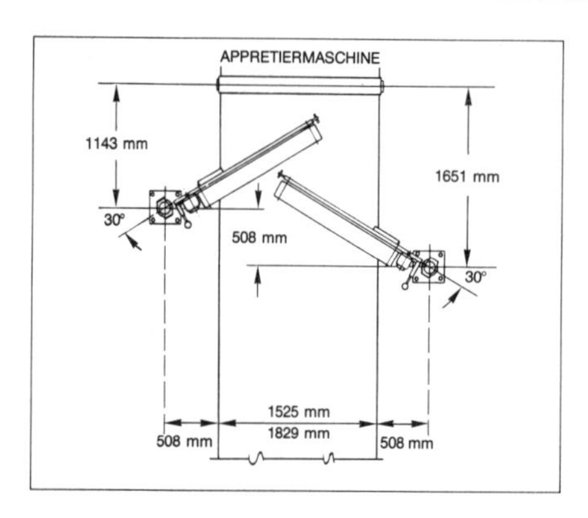

Abb. 324: Farbverteiler mit rotierenden Plüschstreifen[187].

Bei allen Plüschbändern, die mit Zusatzgeräten für das Auftragen und Verteilen der Farbe ausgerüstet sind, muß bei jedem Farbwechsel eine gründliche Reinigung vorgenommen werden, die nicht unbeträchtlichen Arbeitsaufwand verursacht. Bei kleinen Arbeitspartien wird daher meist das manuelle Plüschen am Plüschband vorgezogen.

7.2 Gießen. Eine andere Art des Aufbringens von Lösungen oder Dispersionen der verschiedensten Art auf die Lederoberfläche ist das Gießen, das etwa Anfang der 60er Jahre in die Lederzurichtung eingeführt wurde[188]. Bei den hierfür eingesetzten Gießmaschinen (Abb. 325) wird das Leder mit einem zweigeteilten Transportband unter einem über die ganze Bandbreite reichenden Gießkopf hindurchgefahren. Dabei fließt die Lösung aus dem Gießschlitz mit ständig gleichartiger Geschwindigkeit als dünner Flüssigkeitsvorhang auf das durchlaufende Leder, auf dem sie sich als dünne, gleichmäßige Schicht ablagert. Die Filmdik-

Abb. 325: Gießmaschine[189].

ke und -beschaffenheit ist von der Bandgeschwindigkeit, der Schlitzbreite, der Viskosität der Lösung und der Stabilität des Gießvorhanges abhängig. Die Länge der beiden Bandauflagen beträgt je 3000 mm, die Breite 1450 bis 1650 mm (die Auftragsbreite ist etwas größer) und die Durchlaufgeschwindigkeit kann mit 3 bis 150 m/min variiert werden. Während man ursprünglich mit sehr hoher Geschwindigkeit, meist über 100 m/min, fahren mußte, um genügend dünne Aufträge zu erhalten, wurde die Präzision des Gießkopfes inzwischen so verbessert, daß man heute mit Geschwindigkeiten von 5 bis 80 m/min auskommt. Dadurch werden Nachkorrekturen kaum noch erforderlich. Aber auch diese Geschwindigkeit kann von der nachfolgenden Trocknung nicht gehalten werden, die Bänder müßten sonst zu lang sein (S. 384 ff.), daher muß das Transportband nach jedem Lederstück gestoppt werden. Die modernen Maschinen sind mit einer automatischen Steuerung zur Anpassung der Durchlaufgeschwindigkeit an die Trockengeschwindigkeit ausgerüstet.

Bei dem normalen Gießkopf handelt es sich um einen geschlossenen Edelstahlbehälter, der heizbar und kühlbar ist, und in den die Lösung aus Vorratsbehältern mit einer langsam laufenden und damit materialschonenden Pumpe nachgefüllt wird. Dadurch wird erreicht, daß die Lösung nicht durchgewirbelt wird und daher der Vorhang blasenfrei ist. Für die Erreichung eines einwandfreien Vorhanges ist ferner die Einschaltung eines austauschbaren Filters wichtig. Der Gießkopf ist bei den modernen Maschinen völlig getrennt vom Transportsystem gelagert und frei von Vibrationen, was ebenfalls eine gleichmäßige Beschichtung gewährleistet. Er kann in der Höhe bis zu 270 mm verstellt werden und mit geringem Über- oder Unterdruck arbeiten. Der am unteren Teil des Gießkopfes angebrachte Gießschlitz kann durch Mikrometerschraube von 0 bis 5 mm Breite feinreguliert werden. Die überschüssige Farbe wird in der zwischen den beiden Transportbändern liegenden Farbrinne aufgefangen und läuft dann in den Vorratsbehälter wieder zurück. Um die Reinigung zu erleichtern, kann der Gießkopf auch ausfahrbar oder an einer Führungssäule schwenkbar angeordnet sein, wodurch die Stillstandzeiten bei Materialwechsel auf ein Minimum beschränkt werden.

Da beim Gießen durch den Schlitz immer wieder Schwierigkeiten in der Ausbildung des

Vorhanges auftreten, können die Maschinen auch mit Überlaufgießkopf ausgerüstet werden (Abb. 326). Die Lösung wird bei d vordosiert, mit der Drehschraube c erfolgt dann die Feineinstellung der Dicke des Vorhanges mittels des Dosierlineals b; und der Film fließt dann bei der Ablauflippe a auf das Leder. Durch die Verstellvorrichtung bei g kann der Winkel bei der Ablauflippe verstellt werden, während sich bei e eine Exzenter-Schnellverstellung befindet. Der Überlaufgießkopf eignet sich insbesondere für dünnflüssige Lösungen, bei höherviskosen Lösungen (z. B. bei Spaltzurichtungen) können Schwierigkeiten dadurch auftreten, daß die Pumpe nicht genügend Farblösung nachliefert.

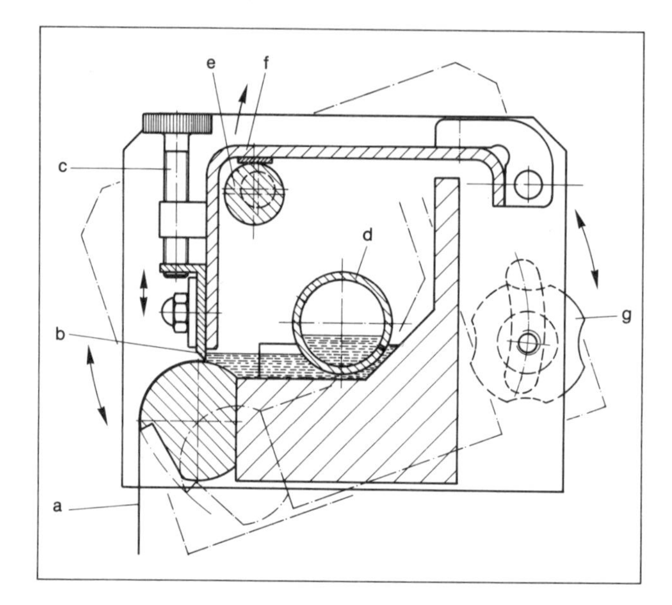

Abb. 326: Überlaufgießkopf[189].

Die Gießmaschinen gestatten eine rationelle Arbeitsweise im automatischen Durchlauf, die Farbverluste sind sehr gering. Sie kommen aber in erster Linie nur für kräftigere Aufträge, nicht für dünne Schichten zum Einsatz und sind daher besonders für narbenverfestigende Schleifgrundierung bzw. Narbenimprägnierung, für Lackierungen oder Appretierungen der Fleischseite, z. B. bei Blank-, Geschirr- und Galanterieledern, geeignet, aber auch für andere Aufträge wie Hydrophobierlösungen usw. Die Maschinen sollten gegen Zug möglichst geschützt aufgestellt werden, sonst flattert der Gießvorhang. Auch bei sehr weichen Ledern ist ein Gießen nicht empfehlenswert, da sie beim Durchstoßen des Gießvorhanges leicht umschlagen.

7.3 Spritzen. Das Aufspritzen von Lösungen hat die Vorteile, daß im Vergleich zum Plüschen der Auftrag berührungslos erfolgt und daher auch unregelmäßige Oberflächen gleichmäßig bedeckt werden. Hinzu kommt, daß im Vergleich zu beiden anderen Verfahren die Auftragsmenge in weiten Grenzen exakt regelbar ist und daher auch ganz dünne Aufträge möglich sind. Beim Spritzen werden die Lösungen durch eine *Druckluft-Spritzdüse* über das Leder gesprüht. Die Arbeitsweise eines solchen Düsenkopfes zeigt Abb. 327. Die zu sprühende Lösung F fließt durch die Farbdüse 302. Darin befindet sich die Düsennadel 318, die durch

Hin- und Herbewegen die vordere Öffnung der Farbdüse öffnet oder schließt und mit der durch Vor- oder Zurückstellen in der Endstellung (Arbeitsstellung) auch die Öffnung der Farbdüse verkleinert oder vergrößert und damit die vorn ausfließende Farbstoffmenge variiert werden kann. Bei L 1 strömt aus einer ringförmigen Luftdüse Druckluft aus und umgibt die Öffnung der Farbdüse mit einem kegelförmigen Luftmantel, der durch seinen im Inneren herrschenden Unterdruck die Farblösung aus der Farbdüse herausreißt und in einem kegelförmigen Strahl fein verteilt auf das zu färbende Leder sprüht (Rundstrahl). Der Luftdruck kann zwischen 2 und 6 atü variiert werden. Außerdem hat die Spritzdüse noch zwei weitere sich gegenüberstehende Luftdüsen L 2, die den Farbstrahl elliptisch zusammendrükken und abflachen können (Flachstrahl). Dieser zusätzliche Luftdruckstrahl kann durch Regulierventil und Einstellschraube beliebig gedrosselt oder ganz abgestellt werden, je nachdem, ob mit Rund- oder Breitstrahl gespritzt werden soll.

Der vorn ausströmende Luftstrom L 1 muß eine genügend hohe Strömungsgeschwindigkeit haben, um genügend Farbe aus der Farbdüse herauszureißen, wobei man je nach der Intensität des Auftrags den im Farb-Luft-Gemisch vorhandenen Anteil der Farblösung in

Abb. 327: Druckluft-Spritzdüse[120].

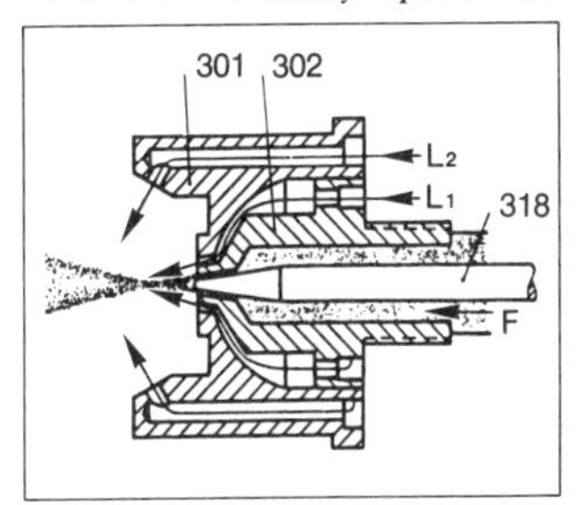

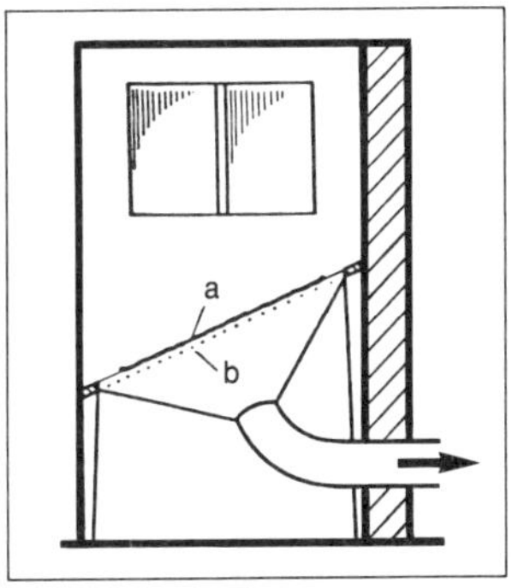

Abb. 328: Spritzkabine[120].

gewissen Grenzen variieren kann. Das geschieht einmal durch Änderung des Luftdrucks innerhalb der angegebenen Grenzen. Zu geringer Druck verursacht leicht Tropfenbildung auf dem Leder, zu hoher Druck ein zu rasches Verdunsten der Lösungsmittel und infolge zu feiner Nebel höhere Farbverluste. Zum anderen geschieht es durch Änderung des Querschnitts der Öffnung der Farbdüse mittels der Düsennadel. Ist aber die Öffnung zu klein, so wird die Farblösung zu fein zerstäubt und bleibt in der Luft schweben, statt sich auf dem Leder abzusetzen. Je viskoser die zu spritzende Lösung, desto höher muß der Druck und desto größer die Öffnung der Farbdüse sein.

Beim *manuellen Spritzen* verwendet man Spritzpistolen, bei denen durch Handbetätigung eines Abzugbügels zunächst der Druckluftkanal L 1 (je nach Einstellung eventuell auch L 2) geöffnet und erst anschließend, nach Überwindung des Druckpunktes, auch die Farbdüse durch Zurückziehen der Düsennadel 318 geöffnet wird. Das Schließen erfolgt in umgekehrter Reihenfolge. Die Druckluft wird durch Schlauchanschluß aus eigenem Kompressor oder zentraler Druckluftanlage, die Farblösung entweder aus einem kleinen, oben an der Pistole befindlichen Gefäß oder bei Dauerbetrieb auch mit Schlauchanschluß und Druckluft aus einem Vorratsgefäß geliefert. Das Spritzen von Hand erfolgt in Spritzkabinen (Abb. 328), in denen das Leder a auf einem Rahmen mit Drahtgeflecht b abgelegt wird und die Farblösung dann aus einem Abstand von 30 bis 70 cm je nach Düsendurchmesser aufgespritzt wird. Je größer der Abstand, desto dünner der Film. Bei c wird die feuchte Luft und der neben der Lederfläche herausgehende Farbnebel abgesaugt. Solche Spritzkabinen sind bei kleinen Partien auch heute noch in Betrieb.

Zur *Mechanisierung des Spritzvorganges* und damit höherer Produktion, kürzerer Bearbeitungsdauer und gleichmäßigerem Auftrag haben sich Förderbänder eingeführt, auf denen das Leder flach liegend unter den Spritzdüsen hinweg transportiert wird. Sie bestehen aus Drahtgeflecht oder parallel laufenden Perlondrähten. Auf ihnen lagert sich natürlich Farbstoff ab, der im feuchten Zustand die folgenden Leder von der Rückseite beschmieren würde und mit einer Wascheinrichtung am unteren Trum abgewaschen werden kann. Wenn die ungereinigten Bänder aber durch den nachfolgenden Trockenkanal laufen (S. 385), lagern sich immer dicker werdende Farbkrusten ab, die nur schwer zu entfernen sind, wenn sie nicht als spröde Masse mit der Zeit durch die Biegung der Bänder selbst abplatzen. Die Bandgeschwindigkeit beträgt je nach der Zahl der Spritzköpfe und der pro Durchgang gewünschten Schichtdicke 5 bis 15 m/min, bei modernen Hochleistungsgeräten bis zu 25 m/min, aber dann müssen die Trockenkanäle auch länger sein, was höhere Investitionen bedeutet. Die Bandbreite schwankt zwischen 800 und 3500 mm.

Statt der handbetätigten Pistolen verwendet man bei den Spritzgeräten einen oder mehrere *automatisch arbeitende Spritzköpfe,* zu denen drei Schlauchleitungen führen, wobei die erste die Farblösung F zur Farbdüse 302, die zweite die Druckluft zu den Luftdüsen L 1 und L 2 (Zerstäubungsluft) und die dritte Druckluft zu einem Druckzylinder mit Kolben führt, der über die Farbnadel 318 die Farbdüse öffnet oder schließt (Steuerluft). Der Spritzdruck ist also vom Steuerdruck unabhängig und die Zerstäubung in weiten Grenzen variabel. Mit Einstellschrauben können Farbzufluß, Spritzdruck und eventuell Breitstrahl reguliert werden. Auch hier ist wichtig, daß zuerst die Zerstäubungsluft und dann die Farbe austritt (beim Schließen umgekehrt), um Tropfenbildung zu vermeiden. Pro Spritzkopf wird eine Preßluftmenge von etwa 500 l/min, bezogen auf die angesaugte Luftmenge, benötigt, was bei Auslegung der Kompressorleistung berücksichtigt werden muß.

Die Farblösung wird aus transportablen Farbdruckgefäßen von 50 bis 100 l Inhalt, die auswechselbar neben der Anlage stehen, dem Spritzkopf zugeführt. Um die Totzeiten für den Farbwechsel möglichst kurz zu halten, haben moderne Spritzköpfe zwei getrennte Farbleitungen. Während die eine arbeitet, kann die andere unabhängig davon gespült und mit neuer Farbe gefüllt werden, so daß nach kurzer Umschaltpause sofort weiter gearbeitet werden kann, was insbesondere für Zurichtstraßen (S. 388) sehr wichtig ist. Die Zuleitung kann einmal aus Drucktöpfen mit einem Druck von 0,2 bis 1,5 atü erfolgen. Sie sind einfach und billig, wenn man vom Wechsel der Drucktöpfe absieht. Zum anderen findet man Kolben- und Membranpumpen, die mit Druckluft betrieben werden, in Fördermenge und Druck regelbar sind und aus offenen Gefäßen ansaugen, so daß das Nachfüllen kontinuierlich erfolgen kann. Nachteilig ist eine beträchtliche Geräuschentwicklung und die Zwischenschaltung von Ausdehnungsgefäßen, um die durch die Hubbewegung des Kolbens oder der Membrane entstehende Pulsation auszugleichen, deren Reinigung erhöhten Farb- und Spülmittelverbrauch bedingt. Außerdem dürfen sie nicht leer laufen. Neuerdings werden auch Zahnradpumpen empfohlen (z. B. RAZ 30)[72], die auch mit Druckluft betrieben werden. Luft- und Farbdruck sind einfach und exakt einstell- und regelbar und mit Manometer kontrollierbar. Zeitersparnis, Farbeinsparung und Arbeitserleichterung werden als Vorteile angeführt. Sie arbeiten geräuscharm und auch im Leerlauf[190].

Die Spritzköpfe sind bei den »*Querläufern*« an einem Förderschlitten befestigt, der sich quer zur Laufrichtung des Bandes hin- und herbewegt, wobei an beiden Seiten zur Dämpfung des Anschlags Puffer angebracht sind (Abb. 329). Durch die Hin- und Herbewegung und den ständigen Richtungswechsel entstehen Totzeiten, die die Leistung verringern, so daß die Bandgeschwindigkeit nur 5 bis 10 m/min betragen kann. Dieser Nachteil wird bei modernen Maschinen dadurch ausgeglichen, daß zwei Schlitten nebeneinander arbeiten oder am gleichen Schlitten zwei bis drei Pistolen nebeneinander angebracht sind. Mit meist höherer Arbeitsleistung können die »*Rundläufer*« arbeiten (Abb. 330), bei denen vier bis acht, bei sehr hoher Bandgeschwindigkeit manchmal sogar bis zu 16 Spritzköpfe an einzelnen Armen eines Drehkreuzes angebracht sind und ständig über das durchlaufende Leder kreisen. Der Auftrag wird hierbei am gleichmäßigsten. Die Drehgeschwindigkeit ist zwischen 10 und 30 U/min stufenlos regelbar, die Bandgeschwindigkeit kann wesentlich höher gewählt werden. Da sich die einzelnen Kreise, insbesondere an den Seiten, stark überlappen, beträgt die Bandbreite meist nur 80 % der bestrichenen Gesamtbreite und das Spritzen wird an den Seiten unterbrochen, solange die Spritzköpfe sich jenseits der Bandbreite befinden (s. u.). Über dem gesamten Spritzaggregat sind geschlossene Kabinen angebracht, deren Wände verglast sind, um den Spritzvorgang beobachten zu können, und die groß genug sind, um das Reinigen leicht durchführen zu können. Sie sind mit leistungsfähigen Ventilatoren ausgerüstet, um die entspannte Luft mit den verdunsteten Lösungsmitteln und den Teilchen des Farbnebels, die nicht auf die Lederfläche trafen, nach außen zu transportieren (S. 382). Unter dem Band befinden sich Farbwannen, die zum Reinigen seitlich herausgezogen werden können.

Abb. 329: Querläufer.

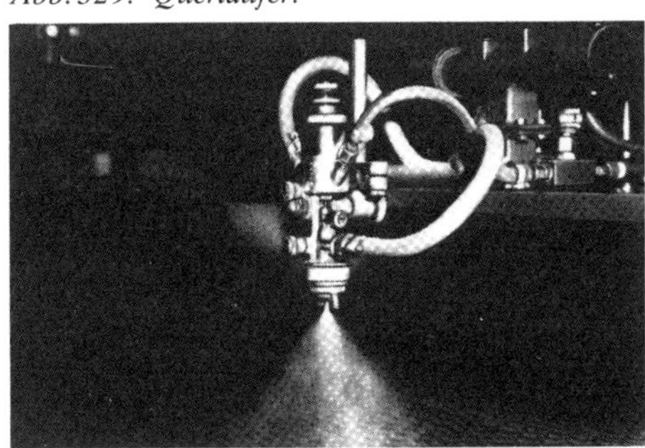

Abb. 330: Rundläufer[162].

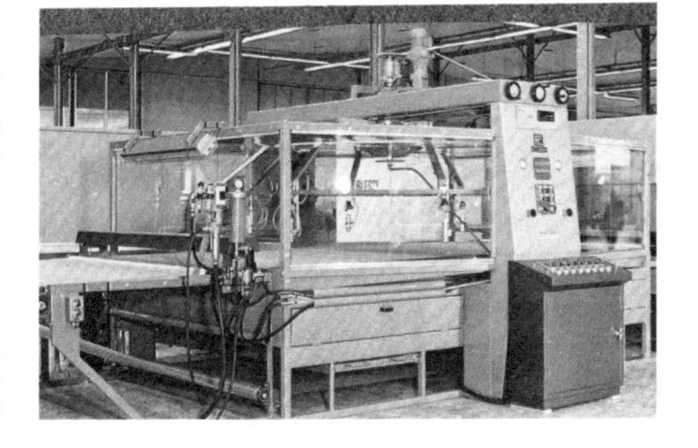

Beim *maschinellen Spritzen* ist der Materialverbrauch relativ hoch durch die Farbverluste, die beim kontinuierlichen Durcharbeiten zwangsläufig dadurch entstehen, daß an den Rändern der Leder sehr viel Farbe nicht auf Leder trifft. Um diese Verluste zu vermindern, sind die Spritzanlagen mit *automatischen Abtasteinrichtungen* ausgerüstet, die die Umrisse der Leder abtasten und den Spritzköpfen über die Steuerluft signalisieren, welche Stellen auf dem durchlaufenden Band mit Leder belegt und welche frei sind. Die Druckluftzufuhr erfolgt dann nur in der Zeitspanne, in der sich Leder unter dem Spritzkopf befindet. Hier gibt es eine Reihe von Abtastverfahren. Die älteste Methode arbeitet mit Photozellen (S. 85), die sich unmittelbar vor jeder Spritzdüse befinden, also mitrotieren und sofort das Abstellen der Zerstäu-

bungsluft bewirken, wenn der gegenüberliegende Lichtstrahl, der im gleichen Turnus mitrotiert, infolge des Fehlens von Leder direkt auf die Zelle fällt. Diese Anordnung hat den Nachteil, daß die Photozellen mit der Zeit durch Farbnebel verschmutzt werden und dadurch ihre Wirkung verschlechtert wird, so daß die Zellen in gewissen Zeitabständen gereinigt werden müssen. Die Photozellenabtastung kann aber auch am Einlauf vor der Spritzkabine eingebaut werden und die Ergebnisse werden dann über eine elektronische Speicherung mit einer von der Bandgeschwindigkeit abhängigen Verzögerung auf die Ventilsteuerung weitergegeben (Ecotron[153]). Eine andere Steuerung, bei der der obige Nachteil ebenfalls entfällt, erfolgt akustisch statt optisch unter Verwendung von Ultraschall. Ein völlig anderes Verfahren arbeitet mechanisch-elektrisch (Pigmatron)[147]. Die Leder werden ebenfalls schon in der Einlaufzone, also bevor sie die Spritzkabinen erreichen, mechanisch mit einer Vielzahl nebeneinanderliegender Fühler abgetastet. Jeder Fühler hält einen Stromkreis so lange geschlossen, wie Leder unter ihm durchläuft. Fehlt der Kontakt, wird der Stromkreis unterbrochen und, wieder mit einer von der Bandgeschwindigkeit abhängigen Verzögerung, als Impuls zum Schließen des Druckluftventils weitergeleitet. Neuerdings erfolgt die Spritzbegrenzung auch unter Einsatz elektronischer Steuerelemente (S. 80).
Es gibt eine Reihe von Abwandlungen bei den Spritzanlagen. So kann man durch *Zusatzeinrichtungen* einige besondere Farbeffekte erreichen, wie das Schrägspritzen für Zweifarbeneffekte, Unterbrecherschaltungen für Antikeffekte, Anspritzen der Prägekuppen, Wolkeneffekte mit »stotternder« Pistole, die mit wechselndem Spritzdruck arbeitet usw. Beim *»elektrostatischen«* Spritzen werden die Farbtröpfchen gleichsinnig aufgeladen und während des Spritzvorganges von einer entgegengesetzt geladenen Elektrode, die sich hinter dem Leder befindet, angezogen. Dadurch wird eine Beschleunigung und bessere Farbausnutzung erreicht, aber wegen der erforderlichen hohen Spannung ist bei der Bedienung Vorsicht geboten. Beim *»Warmspritzen«* wird mit angewärmter Farblösung (z. B. 40 °C) gespritzt. Dadurch wird die Viskosität gesenkt, die Farblösungen können konzentrierter eingestellt und Lösungsmittel eingespart werden. Besondere Bedeutung hat das *»Airless-Spritzen«* gefunden. Hierbei wird die Farblösung nicht durch Preßluft zerstäubt, sondern direkt mit sehr hohem pneumatischem Druck von 100 bis 140 atü durch eine extrem enge Spezialdüse fein verteilt. Man arbeitet mit Hochdruck-Kolbenpumpen, die die Farbe aus jedem beliebigen Gefäß entnehmen können, doch muß diese vorher sorgfältig durch ein Vakuumsieb gesiebt werden, um Verstopfungen der sehr feinen Düsen zu vermeiden. Mit dem Airless-Spritzen werden Lösungs- und Verdünnungsmittel eingespart, man hat geringere Farbverluste durch Nebelbildung, in einem Durchgang werden größere Farbmengen auf das Leder aufgetragen und man erhält sehr kompakte Filme mit festerer Verankerung auf der Lederoberfläche. Die Anwendung ist daher aber meist auf das Aufbringen von Grundierungen beschränkt. Die Steuerung erfolgt wie bei den Druckluftaggregaten auch hier mit Steuerluft. Daher werden heute viele Spritzgeräte nebeneinander sowohl mit Druckluft- wie mit Airless-Aggregaten ausgerüstet.

Hier seien auch einige Angaben über *Abluft, Feuer- und Explosionsgefahr* eingeschaltet. An früherer Stelle (S. 381) wurde gesagt, daß die entspannte Luft mit den verdunsteten Lösungsmitteln und den Teilchen des Farbnebels, die nicht auf die Lederoberfläche auftrafen, mittels Ventilatoren nach außen transportiert würden. Nach dem Bundesemissionsgesetz sind aber die Mengen an Staub (S. 370), Nebel oder echten Gasen, die die Abluft enthalten darf, beschränkt. Werden diese Mengen überschritten, so kann die Abluft nicht einfach nach außen

geleitet werden, sondern muß zunächst gereinigt werden. Ausführliche Angaben über diese ökologischen Probleme werden in einem anderen Buch dieser Schriftreihe gemacht, hier interessieren diese Fragen nur insofern, als besondere Einrichtungen für die Reinigung einzuschalten sind. Für die Reinigung der Abluft stehen drei Möglichkeiten zur Verfügung[191]:
1. *Trockenreinigung.* Nur für kleinere Einheiten zu empfehlen, erfolgt mit Trockenfiltern, die mit unbrennbarer Stahlwolle gefüllt sind und einen zusätzlichen Ventilator benötigen, um den Widerstand des Filters zu überwinden. Die Stahlwolle kann nach dem Verschmutzen ausgebrannt und anteilig wiederverwendet werden. Da bei der Reinigung der Filter viel Staub entsteht, sollten die Aggregate außerhalb der Arbeitsräume aufgestellt werden.
2. *Naßreinigung.* Hier gibt es verschiedene Möglichkeiten. Bei Niederdruckanlagen kann der vorhandene Absaugventilator mitverwendet werden. Der Boden der Spritzkabinen und die Absaugrohre werden zusätzlich mit Wasser besprüht. Das Wasser prallt dann am Ende der Rohrleitung auf ein Absetzbecken auf, während die Luft sich entspannt und mit so geringer Geschwindigkeit ins Freie austritt, daß keine Wassertröpfchen mitgerissen werden. Das anfallende Wasser wird in dem schon erwähnten Absetzbecken vorgeklärt, dann durch Filter von Feststoffen weitgehend gereinigt und kann dann im Umlauf wiederverwendet werden. Da sich die Abluft stets mit Wasserdampf sättigt, muß anteilig auch etwas Frischwasser dem System zugesetzt werden. Um eine noch intensivere Reinigung zu erreichen und alle Wassertröpfchen mit Sicherheit aus der Luft abzuscheiden, kann die obige Anlage auch mit einem Hochdruckwäscher kombiniert werden, doch da die Wassermenge in einem solchen Zusatzgerät nicht ausreicht, um alle Rückstände zum Absetzen zu bringen, ist zusätzlich noch ein Absetzklärbehälter erforderlich. Es gibt auch Wirbelwäscher, wobei durch Wirbelbewegung von Abluft und Wasser eine besonders intensive Durchmischung und Reinigung angestrebt wird. Anschließend eingebaute Abtropfbleche sorgen dann dafür, daß keine Wassertröpfchen mit der Luft ins Freie gelangen. Bei Auftreten von Schaumbildung müssen eventuell Entschäumer zugesetzt werden. – In allen Fällen muß bei der Naßreinigung zuvor geklärt werden, ob das anfallende Abwasser mit den Farbrückständen und einer gewissen Sättigung an organischen Lösungsmitteln in die Kanalisation gegeben werden kann.
3. Reinigung mit *Aktivkohle* oder *Nachverbrennung.* Diese Verfahren sind nicht für die nassen Farbnebel aus der Spritzkabine, sondern nur zur Reinigung der Abluft aus den Trocknern (S. 385) geeignet und auch hier nur für organische Lösungsmittel, nicht für rein wässerige Lösungen. Doch wird auf den meisten Anlagen abwechselnd mit beiden Typen gearbeitet, so daß bei der Umstellung große Schwierigkeiten auftreten können. Außerdem sind solche Anlagen meist sehr teuer, und die wirtschaftliche Nutzung ist bei Lederdeckfarben recht gering und daher werden Anlagen auf dieser Basis in der Praxis bisher nur wenig verwendet. Zur Rückgewinnung organischer Lösungsmittel stehen aber Anreichungsanlagen mit Aktivkohle oder Silicagel mit anschließender Aufbereitung der angereicherten Phase (z. B. Destillation) im Einzelfall immer wieder zur Diskussion.

Bei allen Abluftreinigern ist stets anzustreben, daß ein Teil der abgesaugten Luftmenge nach erfolgter Reinigung und geringer Aufwärmung wieder in die Betriebsräume zurückgeführt wird, was namentlich in der kalten Jahreszeit für die Wärmebilanz des Betriebes von Bedeutung ist.

Wenn mit organischen Lösungs- oder Verdünnungsmitteln oder mit sonstigen feuergefährlichen Substanzen gearbeitet wird, muß die gesamte Anlage gegen Feuer- und Explosionsgefahr geschützt sein. Das bedeutet, daß

a) die Absaugvorrichtungen so dimensioniert sind, daß die Lösungsmittel bis unter die Explosionsgrenze verdünnt werden, so daß keine explosionsgefährlichen Gemische entstehen können;
b) die Spritzaggregate erst eingestellt werden können, wenn die Absaugvorrichtung läuft und daß die Absaugung so elektrisch verriegelt sein muß, daß sie noch eine halbe Stunde nachläuft, nachdem die Spritzaggregate abgestellt wurden;
c) die gesamte elektrische Ausrüstung der Spritz- und der Trockenaggregate und des Raumes in einem Umkreis von etwa 5 m um diese Aggregate herum zum Schutz gegen elektrostatische Aufladung geerdet und explosionsgeschützt ausgelegt ist. Das betrifft alle Schalter, Lampen, Motore usw. Soweit eben möglich, sollten alle Schalter, Schütze usw. mehr als 5 m von der Anlage entfernt montiert sein;
d) selbstverständlich Rauchen und offene Flammen in diesen Arbeitsräumen untersagt sind;
e) die Räume, aber auch die Aggregate selbst, in ihrem Innern mit Löscheinrichtungen (Spritzdüsen) ausgerüstet sind, um entstehende Brände durch Einsprühen von Wasser sofort ersticken zu können.

Es sei nochmals darauf hingewiesen, daß auch die oben besprochene Naßreinigung der Abluft zu einer erheblichen Verminderung der Brand- und Explosionsgefahr beiträgt.

7.4 Zwischentrocknen; Zurichtstraßen. Deckfarbenbeschichtungen setzen sich aus mehreren Einzelschichten zusammen, dazwischen muß stets getrocknet, bisweilen auch gebügelt werden. Dieses Zwischentrocknen bei Raumtemperatur oder erhöhter Temperatur ist natürlich nicht so langwierig, wie die an früherer Stelle (S. 316 ff.) besprochene eigentliche Ledertrocknung, da die hier zu entfernende Wassermenge nur gering ist. Sie ist aber arbeitsaufwendig, und daher hat man schon früh beim manuellen Plüschen bzw. Spritzen eine Mechanisierung angestrebt, und die dabei entwickelten Verfahren werden teilweise heute noch angewandt. Eine einfache Methode ist die Verwendung eines hängenden Transports mittels Kreisförderers (S. 105), bei dem eine endlose Kette an der Plüsch- oder Spritzanlage vorbei, dann in Schlangenlinien durch den Trockenraum und wieder zurück geführt wird. An die Kette sind Haken oder Klammern angebracht, an die die Leder angehängt werden. Man kann an die Kette auch in beweglicher Kugellagerung aufgehängte Bügel anbringen (Abb. 331), auf die die Leder aufgelegt werden und damit glatt hängen. Bei genügend hohen Räumen kann man den Trockenraum auch als Trockenkanal an die Decke anbringen und die Leder dann schräg nach oben (Abb. 332), durch den Kanal und wieder nach unten transportieren, da sie infolge der Gelenkaufhängung der Bügel stets senkrecht hängen. Schließlich kann man die Leder auch mit parallel laufenden Ketten und dazwischen angebrachten Stangen durch einen Trockenkanal führen.

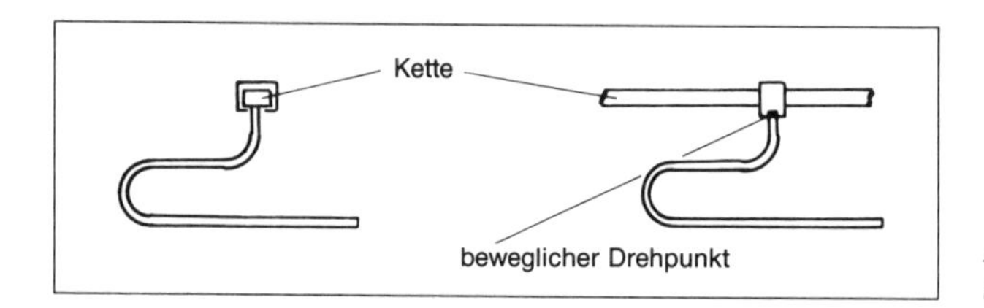

Abb. 331: Trocknung an transportablen Bügeln.

Abb. 332: Kettentransport schräg nach oben.

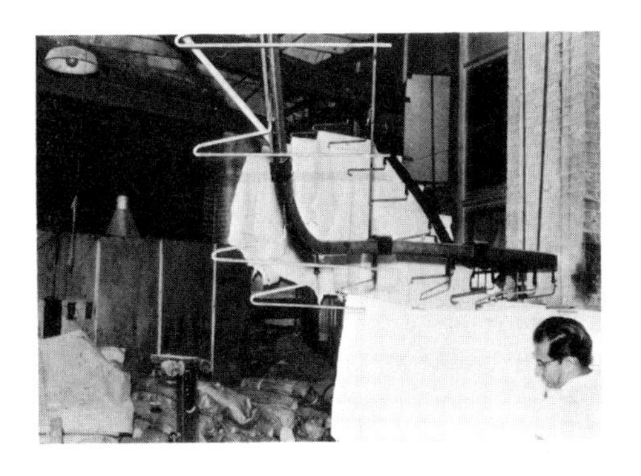

Natürlich bleibt dann immer noch der Arbeitsaufwand des Auflegens und Abnehmens der Leder. Daher verwendet man heute meist *Flachbandtrockner* (Abb. 333), die unmittelbar an die Plüsch- bzw. Spritzbänder angekoppelt sind, so daß das Auflegen entfällt und für das Abnehmen am Ende des Trockners ein Stapler (S. 297) verwendet werden kann oder auch ein Rücklaufband unter dem Trockner die Leder wieder an die Spritzanlage zurückführt. Bei den Bändern handelt es sich meist, wie bei den Spritzgeräten, um parallel laufende Perlonschnüren. Oft laufen die gleichen Schnüren auch durch Spritz- und Trockenanlage. Es ist aber zweckmäßiger, die beiden Aggregate mit getrennten Bändern auszurüsten, um das Auswechseln zu erleichtern und nur die Bänder der Spritzanlage mit Farbe zu beschmutzen (S. 380), während die Schnüren der Trockenstrecken sauber bleiben. Die Bandgeschwindigkeit ist stufenlos regelbar (3 bis 15 m/min, bisweilen schneller), sie muß der Geschwindigkeit der Spritz- oder Plüschaggregate angepaßt werden. Die Trockenbänder werden durch Laufrollen unterstützt, der Rücklauf erfolgt meist frei unterhalb der Trockenstrecke. Der Trockenkanal wird bewußt relativ flach und damit das Volumen klein gehalten, um so im Hinblick auf Explosionsgefahren eine gute Durchlüftung zu erreichen. Er ist ebenfalls mit einer Absaug-

Abb. 333: Spritzanlage mit Durchlauftrockner[147].

vorrichtung versehen, die meist in der Mitte des Kanals angeordnet ist und so viel Luft absaugt, daß auch beim Arbeiten mit organischen Lösungsmitteln, die ja zum großen Teil erst im Trockenkanal abgegeben werden, das Luft- Lösungsmittel-Gemisch weit unterhalb der Explosionsgrenze liegt. Im übrigen gilt für Abluft, Brand- und Explosionsgefahr auch hier das bereits an früherer Stelle gesagte (S. 382). Die Trockenkanäle bestehen meist aus einzelnen Zellen, so daß die Länge des Bandes beliebig variiert werden kann.

Die Heizung der Trockenkanäle erfolgt mit Dampf oder mittels Infrarotstrahlen, seltener mit Heißwasser, die Temperatur steigt meist nicht über 60 °C. Die Dampfbeheizung wird am meisten eingesetzt und ist billiger, da oft in den Lederfabriken Abdampf zur Verfügung steht. Die Infrarottrocknung (S. 341) erfolgt aber rascher und wird daher insbesondere dann vorgezogen, wenn die Trockenkanäle aus Platzgründen kürzer gehalten werden müssen. Die Luft wird vorn und hinten angesaugt, geht an Luftfilter und Lufterhitzer vorbei und läuft dann durch die Anlage bis zur Absaugstelle etwa in der Mitte des Trockners. Sie kann durch Einbau quer zur Bandrichtung verlaufender Düsen mit Umlaufverfahren über die Leder geführt werden. Eingebaute Nachheizaggregate sorgen für konstante Trockentemperatur. Am Ende der Trockenzone wird zweckmäßig eine kurze Kühlstrecke eingebaut, damit die Leder, auch wenn die Beschichtung mit thermoplastischen Bindern erfolgte, bei der Entnahme sofort gestapelt werden können, ohne gegeneinander zu kleben. Die Kühlstrecke wird zweckmäßig mit Luftfilter und besonderen Kühldüsen versehen, um auch mit angesaugter Kaltluft arbeiten zu können.

Man sollte die Trockenstrecke, wenn es die räumlichen Verhältnisse zulassen, so lang wie möglich halten, da es in vielen Fällen, insbesondere bei weichen Ledern, von Vorteil ist, mit geringerer Temperatur etwas langsamer zu trocknen als umgekehrt. Dies gilt insbesondere auch bei dickeren Aufträgen, wie sie beim Plüschen, Airless-Spritzen und insbesondere Gießen erhalten werden. Auch wenn beim Spritzen mit besonders hohen Bandgeschwindigkeiten gearbeitet ist, müssen die Trockenanlagen entsprechend verlängert werden. Das ist aber in vielen Fällen räumlich nicht möglich. Dann müssen Auswege gewählt werden. Die eine Möglichkeit ist, die Leder am Ende der Trockenstrecke von Hand zum Nachtrocknen auf Stäbe zu hängen und hängend durch einen Trockenkanal zu schicken, aber das ist natürlich wieder arbeitsaufwendig. Es gibt Hochleistungstrockner, die mit hoher Luftgeschwindigkeit und erhöhter Trockentemperatur bis zu 120 °C arbeiten, aber dann braucht man hochgespannten Dampf von mindestens 4 bis 5 atü und außerdem sind bei manchen Bindertypen so hohe Temperaturen gar nicht anwendbar. Abb. 334 zeigt drei Trocknertypen. Oben befindet sich ein normaler Flachbandtrockner, bestehend aus sechs Heizzonen und einer Kühlzone. Bei einer Länge von 15 m und einer Durchlaufgeschwindigkeit von 12 m/min beträgt die Trockenzeit 1,2 Minuten. In der Mitte zeigt das Bild einen Drei-Etagentrockner mit drei übereinanderbefindlichen Bändern, die vorn durch einen Verteiler abwechselnd beschickt werden. Durch intensive Umluft quer zur Bandrichtung werden alle drei Bänder gut mit Trockenluft beschickt. Bei der gleichen Bandgeschwindigkeit von 12 m/min beträgt die Trockenzeit bei einer Bandlänge von 10 m 2,5 Minuten, bei einer Bandlänge von 15 m 3,5 Minuten, sie wird also auf gleichem Raum wesentlich verlängert. Das untere Bild (Abb. 334) zeigt ein Umhängetrockner. Hier ist zunächst ein Trockenband von 8 m, das Leder wird mit Photozellensteuerung und einer zwischen Ketten befindlichen Stange hängend nach oben und wieder nach vorn transportiert, wobei der hängende Transport sich zum Teil noch im geheizten Trockentunnel befindet und anschließend im Freien gewissermaßen eine Kühlzone

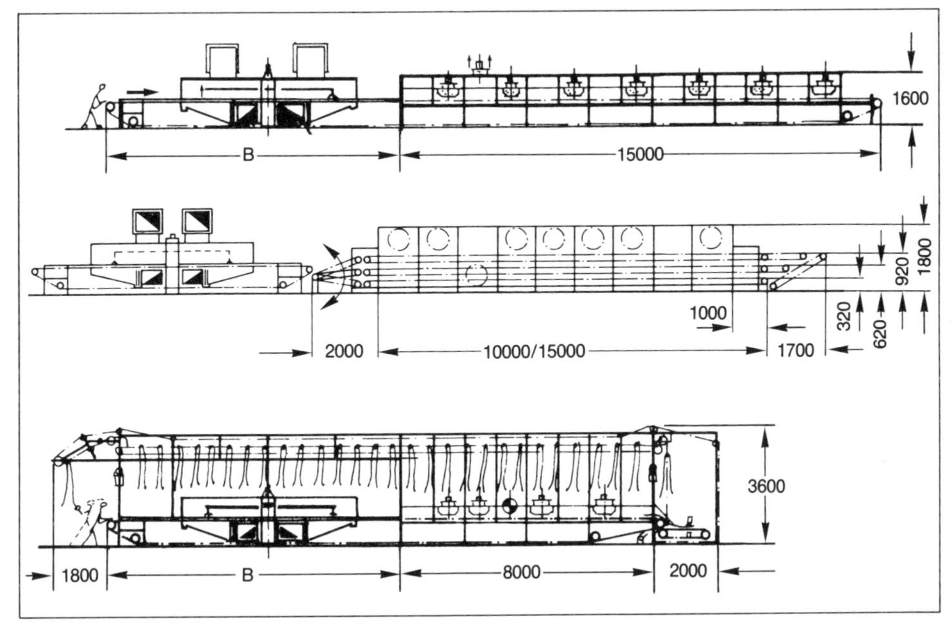

Abb. 334: Drei Bandtrockner: oben normaler Flachbandtrockner, Mitte Drei-Etagentrockner, unten Umhängetrockner[72].

durchläuft (siehe auch Abb. 335). Hier beträgt wieder bei gleicher Bandgeschwindigkeit die Trockenzeit 9, die Kühlzeit 8 Minuten. Abb. 336 zeigt schließlich eine zwar relativ lange Trockenzone, die aber unter die Decke verlagert ist, so daß darunter noch Arbeits- oder Lagerraum gewonnen wird.

Abb. 335: Umhängetrockner[72].

Abb. 336: Trockner unter der Decke.

Bei der Kombination der Spritz- oder Plüschanlagen mit der Bandtrocknung bietet sich natürlich die Möglichkeit an, die Einzelaggregate in allen möglichen Kombinationen zu *Zurichtstraßen* zusammenzuschließen, so daß dann nur noch je eine Arbeitskraft am Anfang und Ende der Strecke benötigt wird, wobei die letztere auch noch durch einen Stapler (S. 297) ersetzt werden kann. Abb. 337 zeigt eine kleine Straße, bestehend aus zwei Spritzaggregaten, zwei nachgeschalteten Durchlauftrocknern am Ende einer Kühlstrecke. Die Zurichtstraßen können aber auch wesentlich länger sein, unter Umständen können auch Durchlaufbügelmaschinen (S. 357) zwischengeschaltet werden. Die längste Strecke, die ich kenne, besteht aus Durchlaufschleifmaschine, Blasentstaubung, Plüschaggregat und Trocknung, Durchlaufbügeln, zwei Spritzaggregaten je mit zugehörigen Trockenbändern, Durchlaufbügeln, Finishspritzen mit Trockenband und Stapler. Aber es muß mit allem Nachdruck darauf hingewiesen werden, daß bei der Planung solcher Zurichtstraßen die im Betrieb üblichen Partiegrößen, die in gleichem Farbton gefärbt werden, berücksichtigt werden müssen. Sind sie zu klein, so fressen die Kosten für oftmaliges Reinigen und Umrüsten die Rationalisierungsgewinne wieder völlig auf. Wenn in den USA vielfach Anlagen mit gleichem Farbton ein bis zwei Tage

Abb. 337: Zurichtstraße aus zwei Spritzaggregaten und zwei nachgeschalteten Durchlauftrocknern[147].

laufen können, lohnen sich große Zusammenfassungen. Aber wo kommen in Europa, wenn man von Schwarz absieht, so große Färbepartien überhaupt vor? Dieser Faktor muß also bei der Planung sehr sorgfältig berücksichtigt werden (S. 294).

Werden Zurichtstraßen geplant, so ist auch an die Möglichkeiten zu denken, bewegliche Zwischenstücke in den Transport einzuschalten, mit denen man die Strecken teilen und dann in den einzelnen Teilaggregaten getrennt arbeiten kann. Abb. 338 zeigt ein solches Zwischenstück, das hochzuklappen ist. In anderen Fällen habe ich Auflegerahmen gesehen, die mit Perlonschnürenband und kleinem Antriebsmotor ausgerüstet waren und einfach in die vorgeplanten Lücken eingelegt oder in Form eines leichten Wagens eingefahren wurden, wenn zwei Teilstraßen zu einer Gesamtheit vereint werden sollten.

7.5 Drucken, Beschichten. Zum Abschluß der Besprechung der Verfahren für die Oberflächenbehandlung des Leders mit chemischen Mitteln sollen noch einige Methoden behandelt werden, die zwar bisher keine so allgemeine Verbreitung wie etwa das Spritzen erfahren haben, aber doch für gewisse Effekte und Anwendungen von Interesse sind. Ihnen gemeinsam ist, daß sie die Oberflächenbehandlung noch weiter vereinfachen und rationalisieren wollen und daß sie sämtlich mit wesentlich weniger oder ganz ohne Lösungsmittel arbeiten, was namentlich bei den stark angestiegenen Preisen für organische Lösungsmittel zusätzlich Bedeutung erlangt hat. In diesem Buch können die Verfahren natürlich nur insoweit behandelt werden, als die maschinelle Ausrüstung kurz besprochen wird, ihre Durchführung wird in einem anderen Buch dieser Reihe über die Oberflächenzurichtung ausführlicher behandelt.

7.5.1 Drucken. Normale Druckmaschinen hat man in der Lederindustrie schon oft eingesetzt, um gewisse modische Effekte zu erreichen. So kann man den Offsetdruck auf Leder verwenden, um die verschiedensten Motive im Uni- und Vierfarben-Buntdruck aufzudrukken, wie Bilder, alte Stiche, historische Gemälde, aber auch Reptilzeichnungen für Schlangen- und Eidechsenimitationen usw.[192]. Das Verfahren ist für jede Lederart geeignet, allerdings ist das Format beschränkt (max. 98 × 138 cm). Auch der Tiefdruck wurde schon oft zur Erzielung modischer Effekte verwendet, er war aber wegen der größeren Dicke der Leder nicht so allgemein, wie z. B. bei Textilien einsetzbar. Mit der Weiterentwicklung der Rotationstiefdruckmaschinen in Form der Rocomat[79], der Dornbusch-Druckmaschine[193], neuerdings auch der Leprinta[153], konnte der Einsatz dieses Druckverfahrens auf Leder wesentlich erweitert werden[194]. Die drei Maschinen arbeiten nach dem direkten und dem indirekten Verfahren, die Dornbuschmaschine auch nach dem Dosierspaltverfahren (Abb. 339). In der Praxis hat sich für das Verfahren vielfach auch die Bezeichnung »roll-coating-system« (Walzenauftragverfahren) eingeführt.

Bei dem zur Erzielung bestimmter modischer Effekte am längsten verwendeten Direktverfahren wird die Flotte von der Dessin- oder Rasterwalze direkt auf das Leder übertragen. Die Flotte wird durch eine Pumpe auf die Walze gepumpt, die nicht verbrauchte Flotte läuft in das Vorratsgefäß zurück, durch das Füllrakel wird die überflüssige Farbe abgestrichen. Die aufgetragene Produktmenge kann nur von der Rastergröße bestimmt und variiert werden. Man arbeitet meist mit 24er oder 36er Raster (Rastermaße/cm), wobei im ersteren Falle die Raster größer und tiefer sind und mehr Flotte übertragen. Beim Indirekt-Verfahren erfolgt der Auftrag von der Dessin- bzw. Rasterwalze über eine Gummiwalze auf das Leder. Dadurch werden die Stärkeunterschiede im Leder besser ausgeglichen, das Rastermuster

Abb. 338: Teilung von Zurichtstraßen durch Hochklappen eines Zwischenstücks.

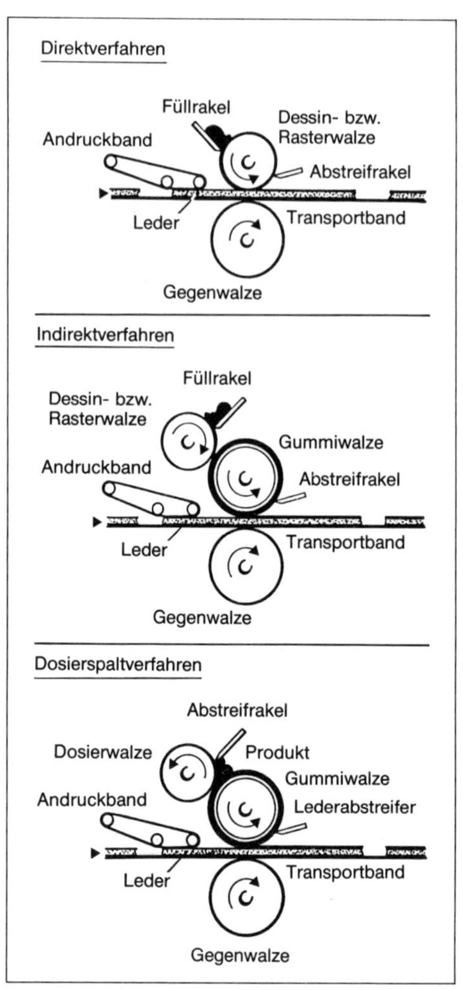

Abb. 339: Drucksysteme für Leder. ▷

wird zum Verschwinden gebracht und der Verlauf der lösungsmittelhaltigen Ansätze wird verbessert. Beim Dosierspaltverfahren arbeitet die Dosierwalze in gegenläufiger Richtung, ihr Abstand zur Gummiwalze ist verstellbar und die Auftragsmenge wird durch diesen Abstand bestimmt und variiert. Man braucht also keine verschiedenen Rasterwalzen, um variable Mengen aufzutragen. Niedrig viskose Flotten sind aber hier nicht einsetzbar.

Die Bandgeschwindigkeit beträgt 3 bis 30 m/min, im letzten Fall können 600 Hälften/Std. durchlaufen. Die Umdrehungsgeschwindigkeit der Druckwalze sollte etwas höher sein als die Bandgeschwindigkeit, um einen leichten Zug auf das Leder auszuüben. Sie muß stets gründlich gereinigt werden, die Rakelmesser sind sehr vorsichtig zu behandeln, da Kerben leicht die Druckwalze beschädigen. Die Walzen dürfen bei angelegtem Rakelmesser nicht trocken laufen, weil die Druckfarbe gleichzeitig als Schmiermittel dient. Wichtig ist, daß die Maschinen in staubfreien Räumen stehen, explosionsgeschützt ausgerüstet sind und daß die

Leder möglichst gleichmäßige Stärke haben und auf beiden Seiten sauber und staubfrei sind. Es wird mit erheblich konzentrierteren Lösungen als bei den früher besprochenen Verfahren gearbeitet, der Lösungsmitteleinsatz kann bis zu 70 % geringer sein, was namentlich bei organischen Lösungsmitteln von Vorteil ist. Die Zeiten für Farbwechsel und Reinigung liegen bei den Druckmaschinen im allgemeinen erheblich niedriger als bei Spritzmaschinen.

Das Druckverfahren kann für die Anilinfärbung ungefärbter Leder (Kopffärbung), Fleischseitenfärbung, Staubbinderaufträge, Spaltfärbung, wässerige Grundierungen und Deckfarben und dabei insbesondere auch die Aufbringung modischer Effekte, den Auftrag wässeriger und organischer Appreturen, Oberflächenhydrophobierung usw. verwendet werden. Die Oberfläche des Leders muß für geschlossene Aufträge gut glatt sein, bei geprägten oder gemillten Ledern werden nur die Kuppen erreicht (Tamponiereffekt). Für dünne und insbesondere sehr weiche Leder ist das Verfahren wegen der Gefahr leichter Faltenbildung nicht geeignet. Als Vorteile für die Lederbehandlung nach den angegebenen Verfahren werden große Gleichmäßigkeit der Aufträge, Materialeinsparung, exakte Dosierung der Auftragsmenge ohne Substanzverluste, kürzere Trockenstrecken, da die Lösungsmittelmenge nur gering ist, kein Auftreten von Farbnebeln und die Einsparung von Lösungsmitteln und kurze Zeiten für Farbwechsel und Reinigung angeführt. Man kann natürlich in der Rasterwalze statt der einheitlichen Rasterung auch jedes Dessin oder Bild einätzen und damit die verschiedensten Effekte erreichen.

In diesem Zusammenhang sei auch das *Levacast* (früher Baycast)-*Umkehrverfahren* besprochen[195]. Es ist kein Druckverfahren, hat mit diesem aber gemeinsam, daß sehr konzentriert, fast lösungsmittelfrei gearbeitet wird und die Aufträge erst auf dem Leder aufgetrocknet bzw. entwickelt werden. Bei diesem Verfahren (Abb. 340) wird eine Mischung von Isocyanatprepolymer (Vorstufe der Polyurethane) und Härter, die sich sehr rasch hochpolymer vernetzt, in einem Mischkopf vermischt und sofort im Spritzverfahren zunächst auf ein mit Matrize belegtes Band aufgetragen, dann mit dem Leder zusammengebracht und in einem Trockenkanal getrocknet und vernetzt, wodurch eine fast lösungsmittelfreie Beschichtung mit hohen Echtheitseigenschaften erhalten wird. Für ein störungsfreies Vermischen der beiden Komponenten wurden besondere Mischköpfe entwickelt. Die aus Silikonkautschuk hergestellte Matrize dient einmal als trennfähige Unterlage zum leichten Ablösen der Polyurethanbeschichtung vom Band und zum anderen zur Herstellung von Abgüssen von Lederoberflächen, Schuhschäften usw., die die Oberflächen als Negativ sehr exakt wiedergeben und dann mittels Umkehrverfahren auf die Lederbeschichtung übertragen, so daß

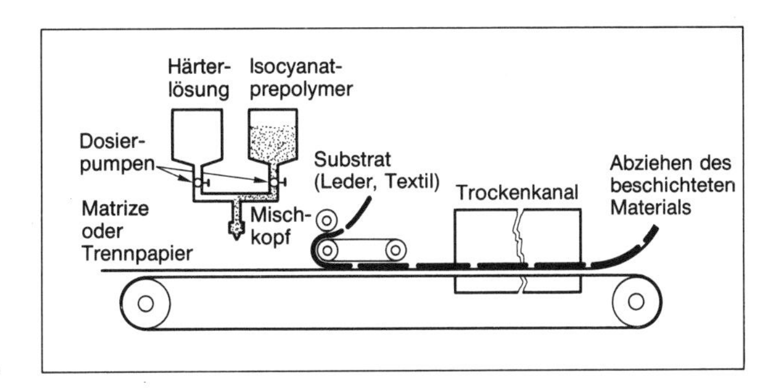

Abb. 340: Levacast-Verfahren.

originalgetreue Oberflächen entstehen. Das Verfahren ist insbesondere für die Spaltveredelung gedacht, aber nur bei hohen Durchsätzen rentabel.

7.5.2 Beschichten. Eine Beschichtung der Lederoberfläche mit Folien ist bei der Herstellung von Gold- und Silberleder schon seit langem bekannt. Dabei werden, nachdem man die Lederoberfläche mit Klebstoff bestrichen hat, hauchdünne Blattgold- oder Blattaluminiumblättchen mit einer Fläche von meist 95 × 95 mm Stück für Stück mit leichter Überlappung aufgelegt, getrocknet und festgebügelt und eventuell mittels Glanzstoßmaschine (S. 361) noch auf Hochglanz gestoßen. Das war eine mühsame Kleinarbeit.

Erst in den letzten Jahren wurden Verfahren entwickelt[196], bereits vorgefertigte größere Kunststoff-Folien auf Leder, vorzugsweise Spaltleder aufzukaschieren. Hierfür kommen Weich-PVC(Polyvinylchlorid)- oder PU(Polyurethan)-Folien zur Anwendung. Die ersten sind erheblich billiger, können heute auch ausreichend kältebeständig geliefert werden, sind aber nicht porös, so daß die damit beschichteten Leder keine Wasserdampfdurchlässigkeit, wohl aber von der Rückseite her ein Wasserdampfaufnahmevermögen besitzen. Die PU-Folien können mikroporös hergestellt werden und vermitteln dann auch eine gute Wasserdampfdurchlässigkeit. Beide Folientypen werden in Rollenform in guter Auswahl entweder glatt und einfarbig geliefert und erhalten dann nach dem Aufbringen auf die Lederoberfläche noch eine weitere Schlußzurichtung, sie können aber auch schon fertig zugerichtet mit jedem Narbenbild oder jeder gewünschten Phantasienarbung und jedem Oberflächeneffekt geliefert werden.

Bei der älteren Heißkaschierung durch Aufschmelzen von PVC-Folien auf Leder bei 150 bis 180 °C werden nur hochglänzende Lackoberflächen erhalten. Daher wird heute meist das »kalte« Verfahren angewandt. Die Spaltleder werden zunächst sorgfältig und nicht zu langfaserig geschliffen und dann mit geeigneten Klebstoffen eingestrichen, wobei Bürst- oder Plüschaufträge eine bessere Verankerung im Lederuntergrund ergeben als Spritzaufträge. Dann werden die Folien aufgelegt, bei Spalten mit 0,3 bis 0,5 mm Stärke, bei Narbenleder auch mit geringerer Stärke, bei Ledern für schwere Skistiefel mit 1,0 bis 1,5 mm Dicke. Wichtig ist, daß sich keine Blasen bilden. Sie werden dann mit 5 kp/cm^2 Druck bei 80 °C und 30 Sekunden Preßdauer zusammengepreßt. Grundsätzlich ist es besser, bei nicht zu hohem Druck zu arbeiten, namentlich bei vorgenarbten Folien, um sie nicht unnötig zu glätten, als Sicherheitsfaktor ist die Preßdauer besser etwas zu verlängern.

Natürlich kann man das Kaschieren in mancher Richtung mechanisieren. So kann man die Folie als Transportband verwenden, das über eine längere Unterlage läuft und auf das man die mit Klebstoff bestrichenen Leder auflegt, das Ganze durch eine Presse transportiert und dann aufteilt. Oder man breitet die Folie nach Einstreichen des Leders mit Klebstoff auf das Leder aus und preßt das Ganze dann in einer Lederpresse zusammen (S. 352). Bei einer anderen Methode wird der Klebstoff wie bei den oben besprochenen Druckverfahren mittels Walze und Rakel auf das Leder aufgetragen, dann die Folie als Band mittels Kalanderwalze auf das Leder aufgelegt und das Ganze anschließend wieder mit einer heizbaren Presse zusammengepreßt (Abb. 341). Das Arbeiten mit Presse gestattet natürlich nur einen etappenweisen Weitertransport, ein Verbügeln mit heizbaren Kalanderwalzen würde den Ablauf kontinuierlich gestalten.

Die Folienkaschierung hat wegen der unregelmäßigen Form des Leders den Nachteil, daß erheblicher Beschneideabfall entsteht, entweder durch nachheriges Beschneiden der Folie

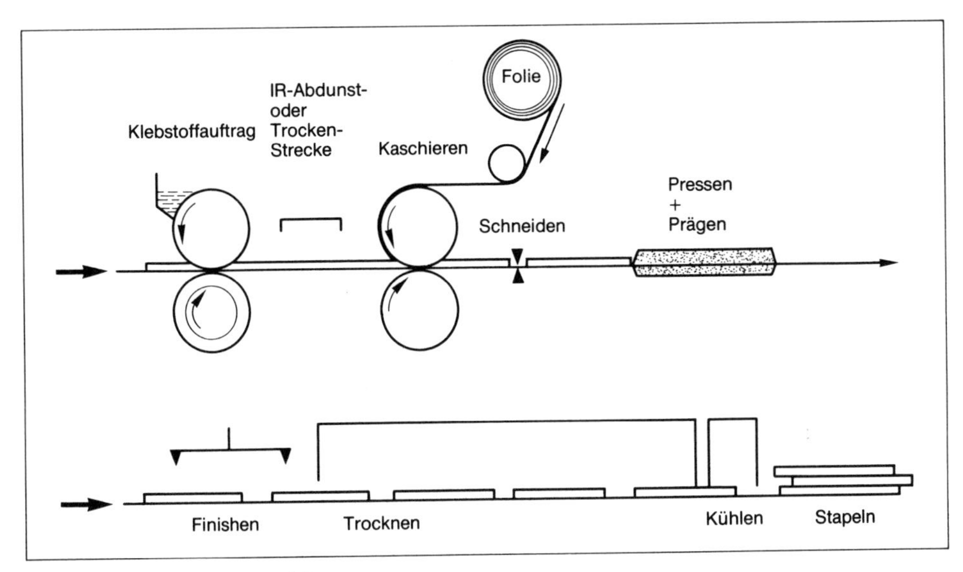

Abb. 341: Folienkaschierung[196].

oder durch vorheriges Beschneiden des Leders. Es ist aber auch möglich, die Spaltleder nach Anschärfen zu langen Rollen zu verkleben oder bei Einsatz entsprechender Schweißhilfsmittel mit Hochfrequenzverschweißung zu verbinden und diese Rollen dann mit Folien zu kaschieren, wodurch die Kaschierverluste vermindert werden und eine rationellere Verarbeitung in den verarbeitenden Industrien ermöglicht wird[197].

Ein anderes, für Narbenleder einzusetzendes Beschichtungsverfahren ist das Aufbringen von PU-Transferfolien[198], ganz dünnen Folien mit 3 bis 6μm Dicke, die auch als Rollenware geliefert werden. Sie sind auf einem geeigneten Trägermaterial (z. B. Papier) aufgebracht und werden mit diesem zusammen auf das Leder aufgebügelt, das man vorher mit einem geeigneten Kleber überspritzt oder überplüscht hat. Die Verpressung erfolgt bei etwa 80 °C, 100 atü Druck über nur wenige Sekunden. Dann wird das Trägermaterial abgezogen. Die Folien können transparent sein, so daß dann die vorherige Lederfärbung durchscheint, dadurch bleibt der Ledercharakter am besten erhalten. Sie können aber auch beliebig angefärbt oder mit deckenden Pigmenten pigmentiert oder mit aufgedruckten Mustern, z. B. Reptilmustern, versehen sein. Durch eine Nachzurichtung können noch die verschiedensten modischen Wirkungen erreicht werden.

VIII. Lederlager

Über das Lagern von Waren, die zweckmäßigste Lagertechnik, Einrichtungen, Regale und Transportmittel usw., wurde bereits an früherer Stelle (S. 117) eingehend berichtet, die dort gemachten Angaben können sinngemäß auch auf die Lederlagerung übertragen werden. Hier sollen nur noch einige Ausführungen über spezifische Faktoren der Lederlagerung, das Beschneiden, die Mengenfeststellung und damit im Zusammenhang stehend die Klimatisierung der Lagerräume gemacht werden.

Das fertige Leder muß, bevor es auf Lager genommen wird, beschnitten werden, um alle anhängenden Zipfel, unschöne Randpartien usw. zu entfernen. Ob diese Arbeit überhaupt nötig ist, ist sehr fraglich, denn das Leder wird bei der Verarbeitung nie bis zum Rand aufgeschnitten, aber ein gefälliges Aussehen erleichtert den Verkauf. Das Beschneiden erfolgt meist manuell mittels Schere, es gibt aber auch Handschneidemaschinen (z. B. Abb. 342 und 343), die diese Arbeit erleichtern und die Leistung steigern. Aber im allgemeinen wird damit mit kühnem Schnitt mehr Leder weggenommen als notwendig, damit wird die Flächenausbeute geringer und man wird von Fall zu Fall prüfen müssen, in welchem Verhältnis gesparte Kosten und Flächenmehrverlust zueinander stehen.

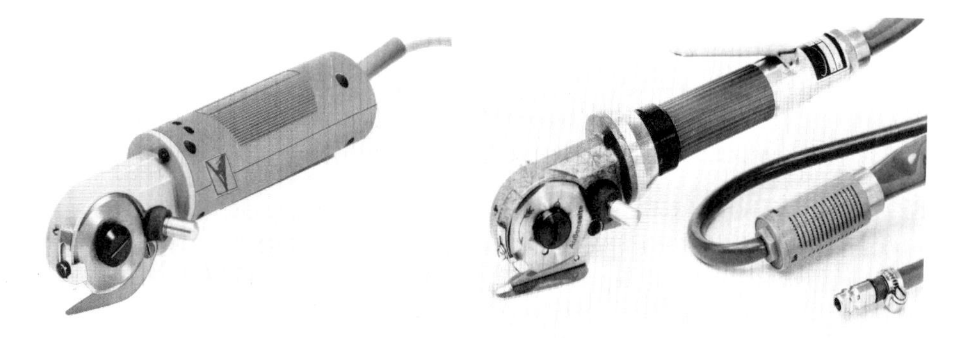

Abb. 342: Elektrohandschneidemaschine[63].

Abb. 343: Drucklufthandschneidemaschine[63].

Nun zur *Mengenfeststellung*. Manche Lederarten werden nach Gewicht verkauft (Gewichtsleder), hier kann auf frühere Angaben über die Gewichtsbestimmung verwiesen werden. (S. 39). Die meisten Leder werden aber nach Fläche gehandelt (Flächenware), die offizielle Maßeinheit ist nach dem metrischen System Quadratmeter (m^2) bzw. Quadratdezimeter (dm^2), gelegentlich wird aber auch noch Quadratfuß (qf) verwendet.

$$1\ m^2 = 100\ dm^2 = 10{,}7639\,qf.$$

In der Bundesrepublik ist ab Januar 1981 nur noch das metrische System zugelassen. Die Quadratmeterwerte werden auf eine Stelle nach dem Komma, Quadratdezimeterwerte als ganze Zahlen, die Quadratfußwerte auf ¼ qf genau angegeben, die Meßwerte werden immer nach oben abgerundet. Da Leder ganz unregelmäßige Form besitzt, sind für seine Flächenfeststellung Ledermeßmaschinen entwickelt worden, und zwar sind heute zwei Typen in Anwendung[199].

Die *Stiftenradmeßmaschine* tastet die Oberfläche des Leders, das von einem Tisch unter Vermeidung jeder Faltenbildung flach ausgebreitet zwischen einer unteren Nutenwalze und den darüber befindlichen, parallel nebeneinander liegenden Stiftmeßrädern durch die Maschine geführt wird, mechanisch ab (Abb. 344). Die Stiftmeßräder sind unabhängig voneinander drehbar, und in ihnen befinden sich 24 Stifte D, die in gewissen Grenzen radial frei beweglich sind. Sie gleiten durch ihr Eigengewicht im oberen Teil der Meßräder nach innen, im unteren Teil nach außen, und ihre Köpfe stehen dann über den Radrand heraus und laufen durch die Nuten der unteren Zuführungswalze (Nutwalze) hindurch. Nur dort, wo sie auf das Leder treffen, werden sie hochgeschoben und ihr inneres Ende drückt das Zahnrad C im Vorbeilaufen um einen Zahn weiter. Diese Drehbewegung wird über den Schneckentrieb A auf die obigen Schneckenräder übertragen, über deren Naben sich in dem Maße, wie sie sich

Abb. 344: Stiftenradmeßmaschine[124].

drehen, Stahlbändchen aufwickeln. Die Stahlbändchen liegen über den Rollen q eines Additionssystems (Abb. 345), die Rollen ihrerseits hängen an Waagebalken, die derart untereinander verbunden sind, daß der ausgeübte Zug durch die Stahlbändchen sich auf den Aufhängepunkt r des Hebelsystems auswirkt und zwar im Verhältnis zu der Gesamtzahl der Elemente. Damit wird der Zeigerhebel t nach unten gezogen und die dadurch bewirkte Bewegung des Zeigers ist auf dem Zifferblatt ablesbar. Durch die Rädelmutter y wird der Zeiger vor der Messung genau auf die Nullmarke eingestellt.

Sämtliche Schneckentriebe A bleiben während des Meßvorganges im Eingriff mit ihren Rädern. Ist das Maß abgelesen, so wird mittels Fußtrittbrett die in Abb. 344 vor den

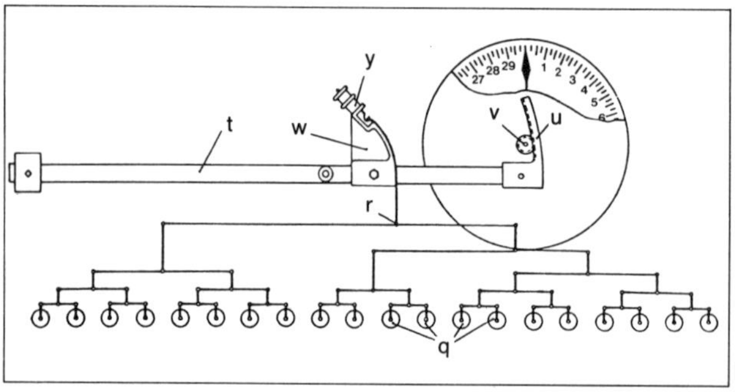

Abb. 345: Additionssystem einer Stiftenradmeßmaschine[120].

Stiftmeßrädern sichtbare Traverse nach unten bewegt und damit die Schneckenspirale A von dem zugehörigen Schneckenrad getrennt, so daß dieses sich wieder in seine Ausgangsstellung zurückdrehen kann. Hydraulische Stoßdämpfer sorgen dafür, daß die Schneckenspiralen erst wieder in die Zahnung der Schneckenräder eingreifen, wenn der Zeiger in Nullstellung zur Ruhe gekommen ist. So wird also die Lederfläche in parallele Streifen gleicher Breite aufgeteilt, jeder Stift registriert in seinem Streifen den Flächeninhalt eines Rechtecks von bekannter Größe und die Summe der auf diese Weise gemessenen Rechtecke ergibt das Flächenmaß. Die Stiftenradmeßmaschinen werden in Arbeitsbreiten von 1400 bis 3250 mm geliefert, die Transportgeschwindigkeit variiert zwischen 12 und 18 m/min, die stündliche Leistung liegt bei ganzen Häuten zwischen 80 und 100, bei Fellen zwischen 400 und 500 Stück. Zur Bedienung sind eine Person, bei großen Häuten zwei Personen an jeder Seite notwendig. Die Maschinen können mit Addiervorrichtung, Abdruck des Maßes auf selbstklebenden Etiketten oder Einrichtung zum direkten Aufstempeln der Maße auf das Leder versehen werden. Sie sind eichbar.

Bei den *elektronischen Meßmaschinen* (Abb. 346) wird die Fläche durch ein fortlaufendes photoelektrisches Abtasten erfaßt. Dabei wird das Leder mittels Band aus Nylonfäden durch die Abtastzone transportiert. Die Abtastvorrichtung besteht aus einer Reihe unterhalb der Transportebene quer zur Laufrichtung des Bandes angeordneter Photozellen im gleichmäßigen Abstand und darüber einer Leuchtbrücke, die die Photozellen belichtet (a). Das durchlaufende Leder beschattet die von ihm überdeckten Photozellen und für die Dauer des

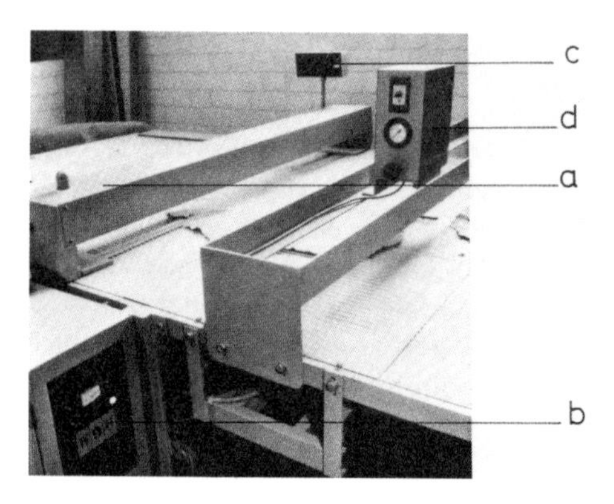

Abb. 346: Elektronische Meßmaschine[147].

überschatteten Zustandes ändert sich der Widerstandswert und damit öffnet sich für jede Photozelle eine Torschaltung für Zählimpulse, die von einem synchron mit dem Transportband arbeitenden Impulsgeber geliefert werden. Jeder Impuls entspricht einem Flächeninhalt von bekannter Größe. Die Impulse übertragen sich auf ein elektronisches Summier- und Anzeigewerk, das sie zählt, addiert und das Ergebnis digital anzeigt (c), das wahlweise in dm^2 oder qf angegeben wird (Vorwahlschalter b). Die Arbeitsbreite liegt ebenfalls zwischen 1400 und 3250 mm. Da die Transportgeschwindigkeit mit 20 bis 30 m/min wesentlich höher ist und die Leder in dichter Folge aufgelegt werden können, ist die Leistung mit 350 bis 550 Hälften und bis zu 1400 Fellen/Std. wesentlich höher als bei der Stiftenradmeßmaschine. Die Maschinen können ebenfalls mit Zusatzgeräten versehen werden, die die Einzelwerte elektronisch registrieren, addieren und Kontrollstreifen mit den Einzelwerten und dem Summenwert liefern. Sie können auch selbstklebende Etiketten mit den Einzelmaßen liefern oder das jeweilige Maß auf die Leder aufstempeln (d). Außerdem gibt es Einrichtungen, bei denen eine bestimmte Stückzahl oder eine bestimmte Gesamtfläche vorgewählt werden kann und die Messung automatisch unterbrochen wird, wenn dieser Maximalwert erreicht ist.

An früherer Stelle (S. 298) wurde bereits darauf hingewiesen, daß die elektronischen Meßmaschinen auch zum Messen nasser oder halbfertiger Leder geeignet sind, wodurch während der Produktion das Sortieren und das Zusammenstellen gleichartiger Arbeitspartien für die Naßzurichtung wesentlich erleichtert wird. Dabei kann die Maschine das Sortieren nach Größe durch Leuchtanzeige in verschiedenen Farbtönen unterstützen.

Bei der Flächenmessung von Leder können natürlich einige Fehler auftreten. Da ist einmal der Randfehler, weil die schrägen Randstücke immer nur als volle Rechtecke erfaßt werden, wenn sie von einem Stift oder einem elektronischen Meßfühler getroffen werden oder gar nicht erfaßt werden, wenn der Stift oder der elektronische Meßfühler am Rand des Leders ins Leere trifft. Da sich diese Fehler sowohl positiv wie negativ auswirken, gleichen sie sich bis auf einen kleinen Restbetrag aus. Es ist weiterhin wichtig, daß das Leder eben und nicht gekrümmt in die Maschine eingelassen wird, daß es nicht stark wellig oder faltig ist und daß kein merklicher Schlupf eintritt. Schließlich ist auch durch die mehr oder weniger große Dehnbarkeit des Leders seine Fläche keine ganz konstante Größe. Daher ist zwischen verschiedenen Messungen eine Toleranz von maximal ± 2 % als handelsüblich anzusehen.

Außerdem muß aber berücksichtigt werden, daß Ledergewicht und Lederfläche auch vom Wassergehalt des Leders abhängen und dieser wieder nicht konstant ist, sondern vom Feuchtigkeitsgehalt der umgebenden Luft beeinflußt wird. Trockenes Leder absorbiert beim Einbringen in Räume mit feuchter Luft eine gewisse Wassermenge bis zur Einstellung eines Gleichgewichts, wird dabei natürlich schwerer und dehnt sich in der Fläche aus. Bei zu trockener Lagerung nimmt im Gegensatz dazu der Wassergehalt ab, Gewicht und Fläche werden geringer. Unter vergleichbaren Bedingungen sind Feuchtigkeitsaufnahme und Flächenausdehnung bei Chromleder größer als bei pflanzlich gegerbtem Leder. So wurde bei vergleichenden Untersuchungen bei einer Zunahme der relativen Feuchtigkeit von 0 auf 100 % eine Flächenzunahme zwischen 10 und 19 % bei Chromleder, dagegen nur zwischen 4 und 9 % bei pflanzlich gegerbtem Leder festgestellt[200]. Ganz abgesehen davon, daß dadurch auch die Ledereigenschaften beeinflußt werden, schlägt sich dies auch auf die Verkaufsergebnisse nieder. Bei zu trockenen Ledern sind die Verkaufsgewichte bzw. -flächen zu gering, zu hohe Feuchtigkeitsgehalte beim Wiegen bzw. Messen ergeben zu hohe Werte und unsachgemäße Lagerung bei den verarbeitenden Firmen kann dazu führen, daß ausgestanzte Stücke nachträglich ihre Flächen verändern und dadurch bei der Weiterverarbeitung Schwierigkeiten entstehen.

Daher ist bei der Lagerung von Leder und vor Feststellung der Verkaufsgewichte bzw. -flächen eine sachgemäße Aufbewahrung wichtig. Die Räume sollten kühl und luftig sein und kein direktes Sonnenlicht einlassen, die Leder sollten in Regalen oder auf Lattenrosten, keinesfalls auf Zementboden gelagert werden, die Stapel sollten nicht höher als 1 m sein. Es ist zweckmäßig, in gewissen Abständen Stäbe zwischenzulegen, damit die Luft auch zwischen die Stapel selbst gelangen kann. Die Temperatur sollte zwischen 5 und 15 °C, die relative Luftfeuchtigkeit zwischen 50 und 70 % liegen. Beide Daten sollten ständig kontrolliert und korrigiert werden, wobei ein oft empfohlenes Besprengen des Bodens mit Wasser oder ein Aufstellen von Wasserbottichen nicht ausreichend ist.

Zur Kontrolle der Temperatur werden Kontaktthermometer (S. 38 und 65) verwendet und vor die Heizkörper damit verbundene Absperrventile für Dampf oder Heißwasser eingebaut. Zur Regulierung der Luftfeuchtigkeit werden *Luftbefeuchter* verwendet, die transportabel oder fest eingebaut sein können und nach zwei Prinzipien arbeiten, durch Zerstäuben oder durch Verdampfen von Wasser. *Zerstäuber* arbeiten nach dem Aerosolprinzip. Abb. 347 zeigt ein solches Gerät. Das Wasser wird durch einen Ansatzstutzen von unten auf den Rotationsteller gefördert, durch Zentrifugalschleudern in feinste Partikel zerrissen und in schwebefähige Aerosole verwandelt. Eine kleine, für die Zerstäubung nötige Luftmenge wird über ein unten eingebautes Filter angesaugt, der Hauptluftstrom, der die Verteilung der Aerosole im Raum besorgt, wird durch den oberen Filter angesaugt, kommt also mit den Zerstäuberteilen

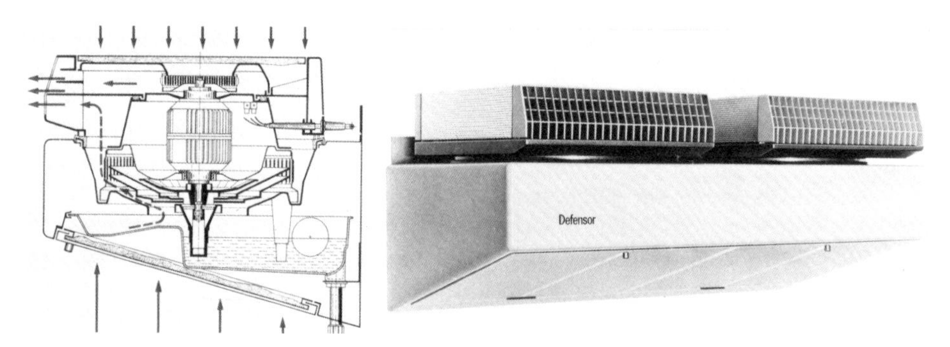

Abb. 347: Defensor-Luftbefeuchter 8002[198].

des Apparates nicht in Berührung. Je nach der Größe des zu befeuchtenden Raumes gibt es Geräte bis zu einer Leistung von 25 l Wasserabgabe/Std. Die Betriebskosten fallen für solche Geräte kaum ins Gewicht. Diese Geräte bringen natürlich geringe Kalkmengen in die Luft, so daß bei hartem Wasser eine Entkalkung zwischengeschaltet werden sollte. *Verdampfer* arbeiten mit Wasserdampf. Abb. 348 zeigt ein solches Gerät. Rechts wird das Wasser in einem Steuerbecken mit Schauglas bereitgehalten, in der Mitte befindet sich der Dampferzeuger, in dem sich eine elektrische Heizung mit Heizstäben und ein Kalkauffangsack befindet, links sind (nicht sichtbar) die Steuergeräte eingebaut und oben befindet sich das Dampfausblasegerät. Hier sind natürlich die Energiekosten höher, es sei denn, daß im Betrieb Sattdampf

Abb. 348: Dampfluftbefeuchter Devapor (unten) mit Dampfausblasgerät (oben)[198].

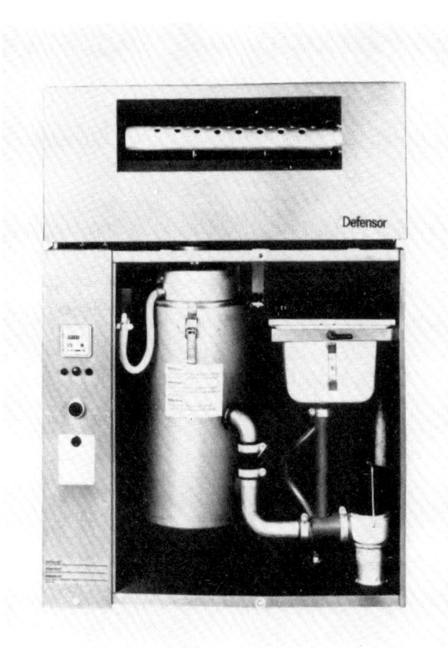

ohnehin verfügbar ist, der dann direkt mit Mengenregler dem Dampfausblasgerät zugeleitet werden kann. Der Vorteil dieser Geräte liegt im absolut geräuschlosen Betrieb, hygienisch stets ganz einwandfreiem Medium und Fehlen irgendwelcher Kalkniederschläge.

Alle Geräte sollten stets staub- und niederschlagfrei und möglichst geräuscharm arbeiten, in der Leistung stufenlos verstellbar und automatisch steuerbar sein (Hygrostate S. 65).

Bei diesen Angaben wurde davon ausgegangen, daß die Luft befeuchtet werden muß, was für mitteleuropäische Verhältnisse auch meist der Fall ist. Natürlich kann aber auch der umgekehrte Fall eintreten, daß unerwünscht hohe Luftfeuchtigkeit verringert werden sollte. Dann müßten Luftentfeuchter, die es ebenfalls im Handel gibt[201], eingebaut werden.

Erläuterung der verwendeten Maßeinheiten

A	Ampere (elektrische Stromstärke)
atü	entspricht 1 bar (10^5 Pascal) = 760 Torr
bar	entspricht 1 Kilopond/Quadratzentimeter = 10^5 Pascal
cm	Zentimeter
dm^2	Quadratdezimeter
Hz	Hertz
J (kJ)	Joule (Kilojoule, früher [Kilo-]Kalorie); 1 kcal = ≈4,2 kJ
kg	Kilogramm
kp	Kilopond (= 9,8067 N)
kW	Kilowatt
l	Liter
M	Mega...
m	Meter
m^2	Quadratmeter (= 10,7639 qf)
m^3	Kubikmeter
mm	Millimeter
min	Minute
N	Newton (Kraft) = rund 0,1 kp
Pa	Pascal (Druck) = 10^{-5} bar)
pH	Bezeichnung für den Säuregehalt eines Stoffes
qf	Quadratfuß (siehe m^2)
s	Sekunde
Std.	Stunde
t	Tonne
Torr	entspricht 1 mm Quecksilbersäule
U/min	Umdrehungen pro Minute
°C	Grad Celsius
%	Prozent
µm	Mikrometer (1/1 000 000 m)
Ω	Ohm (elektrischer Widerstand)
V	Volt (elektrische Spannung) = 1 W/A
W	Watt (Leistung) = 1 J/s

Literaturangaben, Lieferfirmen

1 G. A. Bravo und J. Trupke: 100 000 Jahre Leder, Birkhäuser Verlag Basel und Stuttgart 1970.
2 Institut der Deutschen Wirtschaft, Köln: JW – Trends 30. 4. 81.
3 J. Pütz: Einführung in die Elektronik, Verlagegesellschaft Schulfernsehen.
4 Robert Bosch GmbH, 7000 Stuttgart 1, Postfach 50.
5 W. Kaspers und H.-J. Küfner: Messen, Steuern, Regeln für Maschinenbauer, Vieweg-Verlag Braunschweig 1977. F. Piwinger: Regeltechnik für Praktiker, VDI-Verlag GmbH, Düsseldorf 1975. Ullmann: Enzyklopädie der technischen Chemie, Band 2/2, Urban und Schwarzenberger, München, Berlin, Wien – DIN 19 226: Regeltechnik und Steuertechnik, Beuth-Vertrieb GmbH, Berlin und Köln. E. Samal: Grundriß der praktischen Regeltechnik, 2 Bd., Oldenbourg-Verlag, München 1970 und 1974. O. Schäfer: Einführung in die Grundlagen der selbsttätigen Regelung, Franzis Verlag, München 1970 – E. Pestel und E. Kollmann, Grundlagen der Regeltechnik, Vieweg-Verlag, Braunschweig 1968.
6 Lieferfirma Pfister-Waagen, 8900 Augsburg.
7 Lieferfirma Carl Schenk GmbH, 6100 Darmstadt.
8 Lieferfirma Bizerba-Werke, 7460 Balingen.
9 Lieferfirma Siemens AG, Berlin und München.
10 Lieferfirma Pollux GmbH, 6700 Ludwigshafen/Rh.
11 Lieferfirma W. Schumann, Am Gräfelsberg 11, 7500 Karlsruhe 41.
12 Lieferfirma Deutsche Metrohm GmbH & Co., Postfach 1160, 7024 Filderstadt.
13 Ziegler und Nichols, Trans ASME 64 (1952) S. 759.
14 H. Pfeiffer: Grundlagen der Fördertechnik, Vieweg und Sohn Verlagsges. mbH., Braunschweig 1977.
15 Lieferfirma Kaiser + Kraft GmbH, Industriestr. 2–14, 7235 Renningen.
16 Lieferfirma Jungheinrich Unternehmensverwaltung KG, Friedrich-Ebert-Damm 129, 2000 Hamburg 70.
17 Lieferfirma Gebhardt Fördertechnik GmbH, Postfach 304, 6920 Sinsheim.
18 Lieferfirma R. Stahl GmbH & Co., Postfach 399, 7000 Stuttgart 1.
19 Lieferfirma z. B. Otto Graf GmbH, Postfach 1220, 7835 Teningen.
20 Lieferfirma Drais GmbH, 6800 Mannheim (Rührer); AEG, z. B. Rotebühlstr. 108, 7000 Stuttgart (Vibrationsgerät).
21 H. Herfeld: G + P Oktober, November 1968, Leder 1973, S. 253.
22 H. Herfeld und G. Königfeld: G + P Oktober, November 1963, Juni, Juli 1964, Mai, Juni 1967, Mai 1968, Leder 1965, S. 229. H. Herfeld: G + P April 1966. W. Müller-Limmroth und W. Diepschlag: G + P 1971, 96, Leder 1971, S. 1. W. Diebschlag: Leder 1972, S. 1, G + P 1973, S. 161. W. Diebschlag und V. Mauderer: Leder 1973, S. 201, 225. W. Müller-Limmroth, W. Diebschlag und V. Mauderer: G + P 1975, S. 330. W. Diebschlag, W. Müller-Limmroth und H. R. Beierlein: Leder 1977, S. 202.
23 Siehe Diskussionsbemerkung Atmanspacher, Leder 1966, S. 143.
24 Food and Agriculture Organization of the United Nations (FAO), Agriculture Service Devision, Via delle Terme di Caracolla, Rom/Italien.
25 Lieferfirma Schmid & Wezel, Postfach 60, 7133 Maulbronn.
26 Lieferfirma Vogt-Werke KG, 6490 Schlüchtern/Hessen.
27 Lieferfirma Banss KG, Postfach 1150, 3560 Biedenkopf.
28 K. Pauligk und R. Hagen: Lederherstellung, VEB Fachbuchverlag Leipzig 1973.
29 Diskussionsgespräch »Zukunftsaufgaben auf dem Ledergebiet«, Mannheim, Leder 1968, S. 161 ff.
30 Schweiz. Leder-Schuhztg. 20. 6. 1968.
31 R. Vuillaume: Le Cuir 15. 12. 1964, BAFCIC 1965, S. 152.

32 Economics of segmenting cattle hides, US-Department of Agriculture, Economics Research Service ERS 215, Februar 1965.
33 V. Pektor: Leder 1967, S. 96, G + P März 1968.
34 H. Herfeld: G + P August, Oktober, November 1975.
35 L. Erdi: Ref. JALCA 1965, S. 702. Vgl. auch G. W. Vivian und M. B. Rends: JSLTC 1976, S. 149.
36 F. Stather und H. Herfeld: Leder 1935, S. 333.
37 J. W. Thompson: Ref. Leder 1967, S. 281.
38 Lieferfirma Exeter Machine Co. (früher Stehling), 309 South Water Street, Lomira, Wisconsin/USA.
39 Siehe auch E. J. Strandine: Leder 1951, S. 200.
40 R. J. Miller: JALCA 1964, S. 237.
41 Vgl. auch L. Lyons: Leather-Shoes 1964, Nr. 12, S. 45.
42 D. R. Cooper und A. C. Galloway: JALCA 1965, S. 350.
43 D. R. Cooper, A. C. Galloway und T. H. Miller: JALCA 1964, S. 578.
44 W. Nathan: Ref. Leder 1967, S. 284.
45 I. I. Mikaeljan: Ref. Leder 1967, S. 304.
46 R. J. Miller: JALCA 1964, S. 237.
47 C. A. Money: JALCA 1970, S. 64; 1974, S. 112; 1975, S. 66. M. F. Hendry, D. R. Cooper und D. R. Woods: JALCA 1971, S. 31. W. J. Hopkins, D. G. Bailey, E. A. Weaver und A. H. Korn: JALCA 1973, S. 426. D. R. Cooper: JSLTC 1937, S. 19. A. Orlita: Kost, 1973, S. 202. Hughes: JSLTC 1974, S. 100. D. R. Cooper und A. C. Galloway: JSLTC 1974, S. 120. M. Sivaparvathi und S. C. Nandy: JALCA 1974, S. 349. M. A. Haffner und B. M. Haines: JSLTC 1975, S. 114. W. C. Hopkins und D. G. Bailey: G + P 1975, S. 100. D. G. Bailey, W. J. Hopkins, H. H. Tayler, E. M. Filachione und R. G. Koeppen: JALCA 1976, S. 406. Betty und Haines: Rev. techn. Cuir 1976, S. 369. F. Margold und E. Heidemann: Leder 1977, S. 65. D. G. Bailey und W. J. Hopkins: Vortrag IULTCS – Tagung Hamburg 1977. E. Vermes und T. Sipos: Vortrag IULTCS – Tagung Hamburg 1977, Vortrag Int. Kongreß Budapest 1978. A. Orlita und V. Navratil: Kost, 1978, S. 204. F. Margold: G + P 1979, S. 322. A. E. Russel und A. C. Galloway: JSLTC 1980, S. 1. W. Pauckner und K. Schmidt: G + P 1980, S. 86.
48 F. Stather und H. Herfeld: Ges. Abh. DLI Heft 9 (1953), S. 22.
49 J. J. Tancous: JALCA 1965, S. 206.
50 J. Jullien: BAFCIC 1965, S. 156, 168; Technicuir 1967, S. 14.
51 Changes in processing and marketing hides, US-Department of Agriculture, Agricultural Marketing Service AMS Nr 410, Oktober 1960. A technical economic evaluation of four hide-curing methods, US-Department of Agriculture, Economic Research Service ERS Nr. 16, September 1962. A guide to lower cost and greater efficiency in during cattle hides, US-Department of Agriculture, Agricultural Economic Report Nr. 54, Mai 1964.
52 Vgl. auch Leder 1979, S. 108.
53 G. Claßen: Leder 1975, S. 179.
54 Internat. Konferenz über Rohhäute 19.–22. 9. 1967 in Gottwaldov, Leder 1967, S. 277, 304.
55 Economic aspects of unhairing hides at the packinghouse, US-Department of Agriculture, Marketing Research report Nr. 797, Juli 1967.
56 H. Herfeld und I. Steinlein: G + P Januar 1968.
57 H. E. Noethlichs: Leder 1963, S. 190.
58 E. Heidemann und S. C. Nandy: Leder 1965, S. 112; 1967, S. 56.
59 H. Zäpfel: Leder 1975, S. 181.
60 F. Laufenberg: Leder 1967, S. 229.
61 Lieferfirma Riccardo Billeri & Figli, Via Valdorme, Empoli/Italien.
62 Lieferfirma E. Gockenbach oHG, Theodor-Körner-Str. 34–36, 7150 Backnang.
63 Lieferfirma z. B. Otto Specht GmbH & Co., Postfach 228, 7000 Stuttgart-Zuffenhausen.
64 Lieferfirma Vallero, Cesare & Figli, 10080 Salassa (Torino)/Italien.
65 H. Herfeld und R. Schiffel: G + P Dezember 1971, Januar, Februar 1972. Vgl. auch R. G. Mitton: JSLTC 1953, S. 109. H. Hirsch: G + P September 1970, Mai 1971. C. Pillard und D. Vial: Technicuir 1969, S. 169.
66 Vgl. z. B. H. Diekmann: Leder 1952, S. 37. R. G. Mitton: JSLTC 1953, S. 109. E. P. Lhuede:

JALCA 1969, S. 164.
67 H. Herfeld und Mitarbeiter: Leder 1964, S. 157; 1965, S. 201; 1967, S. 65. K. Klanfer: Leder 1966, S. 97.
68 Lieferfirma Hüni & Co., Horgen/Schweiz. Siehe auch H. Hüni, G + P 1973, S. 250.
69 Lieferfirmen von Teilaggregaten Steuma, Fuchs & Cie, Postfach 205, 8050 Freising/Bayern. Deutsche Metrohm GmbH, Postfach 1160, 7024 Filderstadt. Siemens AG, Zweigniederlassung Stuttgart, Postfach 120, 7000 Stuttgart 1. Tecos Unternehmensberatung GmbH, Schottstr. 9, 7000 Stuttgart.
70 H. A. Neville, E. R. Theis und R. B. K'Burg: Ind. Eng Chem. 1930, S. 57.
71 Lieferfirma Friedrich Grohe, Postfach 1260, 5870 Hemer/Westf.
72 Lieferfirma Arenco – BMD GmbH, Postfach 41 01 40, 7500 Karlsruhe 41.
73 Lieferfirma Mucon-Vertriebsges. mbH, Ringstr. 9–11, 5000 Köln 50.
74 Lieferfirma Prematechnik GmbH, Rathenauplatz 2–8, 6000 Frankfurt/M.
75 H. Herfeld: G + P Mai 1971. Siehe auch A. Zissel: G + P 1975, S. 102.
76 G. Dändliker, Thalwil/Schweiz, Leder 1966, S. 157.
77 F. Stather: Leder 1957, S. 145.
78 E. Heidemann und H. Keller: Leder 1968, S. 133.
79 Lieferfirma Trockentechnik GmbH, Feldstr. 51, 4102 Homberg/Niederrhein. Siehe auch W. Goeres: Leder 1971, S. 193.
80 Lieferfirma Wilhelm Hagspiel KG, Postfach 529, 7410 Ludwigsburg. Siehe auch Leder 1972, S. 275.
81 Lieferfirma Drees & Co. GmbH, Postfach 43, 4760 Werl/Westf.
82 Umfangreiche Vergleichsuntersuchungen siehe z. B. G. Moog: G + P Juni 1977. H. H. A. Pelckmans und B. Schubert: G + P Oktober 1977. J. Wolff und W. Pauckner: G + P April 1978, März und April 1980.
83 Lieferfirma Böwe Maschinenfabrik GmbH, Postfach 10 13 60, 8900 Augsburg.
84 Dr. Th. Böhme KG, 8192 Geretsried 1.
85 Chem. Fabrik Ciba-Geigy, Basel/Schweiz.
86 Lieferfirma Dose Maschinenfabrik GmbH, Industriestr. 5, 7580 Lichtenau.
87 Lieferfirma Challenge-Cook Bros. Inc., European Division, Avenue Tervueren 168, 1050 Brüssel/Belgien.
88 Lieferfirma Canbar Products Ltd., Box 280, Waterloo, Ont./Canada bzw. für Europa Eurobar, Guenots S. A., 21. rue Louis Davis, Paris/Frankreich.
89 Lieferfirma Stettner GmbH, Neue Welt 2, 8940 Memmingen.
90 Umfangreiche Vergleichsuntersuchungen siehe Hetzel, Leather Manuf. 1970, S. 16. A. Keller: Leder 1970, S. 289. G. Moog: G + P Juni 1977. H. H. A. Pelckmans und B. Schubert: G + P Oktober 1977. G. Moog und W. Pauckner: Leder 1977, S. 33; G + P Dezember 1978.
91 P. J. van Vlimmeren und R. C. Koopman: JALCA 1966, S. 444. H. Herfeld, E. Häussermann und St. Moll: G + P April 1967. K. Faber und G. Kästner: G + P Dezember 1967. H. Herfeld, St. Moll und W. Harr: G + P Januar, Februar 1969. W. Pauckner: Leder 1972, S. 192. H. Herfeld und J. Muser: G + P Mai 1975. H. Herfeld und W. Pauckner: G + P Mai 1976.
92 H. Herfeld, B. Schubert und E. Häussermann: Leder 1966, S. 243. H. Herfeld und B. Schubert: G + P November, Dezember 1967.
93 P. J. van Vlimmeren und Mitarbeiter, Technicuir 1969, S. 206. P. J. van Vlimmeren: Leder 1972, S. 20. M. Alay, Technicuir 1974, S. 71. J. Gauglhofer: G + P 1977, S. 84.
94 A. Blazey, A. Galatik und L. Minarik: Leder 1971, S. 226.
95 O. Harenberg und E. Heidemann: Leder 1974, S. 75.
96 A. Simoncini, L. del Pezzo und Manzo: Cuoio Pelli Mat Conc. 1972, S. 337. C. A. Money und U. Admines, JSLTC 1974, S. 35. B. Schubert und W. Pauckner: G + P August 1976. A. Simoncini, G. de Simone und G. Ummarino: G + P 1978, S. 94. W. Pauckner, Leder 1978, S. 150. M. H. Davis, C. A. Money und J. G. Scroogie: Leder 1978, S. 22.
97 P. J. van Vlimmeren, JALCA 1976, S. 318. H. H. A. Pelckmans G + P 1977, S. 39, Leder 1981, S. 77.
98 H. H. Pelckmans und B. Schubert: G + P Oktober 1977.
99 E. Pfleiderer: G + P Juli, August 1977.

100 R. Skrabs: Leder 1976, S. 153. B. Schubert: Leder 1977, S. 157. Vgl. auch R. C. Coopmans: G + P 1971, S. 542. W. Strack G + P 1971, S. 544.

100a H. Spalerkäs und H. Schmid: Leder 1959, S. 145.

101 G. Königfeld: Leder 1973, S. 1, dort auch Übersicht über ältere Literatur. R. L. Sykes: Leder 1973, S. 157. H. Herfeld: Leder 1974, S. 134.

102 J. Das, J. De und Bose: JSLTC 1955, S. 270. K. Pepper: JALCA 1966, S. 570. R. A. Hauck, JALCA 1972, S. 442. R. Pirce und Thorstensen: Leder 1973, S. 172. M. H. Davis und J. G. Scroogie: JSLTC 1973, S. 53, 81, 173, Leder 1976, S. 22. B. Schubert und H. Herfeld: Leder 1975, S. 21. J. E. Burns und Mitarbeiter, JSLTC 1976, S. 106. Sonderthema Chromgerbung, G + P 1977, S. 192 ff. W. Pauckner: Leder 1978, S. 150. M. H. Davis, C. A. Money und J. G. Scroogie: Leder 1978, S. 22. M. H. Davis und J. G. Scroogie: Leder 1980, S. 1. J. M. Constantin und G. B. Stockman: Leder 1980, S. 52. A. B. Covingham: JSLTC 1981, 1 A. Arnoldi und A. B. Covingham: JSLTC 1981, S. 5. I. Emanuelsson, C. E. Persson und S. Horrdin: Leder 1981, S. 125.

103 J. S. A. Langerwerf, J. C. de Wijs, H. H. A. Pelckmans und R. C. Koopman: IULTCS – Kongreß 1975 Barcelona. J. S. A. Langerwerf und J. C. de Wijs: Leder 1977, S. 1.

104 K. Bäcker, H. Heinze, W. Luck und H. Spahrkäs: Leder 1977, S. 57. W. Luck: Leder 1978, S. 89; 1979, S. 142.

105 H. Herfeld: G + P Mai, Juni 1978, dort auch Hinweise auf ältere Literatur.

106 F. Tombetti, M. Del Borghi und G. Ferriolo: Leder 1978, S. 155.

107 H. Herfeld und St. Moll: G + P Mai 1965. H. Herfeld: G + P Oktober, November 1965.

108 E. Komarek und G. Mauthe: Leder 1961, S. 285. E. Komarek, W. Luck und G. Mauthe: Leder 1962, S. 1. B. Zinz, G + P Mai 1964.

108a J. Wolf: VSCT-Jahreshauptversammlung 1981.

109 H. Herfeld, J. Otto, H. Rau und R. Häussermann: Leder 1967, S. 65.

110 H. Herfeld, J. Otto, H. Rau und St. Moll: Leder 1967, S. 222.

111 H. Herfeld: G + P Februar 1968.

112 J. Starling: Coll. 1933, S. 538.

113 Lieferfirma Staub & Co. AG, Männedorf/Schweiz. Siehe auch H. Rüffer: G + P 1980, S. 293; Leder 1980, S. 129.

114 W. Weber: Leder 1970, S. 193. W. Luck: Leder 1970, S. 196.

115 H. Herfeld und K. Schmidt: G + P November, Dezember 1974. Vgl. auch G. Plotnikow: G + P 1970, S. 352.

116 H. Kessler: Leder 1974, S. 129.

117 H. Heidemann und O. Harenberg: Leder 1972, S. 85. O. Harenberg und E. Heidemann: Leder 1974, S. 75. R. Dorstewitz und E. Heidemann: Leder 1975, S. 133; 1977, S. 81. J. Sagala, R. Dorstewitz und E. Heidemann: Leder 1977, S. 166. E. Heidemann, R. Dorstewitz und J. Sagala: Leder 1977, S. 138. G. Flor, R. Dorstewitz, O. Fuchs und E. Heidemann: Leder 1979, S. 79. R. Dorstewitz und E. Heidemann: Leder 1979, S. 185. Lieferfirma siehe Nr. 124.

118 O. Harenberg, E. Heidemann und S. S. Allam: Leder 1974, S. 219.

119 Asch Tuan Ho, R. Dorstewitz, E. Zielinski, J. Sabat und E. Heidemann: Leder 1980, S. 68.

120 A. C. Brill: Gerbereimaschinen, Eduard Roether Verlag Darmstadt 1960.

121 Vgl. z. B. Diskussionsgespräch in Lindau, Leder 1969, S. 152, 181, 204.

122 Siehe z. B. H. Herfeld, E. Häussermann und St. Moll: G + P April 1967. H. Herfeld, St. Moll und W. Harr: G + P Januar, Februar 1969. H. Herfeld und W. Pauckner: G + P Mai 1976.

123 Lieferfirma Moenus AG, Voltastr. 74–80, 6000 Frankfurt/M.

124 Lieferfirma Emhart Maschinenfabrik GmbH (früher Turner), Postfach 1580, 6370 Oberursel. Im März 1981 von der Moenus A.G. (123) übernommen.

125 G. Pfund: G + P 1972, S. 295.

126 Lieferfirma Severin Heusch GmbH & Co. KG, Krugenofen 29–33, 5100 Aachen.

127 Lieferfirma Mercier Frères, 07184 Annonay/Frankreich.

128 Siehe z. B. R. Monsheimer: Leder 1965, S. 125; 1975, S. 32; G + P 1967, S. 368; 1970, S. 58; 1973, S. 330. R. Monsheimer und E. Pfleiderer: Leder 1975, S. 150; 1976, S. 15. E. Pfleiderer: G + P 1976, S. 276; 1977, S. 80, 137, 260, Leder 1978, S. 157. H. Herfeld und B. Schubert: G + P Mai 1969. A. W. Jones, T. C. Cordon und W. Windus: JALCA 1968, S. 480. R. J. Gates: JALCA 1968, S. 464, 474. L. V. Hetzel und J. C. Somerville: JALCA 1968, S. 90. R. C. Koopman: Technicuir

1968, S. 3. R. S. Andrews und M. Dempsey: JSLTC 1966, S. 209; 1967, S. 246.
129 J. C. Somerville, L. C. Hetzel und Mitarbeiter: JALCA 1963, S. 254; 1964, S. 77; 1965, S. 364; 1966, S. 128, 536. P. G. Ellement und R. M. MacLaurin: Leather 1966, S. 498. H. Herfeld und B. Schubert: G + P Juni, Juli 1969.
130 Lieferfirma S. A. Luigi Rizzi & Co., Via M. Fanti 88, Modena/Italien.
131 P. J. van Vlimmeren und R. C. Koopman: JALCA 1966, S. 444. P. J. van Vlimmeren: Vortrag 2. 3. 1968 in Milwaukee.
132 Pokorny und P. Poppel: G + P 1978, S. 274.
133 Lieferfirma Industria Meccanica 3P S.N.C., Via Baracca 5, Arzignano (Vincenca)/Italien.
134 H. Zäpfel und E. Gabelmann: G + P August 1978. H. Zäpfel: G + P August 1979.
135 J. König und Th. Aichelmann: Leder 1979, S. 65.
136 Rudolf Kleige, Comano/Schweiz.
137 W. Pauckner und H. Zäpfel: G + P 1978, S. 54. W. Pauckner, G + P 1981, S. 58.
138 Siehe z. B. W. Trütschel: G + P 1979, S. 148. G. Pfund G + P 1971, S. 150.
139 R. Dorstewitz: Leder 1978, S. 138.
140 H. Munzig: Leder 1979, S. 136.
141 J. Wolf und H. Herfeld: G + P Februar 1979.
142 F. Stather, G. Reich und W. Wassiljew: Ges. Abh. DLI Heft 17 (1961), S. 237. E. Vermes und L. Vermes: G + P 1969, S. 332. P. J. van Vlimmeren: G + P 1969, S. 37, 64. S. Popp: LSL 1976, S. 237. K. G. Rogge: G + P April 1978.
143 H. Herfeld und J. Muser: G + P Mai 1975.
144 H. Herfeld, K. Schmidt und J. Muser: G + P September, Oktober 1973.
145 International Council of Tanners, 82 Borough High Street, London S.E.1.
146 Eduard Röther Verlag, Darmstadt.
147 Lieferfirma Charvo Maschinenbau GmbH, Postfach 1160, 6203 Hochheim/Main.
148 Lieferfirma P. Mostardini & Figli, Via Piovola 112, 50053 Empoli/Italien.
149 Lieferfirma F.B.P. Meccanica S.N.C. di Boschetti Luigi & Co., 36072 Chiampo (Vicenca)/Italien.
150 H. Herfeld und K. Schmidt: G + P Dezember 1977, Januar 1978. Siehe auch H. Herfeld, I. Steinlein und G. Königfeld: G + P November 1962. A. E. Russell und D. R. Cooper: JSLTC 1975, S. 41.
151 Lieferfirma Investa AG., Kodanska 46, Prag 10/ČSSR.
152 R. Spechlin-Ollier: G + P 1975, S. 323.
153 Lieferfirma Kela Spezialmaschinen GmbH, Siemensstr. 21, 6233 Kelkheim/Ts.
154 F. Stather: Handbuch der Gerbereichemie und Lederfabrikation, Akademie-Verlag Berlin 1967.
155 H. Herfeld: G + P April 1969.
156 E. Gabelmann: Leder 1969, S. 200.
157 K. Wolf, F. Duell und R. Heberling: Coll. 1936, S. 243, 313, 332.
158 F. Stather und H. Herfeld: Coll. 1935, S. 118.
159 Lieferfirma Maschinenfabrik Teufel GmbH, Postfach 120, 7270 Nagold.
160 Lieferfirma Erich Kiefer GmbH, 7031 Gärtringen.
161 J. Poré und G. Gavend: Leder 1978, S. 145.
162 Lieferfirma Officine meccaniche Fratelli Carlessi S.P.A., 24059 Urgnano (BG)/Italien.
163 Lieferfirma Viljamaan Konepaja Ky, 34800 Virrat/Finnland.
164 Lieferfirma Arendonc B.V., Postbox 137, Tilburg/Holland.
165 Lieferfirma Industria Ticinese Essiccatri Speciali (Ites), Via Marcona 49, 20129 Milano/Italien.
166 H. Herfeld und W. Pauckner: G + P September 1967. P. J. Beck und E. P. Lhuede: Leder 1974, S. 31.
167 G. Zapp: Leder 1964, S. 81. F. Pierson: Leder 1966, S. 49. P. Bocciardo: Leder 1966, S. 76.
168 H. Herfeld: G + P 1979, S. 228; 1980, S. 66.
169 W. Pauckner und H. Herfeld: Leder 1967, S. 239.
170 W. Pauckner und H. Herfeld: Leder 1968, S. 84.
171 Lieferfirma Incoma S.A.S. di Guarda Luigi & Co., 36016 Thiene, Vicenza/Italien.
172 Lieferfirma Officine di Cartigliano S.p.A., 36050 Cartigliano (VI.)/Italien.
173 Lieferfirma Charvo S.A., Rue Leconte de Lisle 14–22, 38030 Grenoble/Frankreich.
174 Lieferfirma Forhander AG., Weidstr. 6 a, 6300 Zug/Schweiz.
175 M. Déribéré: Rev. techn. Cuir 1941, S. 206; 1942, S. 79; 1948, S. 125; 1949, S. 82; 1950, S. 93. Ch.

Gastellu und J. Jullien: BAFCIC 1948, S. 128; 1949, S. 95. P. Gourley: Rev. techn. Cuir 1951, S. 241. H. Herfeld und R. Bellmann: Ges. Abh. DLI, Heft 11 (1955), S. 79.
176 K. Rosenbusch und W. Kiegl: Leder 1967, S. 268. W. Arntz: Leder 1969, S. 249. H. Herfeld: G + P März, April 1978.
177 Ernst Schödel: Heppstr. 113, 7410 Reutlingen 11.
178 Lieferfirma Domaga, Hochstr., 6251 Gückingen.
179 P. Erdi, R. Marady und L. Erdi: Leder 1979, S. 105.
180 W. Maltry: G + P 1980, S. 535.
180a Nicolai Clasen, Große Brunnenstr. 63, 2000 Hamburg 50.
181 Lieferfirma Johs Krause GmbH, Planckstr. 13–15, 2000 Hamburg 50.
182 Lieferfirma Rotopress, Via Piemonte 24, 10071 Borgaro/Italien.
183 H. Herfeld und M. Oppelt: G + P September 1966.
184 Lieferfirma Keller Lufttechnik KG, 7312 Kirchheim/Teck-Jesingen.
185 H. Geck und Th. Wendel: Leder 1951, S. 57.
186 C. Spieth: G + P 1977, S. 217.
187 Lieferfirma Coyne Engineering & Equipment Comp. Peabody (Mass)/USA.
188 Untersuchungen über das Farbgießverfahren siehe z. B. W. Weres: G + P 1962, S. 62. K. Eitel, L. Tork und H. Weitzel: G + P 1962, S. 76. K. Dainer: G + P 1962, S. 84. L. Würtele: Leder 1962, S. 137. J. Bird: Tanner 1963, S. 45; JALCA 1964, S. 170; JSLTC 1964, S. 439. M. May: Leder 1964, S. 110. A. Leska, JALCA 1964, S. 298. A.A.W. Pflaum: Rev. techn. Cuir 1962, S. 217. Z. Mikula JALCA 1964, S. 505. M. Schwank und W. Holdemann: G + P 1965, S. 212. G. L. Amos und G.W.H. Thompson: JSLTC 1957, S. 23; Leder 1958, S. 1. W. Pauckner und H. Herfeld: G + P September 1968.
189 Lieferfirma Robert Bürkle GmbH & Co., Postfach 160, 7290 Freudenstadt.
190 Th. Aichelmann: G + P 1981, S. 9.
191 W. Arntz: G + P 1977, S. 108.
192 G. Hudic: G + P 1971, S. 119.
193 Lieferfirma Dornbusch Co., Gravieranstalt, 4150 Krefeld.
194 Trockentechnik, G + P 1974, S. 498. G. J. Katz: JALCA 1975, S. 149. B. Knickel: G + P 1976, S. 84. L. Tork und H. Träubel: Leder 1976, S. 142. M. Jobst: G + P 1977, S. 108; 1978, S. 286.
195 H. Träubel: Leder 1974, S. 162; 1979, S. 169; G + P 1976, S. 226.
196 H. F. Krum: Leder 1971, S. 97; B. Zorn: Leder 1971, S. 147. H. Herfeld und I. Steinlein: G + P 1971, S. 213; Leder 1973, S. 98. P. Schaefer: Leder 1972, S. 229.
197 H. Herfeld und I. Steinlein: Leder 1973, S. 118; 1975, S. 193.
198 W. Münch: Leder 1971, S. 269.
199 PTB-Prüfregeln: Meßmaschinen für Längen- und Flächenmessung, Überarbeitete Auflage 1980, Physikalisch-Technische Bundesanstalt, Bundesallee 1100, 3300 Braunschweig.
200 J. A. Wilson und E. J. Kern: JALCA 1926, S. 351.
201 Lieferfirma Defensor AG, Binzstr. 18, 8045 Zürich/Schweiz.

Erläuterung der Zeitschriften-Abkürzungen

BAFCIC:	Bulletin d'Association francaise des Ingénieurs, Chemistes et Techniciens des Industries du Cuir, Paris/Frankreich.
Coll:	Collegium, Darmstadt (bis 1944).
Cuoio Pelli Mat. Conc.:	Cuoio Pelli Materie Concianti, Neapel/Italien.
G + P:	Gerbereiwissenschaft und Praxis. Beilage zum Leder- und Häutemarkt, Frankfurt.
Ges. Abh. DLI:	Gesammelte Abhandlungen des Deutschen Lederinstituts Freiberg/Sa.
JALCA:	Journal of the American Leather Chemists Association, Easton (Pa)/USA.
JSLTC:	Journal of the Society of Leather Technologists and Chemists, Redburn (Herts)/ England.
Ind. Eng. Chem.:	Journal of Industrial and Engineering Chemistry, Washington/USA.
Koz:	Kožarstvi, Prag/CSSR.
Leather:	Leather, Tonbridge (Kent)/England.
Leather Manuf:	The Leather Manufacturer Boston (Ma.)/USA.
Leather-Shoes:	Leather and Shoes, Des Plaines (Ill.)/USA.
Leder:	Das Leder, Darmstadt.
LSL:	Leder, Schuhe, Lederwaren, Leipzig/DDR.
Rev. techn. Cuir:	Revue technique des Industries du Chuir, Paris/Frankreich.
Schweiz. Leder-Schuhztg:	Schweizer Schuh- und Lederzeitung, Rapperswil/Schweiz.
Tanner:	The Tanner, Bombay/Indien.
Technicuir:	Technicuir, Lyon/Frankreich.

Sachregister